40 Jahre Spezialtiefbau
1953 – 1993
Technische und rechtliche
Entwicklungen

Festschrift für
Karlheinz Bauer
zum 65. Geburtstag

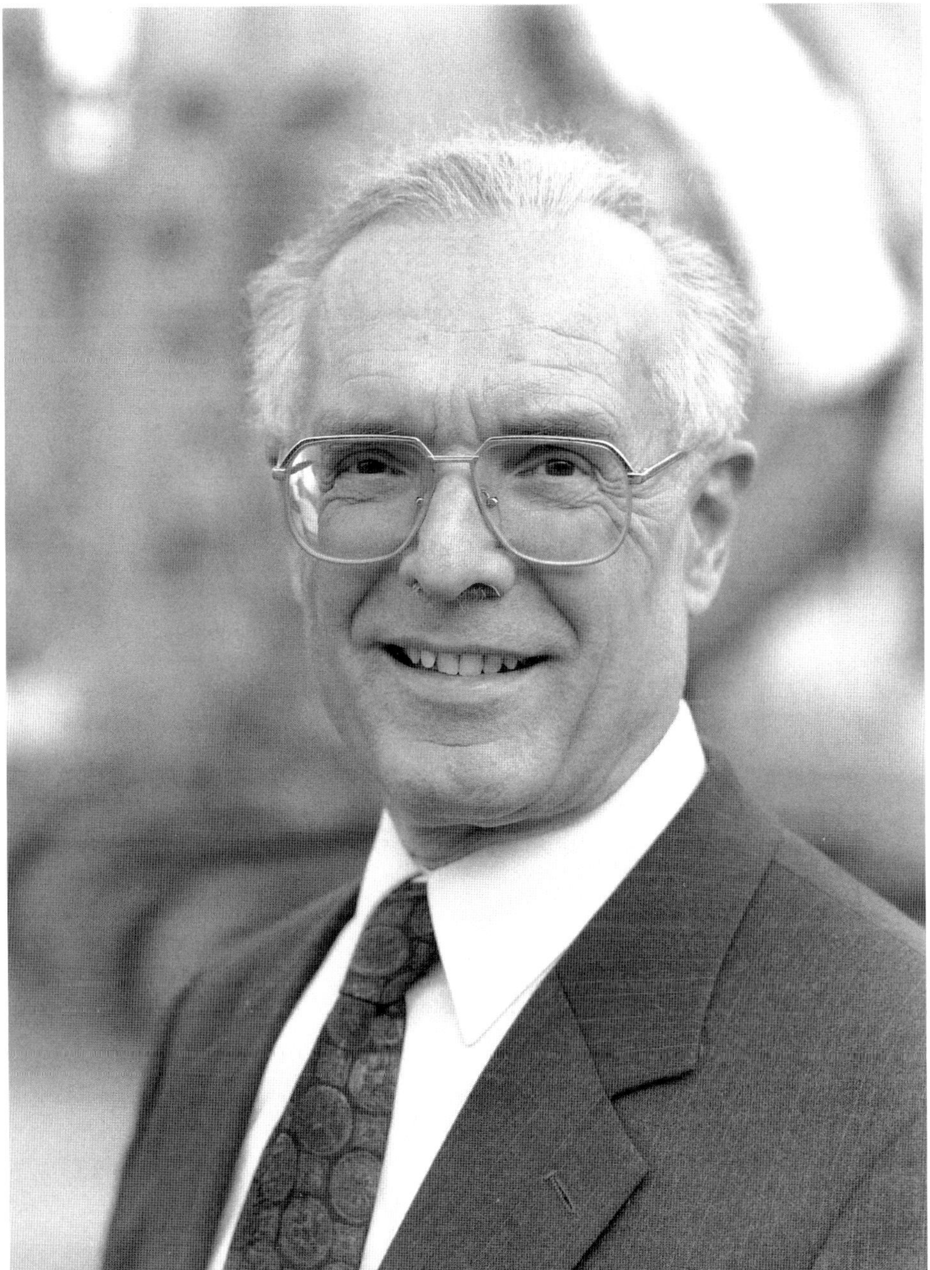

40 Jahre Spezialtiefbau
1953 – 1993
Technische und rechtliche Entwicklungen

Festschrift für
Karlheinz Bauer
zum 65. Geburtstag

Herausgegeben von
Klaus Englert und Manfred Stocker

Werner-Verlag

Die Deutsche Bibliothek – CIP-Einheitsaufnahme

40 Jahre Spezialtiefbau: 1953–1993; technische und rechtliche Entwicklungen ; Festschrift für Karlheinz Bauer zum 65. Geburtstag / hrsg. von Klaus Englert und Manfred Stocker. – 1. Aufl. – Düsseldorf: Werner, 1993
ISBN 3-8041-1435-0
NE: Englert, Klaus [Hrsg.]; Bauer, Karlheinz: Festschrift; Vierzig Jahre Spezialtiefbau

ISB N 3-8041-1435-0

© Werner-Verlag GmbH · Düsseldorf · 1993
Printed in Germany
Alle Rechte, auch das der Übersetzung, vorbehalten.
Ohne ausdrückliche Genehmigung des Verlages ist es auch nicht gestattet, dieses Buch oder Teile daraus auf fotomechanischem Wege (Fotokopie, Mikrokopie) zu vervielfältigen.
Zahlenangaben ohne Gewähr
Gesamtherstellung: ICS Communikations-Service GmbH, Bergisch Gladbach
Schrift: Sabon von Linotype
Archiv-Nr.: 930 – 4.93
Bestell-Nr. 3-8041-1435-0

Zum Geleit

„Gründungen auf normalen Bohrpfählen sind abzulehnen", so nachzulesen in der ersten Ausgabe des Grundbautaschenbuches 1955. Dabei hatten diese Pfähle lediglich zulässige Gebrauchslasten von 27 t. Heute, fast 40 Jahre später, zählen Bohrpfähle mit Tragfähigkeiten von 100 t bis zu mehr als 1000 t zu den weltweit häufigsten Gründungselementen. Nichts kennzeichnet den enormen Fortschritt in der Spezialtiefbautechnik besser. Hinzu kamen völlig neue Techniken wie Pfahlwände, Schlitzwände, Dichtwände, Anker, Bewehrter Boden – um nur einige zu nennen.

Auch in der Beziehung zwischen Auftraggeber und Spezialtiefbauer hat sich einiges geändert. Stand in den „Gründerjahren" noch mehr die technische Bewältigung der Aufgaben im Vordergrund, so sind es heute häufig Termin- und Vertragsfragen. Hierzu mußten natürlich erst Normen geschaffen und Rechtsfragen geklärt werden, vor allem im Hinblick auf den „unbekannten" Baugrund.

Die vergangenen 40 Jahre im Spezialtiefbau wurden geprägt durch Ingenieure mit einem enormen Arbeitseinsatz, einem ungebändigten Willen zum Wiederaufbau, einer wahren Lust am Risiko und einer ehrlichen Freude an der Innovation. Ein herausragender Repräsentant dieser Spezialtiefbauer ist sicherlich Dr.-Ing. Dr.-Ing. E. h. Karlheinz Bauer, dem es gelang, innerhalb einer Generation einen relativ kleinen regionalen Brunnenbaubetrieb in ein weltweit führendes Spezialtiefbauunternehmen umzuwandeln und gleichzeitig zu einem der führenden Spezialbohrgerätehersteller zu machen. Er hat dabei die obengenannten Techniken maßgeblich beeinflußt, mitentwickelt und durch seine weitreichenden Tätigkeiten auch erheblich zur technischen Normung, vertragsrechtlichen Standardisierung und Baurechtsgestaltung beigetragen. Es war deshalb naheliegend, ihm zum 65. Geburtstag und gleichzeitig zum 40. Berufsjubiläum dieses Buch zu widmen – ein Buch, das in seiner Vielfalt am ehesten geeignet erscheint, sein Lebenswerk zu würdigen.

Nur der spontanen Mitwirkungsbereitschaft und dem großen Arbeitseinsatz der Autoren ist es zu verdanken, daß dieses Buch innerhalb von nur einem halben Jahr entstehen konnte. Geschichtliche Beiträge zu schreiben ist eine äußerst interessante, aber gleichzeitig auch sehr aufwendige und riskante Arbeit. Prof. Dr.-Ing. E. Franke merkt hierzu in seinem Beitrag treffend an, er traue sich die Arbeit nur deshalb zu, weil er „nicht mehr mit vielen besser informierten Älteren rechnen muß". Sollte ein Leser die eine oder andere Entwicklung anders sehen oder in Erinnerung haben, möge er verzeihen. Sämtliche Autoren haben sich bemüht, das Thema gerecht zu behandeln – zwangsläufig aus ihrer Sicht –, sei es aus dem Blickwinkel des Wissenschaftlers, des Beratenden Ingenieurs, des Unternehmers oder des Juristen: mit Bildern, ohne Bilder, rein sachlich oder mehr persönlich. Gerade aber diese Eigenheit soll das Interesse an dem Buch hervorrufen.

Schrobenhausen, im April 1993

Klaus Englert, Manfred Stocker
Herausgeber

Inhaltsverzeichnis

Würdigung
Dr.-Ing. Dr.-Ing. E. h. Karlheinz Bauer 1

ANTON WEISSENBACH
Entwicklungen bei der Herstellung von Baugruben 7

EBERHARD FRANKE
Die Bohrpfähle – Entwicklungen bei ihrer Anwendung in Deutschland
seit ihrer Erfindung 35

HELMUT OSTERMAYER
35 Jahre Verpreßanker im Boden 65

FRITZ WEISS
Die Entwicklung der Schlitzwandbauweise 97

THEODOR STROBL
Technische Entwicklungen in der Dichtwandtechnik 121

SIEGFRIED ROTH
Stahlspundwände im Spezialtiefbau
Entwicklungen und Tendenzen 139

HANS LUDWIG JESSBERGER
Baugrundvereisung – Geschichtlicher Rückblick und Entwurfsgrundsätze 173

CHRISTIAN KUTZNER
Geschichte der Injektionstechnik 205

KLAUS KIRSCH
Die Baugrundverbesserung mit Tiefenrüttlern 219

MANFRED STOCKER
Bewehrter Boden – eine uralt bewährte, aber erst in jüngster Zeit
wiederentdeckte Baumethode 257

RUDOLF FLOSS
Erdbewehrte Konstruktionen mit Geo-Kunststoffen
– Stand der Entwicklung in Deutschland – 279

RUDOLF FLOSS
Ufer- und Böschungsschutz mit Geotextilien an Wasserstraßen
– Deutscher Stand der Technik – 293

PAUL V. SOOS
Entwicklung der technischen Grundbaunormen in Deutschland 311

ERWIN STÖTZER
Entwicklung der Geräte zur Herstellung von Bohrpfählen
und Schlitzwänden 337

KLAUS ENGLERT
Spezialtiefbau als Herausforderung an das Recht 375

KLAUS D. KAPELLMANN
Bausoll, Erschwernisse und Vergütungsnachträge
beim Spezialtiefbau 385

JOSEF GRAUVOGL
Einzelaspekte zur Abnahme von Spezialtiefbaugewerken 397

MICHAEL MAURER
Kabelschäden im Spezialtiefbau: Die Richter ratlos? 409

Autoren

ENGLERT, KLAUS, DR. JUR., Rechtsanwalt und Fachanwalt für Arbeitsrecht, Schrobenhausen

FLOSS, RUDOLF, PROF. DR.-ING., Lehrstuhl für Grundbau, Bodenmechanik und Felsmechanik, Technische Universität München

FRANKE, EBERHARD, PROF. DR.-ING., Darmstadt

GRAUVOGL, JOSEF, Rechtsanwalt, Pfaffenhofen/Ilm

JESSBERGER, HANS LUDWIG, PROF. DR.-ING., Lehrstuhl für Grundbau und Bodenmechanik, Ruhr-Universität Bochum

KAPELLMANN, KLAUS D., DR. JUR., Rechtsanwalt, Lehrbeauftragter an der Rheinisch-Westfälischen Technischen Hochschule Aachen, Mönchengladbach

KIRSCH, KLAUS, DIPL.-ING., Geschäftsführer Keller Grundbau GmbH, Offenbach

KUTZNER, CHRISTIAN, PROF. DR.-ING., Chefingenieur für Geotechnik und Spezialtiefbau, Lahmeyer International Ingenieurgesellschaft mbH, Frankfurt

MAURER, MICHAEL, Rechtsanwalt, München

MAYER, FRANZ J., Freier Journalist, Schrobenhausen

OSTERMAYER, HELMUT, DR.-ING., Lehrstuhl und Prüfamt für Grundbau, Bodenmechanik und Felsmechanik, Technische Universität München

ROTH, SIEGFRIED, DIPL.-ING., Hoesch Stahl AG, Dortmund

SOOS, PAUL VON, DIPL.-ING., Ltd. Akad. Direktor i. R., München

STOCKER, MANFRED, DR. DIPL.-ING., Bauer Spezialtiefbau GmbH, Schrobenhausen

STOTZER, ERWIN, DIPL.-ING. DIPL.-WIRTSCH.-ING., Bauer Spezialtiefbau GmbH, Schrobenhausen

STROBL, THEODOR, PROF. DR.-ING., Lehrstuhl für Wasserbau und Wasserwirtschaft im Institut für Bauingenieurwesen IV, Technische Universität München

WEISS, FRITZ, DR.-ING., Beratender Bauingenieur VBI, Freiburg

WEISSENBACH, ANTON, PROF. DR.-ING., Fachbereich Bauwesen, Lehrstuhl Baugrund – Grundbau, Universität Dortmund

Dr.-Ing. Dr.-Ing. E. h. Karlheinz Bauer

Vieles, was sich in den letzten vierzig Jahren im Spezialtiefbau entwickelt hat, ist mit dem Namen Dr.-Ing. Karlheinz Bauer verbunden. Er entstammt einem traditionsreichen Familienunternehmen, das an der Wende vom 18. zum 19. Jahrhundert als Kupferschmiede in Schrobenhausen gegründet wurde. Die Hinwendung zum Bau ergab sich hundert Jahre später, als der Großvater mit dem Bohren artesischer Brunnen begann; unter dem Vater war das Unternehmen im Brunnen- und Wasserleitungsbau bereits in ganz Bayern tätig. Als Dr.-Ing. Karlheinz Bauer in den Betrieb eintrat, beschritt er neue Wege, verwirklichte eigene Ideen, nutzte mit der Kraft des geborenen Unternehmers die Zeit des Wiederaufbaus nach dem Zweiten Weltkrieg und stellte die Weichen für den Spezialtiefbau.

Dr.-Ing. Karlheinz Bauer wurde am 24. April 1928 in Schrobenhausen geboren. Nach dem Besuch der Grundschule konnte er das gerade neu gegründete Gymnasium in Schrobenhausen besuchen. Die Schulausbildung wurde durch die Einberufung des Fünfzehnjährigen als Flakhelfer unterbrochen. Durch glückliche Umstände war er bei Kriegsende in der Heimat, und er ergriff die erste Gelegenheit zum weiteren Schulbesuch. In einer Abschlußklasse in Augsburg wurden 120 Schüler zusammengefaßt, und bereits im Mai 1946 bot sich die erste Möglichkeit, ein reguläres Abitur abzulegen; Karlheinz Bauer war unter den sechs erfolgreichen Absolventen.

Daß er sofort an eine Hochschule wollte, stand für Karlheinz Bauer fest. Doch ehe an der TH in München die ersten Vorlesungen besucht werden konnten, stand damals für die Studenten ein Jahr lang Schutträumen und Aufbau der Hochschule auf dem Plan. Das Studium begann im Herbst 1947. Die Studenten, so berichtete Dr.-Ing. Karlheinz Bauer vierzig Jahre später, gingen damals den Vorlesungen ihrer Fächer mit großem Interesse und Ernsthaftigkeit nach; mit dem Krieg hatte jeder ein Stück Leben versäumt, das man unter allen Umständen nachholen wollte. Die Erinnerung an Krieg und Hitlerzeit war noch sehr nahe, Politik interessierte jeden. Dr.-Ing. Karlheinz Bauer zum geistigen Klima: „Die Stimmung war positiv, konservativ." Man floh regelrecht in Optimismus und Vorwärtsdrang. Der einzige große Hörsaal im Turmbau der Münchener TH mußte allen Fachbereichen genügen, und in jeder Vorlesung war der Saal überfüllt.

Daß dem Krieg eine großartige Aufbauphase folgen würde, war noch nicht abzusehen; München lag in Trümmern wie alle großen Städte Deutschlands. Der immense Baubedarf wurde den Studenten der Technischen Hochschule tagtäglich vor Augen geführt: „Man hat darauf gebrannt, bauen zu können." In den Semesterferien arbeitete jeder Baustudent. Karlheinz Bauer war auch während der Studienzeit im väterlichen Betrieb tätig.

Nach acht Semestern Studium, der kürzestmöglichen Studienzeit, war Karlheinz Bauer Diplomingenieur. Das Examen bestand er mit dem besten Ergebnis vieler Studienjahrgänge. Dabei gehörte er einem Semester an, das in den kommenden Jahren und Jahrzehnten im Bauwesen maßgeblich Einfluß nehmen sollte. Der Jahrgang hatte es in sich, „auch, weil wir in ein Vakuum gestoßen sind", wie Dr.-Ing. Bauer rückblickend relativiert. Diesem Jahrgang gehörten Absolventen an, die in der Folgezeit höchste Positionen in Bauämtern und in der Bauindustrie übernahmen.

Zum 1. Januar 1952 wurde Dipl.-Ing. Karlheinz Bauer Referendar beim Bayerischen Staat. Vater Karl Bauer hatte empfohlen, die Ämter, mit denen man als Unternehmen, das von öffentlichen Aufträgen abhängig war, zusammenarbeitete, auch von innen kennenzulernen. Für den jungen Bauingenieur war dies einleuchtend. „Für mich war allerdings immer klar, daß ich selbständig meine Ideen umsetzen wollte", resümierte er Jahre später; er hatte das Bild des Unternehmers schon damals klar vor Augen.

Schon der Referendar zeigte seine Kreativität, griff aktiv in Gestaltungen ein und scheute sich nicht, bereits bestehende Planungen noch einmal zur Diskussion zu bringen. So setzte er in seiner Zeit beim Straßenbauamt Ingolstadt die Neuplanung einer schon festgelegten Trassenführung der B 300 bei Dasing durch, konnte die Behördenleiter von seinem Vorschlag überzeugen. Als er einige Zeit später mit der Wasserzuführung aus dem Loisachtal in die Stadt München befaßt war und die Fensteröffnung künftiger Stollen ausfindig machen sollte, äußerte er ebenfalls seine Zweifel an der vorgesehenen Trassierung. Wiederum konnte er mit seinem Vorschlag überzeugen, und wenngleich der Bau damals aufgeschoben wurde, so ist er doch 25 Jahre später nach Dr.-Ing. Karlheinz Bauers Plänen ausgeführt worden.

Aus eigenen Überlegungen und Schlußfolgerungen zu einem anstehenden Bauproblem entstand in der Referendarzeit auch seine Dissertation. Karlheinz Bauer arbeitete bei der Rhein-Main-Donau-Aktiengesellschaft, die damals die Lech-Staustufen baute. Als nach dem Einstau der Staustufe Ellgau das Grundwasser in nicht vorhergesehener Weise weitflächig angestiegen war, wurde für die nächste Staustufe Oberpeiching eine groß dimensionierte und damit auch sehr teure Stauraumdichtung geplant. Doch der junge Ingenieur wertete die Grundwasserbeobachtungen nach dem Einstau in Ellgau aus und zog neue Schlüsse daraus. Für seine Gedanken gewann er Prof. Dr.-Ing. Heinrich Wittmann von der TH Karlsruhe, der wegen seiner Gutachtertätigkeit für den Rheinseitenkanal an dem Thema besonders interessiert war. „Die Veränderungen im Grundwasserstrom durch Staustufen und Wasserverluste im Stauraum in weiten Tälern mit alluvialer Füllung" hieß der Titel der Arbeit, die dazu führte, daß für Oberpeiching und auch für zukünftige Staustufen die Stauraumdichtung gezielt und wirtschaftlich geplant werden konnte. Das Rigorosum zum Dr.-Ing. fand am 14. Juli 1954 in Karlsruhe statt.

Schon 1952, nach dem Examen als Diplomingenieur, wurde Karlheinz Bauer von seinem Vater als Mitgesellschafter ins Unternehmen geholt. Völlig überraschend starb der Vater im April 1956, erst 62 Jahre alt. Der gerade 28jährige Dr.-Ing. Karlheinz Bauer war damit von einem Tag auf den anderen als Unternehmer auf sich selbst gestellt.

Auch das Fundament für die Familie wurde in diesen Jahren gelegt. Im August 1953 heirateten Dr.-Ing. Karlheinz Bauer und Dipl.-Kfm. Marlies Zenger; die Familie hat fünf Söhne und eine Tochter. Ein schwerer Schlag war der Unfalltod des zwanzigjährigen Stephan 1980. Alle Kinder sind beruflich mehr oder weniger in die Fußstapfen des Vaters getreten: fünf sind Diplomingenieure, einer schuf mit der Ausbildung als Diplomkaufmann die Voraussetzungen für die Führung des gewachsenen Familienunternehmens.

Bereits in den letzten Lebensjahren von Dipl.-Ing. Karl Bauer wurden vom Schrobenhausener Traditionsbetrieb neuartige Bauaufgaben übernommen. Der Brunnenbau war zu dieser Zeit zwar das Hauptarbeitsgebiet, aber der Bau der Untergrundsperre für die Großquellfassung Reisach der Wasserversorgung der Stadt München im Jahre 1951 darf bereits dem – erst später so bezeichneten – Spezialtiefbau zugerechnet werden. 1955 war die Grundwasserabsenkung beim Bau der zentralen Kläranlage für die Stadt Augsburg ein wichtiger Auftrag, mit dem sich das Schrobenhausener Unternehmen in neue Arbeitsgebiete wagte. Für den Umgang mit Grundwasser war das Bauer-Fachpersonal bestens gerüstet. 1961 wurde nach den Plänen von Dr.-Ing. Karlheinz Bauer im gefürchteten Fließsand für die Donaustufe Leipheim der Rhein-Main-Donau AG eine trockene Baugrube erstellt, eine nach den damaligen Erfahrungen kaum vorstellbare Leistung.

Den entscheidenden Durchbruch im Spezialtiefbau brachte das Jahr 1958: die Erfindung des Injektionsankers in Lockergestein. Der bautechnische Erfolg der neuen Erfindung brachte dem Unternehmen den wirtschaftlichen Aufschwung. Der Anker entstand aus den konkreten Schwierigkeiten einer Baustelle. In München war für den Bayerischen Rundfunk eine freie Baugrube angeboten worden. Die aus den neuartigen Benotopfählen bestehende Baugrubenwand sollte rückverankert werden. Rund um die Baugrube wurden Schächte abgeteuft, Anker sollten von der Wand auf diese Schächte hin eingebohrt und dort fixiert werden. Doch der Münchener Schotterboden verhinderte zielsichere Bohrungen – man traf die Schächte nicht. Nur wenige Anker konnten befestigt werden. Aus dieser Problemsituation entstand die Lösung „Injektionszuganker".

Man startete einen Versuch. Die Bohrspitze wurde mit einem Innengewinde für den Spannstahl versehen und ohne Rücksicht auf den Schacht eingebohrt, der Stahl wurde eingeschoben und mit der Spitze verschraubt. Mit Injektionspumpen wurden während des Rückziehens der Rohre die hintersten fünf Meter des Ankers unter Druck mit Zement verpreßt. Fünf Tage später wurde die Ankerkraft geprüft, die Anker hielten – der Bauer-Anker war geboren.

Der Injektionsanker erweiterte das Arbeitsgebiet von Bauer auf ganz Deutschland, in vielen Städten wurde nun gebaut. Bei allen schwierigen U-Bahn-Baustellen der 60er Jahre in den Zentren der deutschen Großstädte war das Schrobenhausener Unternehmen dabei: am Stachus und Marienplatz in München, unter der Binnenalster in Hamburg, am Kröpcke in Hannover, am Dom in Köln ebenso wie in Stuttgart, Frankfurt, Essen, Berlin und Düsseldorf. Der Bau von Tiefgaragen, auch für Geschäfts- und Wohngebäude, brachte einen weiteren Boom. In diesen Jahren begann auch der Auslandsbau, in der Schweiz und in Österreich wurden erste Aufträge ausgeführt. Nach dem Engagement in weiteren europäischen Ländern, speziell in Spanien, brachten die siebziger Jahre große Aufträge im arabischen Raum. Als der Ölboom vorüber war, begann im Fernen Osten ein Aufschwung mit vielen interessanten Bauaufgaben.

Während der Anker in der Bauwelt weltweit zur Selbstverständlichkeit wurde – Lizenzen gingen nach Frankreich, Schweden, Japan, England, in die USA und in die UdSSR –, wurden bei Bauer laufend neue Verfahren erprobt und entwickelt. Bohrpfähle und Pfahlwände erfuhren entscheidende Fortschritte. Für die Bodenverdichtung wurden eigene Tiefenrüttler hergestellt; in den siebziger Jahren kam die Bodenvernagelung, besondere Energie galt der Hochdruckinjektion.

Wurden die neuen Bautechniken in der Entwicklungsphase mit herkömmlichen und am Markt erhältlichen Geräten ausgeführt, so entstand doch bald der Bedarf für leistungsfähigere, spezialisierte Maschinen. Zunächst wurden Umbauten vorgenommen und Werkzeuge hergestellt. Ende der sechziger Jahre entschied man sich dann, einen Ankerbohrwagen von Grund auf neu zu konzipieren und zu bauen. Die Leistungsfähigkeit des UBW führte zu Nachfragen speziell von Lizenznehmern aus dem Ausland, erstmals wurden Maschinen verkauft.

1976 wurde das erste im eigenen Haus konstruierte und gebaute Großdrehbohrgerät, die BG 7, auf die Baustelle gebracht und erzielte hervorragende Leistungen. Im Laufe der Jahre folgten BG 11 und BG 26; zu Ende der achtziger Jahre entstand mit der BG 30, den Typen BG 14 und BG 18 eine neue Generation. Hatte man mit dem ersten Gerät noch gar nicht an einen Markt gedacht, so zeigte sich doch bald ein großer Bedarf und auch die Notwendigkeit, die Entwicklungskosten in größere Serien umzusetzen. Mehr und mehr wurden die Maschinen nicht nur im eigenen Betrieb eingesetzt, sondern auch verkauft. Seither ist der Maschinenbau das zweite Standbein des Unternehmens Bauer Spezialtiefbau. 1984 ging man daran, die erste Schlitzwandfräse zu konstruieren; auch in diesem Bereich wurden für unterschiedliche Aufgabenstellungen genau angepaßte Geräte entwickelt, die seither in der ganzen Welt angeboten werden und nicht zuletzt auf dem fernöstlichen Markt große Erfolge verzeichnen.

Neuen Aufgaben standen Dr.-Ing. Karlheinz Bauer und sein Unternehmen immer offen gegenüber. Als das gewachsene Umweltbewußtsein die Aufgabe stellte, Altlasten aufzuarbeiten, Wasser und Boden von chemischen Schadstoffen zu reinigen, wurde 1989 zusammen mit einem erfahrenen niederländischen Unternehmen die Bauer und Mourik Umwelttechnik GmbH & Co. gegründet. Nach der deutschen Wiedervereinigung gründete Bauer 1990 zusammen mit einem Geschäftspartner aus der vormaligen DDR eine Tochterfirma, die sich neben dem Spezialtiefbau vorzugsweise der Bauwerkssanierung zuwandte: die SPESA Spezialbau und Sanierung GmbH in Nordhausen.

Mitte der achtziger Jahre verlangte das gewachsene Unternehmen nach neuen Strukturen, zugleich trat die nächste Generation ins Unternehmen ein. Die GmbH & Co. KG war für die umfangreichen Auslandsaktivitäten keine geeignete Rechtsform mehr. Bauer Spezialtiefbau wurde in eine GmbH umgewandelt. Gesellschafter sind nun alle Mitglieder der Familie. Dr.-Ing. Karlheinz Bauer übernahm den Vorsitz des Aufsichtsrates. Geschäftsführer ist seither sein Sohn Dipl.-Kfm. Thomas Bauer.

Das stetig wachsende Unternehmen Bauer wies 1991 einen Umsatz von 570 Millionen DM auf, erwirtschaftet von 2400 Mitarbeitern. Das Jahr 1992 brachte mit Übernahme der Schachtbau Nordhausen GmbH des einstmals führenden Schachtbaubetriebes in der früheren DDR, einen weiteren Schritt nach vorne. 3500 Mitarbeiter erbringen in der Bauer-Gruppe nun eine Leistung von 750 Millionen DM.

Neben seinen betrieblichen Aufgaben fühlte sich Dr.-Ing. Karlheinz Bauer auch der Deutschen Bauwirtschaft stets verpflichtet und übernahm verschiedene Ämter. Er ist Mitglied des Beirates des Bayerischen Bauindustrieverbandes, Vorsitzender der Fachabteilung Wasserwerks-, Rohr- und Spezialgrundbau, außerdem stellvertretender Delegierter des Bayerischen Bauindustrieverbandes in der Sozialpolitischen Vertretung des Hauptverbandes der Deutschen Bauindustrie e.V. und Vorstandsmitglied der entsprechenden Bundesfachabteilungen. Er gehört dem Vorstand der Deutschen Gesellschaft für Erd- und Grundbau an. Als Aufsichtsrat ist er für die Mannheimer Versicherung AG und die Anton Heggenstaller AG tätig, als Beirat bei der Deutschen Bank und der Deutschen Industriebank. 1983 wurde er mit dem Bundesverdienstkreuz erster Klasse ausgezeichnet, 1993 mit dem Dr.-Ing. E. h. der Technischen Universität München.

Im Alter von 65 Jahren hat Dr.-Ing. Karlheinz Bauer ein beispielhaftes Lebenswerk vorzuweisen – seine Lebensgeschichte ist die Geschichte seines Unternehmens. Ein innovations- und risikofreudiger Bauingenieur hatte die Gabe und die Phantasie, Visionen zu gestalten und bautechnische Entwicklungen – die nicht im theoretischen Raum, sondern meist unter schwierigen Bedingungen und unter dem Druck der Realität entstanden sind – als Unternehmer zum wirtschaftlichen Erfolg zu führen. „Ich hatte Ideen", sagte er einmal in einem Interview – denn eine solche Leistung kann einer nicht allein vollbringen – „und ich konnte meine Begeisterung auf andere übertragen."

ANTON WEISSENBACH

Entwicklungen bei der Herstellung von Baugruben

1 Ausgangssituation

40 Jahre zurück, also im Jahr 1953, waren gerade notdürftig die allerschlimmsten Schäden beseitigt, die der zweite Weltkrieg an Bauwerken und baulichen Einrichtungen unter und über der Erdoberfläche hinterlassen hatte. Baugruben wurden nur für die Gründung von Gebäuden und zum Verlegen von Leitungen benötigt. Ihre Tiefe erreichte in der Regel nur einige Meter. Größere Tiefen wurden allenfalls bei Reparaturarbeiten an vorhandenen Bauwerken in örtlich geringem Umfang erreicht. Erst mit der Wiederaufnahme des U-Bahnbaus in Berlin Mitte der fünfziger Jahre kam auch der große Tiefbau wieder in Gang. Zur Verfügung standen zunächst nur die Baumethoden, die auch schon vor dem Krieg bekannt waren:

a) Wenn irgend möglich, wählte man eine geböschte Baugrube (Bild 1). Sie war ohne größeren technischen Aufwand herzustellen; lediglich der Transport des Aushubes war zu bewältigen; dafür standen bei größeren Massen Loren im Gleisbetrieb zur Verfügung.

b) Im Leitungsgrabenbau wurde in der Regel der waagerechte Verbau verwendet (Bild 2). Neben den üblichen Holzsteifen waren auch Teleskopspindeln und Spindelspreizen im Einsatz.

c) Für schwierige Fälle, insbesondere bei rolligen Böden, verwendete man den senkrechten Grabenverbau mit Holzbohlen (Bild 3). Die Holzbohlen wurden in kleinen Schritten dem Aushub folgend nachgerammt, ausnahmsweise auch gering vorauseilend eingebracht.

d) Bei tiefen Kanalbaugruben wurde der gepfändete Kanaldielenverbau eingesetzt (Bild 4).

e) Bei den tiefen Baugruben des U-Bahnbaus wurde, sofern sich das Grundwasser absenken ließ, die Trägerbohlwand verwendet, damals unter dem Namen „Berliner Verbau" bekannt (Bild 5). Er bestand aus gerammten I-Profilen mit Holzausfachung.

f) Für Baugruben im Grundwasser wurden Stahlspundwände eingesetzt, vornehmlich Larssen-Profile.

g) Die Baugrubenwände wurden in der Regel mit Rundholzsteifen gegeneinander ausgesteift. Bei Baugrubenbreiten von mehr als 8 m wurden Mittelrammungen angeordnet (Bild 6).

h) Einseitige Baugruben wurden entweder mit Schrägsteifen zur Baugrubensohle hin abgestützt (Bild 7) oder mit Spannankern an gerammten Ankerpfählen verankert (Bild 8).

Bild 1[8]

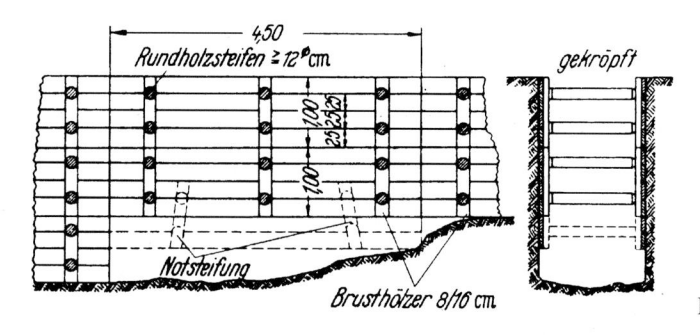

Bild 2[1]

Bild 3[8]

Bild 4[1]

Bild 5[1] Bild 6[1]

i) Für die Vertiefung von Giebelwänden kannte man nur die Unterfangung in schmalen Streifen.
k) Hausunterfangungen im Zuge einer U-Bahn-Unterfahrung wurden mit Hilfe von Pfählen, Kopfbalken und Steckträgern vorgenommen (Bild 9).

Insgesamt genoß die Herstellung von tiefen Baugruben großes Ansehen, insbesondere nachdem im Jahre 1935 in der Nähe des Brandenburger Tores in Berlin eine

Bild 7[1]

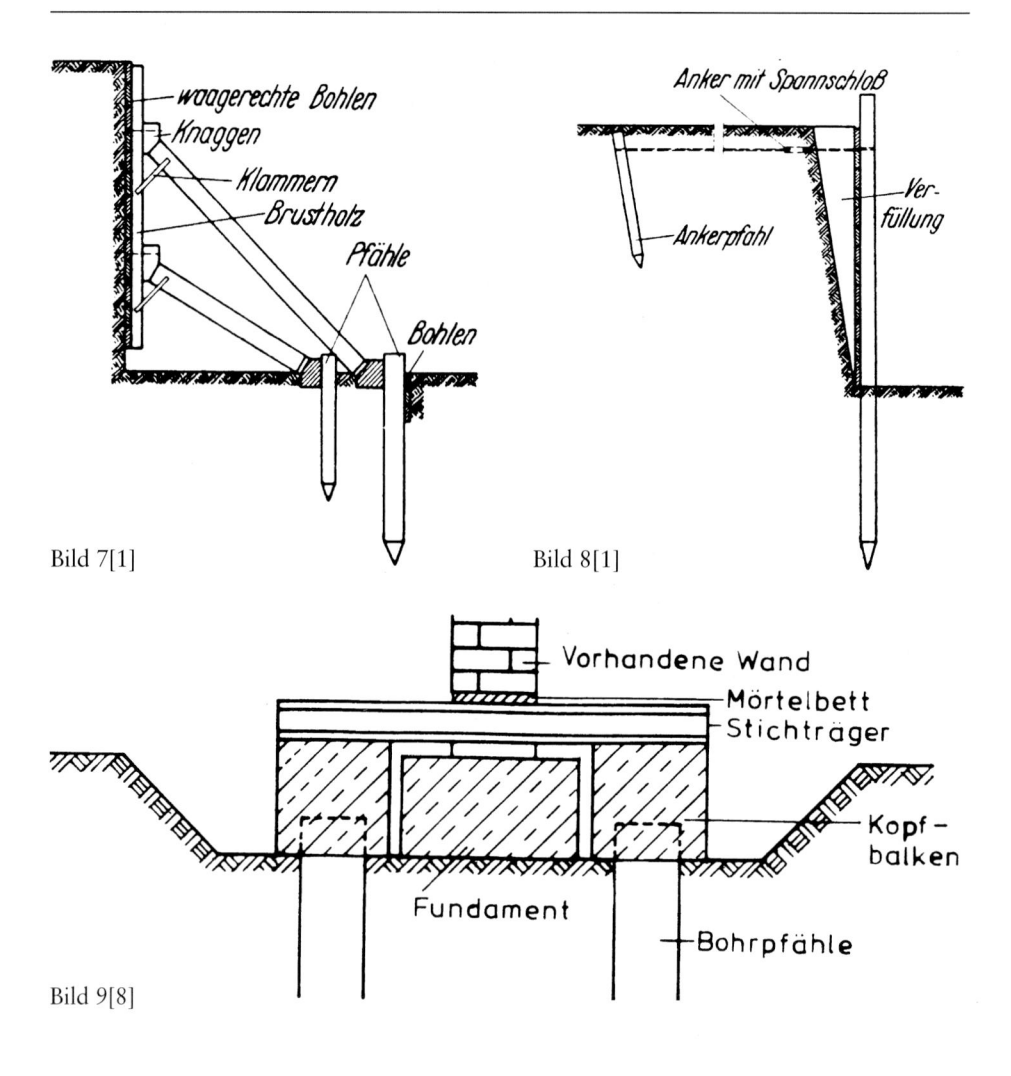

Bild 8[1]

Bild 9[8]

S-Bahn-Baugrube eingestürzt war, weil durch Umplanung und Unachtsamkeit gleichzeitig drei Fehler zusammengekommen waren.

Einen besonderen Platz in der Tiefbautechnik nahm die Wasserhaltung ein. Einen hohen Entwicklungsstand zeigte die Herstellung von Rohrbrunnen. Zwar waren auch schon Tiefbrunnenanlagen mit Tauchmotorpumpen bekannt, überwiegend wurden aber Flachbrunnenanlagen eingesetzt, bei denen die Absenktiefe durch die Saugleistung der Pumpen begrenzt war. Bei größeren Baugrubentiefen, insbesondere bei geböschten Baugruben, behalf man sich mit Staffelanlagen (Bild 10), bei denen jeweils im Schutz der Absenkung einer Staffel eine neue Staffel von Brunnen gebohrt und in Betrieb genommen wurde, bis die obere Staffel trocken fiel und abgeschaltet werden konnte. Für Sonderaufgaben stand auch bereits das Vereisungsverfahren zur Verfügung, welches den anstehenden Boden verfestigte und wasserundurchlässig machte.

Bild 10[2]

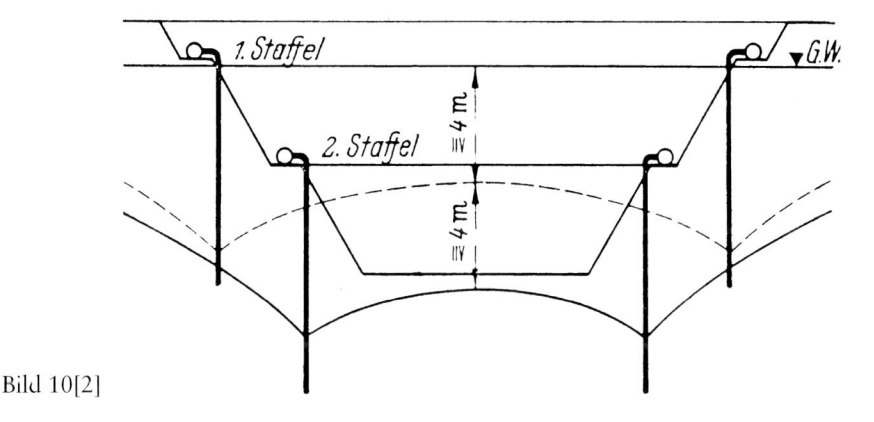

2 Entwicklungen im Leitungsgrabenbau

Zwar gehört der Leitungsgrabenbau nicht zum Spezialtiefbau im engeren Sinn, doch können die Entwicklungen der letzten 20 Jahre auf diesem Gebiet im Zusammenhang mit Baugruben nicht übergangen werden. Zunächst begnügte man sich mit Verbesserungen der bekannten Bauweisen:
a) Durch die Entwicklung von Verbauträgern mit Druck- und Zugglied (Bild 11) konnte die Höhe des Arbeitsraums zum Verlegen von Rohren erheblich vergrößert werden.
b) Durch den Einsatz von steiferen und längeren Profilen konnte der wirtschaftliche Anwendungsbereich des senkrechten Kanaldielenverbaues (Bild 12) erheblich ausgeweitet werden.

Die folgende Weiterentwicklung ging von dem Grundgedanken aus, daß ein Graben mit senkrechten Wänden in vorübergehend standfestem Boden dann tiefer als 1,25 m ausgeschachtet werden durfte, wenn durch Abrutschen von Bodenmassen weder Menschen noch Leitungen oder andere bauliche Anlagen gefährdet werden. Vor

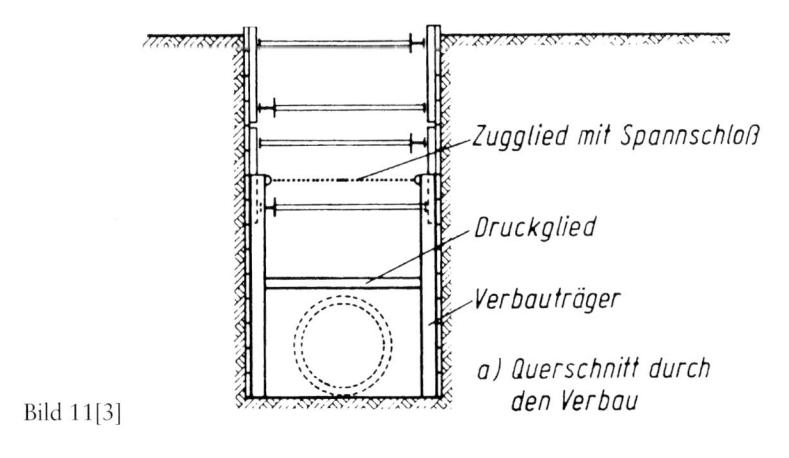

Bild 11[3]

Bild 12[8]   Bild 13[9]

dem Betreten dieser Gräben muß aber ein fachgerechter Grabenverbau eingebracht werden. Dies führte zur Entwicklung zweier Arten von Grabenverbaugeräten:
a) Verbauhilfsgeräte dienen zum Einbau eines herkömmlichen waagerechten oder senkrechten Verbaues.
b) Verbaueinheiten bilden selbst ein Teilstück des fertigen Verbaues.

Bei den Verbauhilfsgeräten lassen sich wiederum grundsätzlich zwei unterschiedliche Ausführungsarten unterscheiden:
a) Bestückungsgerüste sind verstellbare Rahmen, die auf der Geländeoberfläche mit Bohlen bestückt und in den ausgehobenen Graben gesetzt werden. Nachdem die Bohlen gegen die Grabenwände ausgesteift worden sind, kann das Verbaugerät aus dem Graben gehoben werden. Zurück bleibt je nach Gerät ein waagerechter oder ein senkrechter Grabenverbau.
b) Vorstreckgeräte benutzen in der Regel Kästen, Wagen oder Rahmen, die vom fertig verbauten Grabenteil aus vorgeschoben werden und in deren Schutz von oben her die Bohlen eines senkrechten Verbaus eingebracht und ausgesteift werden können.

Neben den Verbauhilfsgeräten, die dazu dienen, einen herkömmlichen waagerechten oder senkrechten Grabenverbau in einen ausgehobenen Graben einzubringen, sind auch fertige Verbaueinheiten entwickelt worden, die ähnlich dem waagerechten Verbau aus Bohlen, Aufrichtern sowie Kanalstreben bestehen und als Ganzes in den

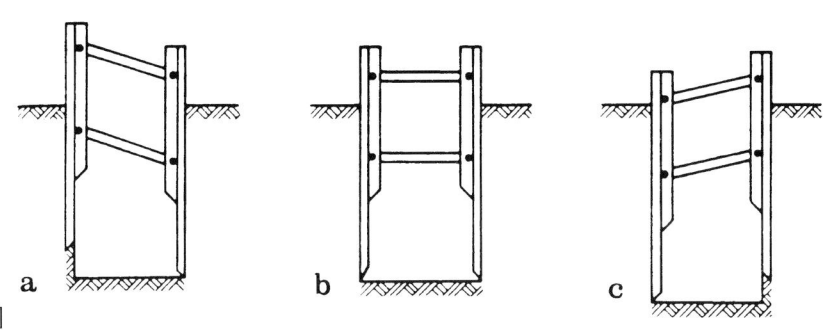

Bild 14[6]

Graben eingesetzt und anschließend gegen die Grabenwände gedrückt werden (Bild 13). Auch mittig gestützte oder randgestützte Stahlverbauplatten dürfen dafür eingesetzt werden.

Der Einsatz der bisher genannten Grabenverbaugeräte setzt voraus, daß die Grabenwände zumindest so lange auf volle Aushubtiefe stehenbleiben, bis der Verbau in der Lage ist, die Stützung zu übernehmen. Für Böden, die nur auf eine geringe Höhe vorübergehend standfest sind, wurden Verbaueinheiten aus großformatigen Stahlverbauplatten und Kanalstreben entwickelt, die im Absenkverfahren eingebracht werden können. Beim Absenkverfahren werden die beiden gegenüberliegenden Verbauplatten jeweils abwechselnd dem Aushub folgend in den Boden gedrückt (Bild 14). Die verschiedenen im Einsatz befindlichen Gerätetypen lassen sich wie folgt einteilen:

a) Bei den unmittelbar gestützten Verbauplatten bilden die Platten mit den senkrechten Traggliedern und den Kanalstreben eine Einheit (Bild 15).

b) Beim Einfachgleitschienenverbau sind Kanalstreben und senkrechte Tragglieder zu rahmenförmigen Einheiten zusammengefaßt. Die senkrechten Tragglieder sind als Gleitschienen ausgebildet, in denen die Verbauplatten geführt werden (Bild 16).

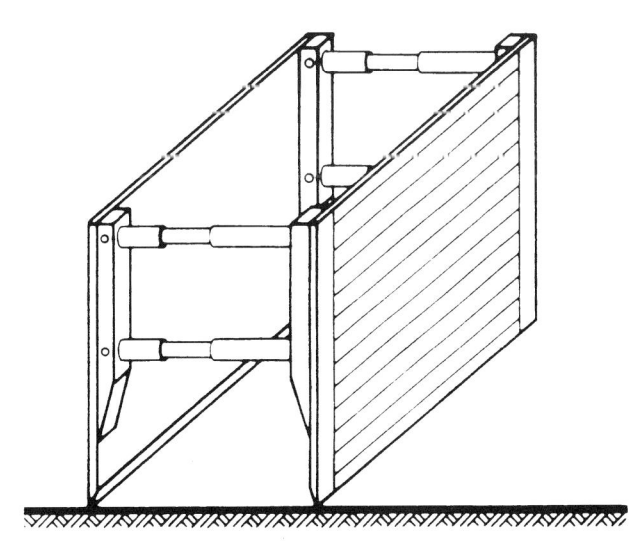

Bild 15[6]

Bild 16[6]

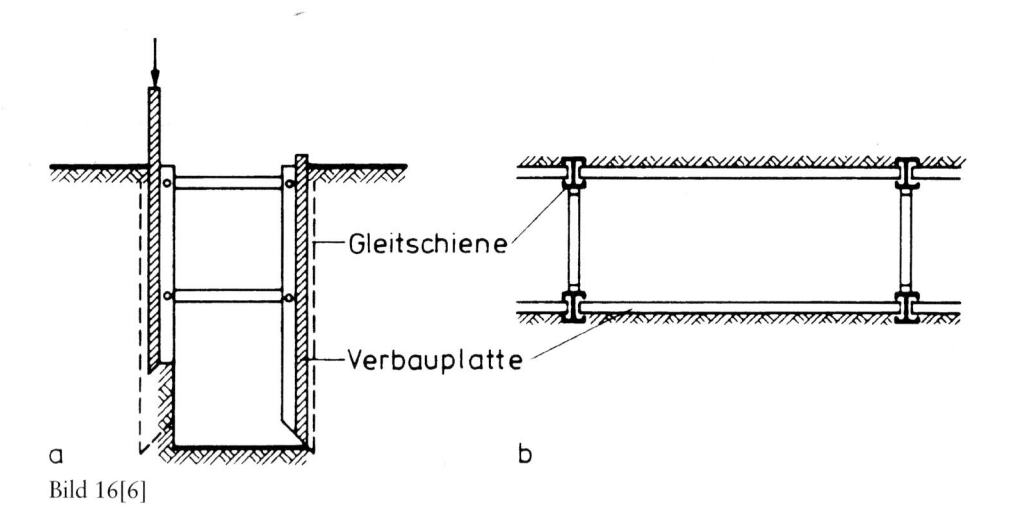

Bild 17[6]

c) Beim Doppelgleitschienenverbau sind in den senkrechten Traggliedern zwei Nuten angeordnet, so daß die Verbauplatten in zwei verschiedenen Ebenen geführt werden können (Bild 17).

Ein Mittelding zwischen Verbauhilfsgerät und fertiger Verbaueinheit stellen die Dielenkammer-Elemente dar, die etwas unterhalb der Geländeoberfläche als feste Aussteifungsrahmen eingebaut, aber wie Vorstreckgeräte von oben her mit Kanaldielen bestückt werden (Bild 18).

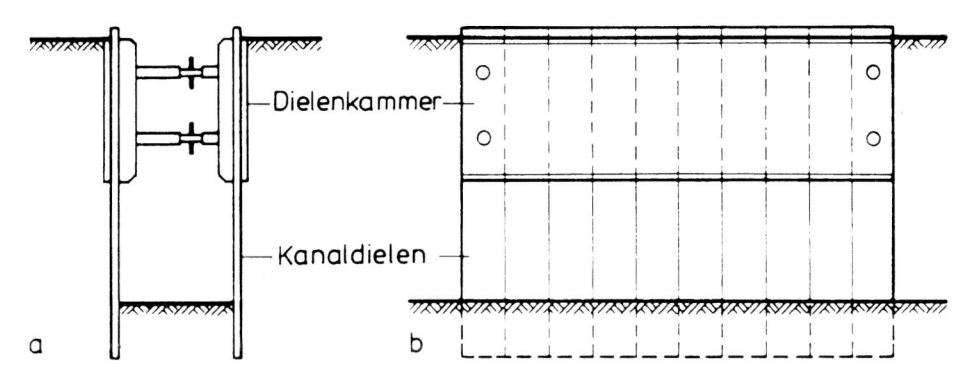

Bild 18[6]

3 Entwicklungen bei Baugrubenverkleidungen

Bei den Baugrubenverkleidungen lassen sich die neuen Entwicklungen wie folgt einteilen:
a) Sicherung von steilen Böschungen durch verschiedene Oberflächenbefestigungen mit Verankerung durch einzelne Anker oder Vernagelung,
b) Ausbildung von zahlreichen Varianten der Trägerbohlwand,
c) Detailverbesserungen bei Spundwänden,
d) Entwicklung von Baugrubenverkleidungen aus Stahlbeton,
e) Verfestigung des anstehenden Bodens.

Im einzelnen können in Zusammenhang mit den steilen Böschungen folgende wesentliche Entwicklungen genannt werden:
a) Beim sogenannten Essener Verbau (Bild 19) wird die Böschungsoberfläche durch Baustahlgewebe bzw. bewehrten Spritzbeton flächenhaft abgedeckt; diese Oberflächenbefestigung wird ihrerseits durch][-Träger gehalten, die im Boden verankert werden.

Bild 19[6]

b) Bei einer Weiterentwicklung werden die][-Träger durch einzelne Ankerplatten ersetzt (Bild 20).
c) Bei der Bodenvernagelung wird der ganze Erdkörper mit Bodennägeln durchsetzt, so daß eine Art von Schwergewichtswand entsteht (Bild 21).

Bild 20[6]

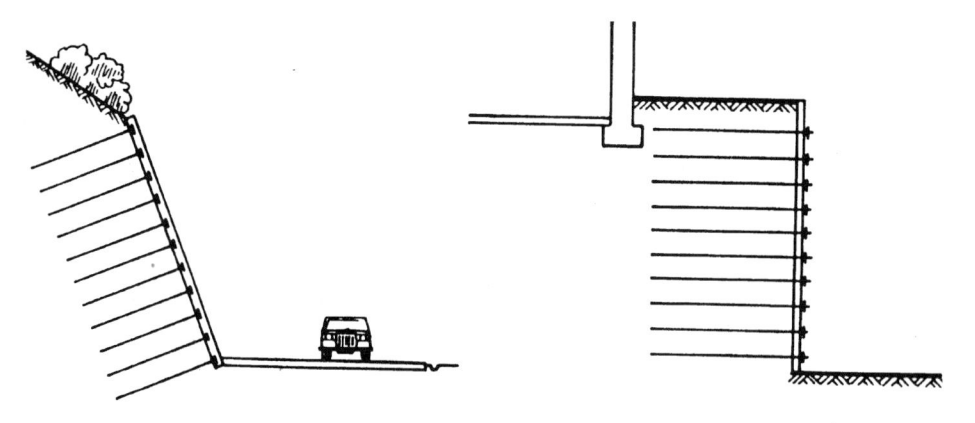

Bild 21[7]

Die weitere Entwicklung der Trägerbohlwand führte zu folgenden Lösungen:
a) Als Bohlträger wurden IPB-Profile, PSp-Profile und][-Profile eingesetzt (Bild 22).
b) Die Bohlträger wurden zunehmend in vorgebohrte Löcher gestellt (Bild 23).
c) Für die Ausfachung wurden neben den Holzbohlen auch Rundholz, Kanaldielen, bewehrter und unbewehrter Beton verwendet (Bild 24).
d) Die Ausfachung aus Kanaldielen wurde ggf. senkrecht gerammt und durch waagerechte Gurte gehalten (Bild 25).

Entwicklungen bei Baugrubenverkleidungen

Bild 22[8]

Bild 23[8]

Bild 24[8]

Bild 25[8]

Bild 26[8]

e) Durch eine Weiterentwicklung der Klammerkonstruktion erweiterte sich der Anwendungsbereich der vorgehängten Bohlen (Bild 26).

Außer durch Rammen und Vorbohren werden die Bohlträger oft auch durch Einrütteln in den Boden eingebracht. Zum Ziehen werden nicht mehr Schnellschlaghämmer, sondern ebenfalls Rüttelbäre oder Ziehaggregate eingesetzt, die mit hydraulischen Pressen arbeiten und weder Lärm noch Erschütterungen erzeugen.

Bei Spundwänden fallen die Neuerungen nicht so sehr ins Auge:
a) Es wurden in zunehmendem Maße zur Verbesserung der Schubkraftaufnahme die Schlösser von Larssen-Profilen verpreßt oder verschweißt (Bild 27).
b) Es wurden Lösungen entwickelt, um Schlösser abzudichten.
c) Es wurden sogenannte Leichtspundwände entwickelt, bei denen die Schlösser durch Verhakungen ersetzt sind.
d) Die Einbringverfahren wurden weiterentwickelt; außer dem Rammen kennt man inzwischen auch das Einrütteln und das Einpressen (Bild 28), ggf. mit Bohr- oder Spülhilfe.
e) Beim Rammen wurde die Lärmemission durch Entwicklung von Schallschutzkaminen verringert (Bild 29).

Während bei den Trägerbohlwänden und Spundwänden nur bereits bekannte Lösungen weiterentwickelt wurden, handelt es sich bei den Baugrubenwänden aus Stahlbeton um völlig neue Entwicklungen:

Bild 27[8]

Bild 28[8]

Bild 29[7] Bild 30[8]

a) Bei der Schlitzwand wird abschnittsweise ein Schlitz im Boden hergestellt, mit Suspension gestützt und nach dem Einsetzen von Bewehrungskörben von unten her ausbetoniert (Bild 30).
b) Pfahlwände werden aus überschnittenen Pfählen, aus tangierenden Pfählen oder als aufgelöste Pfahlwand mit Spritzbetonausfachung hergestellt (Bild 31).
c) Bei Unterfangungswänden wird der Boden auf begrenzter Fläche freigelegt, mit einer bewehrten Ortbetonplatte gesichert und diese mit Verpreßankern gegen den Boden gespannt (Bild 32).

Bild 31[8]

Bild 32[6]

Baugrubenwände aus Stahlbeton sind aus der heutigen Praxis nicht mehr wegzudenken. Zum Teil können sie auch mit anderen Verfahren kombiniert werden:
a) Durch einbetonierte Steckträger mit Holzausfachung kann eine Schlitzwand oder Pfahlwand im oberen Bereich durch eine leicht rückbaubare Trägerbohlwand ersetzt werden.
b) Bei zu erwartenden Rammschwierigkeiten kann eine Spundwand in einen suspensionsgestützten Schlitz eingestellt oder in einen Austauschboden eingerammt werden, der vorweg im Zuge von Bohrungen eingebracht worden ist.

Bild 33[10]

Im übrigen ist auch noch die Vereisung (Bild 33) zu erwähnen, die insbesondere bei kreisförmigen Schächten und zum Schließen von Lücken in Spundwänden, Schlitzwänden und Pfahlwänden in fließgefährdeten Böden Verwendung findet.

4 Entwicklung neuer Unterfangungs- und Hebungsmethoden

Zwar war, wie in Abschnitt 1 bereits erwähnt, die Unterfangung von Fundamenten in schmalen Streifen vor 40 Jahren bereits bekannt, es gab aber keine allgemein anerkannten Regeln darüber, wie dies im einzelnen durchzuführen war. So wurde oft das Fundament auf ganzer Länge bis zur Aufstandsebene freigelegt oder gar daneben ein durchgehender Graben ausgehoben; oft waren die Unterfangungsabschnitte zu breit oder in zu geringem Abstand nebeneinander angeordnet. Dies änderte sich erst mit Einführung der DIN 4123 „Gebäudesicherung im Bereich von Ausschachtungen, Gründungen und Unterfangungen" aus dem Jahr 1972. Sie legte fest,
a) wie weit der Boden neben einer bestehenden Gründung ausgehoben werden darf,
b) in welchen Abschnitten und mit welchen Sicherungsmaßnahmen eine Unterfangung vorzunehmen ist,
c) in welchen Abschnitten und unter welchen Bedingungen die Gründung eines neuen Bauwerkes vorzunehmen ist,
d) welche Sicherungsmaßnahmen an bestehenden Bauwerken vorgenommen werden sollten, bevor mit den Aushub- und Unterfangungsarbeiten begonnen wird.

Bei der Unterfahrung von Gebäuden wird auch heute noch die bewährte Unterfangungsmethode mit Bohrpfählen, Längsbalken und Steckträgern oder mit Stahlbetonmanschetten gewählt; für schwierige Fälle, z. B. bei ungünstigen Bodenverhältnissen und bei beengtem Raum, stehen aber darüber hinaus völlig neue Verfahren zur Verfügung: Die früher bevorzugt eingesetzte chemische Bodenverfestigung ist inzwischen weitgehend abgelöst worden:
a) Mit dem Preßverfahren können aus Mauerwerksnischen heraus Pfähle in den Untergrund eingepreßt werden.

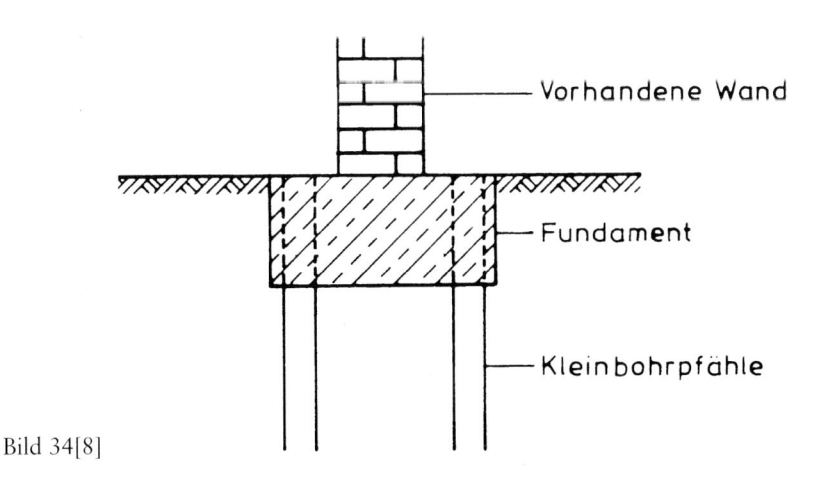

Bild 34[8]

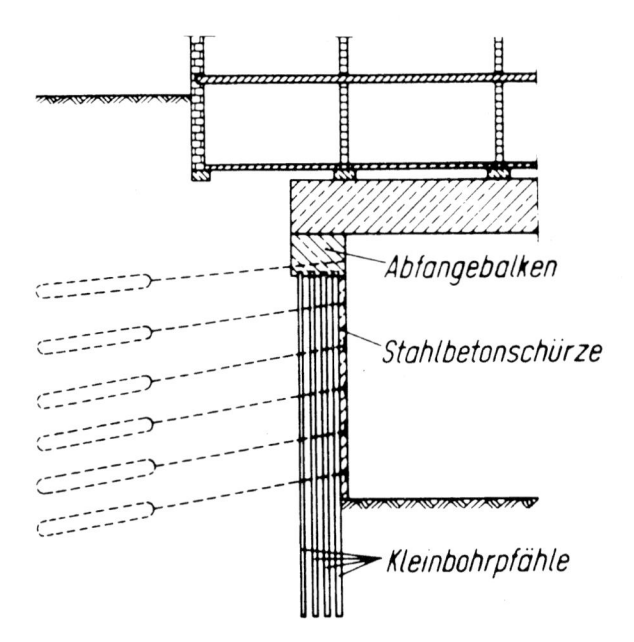

Bild 35[4]

Bild 36[7]

b) Mit Kleinbohrpfählen können die Fundamente durchbohrt werden (Bild 34). Den technischen Fortschritt verdeutlicht ein Vergleich mit Bild 9. Hierzu siehe auch Bild 44.
c) Mit einem Bündel von Kleinbohrpfählen und einer Spritzbetonschale kann eine Verbundwand hergestellt werden (Bild 35).

d) Mit der Hochdruck-Bodenvermörtelung kann der anstehende Boden durch örtliche Vermischung mit Wasser und Zement zu Beton umgewandelt werden (Bild 36).
e) Sofern die Unterfangung nur zeitweilig wirksam sein soll, kommt neuerdings auch eine Vereisung des Bodens in Frage.

In diesem Zusammenhang sind auch die neuentwickelten Methoden zur Anhebung von Bauwerken zu erwähnen. Während hierzu früher nur die Anhebung mit Hilfe von hydraulischen Pressen oder Druckkissen zur Verfügung stand, kommen heute auch Verfahren in Frage, bei denen mit extrem hohen Drücken Verpreßmaterial auf der Basis von Zement und Bentonit in den Boden gepreßt wird.

5 Entwicklung bei Stützsystemen

Als Stützsysteme werden hier Aussteifungen und Verankerungen bezeichnet. Bei den Aussteifungen sind folgende Entwicklungen zu verzeichnen:
a) Eine neue Generation von Kanalstreben ermöglicht die Aussteifung von Leistungsbaugruben bis zu 4 m Breite (Bild 37).
b) Bei den größeren Baugruben sind vielfach Steifen aus IPB-Trägern an die Stelle von Holzsteifen getreten (Bild 38).

Bild 37[8]

Bild 38[8]

Bild 39[8]

Bild 40[8]

c) Bei breiten Baugruben ist die Mittelrammung durch neue Formen von Steifen ersetzt worden, z. B. durch IPB-Träger mit Knickhaltung, durch Rohrsteifen und durch Gittersteifen (Bild 39).
d) Insbesondere bei U-Bahn-Baugruben wird der Unterbeton zur Aussteifung herangezogen, damit nach dem Ausbau der untersten Steifenlage das Bauwerk ohne Behinderung durch die Aussteifung wirschaftlich hergestellt werden kann (Bild 40).
e) Bei der Deckelbauweise im Tunnelbau in offener Bauweise wird nach Erreichen der entsprechenden Aushubtiefe die Tunneldecke eingebracht und beim weiteren Aushub als Aussteifung genutzt (Bild 41).
f) Bei der Herstellung von mehreren Kellergeschossen kann dieses Verfahren mehrmals angewendet werden. Die Deckenplatten werden dabei zeitweilig auf Bohrpfähle umgelagert.

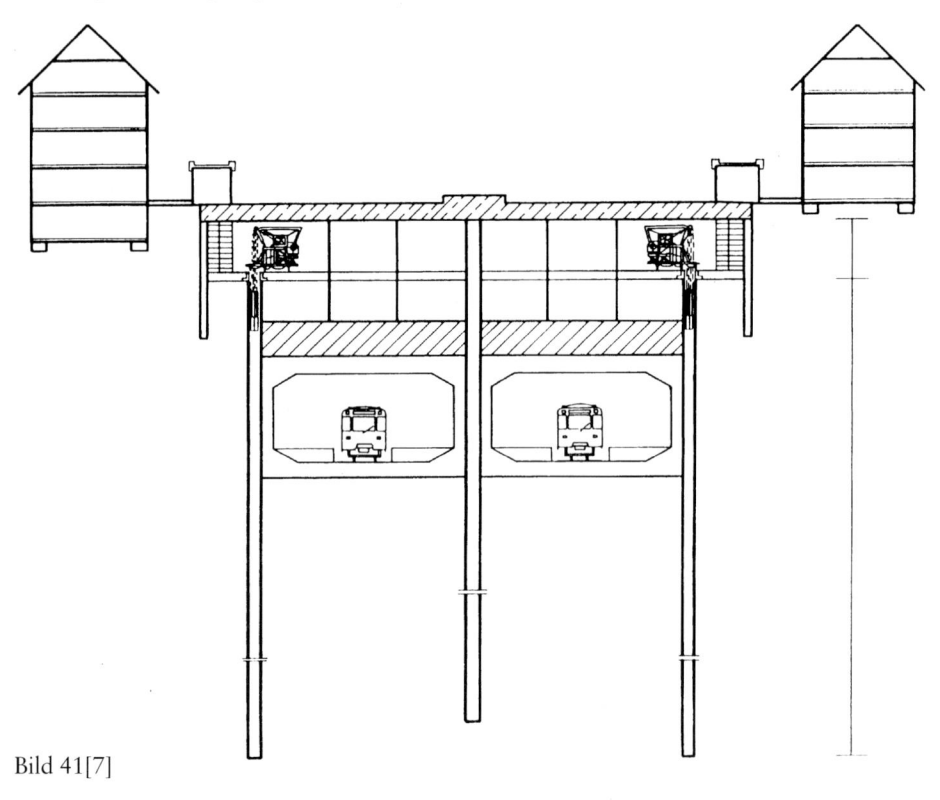

Bild 41[7]

Völlig neu ist die Entwicklung der Verankerungstechnik:
a) Bei den Ramm-Verpreßpfählen wird während des Rammens an der Spitze des Rammgutes Zementmörtel in den Boden gepreßt, so daß während des Rammens die Mantelreibung stark herabgesetzt und nach dem Erhärten ein fester Verbund zwischen anstehendem Boden und Stahlzugglied entsteht. Auf diese Weise werden erheblich größere Mantelreibungskräfte wirksam als bei glatten Rammpfählen (Bild 42).

Bild 42[8]    Bild 43[7]

b) Bei den Verpreßankern wird ein Rohr in den Boden eingerammt oder eingebohrt, ein Stahlzugglied eingeführt und die Verankerungsstrecke mit Zementmörtel verpreßt, während das Rohr wieder gezogen wird. Später wird jeder einzelne Anker geprüft und anschließend vorgespannt (Bild 43).

c) Bei den Kleinbohrpfählen wird ähnlich verfahren. Sie werden aber auch auf ganzer Länge verpreßt und nicht einzeln geprüft, auch nicht vorgespannt (Bild 44).

d) Erdnägel werden ähnlich hergestellt wie Kleinbohrpfähle; hier ist wegen der begrenzten Ankerkraft auch der Einsatz von Kunststoffzuggliedern möglich.

Durch die Verankerungstechnik wurde es möglich, beliebig große Baugruben ohne Aussteifung herzustellen und einseitige Geländesprünge von großer Höhe zu sichern (Bild 45). Viele moderne Bauverfahren zur Herstellung von unterirdischen Stahlbetonbauwerken wie Großflächenschalung und Fertigteilbauweise wurden dadurch überhaupt erst möglich. Störend wirkten dabei lange Zeit die Verankerungsköpfe, die den Arbeitsraum einengten bzw. ihn überhaupt erforderlich machten. Es ist verblüffend zu sehen, mit welchen Tricks es gelungen ist, die Verankerungsköpfe zwischen

Bild 44[7]    Bild 45[7]

den][-Profilen einer Trägerbohlwand (Bild 46), in den Tälern einer Spundwand (Bild 47), in den Zwickeln einer Pfahlwand (Bild 48) bzw. in eigens angeordneten Nischen einer Schlitzwand (Bild 49) verschwinden zu lassen.

Bild 46[8]

Bild 47[8]

Bild 48[8]

Bild 49[8]

6 Entwicklung bei der Trockenhaltung von Baugruben

Die zu Beginn der fünfziger Jahre bekannten Wasserhaltungsverfahren sind inzwischen weiterentwickelt worden:

a) Die Flachbrunnenanlagen mit Rohrbrunnen wurden durch das Wellpoint-Verfahren abgelöst, bei dem die Bohrung mit eingesetztem Saugrohr durch ein einziges Rohr von 50 mm Durchmesser mit geschlitzter Kunststoffspitze ersetzt wurde, welches in wenigen Minuten in den Boden eingespült werden kann (Bild 50).

b) Durch bessere Pumpentechnik wurde die Saughöhe so stark vergrößert, daß der überschüssige, nicht für die Förderung des Wassers benötigte Unterdruck zum Ansaugen des Wassers genutzt werden kann; aus Wellpoint-Brunnen werden auf diese Weise Vakuum-Brunnen.

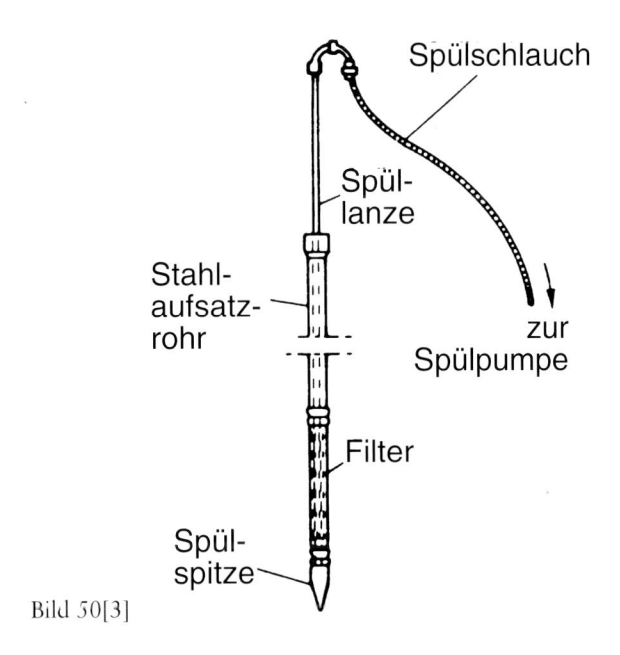

Bild 50 [3]

c) Durch eine Kombination von Rohrbrunnen und Vakuum-Brunnen können auch schluffige Böden entwässert werden, indem zunächst mit Hilfe einer Vorbohrung ein Bodenaustausch mit einem gröberen, aber noch filterstabilen Material vorgenommen wird und anschließend die Lanzen in den Austauschboden eingespült werden.

d) Durch die Beaufschlagung von luftdicht abgeschlossenen Tiefbrunnen mit Vakuum (Bild 51) ist die Leistung dieser Brunnen stark erweitert und ihr Anwendungsbereich auf Feinsand- und Schluffböden ausgedehnt worden.

e) Durch die Entwicklung von Versickerungbrunnen ist in großem Maße die Grundwasserrückführung ermöglicht worden, die insbesondere dann von Bedeutung ist, wenn die Reichweite einer Absenkung begrenzt werden muß, z. B. mit Rücksicht auf Holzpfahlgründungen, die nicht trocken fallen dürfen, oder mit Rücksicht auf den Grundwasserhaushalt.

Bild 51[8]

Während sich die Vakuum-Anlagen im Leitungsgrabenbau wegen ihrer kleinen Reichweite und der damit verbundenen geringen Auswirkung auf den Wasserhaushalt immer noch großer Beliebtheit erfreuen, haben die Tiefbrunnenanlagen ihre große Zeit hinter sich. Entweder werden große Absenkungen wegen der ökologischen Folgen nicht mehr erlaubt oder aber es besteht die Gefahr, kontaminiertes Grundwasser anzusaugen und noch nicht verseuchte Bereiche in die Kontamination einzubeziehen. An die Stelle der Grundwasserabsenkung tritt nunmehr oft die Grundwasserabsperrung. Hierbei ist zu unterscheiden zwischen der seitlichen Absperrung und der Absperrung nach unten. Für die seitliche Absperrung stehen zur Verfügung:
a) Annähernd wasserdichte Spundwände, Stahlbetonschlitzwände und überschnittene Bohrpfahlwände.
b) Dichtwände, die im Schlitzwandverfahren hergestellt werden, wobei der Suspension Zement zugegeben wird.
c) Schmalwände, zu deren Herstellung verstärkte I-Träger in den Boden gerüttelt und wieder gezogen werden, wobei während des Einbringens und Ziehens der entstehende Spalt mit einer hydraulisch erhärtenden Masse verpreßt wird (Bild 52).
d) Sofern die Grundwasserabsperrung nur zeitlich begrenzt wirksam sein soll, kommt auch eine Vereisung des Bodens in Frage, insbesondere bei Schachtbaugruben und zum Schließen von Lücken, die absichtlich vorgesehen waren oder unbeabsichtigt entstanden sind.

Sofern die Baugrubenaußenwände bzw. die Dichtwände nicht in eine wassersperrende Bodenschicht eingebunden werden können, besteht die Möglichkeit, eine dichte Sohlplatte herzustellen oder den anstehenden Boden wasserundurchlässig zu machen. Die Sohlplatten werden entweder aus Unterwasserbeton (Bild 53) oder durch Verpressen einer vorher eingebrachten Steinschüttung mit Zementmörtel hergestellt. Damit sie nicht zusammen mit den Baugrubenwänden aufschwimmen, müssen sie
a) entweder zusammen mit den Baugrubenwänden selbst schwer genug sein oder
b) durch gerammte Zugpfähle, Verpreßpfähle oder vorgespannte Verpreßanker gehalten werden.

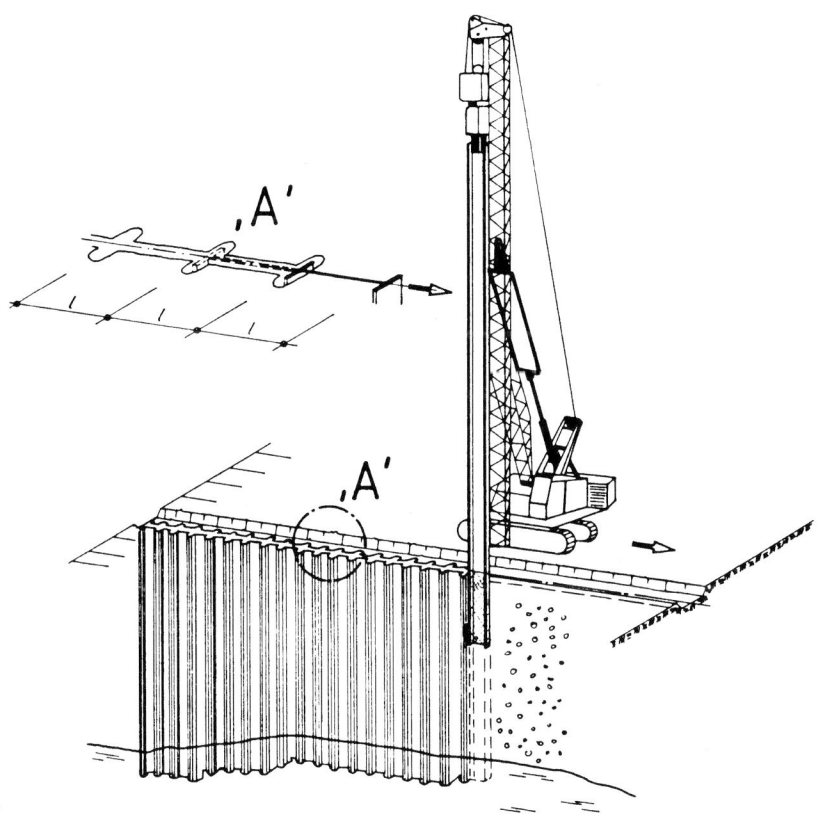

Entwicklung bei der Trockenhaltung von Baugruben

Bild 52[7]

Bild 53[8]

29

Bei der Lösung, den Boden selbst weitgehend wasserundurchlässig zu machen, ist die chemische Bodenverfestigung inzwischen weitgehend abgelöst worden durch
a) die Verpressung mit Feinstzement, sofern der Boden dies zuläßt,
b) die Anwendung der Hochdruck-Bodenvermörtelung (Bild 54).

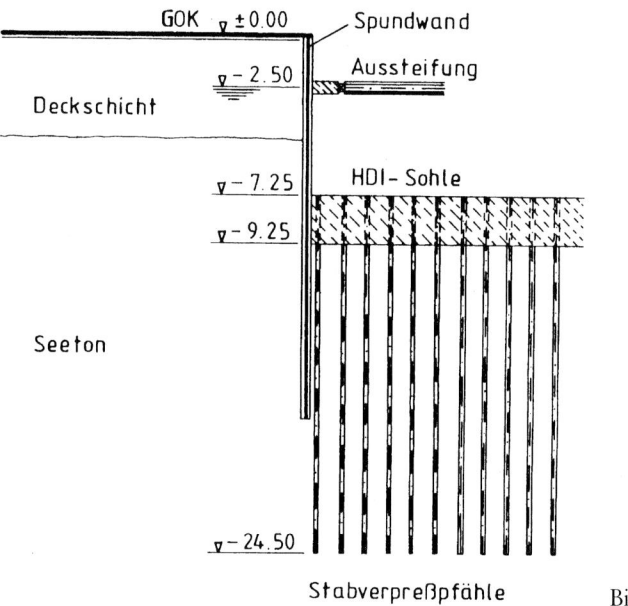

Bild 54[7]

Das Einbringen einer Schicht mit Hilfe der Hochdruck-Bodenvermörtelung kann auch bei fließgefährdeten schluffigen Böden eine brauchbare Lösung sein, wenn eine Stützung der Baugrubenwände durch den Boden unterhalb der Baugrubensohle nicht möglich ist.

Für die Absperrung des Grundwassers kann in Einzelfällen als vorübergehende Maßnahme auch die Vereisung gewählt werden.

7   Neue technische Probleme

Bei der Verwendung neuer Techniken konnte es nicht ausbleiben, daß auch technische Probleme auftraten, die vorher nicht oder nicht in diesem Maße bekannt waren, zum Beispiel:
a) In der Anfangszeit der Verankerungstechnik sind mehrmals Ankerstähle gebrochen, weil sie entweder vor dem Einbau aggressiven Medien, z. B. Tausalzeinwirkungen, ausgesetzt oder nach dem Einbau nicht ausreichend gegen Korrosion geschützt waren.
b) Bei der Anordnung stark geneigter Verpreßanker wurde die Fähigkeit von Bohlträgern, senkrechte Kräfte in den Untergrund abzutragen, überschätzt; oft

wurde nicht erkannt, daß dieser Nachweis geführt werden mußte, mit der Folge, daß die Bohlträger und mit ihnen die Ausfachung absackten, sich nach vorne neigten und Setzungen in benachbarten Straßenflächen hervorriefen.

c) Nachdem mehrere große Bauvorhaben mit verankerten Baugrubenwänden erfolgreich abgeschlossen werden konnten und Verpreßankern eine weite Verbreitung eröffneten, gab es beim Bau der S-Bahn im Frankfurter Hauptbahnhof, später auch bei großen Baugruben in Düsseldorf und Duisburg, erhebliche Verschiebungen der Baugrubenwände in Richtung zur Baugrube hin und damit verbunden erhebliche Setzungen von benachbarten Fundamenten und Gebäuden. Inzwischen sind die Ursachen bekannt und die Folgen abschätzbar, in gewissen Grenzen auch vermeidbar.

d) Durch die Möglichkeit, immer größere und tiefere Baugruben herzustellen, wurde eine Erscheinung offensichtlich, die bei den früheren Baugrubentiefen bis zu 10 m gar nicht aufgetreten oder zumindest nicht erkannt worden sind: die Hebung der Baugrubensohle. Der Grund liegt in der Aushubentlastung, deren Wirkung als Setzung mit negativer Belastung rechnerisch erfaßt werden kann. Daneben können diese Hebungen aber auch durch gespanntes Grundwasser verursacht werden, dem der Gegendruck durch Bodeneigengewicht abhanden gekommen ist.

e) Beim Einsatz der Vakuumtechnik zur Entwässerung von Feinsand- und Grobschluffböden gab es in der Anfangszeit herbe Rückschläge, indem mit dem Wasser auch Feinteile durch die Filterschlitze in die Vakuumlanzen eindrangen und sie zusetzten.

f) Bei der Herstellung von Baugruben in schluffigen, fließgefährdeten Böden, die bis in große Tiefe anstehen und früher als nicht beherrschbar gegolten haben, ist man trotz der neuen Baumethoden auf erhebliche Schwierigkeiten gestoßen. Große Setzungen benachbarter Gebäude mußten hingenommen werden. Inzwischen aber ist es möglich, die Probleme rechnerisch und ausführungsmäßig weitgehend in den Griff zu bekommen.

Fast immer sind Fortschritte der Bautechnik in der Vergangenheit durch Fehlschläge im Einzelfall eingeleitet worden. Daran hat sich auch im Spezialtiefbau nichts geändert.

8 Entwicklung technischer Regeln

Zu Beginn der fünfziger Jahre standen für die Berechnung von Baugrubenumschließungen im Hinblick auf Grundbaubelange nur zwei Normen zur Verfügung:
a) DIN 1054 „Zulässige Belastung des Baugrundes; Richtlinien".
b) DIN 1055, Blatt 1, „Lastannahmen für Bauten; Bau- und Lagerstoffe, Bodenarten und Schüttgüter".

Sie konnten nur in sehr begrenztem Umfang, in der Regel nur in Teilbereichen, beim Standsicherheitsnachweis von Baugrubenkonstruktionen herangezogen werden. Sie sind inzwischen schon mehrmals überarbeitet und auf den neuesten Stand gebracht worden. Außerdem wurden sie ergänzt durch:

a) DIN 4014 „Bohrpfähle; Herstellung und zulässige Belastung"
b) DIN 4026 „Rammpfähle; Herstellung, Bemessung und zulässige Belastung"
c) DIN 4084 „Gelände- und Böschungsbruchberechnungen"
d) DIN 4085 „Berechnung des Erddrucks; Berechnungsgrundlagen"
e) DIN 4093 „Einpressen in den Untergrund; Planung, Ausführung, Prüfung"
f) DIN 4123 „Gebäudesicherung im Bereich von Ausschachtungen, Gründungen und Unterfangungen"
g) DIN 4124 „Baugruben und Gräben; Böschungen, Arbeitsraumbreiten, Verbau"

Für die neuen Bauverfahren mußte zunächst immer der Nachweis der Brauchbarkeit geführt und die bauaufsichtliche Zustimmung im Einzelfall eingeholt werden. Nach und nach wurde diese Zustimmung im Einzelfall durch weitere Normen ersetzt. Im wesentlichen sind dies:
a) DIN 4014 Teil 2, „Großbohrpfähle; Herstellung, Bemessung und zulässige Belastung" (inzwischen mit Teil 1 wieder zusammengefaßt)
b) DIN 4125 „Kurzzeitanker und Daueranker; Bemessung, Ausführung und Prüfung"
c) DIN 4126 „Ortbeton-Schlitzwände; Konstruktion und Ausführung"
d) DIN 4127 „Schlitzwandtone für stützende Flüssigkeiten; Anforderungen, Prüfverfahren, Lieferung, Güteüberwachung"
e) DIN 4128 „Verpreßpfähle (Ortbeton- und Verbundpfähle) mit kleinem Durchmesser; Herstellung, Bemessung und zulässige Belastung"

Unabhängig von den Normen entstanden die Empfehlungen des Arbeitskreises Baugruben der Deutschen Gesellschaft für Erd- und Grundbau e.V. (EAB). In ihrer jetzigen Fassung sind sie wie folgt gegliedert:
a) Allgemeines
b) Grundlagen für die Berechnung
c) Größe und Verteilung des Erddruckes
d) Allgemeine Festlegungen für die Berechnung
e) Berechnungsansätze für Trägerbohlwände
f) Berechnungsansätze für Spundwände und Ortbetonwände
g) Baugruben neben Bauwerken
h) Baugruben in nicht standfestem Fels
i) Verankerte Baugrubenwände
k) Baugruben im Wasser
l) Bemessung der Einzelteile
m) Messungen an Baugruben

Während die genannten Normen inzwischen als „Technische Baubestimmungen" eingeführt und somit in den Stand von „Anerkannten technischen Regeln" erhoben sind, fehlt den Empfehlungen des Arbeitskreises „Baugruben" dieses amtliche Siegel. Sie haben aber diese Qualifikation inzwischen durch ihre unbestrittene Kompetenz unter Beweis gestellt. Nach der Rechtsprechung sind sie inzwischen ebenfalls „Anerkannte technische Regeln", weil sie „von den Fachleuten anerkannt sind, sich in der Praxis bewährt haben und in der Theorie als richtig anzusehen sind".

Bildnachweis

[1] Press, H.: Baugrubenherstellung. Grundbau-Taschenbuch, Band I. Ernst & Sohn. Berlin 1995.
[2] Weber, H.: Wasserhaltung. Grundbau-Taschenbuch, Band I. Ernst & Sohn. Berlin 1955.
[3] Weissenbach, A.: Baugruben, Teil 1: Konstruktion und Bauausführung. Ernst & Sohn. Berlin 1975.
[4] Weissenbach, A.: Baugrubensicherung. Grundbau-Taschenbuch, 3. Auflage, Teil 2. Ernst & Sohn. Berlin 1982.
[5] Stocker, M. und Walz, B.: Pfahlwände, Schlitzwände, Dichtwände. Grundbau-Taschenbuch, 4. Auflage, Teil 3. Ernst & Sohn. Berlin 1992.
[6] Weissenbach, A.: Baugrubensicherung. Grundbau-Taschenbuch, 4. Auflage, Teil 3. Ernst & Sohn. Berlin 1992
[7] Bauer Spezialtiefbau GmbH.
[8] Weissenbach, A., Universität Dortmund.
[9] Fa. August Grote.
[10] Jackson, R. H.: Freeze walls key to deep excavation. Western construction, 1969.

EBERHARD FRANKE

Die Bohrpfähle – Entwicklungen bei ihrer Anwendung in Deutschland seit ihrer Erfindung

Eine Vorbemerkung:

Wie der Titel sagt, geht es hier um den Versuch einer Geschichtsschreibung. Das erfordert die Einfühlung in die Vorstellungswelt früherer Generationen und wird nur deshalb nicht zum leichtsinnigen Wagnis, als der Verfasser nicht mehr mit vielen besserinformierten Älteren rechnen muß. Denn im Gegensatz zum politischen und soziologischen Themenbereich gibt es auf solchen Spezialgebieten der Technik kaum Reflexionen über die Ursachen von Meinungen und deren Veränderung und schon gar nicht deren laufende Fortschreibung, vielmehr muß man aus den mit dem Technikfortschritt veränderten Regeln seine Schlüsse ziehen. Eine andere Beschränkung, welcher sich der Verfasser bewußt ist, besteht im unterschiedlichen Informationsstand bezüglich der zu berücksichtigenden Wissenskomponenten: Man kann z.B. wohl kaum in gleicher Qualität sowohl über die Baumaschinenentwicklung als auch über die Tragfähigkeitsermittlung von Pfahlgründungen informiert sein, obgleich es zwischen beiden Zusammenhänge gibt. So sei die Bitte vorausgeschickt, es dem Verfasser nachzusehen, wenn er nicht immer und überall die Informationen zustande bringt, die andere, in anderen Details besser Informierte, erwarten.

1   Die Frühzeit

Die Bohrpfahlherstellung ist – wie die Baugrunderkundung mittels Bohrungen – bis in die Nachkriegszeit mit den Mitteln des Brunnenbaus vorgenommen worden. Den Normalfall der Herstellung eines Bohrpfahls kennzeichnet Bild 1; man sieht den Dreibock mit Handwinde, mit welchem Michaelis-Mast-Pfähle hergestellt wurden. Die Bilder sind im Zusammenhang mit einer von Adolf Mast verfaßten Broschüre entstanden, die den Titel trägt: „50 Jahre Umgang mit Pfahlgründungen", und ist im Bauverlag Wiesbaden um 1955 erschienen, mit Bezügen zur Bauleiterzeit von Mast bei Holzmann noch vor der Jahrhundertwende. (Daß in dem Buch von einer „Baugesinnung" die Rede ist, „die nicht allein auf das Verdienen und das Abwürgen von vorsichtigeren Konkurrenten gerichtet ist", muß etwas mit dem vorigen Jahrhundert zu tun haben, weil solche Vorstellungen heute wohl kaum mehr als praktikabel angesehen werden.) Der andere „elder statesman" auf dem Gebiet der Pfahlherstellung, auf dessen Meinungsäußerungen sich dieser Bericht – soweit es um die Historie geht – vor allem stützt, ist Dr. Schenck, der vielen Lesern noch persönlich bekannt sein wird, bis 1972 Obmann des Normenausschusses „Pfähle"

Die Bohrpfähle – Entwicklungen bei ihrer Anwendung in Deutschland seit ihrer Erfindung

Bild 1 a   Herstellung eines Michaelis-Mast-Pfahles
(Nr. 11 b von Bild 2)
Dreibock und Bohreimer

Bild 1 b   Herstellung eines Michaelis-Mast-Pfahles
(Nr. 11 b von Bild 2)
Dreibock, Handwinde, Ausleeren des Bohreimers

Bild 1 c   Herstellung eines Michaelis-Mast-Pfahles
(Nr. 11 b von Bild 2)
Einführen des Bewehrungskorbes

(Zur Verfügung gestellt von Fa. Mast-Grundbau GmbH, Langenfeld)

war und der die Pfahlkapitel im Grundbautaschenbuch von 1955 (1. Aufl.) und 1966 (2. Aufl.) geschrieben hat.

Die Vorstellungen von der Einsetzbarkeit der Bohrpfähle waren in der Frühzeit andere als heute, und es ist sicher von Interesse, sie kennenzulernen. So äußert Mast in der genannten Broschüre sinngemäß, daß Bohrpfähle nur angewendet werden sollten:
– wenn Rammpfähle „wie in geschlossenen Räumen" nicht anwendbar sind,
– wenn der Abstand zu bestehenden Gebäuden zu klein ist, weil diesen dann Rammerschütterungen schaden könnten.

Dann hebt Mast die größere Schadensanfälligkeit gegen die „Beschaffenheit des Bodens und vor allem des Grundwassers" hervor, die Bohrpfähle im Vergleich zu Rammpfählen besäßen. Er denkt dabei sowohl an mögliche Einschnürungen des Pfahlschafts, Korrosion in aggressiven Böden und Grundwässern als auch an den oft fehlenden Grundwasserüberdruckausgleich beim Bohren und Betonieren: alles Einflüsse, denen Fertigrammpfähle nicht ausgesetzt sind. – Die Erhöhung der Tragfähigkeit durch Fußverbreiterung lehnt er besonders im Falle nichtbindiger Böden ab; allenfalls hält er es für möglich, in Kies Pfahlfußvergrößerungen durch Injektionen sicher herzustellen. Er bedauert, daß der Geräteaufwand für die Bohrpfahlherstellung wesentlich geringer als für die Pfahlrammung war und dadurch auch unerfahrene Unternehmer die Bohrpfahlherstellung anbieten konnten. Seine „unabdingbare Forderung" ist: „Die einzelnen Phasen der Herstellung des Pfahles müssen ohne besondere Schwierigkeiten dauernd genauestens beobachtet, verfolgt und kontrolliert werden können, um die bei dem rauhen Baubetrieb jederzeit möglichen Abweichungen von dem normalen Fortgang der Arbeiten sofort abstellen bzw. korrigieren zu können." Die auch noch heute geltende Maxime wird z.B. für Schneckenbohrpfähle in der DIN 4014 von 1990 unter 6.2.4 durch folgende Formulierung berücksichtigt: „Die Anzahl der Umdrehungen ist tiefenabhängig **automatisch** zu registrieren; die Meßschriebe sind Bestandteil des Bohrprotokolls." – Völlig abgelehnt wird von Mast unter Hinweis auf Mißerfolge die Berechnung der Pfahltragfähigkeit mit theoretischen Verfahren. Er weist dazu auf die DIN 1054 von 1953 hin, die dazu besagt: „Für Bohrpfähle lassen sich wegen der großen Verschiedenheit der Herstellungsverfahren und der damit verbundenen weitgehenden Unterschiede der Tragfähigkeit keine festen Werte angeben."

Dieser Grundsatz wird in unserem Land ja für alle Pfähle aufrechterhalten (s. dazu DIN 1054 von 1976 unter 5.6), nur ist die Begründung mit der „Verschiedenheit der Herstellungsverfahren" entfallen, da es vor allem die Veränderung der Bodeneigenschaften bei der Pfahlherstellung ist – Bohren lockert auf, Rammen verdichtet –, welche sich bei mechanischen Modellierungen (wie man es heute nennt) als Grundlage für theoretische Berechnungsmethoden nicht hinreichend berücksichtigen läßt.

Im Grundbautaschenbuch von 1955 vertritt Schenck mehr oder weniger deckungsgleiche Ansichten wie Mast und kommt (auf S. 458) zu dem Schluß: „Setzungen bei normalen Bohrpfählen sind immer verhältnismäßig hoch und uneinheitlich (als Folge der Unmöglichkeit, selbst Bohrpfähle gleichen Typs stets völlig gleichmäßig herzustellen; d. Verf.). Die Tragfähigkeit (ist) entsprechend gering. Gründungen auf sol-

Die Bohrpfähle – Entwicklungen bei ihrer Anwendung in Deutschland seit ihrer Erfindung

Lfd. Nr.	Name	Hersteller	Schaft- ⌀ des Vortreib- oder Bohr- rohres cm	Fußverbreiterung		Zulässige Belastung t	Schaft- bewehrung mit – ohne	Aus- führungs- länge bis m	Pfahl- neigung bis	als Zugpfahl geeignet – nicht geeignet	Herstellungsweise
				mit – ohne	Fuß- ⌀ cm						
1	2	3	4	5	6	7	8	9	10	11	12
1	Frankipfahl	Frankipfahl-Bau- gesellschaft m.b.H., Düsseldorf	40 50	Pfahlfuß wird durch Ausstampfen verbreitert	60–130	100 160	mit	30 m	4:1	geeignet (s. Tafel 7, Nr. 16)	Ein durch einen festgestampften Betonpfropfen unten abgeschlossenes Stahlrohr (Vortreibrohr) wird durch Innenrammung mit hoher Schlagenergie – Bär- gewicht 2,0 bis 3,0 t, Fallhöhe 7 bis 10 m – in den Boden bis in die erforderliche Tiefe getrieben. Dann wird das Vortreibrohr am Mäkler der Ramme aufgehängt und der Betonpfropfen und nachgefüllter erdfeuchter Beton durch weitere Rammschläge aus dem Rohr getrieben. Es entsteht so ein breiter Pfahl- fuß. Durch abschnittsweises Nachfüllen und Aus- stampfen von erdfeuchtem Beton bei gleichzeitigem Ziehen des Vortreibrohres wird ein rauher Pfahl- schaft aufgebaut, dessen Durchmesser größer ist als der Durchmesser des Vortreibrohres. Bei Herstellung des Pfahlschaftes wird in der erforderlichen Länge ein geschweißter Bewehrungskorb – Längseisen mit Spiralumschnürung – eingesetzt. Der festgestampfte Beton des Frankipfahles hat ein sehr dichtes Gefüge.
2	Franki- Hülsen- pfahl	Frankipfahl-Bau- gesellschaft m.b.H., Düsseldorf	wie bei 1	wie bei 1	60–130	wie bei 1	mit	30 m	4:1	geeignet	Herstellung wie bei 1. Bei Einsetzen des Bewehrungs- korbes wird eine mit diesem fest verbundene Blech- hülse eingebracht. Die Anwendung des Franki- Hülsenpfahles empfiehlt sich dort, wo sehr weiche bindige Böden durchfahren werden müssen. Die Länge der Blechhülse richtet sich nach der Mächtig- keit der weichen bindigen Bodenschicht. Der unter- Teil der Pfähle, der in der tragfähigen Boden- schichten steht, ist als normaler Frankipfahl wie unter 1 ausgeführt.
3	Simplex- pfähle (ver- besserte Ausführung)	Kölncke & Co. Bremen	40	ohne	—	60–80	mit	20 m	4:1	geeignet	Ältester Ortrammpfahl. Starkwandiges Rohr (20 mm) mit lösbarer und verlorener zu gebender Gußstahl- spitze (45,5 cm ⌀, φ) wird eingerammt (Ramm- haube). Bewehrungskorb im Trocknen eingestellt und Beton eingefüllt. Aufsetzen eines Verschluß- deckels und Abdrücken des Betons mit Preßluft (6 atü) unter gleichzeitigem Ziehen des Rammrohres.
4	Expreß- pfahl „System Stern"	Beton- und Tiefbau Mast A.G. Berlin-Tempelhof; Bauunternehmung Mast G.m.b.H. Düsseldorf Spezial- Bauunternehmung Dipl.-Ing. Hanns Krötz, München	47	ohne mit	bis 130	80–120 je nach Pfahllänge u.Bodenver- hältnissen	in der Regel ohne Be- wehrung, jedoch auch mit Bewehrung möglich	18 m	5:1	geeignet mit durch- gehender Bewehrung	Starkwandiges Rohr mit lösbarer und verloren zu gebender Stahlbetonspitze wird eingerammt. (Ramm- haube). Im Rohr geführtes schweres Stampf- gestänge mit „Kolbenventil" am unteren Ende, durch das der Beton in erdfeuchtem Zustand eingefüllt wird, verdichtet den Beton bei gleichzeitigem Hoch- ziehen des Vortreibrohres. Bei Bewehrung wird ein zweites Innenrohr als Stampfgestänge benutzt.
5	Rüttelpfahl „System Zeissl"	wie bei 4	32	ohne mit	bis 100	30–80	mit und ohne	bis 15 m	6:1	geeignet mit durch- gehender Bewehrung	Niederbringen der Rammrohre eines Hochfrequenz-Rüttlers. Füllen der Rohre mit steifplastischem Beton. Einschalten des Rüttlers. Hochziehen von Rohr und Rüttler. Pfahlfußver- breiterung kann zuvor ausgestampft werden mit Stößel oder Stampfrohr, ähnlich wie beim Expreß- pfahl.
6	Franki- Rohrpfahl	Frankipfahl-Bau- gesellschaft m.b.H., Düsseldorf	Vortreib- rohr wie unter 1 oder geeignetes Kasten- profil	mit ohne	60–130	80–120	nur im Kopf- bereich erforderlich	bis 30 m und mehr	4:1	geeignet	Anwendung bei Pfahlgründungen im freien Wasser. Das durch den Betonpfropfen unten abgeschlossene Vortreibrohr oder mit geeignetes Kastenprofil wird durch das freie Wasser abgesenkt, wie unter 1 be- schrieben, in den Boden gerammt und mit Beton verfüllt. Der Vortreibkörper verbleibt im Boden.

Bild 2 a   Ortpfähle nach Angaben der Hersteller, aus Grundbautaschenbuch von 1955, S. 452–457

Die Frühzeit

Lfd. Nr.	Name	Hersteller	Schaft-⌀ des Vortreib- oder Bohr- rohres cm	Fußverbreiterung mit – ohne	Fußverbreiterung Fuß ⌀ cm	Zulässige Belastung t	Schaft- bewehrung mit – ohne	Aus- führungs- länge bis m	Pfäh- lungs- neigung bis	als Zugpfahl geeignet – nicht geeignet	Herstellungsweise
1	2	3	4	5	6	7	8	9	10	11	12
7	Ramm- pfahl „System Mast"	Beton- und Tiefbau Mast A.G., Berlin-Tempelhof Bauunternehmung Mast G.m.b.H. Düsseldorf	32 40	ohne	–	40 60	nach Bedarf	bis 15 bis 25 Normal- ausführg. bis 40 Spezial- Ausführg.	5:1	geeignet mit durch- gehender Bewehrung	Eine dünne Blechhülse (max. 3,5 mm stark) mit be- sonders ausgebildeter Spitze, die mit Klotz aus Holz oder Beton ausgefüllt ist, wird mittels Jungfer eingerammt. Die im Boden verbleibende Hülse wird dann mit Beton ausgefüllt. Innerer Beton- schutzanstrich der Hülse nach Rammung. (Innenrammung).
8	Frankl- Preßrohr- pfahl	Frankipfahl-Bau- gesellschaft m.b.H. Düsseldorf	25/35 4–6 mm stark	ohne	–	je nach Größe der benutzten Presse 50 t u. mehr bei 1,5- bis 2facher Sicherheit	nach Bedarf in einzelnen Schüssen	je nach Bodenart	nur senk- recht	nicht geeignet	Einzelne Rohrschüsse (unterer Rohrschuß mit ge- schlossener Spitze), die je nach der verfügbaren Bauhöhe 1,50 bis 3,00 m lang sind, werden nach- einander durch eine hydraulische Presse ausreichend tief in den tragfähigen Boden gedrückt. Manometer an der Presse zeigt direkt Grenzbelastung der Pfähle. Ausbetonieren der Rohre geht von Hand mit dem Abdrücken der einzelnen Rohr- schüsse. Besonders für Unterfangungen, Ver- stärkung und Wiederinstandsetzung von Grün- dungen.
9	Rüttelfuß- pfahl	Johann Keller G.m.b.H. Frankfurt a.M. – Hamburg	35 und größer	Bodenverdichtung unter dem Pfahlfuß nach dem Rüttel- druckverfahren	ver- dichte- ter Boden unter Fuß 2,0 m ⌀	bis 130	nach Bedarf	17 m ohne Ver- dichtung	nur senk- recht	nicht geeignet (siehe Rüttelzug- anker der Fa. Keller, Tafel 7, Nr. 17)	Die Rohre werden zusammen mit dem Rüttler in den Boden versenkt. Das Bohrgut wird teils verdrängt, zum geringen Teil mit dem Spülstrom des Rüttlers herausgespült. Nach Erreichung der Verdichtung des Bodens unter Rohrunterkante bis in die gewünschte Tiefe. Im allgemeinen 4 bis 5 m wobei Sand zum Ausgleich der Porenvolumenverminderung durch das Rohr zugegeben wird. Nach dem Ab- ziehen des Rüttlers aus dem Stahlbewehrung) im Trocken) betoniert, bei gleichzeitigem Ziehen des Vortreibrohres. Eignet sich für hochbelastete Pfähle, deren Fuß nichtbindige Schichten erreicht.
10	Normaler Bohrpfahl	–	24 28 32 37	ohne	–	14 18 22 27 gem. Bau- polizei- Verordng. für die Hansestadt Hamburg	mit	bis 8 " 10 " 12 " 14	3:1	nicht geeignet	Normale Bohrrohre werden in üblicher Weise nieder- gebracht, Bewehrungskorb eingestellt und bei gleichzeitigem Hochziehen der Rohre ausbetoniert. Bei Grundwasser Betonieren nach dem Kontraktor- verfahren. Gefahr der Bodenauflockerung und der Einschnürung (verhältnismäßig hohe Anfangs- setzung), daher nur geringe zulässige Belastung.
11	Preßbeton- bohrpfähle										
11a u. 15	System Brechtel	Johannes Brechtel, Ludwigshafen a.Rh.	32 48	bei Standpfählen nach Bedarf bis mit Spezialwerk- zeug angeschnitten	80 100	30–135	mit	bis 30	3:1	geeignet (s. Tafel 7, Nr. 18)	Niederbringen der Pfahlrohre bis in die tragfähigen Baugrund im Bohrverfahren. Danach wird ein Ab- dichtungsstück eingesetzt, um das Grundwasser ab- zuhalten. Anschließend erfolgt der Einbau von Wasserrohren, durch welche das in dem Pfahlrohr stehende Grundwasser mittels Druckluft ausgeblasen wird. Anschließend erfolgt der Einbau der Armie- rungskorbe und Einfüllen einer bestimmten Menge Beton. Nach Aufschrauben einer Preßhaube und Einblasen von Druckluft wird das Abdichtungs- stück automatisch gelöst, der Beton durch die Pfahlrohre herausgedrückt; gleichzeitig gehen die Pfahlrohre hoch. Durch das Einpressen des Betons erhält der Pfahlschaft Wülste.

Bild 2 b   Ortpfähle nach Angaben der Hersteller, aus Grundbautaschenbuch von 1955, S. 452–457

Die Bohrpfähle – Entwicklungen bei ihrer Anwendung in Deutschland seit ihrer Erfindung

Lfd. Nr.	Name	Hersteller	Schaft-⌀ des Vortreib- oder Bohr- rohres cm	Fußverbreiterung mit – ohne	Fuß ⌀ cm	Zulässige Belastung t	Schaft- bewehrung mit – ohne	Aus- führungs- länge m	Pfähl- neig- ung bis	als Zugpfahl geeignet – nicht geeignet	Herstellungsweise
1	2	3	4	5	6	7	8	9	10	11	12
11b	System Michaelis- Mast	Beton- und Tiefbau Mast A.G., Berlin-Tempelhof Bauunternehmung Mast G.m.b.H., Düsseldorf	30 40	ohne, es kann jedoch in sandigen oder kiesigen Unter- grund ein Klumpfuß unter Anwendung des chemischen Verfestigungs- verfahrens nach Dr. Joosten her- gestellt werden		35–45 50–60	mit	bis 15 bis 25	4 : 1	geeignet	Niederbringen eines Bohrrohrstranges in der üblichen Weise bis in den tragfähigen Untergrund. Dann wird eine Fußplatte, welche an dem Bewehrungs- korb hängt und an die ein Steigerohr zur Ab- führung des Grundwassers angeschlossen ist, ab- gesenkt, wobei laufend plastischer Beton nach- gefüllt wird. Die so entstehende frische Betonsäule wird nach Aufsetzen einer Druckhaube auf das Bohrrohr mit Luftdruck von mehreren atü aus- gesetzt, der den Beton nach unten und seitlich in den Boden hineinpreßt, das Bohrrohr aber nach oben treibt. Entsprechend der Nachgiebigkeit des Bodens entstehen Betonwülste. Auch als Hülsen- pfahl ausführbar.
11c	System Wolfsholz	August Wolfsholz Preßbeton- und Ingenieurbau K.G. Berlin-Grunewald	32 42	Ausbildung eines Pfahlfußes je nach Bodenart durch Betonverpressung bzw. Zementmörtel durch Aufschleudern mit großem Druck und hoher Geschwindigkeit	50 60	40–50 50–65 (80–100) (100–130)	mit	bis 25	3 : 1	geeignet bis 25 t (50 t)	Abteufen eines Bohrrohrstranges wie vor. Einsetzen des Bewehrungskorbes und Niederbringen eines starken oberen Verschlußstückes unter Druckeinwirkung des Grundwassers mit Druckluft. Einpressen des Pfähl- betons im Trockenen bei gleichzeitigem Ziehen des Bohrrohres und stoßweiser Einwirkung der Druck- luft (dynamische Pressung). Ausbildung der Wulste des Pfählschaftes in Anpassung an die angetroffenen Bodenschichten. Bei betonschädlichem Grund- wasser bleibt Rohr (mit Innenanstrich) im Boden (Blechhülsenpfahl).
12	Rüttel- beton- Bohrpfahl „System Grün & Bilfinger"	Grün & Bilfinger A.G., Mannheim	32–100	ohne	—		mit und ohne		4 : 1	geeignet mit durch- gehender Bewehrung	Niederbringen eines Bohrrohrstranges wie vor. Einsetzen des Bewehrungskorbes und Niederbringen eines Rüttlers bis zur Sohle. Mit Hilfe einer Druck- luftschleuse wird Wasser entfernt und Beton einge- bracht. Ziehen von Rohr und Rüttler, der fest mit dem Rohr verbunden etwa 30 cm unter Rohrunter- kante hängt. Durch Rüttelwirkung wird Beton verdichtet und in umgebendes Erdreich getrieben.
13	Lorenz- pfahl	Allgemeine Bau- gesellschaft Lorenz & Co. G.m.b.H., Berlin-Wilmersdorf Allgemeine Bau- gesellschaft Lorenz & Co. m.b.H. Lübeck- Hamburg-Kiel Lorenz-Bau G.m.b.H. Iserlohn-Essen- Bremerhaven	32 40 48 Vortreib- rohr ver- bleibt in der Regel im Boden	mit besonders aus- geschnittenem kugelförmigem Fuß	80 90 100 110 120	40–50 50–60 60–65 65–70 70–85 90–100	nach Bedarf	Aus- geführte größte Länge 46,20 m	bis zur Waage- rechten mög- lich	Besonders geeignet durch Ein- bau von Rundstahl- oder Kabel- anker mit Veran- kerung im Pfahlfuß. Unmittel- bare Spund- wandver- ankerung mit Hori- zontal- pfählen (s. Tafel 7, Nr. 19)	Niederbringen der Rohre in üblicher Weise. Bohrver- fahren (bei Gerollschichten mit Spezial-Schlagbohr- maschinen). Schneiden des Fußbohrraumes bei nicht- bindigen Bodenarten durch Herbeiführung eines Strömungsdruckes. Betonieren im Kontraktor- verfahren.
14	Beton- bohrpfahl „Bauart Dr.-Ing. Paproth"	Dr.-Ing. Paproth & Co., Berlin-Steg- litz u. Krefeld Dr.-Ing. Paproth & Co. G.m.b.H. Wilsen/L.	32 40 63 95	mit besonders an- geschnittenem kegelförmigem Fuß. Reine Standpfähle		50 80 290 300	nach Bedarf	30 m, in be- sonderen Fällen auch mehr	1 : 1	Besonders geeignet durch Ein- bau von Rundstahl- od. Kabel- veranke- rung im Pfahlfuß (s. Tafel 7, Nr. 20)	Die zum Bohren verwendeten Stahlrohre oder Blech- hülsen werden je nach den Erfordernissen wieder- gewonnen oder stehengelassen. Erzeugung der Fuß- verbreiterung in nichtbindigen Erdreich durch Vertreibung des umstehenden Sandes oder Kieses mit Zementmörtel. Spezial-Schneid- oder Misch- geräte vorhanden. Zu keiner Zeit Hohl- räume vorhanden. Im bindigen Boden Ausräumen der Fuß- verbreiterung. Beton im Kontraktorverfahren.
15	s. unter 11a										

Wegen näherer Einzelheiten sowie Darstellungen des Herstellungsverfahrens wird auf die Druckschriften der Herstellerfirmen sowie auf die zusammenfassenden Berichte in [12] und [23] verwiesen.

Bild 2 c   Ortpfähle nach Angaben der Hersteller, aus Grundbautaschenbuch von 1955, S. 452–457

chen Pfählen sind abzulehnen." Welche Art von Bohrpfählen meint Schenck dabei? Es ist der Pfahltyp Nr. 10 im Bohrpfahlteil seiner anschließend als Bild 2a bis 2c abgedruckten Tafel „Ortpfähle". Und wenn man in der Rubrik „Herstellungsweise" nachschaut, geht es ihm dabei um den ganz normalen Bohrpfahl, der später in der DIN 4014 von 1960, übrigens unter seiner Obmannschaft, genormt worden ist. Aber dazu später. Anfang der 50er Jahre ließ man Bohrpfähle offensichtlich nur dann gelten, wenn besondere Maßnahmen zur Tragfähigkeitsverbesserung über die normale Herstellungsmethode von Nr. 10, Tafel „Ortpfähle", hinaus getroffen wurden. In den Fällen Nr. 11a, 11b und 11c war das die Verwendung von Druckluft zum Verdichten des Betons; es entstanden die sog. Preßbetonbohrpfähle. Beim Pfahl Nr. 12 war es die Betonverdichtung mittels eines großen Flaschenrüttlers. Bei den Pfählen Nr. 13 und 14 war es die Herstellung einer Fußverbreiterung (deren Gelingen von den Herstellern übrigens in Großversuchen nachgewiesen worden ist). Schenck weist (auf S. 458 unter 2.24) noch auf die gefährliche Saugwirkung beim Ziehen der Bohrwerkzeuge im Bohrrohr hin, die zu einem hydraulischen Grundbruch des Bodens in der Pfahlumgebung (mit Bodeneintrieb ins Bohrrohr und Auflockerung des Baugrunds in der Pfahlumgebung) führen kann. Als besonders gefährlich sind die früher in nichtbindigen Böden viel verwendeten Ventilbohrer genannt, deren Durchmesser häufig nur wenig kleiner als der des Bohrrohrs war.

Das Problembewußtsein bezüglich der Vor- und Nachteile der Bohrpfähle war in der Umgebung der wenigen Spezialisten wie Brechtel, Lorenz, Mast, Paproth offensichtlich noch nicht sehr entwickelt. So wurden z. B. im Grundbauabschnitt des Betonkalenders von 1958 (Fuchsteiner), im Schleicher-Taschenbuch für Bauingenieure von 1955 (Petermann), in der Hütte III von 1951 (Neuffer, Ohde u. a.), im Kögler-Scheidig-Buch „Baugrund und Bauwerk" von 1947 die Bohr- und Rammpfähle noch recht undifferenziert nebeneinandergestellt mit ausführlicher Besprechung der Rammpfahlproblematik und nur knapper Erwähnung der Bohrpfähle, wobei letztere oft mit den Rammortpfählen wie auch in der Tabelle von Schenck in einen Topf geworfen werden.

Nun ein Blick in die Normung: Wie spiegelt sich die Situation in dieser wider? In der ersten Baugrundnorm, der DIN 1054 von 1934 (damals knapp 1 DIN-A4-Seite!), steht unter 4.: „Bei Pfahlgründungen ist stets die Tragfähigkeit der Pfähle anhand von Erfahrungswerten für den anstehenden Baugrund (Fußwiderstand, Mantelreibung) oder, wenn solche nicht vorliegen, durch Probebelastungen nachzuprüfen." In der DIN 1054 von 1940 sind schon 3 DIN-A4-Seiten dem § 5 „Zulässige Belastung von Pfahlgründungen" gewidmet; für Bohrpfähle werden jedoch noch keine Tragfähigkeitsangaben gemacht, d. h. man ist nach wie vor auf Probebelastungen oder Erfahrungen angewiesen, wobei jetzt aber ein Sicherheitsfaktor

$$\eta = \frac{Q_{Bruch}}{Q_{vorh.}} = 2{,}5$$

definiert wird. In der nächsten DIN 1054 von 1953 findet sich der schon weiter vorn zitierte Text, der für Bohrpfähle nichts Neues bringt und unter 5.345 lautet: „Für Bohrpfähle lassen sich wegen der großen Verschiedenheit der Herstellungs-

11. Tragfähigkeit und zulässige Belastung

11.1. Die in Tabelle 2 genannten Belastungen gelten für einwandfrei hergestellte, mindestens 5 m lange Bohrpfähle. Voraussetzung ist, daß ausreichend dicht gelagerte Sande oder annähernd halbfeste bindige Böden (DIN 1054, Tafel) in ausreichender Mächtigkeit den tragfähigen Baugrund bilden und daß die Pfähle mindestens 3 m, solche mit Fußverbreiterung mindestens 2,50 m (bis Unterkante Pfahlfuß), in den tragfähigen Baugrund einbinden. Bei Blechhülsenpfählen ohne Fußverbreiterung gilt als Einbindelänge nur der nichtummantelte Pfahlbereich innerhalb des tragfähigen Baugrundes.

11.2. Die in der Tabelle 2 genannten zulässigen Belastungen können ohne Probebelastung bis zu 25 v. H. überschritten werden, wenn die tragenden Schichten aus besonders dicht gelagerten Sanden, ausreichend dicht gelagerten, ungleichförmigen Sand-Kies-Gemischen oder festen, bindigen Böden bestehen.

Tabelle 2. Zulässige Belastung von Bohrpfählen
(Zwischenwerte sind geradlinig einzuschalten)

Bohrpfähle ohne Fuß		
Pfahldurchmesser d cm	zulässige Belastung	
	geschütteter Bohrpfahl t	Preßbeton-Bohrpfahl t
30	18	25
35	20	30
40	25	35
50	35	45

Bohrpfähle mit Fuß (Standpfähle)	
Fußdurchmesser cm	zulässige Belastung Pfahl mit Fußverbreiterung t
60	30
70	38
80	45
90	50

Bild 3   Auszug aus DIN 4014, Ausgabe Dezember 1960 mit Angaben über die zulässige Belastung von Bohrpfählen

verfahren und der damit verbundenen weitgehenden Unterschiede der Tragfähigkeiten keine festen Werte angeben." Unter 5.36 hielt man es für nötig, zusätzlich zu bestimmen: „Die zulässige Belastung von Pfählen darf nicht ermittelt werden, indem die Mantelreibung und der Spitzendruck lediglich mit Hilfe von Beiwerten des Erddruckes und des Erdwiderstandes (wie in der damals verbreitet verwendeten Formel von Dörr) errechnet werden, die aus Handbüchern oder Tafeln entnommen sind." Der Sicherheitswert wurde auf

$$\eta = 2{,}0$$

herabgesetzt. Die Fassung der DIN 1054 von 1961 brachte bezüglich der Bohrpfähle keine Veränderungen. Trotzdem war inzwischen eine entscheidende Veränderung eingetreten: Im Dezember 1960 war die DIN 4014 mit dem Titel „Bohrpfähle, Herstellung und zulässige Belastung – Richtlinien" erschienen, die – aus welchen Mängeln der Querverbindung ist dem Verfasser nicht bekannt – in der DIN 1054 vom Sommer 1961 lediglich noch keine Berücksichtigung gefunden hatte.

2   Die erste DIN für Bohrpfähle, DIN 4014 von 1960

In den 50er Jahren hatten sich – wie der Verfasser gesprächsweise erhaltene Informationen von Dr. Schenck erinnert – Pfahlproduzenten, aber auch Gutachter wie Dr. Muhs (Direktor der DEGEBO an der TH Berlin) zusammengefunden, um die als besonders dringlich empfundene Normung der Bohrpfähle in Angriff zu nehmen. (Die Rammpfahlnormung bezüglich Herstellungsqualität begann erst danach; die erste DIN 4026 wurde 1968 veröffentlicht!) Ziel war, zum einen durch einheitliche Regelung der Herstellungstechnik für die damals üblichen Schaftdurchmesser von 30 bis 50 cm und Fußdurchmesser bis zu etwa doppelter Größe eine Mindestqualität zu sichern und zum anderen, auch für Bohrpfähle zulässige Pfahlbelastungen angeben zu können (s. dazu Bild 3 mit Tabelle 2 der ersten DIN 4014). Denn für Rammpfähle waren solche Angaben in der DIN 1054 schon seit der Ausgabe von 1940 verfügbar. Dem ersten Ziel, der Qualitätssicherung durch einheitliche Herstellungsvorschriften, diente vor allem ein Herstellungsprotokoll, das seitdem bei jeder Pfahlherstellung auszufüllen ist. Beim zweiten Ziel, der Angabe zulässiger Pfahlbelastungen, welche teure Probebelastungen einzusparen gestatten, griff man die 1940 eingeführten entsprechenden Regeln für Rammpfähle auf. Bei diesen waren die Angaben der zulässigen Pfahlbelastung an die Einbindetiefe der Pfähle (mindestens 3 m) in eine sog. „tragfähige Schicht" gebunden worden. Nur konnte die Qualität „tragfähig" bei den Rammpfählen an die Eindringung der Pfähle beim Rammen in den letzten Hitzen (von 10 Schlägen) gebunden werden. Bei den Bohrpfählen gibt es eine entsprechende Quantifizierbarkeit des Begriffs „tragfähige Schicht" nicht. Daher wurde der Begriff „tragfähige Schicht" bei bindigen Böden an eine Konsistenzzahl von „annähernd" 1,0 (für halbfest) und bei nichtbindigen Böden an eine Lagerungsdichte von $D \geq 0{,}4$ gebunden.

Anmerkung:
Hier ist die Einschaltung einer Anmerkung angebracht, um einen Seitenblick auf den Einfluß zu werfen, den die Entwicklung der Bodenmechanik auf diese Normungen hatte. In der DIN 1054 von 1934 waren für Pfähle und für Flachgründungen in bindigen Böden noch keine zulässigen Belastungen angegeben; die Angabe von Sohlpressungen zul σ für Flachgründungen beschränkte sich auf „offensichtlich unberührte" nichtbindige Böden, und zwar mit steisteigenden Werten für größere Korngrößen. In der DIN 1054 von 1940 wurden auch für die bindigen Böden für Flachgründungen zul σ-Werte in Abhängigkeit von deren Konsistenz angegeben; außerdem finden sich erstmalig zulässige Belastungswerte für Rammpfähle, gebunden an Eindringungswerte für die letzten Hitzen. In der DIN 1054 von 1953 unterschied man zwar noch immer bei Flachgründungen zwischen zul σ für Fein- bis Mittelsand und Kies, also in Korngrößenabhängigkeit, führte jedoch zusätzlich die Forderung nach einer Lagerungsdichte $D \geq 0,5$ ein. In der DIN 1054 von 1961 gab es keinen Fortschritt entsprechend grundsätzlicher Art. Der nächste „Schub" wurde zuerst in der Bohrpfahlnorm DIN 4014 von 1960 und besonders in der Rammpfahlnorm DIN 4026 von 1968 sichtbar und erst dann in der DIN 1054 von 1969, wobei sich die personelle Verflechtung der beteiligten Normenausschüsse als nutzbringend erwies. In der DIN 1054 von 1969 wurde die ungerechtfertigte Koppelung der zul σ-Werte für Flachgründungen an die Korngrößen beseitigt. Auch verzichtet man seit dieser Ausgabe der DIN 1054 auf Tragfähigkeitsangaben für Pfähle und regelt in dieser DIN nur noch die allgemeinen Entwurfsgrundsätze für Pfahlgründungen und die Durchführung von Probebelastungen. Tragfähigkeitsangaben für Pfähle waren von da an – gebunden an die Qualität sowohl der Pfahlproduktion als auch der Installation der Pfähle in den Baugrund – Sache der Pfahlnormen DIN 4014 und DIN 4026. In der letzteren verließ man 1968 den bisher seit 1940 in der DIN 1054 beschrittenen Weg der Bindung der Pfahltragfähigkeitsvorstellungen an die Eindringung in den letzten Hitzen. Abgesehen davon, daß zäher bindiger Boden trotz größerer Schlagzahlen mit größeren Setzungen verbunden sein kann als nichtbindiger, war die Manipulierbarkeit der Schlagzahlen bei den damals ausschließlich verwendeten handgesteuerten Freifallrammen ein Anlaß, die Tragfähigkeitsangaben für Pfähle sachgerechter auf Pfahltyp, Bodenart und Bodenbeschaffenheit abzustellen.

Bei der Betrachtung von Bild 3 fällt auf, daß die weiter vorn schon erwähnten Preßbetonbohrpfähle (s. auch Bild 2, Nr. 11a, 11b, 11c) gegenüber dem ebenfalls weiter vorn beschriebenen „normalen Bohrpfahl" (Nr. 10 auf Bild 2) bevorzugt werden und daß auch die Bohrpfähle mit Fußverbreiterung (Nr. 13 u. 14 auf Bild 2) mit – wenn auch zunächst bescheidenen – Erhöhungen der zulässigen Belastung im Vergleich zu Pfählen ohne Fußverbreiterung respektiert werden. Man hat hier zu bemerken, daß im Vergleich zu den früher geäußerten Meinungen von Mast und von Schenck Änderungen stattgefunden haben: Der normale Bohrpfahl (Nr. 10 nach Bild 2) wird jetzt als brauchbar in die neue Norm DIN 4014 von 1960 einbezogen, die Fußverbreiterung wird honoriert. Geblieben ist in dieser DIN – im Vergleich zum normalen Bohrpfahl – die günstigere Bewertung zum einen des Preßbetonbohrpfahls und zum anderen der „Spezialpfähle" als „Sonderbauarten erfahrener Bohrpfahlunternehmen, bei denen Güte und Tragfähigkeit des Pfahles durch besondere Maßnahmen erhöht wird" (nach Ziffer 1.1.5 dieser DIN).

Bei der Ausarbeitung der DIN 4014 von 1960 haben die Pfahlproduzenten den Ausschuß offenbar davon überzeugt, daß man auch „normale" Bohrpfähle mit guter Tragfähigkeit herstellen kann; gleichzeitig ist in der Norm die Herstellungsprozedur so detailliert beschrieben worden, daß man bei der Einhaltung dieser Vorschriften die angegebenen Tragfähigkeiten tatsächlich erreichen kann. In der Praxis hat sich diese Norm jedenfalls bewährt. Allerdings hat man der Norm dann (in der Fassung von 1975) die folgende, für sich sprechende Präambel vorangestellt:

„Da das Herstellen von Bohrpfählen gründliche Kenntnis der Bauart und große Erfahrung erfordert, dürfen mit der Ausführung von Bohrpfählen nur solche Unternehmen betraut werden, die diese Voraussetzungen erfüllen und eine fachgerechte Ausführung gewährleisten. Als verantwortlicher Bauleiter des Unternehmens darf nur bestimmt werden, wer die Bauart und ihre Ausführung gründlich kennt. Die Arbeiten dürfen nur durch geschulte Poliere oder zuverlässige Vorarbeiter, die Bohrpfähle bereits mit Erfolg hergestellt haben, beaufsichtigt werden. Für den Einbau der Pfähle ist genügend Zeit zu geben."

1969 und 1975 sind weitere Fassungen der DIN 4014 herausgegeben worden, die jedoch keine grundsätzlichen Änderungen enthielten, abgesehen davon, daß man die früher so wichtig genommene Bevorzugung der Preßbetonbohrpfähle fallen ließ, denen kein besseres Tragverhalten als normalen Bohrpfählen mehr zugestanden wurde. Beachtenswert ist noch, daß in der DIN 4014 von 1975 (die jetzt – wie gleich anschließend zu besprechen ist – den Zusatz „Teil 1" erhielt) die „ausreichend tragfähige" Baugrundschicht im Falle nichtbindigen Bodens durch einen Sondierwiderstand der Drucksonde von 10 MN/m2 definiert wurde; eine um 25% höhere Belastung wurde bei 15 MN/m² Sondierwiderstand erlaubt.

Anmerkung:
Auch in der DIN 1054 von 1969 begann man, die Beurteilung der Qualität nichtbindigen Baugrunds an das Ergebnis der Drucksondierung zu binden; die Bedeutung dieses Fortschritts wurde dann in der Fassung dieser Norm von 1976 noch besser, wenn auch nicht zufriedenstellend verdeutlicht. Diese Fortschritte hervorzuheben ist deshalb bedeutsam, weil bei der Weiterentwicklung der Pfahlnormung die Herstellung des Bezugs zwischen dem Pfahltragverhalten und dem Sondierwiderstand der Böden unverzichtbar war, worauf mit Blick auf das folgende schon hier hinzuweisen ist.

Mit diesen Ausführungen endet die Beschreibung der Entwicklung der „herkömmlichen" Bohrpfähle, wie sie mit dem Aufkommen der Großbohrpfähle dann genannt wurden. Die Großbohrpfähle haben dann Anstoß zur Entwicklung neuer Vorstellungen gegeben. Das begann schon in den 40er Jahren und setzte sich in der Nachkriegszeit beschleunigt fort. Weil schon seit 1968 eine besondere Norm für die Herstellung dieser Großbohrpfähle vorbereitet wurde, daneben aber die bestehende Norm für „Bohrpfähle herkömmlicher Bauart" für Durchmesser bis 50 cm zunächst bestehenbleiben sollte, wählte man für letztere die Einordnung als DIN 4014 Teil 1 und sah für die Großbohrpfahlnorm die Bezeichnung DIN 4014 Teil 2 vor.

3 Die erste Vornorm für Großbohrpfähle, DIN 4014 Teil 2 von 1977

Die fast revolutionäre Produktivitätsentwicklung in der Bauindustrie und besonders im Grundbau ist eine Folge der Mechanisierung lohnkostenintensiver Arbeiten. Wenn man sich Bild 1 ansieht und dieses mit Bildern vom Einsatz moderner, für alle Pfahldurchmesser verfügbaren Pfahlbohrgeräte vergleicht, ist klar, daß bei den heutigen Lohnkosten mit den im wesentlichen handbetriebenen Geräten niemand mehr konkurrenzfähig ist. Viele wohlbekannte Firmen, die in der Frühzeit noch erfolgreich auf dem Pfahlmarkt tätig waren und einen guten Namen hatten, sind daran gescheitert, daß sie im immer schnelleren Wettlauf nach immer leistungsfähigeren, aber auch immer kostspieligeren Geräten nicht mithalten konnten.

Wie hängen diese einführenden Bemerkungen mit den Großbohrpfählen zusammen? Kleine Lasten mit kleinen Pfählen und große Lasten mit großen Pfählen abzutragen ist die offensichtlich angemessene Vorgehensweise. Da man in der Frühzeit keine großen Pfähle herstellen konnte, mußte gegebenenfalls unter große Lasten ein Wald von kleinen Pfählen gesetzt werden, die zudem häufig noch eine kostspielige Pfahlkopfplatte erforderten (s. Bild 4). Wo man im See- und Hafenbau mit schwimmendem Gerät große Pfähle mit Durchmessern von über 1 m rammen konnte, war das im Binnenland schon wegen der großen Bauhöhe der benötigten Rammgeräte nicht möglich. Große Pfähle mußten Bohrpfähle sein. Aber große Bohrpfähle mit Schaftdurchmessern von über 1 m ließen sich bei dem in unserem Land meist hoch anstehenden Grundwasserspiegel nicht mehr mit den klassischen Brunnenbaugeräten von Bild 1 herstellen. Auch erforderte das Bohren in festen Baugrundschichten entsprechend große Drehmomente fürs verrohrte Bohren und große Kräfte zum Eindrücken der Bohrrohre, d. h., zur Aufnahme der Reaktionskräfte benötigte man entsprechend schwere Maschinen.

Ohne andere Herstelleransprüche zu kennen, scheinen die Bohrgeräte der Firmen Benoto und Bade in Lehrte die ersten auf dem neuen Markt gewesen zu sein für Pfahldurchmesser bis 108 cm. Der Verfasser erinnert sich an ein Gespräch mit dem damaligen Firmenchef Bade aus den 60er Jahren, bei dem dieser erzählte, daß es noch in Kriegszeiten Absprachen mit Benoto über patentrechtliche Fragen, z. B. über

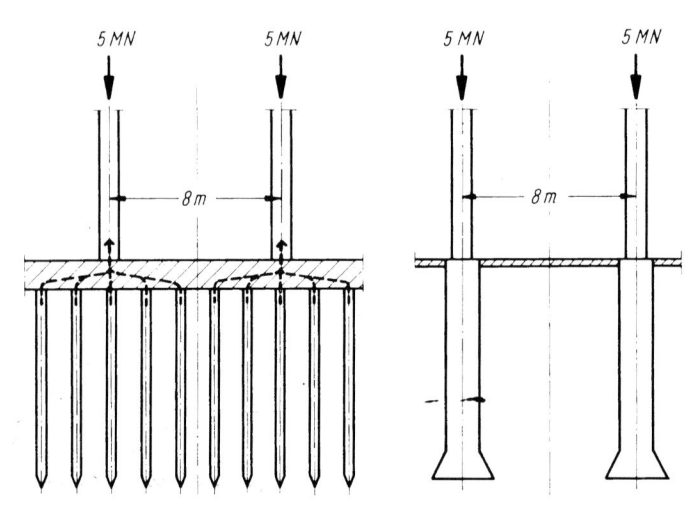

Bild 4 Kleine Pfähle (links) erfordern neben größerem Arbeitsaufwand eine biegesteife Kopfplatte im Gegensatz zu Großbohrpfählen (rechts)

die ähnlichen Antriebe der Verrohrungsmaschine gegeben habe. In den 50er Jahren kam die Firma Frankipfahl mit dem bekannten, an einer (auch teleskopierbaren) Kellystange geführten Dreischalengreifer auf den Markt, mit dem man Pfahlschäfte von 130, 180 und 210 cm Durchmesser und Fußverbreiterungen bis zum Maximaldurchmesser von 3,0 m herstellen kann. – Inzwischen sind die firmeneigenen Geräteentwicklungen wie die von Franki kaum noch anzutreffen. Denn offenbar ist es wirtschaftlich günstiger, den Bedarf an Pfahlbohrmaschinen auf dem auch auf diesem Spezialgebiet inzwischen entstandenen Baumaschinenmarkt zu decken. Zum Beispiel verkaufen die Firmen Leffer und Casagrande ihre schweren Verrohrungsmaschinen heute weltweit und können auf diese Weise wohl billiger entwickeln und rationeller produzieren, als es eine Baufirma kann, die nur den Eigen-bedarf zu decken hat. Einen noch günstigeren Weg hat die Firma Bauer gewählt. Neben den traditionell in verrohrten Bohrungen hergestellten Bohrpfählen war mit der Entwicklung der Schlitzwandtechnik, deren Promotoren gleichzeitig und in Konkurrenz Lorenz, TH Berlin, und Veder, ICOS Mailand sowie dann TU Graz waren, die Stützung von Bohrungen mit Bentonitsuspension marktreif geworden. Veder hatte wohl die Wirkungsweise nicht in gleichem Maße wie Lorenz erklärbar machen können, war aber auf dem weltweiten Markt schneller und damit erfolgreicher als Lorenz und sein Kreis. Was lag näher, als die Stützung rechteckig gebohrter Schlitze mit Bentonitsuspension auf die Stützung kreisrunder Bohrungen zu übertragen, die zudem noch infolge der besseren kreisrunden Gewölbewirkung eine noch effizientere Stützung erfuhren. So kamen schon in den 50er Jahren als Konkurrenz zu den verrohrten Großbohrpfählen die zuerst als ICOS-Veder-Pfähle bezeichneten auf den Markt. Zum Beispiel im Düsseldorfer Rheinkies haben sie sich hervorragend bewährt; es wurde sogar – unwidersprochen bis heute – behauptet, die Auflockerungen in der Bohrungsumgebung seien geringer als bei mit Verrohrung und Schneidkranzüberstand hergestellten Bohrungen, was sich im besseren Tragverhalten der nach der ersten Methode hergestellten Großbohrpfähle niederschlüge. Eigenartigerweise sind es dann aber nicht die kreisrunden, unverrohrt hergestellten Großbohrpfähle gewesen, die den klassisch verrohrt hergestellten – bei geringeren Gerätevorhaltungskosten – den Rang abliefen; vielmehr waren es die Schlitzwandelemente, die „barrets", die häufig anstelle von Großbohrpfählen eingesetzt wurden (z. B. unter dem UNO-Gebäude in Wien). Möglicherweise finden diese, vom rein Technischen her rational nicht recht verständlichen Ereignisse eine Erklärung dadurch, daß die örtlich vorhandenen Geräte und Gewohnheiten die Produktionsweise mehr dominieren als andere Erwägungen. – Statistische Untersuchungen am Institut des Verfassers ergaben, daß die unverrohrt mit Stützflüssigkeit (Bentonitsuspension) hergestellten Großbohrpfähle jedenfalls kein schlechteres, sondern eher besseres Tragverhalten zeigten als verrohrt hergestellte (s. Diss. Elborg, noch unveröffentlicht).

Was Einzelheiten der heutigen Pfahlbohrtechnik anlangt, sei im übrigen auf die einschlägigen Prospekte und Veröffentlichungen z.B. im Grundbautaschenbuch, 4. Aufl., Bd. 2, verwiesen. Hier sei lediglich noch auf das Vordringen der Schneckenbohrpfähle auf den Markt und ihren interessanten Zusammenhang mit der Normung, d.h. mit der Entstehung der DIN 4014 von 1990 eingegangen. Doch zu diesem Zweck muß zuerst wieder ein Blick zurück auf die Weiterentwicklung der Normung geworfen werden.

Nach einer längeren Entwicklungszeit als Gelbdruck, d.h. als Entwurf, während der sie jedoch schon Einfluß auf die Praxis hatte, kam 1977 die DIN 4014 Teil 2 mit dem Titel „Großbohrpfähle" heraus. Diese hatte einer ganze Reihe von neuen Aspekten Rechnung zu tragen, die im folgenden jeweils unter einem Spiegelstrich aufgeführt werden:

- **Betonkonsistenz**

    Bei der Normung der herkömmlichen Bohrpfähle in DIN 4014 Teil 1 war man noch davon ausgegangen, daß nur ein steifer Frischbeton einen festen, wasserundurchlässigen und damit korrosionsbeständigen Pfahlbeton ergibt. Sieht man die entsprechenden Passagen dieser Norm, so erkennt man die Absicht, Frischbeton so steif wie möglich und so weich wie für hinreichende Verarbeitbarkeit nötig einzusetzen. Dem stand jedoch die Erfahrung entgegen, daß sich der Frischbeton in einem Bohrpfahl nicht so einfach durch Rütteln, das empfohlen wurde, verdichten läßt wie im Hochbau und daß demzufolge doch häufig der beabsichtigte gute Beton nicht entstehen kann. Der Großbohrpfahlausschuß schwenkte daher unter Protest der wenigen noch mitwirkenden Vertreter der älteren Generation, welche die DIN 4014 Teil 1 geschaffen hatte, um und ging nach dem Prinzip vor, der Frischbeton für Bohrpfähle habe so weich wie möglich, d. h. flüssig zu sein. Das neue Prinzip war, es soll überall, wo vorgesehen, Beton vorhanden sein; die Betonfestigkeit ist im Vergleich dazu zweitrangig. Tatsächlich ist die Betonfestigkeit – abgesehen von Ausnahmefällen – bei Pfählen kein entscheidender Entwurfsparameter; die erforderlichen Pfahlabmessungen werden vielmehr i. d. R. durch Mantelreibung und Spitzendruck, d. h. durch die Bodeneigenschaften bestimmt. Die Gefahr der Betonkorrosion ist – wie neuere Untersuchungen ergeben haben – eher überschätzt worden. – Erlaubt worden ist übrigens wieder das Betonieren im freien Fall ohne Schüttrohr in trockene Bohrungen. In der DIN 4014 Teil 1 war das untersagt worden; es ist aber erwiesenermaßen unschädlich.

- **Setzungsverhalten**

    Die wirtschaftliche Nutzung der großen Durchmesser von Großbohrpfählen durch Zulassung entsprechend großer Pfahlbelastung erwies sich nur möglich, wenn man auch größere Setzungen, als bisher für Pfähle erlaubt waren, zuließ. Hier mußten wiederum neue Wege gegen den Widerstand der älteren Generation beschritten werden. Deren Vertreter standen auf dem Standpunkt, daß bei Anwendung von Pfahlgründungen die Setzungen stets so klein zu sein hätten, daß man sie nicht zu beachten brauche. Tatsächlich sind die Setzungen, die bei Anwendung der DIN 4026 für Rammpfähle und der DIN 4014 Teil 1 für herkömmliche Bohrpfähle von 1975 sowie der DIN 1054 von 1976 (s. dort Bild 2 und den zugehörigen Text) so klein, nämlich nur in der Größenordnung von etwa 5 mm bei entsprechend noch kleineren Setzungsdifferenzen benachbarter Pfähle. Um Großbohrpfähle wirtschaftlich ausnutzen zu können, muß man – bei Einhaltung eines ausreichenden Abstandes vom Übergang zum Bruchzustand –

7 Ermittlung des äußeren Tragverhaltens in nichtbindigen und bindigen Böden

7.1 Axialer Widerstand von Druckpfählen

7.1.1 Allgemeines

Die Widerstandsetzungslinie für Druckpfähle soll aufgrund von Probebelastungen (siehe DIN 1054) ermittelt werden. Sie darf auch auf der Grundlage von Erfahrungen mit anderen, unter vergleichbaren Verhältnissen durchgeführten Probebelastungen festgelegt werden.

Soweit solche Erfahrungen nicht vorliegen und keine Probebelastungen ausgeführt werden, darf die Widerstandsetzungslinie eines Einzelpfahls beim Vorliegen einfacher Bodenverhältnisse mit den Werten nach den Tabellen 1, 2, 4 und 5 nach Abschnitt 7.1.4 ermittelt werden.

Als einfache Bodenverhältnisse nach DIN 1054 werden hier solche definiert, für welche die Festigkeit in nichtbindigen Böden durch den Sondierspitzenwiderstand q_s, in bindigen Böden durch die Kohäsion im undränierten Zustand c_u hinreichend genau festgelegt werden kann.

Es wird vorausgesetzt, daß die Mächtigkeit der tragfähigen Schicht unterhalb der Pfahlsohle drei Pfahlfußdurchmesser, mindestens aber 1,5 m beträgt. Wenn die genannten Werte unterschritten werden, ist ein Nachweis gegen Durchstanzen zu führen. Außerdem ist nachzuweisen, daß der darunter liegende Boden das Setzungsverhalten nicht beeinträchtigt.

Anmerkung: Als Eingangswerte für den Sondierspitzenwiderstand q_s nach den Tabellen 1 und 4 sind Mittelwerte über eindeutige Tiefenbereiche zu verwenden. Es wird bewußt darauf verzichtet, diesbezüglich Festlegungen zu treffen, um es dem Anwender zu gestatten, z.B. scharfe Rückgänge des Sondierspitzenwiderstands unmittelbar unter dem Pfahlfuß stärker zu berücksichtigen als entsprechende Rückgänge im Pfahlschaftbereich.

Die Werte in den Tabellen 1, 2, 4 und 5 sind Erfahrungswerte im Sinne von DIN 1054. Sie stammen aus einer Vielzahl von Probebelastungen verrohrt (V) und unverrohrt (U) unter Verwendung einer Stützflüssigkeit hergestellten Bohrpfählen und gelten als charakteristische Werte für diese Fälle. Sie werden nur in ungünstigen Fällen unterschritten.

7.1.2 Spitzenwiderstand des Einzelpfahls in Abhängigkeit von den Setzungen nach den Tabellen 1 und 2

Die Angaben gelten für normgerecht hergestellte Bohrpfähle, die mindestens 2,5 m in eine tragfähige Schicht einbinden.

Bei nichtbindigen Böden nach DIN 1054/11.76, Abschnitt 2.1.1.1, ist diese Bedingung durch Sondierungen nachzuweisen. Vorzugsweise ist dafür die Spitzendrucksonde nach DIN 4094 (z. Z. Entwurf) zu verwenden, mit der ein Sondierspitzenwiderstand $q_s \geq 10$ MN/m² in dem Tiefenbereich nachzuweisen werden muß, der in Abschnitt 7.1.1 für die erforderliche Mächtigkeit der tragfähigen Schicht unter dem Bohrpfahl angegeben ist.

Anmerkung: Wenn die Spitzendrucksonde nicht eingesetzt wird (z.B. in zu grobkörnigem Boden), aber Rammsonden verwendet werden können, sollte die Möglichkeit einer Umrechnung der Ergebnisse von Rammsondierungen in Drucksondierergebnisse geprüft werden. Für die schwere Rammsonde DPH nach DIN 4094 (z. Z. Entwurf) darf in grobkörnigen Böden nach DIN 18 196 bei Körnern größer als 20 mm Durchmesser näherungsweise angenommen werden:

$$q_s \approx N_{10}$$

mit q_s in MN/m²
N_{10} Schläge je 10 cm Eindringung der DPH

Sofern für andere bzw. nicht sondierfähige Böden örtliche Erfahrungen vorliegen, darf die Erfüllung der Bedingungen $q_s \geq 10$ MN/m² auf deren Grundlage beurteilt werden.

Bei der Ermittlung der Widerstandsetzungslinie für $Q_s(s)$ aus Spitzenwiderstand nach Gleichung (8) ist bei Verwendung der Werte der Tabellen 1 und 2 den dort angegebenen bezogenen Pfahlkopfsetzungen 1 cm zuzuschlagen, falls mit Reißzähnen oder ähnlicher Ausrüstung versehene Bohrwerkzeuge verwendet werden und dadurch verursachte Auflockerungen unter der Bohrlochsohle nicht beseitigt werden (siehe auch Abschnitt 6.2.1).

Tabelle 1. **Pfahlspitzenwiderstand σ_s in MN/m² in Abhängigkeit von der auf den Pfahl(fuß)durchmesser bezogenen Pfahlkopfsetzung s/D bzw. s/D_F und dem mittleren Sondierspitzenwiderstand in nichtbindigen Böden**

bezogene Pfahlkopfsetzung s/D bzw. s/D_F	Pfahlspitzenwiderstand σ_s MN/m² *) bei einem mittleren Sondierspitzenwiderstand q_s MN/m²			
	10	15	20	25
0,02	0,7	1,05	1,4	1,75
0,03	0,9	1,35	1,8	2,25
$0,10 = s_g$	2,0	3,0	3,5	4,0

*) Zwischenwerte dürfen linear interpoliert werden. Bei Bohrpfählen mit Fußverbreiterung sind die Werte auf 75 % abzumindern.

Tabelle 2. **Pfahlspitzenwiderstand σ_s in Abhängigkeit von der auf den Pfahl(fuß)durchmesser bezogenen Pfahlkopfsetzung s/D bzw. s/D_F in bindigen Böden**

bezogene Pfahlkopfsetzung s/D bzw. s/D_F	Pfahlspitzenwiderstand σ_s MN/m² *) bei einer Kohäsion im undränierten Zustand c_u MN/m²	
	0,1	0,2
0,02	0,35	0,9
0,03	0,45	1,1
$0,10 = s_g$	0,8	1,5

*) Zwischenwerte dürfen linear interpoliert werden. Bei Bohrpfählen mit Fußverbreiterung sind die Werte auf 75 % abzumindern.

Voraussetzung für die Anwendung des in Tabelle 2 angegebenen Pfahlspitzenwiderstands ist eine Fließgrenze $w_L < 80$ % (siehe DIN 18 122 Teil 1). Als Eingangswerte nach Tabelle 2 wird die Kohäsion im undränierten Zustand c_u des

Bild 5 a Prinzip der Ermittlung der Lastsetzungslinie (erstmals eingeführt mit Vornorm DIN 4014 Teil 2, Ausgabe September 1977 für Großbohrpfähle), nach DIN 4014, Ausgabe März 1990, für alle Bohrpfähle

Seite 8 DIN 4014

bindigen Bodens verwendet, deren Ermittlung in der Regel Laborversuche erfordert (siehe Abschnitt 4).
Falls die Sondierergebnisse der schweren Rammsonde durch Gestängereibung beeinflußt werden können, wird die Anwendung der Standard-Sonde SPT nach DIN 4094 (z. Z. Entwurf) empfohlen. Zur Umrechnung der Ergebniswerte siehe Tabelle 3.

Tabelle 3. **Umrechnungsfaktoren zwischen dem Sondierspitzenwiderstand q_s in MN/m² der Drucksonde und der Schlagzahl N_{30} (Schläge je 30 cm Eindringung) beim Standard-Penetration-Test**

Bodenart	q_s/N_{30} MN/m²
Fein- bis Mittelsand oder leicht schluffiger Sand	0,3 bis 0,4
Sand oder Sand mit etwas Kies	0,5 bis 0,6
Weitgestufter Sand	0,5 bis 1,0
Sandiger Kies oder Kies	0,8 bis 1,0

7.1.3 Mantelreibung des Einzelpfahls nach den Tabellen 4 und 5

Der Bruchwert der Mantelreibung für den Einzelpfahl ist nach den Tabellen 4 und 5 anzunehmen. Bis zu dem bei der Setzung s_{rg} nach Gleichung (7) erreichten Bruchwert der Mantelreibung ist mit linearem Verlauf des Pfahlmantelwiderstands zu rechnen (siehe Bild 3). Für die Ermittlung von c_u in Tabelle 5 gilt Abschnitt 7.1.2. Die Tabellenwerte gelten nicht in Pfahlschaftbereichen, die durch Hülsen geschützt sind und über die Höhe des Pfahlfußes.

Tabelle 4. **Bruchwert τ_{mf} der Mantelreibung in nichtbindigen Böden**

Festigkeit des nichtbindigen Bodens bei einem mittleren Sondierspitzenwiderstand q_s MN/m²	Bruchwert τ_{mf} der Mantelreibung MN/m² *)
0	0
5	0,04
10	0,08
≥ 15	0,12

*) Zwischenwerte dürfen linear interpoliert werden.

Tabelle 5. **Bruchwert τ_{mf} der Mantelreibung in bindigen Böden**

Festigkeit des bindigen Bodens bei einer Kohäsion im undränierten Zustand c_u MN/m²	Bruchwert τ_{mf} der Mantelreibung MN/m² *)
0,025	0,025
0,1	0,04
≥ 0,2	0,06

*) Zwischenwerte dürfen linear interpoliert werden.

Werden die Bohrpfähle in Böden oder Wässern eingebaut, die nach DIN 4030 stark angreifend sind, ist aufgrund eines Gutachtens eines Sachverständigen für Betonkorrosion zu entscheiden, ob sich die Mantelreibung während der Nutzungsdauer der Pfahlgründung verändert und gegebenenfalls bei der Ermittlung der Pfahltragfähigkeit nicht angesetzt werden darf.

Werden Flügelsondierungen nach DIN 4096 durchgeführt, so sind deren Ergebnisse für c_u mit dem Abminderungsfaktor μ nach Bild 2 zu multiplizieren.

Anmerkung: Die empirischen Abminderungsfaktoren beruhen auf [3].

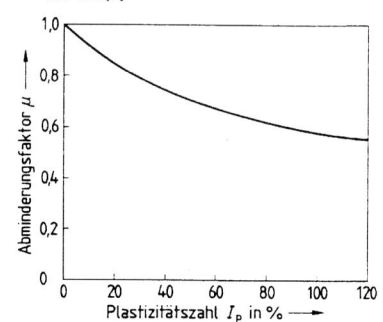

Bild 2. Abminderungsfaktoren μ bei Anwendung der Flügelsonde zur Bestimmung von c_u

7.1.4 Ermittlung der Widerstandsetzungslinie nach Tabellenwerten

Auf der Grundlage der Tabellenangaben nach den Abschnitten 7.1.2 und 7.1.3 ist nach Bild 3 eine Widerstandsetzungslinie $Q(s)$ zu ermitteln; siehe Bemessungsbeispiel nach Anhang B.
Dabei werden statt der Bruchwerte s_f und Q_f (siehe Abschnitt 2.2.1.2) deren Ersatzwerte s_g und s_{rg} bzw. Q_g, Q_{sg} und Q_{rg} verwendet, von denen an die Widerstandsetzungslinien senkrecht verlaufen, siehe Bild 3.

Für den Pfahlspitzenwiderstand gilt:

$$s_g = 0{,}1\, D \text{ bzw. } s_g = 0{,}1\, D_F \qquad (6)$$

mit D Pfahlschaftdurchmesser
D_F Pfahlfußdurchmesser

Für die Mantelreibung gilt:

$$s_{rg} = 0{,}5\, Q_{rg} \text{ (in MN)} + 0{,}5 \leq 3\, \text{cm} \qquad (7)$$

$$Q(s) = Q_s(s) + Q_r(s) = A_F \sigma_s(s) + \sum_1^i A_{mi} \cdot \tau_{mi}(s) \qquad (8)$$

Hierin bedeuten:

$Q_s(s)$ Pfahlfußwiderstand in Abhängigkeit von der Pfahlkopfsetzung s

$Q_r(s)$ Pfahlmantelwiderstand in Abhängigkeit von der Pfahlkopfsetzung s

$Q_{rg} = \sum_1^i A_{mi} \cdot \tau_{mf,i}$

A_F Pfahlfußfläche

$\sigma_s(s)$ Pfahlspitzenwiderstand in Abhängigkeit von der Pfahlkopfsetzung s

A_{mi} Pfahlmantelfläche im Bereich der Bodenschicht

$\tau_{mi}(s)$ Mantelreibung in Abhängigkeit von der Pfahlkopfsetzung s

i Nummer der Bodenschicht

Bei dieser Ermittlung darf die Eigenlast der Pfähle vernachlässigt werden.

Bild 5 b   Prinzip der Ermittlung der Lastsetzungslinie (erstmals eingeführt mit Vornorm DIN 4014 Teil 2, Ausgabe September 1977 für Großbohrpfähle), nach DIN 4014, Ausgabe März 1990, für alle Bohrpfähle

DIN 4014 Seite 9

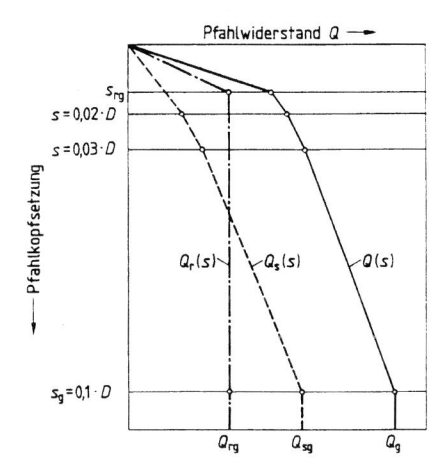

Bild 3. Konstruktion der Widerstandsetzungslinie unter Verwendung der Tabellen 1, 2, 4 und 5

7.1.5 Abminderungsfaktoren für nicht kreisförmige Bohrpfähle (Schlitzwandelemente)

Für die Mantelreibung sind die Werte nach den Tabellen 4 und 5 maßgebend. Beim Pfahlspitzenwiderstand sind die Werte der Tabellen 1 und 2 mit den vom Seitenverhältnis abhängigen Abminderungsfaktoren v nach Tabelle 6 abzumindern.

Bei vertikal belasteten Bohrpfahlwänden ist sinngemäß zu verfahren, wobei als Grundfläche die Summe der Pfahlfußflächen und als Mantelfläche die umhüllende Fläche einzuführen ist.

Bild 5 c   Prinzip der Ermittlung der Lastsetzungslinie (erstmals eingeführt mit Vornorm DIN 4014 Teil 2, Ausgabe September 1977 für Großbohrpfähle), nach DIN 4014, Ausgabe März 1990, für alle Bohrpfähle

Tabelle 6. **Abminderungsfaktor v für den Pfahlspitzenwiderstand σ_s bei nicht kreisförmigen Bohrpfählen (Schlitzwandelementen)**

Seitenverhältnis [1])	1	≥ 5
v	1	0,6

[1]) Zwischenwerte dürfen linear interpoliert werden.

Setzungen von 2 bis 4 cm zulassen, wenn diese für das Bauwerk, das auf den Pfählen steht, zulässig sind. Um das tun zu können, mußte man allerdings abgehen von der Angabe nur der zulässigen Pfahlbelastung, wie das in DIN 4026 und DIN 4014 Teil 1 geschehen war und wie es beispielsweise Bild 3 zeigt. Wenn man – wie in Abschnitt 1 schon angesprochen wurde und wie anschließend nochmals erörtert werden soll – für die Ermittlung des Tragverhaltens von Einzelpfählen theoretische Berechnungen nicht zulassen kann, bleibt kein anderer Weg, als empirisch abgesicherte Werte für den Spitzendruck σ_s und die Mantelreibung τ_m **in Abhängigkeit von der Pfahlsetzung** s (wie in der DIN 4014 von 1990, s. Bild 5) anzugeben, d. h.

$$\sigma_s(s) \quad \text{und} \quad \tau_m(s)$$

Aus diesen Werten ist dann eine – sozusagen künstliche – Lastsetzungslinie rechnerisch zu ermitteln und aufzutragen (siehe das in den 70er Jahren vom Verfasser entwickelte Verfahren von Bild 3 der DIN 4014 von 1990 in Bild 5), d. h.

$$Q(s) = \sigma_s(s) \cdot A_s + \tau_m(s) \cdot A_m$$

(A_s = Pfahlfußfläche und A_m = Pfahlmantelfläche)

Die $\sigma_s(s)$- und $\tau_m(s)$-Werte sind in der Entwicklungszeit der DIN 4014 Teil 2 mit Millionenaufwand aus Probebelastungen ermittelt und zusammengetragen worden. Sie gelten für verrohrt und unverrohrt (mit Bohrlochstützung durch eine Stützflüssigkeit) hergestellte Einzelpfähle. Die später im Vergleich zur DIN 4014 Teil 2 von 1977 noch verfeinerten und ergänzten Angaben finden sich auf Bild 5 mit einem Auszug aus der neuesten, nun für alle Bohrpfähle von 0,3 bis 3 m Durchmesser geltenden DIN 4014 von 1990. Empirische σ_s- und τ_m-Werte werden, wie in Bild 5 beschrieben, in Abhängigkeit von Pfahltyp, Bodenart und Bodenbeschaffenheit zur Verfügung gestellt. Sie wurden in fortschrittlicher Extrapolation bisheriger Regelungen für bindige Böden in Abhängigkeit von der Scherfestigkeit c_u (statt wie bisher in Abhängigkeit von der unschärferen Konsistenz) und für nichtbindigen Boden in Abhängigkeit vom Sondierwiderstand q_s, n_{10}, N_{30} nach DIN 4094 angegeben (ohne weiterhin Zusammenhänge mit der praktisch nicht feststellbaren Lagerungsdichte D, die zudem noch von der Ungleichförmigkeit U der Kornverteilung abhängt, herzustellen).

- **Zulassung theoretischer Berechnungen des Pfahltragverhaltens**
  Wie schon weiter vorn ausgeführt, ist die Veränderung der Bodeneigenschaften in der Pfahlumgebung durch die Installation eines Pfahls so groß, daß es nicht möglich ist, eine Berechnung des Tragverhaltens eines Pfahls in gleicher Weise wie für eine Flachgründung vorzunehmen – Bohren lockert auf, Rammen verdichtet. Man muß daher – wie gerade ausgeführt – das Tragverhalten von Einzelpfählen auf der Grundlage von Probebelastungen, also aus empirischen Daten, wie in Bild 5 gezeigt, ermitteln. Um die Aufrechterhaltung dieses Grundsatzes entspann sich in den 70er Jahren eine lange und bisweilen sehr engagiert geführte Diskussion. Dabei war ihr Anlaß eigentlich eine Kostenfrage: Hatte man bis zur Entwicklung der Großbohrpfähle, d. h. bei den herkömmlichen Pfählen mit Durchmessern bis zu 50 cm und Bruchlasten von etwa 1 MN, keine großen Kostenprobleme, wenn ein Tragfähigkeitsnachweis durch Probebelastung in einem aktuellen Einzelfall gefordert wurde, so war eine Probebelastung für einen Großbohrpfahl mit Bruchlasten, die oft in der 10-MN-Größenordnung liegen, manchmal schon die Ursache dafür, daß Großbohrpfähle nicht verwendet werden konnten (z. B. dann, wenn es im Einzelfall um die Anwendung von nur ganz wenigen Großbohrpfählen ging). Aber auch bei Ausarbeitung von Angeboten für größere Großbohrpfahlgründungen war es erforderlich, ohne Vorliegen von Probebelastungsergebnissen schon hinreichend zutreffende Kostenvorstellungen zu entwickeln. Was schien nun näherliegend, als die bei den Flachgründungen bewährten Berechnungsverfahren – DIN 4017 für die Grundbruchsicherheit,

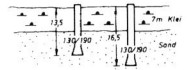

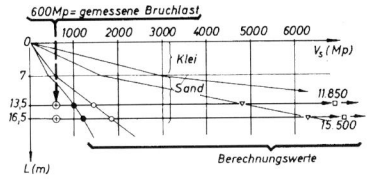

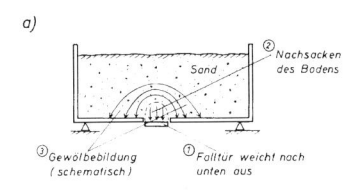

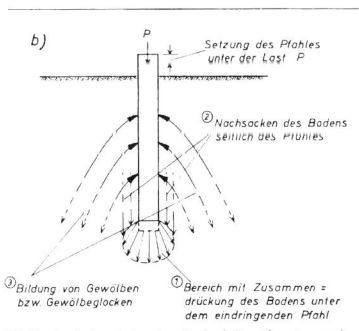

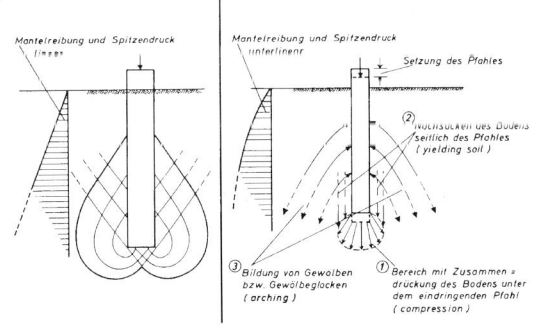

Bild 6 a Auszug aus Bautechnik 8/1977 mit Ausführungen zur Möglichkeit der Theorieanwendung zur Tragfähigkeitsberechnung für Großbohrpfähle

53

Eberhard Franke
Normung von Großbohrpfählen

gen aus, das nicht-lineare Spitzendruck-Tragverhalten zu bewirken. Man tut wohl am besten daran, die Darstellungen links und rechts auf Bild 11 als extreme Grenzen möglicher Verhaltensweisen von Pfählen im Bruchzustand anzusehen und anzuerkennen, daß der Realität bis heute mit theoretischen Mitteln noch nicht genau genug beizukommen ist. (Wie noch besprochen wird, gilt das auch bei Einbeziehung moderner numerischer Rechenverfahren.)
Aber selbst wenn wir in der Lage wären, die Bruchlast genau zu ermitteln, wäre noch nicht viel geholfen, so lange nicht bekannt ist, wie groß der auf diese Bruchlast anzuwendende Sicherheitswert sein muß, um im Gebrauchszustand bei Großbohrpfählen zu erträglichen Setzungen von 2 cm bis 3 cm zu kommen. Aus Probebelastungen in mitteldichtem Sand ist bekannt, daß der Bruch erst bei Setzungen in der Größe bis zu 1/3 des Pfahldurchmessers eintritt. Das sind bei Pfählen mit 1 m Durchmesser schon 30 cm. Da bei Großbohrpfählen die Lastsetzungslinie näherungsweise parabolisch verläuft, würden sich bei zweifacher Bruchsicherheit noch 7 cm bis 8 cm Setzung ergeben, die für den Gebrauchszustand in der Regel nicht zugelassen werden können, weil dann erfahrungsgemäß die Setzungsdifferenzen benachbarter Stützen mit 3 cm bis 4 cm betragen zu können. Wie man sieht, kommt man also mit den üblichen Bruchsicherheitswerten nach DIN 1054, Tabelle 8, die auf in Probebelastungen ermittelte Bruchzustände der herkömmlichen und in der Regel kleineren Ramm- und Bohrpfähle zugeschnitten sind, bei nicht aus, weil die Erfahrungen von den konventionellen Pfählen auf Großbohrpfähle nicht übertragbar sind. Deshalb mußten in der DIN 4014, Teil 2 für Großbohrpfähle besondere Regelungen getroffen werden, die von denen der bisherigen deutschen Pfahlnormen abweichen, d. h. es konnten weder wie bisher einfach zulässige Tragfähigkeitswerte für verschiedene Pfahltypen angegeben werden, noch konnten — wie gerade begründet — die Bruchsicherheitswerte der konventionellen Pfähle ohne weiteres auf Großbohrpfähle übertragen werden. Es waren also Abweichungen von den bisherigen Regelungen der Pfahlnormen erforderlich, die nach dem Vorangegangenen nur darin bestehen konnten, Tragfähigkeitsangaben jetzt in Abhängigkeit von den Setzungen zu machen.

Nun waren — wie erwähnt — auch bisher schon Setzungen sozusagen illegal, weil im Widerspruch zu DIN 1054, Abschnitt 5.6 für Großbohrpfähle berechnet worden. Man hatte — um einen Anhalt für die Setzungen im Gebrauchszustand zu bekommen — die an sich nur für Flachgründungen geltenden Regeln zur Setzungsberechnung nach der elastischen Theorie der DIN 4019 auch für Pfähle angewendet. Das ist jedoch gefährlich, weil Pfähle in der Regel mit 1 bis 2 MN/m² viel höhere Drücke als Flachgründungen konzentriert in den Baugrund einleiten und dadurch unter Umständen neben quasi-elastischen auch erhebliche plastische Verformungen eintreten. Das wird auf Bild 14 bewiesen. Dort sind für vier Pfähle aus bekannten Werten des Pfahlspitzendruckes und des Pfahlsetzungen die Elastizitätsmodul des Bodens nach der elastischen Theorie von Boussinesq zurückgerechnet worden. Bekanntlich sollen diese Werte konstant sein. Wie man sieht, nehmen sie tatsächlich jedoch mit zunehmender Pfahlbelastung stark ab, was beweist, daß der plastische Anteil der Verformungen neben dem elastischen von erheblicher Bedeutung ist. Damit erweist sich diese Art der Setzungsberechnung für Pfähle als unbrauchbar, weil der mit der Pfahllast abnehmende Elastizitätsmodul des Bodens bzw. seine Steifezahl nicht im voraus bestimmt werden kann. Leider muß also hinsichtlich der theoretischen Instrumente zur Setzungsberechnung die abschließende Bemerkung wiederholt werden, die zur Frage der theoretischen Berechnungsmöglichkeiten

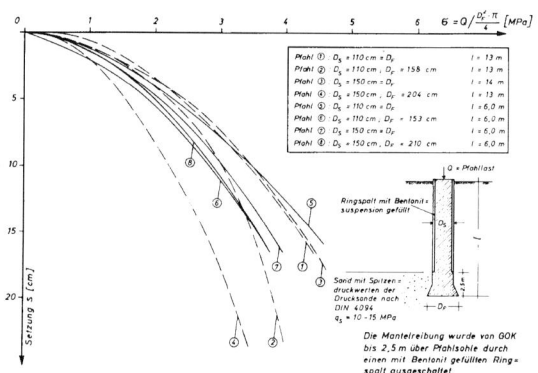

Bild 13. Ergebnisse von Probebelastungen (nach Franke und Garbrecht [9]) 10 kp/cm² = 1 MN/m²

Bild 12. Spitzendruckabhängigkeit von der Pfahllänge t (nach Kerisel und Simons [13]) 10 kp/cm² = 1 MN/m²

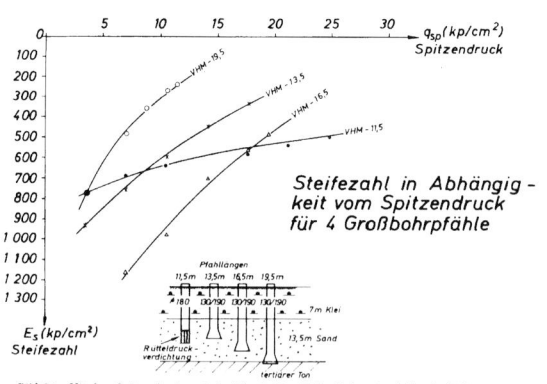

Bild 14. Mit dem Spitzendruck veränderliche Steifezahl des Bodens (nach Franke [16]) 10 kp/cm² = 1 MN/m²

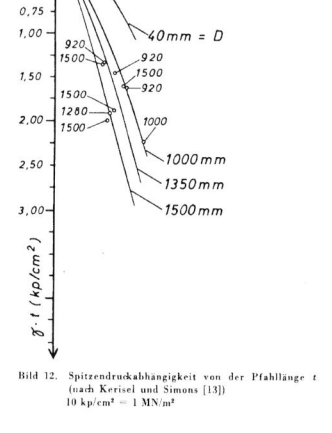

DIE BAUTECHNIK 8/1977 257

Bild 6 b Auszug aus Bautechnik 8/1977 mit Ausführungen zur Möglichkeit der Theorieanwendung zur Tragfähigkeitsberechnung für Großbohrpfähle

DIN 4019 für die Setzungsberechnung – auch auf Großbohrpfähle anzuwenden und diese – wie man sagte – als eine lediglich „tiefgelegte Flachgründung" zu betrachten. Es zeigte sich jedoch, daß diese Verfahrensweise nicht zugelassen werden konnte. Wie damals vom Verfasser ausgeführte Probebelastungen in Übereinstimmung mit Daten von Kérisel zeigten, entfernte sich die Annahme starrplastischen Bodenverhaltens bei der Untersuchung nach DIN 4017 für die im Vergleich zu Flachgründungen viel höher belasteten Pfähle viel zu weit von der Realität (s. dazu Bild 6 mit 2 Seiten aus der Bautechnik); es war vor allem die mit der Theorievoraussetzung verbundene lineare Zunahme des Spitzendrucks mit der Tiefe, die nicht eintritt. Was die Möglichkeit von Setzungsberechnungen nach DIN 4019 mit der Elastizitätstheorie anlangt, zeigte sich, daß es wegen des in Wirklichkeit nicht linearen Bodenverhaltens bei Pfählen unmöglich war, einen zutreffenden Sekantenmodul für solche Berechnungen vorauszuschätzen. Die Erwartung, Besseres mit den um 1970 in Schwung kommenden FE-Methoden und anderen ähnlichen numerischen Berechnungsmethoden zu erreichen, erfüllte sich nicht. Zwar konnte man wichtige Informationen über Grundsätzliches des Pfahltragverhaltens aufdecken, aber für aktuelle Einzelfälle fehlte und fehlt nach wie vor oft die Möglichkeit, hinreichend sicher zutreffende Parameter für das Stoffverhalten zu ermitteln.

Diese Ausführungen gelten – wie gesagt – für Einzelpfähle, weil in deren Umgebung der Boden beim Pfahleinbringen verändert wird. Dagegen ist die Theorieanwendung auf das Verhalten von Bohrpfahlgruppen erfolgversprechend, worauf noch zurückzukommen ist.

– Horizontalbelastung
In der DIN 1054 von 1940 und den folgenden Fassungen steht, daß Pfähle axial belastet werden sollen. Das bedeutet, Horizontalkräfte auf Pfahlgründungen sollen im Regelfall durch Anordnung von Schrägpfählen aufgenommen und in den Baugrund übertragen werden. Im Prinzip ist das auch bei Großbohrpfahlgründungen möglich, aber die Kosten für Bohrmaschinen, die Großbohrpfähle hinreichend schräg herstellen können und die in Ausnahmefällen auch gebaut worden sind, sind viel größer, als wenn man sich auf die Herstellung von Vertikalpfählen beschränkt. Dann können allerdings Horizontalkräfte bzw. die Horizontalkomponenten von Schräglasten nicht mehr axial, sondern müssen über seitliche Bettung und unter Ausnutzung der Biegesteifigkeit des Vertikalpfahls in den Baugrund abgetragen werden (s. Bild 7).

Ob und inwieweit das auch in weichen Bodenschichten möglich ist, wurde mit umfangreichen Probebelastungen für eine 4 km lange Hochstraße über die Elbmarsch in Hamburg vom Verfasser und in ähnlichen Versuchen von H.G. Schmidt untersucht. Bei den Hamburger Versuchen, bei denen die später zu erwartenden Vertikal-, Horizontal- und Momentenbelastungen in Probebelastungen gleichzeitig simuliert werden konnten, ergab sich, daß die Gleichzeitigkeit von V-Belastung einerseits und H- und M-Belastung andererseits bei Probebelastungen nicht berücksichtigt werden muß. Man darf also die Horizontalbelastbarkeit getrennt von einer gleichzeitig zu erwartenden Vertikalbelastung in Probebelastungen erkunden, was wegen des Wegfalls der Kosten für das Widerlager der

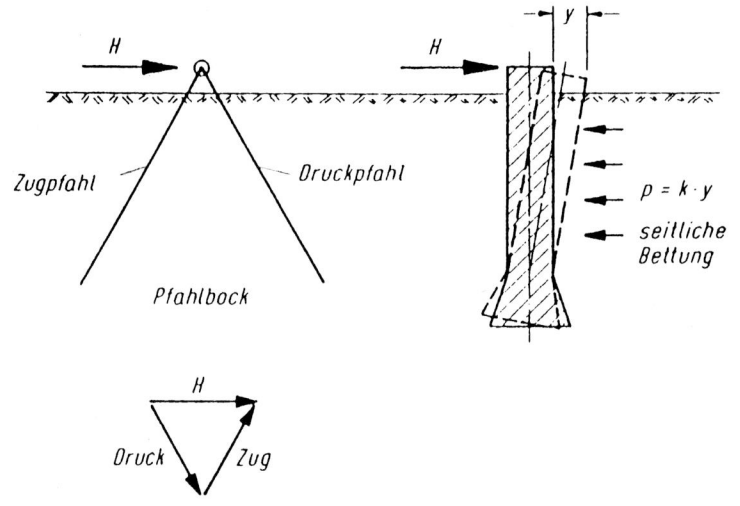

Bild 7 Horizontalkraftaufnahme links durch Schrägstellung und rechts durch seitliche Bettung von Pfählen

V-Belastung viel kostengünstiger ist. Auch wurde festgestellt, daß man die Pfahlbemessung und die zu erwartenden Horizontalverschiebungen mit dem von Titze schon 1942 dafür angepaßten Bettungszifferverfahren zutreffend berechnen kann, wenn man die Bettungsziffer z.B. aus Probebelastungen als Sekantenmodul (zur Berücksichtigung der Nicht-Linearität des Bodens) zutreffend genug ermittelt. Es gelang dann aber, auch diesen Aufwand zu vermeiden: Wenn man als Bettungsziffer k_s auf der sicheren Seite den Wert

$$k_s = E_s/D$$

verwendet, mit E_s als Steifemodul für die beteiligten Bodenschichten in der Größe, wie man ihn für die Setzungsberechnung von Flachgründungen verwenden würde, und D als Pfahldurchmesser.

4 Die Norm DIN 4014 von 1990 für alle Bohrpfähle

Die Großbohrpfahlvornorm von 1977 war im großen und ganzen in der Praxis akzeptiert und umgesetzt worden. So stand um 1985 der von Beginn an beabsichtigte nächste Schritt an: eine einheitliche Norm für alle Bohrpfähle zu schaffen, die den gesamten Durchmesserbereich von 0,3 bis 3,0 m umfaßt und die dann 1990 herauskam. In dieser wurden – abgesehen von der Berücksichtigung der kleineren Pfahldurchmesser bis 0,3 m – folgende Weiterentwicklungen berücksichtigt:

– Angaben zum Tragverhalten
  Die Angaben für Spitzendruck σ_s und Mantelreibung τ_m (s. Bild 5) wurden auf der Grundlage weiterer Datensammlung und verfeinerter statistischer Bearbeitung

im Rahmen einer Dissertation von Elborg verbessert. (Die Finanzierung dieser praxisorientierten Forschungen wurde dankenswerterweise vom Institut für Bautechnik ermöglicht.) Im Ergebnis konnte die Tiefenabhängigkeit der Mantelreibungsangaben für nichtbindige Böden entfallen, weil die Sondierergebnisse, auf deren Grundlage diese Angaben ermöglicht werden, selbst die Tiefenabhängigkeit widerspiegeln. Beim Spitzendruck σ_s konnten auch bei den nichtbindigen Böden die Setzungen durchmesserbezogen angegeben werden. Für bindige und nichtbindige Böden wurde der im allgemeinen nicht erreichbare Bruchzustand σ_{sf} in Übereinstimmung mit der international am meisten verbreiteten Regel bei einer Setzung gleich 10% des Durchmessers festgelegt. Mit diesem Durchmesserbezug wurde automatisch berücksichtigt, daß mit größerem Durchmesser die Setzung, die zur Erzeugung eines bestimmten σ_s-Wertes erforderlich ist, ebenfalls größer wird. Bei der Mantelreibung τ_m sollte nach der Elastizitätstheorie ebenfalls eine Vergrößerung der zur Erzeugung einer bestimmten Mantelreibung erforderlichen Setzungen zu erwarten sein, wenn man den Pfahllängeneinfluß vernachlässigt. Elborg fand heraus, daß bei bilinearer elastisch-plastischer Annäherung des Mantelreibungs-Setzungsverhaltens der Knickpunkt dieser Beziehung (bei s_{rg}) am besten mit einer (nicht dimensionslosen) Formel erhalten werden kann aus

$$s_{rg} = 0{,}5 \cdot Q_{rg} \text{ (in MN)} + 0{,}5 \leq 3 \text{ cm},$$

das ist die Angabe der Bruchsetzung der Mantelreibung in Abhängigkeit vom Bruchwert der Pfahlmantelkraft Q_{rg}, in dem sowohl der Pfahldurchmesser als auch die Pfahllänge eingeht. Die Beibehaltung der s_{rg}-Werte von 1 cm für Ton und von 2 cm für Sand aus der DIN 4014 von 1977 war für die kleinkalibrigen Pfahldurchmesser nicht aufrechtzuerhalten. – Einen wesentlichen weiteren Fortschritt stellte die Angabe der σ_s-Werte in Abhängigkeit vom Sondierwiderstand q_s bzw. von c_u dar.

Bei allen diesen Angaben galt es ja, sich davor zu hüten, mit dem Bestreben nach genaueren und differenzierteren Aussagen nicht über die erreichbare Genauigkeit hinauszuschießen; vielmehr müssen z. B. die Angaben über $\sigma_s = f(q_s)$ bzw. $\sigma_s = f(c_u)$ im Rahmen der Datenstreuung vertretbar sein. Eben deshalb ist es auch so wichtig, Tragfähigkeitsangaben (auf der sicheren Seite!) an die Herstellungsqualität zu binden, wie es traditionell in der deutschen Pfahlnormung geschieht. Man denkt dabei an einen Witz, der auf einer internationalen Veranstaltung in englisch wie folgt klang: „Bored piles are democratic piles, even good soils are deteriorated by the installation procedure so far that bearing behaviour is not better than in worse soils."

- **Pfähle mit Fuß- und/oder Mantelverpressung**
  Möglichkeiten zu solcher Verpressung waren schon lange bekannt, z. B. von den Pfählen für die Maracaibo-Brücke. Inzwischen waren jedoch die Möglichkeiten sowohl für Fuß- als auch für Mantelverpressungen vereinfacht bzw. weiterentwickelt worden. Zum Beispiel sind das in die Bewehrung eingeflochtene Kunststoffschlauchbündel, die in verschiedenen Tiefen in Ventilen enden und mit denen erst kurz nach Abbinden des Bohrpfahlbetons bei der Mörtel- oder Zement-

milchinjektion (je nach Bodenkorngröße) die Bewehrungsüberdeckung aufgesprengt wird. Unter dem Fuß genügt es, wenn man die Verpressung ebenfalls in der Art des hydraulic fracturing ohne aufwendige, zu expandierende Flachpressenvorrichtung vornimmt.

Es wäre naheliegend gewesen, diese Methoden in die Normung aufzunehmen. Nur hätten daraus keine Konsequenzen für die Verbesserung des Tragverhaltens gezogen werden können. Denn es sind Fälle bekannt, in denen bei 2 vergleichsweise ausgeführten Probebelastungen an gleichen Pfählen in tertiärem Ton sich fast deckungsgleiche Setzungslinien für den Pfahl mit und den Pfahl ohne Fuß- und Mantelverpressung ergaben. Dagegen haben Mantelverpressungen in tonigem Schluff beachtenswerte Verbesserungen erbracht. Die besten Ergebnisse wurden natürlich in nichtbindigen Böden erzielt, in denen die Zementmilch in die Bodenporen hineinfiltrieren konnte. – Für die Zukunft sollte man vielleicht ins Auge fassen, in der Bohrpfahlnorm wenigstens das, was sich im methodischen Bereich bewährt hat, als Qualitätsanforderung aufzunehmen.

– **Die Schneckenbohrpfähle**
Eigentlich war die neue DIN 4014 schon 1987/88 fertig, als der Vorschlag gemacht wurde, die Schneckenbohrpfähle mit zu erfassen. Diese Pfähle waren in der Tat auf dem Markt sehr schnell vorgedrungen und hatten sich einen beträchtlichen Anteil erobert. Zwar sah es bezüglich der Möglichkeit, Angaben über das Tragverhalten zu machen, eher schlechter aus als bei den Fuß- und Mantelverpressungen; denn bei letzteren konnte es ja nur um Verbesserungen gehen, wogegen Fälle bekannt geworden waren, in denen Ausführungsfehler zu Tragverhaltensverschlechterungen bei Schneckenbohrpfählen im Vergleich zu normalen Bohrpfählen geführt hatten.

Die Konsequenz aus den manchmal sehr kontrovers verlaufenen langen Diskussionen war – wenn man schon das Vordringen dieses sehr von der Herstellungsqualität abhängigen Verfahrens auf den Markt nicht verhindern konnte –, wenigstens Qualitätsansprüche an die Pfahlherstellung zu definieren. Doch zuvor ein Wort zum Vordringen dieses Herstellungsverfahrens:

Mit immer robusteren und schwereren Maschinen und immer leistungsfähiger gewordenen hydraulischen Ausrüstungen war es möglich geworden, Endlosspiralbohrer über die ganze Pfahllänge in den Boden zu drehen und mit dem auf den Spiralwindungen liegenden Boden aus dem Bohrloch herauszuziehen. Im Fall solcher Schneckenbohrer mit sog. kleinem Zentralrohr wird dabei Frischbeton mit Überdruck eingepumpt, so daß beim Ziehen kein Vakuum entstehen kann; bei großem Zentralrohr wird wie üblich im Kontraktorverfahren betoniert. Mit dieser Herstellungsart kann man – wie schon rein gefühlsmäßig einleuchtet – die Pfahlproduktion bei gleichen Lohnkosten im Vergleich zur chargenweisen Bodenförderung, z. B. mit Greifer, erheblich beschleunigen. Wieder ist es ein in charakteristischer Weise schubweise eingetretener Produktivitätsfortschritt, der von der Baumaschinenseite her ermöglicht wurde.

Nun das Qualitätsproblem: Am besten wäre ja, wenn es beim Eindrehen des Schneckenbohrers gelänge, diesen bei je 1 Umdrehung um 1 Schneckenwindung in die Tiefe zu bewegen wie einen Korkenzieher. Dann wäre die

Bohrschnecke komplett mit Boden gefüllt, der die Bohrungswand in idealer Weise statt eines Bohrrohrs stützen würde. Im allgemeinen gelingt dies auch mit den kräftigsten Drehantrieben nicht. Es kann passieren, daß der Bohrer auf eine festere Schicht stößt und rotiert, ohne tiefer einzudringen. Dann wird der Boden auf den Schneckenwindungen nach oben gefördert und fehlt zur Stützung der Bohrungswand. Sand unter dem Grundwasserspiegel läuft dann der Bohrung zu, im Boden der Pfahlumgebung kann das zu tragfähigkeitsmindernden Auflockerungen führen. Um das zu vermeiden, ist in der DIN 4014 unter 6.2.4 – wie schon in Abschnitt 1 angesprochen – vorgeschrieben worden, daß „. . . Vorschub und Drehzahl so auf die Baugrundverhältnisse abzustimmen (sind), daß die Bodenförderung auf ein Maß begrenzt wird, welches die seitliche Stützung der unverrohrten Bohrungswand sicherstellt" . . . und „. . . Die Anzahl der Umdrehungen ist tiefenabhängig automatisch zu registrieren; die Meßschriebe sind Bestandteil des Bohrprotokolls." In Verbindung mit der Vorschrift, daß beim Betonieren und Bohrrohrziehen mit ebenfalls einem automatischen Meßschrieb zu kontrollieren ist, daß nie ein Vakuum der weiter oben beschriebenen Art entsteht, wurde das Mögliche getan, um zum einen Herstellungsfehler zu vermeiden und zum anderen zu optimistische Produzenten und Anfänger auf die Problematik aufmerksam zu machen. – Man darf erwarten, daß erfahrene Produzenten unter Einhaltung dieser Kontrollvorstellungen Pfähle zustande bringen, die zumindest nicht weniger tragen, als in der DIN (s. Bild 5) angegeben worden ist.

– **Gruppenwirkung bei Horizontalbelastung von Vertikalpfählen**
Was die Verschlechterung des Tragverhaltens der Einzelpfähle einer Pfahlgruppe bei Vertikalbelastung als Folge der von den Nachbarpfählen stets ausgelösten Mitnahmesetzungen anlangt, gab es eine ganze Reihe von Untersuchungen, so daß unter 7.3 der Bohrpfahl-DIN ein Hinweis auf DIN 1054 reicht, die sich ja wie schon gesagt mit den allgemeinen Entwurfsprinzipien befaßt. Bezüglich der entsprechenden Gruppenwirkung, die bei den i. d. R. vertikal hergestellten Großbohrpfählen unter Horizontalbelastung entsteht, gab es zwar Lösungen mit der Elastizitätstheorie, deren Realitätsnähe jedoch zu bezweifeln ist. (Daß die letzte Pfahlreihe quer zur Kraftrichtung denselben Lastanteil wie die erste aufnehmen soll, ist zu bezweifeln, weil die Pfähle der ersten Reihe ja nur durch die Nachbarpfähle, die der letzten zusätzlich mindestens durch die Pfähle der Reihe davor beeinflußt werden.) Mit Mitteln des BMFT sind dann 1g-Modellversuche ausgeführt worden, die bei Einhaltung bestimmter Regeln Ergebnisse gleicher Qualität wie Prototypversuche erbringen, wobei letztere schon für Einzelpfähle sehr kostspielig, für Pfahlgruppen praktisch kaum bezahlbar sind. Von der Fa. Bilfinger und Berger finanziert, hat H.G. Schmidt jedoch wenigstens 2 und 3 Großbohrpfähle als Prototypen untersuchen können, durch welche die Modellversuche bestätigt wurden. Zur Zeit werden – von der DFG finanziert – auch noch Zentrifugenmodellversuche an der Universität Bochum zum Vergleich ausgeführt.

Die Ergebnisse der Versuche sind in Form einer Rechenregel unter 7.4.3 in die Bohrpfahl-Norm eingebracht worden. Eigentlich gehörten sie in die DIN 1054. Da jedoch fast ausschließlich die Großbohrpfähle betroffen sind, wurde verabredet, dieses Problem in der Bohrpfahl-DIN zu behandeln.

- **Bohrpfähle in Fels**

  Dieses Themas haben sich vor allem die Münchener Kollegen Koreck und Weinhold angenommen. Der Verfasser möchte diesbezüglich auf die Veröffentlichung von Koreck in Heft 10 der Mitteilungen des Münchener TH-Instituts für Grundbau, Boden- und Felsmechanik verweisen. Auf diesem Feld ist es noch schwieriger als im Lockergestein, Angaben über Mantelreibung t_m und Spitzendruck σ_s zu machen. Neben der Gesteinsfestigkeit muß ja eigentlich auch die von Fugen und Klüften sowie von deren Orientierung im Raum beeinflußte Gebirgsfestigkeit berücksichtigt werden. Dies mit ein für allemal geltenden τ_m- und σ_s-Werten zu schaffen ist schwierig; man muß sich da mit statistischen Zusammenhängen zwischen der Zylinderdruckfestigkeit des Fels q_u und diesen Werten begnügen (s. unter 8 in der Bohrpfahl-DIN), wenn man nicht besondere, weitergehende Versuche für den Einzelfall ausführen will.

- **Schlitzwandelemente unter Vertikallast**

  Wie schon in Abschnitt 3 angesprochen, werden diese ja in derselben Weise hergestellt wie Großbohrpfähle ohne Verrohrung mit Bentonitsuspensionsstützung; es sind eigentlich nicht-runde Bohrpfähle. Bei der Herausgabe der Norm war noch unklar, ob das Seitenverhältnis der Elemente ihr Tragverhalten beeinflußt. Vorsichtshalber wurde in der Tabelle 6 der Bohrpfahl-DIN eine Abminderung von σ_s auf 60% bei einem Seitenverhältnis $a/b \geq 5$ eingeführt, wenn man σ_s bei $a/b = 1$ entsprechend kreisrundem Querschnitt zu 100% ansetzt. Inzwischen haben 1g-Modellversuche am Institut des Verfassers ergeben, daß diese Abminderung entfallen kann. – In der DIN fehlt ein Rezept, wie man bei Schlitzwandelementen den schon am Anfang dieses Abschnittes erwähnten s_{rg}-Wert berechnet. Man hat das einfach in der Weise zu tun, daß man s_{rg} für einen fiktiven Pfahl mit dem Querschnitt a^2 ermittelt.

5 Die Wurzelpfähle nach DIN 4128 von 1983

Wenn in Abschnitt 4 von einer „Norm für alle Bohrpfähle" die Rede war, so ist das etwas ungenau. Es gibt ja noch die Norm für „Verpreßpfähle kleinen Durchmessers", die laut DIN 4128, 7.1 durch Bohr-, Ramm- und Rüttelverfahren hergestellt werden dürfen. In der Mehrzahl werden sie durch Bohren hergestellt, und dann handelt es sich um die von Fernando Lizzi erfundenen „Wurzelpfähle", gelegentlich auch Mikro-Pfähle genannt.

Diese Pfähle mit Durchmessern von i.d.R. 10 bis 20 cm können eine Bewehrung nach DIN 1045 erhalten oder als Verbundpfähle (gelegentlich auch als „Einstabpfähle" oder ähnlich bezeichnet) hergestellt werden. (Im letzteren Fall bedürfen sie einer Zulassung.)

Diese Pfähle haben – abgesehen von Sonderfällen – auf dem Gebiet der Unterfangung und Gründungsverbesserung von Bauwerken („Nachgründungen") den Markt erobert.

Was das Herstellungsverfahren anlangt, ist das Preßbeton-Bohrpfahlverfahren wieder aufgelebt. Die Tragfähigkeitsangaben in Tabelle 3 der Norm liegen im allgemeinen weit auf der sicheren Seite. Eigentlich sollten gar keine Angaben dieser Art gemacht werden, um Zwang auszuüben, die Tragfähigkeit durch Probebelastungen zu bestimmen. Dabei kam man dem Wunsch nach geringen Kosten dadurch entgegen, daß die Möglichkeit eröffnet wurde, die Druckpfahltragfähigkeit gleich der Bruchlast von Zugversuchen zu setzen. Der Ergebniswert liegt dann stets auf der sicheren Seite und ist – weil die Pfahlfußkraft bei den kleinen Durchmessern nicht sehr groß ist – auch realitätsnah. – Wenn man sich überlegt, daß die Bohrungen für diese Pfähle i. d. R. mit denselben Geräten hergestellt werden wie für Injektionszuganker nach DIN 4125, die ja wegen der Vorspannung der Bewehrung sozusagen alle probebelastet werden, erschien diese Absicht nicht abwegig, und es ist auch bei Beachtung der Kosten empfehlenswert, Probebelastungen auszuführen, die fast immer günstigere Ergebnisse erbringen werden, als man mit den Werten der Tabelle 3 der Norm erreicht.

Ein Ärgernis ist die Festlegung, daß bei Verwendung von Wurzelpfählen als flache Zugpfähle eine Bruchsicherheit von 3,0 nachzuweisen ist. Eine technisch nicht nachvollziehbare Rolle hat dabei gespielt, daß geglaubt wurde, die Verwendung der Wurzelpfähle als Daueranker wie nach DIN 4125 würde wegen der geringen Anforderungen an ihre Nachprüfung im Gebrauchszustand die Daueranker verdrängen. Um die DIN 4128 gegen erhebliche Widerstände aufgrund dieses Konkurrenzdenkens damals überhaupt verabschieden zu können, ist statt des sinnvollen Sicherheitswertes 2,0 ein Sicherheitswert von 3,0 zugestanden worden. Die Bereinigung dieses nicht technisch bedingten Sachverhalts ist auch mit Blick auf die laufende europäische Normung – wo so etwas nicht durchsetzbar wäre – eingeleitet worden, aber noch nicht vollzogen.

6   Zur Neufassung der DIN 1054

Es wird bereits seit Jahren an einer fälligen Neufassung der DIN 1054 gearbeitet, die in Übereinstimmung mit dem EUROCODE 7 sein soll. Vorschläge für den traditionellen Pfahlabschnitt dieser Norm sind bereits ausgearbeitet worden, der neue Entwicklungen berücksichtigt.

Eine wichtige Weiterentwicklung muß dabei hinsichtlich der Gruppenwirkung bei Vertikalbelastung berücksichtigt werden. Bisher hat man in dieser Frage keine Ver-besserung gegenüber den Regeln der DIN 1054 von 1940 für nötig gehalten. Es heißt dort: „Die von Pfählen durch Spitzendruck und Mantelreibung übertragenen Kräfte dürfen den Baugrund im Mittel nicht höher beanspruchen, als für Flachgründungen zulässig wäre. Dabei ist die Gründungsfläche in Höhe der Pfahlspitzen anzunehmen."

Diese Vorstellungen können aus heutiger Sicht nur für Spitzendruckpfähle, also für sog. „stehende" Pfahlgruppen aufrechterhalten werden. Eine Ursache für diese Regelung ist, daß man früher der Mantelreibung im Vergleich zum Spitzendruck weniger zugetraut hat. Reibungspfähle und Reibungspfahlgruppen, auch als „schwebende" oder „schwimmende" Pfahlgründung bezeichnet, sind seit der DIN 1054 von 1969 sogar „. . . nach Möglichkeit zu vermeiden." Als gute Pfahlgründungen wurden nur solche betrachtet, deren Pfähle „... ausreichend tief in tragfähigem Boden stehen ... im allgemeinen etwa 3 m ...". Sicherlich sind alle diese Regelungen sinnvoll, weil man Pfähle ja erfunden hat, um Lasten durch weiche Schichten in den tieferliegenden, festeren Untergrund abzutragen. Bei Rammpfählen und im norddeutschen Raum ist das auch der Normalfall. Unter den süddeutschen geologischen Verhältnissen findet man häufig abweichende Bedingungen vor. Zum Beispiel gibt es in Verwitterungsböden den Wechsel zwischen stärker verwitterten weichen und weniger stark verwitterten festeren und sogar harten Schichten, d. h. unter festen können wieder weichere Schichten folgen. Hier kann man den sicher tragfähigen Untergrund oft nur mit Bohrpfählen erreichen, Rammpfähle würden vorher fest. Oft gibt es in Talauen verlehmte Schotter und Gerölle, wo die Steine in Lehm schwimmen und ebenfalls Bohrpfähle vorzuziehen sind. Tatsächlich wurden in der Zeit der Verfügbarkeit von Pfählen bis etwa 50 cm Durchmesser in Norddeutschland bevorzugt Rammpfähle, in Süddeutschland bevorzugt Bohrpfähle verwendet. – Mit der Mechanisierung und Geräteentwicklung der Bohrpfahlherstellung hat sich manches geändert. Man führt heute Gründungen mit langen, gebohrten Reibungspfählen aus, bei denen der Pfahlfußkraftanteil nur in der 10%- bis 20%-Größenordnung liegt. Wird aus solchen Pfählen eine größere Gruppe gebildet, so spielt die Zusammendrückung des Bodens zwischen den Pfählen infolge der Mantelreibung schon eine beachtenswerte Rolle gegenüber den nach DIN 1054 allein zu berücksichtigenden Setzungen unter der Pfahlfußebene. Nach dem „Pfahlwaldmodell" von Baumgartl waren z. B. bei einer Pfahlgruppe von 11 × 11 Pfählen unter einer Platte von 50 × 50 m² bei 40 m Pfahllänge und 90 cm Pfahldurchmesser die Setzungen aus der Zusammendrückung des Bodens zwischen den Pfählen und aus der Setzung unter der Pfahlgruppe mit je 50% an etwa 12 cm Setzung beteiligt. Ebenfalls von Baumgartl stammt eine inzwischen auch international in Diskussion kommende neue Vorstellung von der Berücksichtigung der negativen Mantelreibung. Diese als Anteil einer Inanspruchnahme der äußeren Tragfähigkeit zu betrachten wie bisher ist unzutreffend; sie kann nie einen Bruch auslösen, ist daher kein Tragfähigkeits-, sondern ein Setzungsproblem. (Die Setzung eines Pfahles ist gleich der Setzung des neutralen Punktes.)

Zurück zu den Pfahlgruppen: Was die Gruppenwirkung bei Horizontallasten auf Vertikalpfähle anlangt, war in Abschnitt 4 schon das Nötige gesagt worden. Bei der Beurteilung der Gruppenwirkung infolge von Vertikalbelastung war eingangs dieses Abschnitts die alte „Primitivregel" der DIN 1054 wiedergegeben worden. Heute stehen zur Beurteilung der Gruppenwirkung jedoch schon informativere Lösungen auf der Grundlage der Elastizitätstheorie zur Verfügung; im einfacheren Fall wird nur angegeben, um wieviel mehr sich eine Pfahlgruppe (mit starrer Kopfplatte) mehr setzt als ein Einzelpfahl unter entsprechender Last; man findet aber auch Lösungen mit Angabe der auf die einzelnen Gruppenpfähle entfallenden Lastanteile. – Im Gegensatz zur Möglichkeit, das Einzelpfahlverhalten mit theoretischen Mitteln zutreffend zu beschreiben, sind die Chancen bei Bohrpfahlgruppen besser. Denn bei theoretischen Gruppenberechnungen wird ja die Abweichung des Tragverhaltens der Gruppenpfähle auf die eines alleinstehenden Einzelpfahles bezogen. Kennt man dessen Lastsetzungslinie, welche den Einfluß der Pfahlinstallation enthält, und beeinflußt diese – wie bei Bohrpfählen im Abstand von mehr als 3 Pfahldurchmessern angenommen werden kann – das Verhalten der Nachbarpfähle nicht, so kann man die theoretisch ermittelte Abweichung des Verhaltens der Gruppenpfähle als zutreffend betrachten. Das einzige Problem ist dann noch die Berücksichtigung des in Wirklichkeit nicht-linearen Bodenverhaltens, dem jedoch mit einem gut geschätzten Sekantenmodul oder besser durch Berücksichtigung bilinearen Mantelreibungsverhaltens Rechnung getragen werden kann. (Bei Rammpfahlgruppen ist immer zu fragen, ob die Bodenverdichtung zwischen den Pfählen einer Gruppe nicht den Boden zu sehr verändert, um so vorgehen zu können.)

Impulse zur Verbesserung der Pfahlgruppenberechnungen mit möglichst wenig vereinfachten numerischen Methoden sind davon ausgegangen, daß man Fortschritte für den Entwurf von Pfahlplattengründungen benötigt. Auch in dieser Sache wird es Neues in der nächsten Fassung der DIN 1054 geben. Bisher hieß es unter 5.2.1: „Pfahlgründungen sind im allgemeinen so zu bemessen, daß die Kräfte aus dem Bauwerk allein durch Pfähle auf den Baugrund übertragen werden." Inzwischen gibt es in Frankfurt auf einer in der 100-m-Größenordnung liegenden Tonschicht, der man vor 30 Jahren noch keinesfalls Hochhäuser von 200 m Höhe und mehr zugemutet hätte, 4 Bauten dieser Art. Allerdings stieß man dabei bei mittleren Setzungen bis zu s = 30 für Plattengründungen an Grenzen, die erfahrungsgemäß durch nicht voraussagbare Schiefstellungen entsprechend 0,1 × s bis 0,2 × s große Kantensetzungen zu definieren waren. Um diese Setzungen zu vermindern, müssen die Sohlplattenpressungen und damit die Setzungen durch Anordnung von Pfählen vemindert werden. So kann der zitierte, oben genannte Grundsatz der DIN 1054 nicht aufrechterhalten werden. Und bei dieser Weiterentwicklung kann Theorieanwendung selbst auf dem Gebiet der Pfahlgründungen wesentlich zum Fortschritt beitragen.

7   Rück- und Ausblick

Mit Entwicklung der Bohrpfahltechnik haben sich nicht nur die Pfahlherstellung und die Möglichkeiten der Vorhersage des Tragverhaltens verbessert, auch die Perspektiven der Entwurfsgestaltung sind verändert worden. Wo z. B. früher Brückenpfeiler in Flüssen in Fangedammumschließungen oder mit Senkkästen hergestellt wurden, kann man heute auf Großbohrpfählen gründen. Unterfangungen und Sanierungen, die früher nicht für möglich gehalten wurden, werden heute mit Wurzelpfählen bewältigt. Was man heute unter Anwendung von Bohrpfählen bei Hochhausgründungen selbst auf Ton zustande bringt, hat man vor 30 Jahren noch für unmöglich gehalten. Und was kann man sich vorstellen, wenn man an die Zukunft denkt? Große Visionen können da sehr danebengehen. Man mache sich bewußt, daß alle bekannten Fortschritte, über die hier berichtet wurde, sich sehr langsam in mehr oder weniger kleinen Schritten eingestellt haben. Zum Beispiel ist ein solcher vorhersehbar notwendiger kleiner Schritt die Normung der überschnittenen Bohrpfahlwände. Das wurde dem Verfasser anläßlich einer Auseinandersetzung bewußt, bei der es in jüngster Zeit um die Frage ging, ob Bohrpfahlwände aus überschnittenen Pfählen dicht sind und z. B. als Dichtungswände unter Staudämmen verwendet werden dürfen, wenn doch unvermeidbar ist, daß in den Fugen zwischen den Pfählen Bodeneinschlüsse bis etwa zur 2- bis 3fachen Dicke des Schneidkranzüberstandes vorkommen. Für die Zukunft mehr zu erwarten wäre wohl verfehlt. Nur Stillstand wird es sicher nicht geben.

HELMUT OSTERMAYER

35 Jahre Verpreßanker im Boden

Die Epochen einer revolutionierenden Entwicklung im Tiefbau

1 Einleitung

Als im Jahre 1958 bei der Baugrube für den Bayerischen Rundfunk in München sozusagen als „Notlösung" versucht wurde, die ersten Spannstähle durch Zementeinpressung im Boden zu verankern und mit 250 kN vorzuspannen, ahnte noch niemand, daß sich hieraus eine Technik entwickeln würde, mit der 10 Jahre später Gebrauchslasten von über 1000 kN in den Boden eingeleitet werden könnten. Die Erfindung und Entwicklung der Verpreßanker im Boden hat das Baugeschehen im Tiefbau in fast allen Bereichen verändert: Breite Baugruben mit 20 bis 30 m Tiefe konnten nun ohne jede innere Aussteifung hergestellt werden, Sicherungen von hohen Stützwänden und Hanganschnitten wurden möglich und äußere Lasten wie Auftriebskräfte bei Grundwasserwannen oder Seilzugkräfte aus Dachkonstruktionen und Brücken wurden anstelle von Gewichtskonstruktionen durch die wesentlich wirtschaftlicheren Verankerungen im Boden aufgenommen.

Schon vor dieser Zeit sind vorspannbare Anker mit kleinem Bohrdurchmesser im Fels, z. B. im Talsperrenbau oder zur Sicherung von Felsböschungen, hergestellt worden. Die erste Anwendung eines Felsankers geht sogar auf das Jahr 1935 zurück, als bei der Erhöhung der Staumauer von Cheurfas in Algerien 34 etwa 60 m lange Anker mit einer einmalig hohen Gebrauchslast von 10 MN (1000 t!) eingesetzt wurden, wobei die Zugglieder aus 630 Spanndrähten Ø 5 mm bestanden.[1] Im Boden war aber eine derartige Krafteinleitung auch bei wesentlich kleineren Gebrauchslasten nicht denkbar, da die bei kleinen Durchmessern erforderlichen Mantelreibungskräfte aufgrund bodenmechanischer Überlegungen nicht hätten übertragen werden können. Um so überraschender war das Ergebnis des ersten Zugversuches beim Bayerischen Rundfunk. Da sich hier scheinbar ein ganz anderes Tragverhalten einstellte, verlief auch die weitere Entwicklung der Verpreßanker im Boden sowie die Normung und Zulassung zunächst völlig unabhängig von den Felsankern. Erst in den 90er Jahren waren die Erkenntnisse dann soweit fortgeschritten, daß für Anker im Boden und im Fels ähnliche Tragmechanismen zugrunde gelegt und dementsprechend auch dieselben Ankersysteme verwendet und zugelassen werden konnten. Konsequenterweise wurde dann auch eine gemeinsame Norm DIN 4125 (November 1990) für Verpreßanker im Boden und im Fels erarbeitet.

Bei der 35jährigen Geschichte der Verpreßankertechnik, angefangen von den ersten Versuchen der Firma Bauer beim Bayerischen Rundfunk über die vielen kleineren und

---
1 COYNE, A. (1938): Anwendung der Vorspannungen auf Staumauern. Int. Verein für Brückenbau und Hochbau, II. Kongreß Berlin.

größeren Entwicklungsschritte aller später beteiligten Firmen bis hin zur Zulassung und Anwendung der Ankersysteme, wurde das Institut für Grundbau der TU München zur Beratung und Betreuung der Untersuchungen wie auch zur meßtechnischen Überwachung von Großprojekten hinzugezogen. Die Erfahrungen und wissenschaftlichen Arbeiten, die sich aus dieser idealen Zusammenarbeit von Praxis und Forschung ergeben haben, sowie die Mitarbeit in Normen- und Zulassungsausschüssen konnten wesentlich zu dem heutigen Stand der Technik und zur Sicherheit verankerter Konstruktionen beitragen.

Der Versuch, die Fülle der Entwicklungen und Ereignisse von 35 Jahren in Epochen mit nur wenigen Schwerpunkten zusammenzufassen, wird entsprechend der Blickrichtung immer einseitig und lückenhaft bleiben müssen. Fragen der praktischen Ausführung, viele für die Firmen bedeutsamen Ereignisse oder die Erfahrungen im Ausland werden zu kurz kommen. Literaturstellen werden nur dann angegeben, wenn hierauf unmittelbar Bezug genommen wird.

2 Der Anfang (1958–1961)

Es begann 1958 mit der Baugrube für das Studiogebäude des Bayerischen Rundfunks in München. Wegen der damals außergewöhnlichen Abmessungen der Baugrube mit einer Fläche von ca. 63 m × 61 m und einer Tiefe von ca. 15 m unter Gelände (Bild 1) hatte Professor Jelinek von der Technischen Universität München vorgeschlagen, die Baugrubenumschließung, die erstmals in München als überschnittene Bohrpfahlwand (Benoto-Pfähle Ø 0,88 m) ausgeführt werden sollte, nicht auszusteifen, sondern im Boden zu verankern.[2, 3] Der Vorteil einer von allen inneren Steifen freien Baugrube war nach der Besichtigung einer vergleichbaren, jedoch ausgesteiften Baugrube in Zürich offensichtlich, da dort die Aushub- und Betonarbeiten infolge der Behinderung durch die Aussteifungen nur sehr langsam vorankamen.

Zunächst wurden beim Bayerischen Rundfunk die Anker auf konventionelle Weise an einer Ankerwand angeschlossen, soweit diese Verankerungszone von oben zugänglich war (Bild 1). Da dieses Verfahren jedoch in Bereichen nicht in Frage kam, wo eine tiefer unter Gelände liegende Verankerung erforderlich war, sollten dort erstmals jeweils mehrere Anker an einen vorher abgeteuften Brunnenschacht angeschlossen werden. Die ca. 18 m langen Zielbohrungen mit dünnen Hohlgestängen Ø 56 mm verfehlten jedoch in den dicht gelagerten Kiesen häufig die Schächte. Da die ausführende Firma Karl Bauer KG schon beim Ziehen der Gestänge teilweise hohe Kräfte bis zur Größenordnung der geplanten Ankerkraft von 300 kN aufbringen mußte, wurden Überlegungen angestellt, ob es nicht möglich ist, die Zugstäbe anstelle im Schacht direkt im Boden zu verankern. Es wurde daraufhin ein Versuch unternommen, bei dem der damals verwendete Spannstahl Ø 26 mm in das Hohlgestänge

---

[2] BAUER, K. (1969): Injektionszuganker in nichtbindigen Böden. Bau und Bauindustrie, S. 520–522.
[3] JELINEK, R. und OSTERMAYER, H. (1966): Verankerung von Baugrubenumschließungen. Vorträge Baugrundtagung München, S. 271–310.

Der Anfang

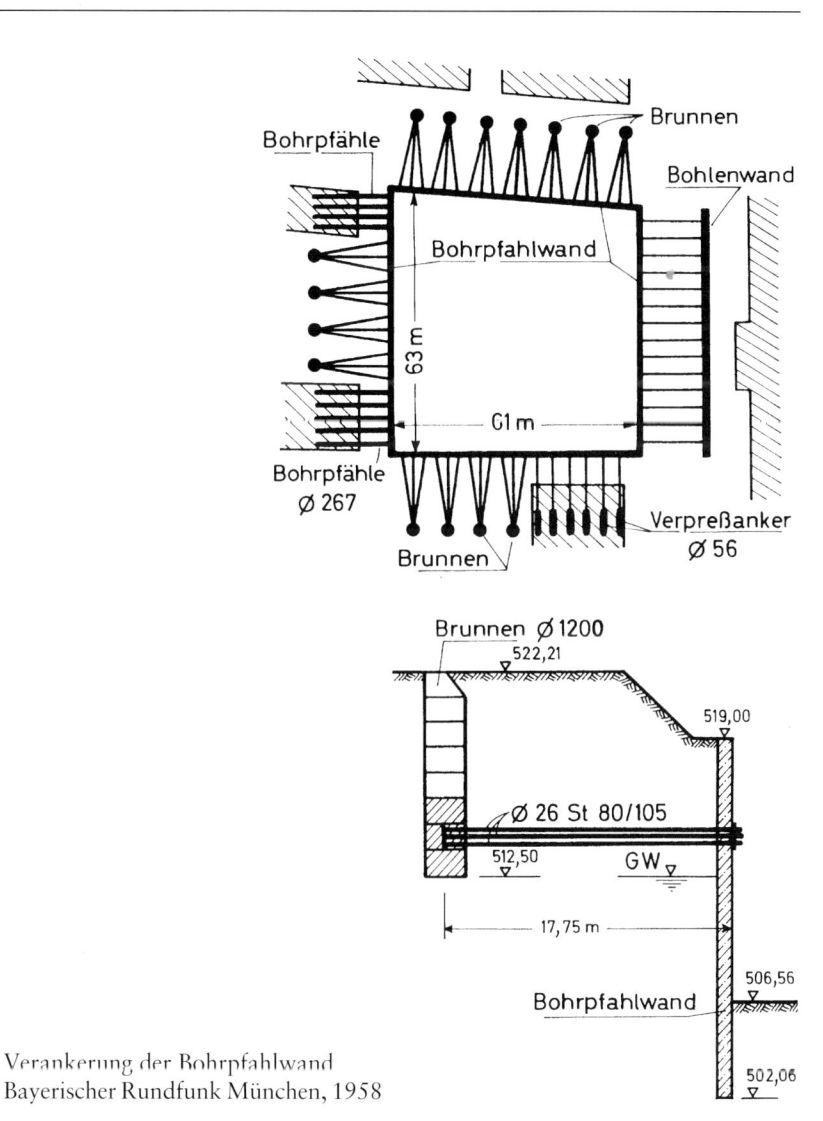

Bild 1 Verankerung der Bohrpfahlwand
Bayerischer Rundfunk München, 1958

eingeschoben und mit der verlorenen Bohrspitze verschraubt wurde. Beim abschnittsweisen Zurückziehen des Hohlgestänges wurde dann durch den Ringraum zwischen Hohlgestänge und Zugstahl Zementsuspension verpreßt. Etwa 5 Tage danach zeigte ein Zugversuch, daß die höchste Prüflast von 350 kN ohne größere bleibende Verschiebungen in den Boden eingeleitet werden konnte, so daß das Aufbringen einer Vorspannlast von 250 kN unbedenklich erschien. Die Vorstellung, daß durch das Verpressen von Zementsuspenion der Kies injiziert und damit quasi ein Betonblock als Verankerungskörper im Boden wirksam würde, beruhigte damals auch den bodenmechanischen Gutachter, so daß nun auch anstelle der unter den Gebäuden ursprünglich vorgesehenen horizontal zu bohrenden Zugpfähle Ø 267 mm die neu erprobten

Verpreßanker verwendet wurden. Voraussetzung für die Anwendung der wegen der kleineren Bohrdurchmesser wesentlich wirtschaftlicheren Verpreßanker war allerdings, daß jeder Anker mindestens bis zur 1,2fachen Gebrauchslast geprüft wurde. War doch zu befürchten, daß in sandigen, nicht injizierbaren Schichten nur das Bohrloch verfüllt und damit ein Verpreßkörper von nur etwa 6 cm Ø entstehen würde. Bei einer Verpreßkörperlänge von 5 m hätte dann eine Mantelreibung von etwa 400 kN/m² übertragen werden müssen, was unter Zugrundelegung der Bodenauflast und des bekannten Reibungswinkels des Bodens damals noch nicht denkbar war.

Die Zugversuche verliefen jedoch alle positiv, und auch die Wandbewegungen lagen nach Erreichen der Endaushubtiefe (Bild 2) in der Größenordnung der Meßgenauigkeit von nur wenigen Millimetern.

Der Erfolg dieser Baumaßnahme hatte sich rasch herumgesprochen, so daß noch im gleichen Jahr in Zürich eine freie Baugrube mit den neuen Bauer-Ankern gesichert wurde. Eine Baugrube von 17 m Tiefe für den Westdeutschen Rundfunk in Köln folgte im Jahr 1959, wobei jedoch zunächst nur oben eine Ankerlage und unten zwei Steifenlagen ausgeführt wurden. Aufgrund der guten Erfahrungen wurde aber schon beim 2. Bauabschnitt der Bohlträgerverbau mit insgesamt drei Ankerlagen ohne Aussteifungen gesichert (Bild 3 und 4) und dabei nur eine geringe Verschiebung der Trägerköpfe von maximal 5 mm gemessen.[4]

Bild 2   Blick in die Baugrube Bayerischer Rundfunk

---

4 BAUER, K. (1965): Der Injektionsanker System Bauer. Mitt. der Schweiz. Ges. für Bodenmechanik und Fundationstechnik Nr. 62, Frühjahrstagung Zürich, S. 5–13.

Der Anfang

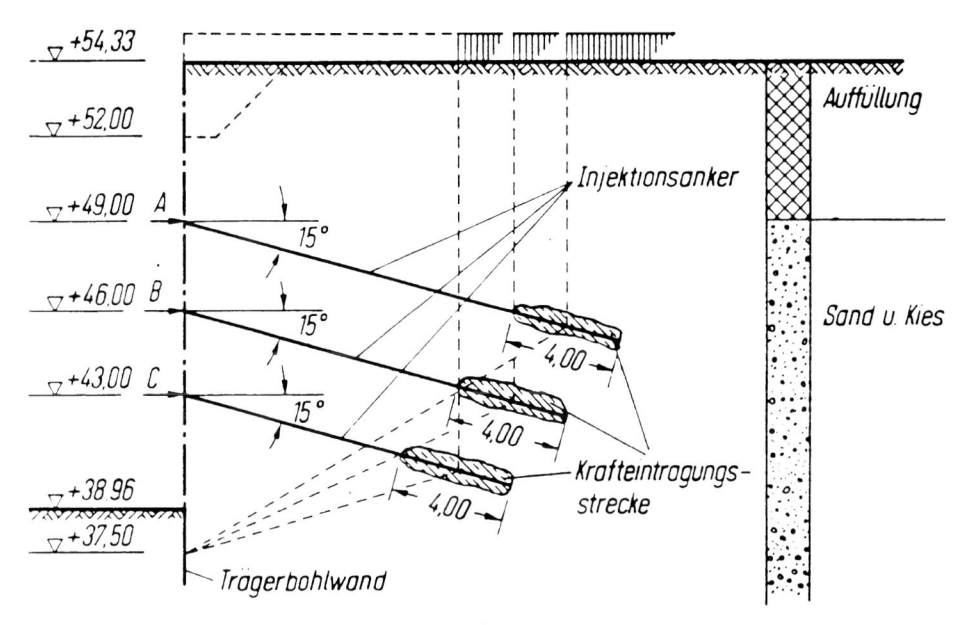

Bild 3 Mit drei Ankerlagen gesicherte Trägerbohlwand
Westdeutscher Rundfunk Köln

Bild 4 Blick in die freie Baugrube
Westdeutscher Rundfunk Köln

Im Jahr 1959 wurden dann auch die ersten Anker im bindigen Boden erprobt, wobei in die Bohrlöcher zunächst Kies eingeblasen wurde und dann in den so verfüllten Löchern die Anker wie im Kies hergestellt wurden. Durch die Verdrängung des Kieses wurde offenbar eine Verzahnung zwischen Verpreßkörper und Boden erreicht, so daß in Stuttgart und kurz darauf in München Prüflasten von ca. 250 kN und damit Gebrauchslasten von 200 kN in bindigem Boden aufgebracht werden konnten.

Noch im Jahr 1959, also nur ein Jahr nach Herstellung der ersten Baugrubenanker, hat die Firma Bauer schon die ersten Daueranker eingesetzt, und zwar für das Einlaufbauwerk des Leitzachkraftwerkes und zur Abspannung einer Rohrhängebrücke über den Innkanal. Kurz darauf wurden auch in München zur Auftriebssicherung einer Grundwasserwanne am Frankfurter Ring in den bindigen tertiären Schichten Daueranker verwendet.

3   Die ersten Grundsatzuntersuchungen (1961–1965)

Trotz aller Erfolge bei Anwendung der Verpreßanker im Boden und der nun vorliegenden ersten Versuchsdaten vom Spannen der Anker gab es auch bei dem von Anfang an zugezogenen Institut für Grundbau und Bodenmechanik der Technischen Universität München keine schlüssige und zuverlässige Erklärung für die hohe Tragfähigkeit der Anker im Boden und noch viel weniger Angaben über die Sicherheit in verschiedenen Bodenarten. Es war die Frage offen, ob das Anspannen jedes Ankers bis zur 1,2fachen Last eine ausreichende Prüfung auch für das Langzeitver-

Bild 5   Anker im Kies mit verpreßten Rollkiesschichten

halten darstellte. Es wurden deshalb erstmals 1961 bei der Baugrube für die Bayerische Gemeindebank in München Anker systematisch durch Zugversuche geprüft und anschließend ausgegraben und genau untersucht. Diese später als Grundsatzprüfung bezeichnete Untersuchung zeigte, daß nur im Bereich von sandarmen Rollkiesschichten das Verpreßgut in den Boden eingedrungen war, während in den sandigen und schluffigen Kiesschichten der Verpreßkörper nur wenig größer war als der Bohrrohrdurchmesser (Bild 5). Damit blieb weiterhin bodenmechanisch ungeklärt, wie bei Verpreßkörpern ohne Verdickungen die hohen Mantelreibungskräfte übertragen werden können, und die wichtigste Erkenntnis daraus war, daß auch in Zukunft jeder eingebaute Anker einer eindeutigen Prüfung unterzogen werden muß.

Schon damals wurde davon ausgegangen, daß jeder Anker mindestens eine 1,5fache Sicherheit gegen ein Herausziehen im Boden aufweisen sollte. Da jedoch bei einer Prüfung bis zur 1,5fachen Gebrauchslast zu erwarten war, daß sich der Verbund zwischen Stahl und Verpreßkörper bzw. zwischen Verpreßkörper und Boden schon teilweise lösen kann, wurden durch Auswertung von über 150 Zugversuchen Kriterien aufgestellt, wie aufgrund der Last-Verschiebungslinien bei Prüfung bis zur 1,2fachen Gebrauchslast die 1,5fache Sicherheit gegen Erreichen der Grenzlast im Boden nachgewiesen werden kann. Trotzdem wurde vorgeschlagen, daß mindestens 5% der Anker bis zur 1,5fachen Gebrauchslast geprüft werden sollten.[5]

4   Der große Aufschwung (1965–1970)

„Goldene Ankerzeiten" waren es nicht nur für die Firma Bauer in den Jahren bis etwa 1970/71, als in den Großstädten Deutschlands der Bau von U- und S-Bahnen begann. Für Kreuzungsbauwerke und Bahnhöfe mit Fußgängerunterführungen und Ladengeschossen entstanden unmittelbar neben bestehenden Gebäuden bis über 20 m tiefe Baugruben ohne jede innere Aussteifung. Eine rasante Zunahme der Ankerproduktion war die Folge, wobei in der Zwischenzeit eine Reihe von inländischen und ausländischen Firmen ebenfalls mit der Herstellung von Verpreßankern in Böden begann. Allein bei der Firma Bauer wurde eine Zunahme der Ankerproduktion von etwa 50 km im Jahr 1965 auf annähernd 400 km im Jahr 1970 verzeichnet (Bild 6).

Bevor es jedoch soweit war, begannen in München mit dem U-Bahnbau 1965 in Zusammenarbeit mit der Stadt, der Obersten Baubehörde und dem Institut für Grundbau der TU München eingehende Überlegungen, wie in Zukunft die Sicherheit verankerter Konstruktionen gewährleistet werden kann. Mit Dr. Bub – damals noch bei der Obersten Baubehörde in München, später Präsident des Instituts für Bautechnik Berlin – wurden 1967 als Grundlage für eine bauaufsichtliche Zulassung von Ankern „Richtlinien für die Bemessung und Ausführung von Erdankern" erarbeitet. Hierin wurde erstmals festgeschrieben, daß jedes Ankersystem vor dem Einsatz beim U-Bahnbau einer Grundsatzprüfung zu unterziehen ist, bei der die generelle Eignung des Systems durch Zugversuche und anschließendes Freilegen der Anker überprüft werden sollte. Der Hauptgrund für die Forderung nach dem Ausgraben der Anker war die Tatsache, daß nur so überprüft werden konnte, ob die Firma in

---
5 JELINEK, R. (1962): Gutachtliche Stellungnahme zur Prüfung von Bauer-Injektionsankern.

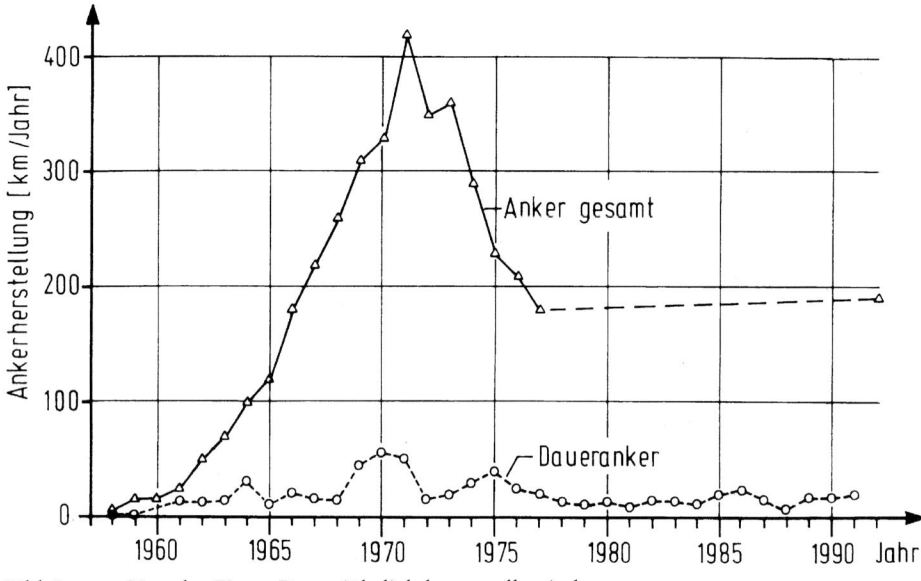

Bild 6   Von der Firma Bauer jährlich hergestellte Ankermengen

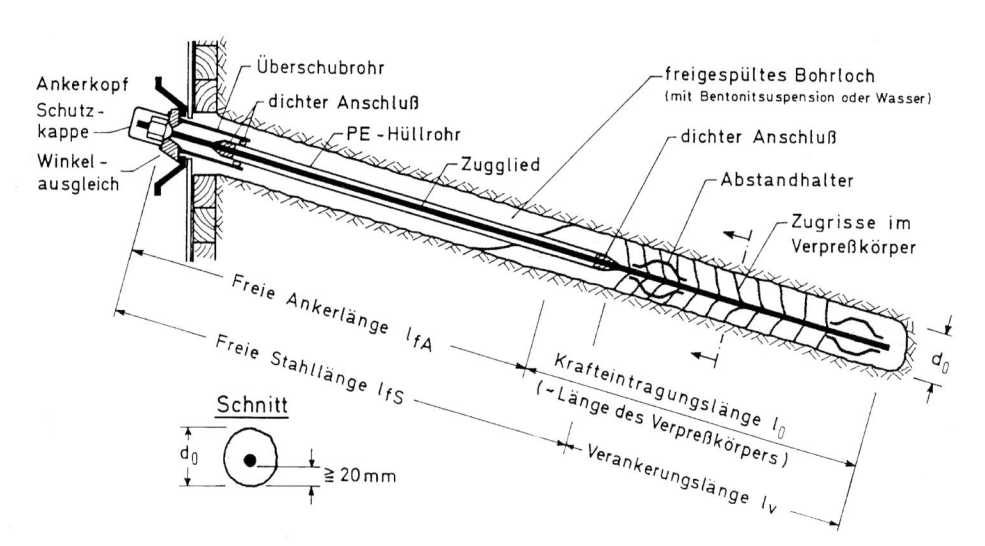

Bild 7   Verpreßanker für vorübergehende Zwecke

der Lage war, die Verpreßkörper auf die vorgesehene Krafteintragungslänge zu begrenzen und damit sicherzustellen, daß beim Spannen jedes Ankers die Kraft nur dort in den Boden übertragen wird, wo dies erdstatisch erforderlich ist (Bild 7). Im Gegensatz zum Zugpfahl, bei dem ein Zugversuch im allgemeinen keine Auskunft darüber gibt, wo die Kräfte in den Baugrund übertragen werden, war bei den Verpreßankern mit der freien Ankerlänge erstmals im Grundbau die Möglichkeit gegeben, die Tragfähigkeit und das Tragverhalten jedes eingebauten Konstruktionsteils eindeutig zu überprüfen. Beim Freilegen der Anker sollte außerdem festgestellt werden, ob in bindigen und nicht bindigen Böden ein einwandfreier kompakter Verpreßkörper hergestellt werden kann, wobei das Stahlzugglied im Bereich der Verankerungslänge, also dort, wo es nicht durch ein Hüllrohr geschützt war, eine Zementsteinüberdeckung von 2 cm aufweisen sollte. Wie auch die späteren Erfahrungen zeigten, war damit der Spannstahl trotz der unvermeidlichen Zugrisse im Verpreßkörper für die Einsatzdauer von zwei Jahren ausreichend gegen Korrosion geschützt.

Genauso wichtig wie die Grundsatzprüfungen der Ankersysteme und die Eignungs- und Abnahmeprüfungen der einzelnen Anker auf der Baustelle waren im Hinblick auf die Standsicherheit verankerter Wände die rechnerischen Nachweise der erforderlichen Ankerlängen. Insbesondere über den Bruchmechanismus von mehrfach verankerten Wänden und das dabei zu erwartende Zusammenwirken von Wand, Anker und Baugrund existierten bis Mitte der 60er Jahre noch keine gesicherten Vorstellungen und damit auch keine allgemein anerkannten Berechnungsverfahren. Es wurde zwar schon für die dreifach verankerte Wand beim Westdeutschen Rundfunk (Bild 3) für jede Ankerlage ein Nachweis in der tiefen Gleitfuge in Anlehnung an das Verfahren von Kranz geführt, die anzunehmenden Bruchmechanismen und Kräfte waren jedoch insbesondere aufgrund der Ergebnisse von Modellversuchen an Fangedämmen und verankerten Wänden[6] unsicher. Die in den Versuchen beobachtete Verspannung zwischen Anker und Wand und das Auftreten gekrümmter Gleitflächen konnte nicht in ein praxisgerechtes Rechenverfahren bei geschichtetem Boden und Grundwasser umgesetzt werden. Es wurde deshalb ein vereinfachtes Berechnungsverfahren mit geraden tiefen Gleitfugen in Anlehnung an Kranz vorgeschlagen.[7] Trotz der berechtigten Einwände gegen die Sicherheitsdefinition und den Gleitflächenverlauf werden die Ankerlängen mehrfach verankerter Wände seit dieser Zeit fast ausschließlich nach diesem Verfahren nachgewiesen, und die Erfahrungen von über 25 Jahren scheinen die Brauchbarkeit dieser Näherung in der Praxis zu bestätigen. Dabei soll allerdings einschränkend erwähnt werden, daß dies nur für den Nachweis der Standsicherheit innerhalb der bisherigen Erfahrungsbereiche gelten kann.

Noch im Jahr 1967 wurden die erwähnten, zunächst nur für die Stadt München gültigen „Richtlinien für die Bemessung und Ausführung von Erdankern" als erste Normvorlage einer DIN 4124, Blatt 2 (Erdanker für vorübergehende Zwecke; Bemessung, Ausführung und Prüfung) verwendet, bis dann 1969 ein Gelbdruck mit der endgültigen Bezeichnung DIN 4124, Blatt 1, veröffentlicht wurde. In diesem Normentwurf waren u.a. auch die beschriebenen Grundsatzprüfungen der Ankersysteme, die Eignungs- und Abnahmeprüfungen auf der Baustelle und die rechnerischen Nachweise der Standsicherheit in der tiefen Gleitfuge aufgenommen.

Ab 1969 wurden die Zulassungen der Ankersysteme zunehmend von der Bauaufsicht der Länder an das im Jahr zuvor gegründete Institut für Bautechnik in

---

6 JELINEK, R. und OSTERMAYER, H. (1967): Zur Berechnung von Fangedämmen und verankerten Stützwänden. Die Bautechnik 44, S. 167–171 und 203–207.
7 RANKE, A. und OSTERMAYER, H. (1968): Beitrag zur Stabilitätsuntersuchung mehrfach verankerter Baugrubenumschließungen. Die Bautechnik 45, S. 341–350.

Berlin delegiert. In dem Sachverständigenausschuß „Spannverfahren" hatte hier der Verfasser als zunächst einziger Bodenmechaniker erhebliche Schwierigkeiten, den Ausschußmitgliedern klarzumachen, daß Anker im Boden nicht wie Spannbetontragglieder im Hochbau betrachtet werden können. Trotzdem wurde noch im gleichen Jahr die erste Zustimmung im Einzelfall für Daueranker bei einer Pfahlwand in Wuppertal erteilt, wobei allerdings damals noch die Forderung aufgestellt wurde, daß die Standsicherheit der Wand auch ohne Anker größer als 1,0 sein müsse.

Zulassungen von Ankern für vorübergehende Zwecke wurden in größerem Umfang erst nach 1970 in Berlin erteilt, als beim Institut für Bautechnik ein eigener Sachverständigenausschuß „Verpreßanker" eingerichtet war. Für die große Zahl der bis etwa 1970 ausgeführten Baugrubenverankerungen beim U-Bahnbau in Deutschland wurde also noch ohne eine bauaufsichtliche Zulassung der Ankersysteme häufig aufgrund der von der TU München überwachten Grundsatz- und Eignungsprüfungen von der zuständigen Bauaufsicht des Landes eine Zustimmung erteilt.

5 Das Ende einer Euphorie (um 1970)

Mit der Zulassung der Ankersysteme und der eindeutigen Prüfung jedes eingebauten Ankers auf der Baustelle sowie mit dem Nachweis der Standsicherheit in der tiefen Gleitfuge schienen der Anwendung von Verpreßankern zur Sicherung von Baugruben und Stützwänden keine Grenzen mehr gesetzt zu sein. Freie Baugruben von 20 m Tiefe waren in den Jahren 1969/70 keine Seltenheit mehr: So wurde z. B. der Trägerverbau und die Bohrpfahlwand für den U-Bahnhof Scheidplatz in München mit maximal 5 Ankerlagen gesichert (Bild 8 und 9) und ebenfalls mit 5 Ankerlagen die Spundwand für den U-Bahnhof Jungfernstieg am Ballindamm in Hamburg (Bild 10 und 11) sowie mit 6 Ankerlagen der Trägerverbau für die S-Bahnstation im Hauptbahnhof Frankfurt/Main (Bild 12) Kurz danach wurde auch schon mit der bis zu 25 m tiefen Baugrube für die U-Bahnstation Kröpcke in Hannover (Bild 13 und 14) und mit der maximal 30 m hohen, mit 21 Ankerreihen gesicherten Wand für den Neubau der Allianz in Stuttgart begonnen (Bild 15 und 16).

Verformungen des Gesamtsystems
Alles schien machbar, bis bei der Baugrube in Frankfurt (Bild 12) Wandverschiebungen von maximal 14 cm und Setzungen des angrenzenden Bogenfundamentes von ebenfalls 14 cm festgestellt wurden. Auch die im Abstand von 26 m gelegenen Fundamente zeigten noch Horizontalverschiebungen in Richtung Baugrube von 9 cm und Setzungen bis 6 cm.[8] Bevor geklärt werden konnte, ob sich hier schon ein Bruch des Gesamtsystems ankündigte, wurden aus Sicherheitsgründen Zwischensteifen eingebaut. Durch eingehende Untersuchungen wurde dann festgestellt, daß sich der ganze verankerte Bodenblock ähnlich wie ein Fangedamm entsprechend Bild 17 ver-

---

8 BRETH, H. und ROMBERG, W. (1972): Messungen an einer verankerten Wand. Vorträge Baugrundtagung Stuttgart, S. 807–823.

Das Ende einer Euphorie

Bild 8 Baugrube U-Bahnhof Scheidplatz, München, mit Bohlträgerverbau und Bohrpfahlwand

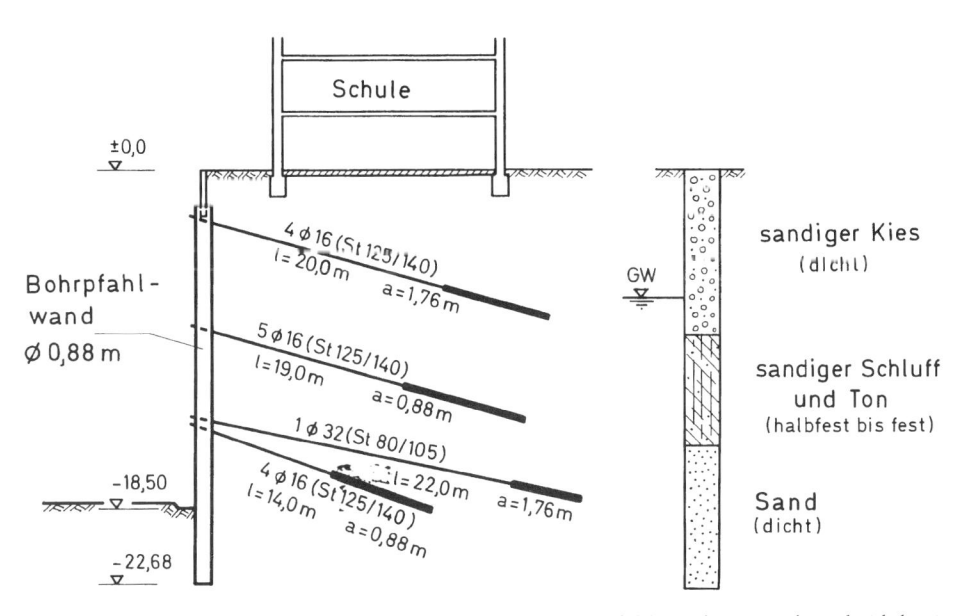

Bild 9 Schnitt im Bereich der Pfahlwand (Baugrube Scheidplatz)

75

Bild 10   Baugrube U-Bahnhof Jungfernstieg am Ballindamm, Hamburg, mit verankerter Spundwand

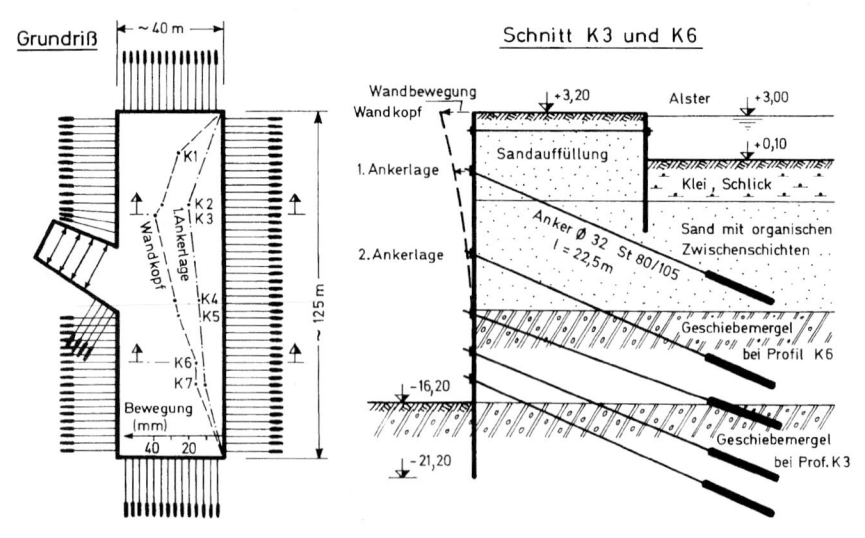

Bild 11   Baugrube Ballindamm mit Darstellung der Wandverschiebungen von Oktober 1969 bis August 1970

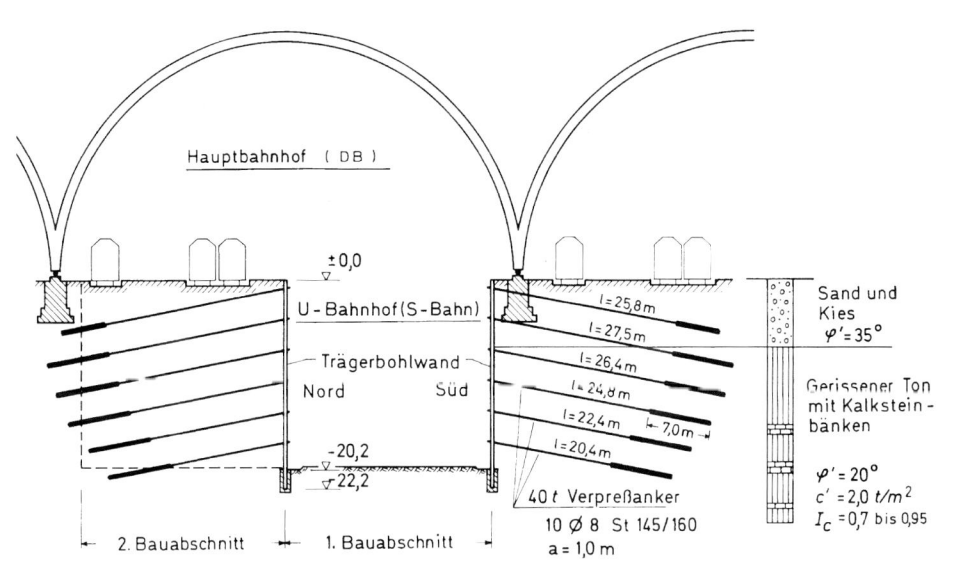

Bild 12   Baugrube S-Bahnstation im Hauptbahnhof Frankfurt/Main mit Bohlträgerverbau und 6 Ankerlagen

formt und zur Baugrube hin verschoben hatte, obwohl eine ausreichende Gesamtstabilität bzw. Sicherheit in der tiefen Gleitfuge vorhanden war. Dabei zeigte sich, daß vor allem die horizontale Zusammendrückbarkeit des Bodens unter der Baugrubensohle für derartige Wandverschiebungen maßgeblich war. Durch die in Bild 17 schematisch dargestellte vertikale Entlastung und horizontale Zusatzbelastung gegenüber dem ursprünglichen Ruhedruckzustand haben sich die steifen hochplastischen Frankfurter Tone besonders stark verformt und damit die großen „Fangedammverformungen" bis zu 14 cm verursacht.

Bei weniger stark zusammendrückbaren Böden, z. B. halbfesten bis festen Tonen und Schluffen oder dichtgelagerten nichtbindigen Böden sind bei 15 bis 25 m tiefen, verankerten Baugruben wesentlich geringere Wandverschiebungen in der Größenordnung von 0,5 bis 1,1‰ der Wandhöhe beobachtet worden, sofern Schlitz oder Bohrpfahlwände mit Ruhedruck oder erhöhtem aktiven Erddruck bemessen worden sind. So betrugen die Horizontalverschiebungen der Bohrpfahlwand für die 25 m tiefe Baugrube Kröpcke (Bild 13) etwa 3 cm (1,1‰) und bei der 30 m hohen Bohrpfahlwand der Allianz Stuttgart (Bild 15) nur etwa 1,5 cm (0,5‰). Hingegen wurden bei der mit aktivem Erddruck bemessenen Spundwand für die 20 m tiefe Baugrube Ballindamm Hamburg (Bild 11) Wandverschiebungen bis etwa 4,0 cm (2,0‰) gemessen.

Die bei den Baugruben um 1970 erstmals beobachteten „Fangedammverformungen" zeigten qualitativ, daß die Länge und Vorspannung der Anker und die Steifigkeit der Wand einen Einfluß auf die Größe der Bewegungen haben. Die wichtigste Erkenntnis war jedoch, daß insbesondere bei langgestreckten Baugruben in stark zusammendrückbaren Böden größere Verschiebungen zu erwarten sind, die nicht auf eine zu geringe Standsicherheit, sondern auf Verformungen des Gesamtsystems

35 Jahre Verpreßanker im Boden

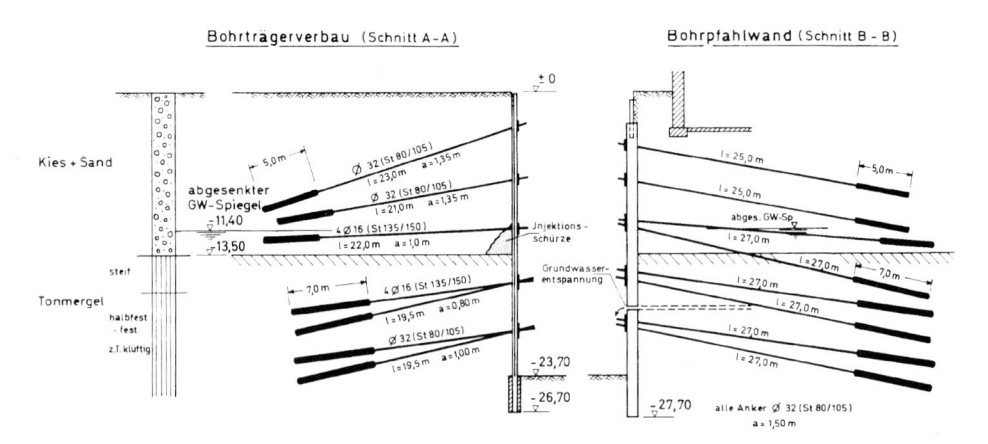

Bild 13   Baugrube U-Bahnstation Kröpcke, Hannover, mit Bohlträgerverbau und Bohrpfahlwand

Bild 14   Blick in die etwa 25 m tiefe Baugrube Kröpcke

Das Ende einer Euphorie

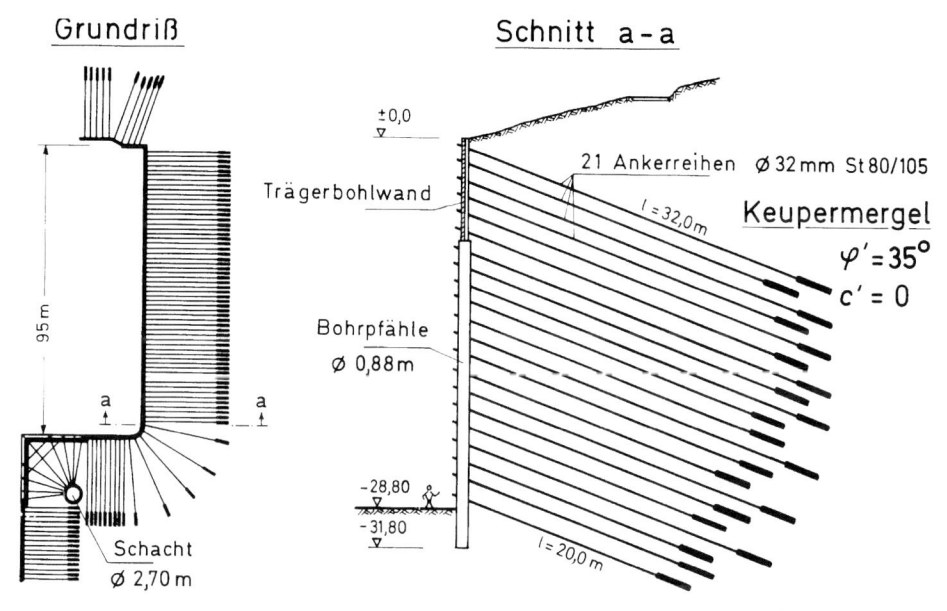

Bild 15 Mit Druckrohrankern gesicherte etwa 30 m hohe Stützwand für die Allianz Stuttgart

Bild 16 Blick auf die Bohrpfahlwand und den aufgesetzten Trägerverbau mit Betonausfachung für die Baugrube Allianz Stuttgart

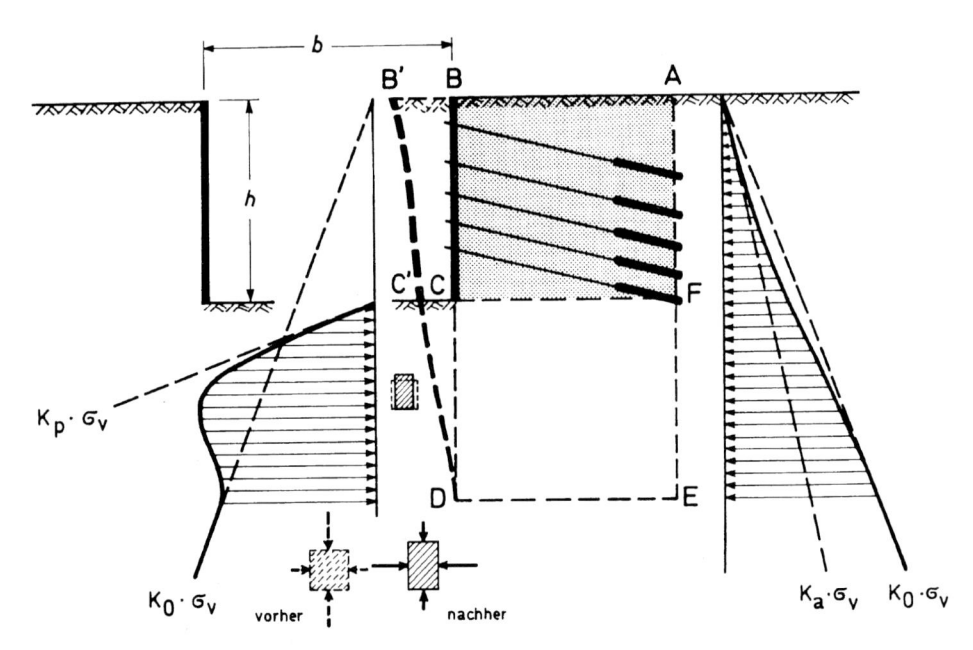

Bild 17   Erddrücke und Verformungen an und unter einem verankerten Bodenblock („Fangedamm")

zurückzuführen sind. Die möglichen Wandverschiebungen und die bis hinter die Ankerenden reichenden Geländesetzungen waren somit ab dieser Zeit in vielen Fällen entscheidend, ob und ggf. mit welcher Länge Anker zur Sicherung von Stützwänden verwendet werden konnten. Dabei hatte sich auch schon gezeigt, daß durch einen abschnittsweise vorgenommenen Endaushub und sofortige Aussteifung, z. B. durch die Sohlplatte, die „Fangedammverschiebungen" stark verringert werden können.

Tragfähigkeit der Einzelanker
Bei den genannten Baustellen in München, Frankfurt/Main und Hannover wurden Grenzen der Verankerungstechnik im Boden auch durch überraschend geringe Tragfähigkeiten von Einzelankern deutlich. Die aufgetretenen Schwierigkeiten stellten aber Herausforderungen dar, die ganz entscheidende Entwicklungen in der Ankerherstellung und bei der Planung zur Folge hatten:

So wurde festgestellt, daß in bindigen Böden das Bohrverfahren und der Bohrdurchmesser für die Tragfähigkeit von Bedeutung sind, daß aber vor allem durch Nachverpressungen die Tragkraft maßgeblich erhöht werden kann. Bei dieser heute generell in bindigen Böden angewandten Technik wird nach teilweisem Erhärten der ersten Bohrlochverfüllungen durch Nachverpreßrohre Zementsuspension eingepreßt, die durch Ventile austritt, den Verpreßkörper aufsprengt und damit eine größere Spannung und Verzahnung im Boden erzielt (Bild 18). Mit dieser neuentwickelten Technik konnten z. B. schon bei der Baugrube Kröpcke (Bild 13) im Hannoverschen Ton Tragkräfte bis ca. 500 kN aufgebracht werden. Das Versagen zahlreicher Anker bei der Abnahmeprüfung am Scheidplatz in München (Bild 9) führte zur

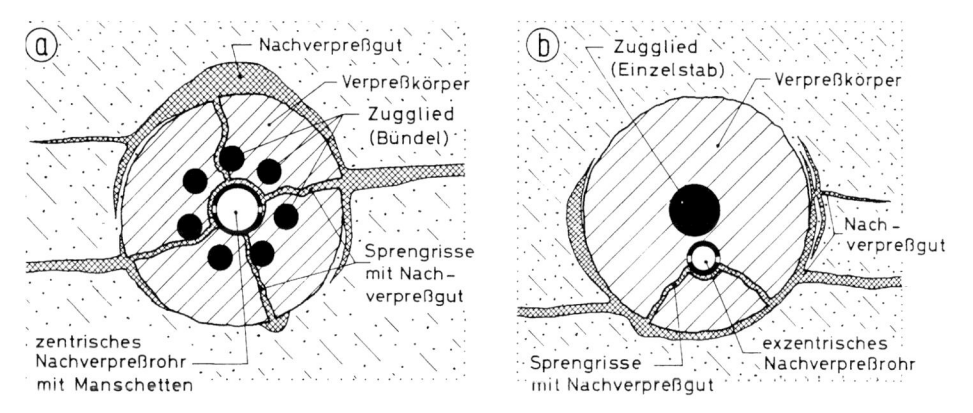

Bild 18   Auswirkung des Nachverpressens bei unterschiedlicher Anordnung der Verpreßrohre

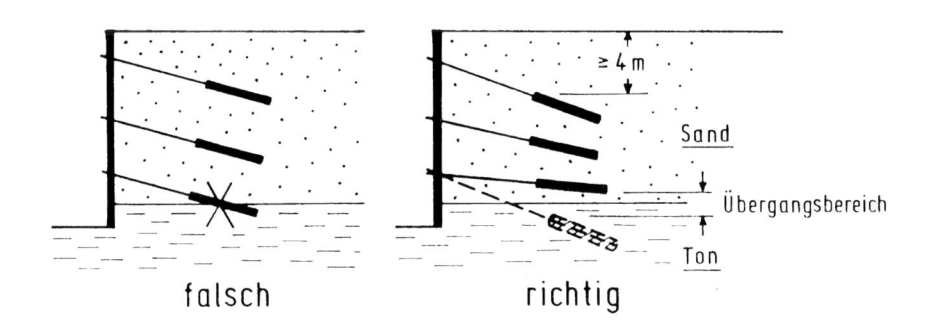

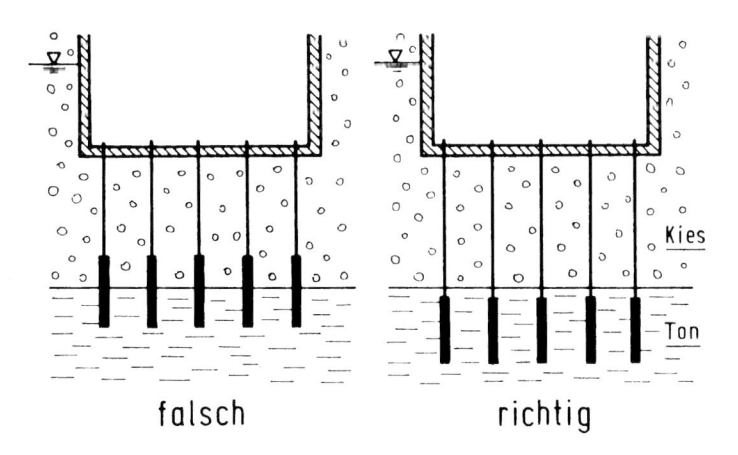

Bild 19   Anordnung der Verpreßkörper an Schichtgrenzen

Erkenntnis, daß bei der Planung und Ausführung der Anker besonders darauf zu achten ist, daß die Verpreßkörper ganz in bindigen oder ganz in nichtbindigen Böden und keinesfalls in stark unterschiedlichen Bodenarten liegen sollten, da im Übergangsbereich häufig wenig tragfähige Bodenschichten anzutreffen sind, und die Schichtgrenzen außerdem selten genau bekannt sind. Durch die Anordnung der Verpreßkörper in einer Bodenart (Bild 19 rechts) soll auch vermieden werden, daß die Mantelreibung bei sehr unterschiedlichen Verschiebungen mobilisiert wird und damit ein progressiver Bruch auftreten kann.

Korrosionsschutz von Daueranker

Die Jahre 1969/70 markieren für den Einsatz von Daueranker einen Abschluß und Neubeginn. Bis zu dieser Zeit wurden die Ankerkonstruktionen je nach Anforderungen und örtlichen Verhältnissen von den Ingenieuren der ausführenden Firmen und Planungsbüros selbstverantwortlich festgelegt, wobei der Korrosionsschutz im Bereich der freien Stahllänge im allgemeinen aus Kunststoffrohren und im Bereich des Ankerkopfes aus dicht anschließenden Überschubrohren mit abschließender Schutzkappe bestand. Im Bereich der Verankerungslänge wurde der Zementstein zunächst als ausreichender Schutz angesehen, später wurde das Zugglied zusätzlich mit Kunstharz beschichtet. Die Zunahme der eingebauten Daueranker bis etwa 50 km Ankerlänge im Jahr 1970 allein bei der Firma Bauer (Bild 6) kennzeichnet die wach-

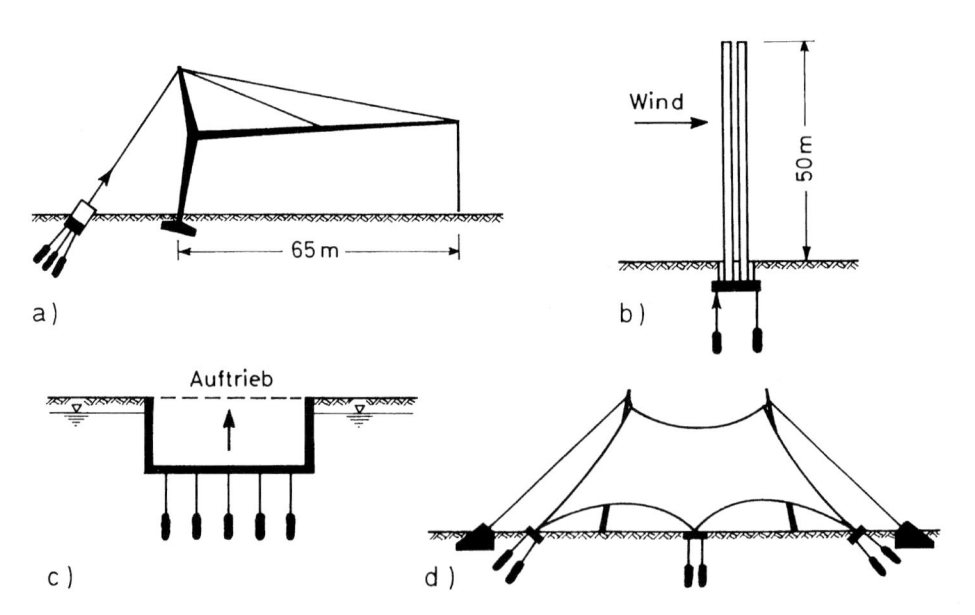

Bild 20　Anwendungsbeispiele von Daueranker bis 1970
　　　　　a) Flugzeugwartungshalle München-Riem 1964
　　　　　b) Gruppe von vier Schornsteinen in München 1963
　　　　　c) Auftriebssicherung Straßenbahnunterführung Frankfurter Ring, München 1962
　　　　　d) Verankerung des Olympiazeltdaches in München 1970

sende Bedeutung dieser wirtschaftlichen Bauweise zur Aufnahme von Zugkräften. Außer für die Sicherung von Stützkonstruktionen waren Daueranker z. B. zur Aufnahme von Seilzugkräften (Bild 20a: Flugzeughalle München-Riem, 1964), zur Aufnahme von Kippmomenten (Bild 20b: Schornsteine in München, 1963) oder zur Auftriebssicherung von Grundwasserwannen (Bild 20c: Straßenbahnunterführung Frankfurter Ring München, 1962) verwendet worden.

Mit der Planung der Verankerung des Olympiazeltdaches (Bild 20d) begann eine neue Dauerankergeneration. Die von einer eigens zusammengerufenen Expertenkommission aufgestellten Anforderungen an den Korrosionsschutz[9] sowie an die Konstruktion, Herstellung und Prüfung der Anker wurden im Hinblick auf ihre praktische Realisierbarkeit durch Grundsatzversuche mit anschließendem Freilegen der Anker eingehend überprüft. Erst danach wurde der Druckrohranker als Olympiaanker zugelassen (Bild 21). Bei dieser Anwendung wurde die Krafteintragungslänge l_0 durch das Aufpumpen einer Gummiblase begrenzt und damit eine Kraftübertragung nach vorne verhindert. Obwohl das beim Olympiaanker angewendete Prinzip des doppelten Korrosionsschutzes auch nach heutigem Wissensstand höchsten Ansprüchen genügt, und auch beim Ausbau einzelner Zugglieder nach 20 Jahren keinerlei Korrosionserscheinungen festgestellt wurden, soll nicht verschwiegen werden, daß den Ankern damals noch eine gewisse Skepsis im Hinblick auf die Dauerhaftigkeit entgegengebracht wurde, so daß sie nur dort eingesetzt wurden, wo ein Versagen nicht zum unmittelbaren Einsturz des Zeltdaches führen kann.

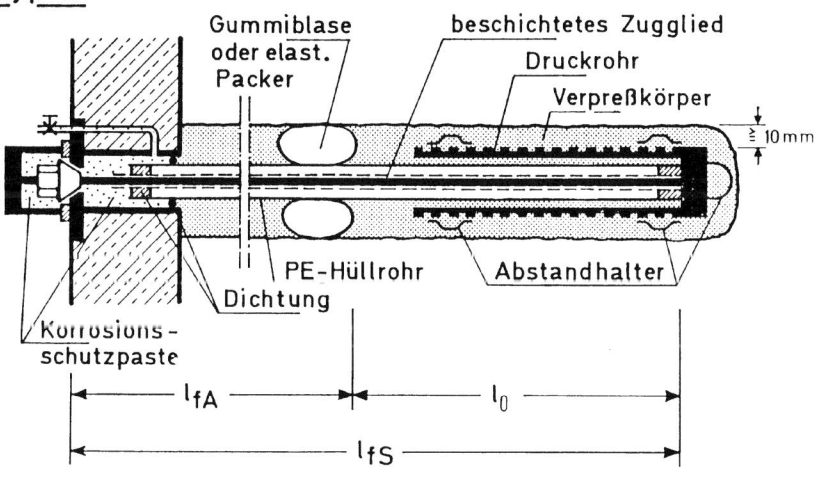

Bild 21   Schema des Druckrohrankers für das Olympiazeltdach

---

9 REHM, G. (1970): Korrosionsschutz für Verpreßanker. Vorträge Baugrundtagung Düsseldorf, S. 37–55.

6 Forschung und Entwicklung (1970 bis 1980)

Tragverhalten der Einzelanker

Nicht nur wegen des Korrosionsschutzes, sondern auch wegen des bodenmechanisch noch nicht geklärten Tragverhaltens, insbesondere bei Dauerbelastung, war zu Beginn der 70er Jahre eine Vorsicht gegenüber der zunehmenden Verwendung der Anker auch für bleibende Zwecke nicht unbegründet. Zu dieser Zeit drängten immer mehr Firmen mit unterschiedlichen Ankersystemen und teilweise höheren Ankerlasten auf den Markt und versuchten, bauaufsichtliche Zulassungen oder zumindest Zustimmungen im Einzelfall zu erlangen. Da die bisherigen Erfahrungen an Verpreßankern im Regelfall nicht übertragen werden konnten, mußten mit allen Ankersystemen Grundsatzprüfungen durchgeführt werden.

So begann ein Jahrzehnt, in dem das Institut für Grundbau der TU München mit den Ankerfirmen in Deutschland und Frankreich in unterschiedlichen Bodenarten Grundsatzprüfungen plante und ausführte. Mehrere 100 Anker wurden hergestellt, durch Zugversuche getestet und nach dem Freilegen eingehend untersucht (Bild 22). Schwerpunktmäßig ging es hierbei um die Beschaffenheit und Abmessungen der Verpreßkörper sowie um die Prüfung des Korrosionsschutzes.

Außerdem wurden im Rahmen von Forschungsaufträgen zusätzliche systematische Versuche im natürlichen Maßstab durchgeführt. Mit diesen Forschungsarbeiten sollte vor allem der Einfluß des Bohrdurchmessers und der Lagerungsdichte des Bodens auf die Tragfähigkeit sowie das Kriechverhalten der Anker untersucht werden, um

Bild 22   Bei einer Grundsatzprüfung freigelegte Anker

damit grundsätzliche Fragen des Tragverhaltens und der Sicherheit von Ankern abzuklären. Die wichtigsten Erkenntnisse aus diesen Untersuchungen können in drei Punkten zusammengefaßt werden:

1. Die in **nichtbindigen Böden** erreichbaren hohen Tragfähigkeiten bis über 1500 kN sind auf die bei der Krafteinleitung auftretende Volumenzunahme des Bodens und demzufolge auf eine Verspannung des Verpreßkörpers im Boden zurückzuführen. Die bislang nicht erklärbaren hohen Mantelreibungswerte sind also eine Folge der bis auf ein Vielfaches der Bodenauflast ansteigenden Radialspannungen. Da mit zunehmendem Verpreßkörperdurchmesser die Verspannung abnimmt, während die Mantelfläche zunimmt, kann die daraus sich ergebende Tragkraft der Anker unabhängig vom Verpreßkörperdurchmesser angegeben und in der Praxis aus den Diagrammen in Bild 23 abgeschätzt werden. Die im Bild erkennbare starke Abhängigkeit der Grenzlast von der Lagerungsdichte, vom mittleren Korndurchmesser und von der Ungleichkörnigkeit hat zur Folge, daß wegen der natürlichen Inhomogenitäten des Bodens jeder eingebaute Anker weiterhin einer Abnahmeprüfung zu unterziehen ist.

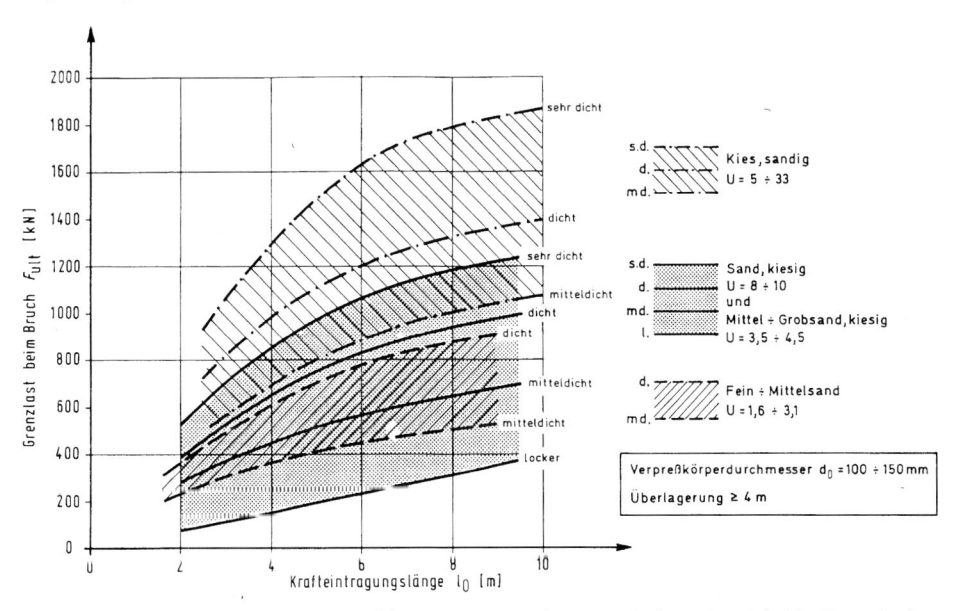

Bild 23   Grenzlast von Ankern in nichtbindigen Böden

2. In **bindigen Böden** hat die Verspannung eine untergeordnete Bedeutung, d. h. daß die Tragkraft der Anker mit dem Verpreßkörperdurchmesser zunimmt. Die in Bild 24 zur Abschätzung der Grenzlast angegebenen Mantelreibungswerte zeigen vor allem, daß durch Nachverpressen (siehe Abschnitt 5, Bild 18) die Tragfähigkeit maßgeblich erhöht werden kann, wobei hier die übliche zweifache Nachverpressung zugrunde gelegt ist. In halbfesten bis festen bindigen Böden können damit bei einer Verpreßkörperlänge von beispielsweise 6 m Grenzlasten bis ca. 1000 kN erreicht werden.

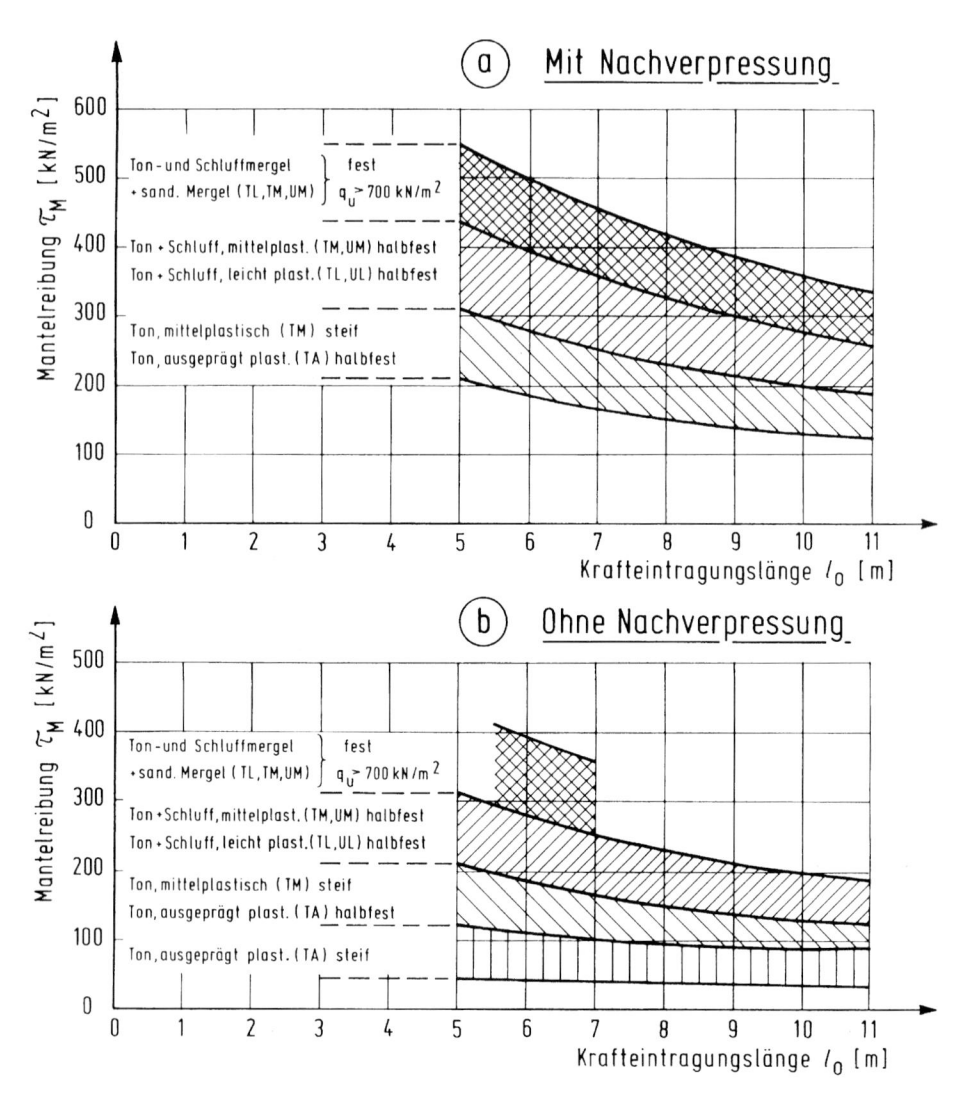

Bild 24   Grenzwerte der mittleren Mantelreibung bei Ankern in bindigen Böden mit und ohne Nachverpressung

3. Die Grenzlast von Ankern in nichtbindigen und bindigen Böden ist zweckmäßigerweise als eine Last zu definieren, bei der ein Kriechmaß von 2 mm erreicht wird. Dieses Kriechmaß (entspricht der Zunahme der Ankerkopfverschiebungen bei konstanter Last vom Zeitpunkt t_1 bis $t_2 = 10\,t_1$, das heißt z. B. von 5 bis 50 Minuten), das bei der 1,5fachen Gebrauchslast nicht überschritten werden darf, stellt für Eignungs- und Abnahmeprüfungen ein zuverlässiges Kriterium für den Nachweis ausreichender Sicherheit dar und ermöglicht außerdem, spätere Kriechverformungen des Bauwerks oder Ankerkraftverluste abzuschätzen. Auf der

Grundlage der beobachteten Kriechmaße können somit die Ergebnisse von Eignungs- und Abnahmeversuchen auf der Baustelle beurteilt werden.

Entwicklung und Zulassung von Daueranker

In den Jahren 1970–1980 wurden nicht nur die meisten Kurzzeitanker, sondern auch fast alle heute noch auf dem Markt befindlichen Dauerankersysteme entwickelt, geprüft und zugelassen. Die Entwicklung der Daueranker ist in dieser Zeit gekennzeichnet durch die zunehmende Tragkraft der verwendeten Zugglieder und die hohen Anforderungen an den Korrosionsschutz.[10]

Bis 1980 waren Einstabanker wegen der gegenüber Bündelankern einfacheren Handhabung und des problemlosen Korrosionsschutzes die am häufigsten verwendeten Daueranker. Während im Jahre 1970 Spannstähle mit Gewinderippen nur bis Ø 32 mm und glatte Stähle bis Ø 36 mm erhältlich waren und dementsprechend Gebrauchslasten von maximal 360 bzw. 485 kN aufgebracht werden konnten (vgl. Tabelle 1), standen 10 Jahre später gerippte und glatte Spannstähle Ø 36 mm mit höherer Festigkeit für Gebrauchslasten bis 628 kN zur Verfügung.

Die Einstabanker mit Stählen Ø 45 und 56 mm St 335/510 (St 52-3) spielten hingegen wegen des großen Querschnittes und der verhältnismäßig geringen Gebrauchslasten von maximal 439 kN immer eine untergeordnete Rolle. Zunehmend wurden aber Bündelanker mit Litzen und Spannstählen Ø 12 mm eingesetzt, da hiermit auch größere Lasten übertragen werden konnten. Im Jahr 1980 waren z. B. schon Daueranker mit 14 Litzen Ø 0,5″ für 1168 kN im Boden und 1335 kN im Fels bauaufsichtlich zugelassen.

Wie aus Tabelle 1 hervorgeht, war die Entwicklung der Ankerstähle im Jahr 1980 im wesentlichen abgeschlossen. Bei den Einstabankern blieben danach die Gebrauchslasten unverändert. Lediglich bei den Bündelankern wurden durch Erhöhung der Anzahl von Einzelspannstählen bis zum Jahr 1990 geringfügig größere Gebrauchslasten von 1256 kN im Boden und 1507 kN im Fels zugelassen.

Den höchsten Anforderungen an den Korrosionsschutz mußte der schon um 1970 entwickelte und erprobte Daueranker für das Olympiazeltdach in München genügen (vgl. Abschnitt 5, Bild 21). Der sog. doppelte Korrosionsschutz wurde später auch in den Zulassungsrichtlinien und in der seit 1970 bearbeiteten und 1976 veröffentlichten Norm für Daueranker (DIN 4125 Teil 2) generell gefordert. Hierunter wird ein über die ganze Ankerlänge lückenloser und dauerhafter Korrosionsschutz verstanden, der mit einem zusätzlichen mechanischen Schutz zu sichern ist. Dieser Korrosionsschutz muß in der Regel vor dem Einbau des Ankers unter werkmäßigen Bedingungen aufgebracht werden.

Beim Druckrohranker, bei dem die Zugkraft über das Zugglied am untersten Ende in das Druckrohr und von dort über den Zementstein in den Boden eingeleitet wird (Typ B in Bild 25), wurde das Zugglied im Falle des Olympiaankers (Bild 21) auf ganze Länge beschichtet und durch ein Hüllrohr mechanisch geschützt. Bei heutigen Ausführungen wird der Hohlraum zwischen Stahl und Hüllrohr mit einem plastischen Korrosionsschutzmittel verpreßt. Besonders wichtig ist der lückenlose

---

10 STOCKER, M. (1984): Die Entwicklung des Daueranker – Eine Bilanz nach 25 Jahren. In: Fortschritte im konstruktiven Ingenieurbau. Ernst & Sohn, Berlin, S. 125–131.

Tabelle 1 Entwicklung der Zugglieder für zugelassene Daueranker

Jahr	Stahlzugglied				zul. Gebrauchslast		Ankertyp
	Ø (mm)	Güte (N/mm²)	Form	Anzahl	Boden (kN)	Fels (kN)	
1970	26	785/1030 835/1030	gerippt glatt	1 1	238 253		Einstab-anker
	32	785/1030 835/1030	gerippt glatt	1 1	360 384		
	36	835/1030	glatt	1	485		
1980	18,6	835/1030	glatt	1	129	129	Einstab-anker
	26	835/1030 1080/1230	glatt glatt	1 1	253 328	253 328	
	26,5	835/1030 1080/1230	gerippt gerippt	1 1	263 340	263 340	
	32	835/1030 1080/1230	glatt + gerippt glatt + gerippt	1 1	384 496	384 496	
	36	835/1030 1080/1230	glatt + gerippt glatt + gerippt	1 1	485 628	485 628	
	45 56	St 335/510 St 335/510	glatt glatt	1 1	273 439		
	0,5"	1570/1770	Litzen	14 16	1168	1335	Bündel-anker
	0,6"	1570/1770	Litzen	3	337		
	12	1420/1570	gerippt	7	642	642	
1990	18,6 –36	wie 1980		1	129 –628		Einstab-anker
	0,5"	1570/1770	Litzen	9 31	807	2781	Bündel-anker
	0,6"	1570/1770	Litzen	10 12	1256	1507	
	7	1470/1670	Draht glatt	45		1455	
	12	1420/1570	gerippt	12	1101		
1992	0,6"	1570/1770 nur Zustimmung im Einzelfall	Litzen	34		4500	Bündel-anker

Korrosionsschutz im Bereich des Ankerkopfes, z. B. mit einem Überschubrohr und einer Schutzkappe entsprechend dem Schema von Bild 21. Da die bisher bekannt gewordenen wenigen Schadensfälle vor allem auf einen mangelhaften Schutz im Bereich des Kopfes zurückzuführen sind,[11] müssen die entsprechenden, auf der Baustelle auszuführenden Korrosionsschutzmaßnahmen besonders sorgfältig geprüft werden. Unter dieser Voraussetzung ist auch in der Regel später keine weitere Nachprüfung der Anker mehr erforderlich, so daß der Kopf dann einbetoniert und damit optimal geschützt werden kann.

Das im Hinblick auf den Korrosionsschutz und auf die Krafteinleitung in den Boden besonders günstige Prinzip des Druckrohrankers ist für Bündelspannglieder wenig geeignet. Für Kräfte über 628 kN (Grenze der Einstabanker) wurden deshalb die bislang für vorübergehende Zwecke eingesetzten Verbundanker, bei denen die Kräfte von vorne nach hinten fortschreitend, direkt vom Zugglied in den Verpreßkörper und von dort in den Boden eingeleitet werden (Typ A in Bild 25), als Daueranker entwickelt. Bei dem sog. Wellrohranker (Bild 26) ist das Zugglied im Bereich der Verankerungslänge mit einem gewellten Kunststoffrohr und im Bereich der freien Stahllänge zur Unterbrechung des Verbundes mit einem glatten

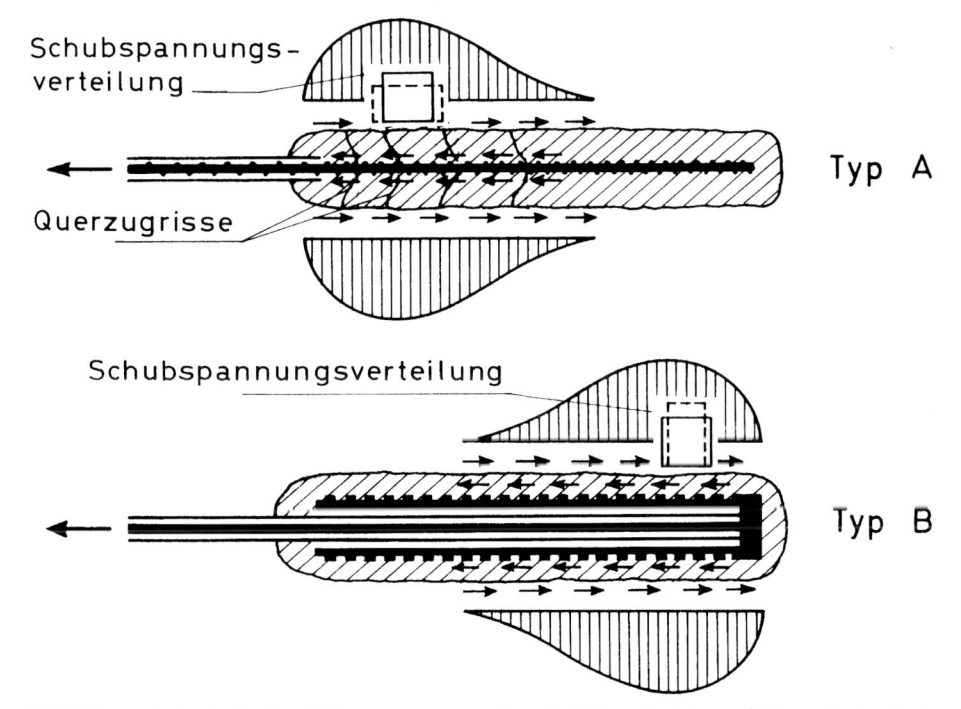

Bild 25   Prinzip der Kraftübertragung vom Zugglied über den Verpreßkörper in den Boden
         Typ A: Verbundanker
         Typ B: Druckrohranker

---

11 NÜRNBERGER, U. (1980): Analyse und Auswertung von Schadensfällen an Spannstählen. Forschung, Straßenbau und Verkehrstechnik, Heft 308, Bundesminister für Verkehr, Bonn-Bad Godesberg.

Anker Typ A

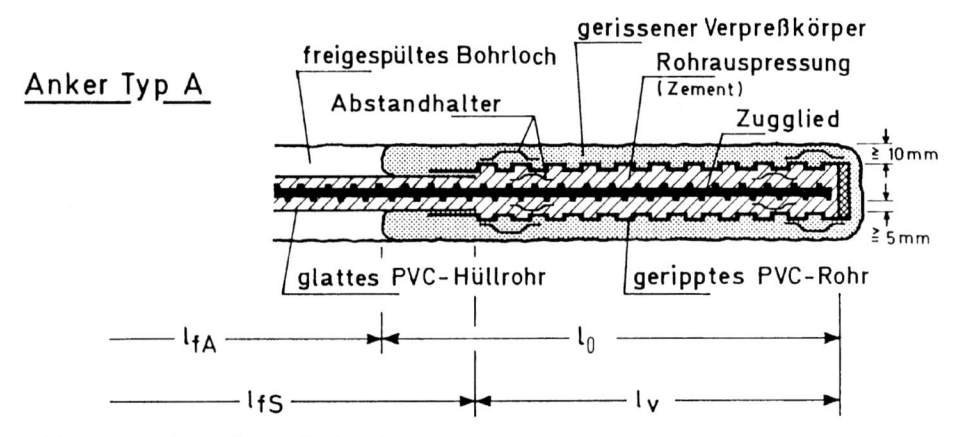

Bild 26   Schema des Wellrohrankers

Kunststoffrohr überzogen. Der Ringraum zwischen Zugglied und Kunststoffrohr von mindestens 5 mm wird mit Zementsuspension ausgepreßt; im Bereich der freien Ankerlänge können auch plastische Korrosionsschutzmassen zum Verfüllen herangezogen werden. Während eine Zementsteinüberdeckung alleine wegen der Zugrisse im Verpreßkörper heute nicht mehr als dauerhafter Korrosionsschutz angesehen wird, ist der durch das diffusionsdichte Kunststoffrohr umhüllte Zementstein als Schutz ausreichend. Allerdings ist bei diesen Ankern durch besondere Schutzmaßnahmen zu sichern, daß die Kunststoffrohre beim Transport, bei der Lagerung oder beim Einbau der Anker nicht beschädigt werden können. Unabhängig davon wurde bei den Grundsatzprüfungen festgestellt, daß die mindestens 1 mm dicken Wellrohre bei Übertragung der Verbundkräfte vom inneren auf den äußeren Zementstein keine Schäden erleiden.

7   Messungen und Erfahrungen (1980–1993)

Bis 1980 war die Entwicklung und Zulassung der Ankersysteme im wesentlichen abgeschlossen. Das Tragverhalten der Anker war durch Grundsatzprüfungen und Forschungsarbeiten sowie durch Ankerprüfungen auf den Baustellen für die Praxis befriedigend abgeklärt. Die Beobachtungen und Messungen auf Baustellen und insbesondere die Nachprüfung von Daueranker durch Kraftmessungen wurden bis dahin vor allem zur Kontrolle der Einzelanker durchgeführt. Es sollte damit festgestellt werden, ob einzelne Anker trotz Zulassung und Prüfung auf der Baustelle nicht doch mit der Zeit durch Korrosion oder Kriechen im Boden versagen können.

Aufgrund der bis dahin gesammelten positiven Erfahrungen und Beobachtungen lag der Schwerpunkt der Fragestellungen in den letzten 13 Jahren nicht mehr beim Verhalten der Einzelanker, sondern beim Verhalten des gesamten verankerten Systems. Zwei Entwicklungen machen dies deutlich:

1. Die Konstruktion der Kurzzeitanker (Einsatzdauer bis 2 Jahre) konnte standardisiert und in einer überarbeiteten DIN 4125 (November 1990) soweit festgelegt werden, daß eine bauaufsichtliche Zulassung im Regelfall nicht mehr erforderlich ist.

2. Bei Dauerankern werden nur noch solche Konstruktionen zugelassen, bei denen der Korrosionsschutz im Werk und auf der Baustelle einwandfrei geprüft und auch unter extremen Verhältnissen weder beim Einbau noch bei der Belastung beschädigt werden kann. Eine spätere Nachprüfung der Anker wegen des Korrosionsschutzes ist damit nicht mehr erforderlich. Nachprüfungen sind nur solange vorzusehen, bis Kraftänderungen oder Verschiebungen im Boden abgeklungen sind, was aufgrund des Vorspannung der Anker in der Regel noch während der Bauzeit der Fall ist, so daß die Ankerköpfe dann endgültig verschlossen bzw. einbetoniert werden können.

Die routinemäßige Kontrolle der Anker auf der Baustelle vorausgesetzt, lag der Schwerpunkt der letzten Jahre also nicht mehr bei der Prüfung der Einzelanker, sondern bei der Überwachung des ganzen verankerten Systems Bauwerk – Anker – Boden. Diese Aufgabe war auch für Professor Floss nach Übernahme der Leitung des Prüfamtes für Grundbau, Bodenmechanik und Felsmechanik der Technischen Universität München im Jahr 1980 der Anlaß, eine Meßabteilung mit modernsten Geräten aufzubauen. Damit war eine Überwachung durch Ankerkraft- und Verschiebungsmessungen vieler Baustellen möglich, bei denen zwar die Standsicherheit der verankerten Konstruktionen nachgewiesen, die zu erwartenden Verformungen des Systems jedoch nicht mit ausreichender Zuverlässigkeit vorher berechnet oder abgeschätzt werden konnten. Die Anwendung der sog. Beobachtungsmethode war in diesen Fällen sinnvoll und auch wirtschatlich, da zusätzliche Sicherungsmaßnahmen nur dann vorgesehen werden mußten, wenn aufgrund der Meßergebnisse eine Überschreitung der zulässigen Verformungen zu erwarten war.

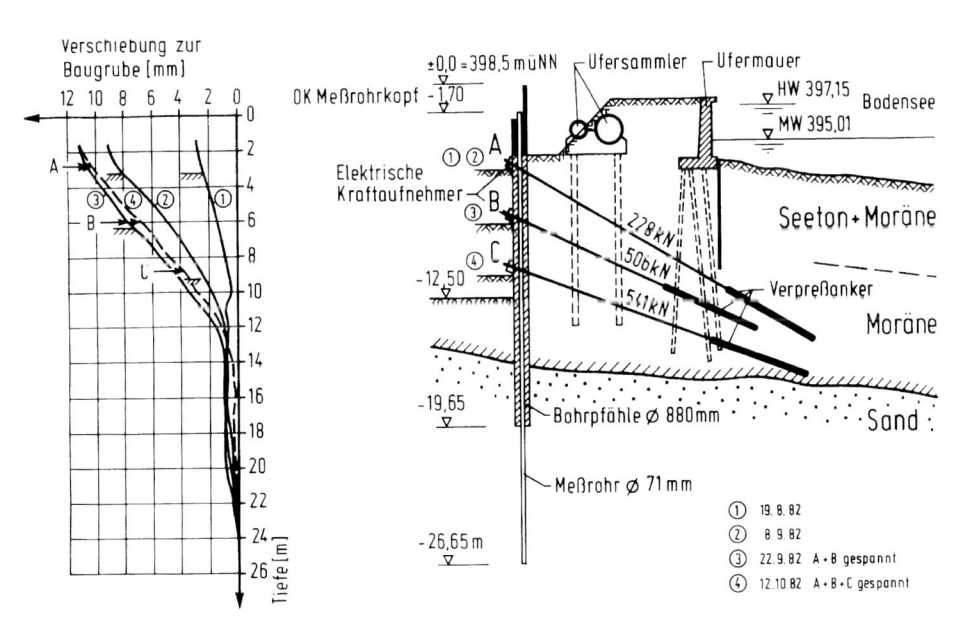

Bild 27   Durch Neigungsmessungen ermittelte Verschiebungen einer Bohrpfahlwand am Bodensee

Ohne auf die an anderer Stelle beschriebenen Meßsysteme für verankerte Konstruktionen[12] einzugehen, sollen hier nur an drei Beispielen einige Erfahrungen über das Verhalten verankerter Systeme mitgeteilt werden:

Die unmittelbar am Bodensee gelegene Baugrube für das Graf-Zeppelin-Haus in Friedrichshafen wurde mit einer Bohrpfahlwand gesichert, die auch als tragende Außenwand des Gebäudes auf Dauer dicht sein mußte (Bild 27). Trotz der bis in größere Tiefen anstehenden weichen Seetone durften insbesondere im Bereich des Ufersammlers und der Ufermauer nur geringe gleichmäßige Verschiebungen auftreten. Beim ersten Aushub der Baugrube bis auf Höhe der obersten Ankerlage traten infolge der geringen seitlichen Stützung der Wand im Seeton noch vor dem Einbringen der Anker Horizontalverschiebungen der Wand von 8 mm und nach dem Spannen der Anker bis zum Endaushub nur noch zusätzliche Verschiebungen von 2 mm auf. Da die Wandverschiebungen unter dem zugelassenen Wert von 20 mm lagen und die Änderungen der Ankerkräfte klein waren, konnte auf zusätzliche Sicherungsmaßnahmen verzichtet werden.

Bei Verankerung der nach dem Bogenklappverfahren hergestellten Argentobelbrücke (Bild 28) mußten die Verpreßkörper unter der Moräne so im Fels verankert werden, daß der von den Ankern erfaßte Felskörper nicht nach oben aufbricht. Die Sicherheit des Gesamtsystems wurde zwar rechnerisch nachgewiesen, trotzdem wurde aber wegen der Inhomogenität des Untergrundes empfohlen, außer der Prüfung der Einzelanker mit 1,5facher Gebrauchslast eine Gruppenprüfung aller 12 Anker bis zur 1,1fachen Gebrauchslast durchzuführen. Erst nachdem bei dieser Prüfung des Gesamtsystems nur geringe Ankerkraftänderungen festgestellt worden waren, wurde der Bogen bis zur Endstellung abgeklappt und dabei die größte äußere Zugkraft von 16 000 kN aufgebracht. Die Leerrohre im Widerlagerblock für eventuell erforderliche Zusatzanker mußten also nicht verwendet werden.

Bei einer 25 m tiefen und in einem Teilbereich 31,5 m tiefen Baugrube an der Leopoldstraße in München wurde die Bohrpfahlwand Ø 1,2 m in 4 Lagen durch Anker mit Gebrauchslasten bis 1200 kN in tertiären Tonen, Schluffen und Sanden gesichert. Da wegen der empfindlichen Nachbarbebauung nur geringe Wandverschiebungen und Geländesetzungen auftreten durften, wurden die Anker im allgemeinen über die statisch erforderliche Länge verlängert. Durch ein umfangreiches Meßprogramm wurden die Verschiebungen der Wand und des Bodens hinter den Ankerenden, die Geländesetzungen, die horizontalen und vertikalen Dehnungen und Stauchungen des Bodens sowie die Ankerkräfte kontrolliert.[13] In Bild 29 sind u. a. die Wandverschiebungen und Geländesetzungen nach Endaushub für zwei Meßquerschnitte dargestellt.

Auffallend ist, daß im Meßquerschnitt 5, wo die Anker nicht über die statisch erforderliche Länge hinaus in ein fremdes Grundstück verlängert werden durften, die

---

12 OSTERMAYER, H. und MAGER, W. D. (1983): Messungen an verankerten Konstruktionen. Symposium „Meßtechnik im Erd- und Grundbau", München 23./24. 11. 1983. Deutsche Ges. für Erd- und Grundbau e.V., Essen, S. 181–189.

13 MAGER, W. und FRÖHLICH, H. (1992): Meßtechnische Überwachung bei der Herstellung tiefer Baugruben im innerstädtischen Bereich. In: International Symposium „Recunstruction – Saint Petersburg – 2005 (St. Petersburg, Oktober 1992), S. 115–134.

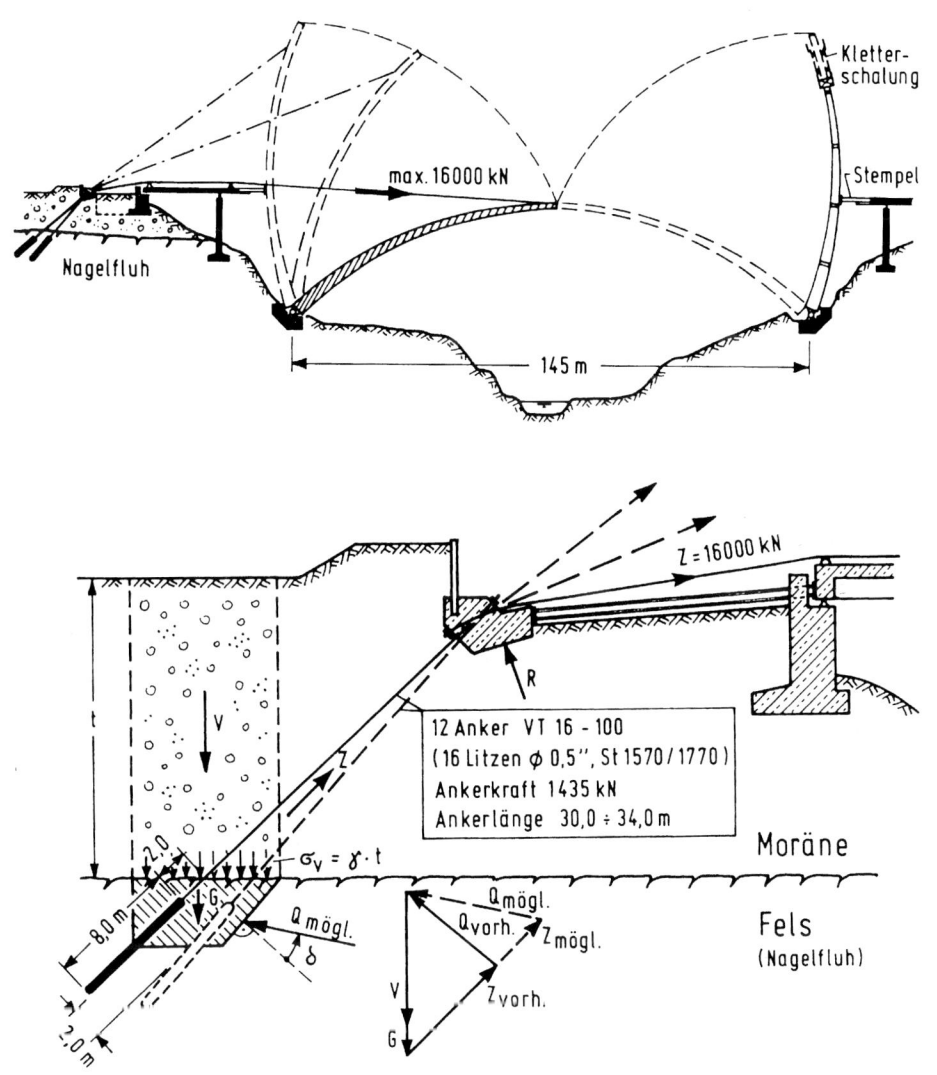

Bild 28   Verankerung der Zugseile für die im Bogenklappverfahren hergestellte Argentobelbrücke

Wandverschiebungen mit maximal 20 mm und die Setzungen der angrenzenden Gebäude mit maximal 13 mm etwa doppelt so groß waren wie beim Meßquerschnitt 1, bei dem etwa 6 m längere Anker verwendet wurden. Die Verlängerung der Anker von ca. 26 m auf ca. 32 m hatte demnach eine Verringerung der Verformungen im gesamten verankerten Bodenblock auf etwa die Hälfte zur Folge. Im Bereich der kurzen Anker sind trotz der größeren Verschiebungen keine nennenswerten Schäden an den angrenzenden Gebäuden aufgetreten, so daß zusätzliche Sicherungsmaßnahmen auch hier nicht erforderlich wurden.

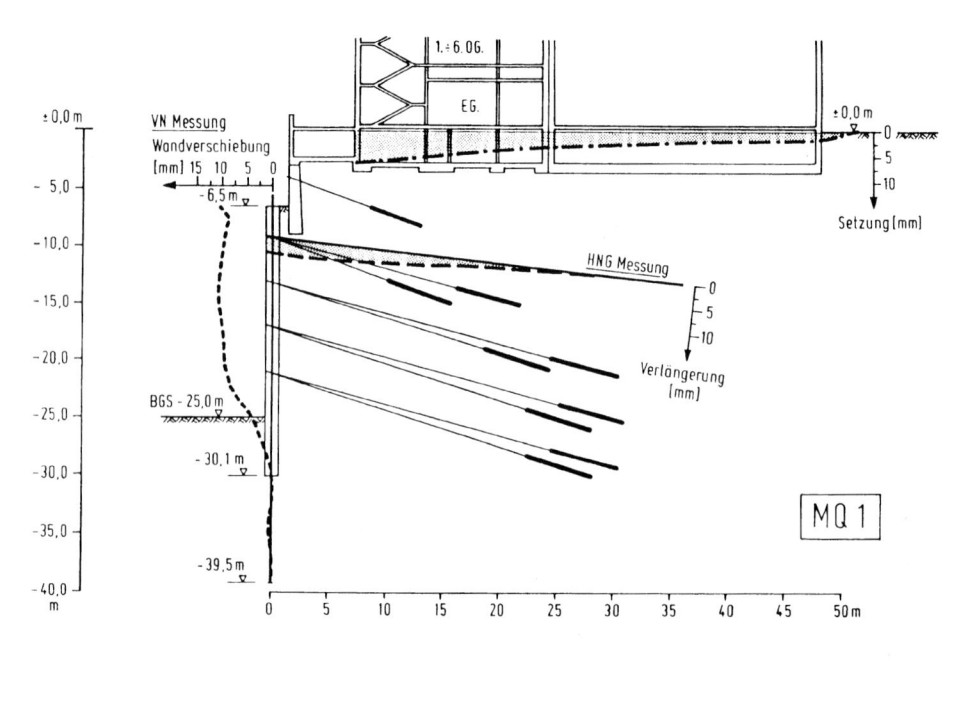

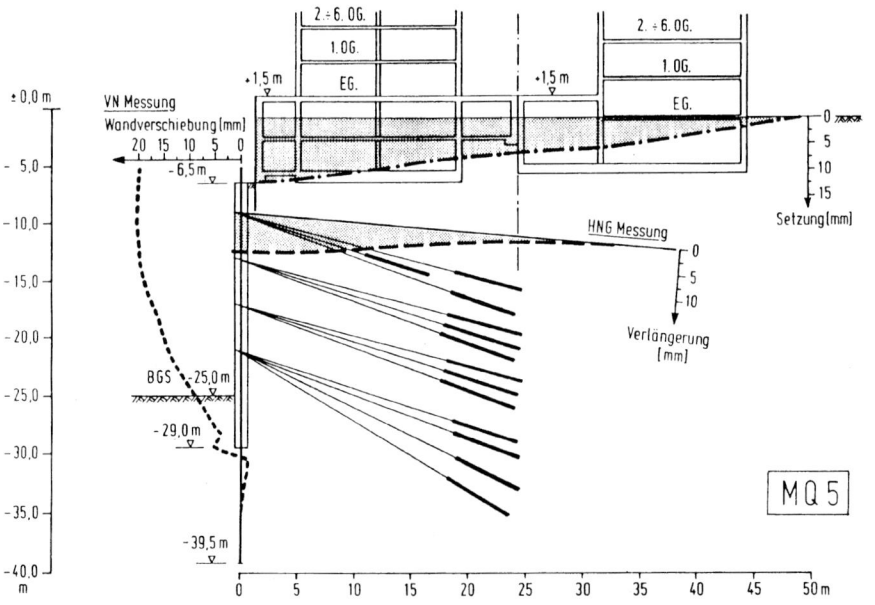

Bild 29 Wandverschiebungen und Geländesetzungen bei einer 25 m tiefen Baugrube an der Leopoldstraße in München
Meßquerschnitt MQ 1 mit verlängerten Ankern
Meßquerschnitt MQ 5 mit kurzen Ankern

9 Ausblick

Zum Schluß dieses Rückblicks auf die faszinierende Geschichte der Verpreßankertechnik im Boden sollen nur noch einige Anmerkungen zum heutigen Stand und zu möglichen oder notwendigen Entwicklungen gemacht werden.

Wie schon in der Einleitung angedeutet, unterscheiden sich Felsanker im Tragverhalten und dementsprechend auch in ihrer Konstruktion nicht mehr grundsätzlich von Verpreßankern im Boden. In vielen Fällen können zwar im Fels höhere Lasten übertragen werden als im Boden, aber auch hier ist je nach Kluftsystemen und Verwitterungsgraden große Vorsicht geboten. Gebrauchslasten von 10 000 kN wie bei der Staumauer von Cheurfas (1935) werden vermutlich nicht wieder im Fels vorgesehen. Es werden aber derzeit ebenfalls zur Erhöhung der Standsicherheit einer Staumauer 70 bis 80 m lange Felsanker mit einer Gebrauchslast von 4500 kN bei der Edertalsperre eingebaut (Bild 30). Geprüft, jedoch letztlich nicht für den Einbau vorgesehen, wurden dort auch Felsanker mit einer Gebrauchslast von 7400 kN, d. h. mit einer Prüflast von 11 000 kN, ohne daß die Grenzlast im Fels erreicht worden wäre. Die Anforderungen an den Korrosionsschutz von Dauerankern im Fels entsprechen konsequenterweise denen von Dauerankern im Boden. Dies bedeutet, daß

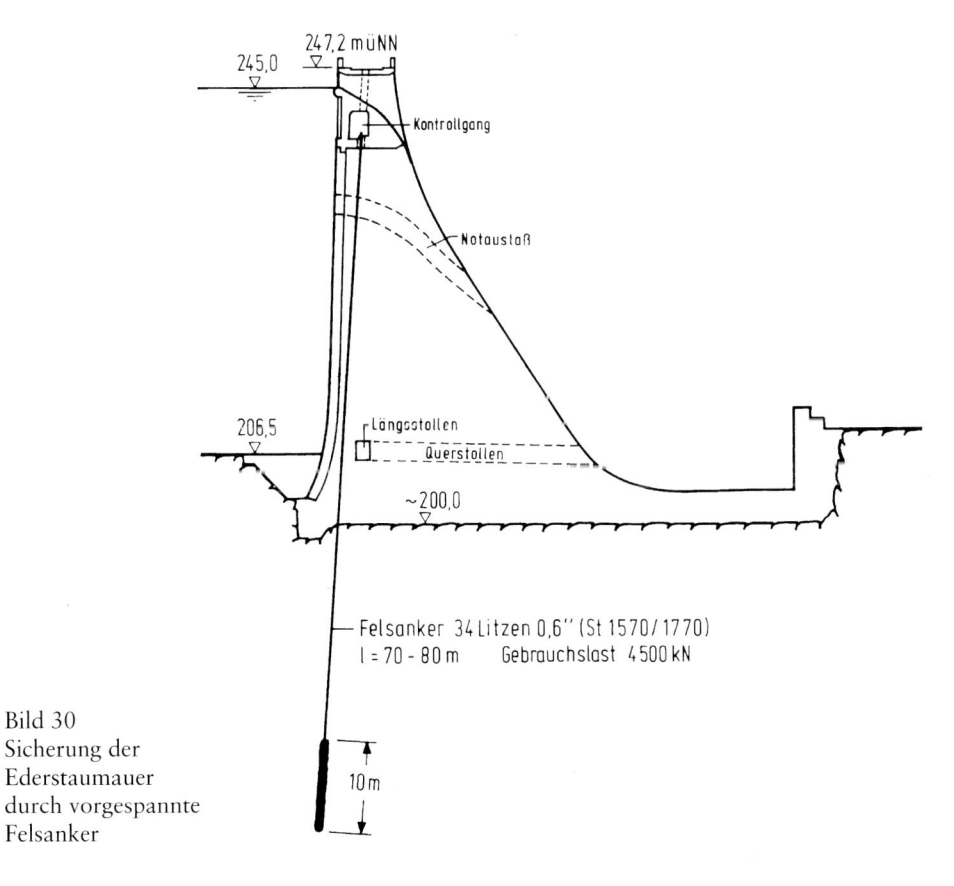

Bild 30
Sicherung derEderstaumauer durch vorgespannte Felsanker

die Wellrohranker für die Ederstaumauer z. B. in einem Baustellenwerk vorgefertigt und im Bereich der Verpreßkörper auf 10 m Länge vor dem Einbau mit Zementsuspension verfüllt werden müssen.

Wie bei Felsankern geht auch bei Dauerankern im Boden die Entwicklung derzeit von den starren und in der Tragkraft begrenzten Einstabankern weg zu den flexibleren Bündelankern, d. h. insbesondere zu den Litzenankern. Daß die konstruktiven Details und insbesondere die Korrosionsschutzmaßnahmen hier wesentlich schwieriger zu lösen sind als beim Einstabanker, muß nicht eigens betont werden.

Allgemein ist durch die Norm und die notwendige Zulassung der Ankersysteme sowie durch die geforderten Überwachungen im Werk und auf der Baustelle ein weltweit an der Spitze stehender Standard für Daueranker erreicht worden. Schadensfälle durch Korrosion sind auch in Deutschland nur dort aufgetreten, wo nicht nach Zulassungen gearbeitet wurde. Es wird deshalb eine der wichtigsten Aufgaben sein, im Rahmen der europäischen Normung darauf zu drängen, daß die in der Praxis bewährten Konstruktionen und Prüfungen in die Ausführungsnorm CEN-TC 288 übernommen werden. Dabei sollten europäische Zulassungen für Daueranker angestrebt werden, allerdings nur unter der Voraussetzung, daß einheitliche Zulassungsverfahren sowie die notwendigen Überwachungen im Werk und auf der Baustelle sichergestellt werden können. Problematisch ist in diesem Zusammenhang auch noch die Einführung des neuen Teilsicherheitskonzepts für die Bemessung der Anker und der Nachweis der Standsicherheit verankerter Bauwerke (CEN-EC 7), da derzeit noch nicht gesagt werden kann, inwieweit mit den vorgesehenen Teilsicherheitsbeiwerten das angestrebte und bei bisherigen Anwendungsfällen bewährte Sicherheitsniveau erhalten wird.

Die Anwendbarkeit von Ankern wird in Zukunft weniger durch die erreichbare Tragkraft oder Dauerbeständigkeit der Einzelanker bestimmt sein als vielmehr durch die zu erwartenden Verformungen des Gesamtsystems Bauwerk – Anker – Baugrund. Die meßtechnische Überwachung von Bauvorhaben sowie die Entwicklung von numerischen Verfahren und Näherungsansätzen zur Abschätzung der zu erwartenden Verformungen ist deshalb als eine zentrale Aufgabe für die Zukunft anzusehen.

FRITZ WEISS

Die Entwicklung der Schlitzwandbauweise

Die Erfahrungen mit den im Jahre 1845 erfundenen Bohrspülungen für Tiefbohrungen und mit dem 1893 entwickelten Honigmannschen Schachtbohrverfahren führten 1912 zum ersten Patent für Schlitzwände in der Bautechnik, das die Erkenntnis ausnutzt, daß wässrige Tonsuspensionen auf unverrohrte Bohrlochwände eine stabilisierende Wirkung ausüben: Die „Patentschrift Nr. 265150 Klasse 84c Gruppe 2" des Kaiserlichen Patentamts schützte der „Firma Carl Brandt in Düsseldorf" vom 14. März 1912 an ein „Verfahren zur Herstellung von Pfeilern, Pfählen u. dgl. zu Tiefbauzwecken unter Benutzung des im Bergbau üblichen Dickspülverfahrens". Offensichtlich fand es aber kaum Anwendung und geriet deshalb wieder in Vergessenheit. Das mag auch am damaligen Stand der Technik des Stahlbetonbaus gelegen haben; denn man traute sich nicht, in der „Dickspülung" zu betonieren, und schon gar nicht, eine Bewehrung in die Tonsuspension zu stellen. Ähnlich ging es wohl dem Patent 2048710 des Patentamts der Vereinigten Staaten, mit dem Ranney 1936 ein „Verfahren zum Bau unterirdischer Bauwerke und Geräte hierzu" geschützt wurde. Erst 1950 veröffentlichte H. Lorenz wieder einen Aufsatz über die Verwendungsmöglichkeiten thixotroper Flüssigkeiten im Grundbau.[1] Er ließ sich 1950 und 1951 eine Reihe dieser Möglichkeiten patentieren.[2] Fast gleichzeitig erhielt Veder ein Patent auf ein Verfahren zur Herstellung wasserdichter Wände durch Aneinanderreihen von unverrohrten Bohrungen, die mit einem Freifallmeißel in einem Dickspülungsstrom hergestellt und anschließend ausbetoniert werden.[3] Seit dieser Zeit reißen die Veröffentlichungen über bautechnische Anwendungen wäßriger Tonsuspensionen nicht mehr ab, bei denen die stabilisierende Wirkung der Suspension auf frei stehende Erdwände erwünscht oder notwendig ist, und es wurden in den folgenden Jahren immer bedeutendere Schlitzwandbauwerke errichtet. Die Beobachtung der zeitlichen Entwicklung der Schlitzwandbauweise bis etwa 1960 anhand der Veröffentlichungen[4-33] zeigt, daß man zunächst Bauweisen wählte, bei denen ein Versagen der stabilisierenden Wirkung kein allzu großes Wagnis bedeutete: Man reihte Pfähle aneinander und senkte Brunnen ab. Mit wachsender Erfahrung nahm man größere Risiken auf sich. Statt der Pfähle wurden 4 m bis 11 m lange Schlitze gebaut,[12,14,20,24,25,34,37] und in Berlin wurde ein Belastungsversuch an einem 12 m langen Schlitz ausgeführt.[30] Allen Bauweisen war jedoch – mit Ausnahme eines Versuchsschlitzes in Berlin zur Abschirmung von Erschütterungen, der naturgemäß auf volle Länge nur mit Flüssigkeit und nicht mit Beton ausgefüllt werden durfte – aus Sicherheitsgründen immer noch ein diskontinuierlicher Betrieb zu eigen: Ein Element wurde zunächst übersprungen und erst später zwischen den beiden fertigen Nachbarelementen hergestellt. In der Nähe von Bauwerken ging man des geringeren Risikos wegen auf möglichst kleine Schlitzlängen oder sogar Pfähle über.[26] Nach der Literatur der Jahre 1958 und 1959 war die Bauweise damals bereits in großem Umfang im U-Bahnbau einge-

97

führt, vor allem in Mailand, wo die Schlitzwandarbeiten ab 1956 in der Hand der Bauunternehmung ICOS-Veder lagen. Die Schlitze wurden mit dem vielseitig anwendbaren, aber leistungsschwachen ICOS-Gerät ausgehoben, das im wesentlichen aus einem Spezialgreifer mit dem für Schlitzwandgreifer auch heute noch typischen Führungskorb und einer Winde bestand. Dieses Gerät war ursprünglich entwickelt worden, um durch Bodenaushub zwischen zwei vorab mit einem Freifallmeißel und Rechtsdickspülung hergestellten unverrohrten Bohrungen einen Schlitz herzustellen. Es diente also eigentlich der Leistungssteigerung dieses ebenfalls leistungsschwachen Bohrverfahrens, wurde in Mailand aber bereits als völlig selbständiges Verfahren ohne Vorbohrungen eingesetzt.

Zu dieser Zeit gab es im Ausland schon eine Reihe anderer Aushubgeräte, die unter günstigen Bedingungen größere Leistungen erbrachten. Es waren letztlich Saugbohranlagen, also Bohrgeräte, die mit Linkswasserspülung arbeiteten, bei denen das Bohrwerkzeug und teilweise sogar die Verrohrung an die Aufgabe angepaßt war, einen Schlitz herzustellen. Das erste deutsche Gerät dieser Art, die „Salzgitter-Saugfräsanlage SF 20", führte die Salzgitter Maschinen AG Ende November 1962 einem kleinen Personenkreis aus der Bauindustrie auf einer Versuchsbaustelle in Salzgitter-Bad vor. Alle diese Geräte konnten sich wohl deshalb nicht durchsetzen, weil sie schon von den Bohrwerkzeugen her nicht universell genug einsetzbar waren. Sie waren darüber hinaus reine Maschinenweiterentwicklungen, die auf dem Saugbohren mit Wasserspülung basierten. Der Aushub mußte in bauseits angeordneten Absetzbecken aus der Spülung abgeschieden werden, und das funktionierte nicht mehr, wenn man aus Standsicherheitsgründen höher konzentrierte Bentonitsuspensionen benötigte.

Die ersten Schlitzwände in der Bundesrepublik wurden 1959 und 1960 in Berlin und München von der Bauunternehmung Polensky und Zöllner ausgeführt, die eine Lizenz für das Patent Veders besaß. Den Schlitzaushub besorgte ICOS-Veder als Subunternehmer. Es handelte sich bei diesen Baumaßnahmen um:
– die Sicherung des Rudolf-Virchow-Krankenhauses im Jahre 1959/1960 in Berlin, U-Bahn-Baulos G 39.
– die Sicherung der Föhrer-Brücke im Jahre 1960 in Berlin, U-Bahn-Baulos G 39.
– die Sicherung der Gebäude Buschkrugallee 53, 55 und 70 und des Tunnelstumpfs der Linie C südlich des Bahnhofs Grenzallee im Jahre 1960 in Berlin, U-Bahn-Baulos C 61.
– die Herstellung einer Uferwand aus Spundbohlen an der Stubenrauchbrücke über den Teltow-Kanal im Jahre 1960 in Berlin-Tempelhof am Ullsteinhaus, wo die Spundbohlen wegen der Folgen von Erschütterungen auf den Betrieb im Ullsteinhaus nicht gerammt werden konnten, sondern in Schlitze eingebaut wurden.[35]
– den Baugrubenverbau Ecke Blumen- und Theklastraße im Jahre 1960 in München.

Die Erfahrungen mit dem „Verfahren ICOS-Veder" waren nicht nur positiv.
Zunächst entstand zwischen Lorenz und Veder ein Lizenzgerangel, das mit einer Gebietsaufteilung endete. In der Bundesrepublik setzte sich Lorenz durch: Bis zum Ablauf der Patente mußten in Deutschland arbeitende Unternehmen eine Lorenz-

Lizenz besitzen. Die Zahl der Lizenznehmer vergrößerte sich von ursprünglich 5 in wenigen Jahren inflationär, im gleichen Maß sank allerdings die Lizenzgebühr.

Auch Schäden konnten bei einem so völlig neuartigen Bauverfahren naturgemäß nicht ausbleiben. Bereits beim fast 100 m tiefen Schacht der Maximilianshütte,[4,7,13] dessen Wand aus überschnittenen ICOS-Veder-Bohrpfählen bestand, war es Polensky und Zöllner und deren Subunternehmer ICOS-Veder in den Jahren 1956/1957 nicht gelungen, eine dichte Wand herzustellen, weil sich ab etwa 40 m Tiefe die Pfähle nicht mehr überschnitten. Als Folge davon entwickelte ICOS-Veder eine Meißelform für den Sekundärpfahl, durch die der Meißel den Raum zwischen den Primärpfählen nicht mehr verlassen kann. Auch in Berlin traten Schäden auf: An der Schlitzwand vor den Gebäuden Buschkrugallee 53 und 55 lag auf den obersten 4 m der rund 17 m tiefen Wand in weiten Bereichen die Bewehrung frei, und es gab eine Reihe zum Teil ausgedehnter Löcher durch die gesamte Wanddicke. An der rund 18 m tiefen Schlitzwand vor dem Rudolf-Virchow-Krankenhaus traten gleichartige Schäden in einer Tiefe zwischen 13 m und 15 m über fast die halbe Länge der Wand von 7 Elementen durchgehend auf. Die andere Hälfte der Wand, die ebenfalls aus 7 Elementen bestand, war völlig frei von Schäden. Die Beschäftigung mit diesen Schäden aus der Zusammenarbeit ICOS-Veder/Polensky und Zöllner führte zwangsläufig zunächst zu der Frage, welche physikalischen Gesetze es bewirken, daß eine Bentonitsuspension die Erdwände eines Schlitzes so wirksam abstützen kann, wie dies in der Praxis immer wieder beobachtet wurde. Obwohl bis 1962 fast jede Veröffentlichung Angaben über die Wirkungsweise der stützenden Flüssigkeiten enthielt, blieb unbekannt, welche Eigenschaften der Flüssigkeiten für die Standsicherheit maßgebend und wie diese Eigenschaften zu messen sind. Das Problem rechnerisch anzugehen, war überhaupt erst einmal versucht worden:[6] Die für Bohrungen angestellten Überlegungen können aber nicht auf Schlitze übertragen werden. Ein Überblick über die Vielzahl der mitgeteilten Beobachtungen und Erklärungen ließ damals eine Tonsuspension als Flüssigkeit mit geradezu wunderbaren Eigenschaften erscheinen, die sich in jeder Situation anders verhält und dann oft das Gegenteil dessen bewirkt, was sie an anderer Stelle leistet. Der Wirkungsmechanismus der Abstützung von Erdwänden durch Flüssigkeiten konnte 1961 und 1962 in umfangreichen Versuchsreihen im Münchener Labor der Bauunternehmung Polensky und Zöllner geklärt werden. Das Ergebnis, eine vollständige und in sich geschlossene Theorie der Standfestigkeit flüssigkeitsgestützter Erdwände und eine Technologie der stützenden Flüssigkeiten, wurde am 13. 2. 1963 als Dissertation bei Jelinek (TH München) eingereicht; 1964 als Zusammenfassung vorveröffentlicht,[39] und 1967 als Arbeit gedruckt:[40] Danach sind bei der stützenden Wirkung von Flüssigkeiten grundsätzlich zwei Fälle zu unterscheiden:

1. Die Flüssigkeit, die auch als Boden mit flüssiger Konsistenz betrachtet werden kann, verhält sich in groben Bodenporen wie eine homogene, stabile Flüssigkeit. Dann ist die Ursache der stützenden Wirkung die in der Flüssigkeit vorhandene Kohäsion c_u im bodenmechanischen Sinn, wobei gleichzeitig der Winkel der inneren Reibung $\phi_u = 0$ ist. Mit Rücksicht auf den Sprachgebrauch in der Rheologie wird die Kohäsion stützender Flüssigkeiten in der zeitlich nachfolgenden Literatur als Fließgrenze τ_F bezeichnet. Sie verhindert das unbegrenzte Eindringen der Flüssigkeit in die Bodenporen und die Bewegung einzelner Bodenkörner in der Flüssigkeit, und sie bewirkt die Einleitung des hydrostatischen Flüssigkeitsdrucks in den Boden.

2. Die als Dispersion vorliegende Flüssigkeit ist gegenüber dem System der Bodenporen inhomogen und instabil, weil die Partikelgröße der dispersen Phase größer als der Porendurchmesser ist. Der kennzeichnende Vorgang ist dann die Filtration. Die feste Phase der Flüssigkeit sondert sich an den Poreneingängen als Filterkuchen ab, die flüssige fließt durch den Filterkuchen in die Poren ein. Die Flüssigkeiten müssen also einen möglichst dichten Filterkuchen erzeugen und damit einen weiteren Zerfall der Flüssigkeit durch das Abfließen der flüssigen Komponente verhindern.

Außerdem darf der Erddruck den hydrostatischen Druck der stützenden Flüssigkeit nicht überschreiten. Die theoretischen Erkenntnisse waren beim Bau der Straßenbahnunterführung Belgrad-/Petuelstraße in München während des Jahres 1962 bereits in die Praxis umgesetzt worden,[38] ([40] Seite 102). Es ist interessant, daß unabhängig davon, aber praktisch gleichzeitig Wenz[41] bei der Lösung eines anderen Problems so ganz nebenbei die im Grunde gleiche Erklärung für die stützende Wirkung von Flüssigkeiten auf Erdwände im Fall 1. mitteilt, daß ebenfalls gleichzeitig Grewe dieses Problem löst,[42] und daß auch Franke zu gleicher Zeit auf die damals herrschenden, abenteuerlichen Vorstellungen über das mechanische Gleichgewicht eingeht[43]. Aus seiner Einführung sei zitiert: „In verschiedenen Veröffentlichungen ist von einer über den hydrostatischen Druck hinausgehenden Stützung der Schlitzwände durch die Bentonitsuspension,[26] von statisch nicht erfaßbaren Kräften[30] oder sogar von geheimnisvollen Kräften,[37] die neben den Erddruck- und hydrostatischen Kräften wirken, die Rede. In (1) heißt es: Versuche ergaben, daß über das Gleichgewicht von hydrostatischen und Erddruckkräften hinaus noch weitere Kräfte wirken, die die Standsicherheit der Wand erheblich vergrößern. Franke zeigt, daß die erhofften elektroosmotischen Kräfte[44] nicht auftreten können. Seine Schlußfolgerung sei deshalb ebenfalls zitiert: „Solange für die ‚geheimnisvollen' Kräfte keine beweisbare theoretische Deutung gegeben werden kann und diese nicht durch ein experimentell überprüftes Berechnungsverfahren erfaßbar sind, wird man sich in der Praxis auf den Ansatz der Erddruck- und der hydrostatischen Kräfte bei der Beurteilung der Standsicherheit von Schlitzwänden beschränken oder gegebenenfalls das Raumgewicht der Schlitzfüllung groß genug machen müssen."

Die ebenfalls im Jahr 1961 entwickelte Technologie der Bentonitsuspensionen gestattete die Wiederverwendung der stützenden Flüssigkeit nach ihrer Regeneration, das heißt nach weitgehendem Wiederherstellen der erforderlichen Eigenschaften. Dazu muß vorzugsweise Sand und Schluff abgetrennt, in Sonderfällen Wasser oder Bentonit zugegeben oder auch zur Verbesserung der Stabilität chemisch konditioniert werden. Die Abtrennung der Aushubpartikel Schluff und Sand ist wegen der Fließgrenze der Bentonitsuspension nur mit Sieben und Zyklonen möglich. Die Baustelle Belgrad-/Petuelstraße verfügte als erste Schlitzwandbaustelle über eine vollständige solche Anlage, wie sie auf Bild 28[47] schematisch dargestellt ist, allerdings noch mit am Ort betonierten Vorratsbecken. In der gleichen Veröffentlichung ist die Wirkungsweise einer solchen Aufbereitungs- und Regenerationsanlage beschrieben. Das dortige Bild 27[47] zeigt das erste an einer Schlitzwandbaustelle eingesetzte Zyklon im Betrieb an der Belgrad-/Petuelstraße, die Bilder 29[47] bis 31[47] spätere Anlagen aus den Jahren 1963 bis 1968.

Mit den beschriebenen Erkenntnissen und mit den Erfahrungen beim Bau der Straßenbahnunterführung Belgrad-/Petuelstraße in München, wo über 10 m lange Schlitze in sandfreien und völlig kohäsionslosen Kiesen beherrscht wurden, war der Weg frei, diese Bauweise auch in der Nähe von hochwertigen baulichen Anlagen in den Städten nach einem rechnerischen Standsicherheitsnachweis für den Einzelfall unter Kontrolle der stützenden Eigenschaften der Flüssigkeit durch ein Baustellenlabor anzuwenden.

Trotzdem entstanden auch an dieser Straßenbahnunterführung etwa beim ersten Drittel der Schlitzwandelemente Schäden. Durch die intensive ingenieurtechnische Kontrolle an dieser Baustelle konnten deren Ursachen aber rasch erkannt werden:
– Manipulationen an der stützenden Flüssigkeit, die während des Betoniervorgangs durch Wasserzusatz das Abpumpen der vom Beton verdrängten Flüssigkeit erleichtern sollten, führten zum Ausfallen des in der Flüssigkeit dispergierten Sands und zu großvolumigen Sandeinschlüssen über die ganze Dicke der Wand. Ein Beispiel zeigt Bild 18.[97]
– Die Nichteinhaltung der bei diesem Verfahren wesentlichen, aber damals unbekannten Betonierregeln führte zu Einschlüssen stützender Flüssigkeit im Beton und zu einer für die Betongüte überaus schädlichen Vermischung von stützender Flüssigkeit und Beton.
– Die damals mangels genauerer Kenntnisse nicht schlitzwandspezifisch angeordnete Bewehrung führte zu mangelhafter Betondeckung der Stahleinlagen und zu Einschlüssen von stützender Flüssigkeit an Bewehrungskreuzungen. Ein Beispiel zeigt Bild 20.[97]

Nachdem diese Ausführungsfehler abgestellt und die Ausführenden auf das Einhalten der notwendigen Regeln eingeschworen waren, konnten die restlichen zwei Drittel der Baumaßnahme ohne jegliche Schäden abgeschlossen werden. Mit der gleichen Mannschaft wurden anschließend im Jahr 1963 die verankerten Schlitzwände für die Tiefgarage am Max-Joseph-Platz in München ebenfalls ohne jegliche Schäden gebaut.[45] Auch beim Bau der Unterfahrung Lastenstraße für die Unterpflasterstraßenbahn in Wien wurden die Schlitzwände ab November 1963 ohne Schadstellen mit einer vom Bauunternehmen vorhergesagten Ausnahme errichtet. Der Auftraggeber war aus Kostengründen nicht bereit, die notwendige „lichte Durchflußweite zur Sicherung der Betondeckung" (Begriff siehe DIN 4126, Abschnitt 8.2, Absatz 1) auf beiden Seiten der Schlitzwand zuzugestehen. Das Bauunternehmen wählte deshalb auf der Außenseite der Schlitzwand eine ausreichende lichte Durchflußweite; für die Innenseite blieb ein zu geringer Rest mit dem erwarteten Ergebnis, daß dort die Bewehrung auf großen Flächen freilag und durch Spritzbeton saniert werden mußte.

Die unglückselige, aber üblicherweise dem Preiswettbewerb unterworfene „Betondeckung" blieb auf Jahre, nämlich bis zum Erscheinen des Normentwurfs DIN 4126 im Jahre 1981, heißer Diskussionsstoff und gab immer wieder Anlaß zu Schäden bei uneinsichtigen Auftraggebern infolge an den Wandoberflächen frei liegender Bewehrung.

Mit Rücksicht auf den beginnenden S-Bahnbau in München ließen sich die Münchener Bundesbahnbehörden im Juni 1966 einen Vorschlag für ein Regelwerk zusammenstellen, das eine zielsichere und schadenfreie Schlitzwandherstellung sichern sollte.[46]

Der Wunsch der U-Bahn-Behörden nach universell einsetzbaren Aushubgeräten größerer Leistung und größerer Grabgenauigkeit führte in dem gleichen Zeitraum, in dem die Grundlagen der Bauweise abgeklärt wurden, zu einer Vielzahl von neu entwickelten Baggergeräten. Weil der Zug des Schließseils während des Schließens beim Seilgreifer das Korbgewicht verringerte, versprach man sich von Hydraulikgreifern eine bessere Leistung. Die Führung des Greifers durch ein Rohr versprach größere Genauigkeit, das auflastende Rohrgewicht nochmals höhere Leistung. Ein dementsprechend konstruiertes Gerät wurde an den bereits genannten Baustellen Belgrad-/Petuelstraße, Max-Joseph-Platz und Lastenstraße eingesetzt. Weil es wegen der großen, an der Rohrführung ausgeübten Kräfte reparaturempfindlich und wegen der durch die Rohrlänge begrenzten erreichbaren Tiefe nicht universell einsetzbar war, konnte es sich trotz hoher Leistung nicht durchsetzen. Gleiches gilt für Baggergreifer mit Kelly-Stangen, bei denen die Kelly-Stange die Führung verläßt, wenn die mit der Stange erreichbare Tiefe überschritten wird; Greifer und Stange hängen dann beim Aushub in größerer Tiefe nur noch am Seil, und beim Hochziehen des Greifers muß sich die Stange wieder in die Führung einfädeln. Bei den ELSE-Geräten lief eine auf einem Schlitten montierte Hochlöffel-Baggereinrichtung an einem Mäkler in die Tiefe des Schlitzes; der Mäkler wurde mit fortschreitendem Aushub tiefer gesetzt. Auch dieses Gerät wird heute nicht mehr eingesetzt. Parallel zu diesen Entwicklungen wurden größere und schwerere Seilgreifer gebaut, zunächst im Eigenbau der Schlitzwandunternehmer. 1966 brachte die Menck und Hambrock GmbH serienmäßig Schlitzwandgreifer mit Nenndicken von 60 cm und 80 cm auf den Markt, die etwa 2,6 m lang und mit ihrem Führungskorb zusammen 5,2 m hoch waren. Sie wogen im leeren Zustand 4,3 t bzw. 5,8 t und erforderten schwere Grundgeräte. Wegen der vielseitigen Einsetzbarkeit – die Tiefe ist nur durch das Fassungsvermögen der Seiltrommel begrenzt, alle Lockerböden sind baggerbar, eine schnelle Umrüstung auf Meißelbetrieb ist möglich – war damit die Zeit der schweren Bagger im Schlitzwandbau angebrochen, die bis heute anhält. Diese Geräte bestimmten insbesondere die großen Schlitzwandbaustellen der U- und S-Bahnen in München, Köln und Wien, in kleinerem Rahmen aber auch in anderen Städten. Erst nach 1965 im außereuropäischen Ausland, ab 1974 in Europa und ab 1984 in der Bundesrepublik wurden die modernen Schlitzwandfräsen konkurrenzfähig. Die einzige deutsche Schlitzwandfräse wird seit 1984 von Bauer Schrobenhausen hergestellt. Sie erlaubt beim Aushub die ständige Messung der Lotabweichung und eine Richtungskorrektur. Diese neuartigen Fräsen sind mit den Fräsen der 50er und 60er Jahre nicht vergleichbar. Sie verbinden nämlich nunmehr die Vorteile der Seilgreifer mit denen der Saugbohrgeräte: Die Fräse ist nicht mehr starr mit dem Grundgerät verbunden. Sie besitzt wie ein Schlitzwandgreifer einen Führungskorb, kann deshalb am Seil hängend betrieben werden und beliebige Tiefen erreichen. Der Greifvorgang ist durch das Fräsen mit rotierenden Messern ersetzt, und der Aushub wird durch Linksspülung mit Bentonitsuspension gefördert statt durch die Hubspiele des Greifkorbs, die vor allem in großer Tiefe lange dauern. Die durch den Wegfall der Hubspiele eingesparte Zeit kommt bei der Fräse in vollem Umfang der Arbeit des Bodenlösens zugute. Voraussetzung für das Funktionieren einer Schlitzwandfräse ist die kontinuierliche, rasche und möglichst vollständige Trennung des Aushubs von der stützenden Flüssigkeit. Nach dem Vorbild der Regenerationsanlagen für die stützende

Flüssigkeit arbeiten moderne Schlitzwandfräsen mit Sieb- und Zyklonanlagen, die den Aushub in relativ trockenem Zustand auswerfen. Selbst Einphasenwände können seit 1991 mit Fräsen hergestellt werden.

Die 1964 bis 1966 einsetzende „Schlitzwandkonjunktur" durch die Großbaustellen des Verkehrsausbaus am Stachus in München, des U- und S-Bahnbaus in Wien, München und Köln[48, 49, 50, 51, 52, 53] hatte ein wachsendes Informationsbedürfnis der Fachwelt zur Folge. Die SBF (Schönebecker Brunnenfilter GmbH), eine Tochter der Preußag, vertrieb damals den Bentonit Tixoton der Südchemie AG. Ihr außerordentlich rühriger und technisch versierter Vertreter in München, F. Barthel, der 1982 verstorben ist, erkannte die aus mangelnder Information rührende Unsicherheit bei den Bauingenieuren, die Bentonit einkaufen und verbrauchen sollten. Daher startete die SBF den Versuch einer zweieinhalbtägigen „Arbeitstagung über die Schlitzwandbauweise" vom 20. bis 22. 9. 1967 im Sitzungssaal des Münchener Hauptbahnhofs mit einem überwältigenden Erfolg. Es meldeten sich 126 Teilnehmer an, davon allein 15 Kollegen der Bundesbahn. Weiß hielt am ersten Tag einen halbtägigen Experimentalvortrag über die Meßtechnik und die Technologie der Bentonitsuspensionen; am zweiten Tag referierte er ebenfalls halbtägig über Aufbereitungs- und Regenerierungsanlagen, Standfestigkeitsfragen und Bauregeln für die Schlitzwandbauweise.[54] Es folgte eine halbtägige Besichtigung laufender Baustellen in München. Am dritten Tag wurden eine Bentonitgrube und das Werk Moosburg der Südchemie AG besucht, wobei Fahn einen Kurzvortrag über die Tonchemie hielt.[55] Wegen dieses überraschenden Erfolgs veranstalteten die SBF und die Südchemie AG bereits vom 7. bis 9. 2. 1968 eine Wiederholung dieser Veranstaltung, zu der sich 172 Teilnehmer anmeldeten, darunter 30 Kollegen der Bundesbahn und 20 Kollegen aus dem Ausland. Weitere Vortragsveranstaltungen konnten nach diesen Erfolgen nicht ausbleiben. Meist war eine Schlitzwandbaustelle in der jeweiligen Stadt Anlaß. An die Stelle des Experimentalvortrags traten mehrere Referate normaler Länge auch mit örtlichen Referenten, die über die jeweilige Baumaßnahme berichteten. Solche sogenannten Schlitzwandtagungen fanden statt am:

– 16. 7. 1968 in Hannover; Veranstalter war die Bauberatung Zement in Zusammenarbeit mit der SBF; schlitzwandspezifische Referenten waren Fahn, Simons, Weiß.

 27. 3. 1969 in Freiburg i. Br.; Veranstalter war die Bauberatung Zement in Zusammenarbeit mit der SBF; schlitzwandspezifische Referenten waren Fahn, Simons, Weiß.

– 10. 4. 1969 in Köln; es war eine Veranstaltung im Rahmen des „Beton-Kolleg in Köln" der Bauberatung Zement; schlitzwandspezifische Referenten waren Dybek, Fahn, Weiß.

– 11. 5. 1971 in Rotterdam; Veranstalter war die Südchemie AG; Referenten waren Fahn und Weiß.

– 6. 10. 1972 in Form eines Abendvortrags in Ingolstadt; Veranstalter war der Bund Deutscher Baumeister, Architekten und Ingenieure Ingolstadt mit Unterstützung der SBF; Referent war Weiß.

Damit war das Informationsbedürfnis zunächst abgedeckt, der Rhythmus der Vortragsveranstaltungen ausschließlich mit Schlitzwandthemen normalisierte sich.

Ab 1975 nahmen auch die Technischen Akademien Eßlingen und Wuppertal sowie das Haus der Technik in Essen Schlitzwandthemen in ihre Lehrgänge auf.

Der Erfolg der Schlitzwandbauweise war nur möglich, weil die Bauaufsichtsbehörden mit Wohlwollen und technischem Verständnis zunächst beide Augen zudrückten, um den technischen Fortschritt nicht zu behindern: Da es weder eine Norm noch eine bauaufsichtliche Zulassung für das Schlitzwandverfahren gab und die Zustimmung im Einzelfall meist nicht rechtzeitig erreichbar war, hätten Schlitzwände aus baurechtlichen Gründen eigentlich überhaupt nicht gebaut werden dürfen. Wegen des zunehmenden Umfangs der in den Großstädten anstehenden Tiefbauprobleme sahen die Bauaufsichtsbehörden dann aber doch ab Ende der 60er Jahre dringenden Regelungsbedarf. Dieser Wunsch entstand sicher nicht zufällig fast zeitgleich mit der erstmaligen Einführung der Normen DIN 4123 „Gebäudesicherung im Bereich von Ausschachtungen, Gründungen und Unterfangungen", DIN 4124 „Baugruben und Gräben; Böschungen, Arbeitsraumbreiten, Verbau" und DIN 4125 „Erd- und Felsanker". Die Gründe, diese technischen Regelwerke festzuschreiben, waren stets die gleichen: Es waren die Bauaufgaben in dieser Zeit.

Dementsprechend richtete 1971 der Fachbereich „Einheitliche Technische Baubestimmungen" im NABau den „Arbeitsausschuß II 19 Schlitzwände" ein. Als vorläufiger Obmann fungierte Bub, der am 3. 3. 1972 die folgende Liste der Ausschußmitglieder zusammengestellt hatte:

Dipl.-Ing. Kastorff, Institut für Bautechnik, Berlin
Stadtbaudirektor Behrendt, Stadt Köln, Amt für Brücken- und U-Bahnbau
Dr.-Ing. Bonzel, Forschungsinstitut der Zementindustrie, Düsseldorf
Dipl.-Ing. Brandenstein, Karl Bauer KG, Schrobenhausen
Dipl.-Ing. Brehm, Dyckerhoff & Widmann AG, München
Dr.-Ing. Bub, Institut für Bautechnik, Berlin
Dipl.-Ing. Drewes, Fundamenta Grundbau GmbH, Neu Isenburg
Dipl.-Ing. Elmiger, Deutsche Forschungsgesellschaft für Bodenmechanik, Berlin
Dipl.-Ing. Erler, Hochtief AG, Essen
Dipl.-Ing. Frank, Held & Francke, München
Ministerialrat Gallep, Innenministerium des Landes Nordrhein-Westfalen, Düsseldorf
Dipl.-Ing. Irmschler, Institut für Bautechnik, Berlin
Direktor Dipl.-Ing. Jacob, Wayss & Freytag KG, Frankfurt
Prof. Dr.-Ing. Jelinek, Lehrstuhl und Institut für Grundbau und Bodenmechanik, Technische Universität München
Prof. Dr.-Ing. Jessberger, Institut für Grundbau und Bodenmechanik, Technische Universität München
Dr.-Ing. Kany, Landesgewerbeanstalt Bayern, Nürnberg
Dipl.-Ing. Krubasik, Grün & Bilfinger AG, Mannheim
Prof. Dipl.-Ing. Lang, Institut für Grundbau und Bodenmechanik, ETH Zürich
Dipl.-Ing. Lutz, Institut für Grundbau und Bodenmechanik, Universität Stuttgart
Regierungsbaudirektor Nickell, Landesamt für Baustatik, Düsseldorf
Städt. Baudirektor Prager, Landeshauptstadt München, Baureferat Tiefbau
Prof. Dr.-Ing. Rehm, Lehrstuhl und Institut für Baustoffkunde und Stahlbeton, Technische Universität Braunschweig

Ing. Schnauber, Leonhard Moll KG, München
Akad. Oberrat Dipl.-Ing. Schrub, Lehrstuhl und Institut für Massivbau, Technische Hochschule München
Dr.-Ing. Simons, Philipp Holzmann AG, Frankfurt
Akad. Direktor Dipl.-Ing. von Soos, Institut für Grundbau und Bodenmechanik, Technische Unversität München
Oberbaurat Dipl.-Ing. Dr. Weinhold, München
Dr.-Ing. Weiß, Beratender Bauingenieur VBI, Freiburg
Dr.-Ing. Weißenbach, Freie und Hansestadt Hamburg, Baubehörde, Amt für Ingenieurwesen I
Dipl.-Ing., Dipl.-Volksw. Winter, Landeshauptstadt München, U-Bahn-Referat
Regierungsbaurat Wittmann, Bundesanstalt für Straßenwesen, Köln
Regierungsbaudirektor Dr.-Ing. Zweck, Bundesanstalt für Wasserbau, Karlsruhe

Ziel war, eine DIN 4126 „Schlitzwände" zu verabschieden. Am 22. 3. 1972 bat Bub die Ausschußmitglieder Schrub, Simons, von Soos und Weiß um Stellungnahmen zu den Themen Stahlbeton, Bauausführung hinsichtlich der Suspension , Standsicherheit der Schlitze bzw. Eigenschaften des Bentonits und der Bentonitsuspension, ferner alle Mitglieder um Beiträge nach ihren Möglichkeiten. Simons reichte eine Gliederung der Norm und einen Text für die Abschnitte „Suspensionen für Bentonitschlitzwände" und „Verwendung von Bentonitsuspension auf der Baustelle" ein, Weiß den nur unwesentlich veränderten Text[46] und Winter eine Zusammenstellung der Punkte, die er für normungswürdig hielt, ferner eine Stellungnahme zu dem veränderten Text.[46] Diese Unterlagen lagen Bub am 4. 9. 1972 vor. Bis Ende 1972 gab es die folgenden Mitgliederbewegungen:

Es schieden aus: *Bub, Irmschler*

Neue Mitglieder:
Prof. Haffen, Soletanche Entreprise, Paris
Dr.-Ing. Klein, Institut für Bautechnik, Berlin
Techn. Oberamtsrat Ing. Parrer, MA 38 – U-Bahnbau 1. Bauabschnitt „Karlsplatz", Wien

Veränderungen des persönlichen Status:
Prof. Dr.-Ing. Simons, Lehrstuhl für Grundbau und Bodenmechanik, TU Braunschweig
Prof. Dr.-Ing. Jessberger, Konstruktiver Ingenieurbau V, Grundbau und Bodenmechanik, Universität Bochum

Am 23. 2. 1973 fragte Bub Weiß, ob er bereit sei, an seiner Stelle die vorläufige Obmannschaft zu übernehmen. Am 3. 5. 1973 wird Weiß die Berufung zum vorläufigen Obmann angekündigt, sie erfolgt am 18. 9. 1974. Nach einem Schriftwechsel zwischen Simons und Weiß legt der vorläufige Obmann zur konstituierenden Sitzung am 24./25. 2. 1975 in Berlin, wo er als Obmann bestätigt wird, den Normvorschlag 1.1975 und die dazu eingegangenen Einwendungen der Mitglieder vor. Bis zu dieser Sitzung hatte es die folgende Mitgliederbewegung gegeben:

Es schieden aus: *Bonzel, Brandenstein, Klein*

Neue Mitglieder:
Dr.-Ing. Dahms, Forschungsinstitut der Zementindustrie, Düsseldorf-Nord
Dipl.-Ing. Hanisch, Institut für Bautechnik, Berlin
Dipl.-Ing. Loers, Philipp Holzmann AG, Düsseldorf
Dipl.-Ing., Dr. Stocker, Karl Bauer KG, Schrobenhausen

Es wurde beschlossen, daß die Norm selbst kurzgehalten und durch eine Erläuterung ergänzt werden, ferner eine ATV „Schlitzwandarbeiten" beim Hauptausschuß Tiefbau im Deutschen Verdingungsausschuß für Bauleistungen angeregt werden soll. Der Ausschuß soll ferner auf der „Bentonitseite" durch die Kollegen
Dr. Fahn, Südchemie AG, Moosburg
Ing. Fiala, Polensky & Zöllner, Florsheim
Prof. Dr.-Ing. Müller-Kirchenbauer, Institut für Grundbau und Bodenmechanik, TU Berlin
verstärkt werden.

Danach gab es noch vor der nächsten Sitzung folgende Mitgliederbewegung:
Es schieden aus: *Erler, Nickell, Prager, Schnauber, Wittmann, Zweck*

Neue Mitglieder:
Dr.-Ing. Blaut, Leonhard Moll KG, München
OBR Döscher, Bundesanstalt für Wasserbau, Karlsruhe
Dipl.-Ing. von Frankenberg, Hochtief AG, Essen
Prof. Dr.-Ing. Henke, Otto-Graf-Institut, TU Stuttgart

In der folgenden Sitzung am 5. 6. 1975 in Düsseldorf wird beschlossen, das Thema „Bentonit" aus der DIN 4126 herauszunehmen und durch einen Unterausschuß in einer Stoffnorm DIN 4127 zu regeln. Bereits in der folgenden Sitzung am 26./27. 11. 1975 in Stuttgart, in der Weiß das Pendel vorstellt, wird die Beratung der Vorlage 1.1975 beendet. Es wird ein Redaktionsausschuß aus den Kollegen Brehm, Hanisch, Kastorff, Loers, Müller-Kirchenbauer, Weiß und Winter eingesetzt. Der Unterausschuß DIN 4127 wird mit den Kollegen Fahn, Fiala, Kaiser, Möbius (Erbslöh & Co., Geisenheim), Müller-Kirchenbauer, Strömer und Weiß als Obmann besetzt.
Anschließend fanden folgende Sitzungen statt:

19./20. 1. 1976 Unterausschuß DIN 4127 in Frankfurt,
  Weiteres Mitglied: *Stocker,*
  Ergebnis: DIN 4127, Vorlage 1.1976

28./29. 1. 1976 Redaktionsausschuß in Freiburg,
  Ergebnis: DIN 4126, Vorlage 10.1976

23./24. 11. 1976 in Freiburg,
  Ergebnis: DIN 4126, Vorlage 1.1977

28. 3. 1977 Unterausschuß DIN 4127 in Berlin,
  Ergebnis: DIN 4127, Vorlage 4.1977

29./30. 3. 1977 in Berlin,
  Ergebnis: DIN 4126, Vorlage 5.1977

In dieser Zeit schieden aus:
Blaut, Dahms, Döscher, Haffen, Jelinek, Lang, Rehm, Schrub

Neue Mitglieder sind:
ORB Feddersen, Bundesanstalt für Wasserbau, Karlsruhe
Dipl.-Ing. Lettl, Leonhard Moll KG, München

Neue Mitglieder im Unterausschuß „Schlitzwandtone" sind: *Stocker, Walz*

Es wurde weiter beraten am:
6. 6. 1977	Unterausschuß DIN 4127 in Stuttgart, Ergebnis: DIN 4127, Vorlage 2.1978
23./24. 6. 1977	in München, Ergebnis: DIN 4126, Vorlage 9.1977
3./4. 11. 1977	in Landshut, Ergebnis: DIN 4126, Vorlage 1.1978, von Soos stellt die Kugelharfe vor

Während der Beratung in Landshut treten divergierende Meinungen vor allem zum Thema „Standsicherheitsnachweis", aber auch zu anderen Festlegungen auf, die zu einem Gespräch der Vertreter der Bauindustrie unter sich am 17. 1. 1978 und zu erheblichen Änderungsvorschlägen von ihrer Seite führen. Am gleichen Tag einigen sich Karstedt (Mitarbeiter Müller-Kirchenbauer), Walz und Weiß auf einen Text für die umstrittenen Abschnitte über den Standsicherheitsnachweis. Die Vertreter der Bauindustrie verlangen über ihre Änderungsvorschläge hinaus eine Unterbrechung der Normungsarbeit überhaupt, um einen eigenen Normentwurf erarbeiten zu können, und eine Verschiebung des auf den 16./17. 2. 1978 festgelegten Sitzungstermins. In dieselbe Richtung zielt ein zeitgerecht dazu eingebrachter Forschungsantrag Simons' vom 10. 2. 1978 „Entwicklung geeigneter Verfahren zum Messen der physikalischen Eigenschaften von Bentonitsuspensionen auf Baustellen", über den das Institut für Bautechnik am 15. 2. 1978 in Düsseldorf mit einzelnen Ausschußmitgliedern berät. Die gewünschte Verschiebung des Sitzungstermins findet bei den Vertretern der Bauaufsicht und der Behörden keine Zustimmung. Sie setzte darüber hinaus rein formal einen neuen Beschluß des ganzen Ausschusses voraus, durch den der beschlossene Termin aufgehoben wird. Die Sitzung findet deshalb statt am 16./17. 2. 1978 in Düsseldorf. Es wird beschlossen, daß ein Unterausschuß aus den Kollegen Hanisch, Kastorff, Stocker und Weiß eine neue Vorlage für die nächste Sitzung des Ausschusses am 8./9. 6. 1978 erarbeitet. Dichtungswände sollen ausgenommen sein. Ferner wird einstimmig beschlossen, einen Normungsantrag für eine ATV „Schlitzwandarbeiten" zu stellen. Grundlage soll ein Text Winters sein, der noch an die derzeitige Terminologie in DIN 4126 und DIN 4127 anzupassen ist.

Bis März 1978 ergaben sich folgende Mitgliederbewegungen:
Es schieden aus: *Behrendt, Möbius*

Neue Mitglieder:
Dipl.-Ing. Karstedt, Institut für Grundbau und Bodenmechanik, TU Berlin

Möbius aus dem Unterausschuß DIN 4127, kurz danach ersetzt durch
  Dr. Koch, Erbslöh & Co., Geisenheim
Stadtbaudirektor Taszies, Amt für Brücken- und U-Bahnbau, Köln
Dipl.-Geol. Ruppert, Lehrstuhl für Grundbau und Bodenmechanik, TU Braunschweig,
  zur Integration des bei Simons laufenden Forschungsvorhabens
Prof. Walz, Institut für Grundbau und Bodenmechanik, TU Berlin

Mitgliederbewegung im Unterausschuß „Schlitzwandtone":
Es schied aus: *Möbius*
Neue Mitglieder: *Koch, Ruppert*

In der Folgezeit fanden nachstehende weitere Sitzungen statt, wobei die ab Januar 1977 festgestellten, hinsichtlich Umfang und Ursachen aber erst Ende 1978 bekanntgewordenen umfangreichen Fugenschäden am U-Bahnhof „Hauptbahnhof" in München den Fortgang der Arbeit an der DIN 4126 ab 1979 deutlich beschleunigen:

20. 3. 1978   Unterausschuß DIN 4127 in Kirchzarten,
               Ergebnis: DIN 4127, Vorlage 4.1978
21./22. 3. 1978   Unterausschuß Hanisch, Kastorff, Stocker, Weiß
               in Freiburg i. Br.,
               Ergebnis: DIN 4126, Vorlage 4.1978
8./9. 6. 1978   in Wien,
               Ergebnis: DIN 4126, Vorlage 7.1978.
               Es wird ein Unterausschuß „Stagnationsgerät" aus den Kollegen Frank, von Frankenberg, Karstedt als stellvertretender Obmann, Krubasik, Lettl, Loers, Müller-Kirchenbauer als Obmann und Walz gebildet, der bis 31. 10. 1978 die Normung des Stagnationsgeräts abklären soll.
16. 10. 1978   Unterausschuß „Stagnationsgerät" in Berlin
18./19. 1. 1979   in Freiburg i. Br.,
               Ergebnis: DIN 4126, Vorlage 1.1979.
               Zur Klärung strittiger Rechtsfragen im Fall von Mängeln einer Bentonitlieferung bei genormtem Verzicht auf Eingangskontrollen und Eignungsprüfungen wird ein Unterausschuß „Eingangskontrollen" aus den Kollegen Fahn, Frank, Hanisch als Obmann, Kastorff, Koch, Krubasik, Loers, Meyer (vom Institut für Bautechnik, Fachbereichsleiter „Baustoffe und Bauteile" des NABau) und den Juristen Metzger und Schmid vom Bayerischen Staatsministerium des Innern und Schmidt vom Verband der Chemischen Industrie in Frankfurt eingesetzt.
16. 5. 1979   Unterausschuß „Eingangskontrollen" in München

In dieser Zeit gab es folgende Mitgliederbewegungen:
Neues Mitglied:
Dipl.-Ing. Eberle, Fa. Joseph Riepl, München

Veränderungen des persönlichen Status:
Dr.-Ing. Ruppert, Salzgitter Consult GmbH, Salzgitter

Die Sitzungen des Ausschusses wurden fortgesetzt am:
20./21. 9. 1979   Unterausschuß DIN 4127 in München,
  Ergebnis: Der Unterausschuß beendet seine Arbeit mit Beschlüssen über letzte Änderungen am vorliegenden Text, die vom Obmann einzuarbeiten sind. Der Text soll dann als Vorlage 10.1979 dem gesamten Ausschuß zur Verabschiedung vorgelegt werden.
19./20. 11. 1979   in Hamburg,
  Ergebnis: DIN 4126 und DIN 4127 werden zur Veröffentlichung verabschiedet.

Beide Normentwürfe wurden als Fassungen 5.1981 veröffentlicht. Die eingegangenen Einsprüche führten zur Tagung des Ausschusses am:
18./19. 2. 1982   in Freiburg.
  Der Ausschuß beklagt den Tod seiner Mitglieder Gallep und Kaiser. Ausschußinterne Beratung der eingegangenen Einsprüche.

Bis Februar 1982 ergaben sich erneut Mitgliederbewegungen:
Es schieden aus: *Brehm, Drewes, Elmiger, von Frankenberg, Krubasik, Taszies*

Neue Mitglieder:
Dipl.-Ing. Beinbrech, Bilfinger & Berger AG, Mannheim
Herr Gay, Forschungs- und Materialprüfungsanstalt Baden-Württemberg, Stuttgart
Dipl.-Ing. Haase, Hochtief AG, Köln
Regierungsbaurat Klauke, Ministerium für Landes- und Stadtentwicklung des Landes Nordrhein-Westfalen
Dipl.-Ing. Lange, Dyckerhoff & Widmann AG, München
Dipl.-Ing. Rüger, Philipp Holzmann AG, Frankfurt

Veränderungen des persönlichen Status:
Dr.-Ing. Karstedt, Ing.-Büro für Grundbau und Bodenmechanik Dr.-Ing. Elmiger und Dr.-Ing. Karstedt, Berlin

Neues Mitglied im Unterausschuß DIN 4127: *Gay*

Die ausschußinterne Beratung der Einsprüche wird fortgesetzt in den nächsten Sitzungen am:
27./28. 4. 1982   in Berlin.
  Die Beratung der Einsprüche wird beendet. Es wird beschlossen, den Einsprechern die Vorlagen 8.1982 vorzulegen, die die berechtigten Einsprüche berücksichtigen. Wegen divergierender, ausschußinterner Meinungen zu diesen Vorlagen wird eine weitere interne Sitzung notwendig.

13./14. 9. 1982 in Geisenheim.
Die Vorlagen der Normentwürfe DIN 4126 und DIN 4127 können in der Fassung 9.1982 verabschiedet werden. Am 12. 10. 1982 wurden diese Texte den Einsprechern mit der Einladung für die gemeinsame Sitzung mit den Einsprechern am 18. 11. 1982 in München zugesandt. Zu dieser letzten Sitzung des Ausschusses war nur ein Einsprecher erschienen, beide Vornormen konnten verabschiedet werden.

An die Stelle *Kanys* tritt während der letzten Sitzungen als Vertreter der Landesgewerbeanstalt Bayern *Hanke*. Damit hatte der Arbeitsausschuß zu dieser Zeit folgende Zusammensetzung:

Dipl.-Ing. Beinbrech, Bilfinger & Berger Bau AG, Mannheim
Dipl.-Ing. Eberle, Dorsch Consult, München
Dr. Fahn, Süd-Chemie AG, Moosburg
OBR Feddersen, Bundesanstalt für Wasserbau, Karlsruhe
Ing. grad. Fiala, Polensky & Zöllner, Flörsheim
Dipl.-Ing. Frank, Frank-Kauer-Raffelt GmbH, Ottobrunn
Gay, Forschungs- und Materialsprüfungsanstalt, Stuttgart
Dipl.-Ing. Haase, Hochtief AG, Köln
Dr.-Ing. Hanisch, Institut für Bautechnik, Berlin
Prof. Dr.-Ing. Henke, Universität Stuttgart
Direktor Dipl.-Ing. Jacob, Wayss & Freytag, Frankfurt
Prof. Jessberger, Universität Bochum
Prof. Dr.-Ing. Kany, Landesgewerbeanstalt Bayern , Nürnberg
Dr.-Ing. Karstedt, Ing.-Büro für Grundbau und Bodenmechanik, Berlin
Dipl.-Ing. Kastorff, Deutsches Institut für Normung, Berlin
Regierungsbaurat Klauke, Landes- und Stadtentwicklung des Landes NRW
Dr. Koch, Erbslöh & Co., Geisenheim
Dipl.-Ing. Lange, Dyckerhoff & Widmann AG, München
Dipl.-Ing. Lettl, Leonhard Moll GmbH & Co, München
Dipl.-Ing. Loers, Philipp Holzmann AG, Düsseldorf
Dipl.-Ing. Lutz, Universität Stuttgart
Prof. Müller-Kirchenbauer, Institut für Grundbau und Bodenmechanik, TU Berlin
Ing. grad. Parrer, Magistrat der Stadt Wien
Dipl.-Ing. Rüger, Philipp Holzmann AG, München
Dr.-Ing. Ruppert, Salzgitter Consult GmbH, Salzgitter
Prof. Simons, Lehrstuhl für Grundbau und Bodenmechanik, TU Braunschweig
Dipl.-Ing., Dr. Stocker, Bauer Spezialtiefbau GmbH, Schrobenhausen
Dipl.-Ing. Taszies, Amt für Brücken- und U-Bahnbau, Köln
Prof. Dr.-Ing. Walz, Gesamthochschule Wuppertal
Prof. Dr.-Ing. Weinhold, München
Dr.-Ing. Weiß, Beratender Bauingenieur VBI, Freiburg (Obmann)
Dr.-Ing. Weißenbach, Amt für Ingenieurwesen, Freie und Hansestadt Hamburg
Dipl.-Ing. Winter, U-Bahn-Referat, München

Die Vornormen DIN 4126 und DIN 4127 erschienen in der Fassung 1.1984.

Rechtzeitig zu Beginn der Arbeit des Normenausschusses hatte *Müller-Kirchenbauer* der Theorie über den Mechanismus der Flüssigkeitsstützung mit seiner Idee vom Stagnationsgradienten, der als „Druckgefälle einer im Porenraum eines Bodens zum Stillstand gekommenen stützenden Flüssigkeit" ein Begriff der DIN 4126 (Abschnitt 3.11) wurde, den letzten Schliff gegeben.[56, 57] Nachdem der Mechanismus der Flüssigkeitsstützung abschließend geklärt war, verlagerte die Entwicklung der Theorie der Schlitzwandbauweise ihren Schwerpunkt zum Problem des räumlichen Erddrucks auf Schlitze begrenzter Länge.[58-79]

Ebenfalls mit Beginn der Normungsarbeit begann zwischen 1970 und 1975 die Entwicklung der Einphasen-Schlitzwände.[80-96]

Parallel zur Normungsarbeit im NABau, aber wesentlich schneller, brachte der Arbeitsausschuß „Ufereinfassungen" Schlitzwand-Regelwerke zustande, weil er das Problem der Flüssigkeitsstützung zunächst aussparte und später auf die DIN 4126 und DIN 4127 verwies. Bereits 1963 wurde in seiner Empfehlung E 86 „Anwendung und Ausbildung von Pfahl- und Schlitzwänden" in sehr kurzer Form auf die Schlitzwandbauweise hingewiesen. 1977 trennte der Arbeitsausschuß die E 86 in eine geänderte E 86 „Anwendung und Ausbildung von Bohrpfahlwänden", aus der die Schlitzwände herausgenommen waren, und in eine eigene vorläufige Empfehlung E 144 „Anwendung und Ausbildung von Schlitzwänden" auf. Letztere erhielt 1978 ihre endgültige Form und wurde in schneller Folge 1981, 1984, 1985, 1988 und 1989 geändert. Ebenso schnell reagierte der Arbeitsausschuß „Ufereinfassungen" auf die technische Entwicklung der Einphasenwände mit der vorläufigen Empfehlung E 156 „Anwendung und Herstellung von plastischen Dichtungswänden" im Jahr 1980, die bereits 1981 ihre endgültige Fassung erhielt, und ebenfalls in schneller Folge 1984, 1985 und 1988 geändert wurde, während der Lenkungsausschuß des Fachbereichs „Einheitliche Technische Baubestimmungen" am 27. 10. 1982 den Normungsantrag „Schlitzwände, Dichtungswände" ablehnte und damit die Weiterarbeit des Arbeitsausschusses an Normblättern für Fertigteilschlitzwände und Dichtungswände unterband: Fertigteilschlitzwände würden so selten ausgeführt, daß kein Normungsbedarf bestehe; Dichtungswände seien wegen der raschen technischen Weiterentwicklung noch nicht normungsreif.

Nachdem im „Kurzverfahren" mit den heute noch gültigen Ausgaben 8.1986 der DIN 4126 und DIN 4127 der Vornormcharakter ohne sachliche Änderungen aufgehoben wurde, wechselte der DIN-Arbeitsausschuß II 19 vom Fachbereich „Einheitliche Technische Baubestimmungen" in den Fachbereich „Baugrund" des NABau, wo er eigentlich schon immer hingehörte, und womit sich seine Bezeichnung in „Arbeitsausschuß V 13 Schlitzwände" änderte. Gleichzeitig richtete die „Deutsche Gesellschaft für Erd- und Grundbau" den „Arbeitskreis 22 Schlitzwände" (vorläufiger Obmann *Weiß*) ein, um eine DGEG-Empfehlung für Dichtungswände zu erarbeiten.

Die Bemühungen des NABau-Arbeitsausschusses um eine ATV „Schlitzwände" führte am 21./23. 10. 1975 zu dem Beschluß des Hauptausschusses Tiefbau im Deutschen Verdingungsausschuß für Bauleistungen: *Winter* möge Unterlagen zusammenstellen, anhand derer eine Beurteilung möglich sei, ob tatsächlich eine ATV DIN 18 313 „Schlitzwandarbeiten" notwendig ist oder ob nicht Ergänzungen der DIN 18 300 „Erdarbeiten" und DIN 18 331 „Beton- und Stahlbetonarbeiten" den gleichen Zweck erfüllen können. Am 27. 1. 1978 legte *Winter* seine Arbeit vor, die er auch in die Sitzung des NABau-Arbeitsausschusses II 19 am 16./17. 2. 1978 in Düsseldorf einbrachte. Am 8. 3. 1978 bittet der NABau den Hauptausschuß Tiefbau, den Normungsantrag DIN 18 313 anzunehmen. *Von Frankenberg, Loers* und *Winter* legen im Dezember 1978 dem Hauptausschuß Tiefbau eine neue, wesentlich erweiterte Fassung einer DIN 18 313 vor. Der Hauptausschuß beschließt am 17. 10. 1979, eine DIN 18 313 aufzustellen. Er beruft *Winter* am 29. 1. 1980 zum Obmann. Am 13./14. 3. 1980 konstituiert sich in Bonn der „Arbeitsausschuß Schlitzwandarbeiten mit stützenden Flüssigkeiten, DIN 18 313, im Hauptausschuß Tiefbau". Er besteht aus den Mitgliedern:

Dipl.-Ing., Dipl.-Volksw. Winter (Obmann), U-Bahn-Referat, München
Baudirektor Dipl.-Ing. Brumm, Baubehörde der Freien und Hansestadt Hamburg
Direktor Dipl.-Ing. Frank, Held & Francke Bau AG, München
Ing. grad. Hansdorfer, Amt für Brücken- und U-Bahnbau, Köln
Dipl.-Ing. Loers, Philipp Holzmann AG, Düsseldorf
Obering. und Direktor Rönnau, Bilfinger & Berger Bau AG, Mannheim
Dr.-Ing. Weiß, Beratender Bauingenieur VBI, Freiburg

In vier weiteren Sitzungen am
12./13. 6. 1980 in Mannheim (Ergebnis: Fassung 6.1980)
11./12. 9. 1980 in Nürnberg (Ergebnis: Fassung 9.1980 wird dem Hauptausschuß Tiefbau vorgelegt)
26./27. 3. 1981 in Freiburg (Ergebnis: Fassung 4.1981 wird den Mitgliedern des Deutschen Verdingungsausschusses für Bauleistungen zugesandt)
17./18. 12. 1981 in Düsseldorf
wurde die DIN 18 313 verabschiedet, nachdem die vom Hauptausschuß Tiefbau in dessen Sitzungen am 6./7. 11. 1980 und 23./25. 2. 1981 geforderten Änderungen eingearbeitet und die Stellungnahmen der Mitglieder des Verdingungsausschusses berücksichtigt waren.

Anfang 1985 entstand die Absicht, einen gemeinsamen Arbeitskreis der Deutschen Gesellschaft für Erd- und Grundbau und des Deutschen Verbands für Wasserwirtschaft und Kulturbau (DVWK) zum Thema „Talsperrendichtungen" zu gründen. Es wurde deshalb abgesprochen, die Arbeit im Arbeitskreis 22 der DGEG vorerst nicht aufzunehmen, um Doppelarbeit zu vermeiden. Am 2. 10. 1985 billigte der DVWK-Vorstand das Programm des DVWK-Fachausschusses 5.4 „Dichtungselemente im Wasserbau". Dieser Ausschuß konstituierte sich am 24. 1. 1986 in München mit den Mitgliedern

Prof. Dr.-Ing. habil. Giesecke (Obmann), Lehrstuhl für Wasserbau und Wasserwirtschaft, Institut für Wasserbau der Universität Stuttgart
o. Prof. Dr.-Ing. Strobl (stellvertretender Obmann), Lehrstuhl für Wasserbau und Wassermengenwirtschaft, TU München
Dipl.-Ing. Armbruster, Bundesanstalt für Wasserbau, Karlsruhe
o. Prof. Dr.-Ing. Floss, Lehrstuhl und Prüfamt für Grundbau, Bodenmechanik und Felsmechanik, TU München
Prof. Dr.-Ing. Idel, Ruhrtalsperrenverein, Dezernat Talsperrenwesen, Essen

Dipl.-Ing. Lange, Dyckerhoff & Widmann AG, München
Dr. rer. techn. Ltd. Baudirektor List, Bayerisches Landesamt für Wasserwirtschaft, München
Direktor Dipl.-Ing. Prenissl, Heilit + Wörner Bau AG, München
Dr.-Ing. Spiekermann, Ingenieurbüro Schlegel – Dr.-Ing. Spiekermann GmbH & Co., Düsseldorf
Dr.-Ing. Steffen, Ingenieurgesellschaft mbH, Essen
Dr.-Ing. Weiß, Beratender Bauingenieur VBI, Freiburg
und mit der Aufgabe, ein DVWK-Merkblatt gleichen Namens zu erarbeiten, in dem unter anderem Dichtungswände in den Abschnitten „Zweiphasen-Schlitzwand" und „Einphasen-Schlitzwand" behandelt werden sollen. Zur Aufteilung der Arbeit und zu ihrer Beschleunigung wurden zwei Arbeitsgruppen gebildet. In rascher Folge fanden Sitzungen des Vollausschusses und der Arbeitsgruppen I und II statt:

14. 2. 1986	Vollausschuß	in München
4. 4. 1986	Arbeitsgruppe II	in München
17. 4. 1986	Arbeitsgruppe I	in München
9. 6. 1986	Vollausschuß	in der Mandlesmühle bei Pleinfeld unterhalb der Brombachhauptsperre
10. 7. 1986	Arbeitsgruppe II	in München
15. 7. 1986	Arbeitsgruppe I	in Stuttgart
25. 9. 1986	Arbeitsgruppe II	in Nürnberg
13./14. 10. 1986	Vollausschuß	in der Mandlesmühle
6. 11. 1986	Arbeitsgruppe II	in München
7. 1. 1987	Arbeitsgruppe I	in München
15./16. 1. 1987	Vollausschuß	in München
19. 2. 1987	Arbeitsgruppe II	in Freiburg i. Br.
20. 2. 1987	Arbeitsgruppe I	in Stuttgart
31. 3./1. 4. 1987	Vollausschuß	in München
30. 11./1. 12. 1987	Vollausschuß	in Stuttgart

In der letzten Sitzung einigte man sich auf einen Text, der als Entwurf 7.1988 veröffentlicht wurde. Nach Berücksichtigung der umfangreich eingegangenen Einsprüche konnte das Merkblatt am 29. 6. 1989 in München verabschiedet werden. Es erschien 1990 in der Reihe „Merkblätter zur Wasserwirtschaft" des DVWK als Merkblatt 215 „Dichtungselemente im Wasserbau".

Für alle Schlitzwandbauweisen mit Ausnahme konstruktiver Fertigteilschlitzwände liegen nunmehr technische Regeln vor:
– DIN 4126 Ortbeton-Schlitzwände; Konstruktion und Ausführung. Fassung August 1986
– DIN 4127 Erd- und Grundbau; Schlitzwandtone für stützende Flüssigkeiten; Anforderungen, Prüfverfahren, Lieferung, Güteüberwachung. Fassung August 1986
– Allgemeine Technische Vertragsbedingungen für Bauleistungen (ATV) Schlitzwandarbeiten mit stützenden Flüssigkeiten – DIN 18 313. Ausgabe Dezember 1992

- Empfehlungen des Arbeitsausschusses „Ufereinfassungen" EAU 1990
  E 144 Anwendung und Ausbildung von Schlitzwänden
  E 156 Anwendung und Herstellung von Dichtungsschlitz- und Dichtungsschmalwänden
- DVWK-Merkblatt 215 „Dichtungselemente im Wasserbau" 1990
  Abschnitt 7: Zweiphasen-Schlitzwand
  Abschnitt 8: Einphasen-Schlitzwand

Mit dem Vorhaben, eine europäische Norm für Schlitzwände zu erarbeiten, befaßt sich die WG 1 „Schlitzwände" im TC 288 „Ausführung von geotechnischen Arbeiten" des CEN (Obmann des TC 288: *Stocker*) seit Juni 1992. Der WG 1 gehören an:

Baguelin (Obmann), Terrasol, Montreuil, Frankreich
Boato, Trevi, Cesena, Italien
Brons, Nederhorst Grondtechniek *BV*, Gouda, Niederlande
Brulois, Bachy, Rueil Malmaison, Frankreich
Doucerain, Soletanche, Nanterre Cedex, Frankreich
Prof. Fuchsberger, TU Graz, Institut für Bodenmechanik, Österreich
Heili, Rodio, Madrid, Spanien
Dr. Lydakis, Franki, Mechelen, Belgien
Metrailler, S. A. Conrad Zschokke, Genf, Schweiz
Poggio, Anief, Milano, Italien
Dipl.-Ing. Seitz, Bilfinger & Berger Bau AG, Mannheim, Deutschland
Simonsen, Noteby, Oslo, Norwegen
Stansfield, Bachy Group, Surry, Großbritannien
Witkstrom, IPT Foundation Consultant Ltd, Helsinki, Finnland

Der Vertreter der Bundesrepublik Deutschland wird durch einen Spiegelausschuß unterstützt, bestehend aus den Mitgliedern:

Dr.-Ing. Weiß (Obmann), Beratender Bauingenieur VBI, Freiburg
Dipl.-Ing. Seitz (Verbindungsmann zur WG 1), Bilfinger & Berger Bau AG, Mannheim
Dipl.-Ing. Bechtloff, DIN Deutsches Institut für Normung, Berlin
Dipl.-Ing. Frank, Beratender Ingenieur, München
Dipl.-Ing. Karp, Brückner Grundbau GmbH, Essen
Regierungsbaurat Dipl.-Ing. Klauke, Ministerium für Bauen und Wohnen des Landes Nordrhein-Westfalen
Bundesbahndirektor Dipl.-Ing. Martinek, Bundesbahnzentralamt München
Prof. Dr.-Ing. Müller-Kirchenbauer, Institut für Grundbau und Bodenmechanik der Universität Hannover
Dr.-Ing. Schwarz, Bauer Spezialtiefbau GmbH, Schrobenhausen
Prof. Dr.-Ing. Walz, Gesamthochschule Wuppertal, Lehrgebiet Unterirdisches Bauen

Bei der ersten Sitzung des Spiegelausschusses am 14. 12. 1992 in Mannheim vertraten vorzugsweise die Vertreter der Bauindustrie den Wunsch, die deutschen Regeln möglichst vollständig in die europäische Norm hinüberzuretten, um nicht auf den technischen Stand der 60er Jahre zurückzufallen. Daraus darf man schließen, daß die deutsche Bauindustrie in den Jahren seit Einführung der Normen, Empfehlungen und des Merkblatts recht gut mit diesen Regelwerken leben konnte, diese sich also auch in der Baupraxis bewährt haben. Die europäische Schlitzwandnorm soll bis April 1994 als Entwurf vorliegen und im April 1996 entweder als „Testnorm" oder als endgültige europäische Norm in Deutschland eingeführt werden. Möge auch sie den hohen technischen Stand der Schlitzwandbauweise dokumentieren.

Anmerkungen

1. LORENZ, HANS: Über die Verwendung thixotroper Flüssigkeiten im Grundbau, Die Bautechnik 1950, Heft 10, Seite 313
2. LORENZ, HANS: Patentschrift Nr. 873529 Klasse 84c Gruppe 1, 1950 – Patentschrift Nr. 947540 Klasse 84c Gruppe 3, 1950 – Patentschrift Nr. 954587 Klasse 84c Gruppe 3, 1950 – Patentschrift Nr. 954588 Klasse 84c Gruppe 3, 1951 – Patentschrift Nr. 836473 Klasse 84c, 1950 – Patentschrift Nr. 858967 Klasse 84c Gruppe 1, 1951 – Patentschrift Nr. 869177 Klasse 84c Gruppe 1, 1951
3. VEDER, CHRISTIAN: Österreichisches Patent Nr. 176800 Klasse 84/11, 1950
4. HETZEL, KARL: Gutachten Maximilianshütte vom 12. 9. 1952
5. SEMENZA, CARLO: Die neuere Entwicklung im Bau von Wasserkraftanlagen in Italien. Zeitschrift des österreichischen Ingenieur- und Architekten-Vereins 1952, Heft 9/10, Seite 81
6. LORENZ, WALTER: Tiefe Gründungen in Lockergesteinen beim Talsperrenbau unter besonderer Berücksichtigung der Anwendungsmöglichkeiten thixotroper Flüssigkeiten. Dissertation TH München 1953
7. HETZEL, KARL UND JELINEK, RICHARD: Gutachten vom 20. 2. 1953
8. MÜLLER, EBERHARD: Bau eines Schachtbrunnens mit Horizontalbohrungen für das Grundwasserwerk Süderelbmarsch. Die Bautechnik 1953, Heft 2, Seite 37
9. VEDER, CHRISTIAN: Bentonit-Pfahlwand aus Betonbohrpfählen der Bauart ICOS-Veder. Vorträge der Baugrundtagung 1953 in Hannover, Seite 2, Berlin 1954. Herausgegeben von der Deutschen Gesellschaft für Erd- und Grundbau, Vertrieb durch Verlag Wilhelm Ernst & Sohn
10. LORENZ, HANS: Erfahrungen mit thixotropen Flüssigkeiten im Grundbau. Die Bautechnik 1953, Heft 8, Seite 232
11. FRANKE, PAULGERHARD: Die Betonpfahl-Spundwand nach dem Patent ICOS-Veder. Wasserwirtschaft 1953/54, Heft 3, Seite 57
12. FRANKE, PAULGERHARD: Über ein neues Verfahren zur Herstellung einer Betonpfahlwand in Lockergesteinen. Die Bautechnik 1954, Heft 10, Seite 315
13. HETZEL, KARL: Gutachten Maximilianshütte vom 22. 2. 1955
14. JAEGER, THOMAS: Herstellung von Betondichtungswänden unter Verwendung thixotroper Bentonit-Suspensionen. Bauplanung/Bautechnik 1955, Heft 7, Seite 289
15. JÖRGER, HANS: Abteufen eines Schachtbrunnens mit thixotropem Mantel beim Bau des Ville-Stollens bei Köln. Vorträge der Baugrundtagung 1956 in Köln, Seite 282, Hamburg 1957. Herausgegeben von der Deutschen Gesellschaft für Erd- und Grundbau, Vertrieb durch Verlag Wilhelm Ernst & Sohn
16. LORENZ, HANS: Senkkastengründung mit Reibungsverminderung durch thixotrope Flüssigkeiten. Die Bautechnik 1957, Heft 7, Seite 250
17. VEDER, CHRISTIAN: Neue Verfahren zur Herstellung von untertägigen Wänden und Injektionsschirmen in Lockergesteinen und durchlässigem Fels, Habilitationsschrift TH Graz 1958
18. HULT, GUNNAR: Vom Bau der Stockholmer Untergrundbahn. Die Bautechnik 1958, Heft 7, Seite 258
19. BURK, H.: Bohrpfahlwand nach dem System ICOS-Dr. Veder in Auffüllboden. Der Bauingenieur 1958, Heft 9, Seite 360
20. KILLER, J.: Ortspfähle, Dichtungswände und Baugrubenumschließungen nach dem Bentonitverfahren. Schweizerische Bauzeitung 1958, Heft 11, Seite 151
21. SCHNITTER, ERWIN: Die Untergrundbahn in Budapest. Schweizerische Bauzeitung 1958, Heft 39, Seite 582
22. FEHLMANN, H. B.: Die Verwendung thixotroper Flüssigkeiten bei Senkkastengründungen. Schweizerische Bauzeitung 1958, Heft 40, Seite 595
23. JESSBERGER, H. L.: Tonschlämme als Bauhilfsmittel. Die Bautechnik 1959, Heft 2, Seite 52

24 JAKOB, J.: Ein neues Bauverfahren beim Bau einer Fußgängerunterführung in Luzern. Schweizerische Technische Zeitschrift 1959, Heft 11, Seite 201
25 JAKOB, J.: Bau einer Fußgängerunterführung am Bahnhofsplatz in Luzern. Schweizerische Bauzeitung 1959, Heft 10, Seite 135
26 KRUPINSKI, H. J.: Der U-Bahn-Bau in Mailand unter Anwendung eines neuartigen Bauverfahrens. Die Bautechnik 1959, Heft 10, Seite 386
27 BREHM, H. R.: Ein neues Verfahren zur Herstellung deformationsarmer Baugrubenwände im städtischen Großtiefbau. Baumaschine und Bautechnik 1959, Heft 12, Seite 439; Baumaschine und Bautechnik 1960, Heft 2, Seite 69
28 Bauverfahren Bentag. Schweizerische Technische Zeitschrift 1959, Heft 45, Seite 913
29 SCHNITTER, G.: Bentonit im Grundbau. Schweizerische Bauzeitung 1960, Heft 19, Seite 313
30 NIEMANN, H. J.: Sicherungsmaßnahmen im städtischen Tiefbau unter Verwendung thixotroper Suspensionen. Die Bautechnik 1960, Heft 8, Seite 310
31 LORENZ, HANS: Bau und Absenkung einer unterirdischen Großgarage in Genf. Der Bauingenieur 1961, Heft 1, Seite 4
32 GRAF, W.: ICOS-Veder-Bohrpfähle. Schweizerische Bauzeitung 1961, Heft 30, Seite 534
33 SPANG, J.: Bauweisen für Untergrundbahntunnel. Straßen- und Tiefbau 1961, Heft 10, Seite 870
34 NEUMEUER, H.: Fortschritte auf dem Gebiet der Pfahlgründungen. Der Bauingenieur 1961, Heft 5, Seite 194
35 NATZSCHKA, WERNER: Einbau von Stahlspundwänden in Erdschlitze unter Anwendung von thixotroper Flüssigkeit. Baumaschine und Bautechnik 1961, Heft 5, Seite 215
36 URBAN, JOACHIM: Baugrubenumschließung für ein Bürogebäude mit Hilfe einer Schlitzwand und Injektionen. Die Bautechnik 1962, Heft 6, Seite 211
37 VEDER, CHRISTIAN: Ein neues Verfahren zur Herstellung von untertägigen Dichtungs- und Stützwänden. Mitteilungen des Instituts für Grundbau und Bodenmechanik an der TH Wien, Heft 2, 1959
38 FLÜGEL, FRIEDRICH UND KARGL, ALOIS: Straßenbahnunterführung Belgrad-/Petuelstraße in München. Der Tiefbau 1963, Heft 5, Seite 383
39 WEISS: Zur Standfestigkeit flüssigkeitsgestützter Erdwände. Der Bauingenieur 1964, Heft 6, Seite 238
40 WEISS: Die Standfestigkeit flüssigkeitsgestützter Erdwände. Bauingenieur-Praxis, Heft 70, Verlag von Wilhelm Ernst und Sohn, Berlin, München 1967
41 WENZ: Über die Größe des Seitendrucks auf Pfähle in bindigen Erdstoffen. Dissertation TH Karlsruhe 1963
42 GREWE: Die stabilisierenden Eigenschaften thixotroper Flüssigkeiten im Grundbau. Bautechnik-Archiv, Heft 17, Verlag von Wilhelm Ernst und Sohn, Berlin, München, 1965
43 FRANKE: Zur Frage der Standsicherheit von Bentonit-Schlitzwänden. Die Bautechnik 1963, Heft 12, Seite 408
44 VEDER, CH.: Considerazioni sulla possibilità che fenomeni elettro-ossmetici siano all'origine della formazione de particolari tipi die frame. Geotecnica 1957, Nr. 5
45 FRITSCH, Weiss u. a.: Herstellung von Schlitzwänden unter Verwendung von Tonsuspensionen. Polensky und Zöllner, Mitteilungen über ausgeführte Bauten, 2.1965
46 WEISS: Vorläufige Richtlinien für den Bau von Schlitzwänden. Unveröffentliches Gutachten, Juni 1966
47 WEISS: Sicherheitsfragen bei der Schlitzwandbauweise. Die Tiefbau-Berufsgenossenschaft 1969, Heft 3; oder Schriftenreihe der Tiefbau-Berufsgenossenschaft, Heft 7 „Schlitzwandbauweise"
48 OBERMEYER: Spezialtiefbauarbeiten am Stachus. Vorträge der Baugrundtagung 1966, Seite 387
49 KEITH: Unterpflasterbahn für Wien. VDI Nachrichten, Jahrgang 18, Nr. 33, 12. 8. 1964
50 7 Verfasser: 4 Beiträge zum Bau der S-Bahn in München. Der Eisenbahningenieur 1970, Heft 9

51 BEHRENDT: Die Schlitzwandbauweise beim U-Bahn-Bau in Köln. Der Bauingenieur 1970, Heft 4, Seite 121
52 BRAUN: Anwendung der Schlitzwandbauweise bei Kölner Verkehrsbauten, Beton 1969, Heft 6, Seite 248
53 MARTIN: Vorgespannte Schlitzwände für die Zeltdachverankerung der Olympia-Sportstätten in München. Baumaschine und Bautechnik 1971, Heft 10, Seite 415
54 Auszug aus denVorträgen, die Herr Dr.-Ing. F. Weiß auf den Arbeitstagungen über die Schlitzwandbauweise in München am 20./22. 9. 1967 und 7./9. 2. 1968 gehalten hat. Manuskriptkopie
55 FAHN: Was ist Bentonit? Aus einem Vortrag auf unseren Arbeitstagungen über Schlitzwandbauweise in München im September 1967 und Februar 1968. Druckschrift der Süd-Chemie AG München und der Schönebecker Brunnenfilter GmbH Hannover
56 MÜLLER-KIRCHENBAUER: Stability of Slurry Trenches. Proc. of the 5th European Conference of Soil Mechanics and Foundation Engineering, vol. 1, Madrid 1972, Seite 543
57 MÜLLER-KIRCHENBAUER: Stability of Slurry Trenches in Inhomogenous Subsoil. Proceedings of the 9th Intern. Conference on Soil Mechanics and Foundation Engineering, vol. 2, Tokio 1977. Deutsche Fassung: Zur Standsicherheit von Schlitzwänden in geschichtetem Untergrund
58 KARAFIAT UND STEINFELD: Über den Erddruck auf Schacht- und Brunnenwandungen, Vorträge der Baugrundtagung 1958, Seite 111
59 SCHNEEBELI G.: La stabilité des tranchées profondes forées en présence de boue. Etanchements et Fondations Spéciales, 1964
60 PIASKOWSKI UND KOWALEWSKI: Application of Thixotropic Clay Suspensions for Stability of Vertical Sides of Deep Trenches without Strutting. Proc. Int. Conf. on Soil Mechanics and Foundation Engineering, vol. III, Montreal 1965
61 PIASKOWSKI: Das Problem der thixotropen Suspensionen bei der Herstellung von Schlitzwänden im Grund- und Wasserbau. Wasserwirtschaft – Wassertechnik 1965, Heft 10, Seite 327
62 SCHNEEBELI: Le Parois Moulée dans le Sol. Edition Eyrolles, Paris 1972
63 HUDER: Stability of Bentonite Slurry Trenches with some Experiences in Swiss Practice. Proc. of the 5th European Conference of Soil Mechanics and Foundation Engineering, Madrid 1972, Seite 517
64 PRATER: Die Gewölbewirkung der Schlitzwände. Der Bauingenieur 1973, Heft 4, Seite 125
65 SMOLTCZYK UND LUTZ: Druckumlagerung neben Schlitzen im Baugrund. Kurzbericht des Instituts für Grundbau und Bodenmechanik an der TU Stuttgart, 1974
66 WALZ, B.: Beitrag zur Berechnung der äußeren Standsicherheit suspensionsgestützter Erdwände begrenzter Länge. Veröffentlichung des Grundbauinstituts der TU Berlin, Heft 1, Seite 153, 1977
67 WALZ: Vorbericht über den Forschungsantrag „Vergleichende Untersuchung der Berechnungsverfahren zum Nachweis der Sicherheit gegen Gleitflächenbildung bei suspensionsgestützten Erdwänden" am Grundbauinstitut der TU Berlin, 1978
68 WALZ UND PRAGER: Der Nachweis der äußeren Standsicherheit suspensionsgestützter Erdwände nach der Elementscheiben-Theorie. Veröffentlichungen des Grundbauinstituts der TU Berlin, Heft 4, 1978
69 MÜLLER-KIRCHENBAUER, WALZ UND KILCHERT: Vergleichende Untersuchung der Berechnungsverfahren zum Nachweis der Sicherheit gegen Gleitflächenbildung bei suspensionsgestützten Erdwänden. Veröffentlichungen des Grundbauinstituts der TU Berlin, Heft 5, 1979
70 KARSTEDT, J.: Untersuchungen zum aktiven, räumlichen Erddruck in rolligem Boden bei hydrostatischer Stützung der Erdwand. Veröffentlichung des Grundbauinstituts der TU Berlin, Heft 10, 1980
71 GUSSMANN UND LUTZ: Schlitzstabilität bei anstehendem Grundwasser, Geotechnik 1981, Heft 2, Seite 70, Zuschrift 1981, Heft 4, Seite 206
72 LUTZ, W.: Tragfähigkeit des geschlitzten Baugrundes neben Linienlasten. Mitteilungen des Baugrund-Institutes Stuttgart, Heft 19, 1983

73 WALZ, B. UND PULSFORT, M.: Rechnerische Standsicherheit suspensionsgestützter Erdwände. Tiefbau, Ingenieurbau, Straßenbau 1983, Heft 1, Seite 4 und Heft 2, Seite 82
74 KILCHERT, M. und KARSTEDT, J.: Schlitzwände als Trag- und Dichtungswände, Band 2: Standsicherheitsberechnung von Schlitzwänden nach DIN 4126. Beuth-Verlag, Berlin, Köln 1984
75 WASHBOURNE, J.: The three-dimensional stability analysis for diaphragm wall excavations. Ground Engineering 17, 1984, No. 4, Seite 24
76 PULSFORT, M.: Untersuchungen zum Tragverhalten von Einzelfundamenten neben suspensionsgestützten Erdwänden begrenzter Länge. Bericht Nr. 4, Grundbau, Bodenmechanik und Unterirdisches Bauen, Fachbereich Bautechnik, Bergische Universität – GH Wuppertal, 1984
77 SANG DUK LEE: Untersuchungen zur Standsicherheit von Schlitzen im Sand neben Einzelfundamenten. Mitteilungen des Institutes für Geotechnik Stuttgart, Heft 27, 1987
78 WALZ, B. und HOCK, K.: Berechnung des räumlichen, aktiven Erddrucks mit der modifizierten Elementscheibentheorie. Bericht Nr. 6, Grundbau, Bodenmechanik und Unterirdisches Bauen, Fachbereich Bautechnik, Bergische Universität – GH Wuppertal, 1987
79 PULSFORT, M., WALDHOFF, P. UND WALZ, B.: Bearing capacity and settlement of individual foundations near slurry supported trench excavations. 12th Int. Conference on Soil Mechanics and Foundation Engineering, vol. 3, S. 1511, Rio de Janeiro, 1989
80 LORENZ, W.: Plastische Dichtungswände bei Staudämmen. Baugrundtagung 1976, Seite 389
81 CARL UND STROBL: Dichtungswände aus einer Zement-Bentonit-Suspension. Wasserwirtschaft 1976, Heft 9
82 DÖSCHER: Die Suspensionswand. Mitteilungsblatt der Bundesanstalt für Wasserbau (BAW), Nr. 41, 1977
83 MESEK, RUPPERT UND SIMONS: „Herstellung von Dichtungsschlitzwänden im Einphasenverfahren." Tiefbau, Ingenieurbau, Straßenbau 1979, Heft 8
84 WEISS, F.: Abschätzung der Lebensdauer von Dichtungswänden in betonangreifenden Wässern. Vortrag auf der Vortragsveranstaltung „Bentonite im Erd- und Spezialtiefbau" der Südchemie AG im Haus der Technik in Essen am 8. 4. 1981
85 WEISS, F.: Baustoffe für Abdichtungen, insbesondere für Dichtungs-Schlitzwände. Vortrag auf dem Lehrgang „Abdichten statt Absenken" der Technischen Akademie Eßlingen am 29./30. 3. 1982
86 STROBL, TH.: Ein Beitrag zur Erosionssicherheit von Einphasen-Dichtungswänden. Wasserwirtschaft 1982, Heft 7 und 8, Seite 269
87 KARSTEDT, J. UND RUPPERT, F.: Zur Erosionsbeständigkeit von Dichtungsschlitzwänden. Tiefbau, Ingenieurbau, Straßenbau 1982, Heft 11, Seite 667
88 UNTERBERG, J.: Dichtwand mit eingestellter Stahlspundwand und Versuche mit Dichtungsbahnen aus Kunststoff im Bergsenkungsgebiet. Vorträge Baugrundtagung 1986, Seite 87
89 HORN, A.: In-situ-Prüfung der Wasserdurchlässigkeit von Dichtwänden. Geotechnik 1986, Seite 37
90 STROH UND SASSE: Beispiele für die Herstellung von Dichtwänden im Schlitzwandverfahren. Mitteilungen des Instituts für Grundbau und Bodenmechanik, TU Braunschweig, Heft 23, 1987
91 NUSSBAUMER, M.: Beispiele für die Herstellung von Dichtwänden im Schlitzwandverfahren. Mitteilung des Instituts für Grundbau und Bodenmechanik, TU Braunschweig, Heft 23, 1987
92 MESEK, H.: Mechanische Eigenschaften von mineralischen Dichtwandmassen. Mitteilungen des Instituts für Grundbau und Bodenmechanik, TU Braunschweig, Heft 25, 1987
93 BLINDE, A. UND BLINDE, J.: Durchlässigkeit und Diffusion von Einphasen-Dichtwandmassen. Festschrift K.-H. Heitfeld, Mitteilungen zur Ingenieurgeologie und Hydrogeologie, RWTH Aachen, Heft 32, 1988
94 SCHWEITZER, F.: Die langzeitige Wasserdurchlässigkeit von Dichtwänden und deren Prognose. Geotechnik 1988, Heft 11, Seite 153

95 STROBL, T.: Erfahrungen über die Untergrundabdichtung von Talsperren. Wasserwirtschaft 1989, Heft 7/8
96 HEITFELD, M.: Geotechnische Untersuchungen zum mechanischen und hydraulischen Verhalten von Dichtwandmassen bei hohen Beanspruchungen, Mitteilungen zur Ingenieurgeologie und Hydrogeologie, RWTH Aachen, Heft 33, 1989
97 WEISS: Stand der Schlitzwandbauweise – Neuere Erkenntnisse für Planung und Ausführung. Festschrift zum 65. Geburtstag von o. Prof. Dr.-Ing. Richard Jelinek, Lehrstuhl und Prüfamt für Grundbau und Bodenmechanik, Technische Universität München, 1979

THEODOR STROBL

Technische Entwicklungen in der Dichtwandtechnik

Vorbemerkung

Mit Rücksicht auf den Umfang des Beitrages mußten einige erwähnenswerte Entwicklungen weggelassen werden. Die vorliegende Entwicklungsgeschichte in der Dichtwandtechnik ist auch teilweise in die persönlichen Erfahrungen des Autors eingebunden. Damit ist ein durch persönliche Erfahrungen auf diesem Gebiet geprägtes Bild entstanden, und der Beitrag kann und will keinen Anspruch auf Vollständigkeit erheben.

1 Historischer Überblick

Das älteste Verfahren zur Abdichtung des Untergrundes ist die Injektionstechnik. Sie wurde in ihren Grundzügen bereits 1802 von Berigny entwickelt. Der große Aufschwung der Injektionstechnik setzte in den Jahren 1920 bis 1930 durch den Staudammbau ein. Im weiteren Verlauf bis zur Gegenwart wurden die eingesetzten Injektionsmittel laufend verbessert. So konnten durch die Zugabe von Bentonit ab 1950 stabile Zementsuspensionen verpreßt und damit die Durchlässigkeit des abzudichtenden Untergrundes bis auf $k < 10^{-6}$ m/s verringert werden.

Die Grenzen der Injektionstechnik hinsichtlich der Abdichtungswirkung, die immer schwieriger werdenden Dammbaustellen und die mit zunehmender Dammhöhe sich vergrößernden hydraulischen Gradienten führten zusammen mit zwischenzeitlich aufgetretenen Problemen zur Entwicklung von neuartigen Abdichtungsverfahren. Für die Herstellung von Dichtwänden im Untergrund steht heute ein breites Spektrum unterschiedlicher Bauverfahren zur Verfügung. Die im vorliegenden Beitrag behandelten Entwicklungen können in zwei Verfahrensgruppen unterschieden werden:
- Verdrängung des anstehenden Bodens und Einbau eines Abdichtungsmaterials (Schmalwand) und
- Aushub des anstehenden Untergrundes und Einbau eines Abdichtungsmaterials (Dichtungsschlitzwand).

Bei den Dichtungsschlitzwänden hat insbesondere die Einphasenschlitzwand wegen ihrer günstigen Herstellkosten zunehmend an Bedeutung gewonnen. Wurden im Jahre 1976 nur 10 000 m² pro Jahr hergestellt, so werden heute etwa 100 000 m² Einphasen-Dichtungswände verwendet. Für die Schmalwand kann etwa mit der zweifachen Produktion gerechnet werden. Die Gründe für den gestiegenen Einsatz der Dichtwände sind vor allem beim Schutz des Grundwassers vor Verunreinigungen und bei den bautechnischen und ökologischen Erschwernissen von Grundwasserabsenkungen zu sehen. Die Devise lautet heute: Abdichten statt Absenken! Darüber hinaus finden

Dichtwände bei der Abdichtung von Stauhaltungsdämmen und Talsperren ihre Anwendung. Bild 1 zeigt verschiedene Einsatzmöglichkeiten für die Dichtwände, Tabelle 1 deren unterschiedliche Zusammensetzung.

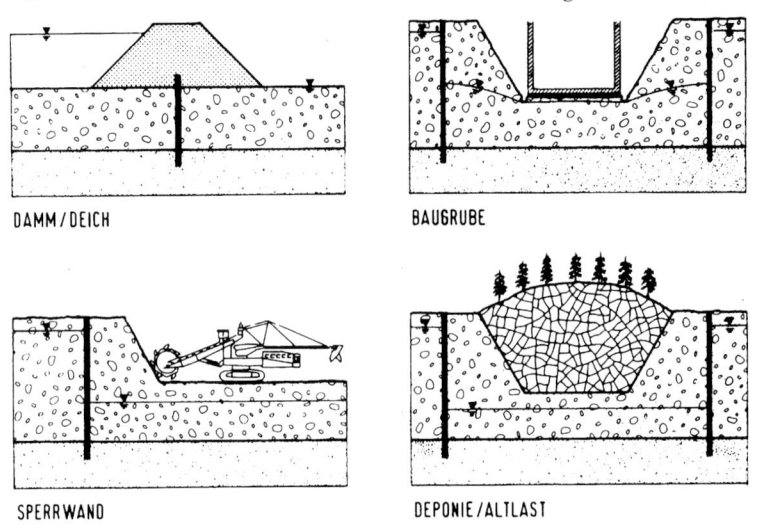

DAMM / DEICH

BAUGRUBE

SPERRWAND

DEPONIE / ALTLAST

Bild 1   Beispiel für den Einsatz von Dichtwänden

	Mischung (kg/m^2)				Dichte	Durchlässigkeit	Festigkeit
	Zement	Bentonit/ Tonmehl	Füller/ Zuschlag	Wasser	(t/m3)	k (m/s)	28 (N/mm^2)
Schmalwand	150–200	20–30	650–800	650–700	1,5–1,7	10^{-8}–10^{-9}	0,5–2
Einphasen-Schlitzwand	150–300	25–45	–	900–950	1,1–1,2	10^{-8}	0,5–2
Zweiphasen-Erdbetonwand	70–100	70–200	1100–1400	350–500	1,9–2,0	10^{-9}	0,5–3

Tabelle 1   Kennwerte für die behandelten Dichtwände

2   Dichtungsschlitzwände

Die Dichtungsschlitzwände basieren auf der Entwicklung der Schlitzwandbauweise. Ein Patent auf „unterirdische Wände" wurde bereits in einer französischen Patentschrift am 11. September 1933 an Gautchi und Huber erteilt. Es enthält den Vermerk, daß am 17. Juni 1932 dieses Patent in Italien beantragt wurde.

Fast gleichzeitig reichte am 25. November 1932 der Amerikaner Ranney 62 Patentansprüche auf die Herstellung von „Underground Walls" ein. Dabei verwendete er besondere Geräte zur Herstellung von Schlitzen in unterschiedlich festen Böden durch

Dichtungsschlitzwände

July 28, 1936.   L. RANNEY   2,048,710
PROCESS FOR BUILDING UNDERGROUND STRUCTURES AND APPARATUS THEREFOR
Filed Nov. 25, 1932   8 Sheets—Sheet 1

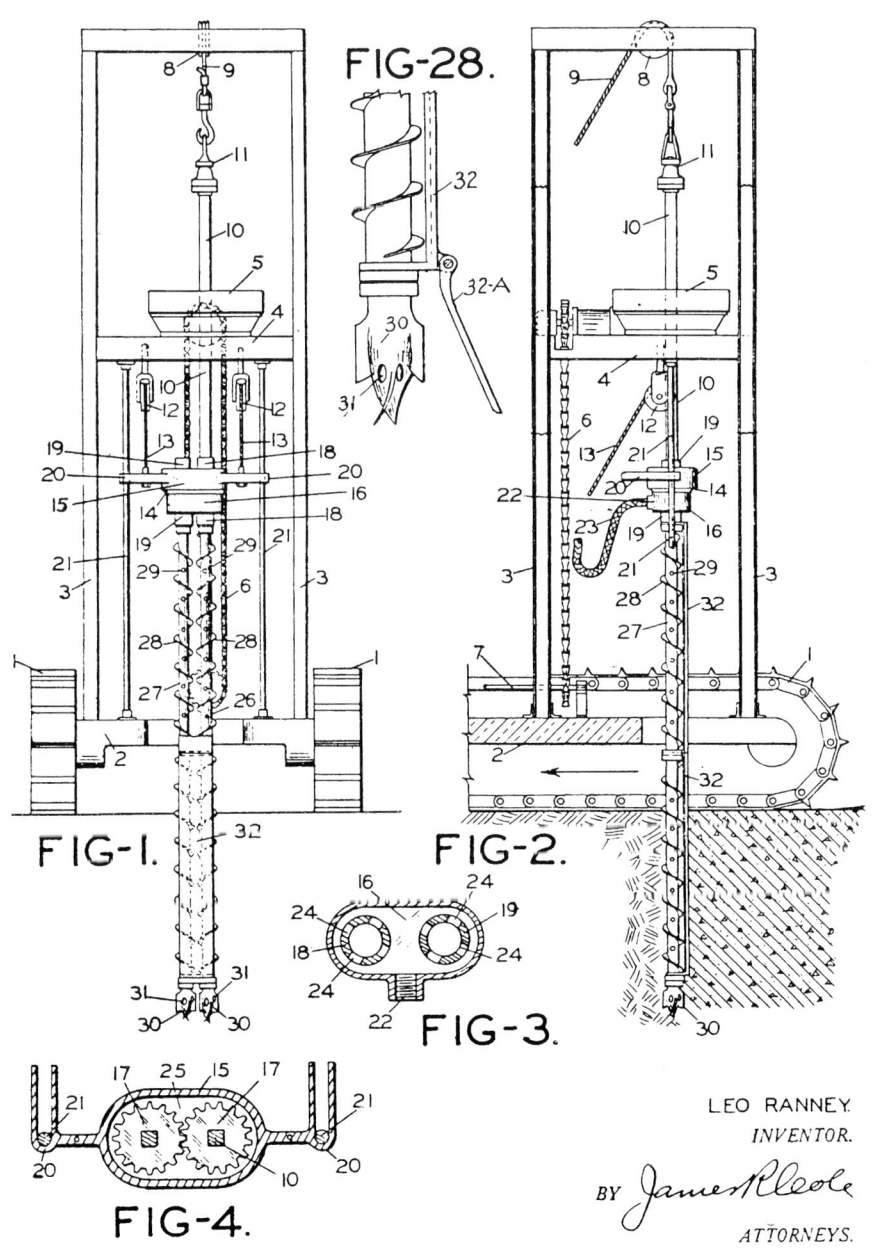

LEO RANNEY
INVENTOR.
BY James R. Cleole
ATTORNEYS.

Bild 2   Schlitzwandgerät nach dem Patent von Ranney 1936

123

Flüssigkeitsdruck und Ersatz der Stützflüssigkeit durch einen erstarrenden plastisch-flüssig eingebrachten Baustoff. Das Patent wurde erst am 23. Juli 1936 erteilt, wobei das Hauptmerkmal der kontinuierliche Arbeitsgang und die Verwendung einer Stützflüssigkeit war. Auch die Verwendung einer später erstarrenden Schlämme, die dann die Wand bildet, ist bereits unter den Patentansprüchen aufgeführt. Somit könnte der Ursprung der Zweiphasen- und Einphasenschlitzwand auf dieses Patent zurückgeführt werden. Da das Schneckenbohrverfahren für Dichtungselemente, die im „Mixed-in-Place-Verfahren" hergestellt werden, wieder an Bedeutung gewonnen hat, wird in Bild 2 das Bohrgerät oben genannter Patentschrift zur Schlitzherstellung gezeigt. Man gewinnt den Eindruck, daß die Entwicklung auf der Basis einer verbesserten Maschinentechnik wieder zu den Ursprüngen zurückgekehrt ist.

Als weiterer entscheidender Schritt zur heutigen Schlitzwandtechnik ist das amerikanische Patent von Veder zu nennen. Es wurde am 22. November 1950 eingereicht und am 14. Mai 1957 erteilt. Veder entwickelte gemeinsam mit der italienischen Spezialtiefbaufirma „Impresa Construzioni Opere Specializzate – ICOS" ein Verfahren zur Herstellung unverrohrter überschnittener Bohrpfahlwände im Untergrund. Im Schutz einer Bentonitsuspension konnten mit diesem Verfahren runde oder prismatische Hohlräume von 60 cm bis 100 cm Weite hergestellt werden. Mit dem von Veder entwickelten Verfahren wurde 1976 eine 131 m tiefe Dichtungswand unter dem Manicougan-3-Damm in Kanada hergestellt.

In der folgenden Zeit wurde das von Veder entwickelte Verfahren zur heutigen Schlitzwandbauweise weiterentwickelt. Heute hat sich weltweit der Seilgreifer oder Kellygreifer mit Öffnungsbreiten zwischen 2,0 m und 4,20 m durchgesetzt. Dabei wurden mehrfach bis zu 50 m tiefe Wände mit der Zweiphasen-Schlitzwand erreicht. Bei Einphasen-Schlitzwänden wurde ein Fall bekannt, bei dem ab einer Tiefe von 35 m die Suspension teilweise so hohe Scherfestigkeiten entwickelte, daß der Greifer in dem Schlitz nicht mehr bewegt werden konnte.

Ende der 70er Jahre wurde von der Fa. Soletanche die sog. „Hydrofräse" entwickelt. Bei dieser kontinuierlich arbeitenden Schlitzwandfräse wird der Boden mit zwei um eine horizontale Achse in entgegengesetzter Richtung drehenden und mit Stahlspitzen bestückten Trommeln zerkleinert. Das Bohrgut wird gleichzeitig in einem geschlossenen Bentonit-Dickspühlkreislauf aufgesaugt. Die Länge der Schlitze beträgt 2,40 m, und die Breite variiert zwischen 0,60 m und 1,50 m. Vor allem bei tiefen Schlitzen ergaben sich hohe Leistungen. Darüber hinaus besitzt die Fräse auch die Fähigkeit, viele Felsarten zu durchörtern. Bei der oft notwendigen Einbindung einer Dichtwand in einen dichten Mergelhorizont ist dies von besonderer Bedeutung. Mit dieser Hydrofräse konnten zu Beginn der 80er Jahre bereits Schlitztiefen von 100 m in normalen rolligen Böden bei einer maximalen Abweichung < 0,5 % erreicht werden.

Ein anderer erheblicher Vorteil dieses Gerätes besteht im Wegfall der schwerfälligen Fugenrohre, die beim herkömmlichen Betonieren der Zweiphasen-Schlitzwand notwendig sind. Durch das Anfräsen der schon leicht erhärteten Primärlamellen beim Abteufen der Sekundärlamellen entsteht eine tadellose Verzahnung der Dichtwand (Bild 3).

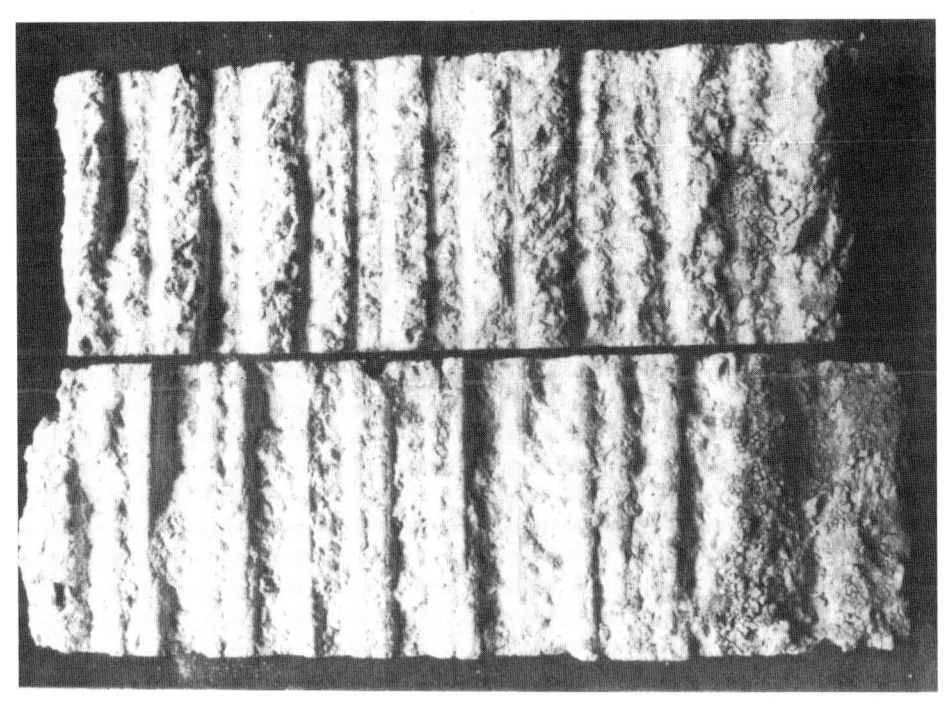

Bild 3 Hydrofräse, Kernbohrung in einer verzahnten Fuge zwischen Primär- und Sekundärlamellen

Das Schlitzwandverfahren zur Herstellung vertikaler Dichtwände bietet folgende wesentliche Vorteile:
- Dicke, Tiefe und Verlauf der Wand können den jeweiligen Gegebenheiten angepaßt werden.
- Das Schlitzwandverfahren kann mit Spezialgeräten auch bei geringer Arbeitshöhe eingesetzt werden.
- Der anstehende Boden wird herausgegriffen oder gefräst. Damit kann insbesondere die Einbindung in eine wasserundurchlässige Schicht vor Ort kontrolliert werden.
- Nahezu alle mineralischen Dichtwandmassen können im Schlitzwandverfahren eingebaut werden. Sie reichen von der selbsthärtenden Bentonit-Zementsuspension bis zum Beton.
- Fertige Schlitzwandelemente können mit speziellen Meßschlitten in ihrer Lage genau vermessen werden.
- In die Wand können Fertigteile, Kunststoffbahnen oder Stahlspundwände eingebaut werden.

Diese Vorteile führten zu einer raschen Weiterentwicklung der Schlitzwandbau-weise. Die Herstellung von Dichtwänden im Schlitzwandverfahren ist heute nach zwei verschiedenen Bauverfahren möglich. Es sind dies
- das Zweiphasenverfahren und
- das Einphasenverfahren.

2.1 Zweiphasen-Schlitzwand

Das Zweiphasenverfahren zur Herstellung von Dichtwänden entspricht der bekannten Schlitzwandbauweise zur Herstellung statisch tragender Wände. Leitwände geben beim Aushub des Schlitzes dem Greifer oder der Fräse die Führung. Nach Beendigung der ersten Arbeitsphase (Schlitzaushub) wird das Dichtungsmaterial im Kontraktorverfahren in den Schlitz eingebracht. Es verdrängt die Bentonitsuspension, die abgepumpt und regeneriert bzw. beseitigt werden muß.

Während des Betoniervorganges werden die Lamellen durch Abstellrohre begrenzt, wodurch unweigerlich Fugen zwischen den einzelnen Lamellen entstehen. Nur beim Einsatz einer Fräse sind diese Abstellrohre aus oben genannten Gründen entbehrlich. Für die Verdrängung der Bentonitsuspension durch die Dichtwandmasse muß ein ausreichend großer Dichteunterschied > 0,7 t/m^3 zwischen den beiden Massen bestehen.

Ein großer Vorteil des Zweiphasenverfahrens besteht in der großen Bandbreite der möglichen Dichtwandmassen. Meist wird Erdbeton unterschiedlicher Zusammensetzung verwendet.

Eine interessante Neuerung des Zweiphasenverfahrens wurde von der Firma Soletanche auf einer Baustelle am Oberrhein 1989 praktiziert. Dort wurde der Schlitz mit der Hydrofräse ausgehoben. Zum Einbringen des Dichtungsbaustoffes wurde die Bentonitsuspension aus dem Schlitz abgepumpt, in einer speziellen Mischanlage mit Sand und Zement angereichert und dann als Kontraktor-Beton in den Schlitz gepumpt. Durch eine spezielle Vorrichtung mußte dabei der Verdrängungsvorgang zwischen der Dichtungsmasse und der Bentonitsuspension ständig kontrolliert werden.

Eine Weiterentwicklung fand das Zweiphasenverfahren durch den Einsatz bei der Abdichtung des Untergrundes der Brombachtalsperre (Bild 4). Injektionsversuche hatten ergeben, daß sich der Sandsteinfels nur unter hohem finanziellen und zeitlichen Aufwand bis auf eine Durchlässigkeit < 5 Lugeon abdichten lassen würde. Es mußte für die Untergrundabdichtung dieses 40 m hohen Staudammes nach neuen Wegen gesucht werden. Nachdem in einem 100 m langem Probefeld bis auf 35 m Tiefe der Sandsteinfels mittels einer Hydrofräse der Firma Soletanche erfolgreich abgedichtet werden konnte, sollten 40 000 m^2 Dichtwand im Zweiphasenverfahren mit einer Schlitzwandfräse abgedichtet werden. Im Rahmen dieser Baumaßnahme erhielt auch die Fa. Bauer die Gelegenheit, ein für die Abdichtung des Sandsteinfelsens geeignetes Gerät einzusetzen. Dabei zeigte es sich sehr schnell, daß die neben der Hydrofräse auf dem Markt vorhandene Casagrande-Fräse für diese Aufgabe nicht geeignet war. Diese Erkenntnis veranlaßte die Fa. Bauer Anfang 1984, eine eigene Bauer-Schlitzwandfräse zu konstruieren. Nach Überwindung von Anfangsschwierigkeiten brachte dieses Gerät im Herbst 1984 bereits die erhoffte Leistung. Die Richtungsgenauigkeit wird über elektronische Meßgeräte kontrolliert, und die Richtung des Fräskopfes kann bei Bedarf längs zur Dichtwand durch die Einstellung eines unterschiedlichen Drehmomentes für die beiden Fräsräder korrigiert werden. Ständig überwacht werden die Drehzahl der Fräsräder, die Funktion der Fräsgutabsaugung, die Leistungsaufnahme und Drehmomentabgabe der Fräsräder, der Anpreßdruck auf die Fräszähne und die Absenkgeschwindigkeit. Alle bewegten Teile sind von Null bis Maximum stufenlos einstellbar. Angetrieben wird die Fräse mit der lei-

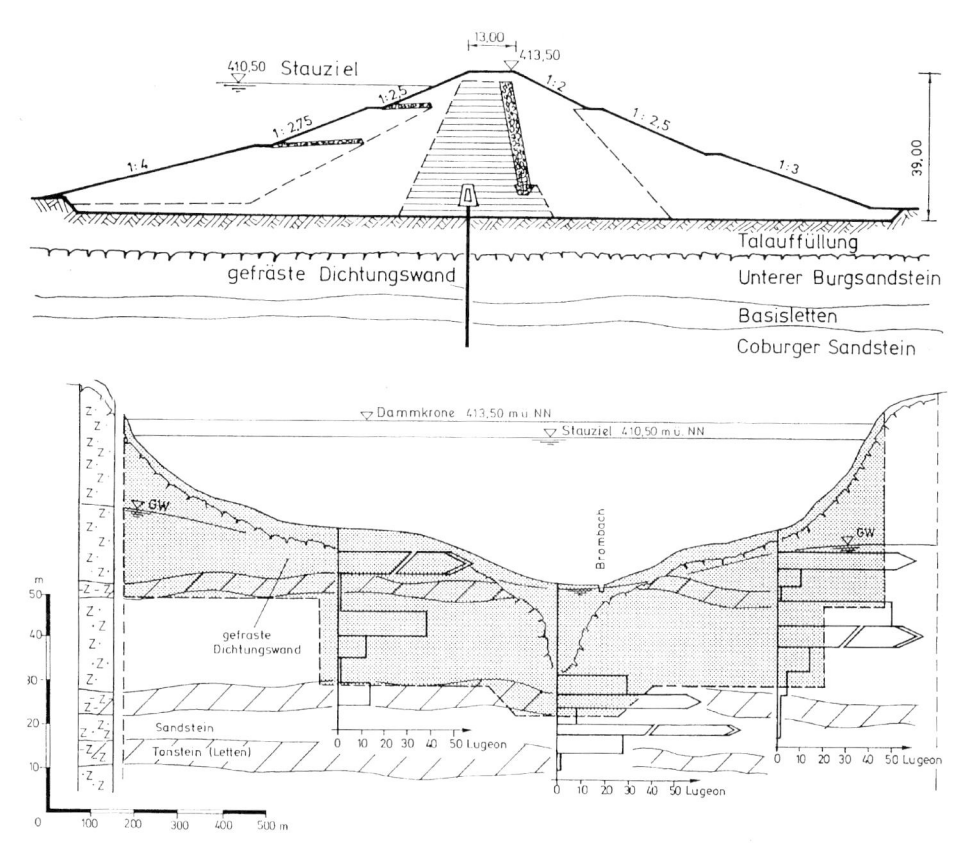

Bild 4   Dammquerschnitt und Längsschnitt Brombachhauptsperre

stungsstarken Baggerhydraulik; Steuer- und Kontrollinstrumente sind im Führerhaus des Trägergeräts installiert. Die Schläuche und Meßleitungen werden von einer Automatik ständig gespannt und mit einer vorwählbaren Kraft genau senkrecht nach oben auf Zug gehalten, was wesentlich zur Richtungstabilisierung beiträgt. Bild 5 zeigt die Schlitzwandfräse beim Einsatz auf der Brombachtalsperre.

Konnten bis vor wenigen Jahren die Abweichungen des Fräskopfes senkrecht zur Dichtwand nur bis zum vollkommenen Eintauchen des Fräsrahmens mittels hydraulischer Pressen korrigiert werden, so ist mit einer weiteren Entwicklung der Fa. Soletanche eine Steuerungsmöglichkeit senkrecht zur Dichtwand auch in größeren Tiefen durch die Schrägstellung der Fräsräder senkrecht zur Dichtwand möglich. Aufbauend auf den an der Brombachtalsperre gewonnenen Erfahrungen, wurden vor allem in den USA mit der Schlitzwandfräse nachträgliche Felsabdichtungen unter 30 bis 50 Jahre alten Erddämmen vorgenommen. Beim 110 m hohen Navajo-Damm wurde dabei ein bis zu 120 m tiefer und 1,0 m dicker Schlitz in den anstehenden Sandstein gefräst. Es wird von Abweichungen aus der Sollage von weniger als 1 % berichtet.

Mit der Schlitzwandfräse ist eine neue Technologie für das Abdichten von Felsgestein vorhanden, die bei einem vergleichbar geringen Baugrundrisiko in den

Technische Entwicklungen in der Dichtwandtechnik

Bild 5　　Schlitzwandfräse beim Einsatz auf der Brombachtalsperre

geologischen Formationen des Sandsteines einen optimalen Abdichtungserfolg ermöglicht. Die Fräsbarkeit des Gesteines hängt dabei in erster Linie von dessen Festigkeit, aber auch von der Klüftigkeit und Bankigkeit ab. Sandstein mit einer Festigkeit bis 50 MN/m^2 ist bei entsprechender Antriebsleistung der Fräsräder mit einer Leistung von 10 bis 20 m^2/h zu schlitzen. Die Abweichung der Dichtwand aus der Sollage beschränkt sich auch in Tiefen über 100 m auf 10 bis 20 cm.

Modernste Maschinentechnik erweitert den Anwendungsbereich der Schlitzwandfräse hinsichtlich Genauigkeit, erreichbarer Tiefe und Fräsbarkeit des Gesteins ständig. So wurde in Japan von der Fa. Soletanche ein Schlitz mit einer Länge von 3,20 m und einer Dicke von 2,40 m bis 150 m Tiefe hergestellt. Die Abweichung von der Sollage betrug nur 15 cm. Bei einem Fräsversuch im klüftigen Kalkstein erreichte eine mit Rollenmeißeln bestückte Schlitzwandfräse der Fa. Bauer eine Tiefe von 10 m. Bei einer Gebirgsfestigkeit von 150 MN/m^2 betrug die Vortriebsgeschwindigkeit 2 m/h. Selbstverständlich liegen bei diesen extremen Voraussetzungen die Kosten für die gefräste Dichtungswand weit über dem derzeit bei einer Wanddicke von 0,80 m als Richtwert anzunehmenden Einheitspreis von 350 DM/m^2. Bei der Preisgestaltung spielen aber neben der Fräsbarkeit des Gesteins, der Wandtiefe und -dicke auch die Entsorgung der Bentonitsuspension und eine möglicherweise vorhandene Kontamination des Baugrundes eine immer größere Rolle.

2.2   Einphasen-Schlitzwand

Auch im Einphasenverfahren wird der Schlitz mit dem Greifer abschnittweise ausgehoben. Anstelle der beim Zweiphasenverfahren zum Stützen der vertikalen Erdwände verwendeten Bentonitsuspension wird eine Bentonit-Zement-Suspension verwendet. Diese Dichtwandmasse verbleibt nach Beendigung des Bodenaushubes im Schlitz und erhärtet langsam durch den Zementanteil. Die Einphasen-Dichtwand wird in der Regel in Abschnitten begrenzter Länge hergestellt, wobei die Primärlamellen etwa die dreifache Länge der Sekundärlamellen aufweisen. Abstellkonstruktionen sind im Gegensatz zum Zweiphasenverfahren nicht notwendig. Durch die Überlappung werden die Primärlamellen beim Abteufen der Sekundärlamellen im noch stichfähigen Zustand angeschnitten. Es entsteht somit ein praktisch fugenloses Dichtungselement.

Erste Untersuchungen über die Eigenschaften einer frischen Bentonit-Zement Suspension wurden von Caron 1972 veröffentlicht (Bild 6). Ziel dieser Untersuchungen war es, die Erstarrungszeit der Dichtungsmasse festzustellen. Da nach etwa zwei Stunden der Erstarrungsprozeß des Zements beginnt und dieser nur durch den Bentonitgehalt verzögert wird, darf der Schlitzaushub, bei dem die Suspension immer wieder in Bewegung gerät, eine bestimmte Zeitspanne (zwischen 5 und 10 Stunden) nicht überschreiten. Andernfalls werden die Eigenschaften der erhärteten Suspension im Hinblick auf die Dichtigkeit und Festigkeit zum Nachteil verändert.

In Deutschland wurde eine der ersten Einphasen-Dichtwände zur Abdichtung des Untergrundes unter der Staustufe Iffetzheim 1973 ausgeführt. Das Einphasenverfahren bietet auch die Möglichkeit, nach Fertigstellung der Lamelle in die noch frische Dichtwandmasse konstruktive oder abdichtende Elemente einzustellen. So wurde z. B. in Frankreich ein Verfahren zur Herstellung von Fertigteilschlitzwänden entwickelt.

2.3 - CARACTERISTIQUES RHELOGIQUES INITIALES DU COULIS DE PERFORATION

Dans les grandes lignes, lorsqu'on ajoute du ciment à une boue de bentonite, l'évolution des caractéristiques rhéologiques s'effectue suivant trois phases distinctes (fig. 9).

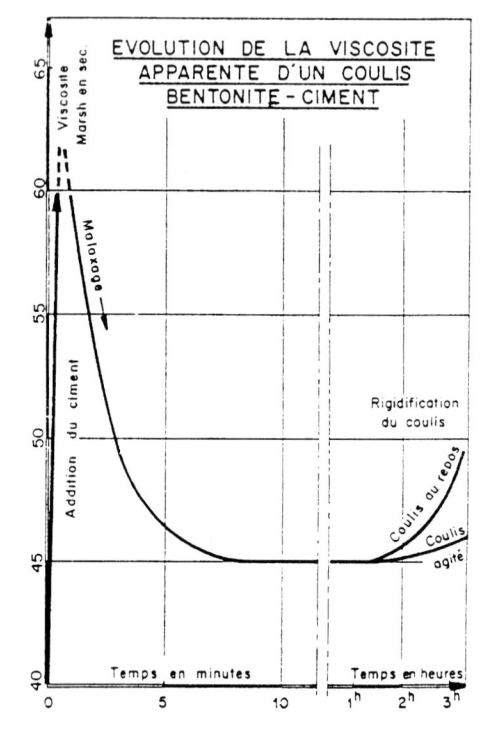

Fig. 9.

- *Première phase:* On a instantanément une augmentation généralement très importante de la viscosité-rigidité, sorte de « fausse prise » due à une absorption d'eau par le ciment et à la floculation de la bentonite par le ciment.
- *Deuxième phase:* dans les minutes qui suivent, cette fausse prise est plus ou moins détruite par agitation; de plus, la chaux du ciment transforme partiellement la bentonite sodique en bentonite calcique, moins hydrophile. Ces deux actions conduisent à une fluidification du coulis.
- *Troisième phase:* dans les heures qui suivent, le ciment amorce sa prise et le coulis devient plus visqueux.

Bild 6
Entwicklung der Viskosität einer Bentonit-Zement-Schlämme (Caron 1972)

Um den technologisch anspruchsvollen Herstellungsprozeß bei der Einphasen-Dichtwand zu vereinfachen, wurde von der Zementindustrie in den letzten Jahren eine Fertigmischung entwickelt, die in nur einem Mischvorgang mit Wasser ohne Quellzeit für das Bentonit hergestellt werden kann. Weitere Vorteile sind lange Verarbeitungszeiten bis 24 h und ungewöhnlich niedrige Durchlässigkeitswerte mit $k < 1 \cdot 10^{-10}$ m/s. Nach den vorliegenden Erfahrungen sind diese Fertigmischungen vor allem für kleine Baustellen und bei sehr beengten Baustellenflächen von Vorteil. Unter bestimmten Voraussetzungen wurden jedoch bei den Fertigmischungen vereinzelt sehr hohe Absetzmaße von bis zu 10% beobachtet. Auch hinsichtlich der Verarbeitbarkeit können bei Fertigmischungen Probleme auftreten. Es empfiehlt sich, hier immer eine wirksame Eingangskontrolle dieses neuen Baustoffes durchzuführen.

Ein weiterer wichtiger technischer Fortschritt in der Herstellung von Einphasen-Dichtwänden wurde mit dem erstmaligen Fräsen einer Dichtwand im Einphasenverfahren durch die Fa. Bauer beim Bau einer Abfallverwertungsanlage in Augsburg vollzogen. Problematisch war hier die Wahl einer für den Fräsbetrieb geeigneten Dichtwandmasse. Es galt, eine Suspension zu verwenden, die unter Beachtung der erforderlichen rheologischen Eigenschaften und der geforderten Endgüte als geeignet erschien. Sie mußte sowohl ihre Stützfunktion im Schlitz erfüllen, als Fördermedium beim Fräsbetrieb geeignet sein und die geforderten Eigenschaften nach Festigkeit und Dichte liefern.

Eine hohe Bedeutung kommt der Separierung des Bodens aus der Dichtwandmasse zu. Ausgehend vom Endprodukt, muß ein optimaler Trennschnitt angestrebt werden. Als Suspension wurde eine modifizierte Fertigmischung mit einem Feststoffanteil von 250 kg/m³ gewählt. Nach dem Erhärten wurde eine Druckfestigkeit von 0,5 N/mm² und eine Durchlässigkeit von $k = 1 \cdot 10^{-10}$ m/s bei 28 Tagen Wasserlagerung der Probekörper erreicht.

3   Schmalwände

Das Schmalwandverfahren wurde in den 50er Jahren von der französischen Spezialtiefbaufirma Etudes et Travaux de Fondations (ETF) aus Toulouse zur nachträglichen Abdichtung von Schiffahrtskanälen entwickelt und mit Erfolg angewandt.

Die erste Schmalwand in Deutschland wurde im „Staffelrammverfahren" von dieser Firma in Arbeitsgemeinschaft mit der Fa. Moll KG München an der Donaustaustufe Oberelchingen bei Ulm im Jahre 1959 hergestellt (Bild 7). Den Arbeiten ging ein Großversuch voraus, bei dem ein Schmalwandkasten 100 m × 100 m mit 12 m Tiefe hergestellt wurde. Auftraggeber war die Rhein-Main-Donau AG. Bild 8 zeigt eine Schemaskizze des Herstellungsvorganges beim Staffelrammverfahren der ETMO-Schmalwand. Der Druck an der Injektionspumpe betrug 4 bar. Bei einer Wandtiefe von 10 m ergaben sich im Kies Wanddicken zwischen 8 cm und 20 cm. Die Dichtungsmasse bestand aus Zement, Lehm und Wasser; die Dichte betrug 1,69 t/m³ und die Zylinderdruckfestigkeit nach 28 Tagen 1,4 MN/m².

Im Jahre 1965 wurde das ETMO-Verfahren durch das Einbohlen-Rüttelverfahren ersetzt, das eine erhebliche Verbesserung darstellt. Das erste Objekt in Deutschland,

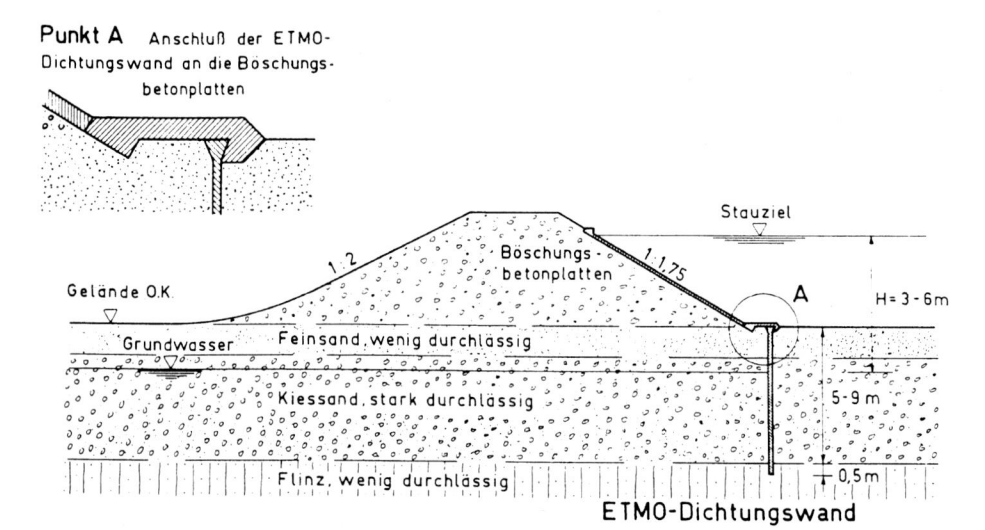

Technische Entwicklungen in der Dichtwandtechnik

Bild 7 Querschnitt durch den Stauhaltungsdamm der Donaustufe Oberelchingen

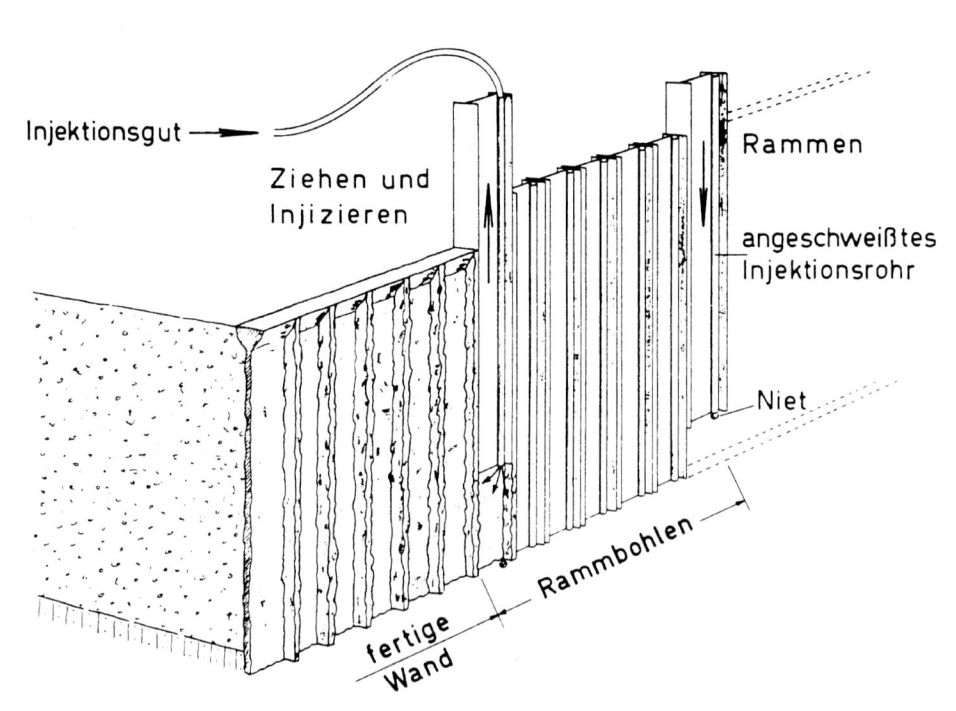

Bild 8 Schemaskizze des Herstellungsvorganges beim Staffelrammverfahren der ETMO-Schmalwand

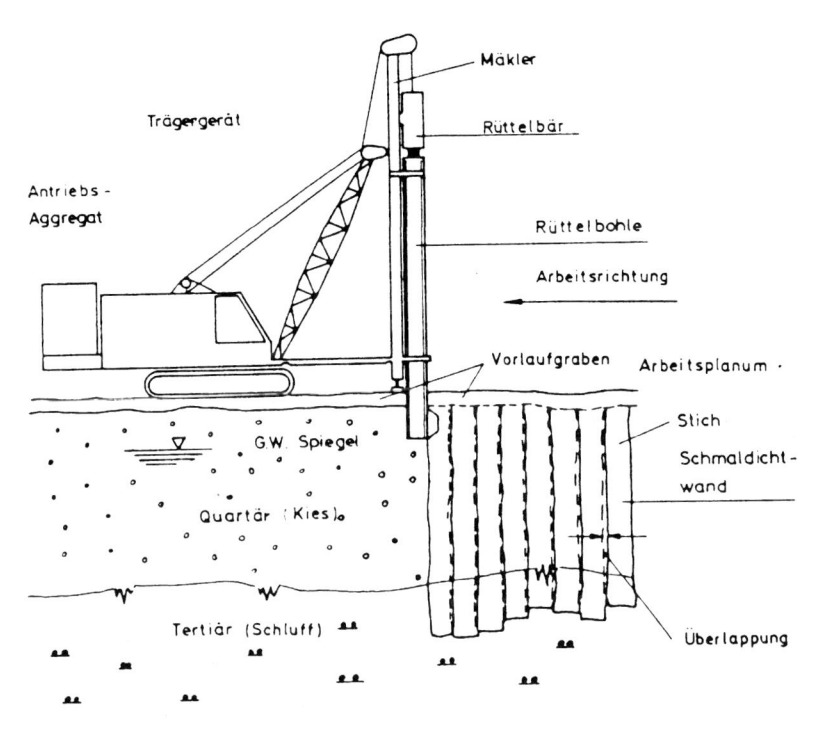

Bild 9   Herstellungsprinzip einer Schmalwand im Einbohlen-Rüttelverfahren

bei dem das Einbohlen-Rüttelverfahren angewandt wurde, war die Ölraffinerie der BP in Vohburg, wo bereits Schmalwände bis zu 18 m Tiefe hergestellt wurden.

Beim Einbohlen-Rüttelverfahren wird eine besonders konstruierte Rüttelbohle, meist ein IPB-Träger von 600 mm bis 1000 mm Steghöhe, mittels Rüttler in den Boden lotrecht eingerüttelt und nach Erreichen der Solltiefe wieder gezogen (Bild 9). Dabei erfolgen die Verfüllung des freiwerdenden Hohlraumes und die Infiltration des anstehenden Bodens mit dem Dichtungswandmaterial aus Bentonit, Zement, Steinmehl und Wasser über ein an der Bohle angeschweißtes Rohr. Durch die Aneinanderreihung der sich überschneidenden „Stiche" entsteht eine durchgehende Schmalwand. Die Rüttelbohle hat eine besondere Fußausbildung mit der Verpreßvorrichtung, durch die während des gesamten Rüttelvorganges laufend Suspension austritt. Beim Eindringen der Rüttelbohle in den Boden dient die Suspension auch als Gleitmittel und verhindert das Verstopfen der Düse.

Der Raum für die Schmalwand wird durch Verdrängen und Umlagerung des Bodens entlang der Rüttelbohle geschaffen. Darin liegen auch die natürlichen Grenzen dieses Verfahrens, die aber durch Zusatzmaßnahmen wie Vorbohren erweitert werden können.

Wie Bild 10 zeigt, schwanken die Wanddicken je nach der Bodenart, in der die Schmalwand hergestellt wird, zwischen wenigen Millimetern bis zu drei Dezimetern. Aus dieser Darstellung ist ersichtlich, daß sich die Schmalwand vor allem zur Abdichtung von kiesigen Sanden oder sandigem Kies eignet.

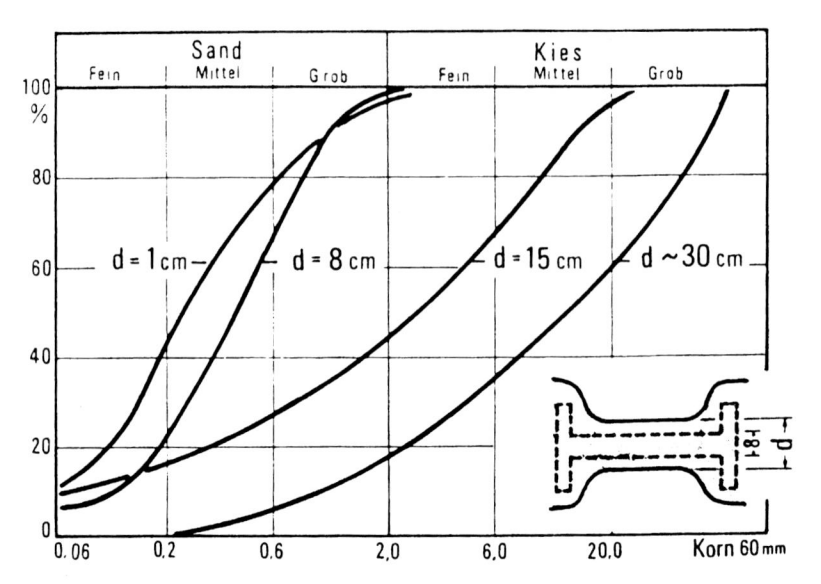

Bild 10 Dicke der Schmalwand in Abhängigkeit von der Bodenart

Vielfach wird die Schmalwand zur Abdichtung von Stauhaltungsdämmen bei Flußkraftwerken und deren Untergrund verwendet. Dabei werden heute Tiefen bis zu 25 m erreicht. Dies setzt aber den Einsatz von überschweren Rüttlern mit dem zugehörigen Trägergerät voraus. Auch beim Mischgut werden analog der Entwicklung bei der Einphasen-Dichtwand neue Wege beschritten. Wurden bisher die einzelnen Komponenten auf der Baustelle dosiert und gemischt, so werden heute zunehmend trocken vorgemischte Fertigmischungen eingesetzt. Auf der Baustelle wird dann nur noch Wasser und gegebenenfalls Steinmehl zugesetzt. Bei diesen Fertigmischungen ist ebenfalls eine strenge Eingangskontrolle für eine reibungslose Herstellung der Schmalwand dringend empfohlen.

Ein weiteres Anwendungsgebiet für Schmalwände ist vermehrt der Schutz des Grundwassers vor Deponiesickerwasser. Durch die verständliche Forderung nach absoluter Dichtigkeit ist hier jedoch der Einsatz der Schmalwand nur bei kiesigem Untergrund empfehlenswert. Bild 11 zeigt im Grundriß und Schnitt die Deponieanlage

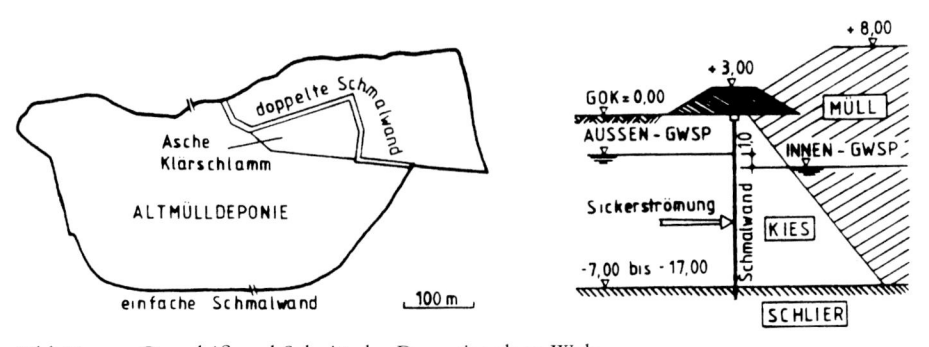

Bild 11 Grundriß und Schnitt der Deponieanlage Wels

in Wels, die in dem besonders gefährdeten Bereich mit einer doppelten Schmalwand abgedichtet wurde. Das Schmalwand-Doppelschott wird mit Reinwasser beschickt, um eine Zersetzung der Schmalwandmasse durch aggressive Deponiewässer zu verhindern. Bei der Sicherung einer Deponie in Wien wurde mit Hilfe einer doppelten Schmalwand das „Zweikammersystem" mit der Möglichkeit der Kontrolle angewendet. Es bleibt dahingestellt, ob in diesem Fall nicht eine Dichtungsschlitzwand mehr Sicherheit bieten kann.

Generell ist hier anzumerken, daß wegen des im Vergleich zur Einphasen-Dichtwand wesentlich niedrigeren Herstellpreises oft versucht wird, die Schmalwand auch bei ungeeigneten Randbedingungen wie feinkörnigen Sanden und Schluffen, stark unterschiedlich geschichtetem Untergrund und übergroßen Wandtiefen anzuwenden. Probleme hinsichtlich einer ausreichenden Dichtwirkung sind dann vorprogrammiert. Während man bei Dichtungsschlitzwänden mit einer Systemdurchlässigkeit von $1 \cdot 10^{-9}$ m/s rechnen kann, muß dieser Wert bei Schmalwänden um den Faktor 10 größer angenommen werden. Auch dies ist beim Entwurf zu beachten.

Zur Eigenüberwachung der Schmalwandarbeiten ist es heute Stand der Technik geworden, daß in Abhängigkeit der Zeit
– die Eindringtiefe der Rüttelbohle,
– die Frequenz und der Öldruck des Rüttlers,
– der Suspensionsdruck und
– die Suspensionsmenge

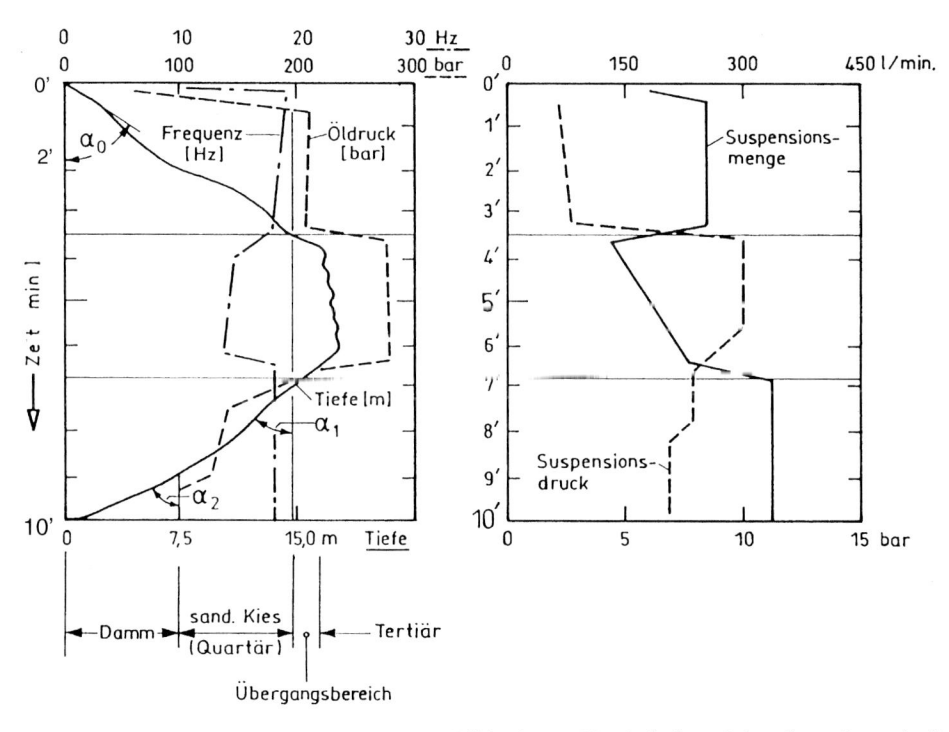

Bild 12   Vereinfachtes Schmalwandprotokoll

aufgezeichnet werden (Bild 12). Mit diesen Daten ist auch eine nachträgliche Kontrolle der Arbeit vor allem im Hinblick auf die Einbindung in dichte Tertiärschichten möglich. Das Schrittmaß der einzelnen Stiche wird heute vielfach noch von Hand abgesteckt. Neuere Entwicklungen ermöglichen es jedoch dem Geräteführer, das jeweilige Schrittmaß über einen Wegmesser vom Führerstand aus selbst zu kontrollieren. Gleichzeitig wird jeder einzelne Versatz mit einer Genauigkeit von einem Zentimeter auf einem Schreiber registriert. Durch diese Kontroll- und Registriereinrichtungen wurde ein bedeutender Fortschritt bei der Eigenüberwachung erreicht. Gleichzeitig kann sich die Bauüberwachung auf Stichproben vor Ort beschränken, da der Tagesablauf protokolliert vorliegt.

Anfang der 70er Jahre wurde von der Firma Keller Grundbau erstmals beim Projekt des Altmühlüberleiters für die Schmalwand eine weitere Technik angewandt. An Tiefenrüttlern wurden Flügel angeschweißt, die beim Eindringen des Rüttlers im Boden den Schlitz öffneten (Bild 13). Dieses Verfahren hat sich jedoch nicht durchsetzen können. Bedingt durch das Drehmoment des Tiefenrüttlers kam es mit zunehmender Tiefe zu einer steigenden Verdrehung der Flügel, und die Fenster waren besonders in sandigen Böden wegen der fehlenden Überlappung vorprogrammiert.

Um auch in den besonders problematischen Bodenverhältnissen wie Feinsand und Schluff eine durchgehende Schmalwand zu ermöglichen, wurde 1991 von der Fa. Soletanche die sog. Vibrosolwand entwickelt. Mit Hilfe der Düsenstrahlinjektion wird der Fuß der Schmalwandbohle mit einem hydrodynamischen Schwert versehen, das auch bei diesen Bodenverhältnissen eine durchgehende Wandausbildung von mehreren Zentimetern garantiert.

Bild 13   Schmalwandherstellung mit Tiefenrüttler 1974
         beim Bau des Brombachspeichersystems

4 Zusammenfassung und Ausblick

Auf dem Gebiet der hier geschilderten Dichtungswände ist in den letzten 40 Jahren eine stürmische Entwicklung zu verzeichnen. Die gestiegenen Anforderungen hinsichtlich Effektivität, Wirtschaftlichkeit und Sicherheit haben zwangsläufig die Kreativität im Spezialtiefbau herausgefordert. Zu den wenigen Firmen, die weltweit diese Herausforderung angenommen haben, zählt auch die Fa. Bauer, wie zahllose Beispiele dies dokumentieren. Dabei hat gerade die Elektronik auf dem Gebiet der Gerätesteuerung und Überwachung dem Ingenieur Möglichkeiten in die Hand gegeben, die im Hinblick auf Qualitätssteigerung und Wirtschaftlichkeit konsequent eingesetzt wurden. Die Verknüpfung der verschiedenen Erkenntnisse für den speziellen Anwendungsbereich wird immer wichtiger.

Aber nicht nur auf seiten der Firmen bedarf es mutiger Ingenieure. Wie Beispiele in der Vergangenheit belegen, wagten sich auch immer wieder Vertreter von Bauherrn durch die Finanzierung von Versuchen auf neue Gebiete vor. Meist war dieses Wagnis letztlich vom technischen Erfolg gekrönt, und damit konnten zum Teil auch beträchtliche Baukosten eingespart werden. So können auch in dem Spannungsfeld zwischen Auftraggeber und Auftragnehmer Voraussetzungen für die Weiterentwicklung der Technik geschaffen werden.

Der Ingenieur stellt sich den Herausforderungen seiner Zeit, und er ist damit an vorderster Stelle, wenn es darum geht, unseren Lebensraum lebenswert zu erhalten.

Anmerkungen

Bohrpunkt Nr. 15, 21 und 22

Dichtwände und Dichtsohlen; Mitteilung des Instituts für Grundbau und Bodenmechanik der TU Braunschweig, Heft 23, 1987

KAESBOHRER, H.-P.: Methoden zur Dichtung von Erdkörpern im Wasserbau; Wasserwirtschaft Nr. 7, 1962

KUHN R.: Die Anwendung des ETMO-Verfahrens auf Stauraumdichtungen; Vorträge der Baugrundtagung 1962 in Essen

CARON, C.: Un nouveau style de Perforation la boue autodurcissable; Annales de L'institut technique du batiment et des travaux publics Nr. 31, November 1973

JELINEK, R.: Vortrag beim Schlitzwandsymposium in Essen im Haus der Technik 1978

HAFFEN, M.: Spezielle Gründungsprobleme im Dammbau; Vortrag Wasser Berlin 1981

STROBL, TH.: Felsabdichtung unter Talsperren mit einer Schlitzwandfräse, Wasserwirtschaft 81 (1991), 7/8

Sonderheft „Schmaldichtwände am Lech"; Wasserwirtschaft 76, Nr. 12/1986

SIEGFRIED ROTH

Stahlspundwände im Spezialtiefbau
Entwicklungen und Tendenzen

Einleitung

Im Jahre 1902 hatte der Bremer Staatsbaumeister Tryggve Larssen ein technisches Problem zu lösen, das aus heutiger Sicht relativ einfach ist. Es galt, eine Uferwand zu bauen, die bei der damals üblichen Holzausführung Spundwände von 9 m Länge erforderte, welche sich aber aufgrund der Bodenbeschaffenheit nicht einbringen ließen. Larssen kam auf den Gedanken, den Werkstoff Holz durch Stahl zu ersetzen. Er wandte sich an das Werk Dortmunder Union, das damals zur Deutsch-Luxemburgischen Bergwerks- und Hütten AG gehörte. Gemeinsam gelang es, ein Hutprofil mit angenietetem kleinen Z-Profil zu entwickeln und erfolgreich einzusetzen.[1]

Damit war die „Eiserne Spundwand System Larssen" geschaffen. Ein Begriff, der sich noch immer gehalten hat. Gleichzeitig war damit eine Produktlinie geboren, die bis heute mit dem Werk Union in Dortmund verbunden ist. Die Entwicklung führte zur Patentschrift Nr. 185650, Klasse 84 c, Gruppe 2, welche vom Kaiserlichen Patentamt vom 8. Januar 1904 ab patentiert war. Die Patentschrift bestand aus 72 Zeilen Beschreibung und 1 Blatt Zeichnung (Bild 1).

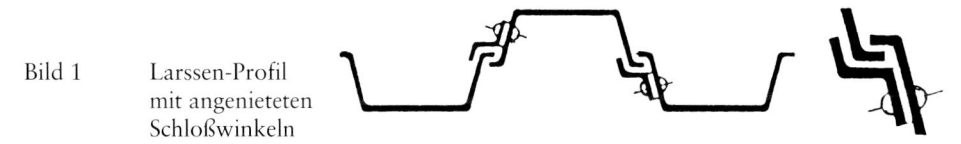

Bild 1   Larssen-Profil mit angenieteten Schloßwinkeln

Zum 90. Geburtstag im Jahre 1992 konnten die Dortmunder Walzwerker auf ca. 9,5 Millionen Tonnen Stahlspundbohlenproduktion zurückblicken. Bei Berücksichtigung der in anderen deutschen, europäischen, japanischen und amerikanischen Werken hergestellten Stahlspundbohlen ist festzustellen, daß die Stahlspundbohle im Spezialtiefbau ein fester Bestandteil ist, und daß ohne sie zahlreiche ingenieurtechnische Aufgaben nicht lösbar sind.

Wie bei jeder technischen Neuentwicklung waren zahlreiche Vorurteile gegen die eiserne Spundwandbauweise zu überwinden, die in den folgenden Abschnitten beschrieben werden sollen. In einigen Anwendungsbereichen und an Beispielen soll außerdem auf entscheidende Neuerungen hingewiesen werden, welche dem Spezialtiefbau zugute kommen.

---

1 H. BLUM: 50 Jahre Larssen-Spundwände, Geschichtlich-technische Beiträge aus Anlaß des 100jährigen Bestehens der Dortmund-Hörder-Hüttenunion im Jahre 1952.

1 Entwicklung der Stahlspundbohlen

Diese soll hier vor allem aus deutscher Sicht beschrieben werden, obgleich einige Literaturstellen den Bauingenieur Peter Ewart, Manchester, als den Vater der metallischen Spundwände bezeichnen, der 1822 ein Patent angemeldet hatte, bei dem gußeiserne Platten durch Klammern zusammengehalten wurden. Von Anfang an wurden zwei Einsatzschwerpunkte für das Larssen-Profil erkannt, nämlich
– Hilfsmittel zur Bauausführung und
– bleibender Hauptbestandteil der Bauwerke.

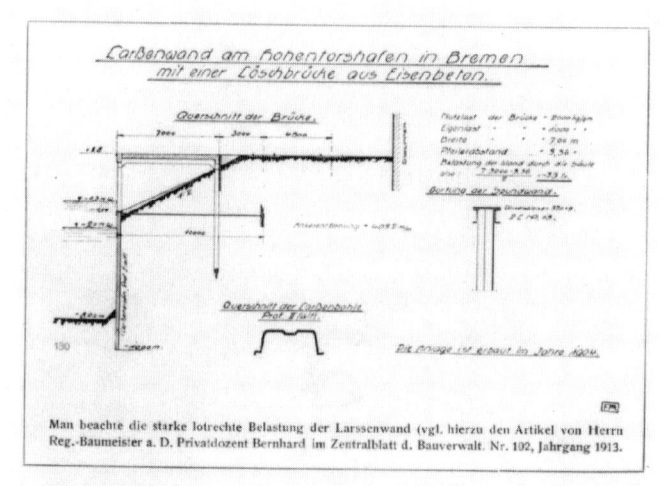

Bild 2
Hohentorshafen,
Bremen

Zunächst konzentrierte sich die Anwendung auf Uferbauwerke, wo Holzspundwände nicht mehr ausreichten oder infolge der Untergrundverhältnisse nicht eingebracht werden konnten. So nimmt es nicht wunder, daß die älteste Stahlspundwand, die nach wie vor in Betrieb ist, 1904 im Hohentorshafen in Bremen errichtet wurde (Bild 2). Dieses Bauvorhaben ist ausführlich beschrieben im Zentralblatt der Bauverwaltung Nr. 65 vom 14. August 1909. Im Jahre 1992 wurde der Betonholm der Stahlspundwand ersetzt. Dabei zeigte sich, daß das Bauwerk den gestellten Anforderungen nach wie vor gewachsen ist.

Dieses Zentralblatt der Bauverwaltung war das Organ, in dem die Auseinandersetzungen um das neue Bauverfahren stattfanden. Aufgrund der Diskussion um die Anwendung und des aufwendigen Nietvorgangs lief der Absatz in den ersten Jahren sehr schleppend. In den ersten 20 Jahren brachte es die Spundbohle auf etwa 5000 Jahrestonnen und dies, obgleich im Jahre 1914 eine wesentliche Verbesserung gelang. Die Walzwerker in Dortmund schafften es, das Larssen-Profil mit beidseitigem Schloß in einem Walzvorgang herzustellen.

Auf der Basis dieser Neuerung wurde die erste Profilreihe Larssen I bis V entwickelt und angeboten. Anzumerken ist hier, daß das Profil Larssen III noch heute fast unverändert ist und sich bei schwierigen Untergrundverhältnissen bewährt.

Im Jahre 1912 wurde außerdem eine zweite Bohlenform von Oberbaurat Lamp entwickelt und zum Patent angemeldet: Die Z-Bohle, welche sich von der Larssen-Bohle dadurch unterscheidet, daß die Schloßverbindung im Bohlenrücken und nicht nahe der neutralen Achse liegt. Der Durchbruch dieser Bohlenform kam jedoch erst im Jahre 1928. Bezeichnenderweise wurde diese Bohle ebenfalls in Dortmund beim Stahlwerk Hoesch gewalzt.

Eine erste Hochkonjunktur hatte die Stahlspundbohle in den Jahren 1925 bis 1932 mit einer Jahresproduktion in Dortmund von im Mittel 90 000 Tonnen. Bemerkenswert ist, daß davon etwa 2/3 in den Export gingen. Vor allen Dingen USA und Japan traten als Abnehmer auf. Bedingt durch die politische Situation reduzierte sich die Exportmenge in den folgenden 10 Jahren. Die Produktion blieb bis 1942 bei etwa 80 000 Tonnen pro Jahr, die Exportmengen fielen jedoch um mehr als 50% auf etwa 30 000 Tonnen.

Der plötzliche Aufschwung im Inland war sicherlich nicht nur auf kriegsvorbereitende und -begleitende Baumaßnahmen zurückzuführen, sondern aus der Sicht des Ingenieurs auf die Dissertation von H. Blum im Jahre 1931.[2] Mit seinem anschaulichen Berechnungsverfahren, das zugleich einfach und universell anwendbar war, gab er dem Ingenieur ein Mittel zur Hand, das die Anwendung der Bauweise förderte. Noch heute wird nach dem Verfahren von Blum gerechnet, verständlicherweise mehr mit EDV-Programmen, als nach der damals üblichen graphischen Methode (Bild 3).

Ein weiterer Schub für die Anwendung der Spundwandbauweise kam im Jahre 1955. Die Produktion in Deutschland befand sich bereits im Aufwärtstrend. Nachdem 1942 bis 1947 die Erzeugung im Mittel auf unter 10 000 Tonnen pro Jahr gefallen war, konnten 1950 bereits wieder 50 000 Tonnen versandt werden. Der Schub des Jahres 1955 schuf eine weitere Basis,

---

2 H. Blum: Einspannungsverhältnisse bei Bohlwerken, Verlag Ernst & Sohn, Berlin 1931.

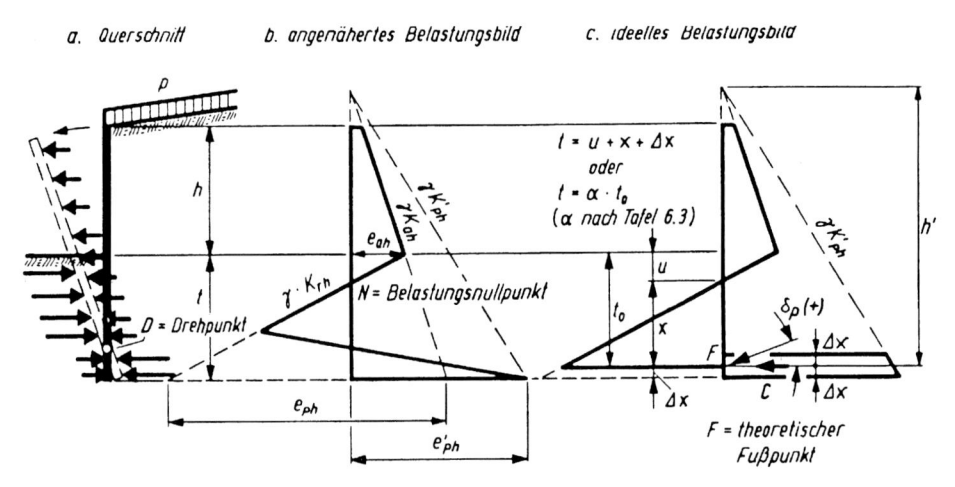

Bild 3   Ansatz der Blumschen Ersatzkraft

auf welcher die Spundwandanwendung bis heute gründet: Der „Ausschuß zur Vereinfachung und Vereinheitlichung der Berechnung und Gestaltung von Ufereinfassungen", welcher 1949 von der Hafenbautechnischen Gesellschaft e. V. gegründet wurde und welcher 1951 auch von der Deutschen Gesellschaft für Erd- und Grundbau e. V. beauftragt wurde, veröffentlichte seinen ersten Band mit den Empfehlungen E 1–30. Die Ausgabe 1990[3] enthält 204 Empfehlungen und ist notifiziert (Notifizierungs-Nr. 1991/117/D), d. h. sie kann für Ausschreibungen auch im europäischen Rahmen angewendet werden.

Sehr viele der Empfehlungen, besonders der Abschnitt 8 „Spundwandbauwerke", befassen sich mit der Stahlspundbohlenbauweise und ihrer Berechnung. Im folgenden soll daher, in Anlehnung an die EAU, die wesentliche Entwicklung der letzten 40 Jahre aufgezeigt werden in der Unterteilung:
– wellenförmige Stahlspundwände
– gemischte (kombinierte) Stahlspundwände
– Flachprofile
– Dalben

Innerhalb der einzelnen Segmente ist es einfacher darzustellen, weshalb in den ersten 50 Jahren nur etwa 2,5 Millionen Tonnen, in den letzten 40 Jahren jedoch etwa 7 Millionen Tonnen Stahlspundbohlen bei verschiedensten Bauvorhaben wirtschaftlich eingesetzt wurden. Dabei entwickelten sich neue Einsatzgebiete, so daß die Stahlspundbohle ein unverzichtbares Element des Spezialtiefbaus ist.

Ein ähnliches Standardwerk wie die EAU gibt es für das Einsatzgebiet der Stahlspundbohlen im Bereich der Baugruben. Im Jahre 1968 veröffentlichte die Deutsche Gesellschaft für Erd- und Grundbau e.V. die „Empfehlungen zur Berechnung

---

3 Empfehlungen des Arbeitsausschusses „Ufereinfassungen", Häfen und Wasserstraßen, EAU 1990, 8. Auflage, Verlag Ernst & Sohn, Berlin.

ausgesteifter oder verankerter, im Boden frei aufgelagerter Trägerbohlwände für Baugruben". Inzwischen sind die Empfehlungen des Arbeitskreises „Baugruben", kurz EAB genannt, mehrfach in Buchform erschienen.[4]

1.1 Wellenförmige Stahlspundwände

Hierunter fallen alle Wandformen, die aufbauen auf der Larssen-Reihe I–V des Jahres 1914 und der Hoesch-Z-Bohlen-Reihe Ia–V. Die Larssen-Reihe war gekennzeichnet durch eine Profilbreite von 400 mm und reichte von 89 kg/m² bei einem Widerstandsmoment von 600 cm³/m bis zu 238 kg/m² und 3000 cm³/m. Verständlicherweise deckte die Z-Bohlen-Reihe bei einer Profilbreite von 400 bzw. 425 mm die gleichen Widerstandsmomente bei fast gleichem Gewicht ab.

Da die Bohlen meist als Doppelbohlen ausgeliefert wurden, ergab sich eine Systembreite von 800 bis 850 mm. Damit konnten in den folgenden Jahren die gestellten Bauaufgaben erfüllt werden. Doch zunehmend wuchsen die Anforderungen. Die zu überwindenden Geländesprünge wurden größer, und so wundert es nicht, daß im Mai 1966 die walztechnischen Voraussetzungen geschaffen wurden, um breitere Profile des Systems Larssen mit 500 mm und des Systems Hoesch mit 525 mm vorzustellen (Bild 4a/4b).
Der Prospekt, mit welchem die neuen Profile angekündigt wurden, beschrieb die Unterschiede, d. h. Vorteile von neu gegenüber alt recht deutlich:
„– größere Bohlenbreite
 – größerer Rammfortschritt
 – größere Wandstärken
 – bessere Rammfähigkeit
 – größeres Widerstandsmoment bei gleichem Quadratmetergewicht".

Mit der Vorstellung der neuen, breiteren Bohlen wurden auch die Profile der 40er-Reihe vorgestellt. Dadurch, daß der Schloßboden dieser Profile parallel zum Bohlenschenkel lag und ein Schloß nach innen, das andere aber nach außen angeordnet ist, ergab sich die Möglichkeit, schwere wellenförmige Wände für den Hafenbau herzustellen (Bild 5). Durch die Elementbreite der Vierfachbohle von 1416 mm bei 750 mm Tiefe ergab sich ein Widerstandsmoment von 6450 cm³/m. Damit wurden die im Seehafenbau sonst nur mit kombinierten Wänden möglichen Werte erreicht. Entsprechend war in diesem Einsatzbereich die Stromkaje Bremerhaven die bekannteste Baustelle der 70er Jahre (Bild 6). Die Erfahrungen mit dieser Wandform wurden von Brackemann[5] beschrieben. Innerhalb von 5 Jahren wurden 30 000 t dieser Profile im Seehafenbau eingesetzt. Sie haben sich bis heute bewährt

---

4 Empfehlungen des Arbeitskreises „Baugruben", EAB, 1988, 2. Auflage, Verlag Ernst & Sohn, Berlin.
5 F. Brackemann: Erfahrungen über Ausbildung und Einsatz von wellenförmigen Spundwänden mit großer Profilhöhe bei Kaimauern in deutschen Seehäfen, Baumaschine und Bautechnik, Heft 5/71, Seite 197–204.

Bild 4 a   Gegenüberstellung der bekannten Profilreihen mit den neuen Profilreihen

Bekannte Profilreihen			Neue Profilreihen							
System	Hoesch Krupp Larssen		System Larssen				System Hoesch			
Profil	Gewicht kg/m²	W cm³/m	Profil	Gewicht kg/m²	W cm³/m	h mm	Profil	Gewicht kg/m²	W cm³/m	h mm
			20	79	600	220				
I a I a neu	89	600								
			21	95	700	220	95	95	750	190
I	100	630								
II II neu	122	1100	22	122	1250	340	116	116	1200	250
							134	134	1700	300
III III neu	155	1600								
			23	155	2000	420	155	155	2000	300
			24	175	2500	420	175	175	2600	340
IV IV neu	185	2200								
							215	215	3150	340
V V	238	3000								
0 a I b	95 106	358 660	31	100	460	150				
II a KS II	122	850	32	122	850	250	122	122	940	190

Bei den Profilen 0 a, I b, II a, KS II, 31, 32 und 122 handelt es sich um Profile mit großen Wanddicken.
Profile mit gleicher Wandhöhe h haben die gleichen Formen und unterscheiden sich nur durch die Wanddicken:
    System Larssen   System Hoesch
    20 und 21   95 und 122
    23 und 24   134 und 155
                           175 und 215

Bild 4 b   Übersicht über Profile und Wandformen der 40er Reihe

Profil			Wand			
Bezeichnung	Breite mm	Wanddicke mm	Bezeichnung	Gewicht kg/m²	W cm³/m	Höhe mm
41	580	10	41¹	105	280	96
			41²	105	105	72
42	500	10	42	122	850	210
			420	173	3900	750
42–5	590	12	42–5¹	131	700	288
			42–5²	131	495	167
43	500	12	43	155	1550	410
			430	220	6000	750

1 Schlösser liegen in der Wandachse   2 Schlösser liegen in der Außenzone

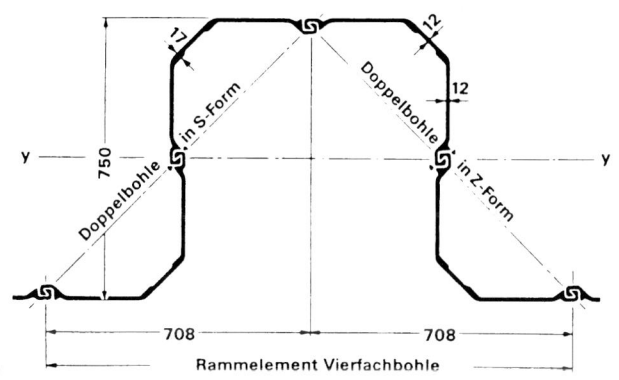

Bild 5   Larssen-Profil 430

Bild 6   Stromkaje
          Bremerhaven

und wurden 1990/91 zur Konstruktion von zwei Tiefgaragen in Oslo bei schwierigen Untergrundverhältnissen verwendet.

Wesentliche Einsatzgebiete der wellenförmigen Stahlspundwände waren jedoch vor allen Dingen Bundeswasserstraßen, Binnenhäfen und Baugruben.

Das Bundeswasserstraßennetz und seine europäische Anbindung nach der Wiedervereinigung zeigt Bild 7. Neben den Flüssen umfaßt es die Kanäle und die stauregelten Wasserstraßen Neckar, Main, Mosel und Saar, bei deren Ausbau und Neubau die Stahlspundwandbauweise in großem Umfang angewendet wurde. Dabei lassen sich drei Einsatzschwerpunkte unterscheiden:
1. Ufereinfassungen einschl. Liegestellen
2. Bauwerke; wie Schleusen, Düker, Brückenwiderlager usw.
3. Baugrubenumschließungen und Sicherungen aller Art

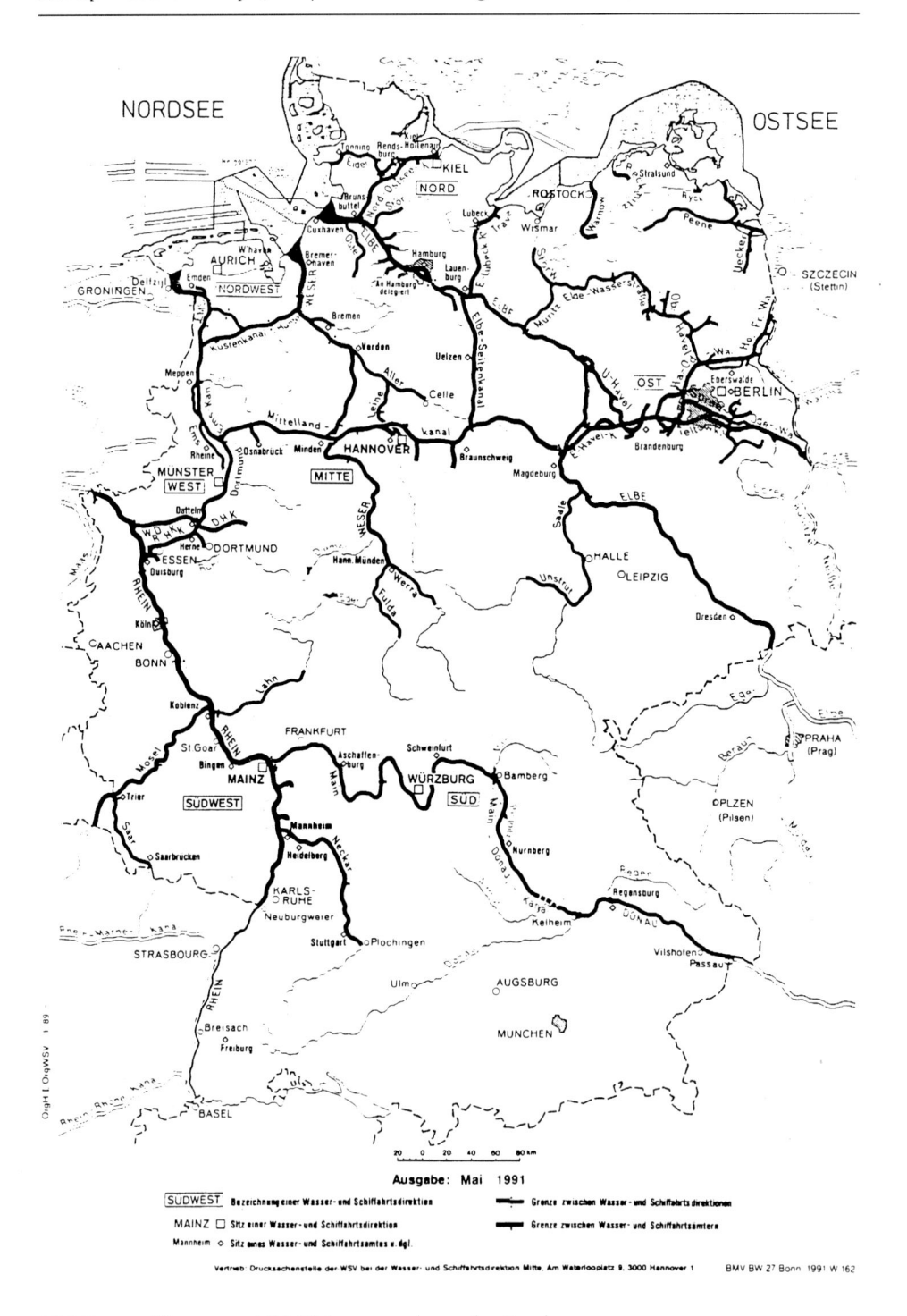

Bild 7   Wasser- und Schiffahrtsverwaltung des Bundes

Stahlspundwände für Ufereinfassungen

Der entscheidende Durchbruch in diesem Einsatzgebiet erfolgte wohl 1930/31, als eine Kostenuntersuchung zum weiteren Ausbau des Dortmund-Ems-Kanals ergab, daß „der Ausbau mit einseitiger Spundwand zur Begrenzung des Kanalquerschnitts billiger ist, als der im Entwurf vorgesehene Ausbau mit beiderseitigen Böschungen". Hieraus entstand das Rechteckprofil mit beidseitig über dem Wasser sichtbarer Spundwand. Die steigenden Umweltanforderungen führten in den zurückliegenden Jahren zur Anwendung des RT-Profils oder des KRT-Profils mit dem Kanalwasserspiegel über abgesenkter Spundwandoberkante (Bild 8). Die dabei hinter der Spundwand entstehenden Flachwasserzonen haben sich bewährt und sind eine ökologische Alternative zum Trapez-Profil mit seinem großen Platzbedarf.

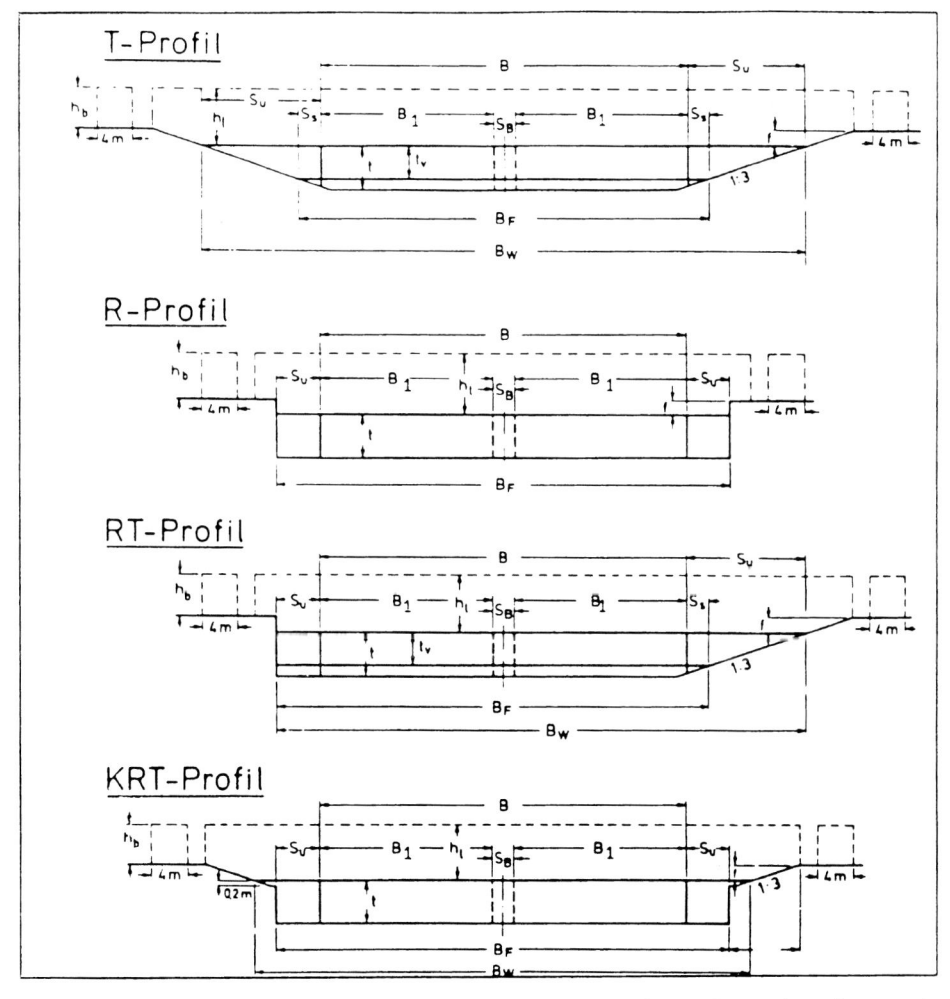

Bild 8　Regelquerschnitte deutscher Kanäle

Bild 9   Hafen Gersteinwerk, Werne–Stockum

Beim Bau von Binnenhäfen ist die Stahlspundwandbauweise seit Jahrzehnten die wirtschaftlichste. Die Flexibilität zeigt sich bei der Umgestaltung von bestehenden Häfen an neue Anforderungen ebenso wie bei der Anpassung von Flußhäfen entlang des Rheins an natürliche Veränderungen.

Bewährt hat sich dabei je nach Geländesprung die einfach oder zweifach verankerte Stahlspundwand. Auf diese Möglichkeit griffen auch die Planer bzw. Bauherren von neuen Hafenausbauten zurück, wie z. B.:
- Hafen Neuss, Hafenbecken 5 (1992)
- Hafen Saarlouis-Dillingen (1990)
- Kohlehafen für das Kraftwerk Gersteinwerk der VEW (1992) (Bild 9)

Die Entwicklung der Binnenschiffahrt, insbesondere die Größe der Schiffsgebinde (Schubeinheiten), haben zu erhöhter Beanspruchung der Ufer in den Binnenhäfen geführt, vor allem an Stellen, wo Massengüter umgeschlagen werden. Die Lösung dieses Problems wurde gefunden durch die gepanzerte Spundwand.[6] Dabei werden

---
6 J. MÜLLER: Gepanzerte Spundwand – neue Uferbauweise bei Binnenwasserstraßen und Binnenhäfen, Jahrbuch der HTG, 39. Band 1982, Seite 95–103.

Bleche, werkseitig oder vor Ort, über die Spundwandtäler geschweißt, so daß eine glatte Oberfläche entsteht.

Stahlspundwände in Bauwerken
Beim Bau von Schleusen sind vor allem der geringe Bodenaushub und die Setzungsunempfindlichkeit von Vorteil. Spundwandschleusen werden jedoch seltener, da die Entwicklung beim Ausbau von Binnenwasserstraßen zu größeren Hubhöhen, bei gleichzeitiger Verminderung der Stufenzahl, führt. Im Schleusenbereich werden Stahlspundwände darüber hinaus eingesetzt als Dichtungswände sowie für Molen und Leitwerke. Außerdem sind Stahlspundwände erforderlich für die Liegeplätze im Vorhafenbereich und für die Einfahrten in die Schleuse, wobei in Anbetracht der Beanspruchung gepanzerte Bohlen eingesetzt werden.

Bei Brückenbauwerken findet die Stahlspundwand insbesondere Anwendung zur Sicherung bestehender Widerlager von vorhandenen Brücken, bei Verbreiterung der Wasserstraße oder zur Ausbildung von neuen Brückenwiderlagern (Bild 10).

Baugrubenumschließungen und Sicherung
Bei zahlreichen Baumaßnahmen an Binnenwasserstraßen werden mit Stahlspundwänden trockene Baugruben hergestellt. Besonders häufig sind dabei Stahlspundwände mit Stützböschung oder Verankerung und Kastenfangedämme.

Leichte Spundwandprofile werden auch eingesetzt zur Fußsicherung geböschter Kanalufer. Mit Stahlspundwänden können außerdem Böschungen im Aufschüttungs-

Bild 10 Lippebrücke Hamm

bereich gesichert werden, sofern die geforderte Dichtigkeit nicht mehr sichergestellt ist. Zahlreiche Projekte am Rhein-Main-Donau-Kanal und am Mittellandkanal haben gezeigt, daß mit Stahlspundbohlen die geforderte Dichtigkeit erreicht werden kann.

Die Sicherung von Baugruben und Gräben durch Stahlspundwände gehört zu den klassischen Einsatzgebieten der Spundwandbauweise. Ein entscheidender Vorteil ist, daß die Stahlspundbohle nach Abschluß der Baumaßnahme wiedergewonnen und auf anderen Baustellen nochmals eingesetzt werden kann bzw., daß die Stahlspundbohle auf derselben Baustelle im Taktverfahren mehrfach einzusetzen ist. Der letztgenannte Fall gilt insbesondere für Trogbaustellen im Verkehrswegebau (Bild 11).

Beim Grabenverbau ist ein mehrmaliger Einsatz aus Gründen der Wirtschaftlichkeit zwingend, da hier andere Kriterien als bei der Sicherung von Baugruben vorliegen. Geeignet für den Einsatz als Grabenverbauelemente sind neben den warmgewalzten Stahlspundbohlen die speziell für diese Anwendung entwickelten Kanaldielen und Leichtprofile.

Je nach Umfeld- und Umweltanforderungen kann es beim Baugrubenverbau zu einer Kombination von mehreren Bauverfahren kommen, wie sich am Beispiel „Schulungszentrum der Deutschen Lufthansa AG", Kelsterbach, zeigen läßt (Bild 12). Sehr zahlreich sind auch kleinere Baugruben aus Stahlspundwänden bei Anfahr- und Zielgruben von Vorpreßstrecken und bei Brückenpfeilern.

Bild 11
Rangierbahnhof München Nord,
Allach

Bild 12
Baugrube Deutsche Lufthansa,
Kelsterbach

Nicht vergessen werden soll an dieser Stelle der Einsatz von Stahlspundbohlen im Verkehrswegebau, denn sowohl bei Straßenbauten als auch beim Bau von Bahnstrecken bestehen vielfältige Möglichkeiten der Anwendung.

Es gibt zahlreiche Beispiele, bei denen sich die unverankerte oder verankerte Spundwandbauweise bewährt hat. Bei der Bahn kann insbesondere in Bahnhofsbereichen infolge zusätzlicher Fernbahn- oder S-Bahn-Strecken die verfügbare Fläche optimal genutzt werden. Sofern erforderlich, dient der Spundwandholm aus Beton gleichzeitig als Träger einer Lärmschutzwand (Bild 13).

Bild 13   Stützwand an der DB-Strecke Hannover–Würzburg–Kassel

Stark befahrene Straßen in unmittelbarer Nähe von Wohnhäusern werden häufig als Tiefstraßen oder Trogstrecken gebaut. Die Vorteile kurze Bauzeit und geringer Platzbedarf sind hier maßgebend. Ein weiterer Vorteil ist die wirtschaftliche Integrationsmöglichkeit der Stahlspundwand in zukünftige Bauwerkserweiterungen. Als Beispiel hierfür dient die nachträgliche Lärmschutzabdeckung der A 430 Bochum-Grumme.[7]
Die Tradition, Tunnelstrecken mit Stahlspundwänden zu bauen, hat ihren Ursprung im Jahre 1927, als beim Bau der U-Bahn in Tokio das Verfahren erstmals eingesetzt wurde. Erfahrungen in Bergsenkungsgebieten konnten beim Stadtbahnbau in Gelsenkirchen gewonnen werden, wo eine Stahlbaukonstruktion auch den extremen Bergsenkungsbewegungen standhält. Die Konstruktion besteht aus senkrechten Wänden mit verschweißten Stahlspundbohlen, die sich in einer wellenförmigen Deckenkonstruktion aus Warmpreßteilen fortsetzt (Bild 14). Auch im Rampenbereich von Verkehrswegen hat sich die Stahlspundwandbauweise bewährt. Neben Straße und Bahn bedienen sich die städtischen U- und Straßenbahnlinien dieser Lösung.
Eines der ältesten Brückenwiderlager in Spundwandbauweise wurde in den Jahren 1930/31 für die Harpener Bergbau AG, Zeche Julia, Recklinghausen, in Larssen III ausgeführt (Bild 15). Diese Bauweise hat sich bewährt. Wichtig ist bei dieser Anwendung die Ableitung der Vertikallasten. Deshalb ist eine Aussage des

---

[7] A. SPAHN; R. WILZEK: Lärmschutzabdeckung für eine Tiefstraße in Spundwandbauweise, Spundwandbericht 4, Hoesch Stahl AG.

Stahlspundwände im Spezialtiefbau – Entwicklungen und Tendenzen

Bild 14 Tunnel Gelsenkirchen

Bodengutachters zu Mantelreibung und Spitzendruck erforderlich. Den gestalterischen Anforderungen an ein Brückenbauwerk kann auf vielfältige Art und Weise Rechnung getragen werden. Seit Jahren bewährt hat sich Verblendmauerwerk. Dank der Weiterentwicklung der Beschichtungstechnik in den letzten Jahren werden immer mehr Brückenwiderlager farblich gestaltet.

Bild 15 Brücke bei Recklinghausen

Mit der Vielfalt der Anwendung schritt die Profilentwicklung fort. Ein ganz entscheidender Punkt war dabei die Hochwasserschutzmaßnahme im Hamburger Hafen. Speziell für diesen Einsatz wurde 1976 ein 600 mm breites Profil entwickelt, das Larssen 62 mit nur 310 mm Bauhöhe, 110 kg/m² Gewicht und einem Widerstandsmoment von 1150 cm³/m. Bis 1980 entwickelte sich daraus eine komplette 600er Reihe. Aus heutiger Sicht muß jedoch festgestellt werden, daß diese breiteren Profile die 500 mm breite Serie nicht verdrängen konnten. Einige Einsatzbereiche werden aus ramm- und bautechnischen Gründen nach wie vor mit schmalen Profilen ausgeführt.

Auch bei den Z-Profilen ging die Entwicklung weiter. Im Jahre 1987 kam das Profil Hoesch 12 auf den Markt, das mit einer Breite von 575 mm neue Maßstäbe setzte. Die Hoesch Stahl AG wird in der ersten Hälfte 1993 das erste Profil mit 675 mm Breite vorstellen.

Ob damit die Entwicklung der Profilbreite im Bereich der wellenförmigen Stahlspundwand abgeschlossen ist, läßt sich zur Zeit nicht sagen. Wesentlich wird die weitere Entwicklung davon abhängen, wie sich die Gerätetechnik in den nächsten Jahren darstellt.

1.2 Gemischte (kombinierte) Stahlspundwände

Mit Beginn des Industriezeitalters änderten sich die Ansprüche an Seehafenanlagen. Infolge der größer werdenden Schiffseinheiten wurden große Wassertiefen und damit große Geländesprünge erforderlich. Hinzu kam, daß sich Umschlagkapazität und Umschlagtechnik veränderten und damit die Bemessungsgrundlagen für Kaianlagen. Dies führte dazu, daß die bis dahin gebräuchlichen Kastenpfahlwände und Wandkombinationen (Bild 16) nicht mehr ausreichten. Die im vorherigen Kapitel beschriebene schwere Wellenwand war eine Möglichkeit, die steigenden Anforderungen zu erfüllen.

Zur Lösung dieser Aufgabe wurden im wesentlichen jedoch gemischte (kombinierte) Stahlspundwände eingesetzt. Nach E 7 der EAU wechseln sich dabei lange und schwere, als Tragbohlen bezeichnete Profile, mit kürzeren und leichteren, als Zwischenbohlen bezeichnete Profile, ab. Mit der gemischten (kombinierten) Stahlspundwand werden heute Geländesprünge von 25 m überwunden. Dabei können die Tragbohlen Höhen bis zu 1,20 m erreichen, bei Larssen Kastenpfahlwänden bis zu 1,50 m. Bei den gemischten Stahlspundwänden werden im wesentlichen die folgenden Wandtypen unterschieden:

1. Kastenpfahlwand

Bei dieser Wand handelt es sich um die Kombination von zwei Fertigelementen: dem Kastenpfahl als Tragbohle und den Zwischenbohlen, meist Dreifachbohlen. Beide Elemente werden werkseitig gefertigt und einbaufähig auf der Baustelle angeliefert (Bild 17).

Der Larssen-Kastenpfahl als Tragbohle wurde in den 50er Jahren entwickelt. Er besteht aus zwei mit den Schlössern zueinandergekehrten Larssen-Bohlen, die durch

Kastenprofil (1926)

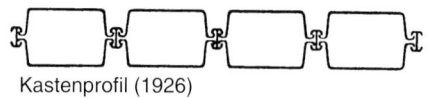

Larssen-Pfahlwand (1934)

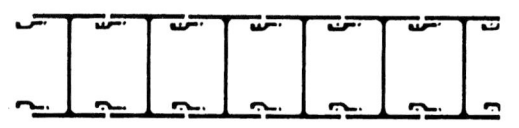

I-Profile mit angeschweißten Verbindungsteilen (1918)

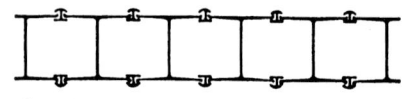

I-Profile mit angewalzten Keulen und aufgezogenen Schloßstählen (1933)

Bild 16   Kastenpfahlwände

Bild 17   Kastenpfahlwand Strandkai Hamburg

Stegbleche verbunden sind. Als Zwischenbohlen werden Larssen-Dreifachbohlen eingesetzt. Die Zwischenbohlen werden im Schloß verschweißt oder gepreßt ausgeliefert.

Je nachdem, welche Einzelbohlen für die Pfahlkonstruktion bzw. die Zwischenbohlen genutzt werden, ergeben sich Systemmaße von 2,00 bis 2,40 m Breite. Damit werden Widerstandsmomente zwischen 4100 und 12 500 cm³/m erreicht.

2. Trägerpfahlwand

Die Zwischenbohlen sind hier z-förmige Spundbohlen, die als Doppelbohlen eingebaut werden. Der Tragpfahl ist ein Doppel-I-Träger mit angewalzten Keulen und aufgezogenen Schloßstählen, die meist verschweißt sind. Je nach statischen Erfordernissen wird ein Element aus einem oder zwei Trägern als Tragpfahl eingesetzt (Bild 18).

Die Tragbohlen erreichen Höhen bis zu 1,20 m, die Systembreite kann bis zu 2,16 m betragen. Mit dieser Konstruktion werden Widerstandsmomente von 14 000 cm³/m und mehr erreicht.

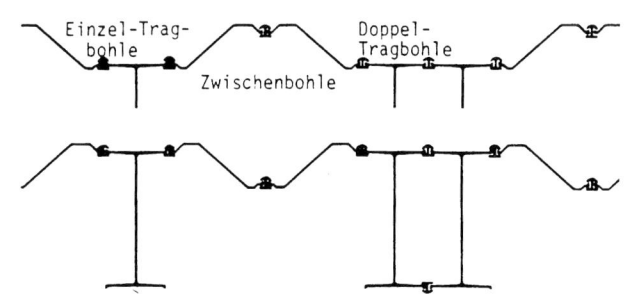

Bild 18 Trägerpfahlwand

3. Rohrspundwand

In den bisher bekannten Anwendungsfällen wird die Rohrspundwand als aufgelöste Wand eingesetzt. An die Rohre werden Schloßprofile geschweißt, in die Zwischenbohlen eingefädelt werden (Bild 19). Aufgrund der Anforderungen an ein erschütterungsarmes Einbringen wurde für eine Baustelle im Hafen Hamburg ein Rohr mit innenliegendem Schloß entwickelt, das sich mit einer Rohrdrehmaschine einbringen läßt, bei gleichzeitiger Entnahme des Bodenmaterials aus dem Rohr. Diese Ausführung[8] hat sich bewährt und könnte einen neuen Abschnitt des Einsatzes der Stahlbauweise im Seehafenbau einleiten.

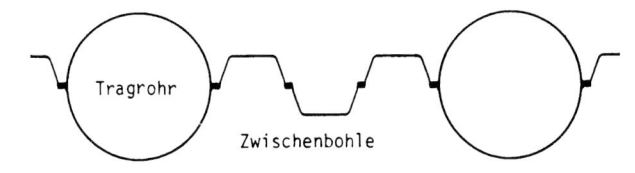

Bild 19 Rohrspundwand

---

8 Die Strabag-Rohrspundwand mit innenliegenden Schlössern, DBP 36 15 601, Hoesch Stahl AG, Dortmund.

1.3 Flachprofile

Die Erfindung dieses Profils wird auf 1908 datiert, als es der Lackawanna Steel Company gelang, ein 1904 hergestelltes Profil so zu modifizieren, daß die Schloßverbindung in Wandrichtung hohe Zugfestigkeiten sicherstellt. Erst im Jahre 1941 wird auch in Deutschland ein Flachprofil hergestellt (Bild 20). Möglichkeiten und Grenzen der Nutzung dieses Profils werden ausführlich von Blum[9] beschrieben.

Bild 20   Union-Flachprofil

Verständlicherweise versuchten die Ingenieure mit den Flachprofilen nicht nur die bekannten Zellenkonstruktionen herzustellen. Als erste Uferwand mit Union-Flachprofilen wird 1953 die Kaiwand der Duisburger Kupferhütte erstellt, die auch noch heute in Betrieb ist (Bild 21). Es handelt sich dabei jedoch um eine Anwendung, die sich gegenüber der wellenförmigen Spundwand aus U- oder Z-Bohlen nicht durchsetzen konnte.

Die Hauptnutzung der Flachprofile konzentriert sich in den folgenden Jahren auf klassische Zellenfangedämme, die entweder als Flachzellen oder Kreiszellen mit überbrückenden Zwischenwänden ausgeführt werden. Neben dem temporären Einsatz für Baugruben oder Trockendocks gibt es auch zahlreiche Kaianlagen weltweit, bei denen die Kreiszellen anschließend überbaut wurden und somit im Bauwerk verblieben. Dabei ist die Zellenform so gewählt, daß die aus der Füllung, der Auflast und dem Wasserüberdruck resultierenden Belastungen die Flachprofile nur durch Zugkräfte beanspruchen. Je nach Drehwinkel im Schloß können Zugkräfte bis zu 5000 kN/m aufgenommen werden.

Die erforderlichen Abzweige, insbesondere für die Zwickel, wurden zunächst hergestellt aus genieteten und geschweißten Konstruktionen. Mit den Sonderprofilen Union 1 und Union 2 konnten diese aufwendigen Konstruktionen jedoch eingespart werden. Neben den 400 mm breiten Flachprofilen gibt es seit 1976 auch die 500 mm breiten, wodurch der Materialbedarf für größere Kreiszellendurchmesser nochmals reduziert werden konnte. Ein weiterer Vorteil der Zellenbauweise ist, daß keine Gurtungen und Verankerungen erforderlich sind.

Das Aufstellen der Kreiszellen erfolgt üblicherweise mit Hilfe eines Führungstisches an Land. Nach Fertigstellung kann die gesamte Konstruktion mit geeignetem Schwimmkran an den vorgesehenen Standort gebracht, aufgestellt und verfüllt werden (Bild 22). Es ist jedoch auch möglich, die Kreiszellen vor Ort zu stellen und die

---

9 H. BLUM: Flach-Stahlspundwände, Entwicklung und Anwendung in Europa, Die Bautechnik, Jahrgang 26, Heft 7, 1949, Seite 208 - 214.

Entwicklung der Stahlspundbohlen

Wellenwand der Duisburger Kupferhütte

Bauherr:	Duisburger Kupferhütte
Entwurf:	Dr.-Ing. H. Domke, Duisburg
Bauausführung:	Ed. Züblin AG., Duisburg
Baujahr:	1953 – 56

Schrifttum:

Domke, Die Wellenspundwand

Falcke, Ufersicherung durch die Wellenspundwand

Zweck, Belastungsversuche an der Wellenspundwand der Duisburger Kupferhütte,
Der Bauingenieur 1957, Heft 4

Falcke, Instandsetzung einer Umschlaganlage am Rheinufer mittels Wellenspundwand und Bodenverfestigung,
Baumaschine und Bautechnik 1958, Heft 6, Seite 185

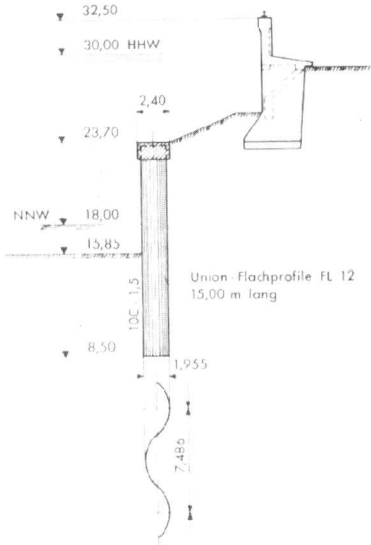

Union-Flachprofile FL 12, 15,00 m lang

Die Bohlen wurden auf voller Länge eingerammt.

Bild 21   Wellenwand Duisburger Kupferhütte

Bild 22 Einschwimmen einer Kreiszelle

zuletzt gefüllte Zelle als Arbeitsplatz für die Errichtung der folgenden Zellen zu nutzen.

In den zurückliegenden Jahren waren wesentliche Anwendungsbereiche: Trockendocks für Off-shore-Bauwerke (Bild 23) und Kreiszellen als Anlegedalben (Bild 24) für das Anlegen und Verholen größerer Schiffsgebinde an den großen Flüssen in den USA.

Bild 23 Trockendock Hinnavagen, Stavanger, Norwegen

Bild 24   Dalben aus Flachprofil-Kreiszellen am Ohio, USA

Nicht unerwähnt bleiben soll als Einsatzmöglichkeit die in Berlin am Teltow-Kanal ausgeführte Girlandenwand.[10] Dabei wird ein aus Flachprofilen gefertigter Kastenpfahl eingebracht und verankert. Zwischen diese Tragbohlen kommen als Füllbohlen Flachprofile, deren Durchbiegung so ausgelegt ist, daß der freie Querschnitt des Kanalprofils nicht eingeengt wird (Bild 25).

1.4   Dalben aus Stahlspundbohlen

Über Stahlspundwandkonstruktionen zu berichten, erfordert auch Dalben zu erwähnen, die in Häfen und im Schiffahrtsbereich vielfältige Aufgaben erfüllen, wie:
– Anlegen und Festmachen von Schiffen,
– Schutz von Bauwerken und
– Begrenzung von Fahrwassern.

Die Dalben werden dabei je nach Nutzung beansprucht durch Trossenzug, Schiffsstoß, Strömung, Eisschub, Windlast u.a.m. Hinsichtlich der statischen Berechnung wird unterschieden zwischen starren und elastischen Dalben. In konstruktiver Ausführung hat sich der Einpfahldalben (Bild 26) durchgesetzt. Bock- und Bündeldalben haben sich im praktischen Betrieb als zu anfällig erwiesen.
  Hinzuweisen ist auch auf eine Dalbenkonstruktion, die sich in den USA durchgesetzt hat. Aus Flachprofilen werden in den Flüssen Kreiszellen mit etwa 5 m Durchmesser gerammt und mit Sand verfüllt. Diese Dalbenkonstruktion als Anleger und zum Verholen von Schubleichtern ist aus Bild 24 ersichtlich.

---

10 J. KARSTEDT; E. STENDER; H. WOLF: Die Girlandenspundwand. Eine materialsparende Unterwasserkonstruktion, Tiefbau–Ingenieurbau–Straßenbau, Heft 10/1985.

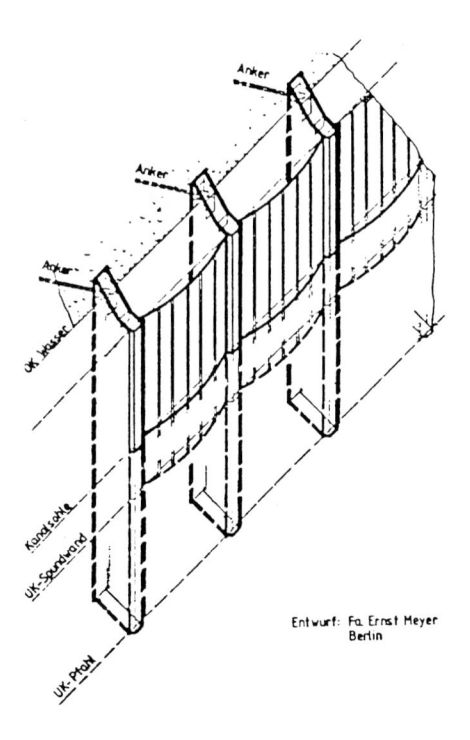

Bild 25 Girlandenspundwand

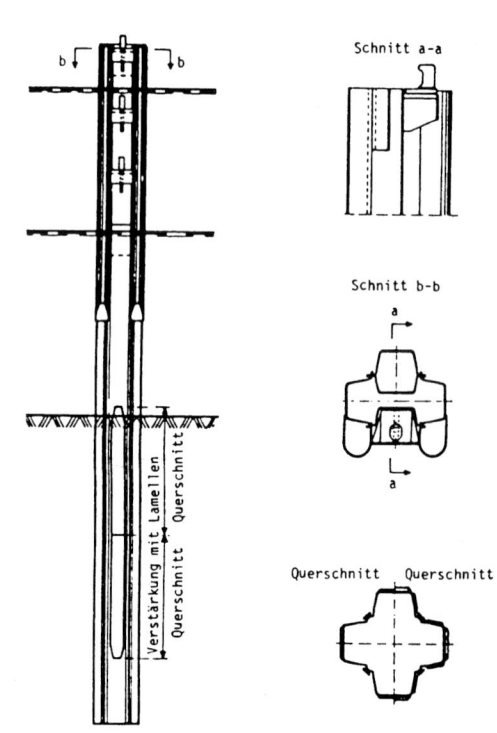

Bild 26 Einpfahldalben mit Stoßpanzerung und Haltekreuzen

2 Entwicklungen für den Einsatz der Stahlspundwandbauweise

Es wäre falsch, den vorliegenden Beitrag nur zu beschränken auf die Entwicklung der Stahlspundbohlen. Diese sind nur ein Teil des meist komplexen Bauwerks zur Lösung der gestellten ingenieurtechnischen Aufgabe. Aus der Zusammenarbeit aller Beteiligten heraus ergaben sich über die Jahre zahlreiche Anstöße, die zu Entwicklungen führten, welche den Einsatz der Stahlspundwandbauweise förderten und manche Einsatzbereiche erst ermöglichten.

2.1 Berechnung von Stahlspundwänden

Neben dem Verfahren nach *Blum*[2] – seit 1931 Klassiker unter den Berechnungsmethoden – ist als weiteres Verfahren die Methode *Brinch-Hansen* zu erwähnen. Mit ihr kam 1960 eine grundsätzlich neue Betrachtung, die sich von der klassischen Theorie nach *Coulomb* löste. Bei diesem Traglastverfahren wird der Erddruck im Bruchzustand der Wand ermittelt. Für die mehrfach verankerte Spundwand wurde 1950 von *Lackner* ein Verfahren entwickelt. Dies erfuhr 1958 für zweifach verankerte Spundwände eine Modifikation durch *Hoffmann*.

In die Spundwandberechnung gehen zahlreiche Parameter ein, die vor der Berechnung gesichert vorliegen sollten. Dies erfordert Vorerhebungen und die Zusammenarbeit des planenden Ingenieurs mit qualifizierten Instituten. Wesentlich sind vor allem:
– Bodenkennwerte
– Wasserüberdruck
– Grundwasserverhältnisse
– Auf- und Nutzlasten hinter der Spundwand
– Bauzustände
– anzusetzender Lastfall

Alle Berechnungsverfahren liegen inzwischen in EDV-Version vor, so daß dem planenden Ingenieur die Arbeit erheblich erleichtert wird. Es erfordert jedoch Erfahrung, die Ergebnisse einer EDV-Berechnung wie z. B. die Ausdrucke von Momenten- und Querkräfteverläufen richtig zu interpretieren.

Es ist noch offen, ob und wie stark die derzeit anlaufende europäische Normung die erwähnten Berechnungsverfahren beeinflußt. Sicherlich hat das neue Sicherheitskonzept nicht unerhebliche Auswirkungen. Die Arbeiten von TC 250 und TC 288 sind ebenso abzuwarten wie die Endfassung des Eurocode 7.

Ein wesentlicher Beitrag für den Einsatz der Stahlspundbohlen wurde 1978 erbracht durch die Hoesch-Schneidenlagerung.[11] Mit dieser Untersuchung wurde nachgewiesen, daß statische und dynamische Vertikal- und Horizontallasten in Stahlspundbohlengründungen eingeleitet werden können. Dies ist wesentlich für den Einsatz bei Brückenbauwerken im Verkehrswegebau.

---

11 Hoesch-Bauweise: Schneidenlagerung auf Stahlspundbohlen, Broschüre der Hoesch Stahl AG, Dortmund.

2.2 Werkstoff Stahl

Für den Erfolg der Stahlspundwandbauweise sind zahlreiche Faktoren ausschlaggebend. Im folgenden sind einige aufgeführt, die sich beziehen auf
- den Werkstoff Stahl und
- die Vorteile des Bauelements.

Die mechanischen und technologischen Eigenschaften der Spundwandstähle sind aus der Tabelle ersichtlich.

Tabelle: Mechanische und technologische Eigenschaften der Spundwandstahlsorten

Spundwand-stahlsorte	Zug-festigkeit N/mm²	Mindest-streck-grenze N/mm²	Mindest-bruch-dehnung %	Dorndurchmesser beim Faltversuch 180° bei der Probendicke a
StSp 37	340–470	235	25	1 · a
StSp 45	420–550	265	22	2 · a
StSp S	480–630	355	22	2 · a

Bei Stahl handelt es sich um einen homogenen und elastischen Werkstoff mit hohen Tragfähigkeitsreserven und Sicherheiten. Die Qualität des Werkstoffs kann geprüft werden während der Herstellung, der Verarbeitung und nach dem Einbringen im Bauwerk.

Die Stahlspundwand ist ein klassisches Fertigelement, das für den jeweiligen Bedarf in der erforderlichen Abmessung einbaufertig auf die Baustelle geliefert wird. Durch die kurzfristige Lieferbereitschaft und den schnellen, witterungsunabhängigen Baufortschritt ist der Einsatz des Fertigelements „Stahlspundbohle" mit erheblichen Zeitvorteilen gegenüber anderen Bauweisen verbunden. Hinzu kommt, daß die Stahlspundwand sofort nach ihrem Einbau belastbar ist. Im Einsatz selbst sind Stahlspundwände sehr flexibel:
- Sie können nach Gebrauch oder bei erforderlichen Bauwerksveränderungen wieder entfernt oder angepaßt werden.
- Gezogene Spundwände können wieder eingesetzt oder als Rohstoff „Schrott" verwendet werden (Recycling).
- Der gleichmäßige Querschnitt von Kopf bis Fuß ist nur im Bereich des maximalen Moments ausgelastet. Es bestehen somit nicht unwesentliche Abnutzungsvorräte und Beanspruchungsreserven.

Weitere Vorteile liegen in der problemlosen Wartung und Instandhaltung eines Spundwandbauwerks. Inspektionen sind jederzeit mit geringem Aufwand möglich. Dies führt dazu, daß Spundwände in der Praxis meist infolge einer Nutzungsänderung erneuert oder erweitert und damit den Anforderungen angepaßt werden müssen.

2.3 Verankerungen

Von den vielen Möglichkeiten, dieses Problem zu lösen, sollen hier zwei besonders erwähnt werden, welche die Spundwandbauweise erheblich förderten.

Im Jahre 1956 wurde der erste MV-Pfahl eingesetzt, welcher die bis dahin übliche klassische Verankerung, bestehend aus Zugglied und Verankerungskörper, wesentlich vereinfachte. Die im Laufe der Jahre gewonnenen Erkenntnisse wurden zusammengestellt, und die Gründe für den Erfolg des Systems erläutert.[12]

Von gleicher Bedeutung, insbesondere für die Verankerung von Baugruben, wurde das 1958 von Dr.-Ing. Bauer, Schrobenhausen, zum Patent angemeldete Verfahren des Injektionsankers.[13] Zwei im Jahre 1959 durchgeführte Verankerungen von Stahlspundwandbaugruben in Zürich und Stuttgart bewiesen, daß das Verfahren für die Stahlspundwandbauweise optimal geeignet war. Eine besondere Leistung zeigt Bild 27, wo eine 225 m lange, 45 m breite und 21 m tiefe Spundwandbaugrube in Hamburg mit 75 000 m Ankern in 5 Lagen gesichert wurde.

Bild 27
Baugrube Jungfernstieg, Hamburg

2.4 Einbringverfahren und Einbringhilfen

Bei den Einbringverfahren sind das Rammen mittels Dieselbär und Schnellschlagbär als ausgereifte und über Jahrzehnte bewährte Verfahren bekannt. Verstärkt zum Einsatz kommt in den letzten Jahren der Vibrationsbär, der anfangs überwiegend zum Ziehen von Bohlen eingesetzt wurde. Bei dieser Technik besteht zwischen Rammgut

---

12 F. BRACKEMANN: Verankerung von Stahlspundwänden mittels gerammter Stahl- und MV-Pfähle, Baumaschine und Bautechnik, 13. Jahrgang, Heft 6/1966.
13 Der Bohrpunkt, Ausgabe 13, Firmenzeitschrift der Fa. Bauer, Schrobenhausen.

und Rammgerät eine feste Verbindung. Durch das Vibrieren wird der Baugrund in einen „pseudoflüssigen" Zustand versetzt, wodurch Mantelreibung und Spitzendruck stark reduziert werden.

Neben der Vibration haben auch die Geräte zum Einpressen der Spundbohlen seit 1972 eine positive Weiterentwicklung erfahren. Bei diesen Verfahren wird statischer Druck auf das Rammgut ausgeübt. Dies hat die Vorteile des geräuscharmen und erschütterungsfreien Einbringens; aber das Pressen ist bodenabhängig und zeitaufwendig.

Wenn aufgrund der Bodenverhältnisse Mantelreibung, Schloßreibung und Spitzenwiderstand größer sind als die Preßkräfte des Geräts, so ist die Grenze des Verfahrens erreicht; Einbringhilfen müssen eingesetzt werden. Beim Bohrpreßverfahren System KLAMMT ist die Einbringhilfe „Bohren zur Entspannung des Bodens" im Preßgerät integriert, so daß mit einer Maschine die Spundbohle eingepreßt und der Boden mit Bohrschnecken gelockert werden kann (Bild 28).

Entspannungsbohrungen in der Wandachse haben sich bei rammtechnisch schwierigen Böden grundsätzlich bewährt, das gilt sowohl für das Einpressen als auch für die anderen Einbringverfahren.

Als weitere Einbringhilfen seien noch
– die Lockerungssprengung zur Aufbereitung von felsartigen Böden,
– die Hochdruckspülung, auch bekannt als Hochdruckvorschneidtechnik (HVT), bei felsartigen und sehr dicht gelagerten Böden und
– die Niederdruckspülung bei zähen Bodenstrukturen und hoch verdichteten, rolligen Böden
genannt.

Die Hochdruckspülung (HVT) wurde 1977 gemeinsam vom Neubauamt Braunschweig sowie der Bundesanstalt für Wasserbau am Mittellandkanal entwickelt und hat sich dort im mehrfachen Einsatz bewährt. Pro Doppelbohle werden zwei Spüllanzen eingesetzt, die wiedergewonnen werden. Die Düsen am Ende der Lanze haben einen Durchmesser von 0,8–1,5 mm, der Betriebsdruck der Pumpe liegt bei 250–500 bar, die benötigte Wassermenge je Lanze bei 60–120 l/min.

Das Niederdruckspülverfahren in Verbindung mit Vibration wurde im Münchner Raum entwickelt (1974) und perfektioniert (1986). Je nach Ergebnis eines Probelaufs werden 2 oder 4 Lanzen je Doppelbohle eingesetzt. Die Lanzen mit 3/8" Durchmesser arbeiten ohne zusätzliche Düsen. Bei Bedarf wird jede Spüllanze mit einer separaten Pumpe beschickt. Der Betriebsdruck der Pumpen liegt bei 15–18 bar, die benötigte Wassermenge je Lanze beträgt bis zu 300 l/min.

Bei Aufzählung der Verfahren, die in letzter Zeit dazu führten, daß bei kritischen Böden verstärkt Spundbohlen eingesetzt werden, darf ein altes und bewährtes nicht vergessen werden: das Einstellen der Spundwand in eine thixotrope Flüssigkeit. Je nach Segmentbreite werden hier Drei- oder Vierfachbohlen eingesetzt.

Die beschriebenen Verfahren zeigen, daß es möglich ist, mit geeigneten Methoden die Spundwand wirtschaftlich auch in Fällen einzubringen, wo rammtechnisch schwierige Böden anstehen.

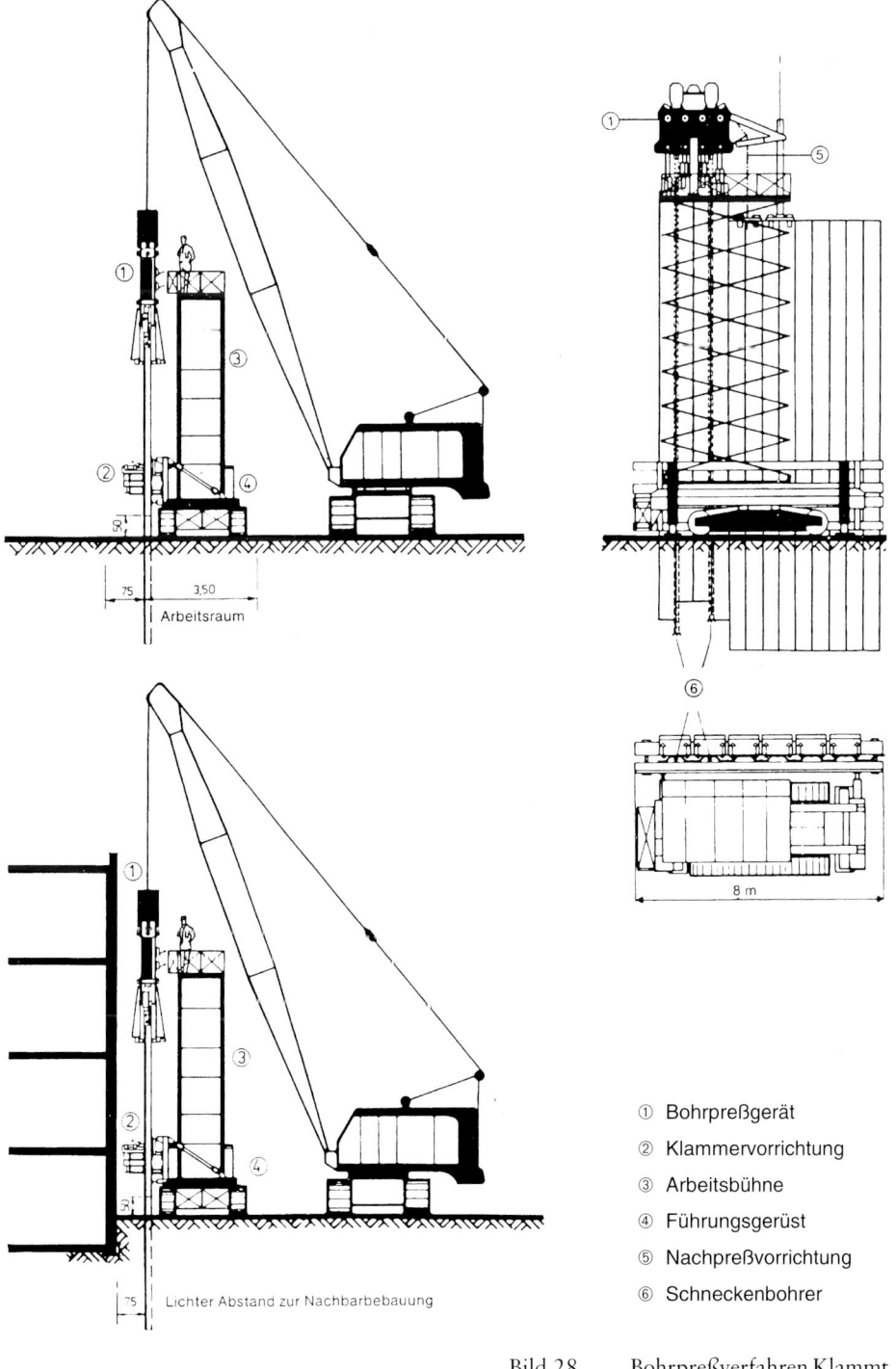

Entwicklung für den Einsatz der Stahlspundwandbauweise

① Bohrpreßgerät
② Klammervorrichtung
③ Arbeitsbühne
④ Führungsgerüst
⑤ Nachpreßvorrichtung
⑥ Schneckenbohrer

Bild 28   Bohrpreßverfahren Klammt

2.5 Schloßdichtung

Seit 1966 wird versucht, das werkseitig eingezogene Schloß und das Baustellenfädelschloß durch Einsatz von plastischen Dichtungsmassen so zu verfüllen, daß eine weitgehend dichte Stahlspundwand hergestellt werden kann. Damit entfallen bei einer trockenen und dichten Baugrube die Kosten für das Abpumpen von zulaufendem Wasser.

Ein wesentlicher Schritt, insbesondere bei verbleibender Stahlspundwand, wurde hier im Jahre 1977 erzielt durch die Schloßdichtung „System Hoesch" (DBP 27 22 978). Das System wurde inzwischen weiterentwickelt und verbessert (Bild 29). Damit ist es nicht nur möglich, dichte Baugruben herzustellen, sondern die Einsatzgebiete
- Sicherung und Sanierung von Altlasten,
- Eindämmung von Deponien,
- Stahlspundwand als Dichtwand in Dämmen

wurden damit erst ermöglicht.

Wenn eine Stahlspundwand im Baugrubenbereich mehrfach eingesetzt werden soll, kommen im Baustellenfädelschloß Heißvergußmassen wie Beltan und Siro 88 zum Einsatz. Auch diese Vergußstoffe haben sich inzwischen vielfach bewährt und ihre Umweltverträglichkeit bewiesen.

Bild 29   Einbringen der Schloßdichtung „System Hoesch" im Werk

2.6 Korrosionsschutzmaßnahmen

Detailliert auf dieses Thema einzugehen, würde den vorgegebenen Rahmen sprengen. Wesentliche Fortschritte wurden in den letzten Jahren erreicht durch
- Verbesserung der Stahlqualität und
- Weiterentwicklung der Beschichtungstechnik.

Ausgehend von ersten Versuchen im Jahre 1970 mit polyurethanbeschichteten Stahlspundbohlen wurden die Techniken weiterentwickelt. Dies gilt für die Qualität des erforderlichen Strahlens ebenso, wie für die Aufbringtechnik mit dem airless-Spritzverfahren und die Qualitätskontrolle der Beschichtung. Neben dem Korrosionsschutz bietet die Beschichtung auch gestalterische Möglichkeiten für sichtbare, verbleibende Stahlspundwandflächen.

Alle vorbeschriebenen Punkte haben für sich allein oder in Verbindung mit anderen nicht genannten wesentlich zur Weiterentwicklung des Einsatzes der Stahlspundbohlenbauweise beigetragen.

3 Neue Anwendungsgebiete

Während im Abschnitt 1 die inzwischen klassisch zu nennenden Einsatzgebiete beschrieben wurden, sollen im folgenden einige Anwendungen dargestellt werden, die sich in den letzten Jahrzehnten bzw. Jahren erst entwickelt haben. Diese werden dazu beitragen, daß die Stahlspundwandbauweise einen festen Platz im Spezialtiefbau behält.

3.1 Stahlspundwände als bleibendes Element beim Bau von Tiefgaragen

Dieses Einsatzgebiet hat sich aus der Anwendung von Stahlspundwänden zur Sicherung von Baugruben ergeben. Bei beengten Verhältnissen im innerstädtischen Bereich ist es verständlich, daß überlegt wurde, wie der Arbeitsraum zwischen Baugrubensicherung und Außenwand im KG-Bereich eingespart werden kann. Die Stahlspundwände der Baugrubensicherung boten sich an, da sie als bleibender Bestandteil des Bauwerkes auch die auftretenden Gebäudelasten sicher in den Baugrund ableiten. Zudem bietet der Werkstoff Stahl die Möglichkeit, die für den Anschluß der Stahlbetondecken erforderliche Verbindungsbewehrung anzuschweißen.

Bei den Bauwerken „Oslo City" und „Royal Christiania Hotel"[14] wurde aufgrund der erforderlichen Tiefen das Profil Larssen 430 eingesetzt. Es handelt sich hierbei um sechs- bzw. dreigeschossige Tiefgaragen.

Der Bauablauf beim Projekt „Oslo City" vollzog sich folgendermaßen:

An das Profil Larssen 430 wurden vier Stahlrohre geschweißt und das Rohrende mit einer Betonplombe verschlossen. Die Spundbohlen vibrierte man bis auf den Felshorizont und rammte anschließend nach. Von der Geländeoberfläche bohrte man durch die Stahlrohre in den Fels. Eingebrachte Stahldübel sicherten die Aufnahme der Scherkräfte im Bereich Spundwandfuß/Fels.

Um einen sicheren Anschluß zu gewährleisten und die anstehenden Klüfte wasserdicht zu schließen, wurde der Fußbereich mit Zementsuspension verpreßt. Nach dem Aushub bis auf die Baugrubensohle wurde vor den Spundwandfuß ein bewehrter und im Fels verankerter Lastverteilungsbalken betoniert.

---

14 Proceedings of the 4th International Conference on Piling and Deep Foundations Stresa, Italy, April 1991.

In Bad Oeynhausen[15] wurden die Bohlen aufgrund der nahen Bebauung eingepreßt. Die anschließend verschweißten Spundwände wurden so tief in die schluffigen Sande vorgetrieben, daß diese als wasserdichter tragender Baugrund genutzt werden konnten. Die Anschlüsse von Decke/Sohle an die Stahlspundwand sind aus Bild 30 ersichtlich. Nach Abschluß der Baumaßnahme wurden die Stahlspundwände gestrahlt und beschichtet.

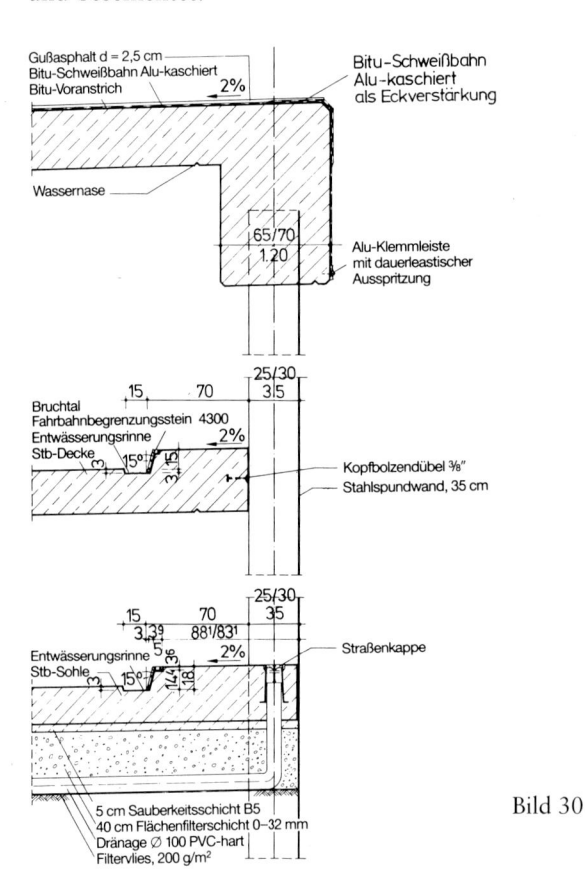

Bild 30   Tiefgarage Bad Oeynhausen
Anschluß Decke/Sohle an Stahlspundwand

3.2   Stahlspundwände als Dichtwände

Hierbei ist nicht die Stahlspundwand gemeint, die vorübergehend für eine dichte Baugrube sorgen soll, sondern Stahlspundbohlenelemente, die quasi als „Kerndichtung" bleibendes Element der Baumaßnahme sind. Zahlreiche Kilometer Stahlspundwände, die in Kanaldämmen, Flußböschungen und anderen Anwendungsfällen ausgeführt wurden, belegen, daß sich die Stahlspundwand in diesem Einsatzgebiet bewährt.

---

15   W. TIEMANN; F. DORMANN: Zentraler Omnibusbahnhof und Tiefgarage in Bad Oeynhausen, Tiefbau–Ingenieurbau–Straßenbau, Heft 4, 1987.

Kerndichtung mit Stahlspundwänden

Diese Bauweise hat sich bereits bei zahlreichen kleineren Dammbauwerken, so z. B. im Bereich der Dhünntalsperre, bewährt. Eine Herausforderung stellt sich bei der 1992 abgeschlossenen Baumaßnahme „Flotations-Absinkweiher Hahnwies" des Bergwerks Göttelborn der Saarbergwerke AG.[16] Ausschlaggebend für die gewählte Lösung (Bild 31) waren die Randbedingungen für den über 30 m hohen und 600 m langen Damm. Als Dichtungselement wurde eine Stahlspundwand gewählt, die durch die Schloßdichtung „System Hoesch" in den Fädelschlössern wasserdicht ausgebildet wurde.

Eingestellte Stahlspundwand als Dichtwand

Im Orsoy-Bogen des Rheins führten die Hochwässer immer dazu, daß die hinter dem Damm liegenden Grundwasservorkommen beeinträchtigt wurden. Nach Untersuchungen durch Institute der Universität Bochum wurde geplant, die Gefährdung durch eine Dichtwand im Dammbereich zu reduzieren (Bild 32). Da Setzungen und Zerrungen durch den Kohleabbau der Bergwerke Niederrhein AG zu erwarten sind, war eine klassische Einphasen- und Zweiphasendichtwand nicht ausreichend. Die Stahlspundbohlenelemente, bestehend aus Dreifachbohlen mit bis zu 32 m Länge, sollten die erforderliche Sicherheit gewährleisten, indem sie in eine Suspension gestellt wurden.[17] Wie die nach Abschluß der Baumaßnahme durchgeführten Messungen zeigen, erfüllt die Stahlspundwand die in sie gesetzten Erwartungen.

Bild 31   Flotations-Absinkweiher Hahnwies, Göttelborn

Bild 32   Dichtwand am Rheindeich, Orsoy

---

16 F. Deman; U. Eberle: Planung und Bau einer Spundwanddichtung in einem Damm, Spundwandbericht 3, Hoesch Stahl AG, Dortmund.
17 J. Unterberg: Dichtwand mit eingestellter Stahlspundwand und Versuche mit Dichtungsbahnen aus Kunststoff im Bergsenkungsgebiet, Vorträge der Baugrundtagung 1986 Nürnberg.

Bild 33   Deponie Penzberg, Kreis Weilheim-Schongau

3.3 Stahlspundwände zur Sicherung und Sanierung von Deponien und Altlasten

Die Stahlspundwand ist – neben anderen Baustoffen bzw. Bauverfahren - geeignet, als vertikale Abdichtung zur Sicherung und Sanierung von Altlasten eingesetzt zu werden (Bild 33).
Von einer vertikalen Dichtwand werden als Eigenschaften gefordert:
– Dichtigkeit gegenüber Grundwasser/Deponieabwasser
– Beständigkeit gegenüber den Inhaltsstoffen der Deponie oder Altlast
– Einbindung in die undurchlässige Bodenschicht
– Eignung bei inhomogenen Untergrundverhältnissen
Anhand vorliegender Erfahrungswerte von fertiggestellten Bauwerken und laufenden Untersuchungen hat sich der Einsatz der Stahlspundwand in zahlreichen Anwendungsfällen bewährt.[18]

---

18 S. ROTH: Stahlspundwand als vertikale Abdichtung zur Sicherung und Sanierung von Altlasten, Vortrag in Berlin am 26. März 1992 in der Fachtagung „Abdichtung von Deponien und Altlasten" an der Technischen Universität Berlin.

3.4 Einsatz von Stahlspundwänden als Lärmschutzmaßnahme

Der Einsatz von Stahlspundbohlen in Verbindung mit Lärmschutzmaßnahmen ist im Verkehrswegebau auf verschiedene Art und Weise möglich.[19] Am bekanntesten und bisher auch am häufigsten aufgeführt ist der Fall, daß die Stahlspundbohlen den Lärmschutz tragen. Hierbei ist zu unterscheiden zwischen Stahlspundbohlen und Stahlpfählen, die als „Fundament" für Lärmschutzelemente verschiedenster Art dienen sowie Stahlspundbohlen, an denen die Lärmschutzelemente befestigt werden, wie
- vorgemauerte Akustiksteine und
- vorgehängte Tafelelemente aus gegossenem Leichtbeton.

Daneben, und dies ist eine nicht uninteressante Entwicklung, wird die Stahlspundbohle in jüngster Zeit selbst als Sicht- und Lärmschutz verwandt (Bild 34). Da dabei auch optische und gestalterische Gesichtspunkte eine Rolle spielen, werden die Bohlen in diesem Anwendungsbereich beschichtet eingesetzt.

Bild 34   Lärmschutzwand in Thionville, Frankreich

---

19 S. ROTH: Lärmschutzmaßnahmen mit Stahlspundwänden, Vortrag in Hamburg am 21./22. Februar 1991 im Rahmen des VDI-Seminars „Bauen im Zeichen des Umweltschutzes" -- Verfahren und Methoden in Theorie und Praxis.

4 Schlußbemerkung

Im vorliegenden Beitrag sollte gezeigt werden, in welchen Bereichen die Stahlspundwandbauweise, neben anderen Verfahren oder mit diesen kombiniert, zur Lösung von ingenieurtechnischen Aufgaben eingesetzt werden kann. Eine möglichst frühe Zusammenarbeit aller Beteiligten mit dem Stahlspundbohlenhersteller ist vorteilhaft bei der Erarbeitung einer technisch und wirtschaftlich optimalen Lösung. Häufig erweist sich gerade bei problematischen Aufgaben die Anwendung der Stahlspundwandbauweise als sinnvoll.

Die Erkenntnisse aus 90jähriger Erfahrung und die Entwicklung der letzten Jahre lassen die Stahlspundwandbauweise mit ihren vielfältigen Möglichkeiten aktueller denn je erscheinen. Sie wird, wie bisher, ein fester Bestandteil des Spezialtiefbaus bleiben.

HANS LUDWIG JESSBERGER

Baugrundvereisung – Geschichtlicher Rückblick und Entwurfsgrundsätze

1 Einführung

In den letzten Jahren wurde die Baugrundvereisung bei schwierigen Untergrundverhältnissen für den Tunnelbau, für die Sicherung von Baugruben und für tiefe Gefrierschächte in zunehmendem Maße zum Einsatz gebracht. Die Gefriertechnik wurde in diesen Fällen angewendet, da sie die beste technische und wirtschaftliche Lösung darstellte, um das Grundwasser zu kontrollieren und ausgehobene Bodenbereiche zu sichern. Oft waren die Hauptgründe für die Anwendung die Flexibilität des Gefrierverfahrens und die Vermeidung von negativen Umwelteinwirkungen. Häufig wurde auch zum Gefrierverfahren gegriffen, wenn alle anderen grundbautechnischen Verfahren bei extremen Randbedingungen versagt haben.

Die häufigen Anwendungen des Gefrierverfahrens haben dazu geführt, daß aufgrund der gemachten Erfahrungen und verbunden mit vielfältigen, theoretischen und praktischen Weiterentwicklungen die praktische Einsatzfähigkeit des Gefrierverfahrens als weitgehend ausgereift gelten kann. Im Einzelfall ist jedoch immer zu prüfen, ob vom technischen Standpunkt die Bodenvereisung die richtige Baumethode ist und ob sie auch in wirtschaftlicher Hinsicht dem Wettbewerb mit anderen Verfahren standhält.

Bei der Bodenvereisung wird der Boden mit Hilfe von Gefrierrohren abgekühlt, die im Boden angeordnet werden und durch die meist eine Kalziumchloridlösung als Kühlmittel zirkuliert (siehe Bild 1). Die Temperatur dieser Gefrierlauge liegt meist bei etwa $-20\,°C$, unter besonderen Bedingungen bei etwa $-40\,°C$. Mit diesem sogenannten Laugengefrieren können große Bodenvolumina gefroren werden.

In zahlreichen Fällen hat sich auch das Schockgefrieren unter Verwendung von flüssigem Stickstoff bewährt. Der Vorteil dieser Methode liegt wegen der Verdampfungstemperatur des flüssigen Stickstoffes von $-196\,°C$ darin, daß der tiefer gefrorene Boden eine höhere Festigkeit erreicht als beim Laugengefrieren und außerdem der Gefriervorgang schneller abläuft. Das Schockgefrieren mit flüssigem Stickstoff kann gegenüber dem Laugengefrieren in folgenden Fällen Vorteile bringen:
– Relativ geringe Volumina an gefrorenem Boden
– Kurze Bauzeit
– Erfordernis der sehr raschen Bodenvereisung
– Verfestigen von bestimmten Bodenzonen
– Vorhandensein von erhöhter Fließgeschwindigkeit des Grundwassers
– Gefrieren von nichtwassergesättigtem Boden

Als Ergänzungsmaßnahme zum Gefrieren hat sich häufig eine Untergrundverpressung mit Zement o. ä. bewährt, die vor dem Gefrieren durchgeführt wird, insbesondere

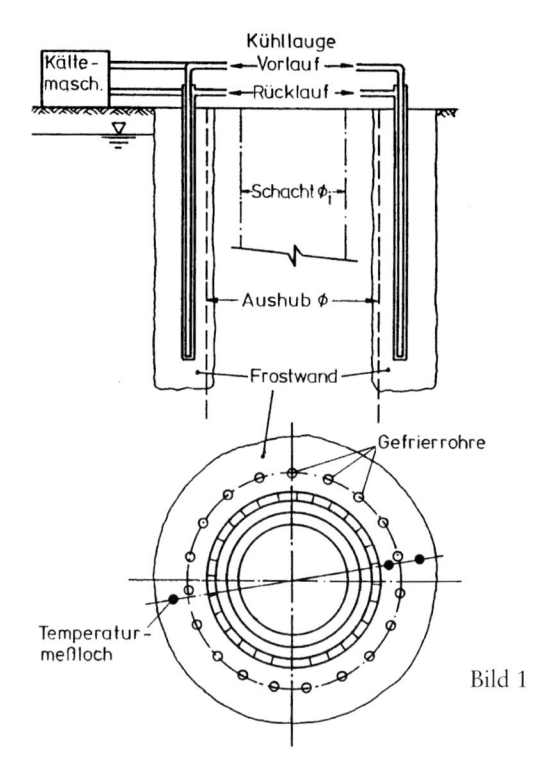

Bild 1   Sicherung eines Aushubbereiches (hier ein Schacht) durch einen künstlich hergestellten Vereisungskörper

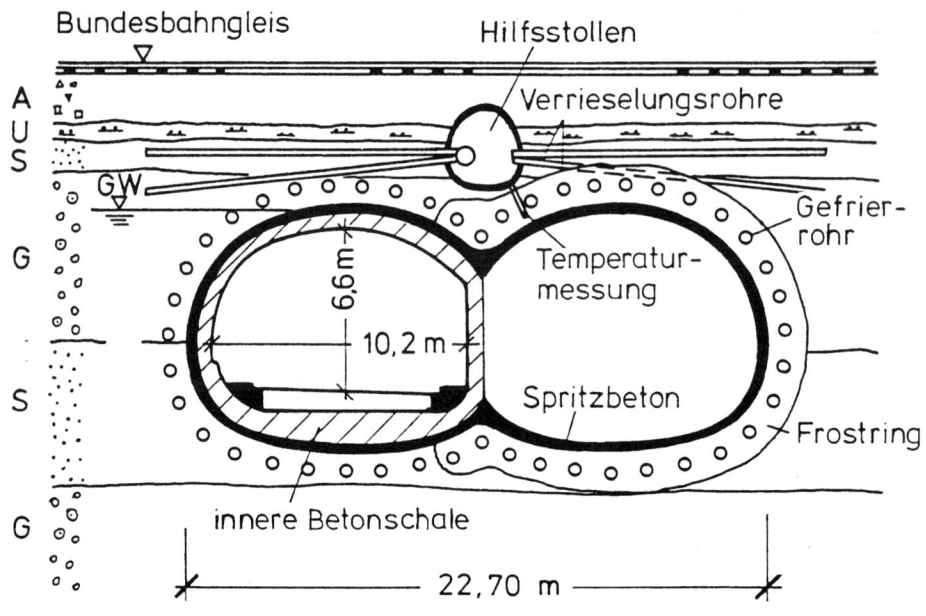

Bild 2   Querschnitt durch den Fahrlach-Tunnel in Mannheim[1]

um homogenere Bodenverhältnisse zu erzeugen, die Fließgeschwindigkeit des Wassers im Untergrund zu reduzieren sowie um mögliche Setzungen nach dem Auftauen zu vermindern. Dabei zeigt sich die Kombination von Gefrieren und Verpressen oft in technischer wie in wirtschaftlicher Hinsicht als vorteilhaft.

Bild 2 zeigt beispielhaft die Anwendung des Gefrierverfahrens im Tunnelbau, und zwar für die Herstellung der Doppelröhren des Fahrlach-Tunnels in Mannheim. Technisch besonders anspruchsvoll ist diese horizontale Baugrundvereisung mit etwa 100 m² Ausbruchquerschnitt je Tunnelröhre unter anderem durch die erforderlichen aufwendigen Maßnahmen zur richtungsgenauen Bohrung von 92 m langen, etwa horizontalen Gefrierlochbohrungen, zur Erhöhung der Festigkeit und Steifigkeit des Frostkörpers oberhalb des Grundwasserspiegels durch künstliche Wasseranreicherung mit Hilfe von Verrieselungsrohren sowie zur Minimierung der Verformungen infolge Frosthebungen oder Setzungen im Gleisbereich der hochfrequentierten Bundesbahnanlage.

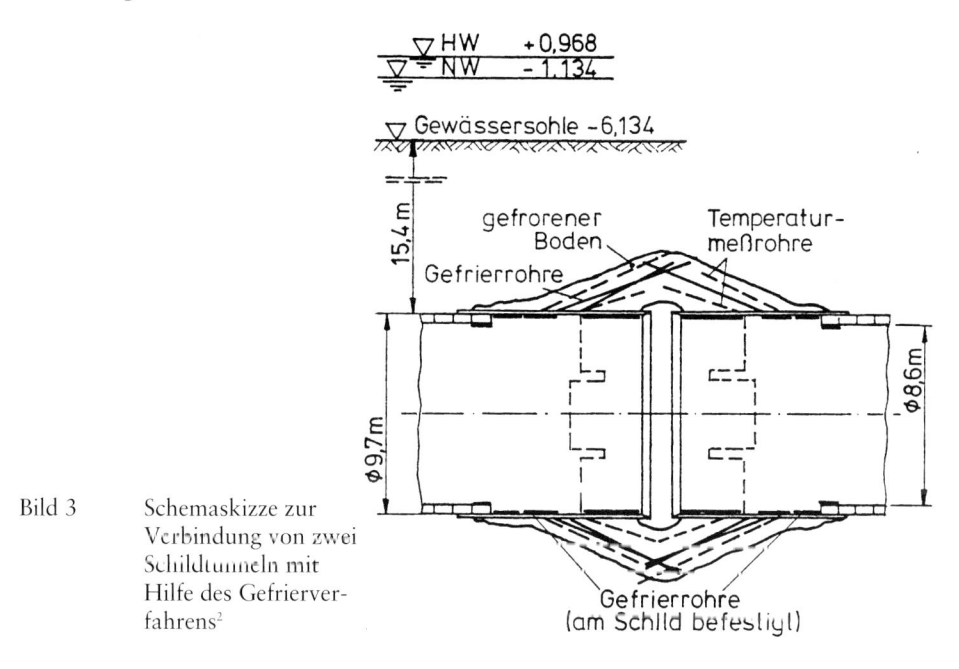

Bild 3   Schemaskizze zur Verbindung von zwei Schildtunneln mit Hilfe des Gefrierverfahrens²

Als weiteres Beispiel ist in Bild 3 eine spezielle Anwendung der Bodenvereisung dargestellt. In diesem Fall wurde die Verbindung zwischen zwei im Schildverfahren aufgeführten Tunnel mit 9,7 m Durchmesser in einer Tiefe von 22,5 m unter Meeresspiegel und etwa 15 m unter Gewässersohle mit Hilfe der Bodenvereisung durchgeführt.² Um diese herausragende Aufgabe zu bewältigen, waren einmal am Schildmantel innen Gefrierrohre angebracht, um den direkten Anschluß von gefrorenem Boden an den Schildmantel von außen sicherzustellen. Außerdem wurden in den umgebenden Boden hinein Gefrierrohre durch den Schildmantel hindurch vorgetrieben. Bild 4 zeigt die Ansicht des Tunnelverschlusses mit Hilfe eines Frostkörpers von einem der beiden Tunnel aus.

Im vorliegenden Beitrag soll im nächsten Kapitel ein kurzer geschichtlicher Rückblick über die Entwicklung des Gefrierverfahrens speziell im Spezialtiefbau und im Tunnelbau gegeben werden, unter besonderer Berücksichtigung der Entwicklung in Deutschland und den Nachbarländern. Das dann folgende Kapitel erläutert die wichtigsten Entwurfskriterien für konstruktiv wirksame Elemente aus gefrorenem Boden und gibt Hinweise auf die für die Bemessung maßgebenden Stoffeigenschaften des gefrorenen Bodens; dieses Kapitel ist ein modifizierter Empfehlungsentwurf der entsprechenden ISGF-Arbeitsgruppe.[3] Die Schlußbetrachtung schließlich enthält einige Anmerkungen zu den neueren Entwicklungstendenzen zur Anwendung des Gefrierverfahrens.

Bild 4   Foto zu Bild 3; die Frostwand ist mit Isoliermatten abgedeckt (Foto: Numazawa)

2   Kurzer geschichtlicher Rückblick

Im Mittelpunkt des vorliegenden Beitrages soll die Anwendung der Baugrundvereisung im Bauwesen, und hier insbesondere im Tunnel- und Stollenbau stehen. Es ist aber notwendig, parallel dazu kurz auf die Anwendung des Gefrierverfahrens im Schachtbau einzugehen, und zwar dies nicht nur, weil das Gefrierverfahren für den Schachtbau erfunden wurde, sondern auch deshalb, weil in Verbindung mit dem Schachtbau wesentliche Erkenntnisse, insbesondere im Hinblick auf die Materialeigenschaften von gefrorenem Boden gefunden wurden. Umgekehrt sind vom Bauingenieurwesen wichtige Impulse zum Gefrierschachtbau ausgegangen, so daß man mit Recht von einer wechselseitigen Befruchtung in der Entwicklung des Gefrierverfahrens einmal vom Schachtbau und dann vom Grundbau sprechen kann. Im folgenden wird jedoch nur soweit nötig auf den Gefrierschachtbau eingegangen, im Vordergrund steht die Anwendung der Baugrundvereisung im Spezialtiefbau und Tunnelbau.

2.1 Die Anfänge des Gefrierverfahrens

Der Markscheider Hermann Poetsch gilt als Erfinder des Gefrierverfahrens, und seine Erfindung wurde unter der Patentnummer 25015 vom 27. Februar 1883 patentiert. Der Patentanspruch, der durch zwei Zeichnungen erläutert ist, lautet folgendermaßen:[4]

„Eine Methode, um Bohrlöcher, Schächte und Ausschachtungen im Wasser oder im schwimmenden Gebirge leicht, schnell und lotrecht abzuteufen und alte Schächte nachzuführen, charakterisiert durch die Anwendung einer in sich geschlossenen Mauer aus Eis oder gefrorenem, schwimmendem Gebirge, welche genügend stark ist, um allem Seitendruck und Sohlendruck zu widerstehen, und wobei diese Eis- oder Frostmauer mit Hilfe einer Anzahl von Röhren, welche in passender Entfernung niedergebracht sind und in denen tief erkaltete Luft oder tief erkaltete Flüssigkeit zirkuliert, hergestellt wird."

1889 erscheint ein Artikel über das Gefrierverfahren mit der Ergänzung in der Überschrift: „Ein epochaler Fortschritt auf dem Gebiet des gesamten Bauwesen". In diesem Aufsatz wird neben der Anwendung des Gefrierverfahrens im Schachtbau auch auf Anwendungen zur Sicherung von Baugruben und beim Tunnelvortrieb eingegangen.[5]

In der Folgezeit scheint offenbar das Gefrierverfahren bei einzelnen Stollen- und Tunnelbauten zur Anwendung gekommen zu sein. Wir lesen jedoch im Handbuch der Ingenieurwissenschaften 1902,[6] daß das Gefrierverfahren durch die Verwendung von Druckluftschilden praktisch vollständig verdrängt wurde. Demgegenüber hat die Anwendung des Gefrierverfahrens beim Schachtbau weitere Fortschritte gemacht, sicher nicht zuletzt deshalb, da 1915 Domke[7] ein Rechenverfahren zur Bemessung des Frostkörpers beim Schachtabteufen vorgelegt hat, das 60 Jahre lang die Grundlage der Schachtbemessung darstellte.

Aus den 30er und 40er Jahren liegen einige Veröffentlichungen zur Anwendung des Gefrierverfahrens im Grundbau vor (z. B. Lenk 1942[8]); aber hier sowie in dem bekannten Buch von Kollbrunner 1948[9] geht es im wesentlichen um die Sicherung von schachtartigen Baugruben durch vertikale Frostwände. Als Neuerung gegenüber dem in Kapitel 1 beschriebenen Laugenverfahren erläutert Kollbrunner das Verfahren von Rodio, bei dem verflüssigtes CO_2 in Gefrierrohre eingebracht wird, die gleichzeitig als sogenannte Verdunstungsrohre wirken. Dabei soll einmal die Verdunstungstemperatur von −79 °C zu tieferen Frostkörpertemperaturen und die Verwendung von CO_2 zu einem wesentlich vereinfachten Verfahrensablauf führen. Es sei vermerkt, daß in modifizierter Form dieses Prinzip für die Alaska-Pipeline mit den sogenannten heat pipes zur Anwendung gekommen ist.

2.2 Theoretische und praktische Weiterentwicklung der Baugrundvereisung ab 1950 bis Mitte der 70er Jahre

2.2.1 Theoretische Arbeiten

Hier werden zunächst die Arbeiten von Khakimov 1957[10] und von Takashi et al. 1961[11] erwähnt, die sich mit der Frostkörperentwicklung, d. h. mit der thermischen Berechnung beschäftigt haben, und zwar insbesondere auch unter Berücksichtigung einer Grundwasserströmung. Weiterhin sind hier die Arbeiten von Ständer 1960 und 1961[12,13] zu nennen, der ein Rechenverfahren zur Temperaturverteilung im Frostkörper entwickelt hat, das erst von den numerischen Rechenmethoden abgelöst wurde.

Im Hinblick auf die Bestimmung der Festigkeits- und Kriechparameter von gefrorenem Boden ist Vialov[14] besonders hervorzuheben, der als Herausgeber Ende der 50er Jahre zwei wichtige Bücher vorgelegt hat. Auch Tsytovich soll erwähnt werden, der zahlreiche grundlegende Untersuchungen zur Physik des gefrorenen Bodens veröffentlicht und schließlich in einem Standardwerk zusammengefaßt hat.[15]

In diesen Zeitraum fallen sehr grundsätzliche Untersuchungen zum mechanischen Verhalten von gefrorenem Gebirge, die im geologischen Landesamt Nordrhein-Westfalen unter Leitung von Wolters[16,17] durchgeführt wurden, allerdings mit besonderer Zielrichtung auf den Gefrierschachtbau.

Auf den Grundbau ausgerichtet ist schließlich ein Kapitel im Lehrbuch von Széchy 1965,[18] der neben der grundsätzlichen Beschreibung der Bodenvereisung die Anwendung des Gefrierverfahrens insbesondere in Richtung auf schachtähnliche Baugruben sieht und Rechenansätze für die Standsicherheitsnachweise und den Entwurf der Kälteanlage vorlegt.

In dem hier betrachteten Zeitraum arbeitete der Verfasser an einigen Fragen des Gefrierverfahrens, und zwar insbesondere im Hinblick auf die Bestimmung von Festigkeits- und Kriechparametern von gefrorenem Boden[19] sowie zusammen mit Nußbaumer[20] und Klein[21] an der Weiterentwicklung von Rechenverfahren für die Frostkörperbemessung im Tunnel- und Schachtbau. An dieser Stelle ist auch die Dissertation von Klein[22] 1978 zu erwähnen, der maßgebend an der numerischen Berechnung von Standsicherheits- und Verformungsnachweisen für das Gefrierverfahren mitgearbeitet hat.

2.2.2 Wichtige Projekte zur Baugrundvereisung

Für den Schachtbau hat in diesem Zeitraum die Entwicklung des sogenannten Gleitschachtausbaus stattgefunden, bei dem zwischen anstehendem Gebirge und Schachtausbau eine Gleitschicht (meist Asphalt) eingebracht wird, die insbesondere abbaubedingte Gebirgsbewegungen von der Schachtsäule fernhalten soll. Tabelle 1 gibt einige Daten der in dieser Zeit errichteten Gefrierschächte wieder, die als Gleitschächte ausgebaut sind und Gefrierteufen zwischen 115 und 348 m erreicht haben.[23] Nicht aufgeführt sind die sieben bis zu 625 m tiefen Gefrierschächte, die zwischen 1964 und 1970 unter maßgebender Beteiligung deutscher Schachtbauunternehmen in Kanada abgeteuft wurden.

Tabelle 1 Gefrierschächte, die als Gleitschächte ausgebaut wurden
(ab 1950 bis Mitte der 70er Jahre)

Schacht	Bauzeit	Ø m	End-teufe m	Gefrier-teufe m
Auguste Victoria 7	1956–1959	6,75	960	230
Wulfen 1	1957–1959	7,30	1076	270
Wulfen 2	1958–1960	7,30	1076	270
Warndt	1958–1960	7,50	750	348
Sophia Jacoba 6	1961–1962	6,75	620	268
Auguste Victoria 8	1963–1966	6,75	1056	218
General Blumenthal 8	1964–1967	7,50	980	115
Nordschacht	1964–1967	7,30	1020	302
Altendorf	1967–1969	5,00	837	115

Tabelle 2 Größere Gefriertunnelprojekte (ab 1950 bis Mitte der 70er Jahre)

Ort	Durch-messer bzw. Breite m	Über-deckung m	Länge m	H/V	L/N$_2$	Literatur
Frankfurt	1,40	6	200	H	L	[24]1965
Moskau	6	12		V	L	[25]1964
Hamburg-Wilhelmsburg	0,7	6–8	980	H	L	[26]1967
l'Hongrin-Léman	3,5	300	2 × 42	H	L	[27]1967
Paris	10,4	16	14 + 2	H	L	[27]1967
Wattrelos	5	6,5	130	V	L	[27]1967
Tokio				H	L	[28]1969
Friedrichshafen	2	7	50	V	L	[29]1971
Dortmund	3,5	4,5	110	H	L	[30]1972

H = horizontal, V = vertikal (Gefrierrohre), L = Lauge, N$_2$ = Stickstoff

In dem hier zu betrachtenden Zeitraum werden einige Tunnel- und Stollenprojekte planmäßig mit Hilfe des Gefrierverfahrens durchgeführt. Tabelle 2 enthält einige Angaben zu den ausgewählten Projekten, die ergänzt werden könnten durch zahlreiche Gefrierprojekte bei kritischen Randbedingungen, d. h. wenn andere Verfahren nicht zum Erfolg geführt haben.

Als Beispiel für einige Gefrierprojekte in dem betrachteten Zeitraum ist in Bild 5 a) die Schachtschalung für einen Bohrschacht des Projektes Hamburg-Wilhelmsburg gezeigt. Die Aussparungen für die parallel außerhalb des Eiprofils angeordneten Gefrierrohre sind deutlich zu erkennen. Bild 5 b) zeigt als weiteres Beispiel aus diesem Zeitabschnitt den Anfahrschacht für den Gefrierstollen Dortmund; die um den

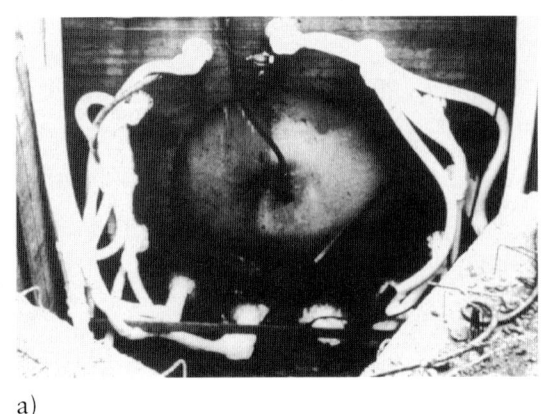

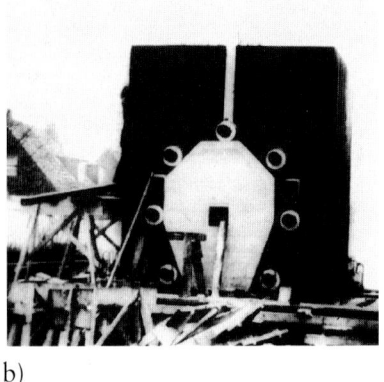

Bild 5　Zwei Beispiele für Gefrierstollen:
a) Schmutzwassersiel Hamburg-Wilhelmsburg (Foto: Burkhardt)
b) Abwasserkanal Dortmund-Mengede (Foto: Braun)

kreisförmigen Stollen angeordneten Gefrierrohre sind durch den Rauhreif weiß und damit auf dem Bild gut sichtbar.

In den hier behandelten Zeitraum fällt auch der Bau von unterirdischen Flüssiggasspeichern in Nordafrika, Amerika und in England. Man hatte die Idee, im Schutz von vertikalen, kreisringförmigen Gefrierwänden den Boden auszuheben und in den geschaffenen Raum ohne größere Zusatzmaßnahmen Flüssiggas einzuleiten. Ein Beispiel ist hier die Anordnung mehrerer solcher Speicher in der Nähe von London.[31] Hier wurde ein Hohlraum von 40 m Durchmesser und 40 m Tiefe bei einer Frostwandstärke von 6 m ausgehoben. Diese Flüssiggasspeicher mußten bald aufgegeben werden, da wegen der Flüssiggastemperatur von rund −70 °C im Untergrund Schrumpfrisse entstanden sind, durch die das Gas entwichen ist.

Auch eine andere große Baumaßnahme des Gefrierverfahrens, nämlich eine Baugrube für ein Kernkraftwerk in Amerika,[32] brachte besondere Baustellenerfahrungen in bezug auf die Wirkung von strömendem Grundwasser auf die Ausbildung eines Frostkörpers. An der Anströmseite des Grundwassers mußten bei dieser Baugrube erhebliche Zusatzgefrierlöcher eingebracht werden, um den Frostkörper schließen und damit eine dichte Baugrubenumschließung herstellen zu können.

Schließlich sei auch die Anwendung des Gefrierverfahrens beim Umbau des Karlsplatzes in München erwähnt. Hier wurden zahlreiche Gefrierschächte von 20 bis 35 m Tiefe und einem Ausbruchdurchmesser von 1,50 m hergestellt, um die Stahlstützen für das unterirdische Bahnhofsbauwerk aufnehmen zu können. Während bei diesem Projekt mit Gefrierlauge gearbeitet wurde, ist ein weiteres Projekt zu erwähnen, das im Zuge der Brenner-Autobahn erstellt wurde. Für eine Pfeilergründung im Lago di Fortezza wurde in einer künstlich eingebrachten Dammschüttung ein Gefrierschacht mit etwa 10 m lichtem Durchmesser bis auf den etwa 17 m tiefer anstehenden Fels niedergebracht. Die Abkühlung erfolgte mit Hilfe von flüssigem Stickstoff, so daß der Frostkörper in kurzer Zeit gebildet war, in dessen Schutz der Schacht ausgehoben und die Pfeilergründung eingebracht wurde.[20] Schließlich sei in diesem

Zusammenhang auch die Anwendung des Gefrierverfahrens für die Sicherung einer Baugrube erwähnt, die für das Sportverletzten-Krankenhaus in Stuttgart ausgehoben wurde.

2.3 Die Entwicklung der Baugrundvereisung in den letzten 15 Jahren

2.3.1 Theoretische Arbeiten

In den letzten 15 Jahren sind, wie unten gezeigt wird, zahlreiche sehr große Gefrierprojekte durchgeführt worden. Neben den baupraktischen Entwicklungen haben an der erfolgreichen Durchführung dieser Großprojekte sicher auch theoretische Vorarbeiten einen nicht unerheblichen Anteil. Hier sollen einige Schwerpunkte genannt werden:

- Durch die Verfeinerung der Rechenmethoden, insbesondere durch den verstärkten Einsatz numerischer Methoden ist es möglich geworden, das bei gefrorenem Boden so wichtige zeitabhängige Verformungsverhalten mit hoher Präzision zu beschreiben. Dies ist deshalb von Bedeutung, da bei tragenden Elementen aus gefrorenem Boden meist das Verformungskriterium maßgebend ist; wenn die Standsicherheit maßgebend wird, sind vorher schon die Verformungen nicht mehr zulässig gewesen.
- Wiederum durch verfeinerte numerische Rechenmodelle ist es möglich geworden, die Temperaturausbreitung beim Aufbau des Frostkörpers sowie bei dessen Erhaltung in Abhängigkeit von der eingesetzten Kühlanlage sehr genau zu berechnen. Da es möglich war, die Ergebnisse der Rechenmodelle mit mehrjährigen Temperaturbeobachtungen zu vergleichen, läßt sich mit großer Zuverlässigkeit eine Vorausberechnung der Temperaturentwicklung bewerkstelligen. Bedeutsam ist die Möglichkeit, mit Hilfe der FE-Methode beliebige Konfigurationen des Frostkörpers, bedeutsamer Einbauten, und insbesondere die beliebige Lage der Gefrierrohre zu berücksichtigen. Wie bereits eingangs erwähnt, kann heute auch der Einfluß von Grundwasserströmungen auf die Frostkörperbildung modelliert werden.
- Des weiteren konnte ein großer Fortschritt erzielt werden in der Vorausabschätzung von Frosthebungen beim Aufbau und Erhalten des Frostkörpers sowie von Setzungen während des Tauvorganges. Da die Umsetzung theoretischer Erkenntnisse in die Baupraxis gelungen ist, konnten in jüngster Zeit auch sehr schwierige Gefrierprojekte durchgeführt werden.
- Als wichtige Voraussetzung für die erwähnte Umsetzung wissenschaftlicher Erkenntnisse in die Baupraxis ist die Tatsache herauszustellen, daß in der Versuchstechnik zur Bestimmung der im Zusammenhang mit dem Gefrierverfahren maßgebenden Bodeneigenschaften erhebliche Fortschritte erzielt werden konnten. Diese Fortschritte beziehen sich einmal auf die Bestimmung der Zeit- und Temperaturabhängigkeit, auf die Eigenschaften des gefrorenen Bodens, auf die thermischen Parameter des Bodens sowie auf die Beschreibung des Frosthebungsverhaltens.

Dem direkten, aktiven Gedanken- und Erfahrungsaustausch zwischen Naturwissenschaftlern und Ingenieuren dienen die im Abstand von zwei bis drei Jahren durchgeführten internationalen Konferenzen zur Baugrundvereisung (International

Symposium on Ground Freezing, ISGF). Seit 1978 sind bisher sechs solcher Konferenzen abgehalten worden (siehe Bild 6), bei denen insgesamt etwa 400 Aufsätze zu folgenden Themenschwerpunkten vorgestellt und diskutiert wurden:
Wärme- und Stofftransport
Mechanische Stoffeigenschaften
Entwurfsgrundsätze
Erfahrungsberichte

Bild 6   Logo für ISGF '78, '88 und '91

Zwei ISGF-Arbeitsgruppen befassen sich mit:
1. Versuchsmethoden für gefrorenen Boden.
2. Grundsätzen für die mechanische und thermische Bemessung von Strukturen aus gefrorenem Boden.

Die entsprechenden Arbeitsergebnisse dieser Arbeitsgruppen finden direkt Eingang in die Versuchs- und Entwurfspraxis. Das dritte Kapitel des vorliegenden Berichtes bezieht sich auf die wesentlichen Arbeitsergebnisse der zweiten Arbeitsgruppe.[33]

2.3.2   Wichtige Projekte zur Baugrundvereisung

Um wieder mit dem Gefrierschachtbau zu beginnen, wird gleich auf Tabelle 3 verwiesen. Tabelle 3 enthält die Kenndaten für die in dem hier behandelten Zeitraum abgeteuften Gefrierschächte, die als Gleitschächte ausgebaut wurden. Dabei ist insbesondere auf die drei Schächte Voerde, Sophia Jacoba 8 und Rheinberg hinzuweisen, die Gefrierteufen von 558 bis 626 m erreichen und damit als Gleitschächte eine bis dahin nicht erreichte technische Leistung darstellen.

In dieser Tabelle nicht aufgeführt sind die inländischen Schächte im Salz sowie die zahlreichen ausländischen tiefen Gefrierschächte, z. B. in England und Polen.

In Tabelle 4 sind zahlreiche Gefriertunnelprojekte aufgelistet, wobei diese Aufstellung nicht vollständig ist. Es fällt dabei auf, daß ab etwa 1975 zahlreiche sehr große Gefriertunnelprojekte zur Ausführung gekommen sind. Dabei überschreiten die Tunneldurchmesser die vorher üblichen Abmessungen. Bild 7 zeigt den Tunnelausbruch im Schutze eines Frostkörpers für die Mainunterfahrung in Frankfurt/M.

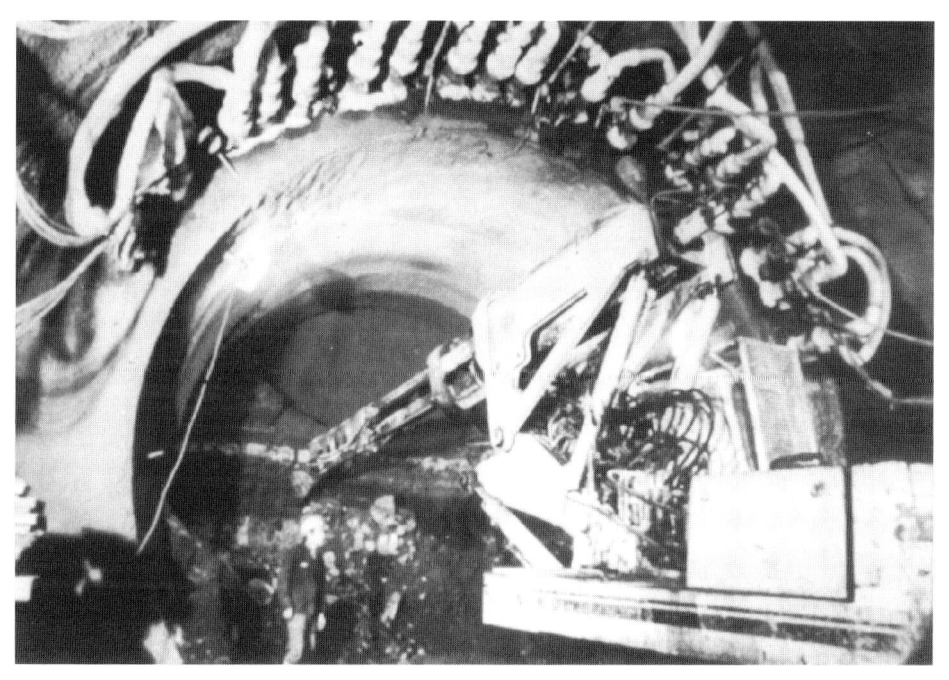

Bild 7   Mainunterfahrung Frankfurt (Foto: Holzmann)

Da es nicht möglich ist, auch nur auf einige der großen Gefriertunnelprojekte näher einzugehen, sollen nachfolgend wenigstens die wichtigsten, ausführungstechnischen Neuerungen angesprochen werden, die zu den beeindruckenden Erfolgen geführt haben:

Tabelle 3   Gefrierschächte, die in den letzten 15 Jahren als Gleitschächte ausgebaut wurden

Schacht	Bauzeit	Ø m	End-teufe m	Gefrier-teufe m
Prosper 10	1977–1980	8,00	1070	124
Lauterbach	1978–1980	7,00	950	210
An der Haard	1978–1980	8,00	1115	153
Polsum 2	1979–1981	8,00	656	99
Haltern 1	1979–1983	8,00	1135	217
Haltern 2	1980–1983	8,00	1077	217
Voerde	1980–1986	6,00	1060	581
Hünxe	1982–1986	8,00	1370	327
Sophia Jacoba. 8	1984–1987	4,00	930	558
Auguste Victoria. 9	1986–1989	8,00	1330	209
Rheinberg	1986–1992	7,50	1300	526

- Eine wichtige Voraussetzung zur Anwendung des Gefrierverfahrens ist, daß die Gefrierrohre exakt in die planmäßige Lage im Boden eingebracht werden können. Hier hat mit Einsatz entsprechender Bohrvorrichtungen die Bohrtechnik in den letzten Jahren wesentliche Fortschritte gemacht. So war es möglich, zunächst mit großer Zielgenauigkeit horizontale Bohrungen mit etwa 20 bis 25 m Länge und schließlich mit über 40 m Länge einzubringen. Mit Einsatz des sogenannten Minituneling-Verfahrens ist es schließlich möglich gewesen, horizontale Gefrierbohrungen mit über 90 m Länge zielgenau durchzuführen.
- Besondere Bedeutung kommt sicher der Einführung des sogenannten intermittierenden Gefrierens zu. Darunter wird verstanden, daß der Kühlkreislauf eine Zeitlang unterbrochen wird. Diese Kühl- bzw. Abschaltzyklen können vorher rechnungsmäßig abgeschätzt werden, sind jedoch dann auf der Baustelle in einem

Tabelle 4   Größere Gefriertunnelprojekte, über die nach 1980 berichtet wurde

Ort	Durch-messer bzw. Breite m	Über-deckung m	Länge m	H/V	L/N$_2$	Fertig-gestellt	Literatur
Stuttgart	8,10–13,5	10–30	505	H	L	74–78	[34]1978
Frankfurt	7	10	2 × 192	H	L	76–81	[35]1978
Born	10,9	4–12	74	V	L	76–79	[35]1978
Tokio	13,6	5	2 × 47,2	H	L	77–79	[36]1978
Düsseldorf	5	3,5	115	H	L	1979	[37]1978
Milchbuck	14,4	8	12 × 34/45	H	L	1979	[38]1985
Runcorn	3	15	2 × 13	H	L&N$_2$	1980	[39]1982
Oslo			26	H	L	1980	[40]1981
Antwerpen	1,7	6	210 + 400	H	L	1981	[41]1985
Brüssel		3		H	L	1982	[41]1985
Du Toitskloof	12,7	10/42	5 × 32	H&V	L	1982	[42]1983
Mol	3,5	220	25	H	L	1982	[43]1983
Iver	2,8	30	52	V	N$_2$	1984	[44]1985
Nunobiki	11	70	50	H	L	1984	[45]1985
Tokyo	9,7	37		R	L	1985	[46]1988
Keihin	9,7	15	20	H	L	1985	[2]1988
Stonehous	2	10	10	V	N$_2$	1986	[47]1987
Agri Sauro	4	150	24	H	N$_2$	1986	[48]1988
Zürich Limmat-Querung	13 8	3 11	80 2 × 35	H H	L L	1986 1987	[49]1988 [49]1988
Wien, Meidling	7	1,6	65	H	L	1987	[50]1987
Hermanski	6,5	3	2 × 35	H	N$_2$	1987	[51]1987
Cleveland, Ohio	4,6	2,7	43	H	L	1987	[52]1989
Mailand	4,5	20	250	V	N$_2$		[53]1988
Düsseldorf Gleis 1	6,5	2	40	H	L	1992	[54]1992
Gleis 3	6,5	2	40	H	L	1992	[54]1992
Gleis 4	8,5	9	40	H	L	1992	[54]1992
Mannheim	11,3	3,5–7	184	H	L	1992	[55]1991

H = horizontal, V = vertikal (Gefrierrohre), L = Lauge, N$_2$ = Stickstoff

Großversuch zu überprüfen. Es hat sich herausgestellt, daß gerade bei schwierigen Untergrundverhältnissen bzw. sonstigen Randbedingungen ein Großversuch im Vorfeld der eigentlichen Baumaßnahme nicht nur die Anwendungssicherheit des Gefrierverfahrens wesentlich erhöht, sondern insgesamt auch die Wirtschaftlichkeit des Verfahrens verbessern kann.

- Mit dem vorhergenannten Aspekt verwandt ist die Notwendigkeit, daß alle Teilmaßnahmen der Baustelle auf die Erfordernisse des Gefrierverfahrens abzustimmen sind. Das notwendige Verständnis aller maßgebenden Beteiligten auf der Baustelle ergibt sich zwanglos während des Großversuches, so daß dann das eigentliche Gefrierprojekt mit einer eingefahrenen Mannschaft zügig abgewickelt werden kann.
- Bei den letzten beiden in Tabelle 4 aufgeführten Großprojekten wurde erstmals im großen Stile die Erhöhung des Wassergehaltes im Boden entwickelt und mit Erfolg durchgeführt. Diese Erhöhung des Wassergehaltes ist dann notwendig, wenn der Gefrierkörper oberhalb des Grundwasserspiegels liegt, die Festigkeit des ungesättigten gefrorenen Bodens jedoch den sich aus dem Projekt ergebenden Anforderungen nicht entspricht.

3 Entwurfsgrundsätze für die Baugrundvereisung

3.1 Mechanische und thermische Eigenschaften von gefrorenem Boden

Gefrorener Boden besteht aus festen Bodenkörnern und einem Porenraum, der mit Eis, ungefrorenem Wasser und Luft gefüllt ist. Die mechanischen Eigenschaften sind abhängig von den physikalischen Veränderungen, die kontinuierlich mit der Zeit als Funktion von Temperatur sowie Spannungs- und Verformungszustand verbunden sind. Diese Abhängigkeit zwischen Spannung, Verformung, Zeit und Temperatur ist bei den verschiedenen Bodenarten unterschiedlich.

Die Kurzzeit- und Langzeitfestigkeit wird von drei Anteilen bestimmt: der Eisfestigkeit, der Bodenfestigkeit und der Interaktion zwischen Bodenskelett und Eismatrix. Diese Festigkeitskomponenten werden ausgedrückt in Abhängigkeit von Temperatur, Verformungsrate und Seitendruck.

3.1.1 Einaxiale Druckfestigkeit

Die einaxiale Druckfestigkeit wird im Normalfall bei –10 °C oder –20 °C bestimmt, in Sonderfällen auch bei einer Temperatur, die für das Projekt von Bedeutung ist. Die Versuche werden mit einer Versuchsgeschwindigkeit von 1 %/min, bezogen auf die Anfangshöhe der Probe, durchgeführt.[56]
Bild 8 zeigt die Spannungs-Verformungskurven für unterschiedliche Bodenarten zusammen mit den Körnungskurven. Die Versuchstemperatur beträgt –10 °C. Man erkennt, daß die einaxiale Druckfestigkeit vom sandigen zum tonigen Boden etwa eine Zehnerpotenz übersteigt. Es ist anzumerken, daß der Boden A einen verfestigten Merkelstein repräsentiert. Die Spannungs-Verformungskurven zeigen auch sprödes bis plastisches Materialverhalten. Die Bruchfestigkeit hängt in starkem Maße von der Verformungsgeschwindigkeit, der Temperatur und der Standzeit ab.

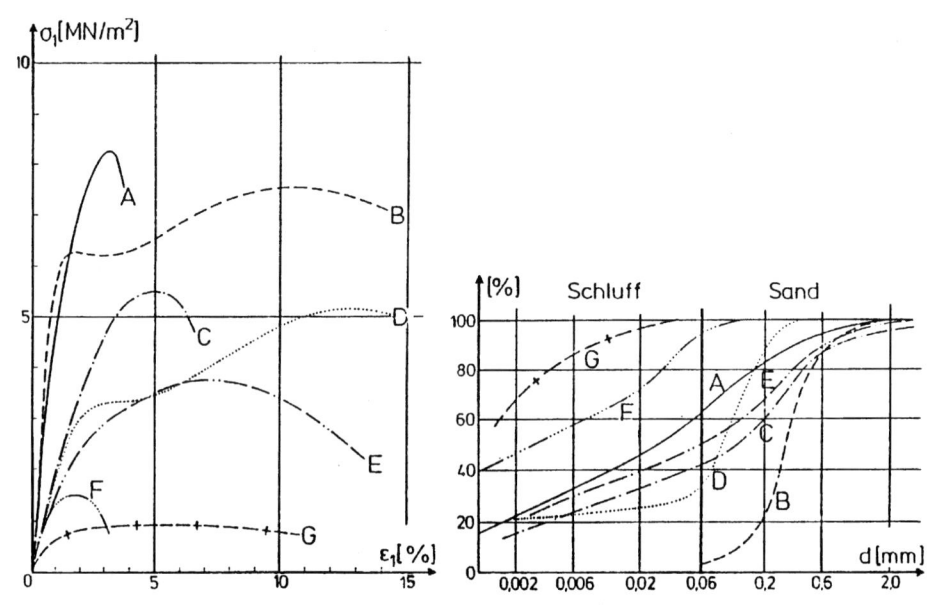

Bild 8 σ_1-ε_1-Kurven für gefrorene Bodenproben aus einaxialen Druckversuchen mit $\dot\varepsilon = 1\%/\text{min}$ bei $-10\,°C$; die entsprechenden Kornverteilungen sind ebenfalls angegeben.

3.1.2 Scherfestigkeit

Die Scherfestigkeit von gefrorenem Boden wird üblicherweise im Triaxialgerät untersucht. Als Versuchstemperatur wird die gleiche wie bei den einaxialen Druckversuchen gewählt. Die Verformungsgeschwindigkeit für die Triaxialversuche wird zu 0,1 %/min, bezogen auf die Anfangshöhe der Probe, festgesetzt.

Bild 9 zeigt im p/q-Diagramm die Ergebnisse von Triaxialversuchen für gefrorenen Sand bzw. gefrorenen Ton (Boden B und Boden F von Bild 8) bei $-10\,°C$ und

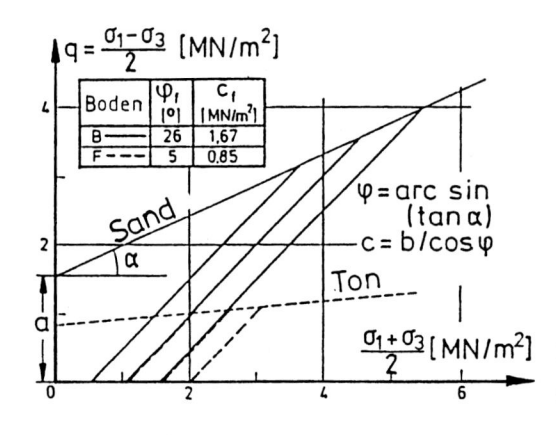

Bild 9
Scherdiagramm für gefrorenen Sand und gefrorenen Ton bei
$\dot\varepsilon = 0{,}1\%/\text{min}$ und $-10\,°C$

einer Belastungsgeschwindigkeit von 0,1%/min. In der Darstellung sind auch die Scherparameter ϕ_f und c_f angegeben. Bei der Interpretation der Versuchsergebnisse ist zu berücksichtigen, inwieweit die Proben ungestört waren bzw. Risse oder Klüfte enthalten haben.

Der Winkel der inneren Reibung ϕ_f für gefrorenen Boden ist gleich oder geringfügig niedriger als für ungefrorenen Boden. Die Kohäsion c_f für gefrorenen Boden ist im Grundsatz meist erheblich größer als für ungefrorenen Boden; sie ist aber, wie die einaxiale Druckfestigkeit, in sehr starkem Maße von der Verformungsgeschwindigkeit, der Temperatur und der Standzeit abhängig.

3.1.3 Kriechverhalten

Bei konstanter Auflastspannung ist das Spannungs-Verformungsverhalten eines gefrorenen Bodens in hohem Maße zeitabhängig. Dieser Effekt wird in einaxialen Kriechkurven bei unterschiedlichen Spannungsniveaus σ_1 untersucht. In Bild 10 sind die Kriechkurven für die Böden A bis G von Bild 8 bei einer Temperatur von –10 °C dargestellt. Die Normalspannung σ_1 entspricht 50% der einaxialen Druckfestigkeit bei der gleichen Temperatur. Aus der Darstellung in Bild 10 wird der große Einfluß der Bodenart auf das Kriechverhalten deutlich.

Das Kriechverhalten wird mit Gleichung (1)[22] beschrieben. Diese Gleichung ist eine Modifizierung von Vyalovs Schreibweise:

$$\varepsilon_1 = \varepsilon_0 + . \delta_1^B . t^C \qquad (1)$$

ε_1	Kriechverformung
ε_0	elastische Verformung
σ	Konstante Normalspannung
τ	Zeit
A,B,C	Kriechparameter

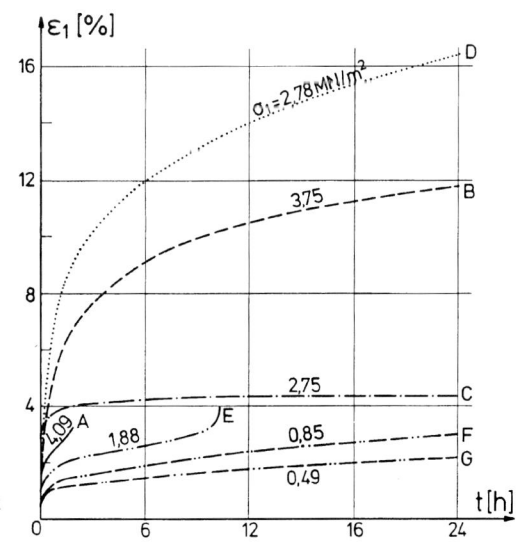

Bild 10   Kriechkurven für die Böden von Bild 8

Die Kriechparameter A, B und C der Böden von Bild 8 und 10 sind in Tabelle 5 aufgelistet.

Tabelle 5   Kriechparameter A, B und C für die 7 Böden von Bild 8 und 10

Boden	Kriechparameter		
	A	B	C
	($m^2/MN^B \cdot h^{-c}$)	(–)	(–)
A	$7,3 \cdot 10^{-4}$	1,48	0,130
B	$3,4 \cdot 10^{-3}$	2,10	0,250
C	$4,2 \cdot 10^{-3}$	2,20	0,072
D	$8,2 \cdot 10^{-3}$	2,25	0,240
E	$5,0 \cdot 10^{-3}$	2,15	0,095
F	$2,0 \cdot 10^{-2}$	2,14	0,200
G	$5,8 \cdot 10^{-2}$	3,40	0,480

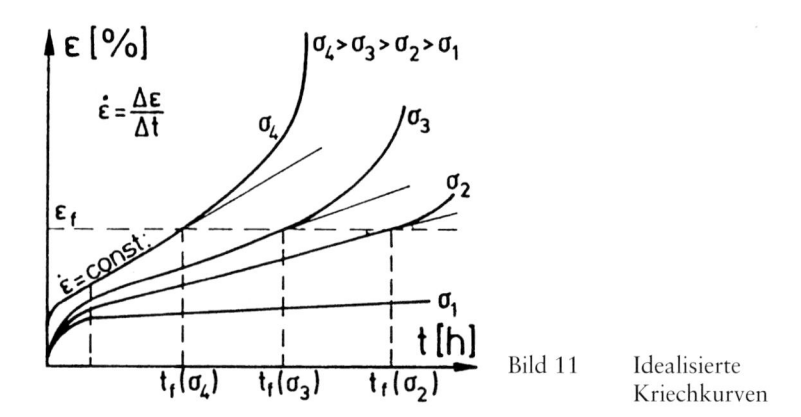

Bild 11   Idealisierte Kriechkurven

Mit den Kriechparametern A, B und C kann die zeitabhängige, einaxiale Druck-festigkeit $q_f(t)$ bestimmt werden. Dafür wird angenommen, daß die Zeit t_f bis zum Erreichen des Bruchzustandes im wesentlichen von der aufgebrachten Last bestimmt wird; die Bruchverformung ε_f ändert sich nicht signifikant mit der Zeit (siehe Bild 11).

Unter dieser Annahme und mit der auf das konkrete Projekt bezogenen Standzeit kann die zeitabhängige, einaxiale Druckfestigkeit nach Gleichung 2 abgeschätzt werden.

$$q_f(t) = \left[\frac{\varepsilon_f}{A \cdot t^c} \right]^{1/B} \quad (2)$$

$q_f(t)$ Zeitabhängige, einaxiale Druckfestigkeit
ε_f Bruchverformung
t   Zeit
A, B, C   Kriechparameter des jeweiligen Bodens

In ähnlicher Weise wird der zeitabhängige Elastizitätsmodul entsprechend Gleichung 3 ermittelt:

$$E(t) = \left[\frac{\varepsilon_f^{(1-B)}}{A \cdot t^c} \right]^{1/B} \quad (3)$$

Der so ermittelte zeitabhängige Elastizitätsmodul berücksichtigt das Kriechverhalten des Bodens und ist damit wesentlich kleiner als ein entsprechender Wert aus dem σ/ε-Diagramm eines Kurzzeitversuches nach Bild 8.

3.1.4 Salzgehalt

Der Salzgehalt im Bodenwasser erniedrigt den Gefrierpunkt (für Meerwasser etwa −1,8 °C). Es wird empfohlen, im Zweifelsfall den Salzgehalt des Bodenwassers bei jedem Projekt zu überprüfen, da die Salinität die Festigkeit des gefrorenen Bodens reduziert.

3.1.5 Wassergehalt

Die verfestigende Komponente im gefrorenen Boden ist das Wasser, das während des Gefriervorganges weitgehend in Eis umgewandelt wird. Der Wassergehalt von nichtbindigen Böden oberhalb des Grundwassers ist relativ niedrig mit der Folge, daß ggf. durch Zusatzmaßnahmen der Wassergehalt im Boden erhöht werden muß. In Bild 12 ist die Abhängigkeit der einaxialen Druckfestigkeit von der Wassersättigung für zwei verschiedene Bodenarten angegeben.

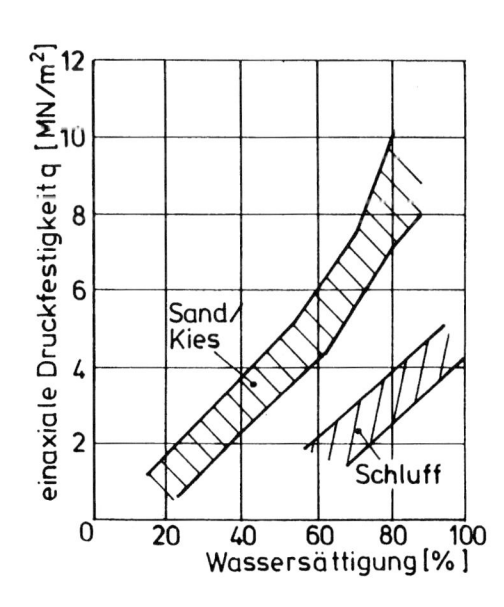

Bild 12   Einaxiale Druckfestigkeit als Funktion der Wassersättigung bei −10 °C

3.1.6 Wärmekapazität

Die auf das Volumen bezogene Wärmekapazität C des Bodens ist die Wärmeenergie die notwendig ist, um die Temperatur des Einheitsvolumens um 1 °C zu erhöhen. In Bild 13 ist diese Wärmekapazität von Eis/Wasser und von Mineralstoffen gegen Temperatur aufgetragen.

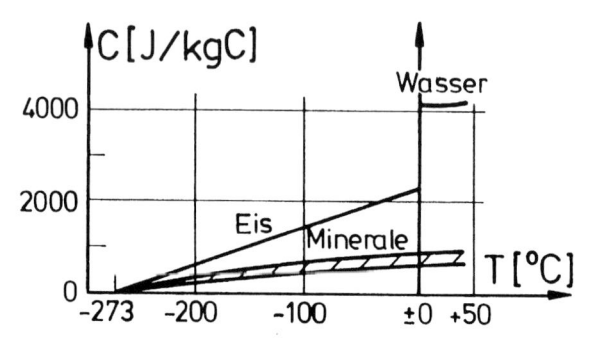

Bild 13   Wärmekapazität gegen Temperatur

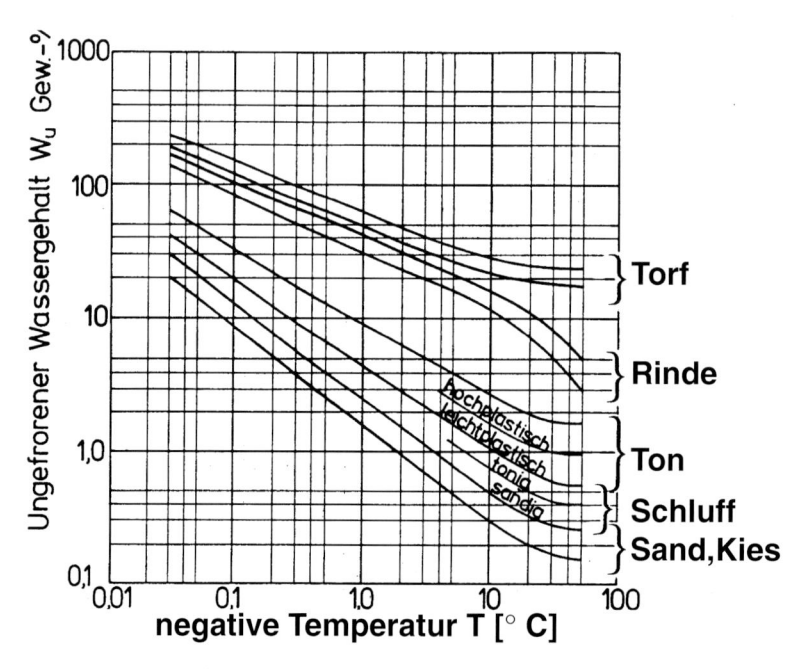

Bild 14   Ungefrorener Wassergehalt nach Johansen[57]

Die Wärmekapazität ist das Produkt aus der auf die Masse bezogene spezifischen Wärme C_m (kJ/kg °C) und der Dichte ρd (kg/m³). Die mittlere, auf das Volumen bezogene Wärmekapazität für ungefrorenen (C_u) und gefrorenen (C_f) Boden kann nach den Gleichungen (4) und (5) ermittelt werden:

$$C_u = \rho_d \cdot (C_{ms} + C_{mw} \cdot w) \qquad (4)$$
$$C_f = \rho_d \cdot (C_{ms} + C_{mw} \cdot w_u + C_{mi} \cdot (w-w_u)) \qquad (5)$$

C auf das Volumen bezogene Wärmekapazität (kJ/m³ °C)
ρ_d Trockendichte (kg/m³)
C_{ms} Wärmekapazität der Bodenkörner 0,7–0,84 J/g °C
C_{mw} Wärmekapazität von Wasser 4,2 J/g °C
C_{mi} Warmekapazitat von Eis 2,1 J/g °C
w Wassergehalt (Gewichtsprozent)
w_u Ungefrorener Wassergehalt

Der ungefrorene Wassergehalt für verschiedene Böden ist in Bild 14 in Abhängigkeit von der Temperatur dargestellt.

3.1.7 Wärmeleitfähigkeit

Die Wärmeleitfähigkeit k ist ein Maß für die Wärmemenge, die durch die Einheitsfläche des Bodens mit der Einheitsdicke in einer bestimmten Zeit und bei einem bestimmten Temperaturgradienten fließt. Da die Temperaturleitfähigkeit für Eis höher ist als für Wasser, ist die Temperaturleitfähigkeit für gefrorenen Boden in der Regel größer als für ungefrorenen Boden. Zur Berechnung der entsprechenden Wärmeleitfähigkeitswerte kann Gleichung (6) nach Johansen[58] herangezogen werden. Entsprechend Tabelle 6 ist die Temperaturleitfähigkeit k_s für die Bodenteilchen von dem Quarzgehalt q abhängig.

$$k_{u(f)} = k° + (k^1_{u(f)} - k°) \cdot K_e \qquad (6)$$

$k° = 0{,}034 \cdot n^{-2,1}$ Leitfähigkeit des trockenen Bodens
$k^1_u = 0{,}57^n \cdot k_s^{(1-n)}$ Leitfähigkeit des gesättigten, ungefrorenen Bodens
$k^1_f = 2{,}3^n \cdot k_s^{(1-n)}$ Leitfähigkeit des gesättigten, gefrorenen Bodens
$K_e = S_r$ für gefrorenen Boden
$K_e = 0{,}68 \cdot \log S_r + 1$ für ungefrorenen Boden, Feinstkornanteil < 2%
$K_e = 0{,}94 \cdot \log S_r + 1$ für ungefrorenen Boden, Feinstkornanteil > 2%
$k_f = k_f + (k_u - k_f) \cdot w_u/w$ Einfluß des Gehaltes an ungefrorenem Wasser w_u (siehe Bild 14)

q Quarzgehalt
S_r Sättigungsgrad
w Gesamtwassergehalt
w_u Gehalt an ungefrorenem Wasser
n Porosität
K_e Kerstenzahl
k_s Partikelleitfähigkeit
k Thermische Leitfähigkeit (W/mK)

Tabelle 6 Partikelleitfähigkeit k_s gegen Quartzgehalt

Quartz-gehalt	Kornanteil < 0,02 mm	Dichte kg/m³ 2700	Dichte kg/m³ 2900
unbekannt	< 20%	4,5	3,5
	> 60%	2,5	
bekannt = q	< 20%	$2^{1-q} \cdot 7,7^q$	$3^{1-q} \cdot 7,7^q$
	>60%	$2^{1-q} \cdot 7,7^q$	

Bei einem instationären Gefriervorgang werden die thermischen Eigenschaften des Bodens durch die Temperaturleitfähigkeit und die Wärmekapazität bestimmt. Der Quotient aus Wärmeleitfähigkeit und Wärmekapazität wird die thermische Diffusivität genannt. Eine hohe Temperaturdiffusivität deutet auf eine rasche und erhebliche Temperaturänderung beim Gefrierprozeß hin.

Typische Werte für die Wärmeleitfähigkeit sind in Tabelle 7 aufgeführt. Für andere Materialien gilt:

Beton k_u = 1,3 W/mK
Schluff k_u = 1,5 bis 1,9 W/mK
          k_f = 2,7 bis 2,9 W/mK
Stahl k_u = k_f = 50 W/mK

Tabelle 7 Typische Werte für die Wärmeleitfähigkeit in W/mk

		Ungefrorener Zustand: k_u Wassersättigung			Gefrorener Zustand: k_f Sättigungsgrad		
	S_r / ρ_d	20%	60%	100%	20%	60%	100%
Sand	1400	1.05	1.40	1.63	0.70	1.80	2.38
	1600	1.28	1.74	2.03	0.81	2.09	3.37
	1800	1.52	1.59	2.44	1.05	2.38	3.66
Ton	1400	0.58	1.05	1.28	0.47	1.28	1.98
	1600	0.64	1.22	1.51	0.52	1.28	1.98
	1800	0.70	1.40	1.80	0.58	1.40	1.98
Torf	300 bis 400	0.12	0.29	0.47	0.12	0.47	1.05

3.1.8 Latente Schmelzwärme

Die volumetrische, latente Schmelzwärme L gibt die Änderung der thermischen Energie in einem Einheitsvolumen des Bodens an, wenn das Bodenwasser ohne Temperaturänderung gefriert. Die latente Schmelzwärme hängt allein vom Wassergehalt des Bodens ab. Sie beträgt 334 kJ/kg bei der Umwandlung von Wasser in Eis:

$$L = 334 \cdot w \cdot \rho d \; (kJ/m^3) \qquad (7)$$

Da in feinkörnigem Boden nicht alles vorhandene Wasser gefriert, werden in der Regel Maximalwerte für die Schmelzwärme berechnet.

3.2 Entwurf des Frostkörpers

Das Verfahren der Baugrundvereisung kommt oft beim Tunnelbau und beim Schachtabteufen zum Einsatz. In diesen Fällen hat der Frostkörper eine Kreisringform. Die belastungsabhängige Verteilung der Spannungen und der Biegemomente am Frost-

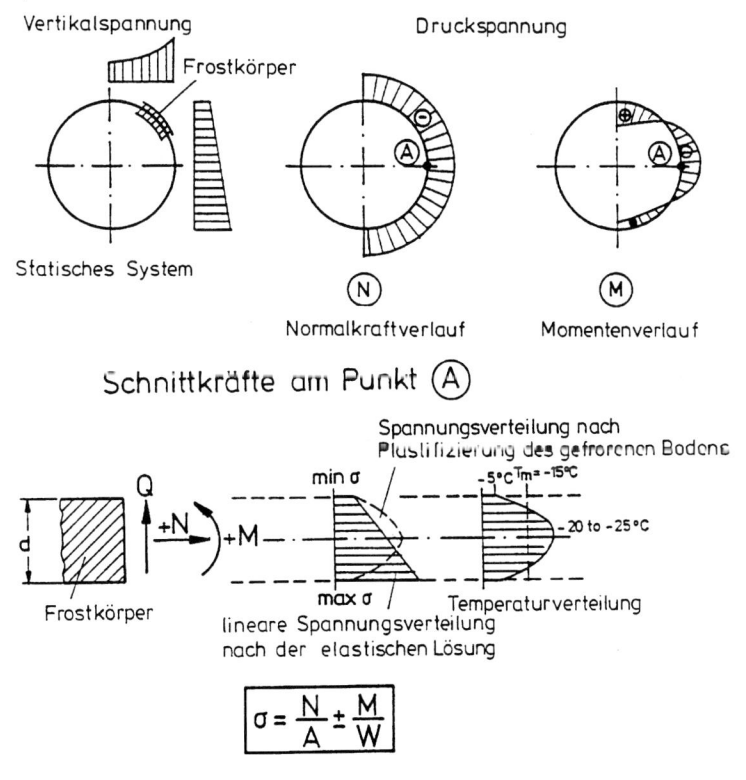

Bild 15   Äußere Belastung eines Frostkörpers infolge Erd- und Wasserdrucks und die dadurch hervorgerufenen Schnittkräfte

körperumfang wird entsprechend Bild 15 bestimmt. Als erste Annäherung wird ein linearelastisches Verhalten angenommen, und dies führt zu einer linearen Spannungsverteilung im Frostkörper. Die Temperaturverteilung im Querschnitt des Frostkörpers ist nichtlinear, so daß auch die Spannungsverteilung mit Plastifizierungen in Grenzbereichen ebenfalls nichtlinear ist.

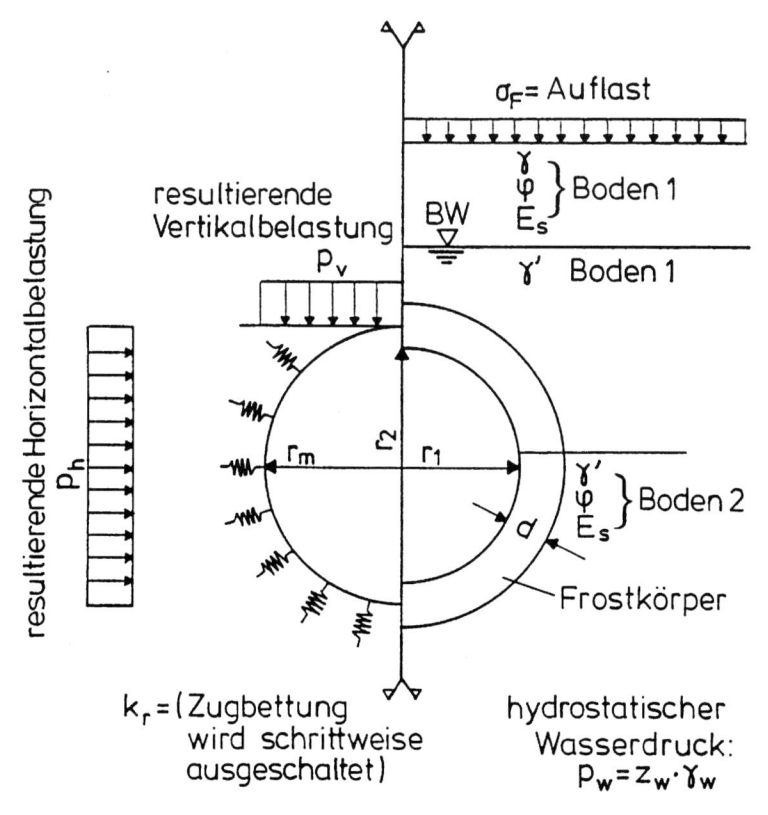

Bild 16 Statisches System zur Frostkörperdimensionierung

3.2.1 Standsicherheitsnachweis

Das Bemessungsverfahren nach Bild 16 basiert auf der Annahme, daß der kreisringförmige Frostkörper gegen den ungefrorenen Boden gebettet gelagert ist. Es wird davon ausgegangen, daß sich der Frostkörper weitgehend elastisch oder elastoplastisch verhält; die Bettung wird elastisch angenommen. Das Ergebnis der Spannungsberechnung ist mit der zeit- und temperaturabhängigen Festigkeit des gefrorenen Bodens zu vergleichen. Die Verformungsberechnung erfolgt unter Anwendung eines entsprechenden Elastizitätsmoduls.

In Sonderfällen wird die FE-Methode für die Standsicherheitsberechnung sowie die Ermittlung des Temperaturfeldes im Frostkörper angewendet, wobei die Möglichkeit der FE-Methode herangezogen wird, um Bodenkennwerte und Temperaturgefälle im Frostkörper zu variieren. Außerdem kann berücksichtigt werden:

- Nichtlinearelastisches Verhalten des Frostkörpers, z. B. mit Hilfe der Methode nach Duncan/Chang.
- Kriechverhalten des gefrorenen Bodens.
- Komplizierte geometrische Form des Frostkörpers im Einzelfall.

Der Tangentenmodul E_t ergibt sich aus Gleichung (8):

$$E_t = \frac{R_f(1-\sin\phi) \cdot (\sigma_1 - \sigma_3)^2 \cdot E_i}{2c\cos\phi + 2\sigma_3 \sin\phi} \tag{8}$$

Für den Anfangsmodul E_i gilt Gleichung (9):

$$E_i = k \cdot p_{atm} \cdot \left[\frac{\sigma_3}{p_{atm}}\right]^n \tag{9}$$

Der Faktor R_f nach Gleichung (10) ist der Quotient aus Deviatorspannung und Grenzdeviatorspannung:

$$R_f = \frac{(\sigma_1 - \sigma_3)_f}{(\sigma_1 - \sigma_3)_{ULT}} \tag{10}$$

n, k   Stoffparameter
ϕ, c   Scherparameter
σ_3 Kleinere Hauptspannung
p_{atm} Atmosphärischer Druck

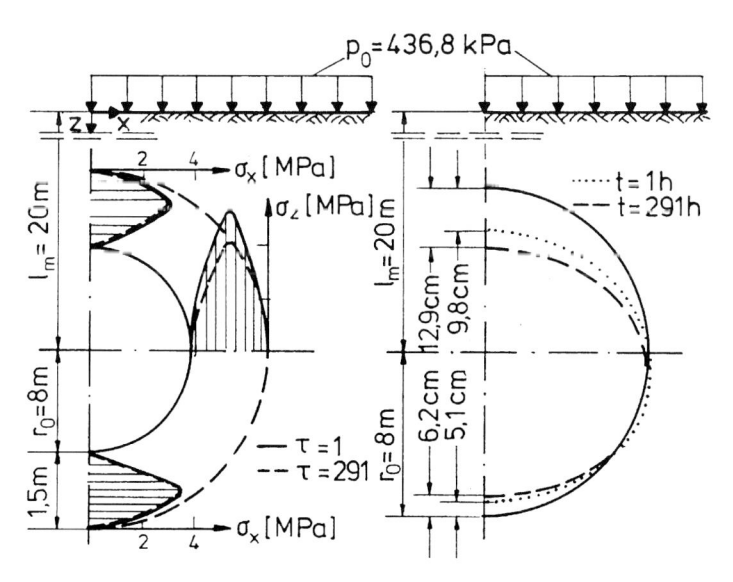

Bild 17   Spannungs- und Verformungsverteilung in einem kreisringförmigen Frostkörper[59]

Das Ergebnis einer FE-Berechnung ist in Bild 17 mit zeitabhängigen Verformungen und Spannungen dargestellt.[59] Dabei wird gute Übereinstimmung zwischen dem Rechenergebnis und dem Ergebnis von Modellversuchen gefunden.

3.2.2 Thermische Berechnung

In die thermische Berechnung gehen ein die Kapazität der Gefrieranlage, die Verhältnisse an der Frostzone, die Frostausbreitung, die Gefrierdauer usw.. Bei der Temperaturberechnung im instationären Zustand geht es um die Ermittlung der Frostausbreitung, wobei die latente Schmelzwärme des Wassers, die Feuchtigkeitsbewegung während des Gefriervorganges sowie die Grundwasserströmung berücksichtigt werden sollten. Die gekoppelte Berechnung von Wärme- und Massenstrom hat in jüngster Zeit zu bemerkenswerten Erfolgen geführt.

Für die thermische Berechnung werden folgende physikalische und thermische Bodenparameter benötigt:

a) Physikalische Parameter des ungefrorenen Bodens
- Dichte
- Wassergehalt
- Porenanteile
- Wassersättigung

b) Thermische Parameter des ungefrorenen und gefrorenen Bodens
- Wärmekapazität
- Temperaturleitfähigkeit

Analytisches Modell

Khakimov[10] gibt eine quasi-stationäre analytische Lösung an, die von Sanger und Sayles[60] in Form von Nomogrammen weiterentwickelt wurde. Weiterhin legt Takashi[11] eine analytische Lösung vor, für die er ebenfalls in Nomogrammen die Frostausbreitung beschreibt. Bei diesen Lösungen wird die Frostausbreitung in zwei Stufen betrachtet. Während der eigentlichen Gefrierphase bildet sich ein Frostkörper um das einzelne Gefrierrohr; wenn die Frostkörper um die Gefrierrohre sich berührt haben, wird eine ebene Frostkörperbildung angenommen.

Numerisches Modell

Bei der Verwendung eines numerischen Modelles können die vorhandenen Randbedingungen berücksichtigt werden. Die Temperaturverteilung wird dann ermittelt aus der Lösung der Fourier-Gleichung:

$$\frac{\delta}{\delta x}\left[k_x(T)\frac{\delta T}{\delta x}\right] + \frac{\delta}{\delta y}\left[k_y(T)\frac{\delta T}{\delta y}\right] + \frac{\delta}{\delta z}\left[k_z(T)\frac{\delta T}{\delta z}\right] + Q(t) = C(T)\frac{\delta T}{\delta t} \qquad (11)$$

k   Temperaturleitfähigkeit
C   auf das Volumen bezogene Wärmekapazität
T   Temperatur
Q   Wärmequelle oder -senke

Der Vorteil des numerischen Modelles liegt darin, daß komplizierte geometrische Konfigurationen des Frostkörpers und anschließender Bauteile sowie die präzise Position der Gefrierrohre berücksichtigt werden können. Mit dieser Methode werden häufig wichtige Grundlagen für die Frostkörperberechnung ermittelt. Obwohl die Temperaturausbreitung während des Gefriervorganges ein räumliches Problem ist, hat sich herausgestellt, daß in den meisten Fällen die Frostausbreitung senkrecht zu den Gefrierrohren ausreicht, wenn durch Zusatzbetrachtungen die Temperaturverhältnisse insbesondere in den Endbereichen richtig abgeschätzt werden können.

Als Beispiel ist in Bild 18 das FE-Netz für den Frostkörper aufgetragen, der für die Unterquerung der Limmat in Zürich angeordnet wurde.[61] Die Temperaturberechnung bezieht sich insbesondere auf den zeitabhängigen Aufbau des Frostkörpers unter Berücksichtigung von Randbedingungen: wie Anordnung der Gefrierrohre, Abmessungen einer Wärmedämm-Matte an der Flußsohle, Kapazität der Gefrieranlage sowie Aushub- und Betonierzustand im Tunnel selber.

Für jedes Projekt der Bodenvereisung ist eine sorgfältige Temperaturüberwachung unverzichtbar, so daß ständig der Vergleich zwischen berechneten und gemessenen Temperaturen möglich ist. Wegen der direkten Abhängigkeit von Temperatur und Festigkeit des gefrorenen Bodens sind diese Temperaturmessungen Grundlage für alle maßgebenden Entscheidungen auf der Baustelle.

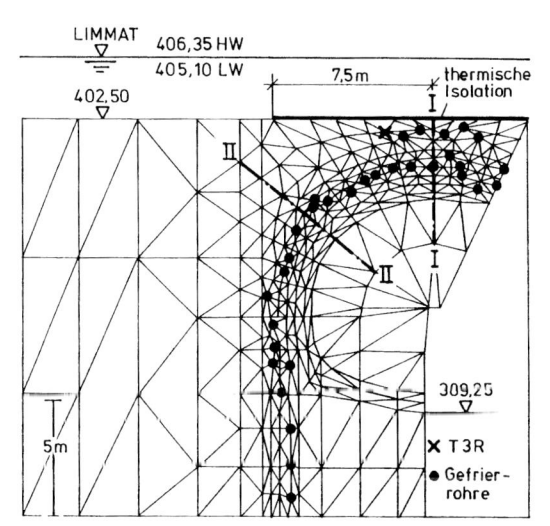

Bild 18   FE-Netz für den Frostkörper des Limmat-Tunnels[61]

3.2.3   Wirkungen der Frosthebung

Durch das Abkühlen einer Bodenoberfläche entsteht ein Temperaturgradient im Boden und eine Feuchtigkeitsbewegung zum kälteren Bereich hin. Wenn die Temperatur unter den Gefrierpunkt des Bodenwassers sinkt, wird dieses Wasser in den Bodenporen (teilweise) gefroren und dehnt sich um etwa 9% seines ungefrorenen Volumens aus. Bei frostempfindlichen Böden ergibt sich infolge von Saugkräften eine zusätzliche Wasserbewegung zur Frostfront. An der Frostfront bildet dieses Wasser Eislinsen und führt zu einer Ausdehnung des Bodens senkrecht zur Frostfront. Wenn dann das

Wasser im Boden wieder schmilzt und daher eine Volumenreduzierung eintritt, entsteht eine Setzung oder in Abhängigkeit von den maßgebenden Spannungen eine Konsolidierung im Boden. Das Auftauen des Eises im Boden führt in entsprechenden Bodenbereichen zu einer Erhöhung des Wassergehaltes und ggf. zu einer deutlichen Erhöhung des Porenwasserdrucks.

Wie erwähnt, ergibt sich die Frosthebung grundsätzlich während des Gefriervorganges aus einer Volumenausdehnung des vorhandenen und bei frostempfindlichem Boden zur Frostfront wandernden Bodenwassers. Bei grobkörnigen, nicht frostempfindlichen Böden kann in der Regel das überschüssige Wasser aus der Gefrierzone abströmen, so daß keine Volumenausdehnung stattfindet.

Zur rechnungsmäßigen Erfassung der möglichen Frosthebung bei Gefrierprojekten kann auf das sogenannte Segregation-Potential-Konzept nach Konrad und Morgenstern[62] zurückgegriffen werden. Dieses Potential zur Bildung von Eislinsen wird mit folgender Gleichung berechnet:

$$SP = \dot{h}/\text{grad } T \text{ (mm}^2\text{/s)} \qquad (12)$$

$\dot{h}$ Frosthebungsgeschwindigkeit (mm/s)
grad T   Temperaturgradient im Bereich der Frostfront (°C/mm)

Zur Reduzierung des physikalisch bedingten Phänomens der Frosthebung hat sich bei zahlreichen Gefrierprojekten der sogenannte intermittierende Betrieb bestens bewährt; hierbei wird in auf das Projekt abgestimmten Gefrierzyklen die Kältemaschine periodisch an- und ausgeschaltet. Durch dieses Verfahren des intermittierenden Gefrierens wird der Temperaturgradient an der Frostzone und damit die Frosthebung drastisch reduziert.

Die Frostwirkung im Boden kann jedoch auch irreversible Veränderungen der Bodeneigenschaften hervorrufen. Dabei ist, wie oben erwähnt, an Veränderungen der Feuchtigkeitsverteilung im Boden zu denken, die nach dem Auftauen nicht wieder in den ursprünglichen Zustand zurückgeht. Auch können gelegentlich makroskopische Risse beobachtet werden, und zwar insbesondere dann, wenn nach dem Tiefkälteverfahren gearbeitet wird.

Daher ist zu beachten, daß bei der Bodenvereisung im frostempfindlichen Boden Frosthebung, die Ausbildung eines Gefrierdruckes, Setzungen und möglicherweise Abnahme der Festigkeit nach dem Auftauen eintreten. Bei der Planung eines Bodenvereisungsprojektes sind daher diese möglichen Phänomene sehr sorgfältig zu untersuchen. In vielen Fällen hat sich die Zementinjektion gut bewährt, insbesondere um Setzungen und Festigkeitsminderungen des Bodens nach dem Auftauen zu vermeiden.

4   Schlußbetrachtungen

Die Baugrundvereisung, die in diesem Beitrag von ihren Anfängen bis zum heutigen sehr hohen technischen Stand kurz betrachtet wurde, kann viele Vorteile bringen, wenn folgende Gesichtspunkte berücksichtigt werden:
– Sorgfältige Baugrunduntersuchung unter besonderer Berücksichtigung der Anforderungen, die sich aus dem Gefrierverfahren ergeben.

- Untersuchung und Berechnung des Gefriervorganges und der zeitabhängigen Ausbildung des Temperaturfeldes im Bereich des Gefrierprojektes.
- Berücksichtigung von möglichen Frosthebungs- und Taueffekten.
- Berechnung der zeitabhängigen Standsicherheit und des zeitabhängigen Verformungsverhaltens des von außen belasteten Frostkörpers.
- Einbindung des Frostkörpers und seines Verhaltens in die gesamte Baumaßnahme, insbesondere in die bleibenden Tragelemente.

Die Grundprinzipien, die das Verhalten des gefrierenden, des gefrorenen und des tauenden Bodens bestimmen, sind bekannt. Es ist weiterhin bekannt, wie diese Prinzipien an die speziellen Randbedingungen eines Projektes angepaßt werden können. Aber nach dem sorgfältig ausgeführten Entwurf ist es erforderlich, daß die praktische Umsetzung in die konkrete Baumaßnahme genauso sorgfältig und den erwähnten Grundprinzipien folgend durchgeführt wird. Dabei sollte der Planer und Konstrukteur nicht nur die physikalischen Eigenschaften des gefrorenen Bodens kennen, sondern sich auch immer das Erscheinungsbild eines gefrorenen Bodens vor Augen halten, wie es der Ausführende dann vor sich hat. So zeigt Bild 19 eine freigelegte Frostwand: Im oberen Bereich ist der Boden mehr schluffig, im unteren Bereich des Bildes mehr sandig.

Mit dem Gefrierverfahren können auch neue Aufgaben bewältigt werden. Dabei ist z. B. der Einsatz des Gefrierverfahrens in der Umwelttechnik zu erwähnen. Es ist möglich, mit tiefen Temperaturen kontaminierten Boden oder gefährliche Abfälle zu immobilisieren, so daß z. B. schadlos Proben gewonnen werden können. Das Gefrier-

Bild 19   Freigelegte Frostwand

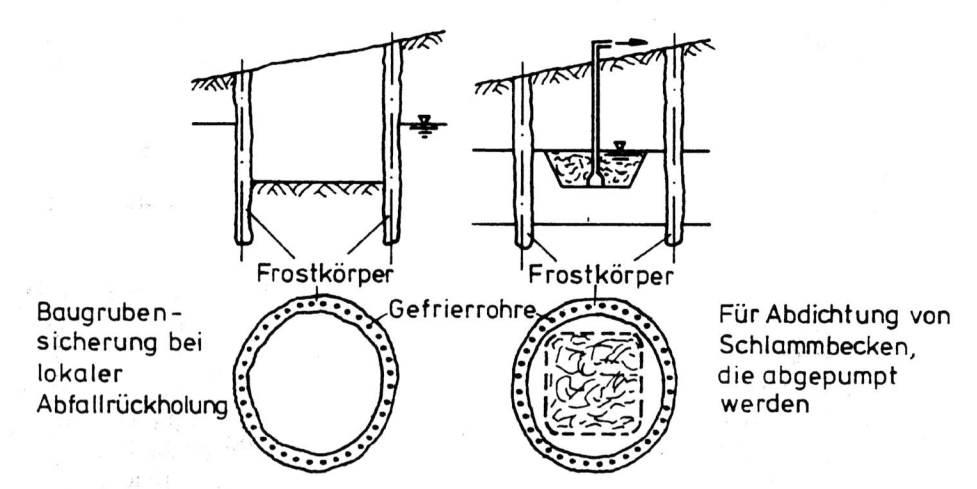

Bild 20   Beispiele der Anwendung des Gefrierverfahrens im Zusammenhang mit der Sanierung von Altdeponien

verfahren kann auch angewendet werden, um entsprechend Bild 20 etwa einen Ringwall aus gefrorenem Material in einer Altdeponie anzuordnen, wobei im Schutze dieses Ringwalles Aushub getätigt werden kann. Es liegen auch Konzepte vor, um gefährlichen Abfall insgesamt zu gefrieren, damit zu immobilisieren und so erst einer Handhabung und damit Entsorgung zugänglich zu machen.

Anmerkungen

1 BORKENSTEIN, D., JORDAN, P.: Der Fahrlach-Tunnel in Mannheim. Herstellung eines oberflächennahen Straßentunnels im Schutze einer Baugrundvereisung. Baugrundtagung Karlsruhe (1990), S. 341–354.
2 NUMAZAWA, K., TANAKA, M., HANAWA, N.: Application of the Freezing Method to the Undersea Connection of Large Diameter Shield Tunnel. Intern. Symposium on Ground Freezing. Rotterdam: Balkema Publishers (1988), S. 383–388.
3 ISGF-Working Group 2: Frozen Ground Structures – Basic Principles of Design. Proceedings of 5. Intern. Symposium on Ground Freezing. Beijing: Balkema (1992) im Druck.
4 HOFFMANN, D.: 8 Jahrzehnte Gefrierverfahren nach Poetsch. Essen: Verlag Glückauf (1962)
5 KIESLINGER, F.: Das Gefrierverfahren. St.d.W. (1889).
6 VON WILLMANN, L. (HRSG.): Handbuch der Ingenieurwissenschaften I. Band, 5. Der Tunnelbau. Leipzig: Verlag Wilhelm Engelmann (1902).
7 DOMKE, O.: Über die Beanspruchung der Frostmauer beim Schachtabteufen nach dem Gefrierverfahren. Glückauf 51 (1915), Heft 47, S. 1129–1135.
8 LENK, K.: Vereinfachung des Gefrierverfahrens im Grundbau. Die Bautechnik 20 (1942), Heft 47, S. 418–420.
9 KOLLBRUNNER, C. F.: Fundation und Konsolidation. Zürich: Schweizer Druck- und Verlagshaus (1948).
10 KHAKIMOV, K. R.: Problems in the Theory and Practice of Artificial Freezing of Soil. Academy of Sciences, Moskau (1957).
11 TAKASHI, R., MATSUURA, K., TANIGUCHI, H.: The Artificial Soil Freezing Method in Civil Engineering (III). Refrigeration 37 (1962), vol. 4 11, pp. 1–15.
12 STÄNDER, W.: Die Frostausbreitungsvorgänge bei Gefriergründungen insbesondere im Hinblick auf den Schachtbau. Dissertation TH Karlsruhe (1960).
13 STÄNDER, W.: Betrachtungen über den Einfluß der Temperaturverteilung in horizontaler und vertikaler Richtung bei Gefrierschächten. Veröffentlichung: Institut für Bodenmechanik und Grundbau, TH Karlsruhe (1961), Heft 6.
14 VIALOV, S. S.: The strength and Creep of Frozen Soils and Calculation of Soil Retaining Structures. Translation 76, CRREL, Hanover – New Hampshire (1965).
15 TSYTOVICH, N. A.: The Mechanics of Freezing Ground. New York: McGraw-Hill (1973).
16 KALTEHERBERG, J., WOLTERS, R.: Bodenphysikalische Untersuchungen im niederrheinischen Tertiär und ihre Anwendung beim Schachtbau. Fortschritte in der Geologie von Rheinland und Westfalen (1958), S. 73.
17 NEUBER, N., WOLTERS, R.: Zum mechanischen Verhalten gefrorener Lockergesteine bei triaxialer Druckbelastung. Fortschritte in der Geologie von Nordrhein und Westfalen 17 (1970), S. 499–536.
18 SZÉCHY, K.: Der Grundbau. Wien, New York, Springer-Verlag (1965).
19 JESSBERGER, H. L., HARTEL, F.: Einfluß von Druckspannungen auf die Volumenänderung des Bodens beim Gefrieren. Die Bautechnik 44 (1967), Heft 4.
20 JESSBERGER, H. L., Nußbaumer, M.: Anwendung des Gefrierverfahrens. Die Bautechnik 50 (1973), Heft 12, S. 413–420.
21 KLEIN, J., JESSBERGER, H. L.: Creep Stress Analysis of Frozen Soil under Multiaxial States of Stresses. Proceedings ISGF (1978), pp. 217–226.
22 KLEIN, J.: Nichtlineares Kriechen von künstlich gefrorenem Emschermergel. Schriftenreihe des Institutes für Grundbau, Wasserwesen und Verkehrswesen der Ruhr-Universität Bochum (1978), Heft 2.
23 KLEIN, J.: Zur Entwicklung der Schachtbautechnik insbesondere im Ruhrbergbau. 20 Jahre Grundbau und Bodenmechanik an der Ruhr-Universität Bochum. Schriftenreihe des Institutes für Grundbau der Ruhr-Universität Bochum (1992), Heft 20.
24 Dywidag-Berichte, München 3 (1965).

25 SASONOW, G. N.: Ingenieurgeologische Vorgänge und Erscheinungen beim Untergrundbahn-Tunnelbau. Trsp. Troit. (M) (1964), Heft 12.
26 BURKHARDT, R.: Bau einer Sielleitung mit Hilfe des Gefrierverfahrens. Baumaschinen-Technik 14 (1967), Heft 12.
27 BARBEDETTE, R.: La Congélation des Sols. Schweizerische Bauzeitung 86 (1968), Heft 6, S. 91–95.
28 ENDO, K.: Artificial Soil Freezing Method for Subway Construction. Civ. Engg. (1969), S. 103–117.
29 BRAUN, B.: Ufersammler Friedrichshafen. „Unser Betrieb", Deilmann-Haniel GmbH (1971), Heft 9.
30 BRAUN, B.: Ground Freezing for Tunneling in Water Bearing Soil at Dortmund, Germany. Tunnels and Tunneling (1972), S. 27–32.
31 BRAUN, B.: Cryogenic Underground Tanks for LNG. Ground Engineering (1968).
32 BRAUN, B.: Die bisher größte, allein durch Bodenvereisung gesicherte Baugrube der Welt. „Unser Betrieb", Deilmann-Haniel GmbH (1970), Heft 6.
33 ISGF-Working Group 2: Frozen Ground Structures – Basic Principles of Design. Proc. 6 ISGF, vol. 2 (1993), in Druck.
34 JONUSCHEIT, G.-P.: Subway construction in Stuttgart under protection of a frozen soil roof. ISGF, vol. 1, Bochum (1978).
35 WIND, H.: The soil freezing method for large tunnel constructions. ISGF, vol. 1, Bochum (1978).
36 MIYOSHI, M., KIRIYAMA, S., TSUHAMOTO, T.: Large scale freezing work for subway construction in Japan. Proc. ISGF (1978), S. 255–268.
37 BÖSCH, H.-J.: Construction of a sewer in artificially frozen ground. ISGF, vol. 1, Bochum (1978).
38 METTIER, K.: Ground freezing for the construction of the Milchbuck road tunnel in Zurich, Switzerland. Proc. ISGF, Japan, vol. 2 (1985), S. 263–270.
39 HARRIS, J. S.: Construction of two short tunnels using AGF. Proc. ISGF, CRREL, USA (1982), S. 383–388.
40 JOSANG, T: Ground freezing techniques in Oslo city centre. Preprints ISGF (1980), S. 969–979.
41 GONZE, P., LEJEUNE, M., THIMUS, J. F., MONJOIE, A.: Sand ground freezing for the construction of a subway station in Brussels. Proc. ISGF, Japan (1985), S. 277–283.
42 HARVEY, S. J.: Ground freezing successfully applied to the construction of the Du Toitskloof tunnel. Proc. BGFS, Nottingham, England (1983), S. 51–58.
43 FUNCKEN, R., GONZE, P., VRANCKEN, P., MANFROY, P., NEERDAEL, B.: Construction of an experimental laboratory in deep clay formation. Proc. Eurotunnel, Switzerland, vol. 9, (1983), S. 79–86.
44 HIEATT, M. J., DRAPER, A. R.: The Three Valleys Tunnel in the reality of a rolling freeze. Proc. BGFS, Nottingham, England (1985), S. 45–52.
45 MURAYAMA, S., MONITANI, S., MATSUMOTO, Y.: Application of freezing method to construction of tunnel through weathered granite ground. Proc. ISGF, Japan, vol. 2 (1985), S. 253–258.
46 MURAYAMA, S., KUNIEDA, T., SATO, T., MIYAMOTO, T., GOTO, K.: Ground freezing for the construction of a drain pump chamber in gravel between the twin tunnels in Kyoto. Proc. ISGF, England, vol. 1 (1988).
47 HARRIS, J. S.: Ice walls contain the bad ground problem. Construct. Journal (1987), S. 32–35.
48 RESTELLI, A. B., TONOLI, G.: Ground freezing solves tunnelling problem at Agri Sauro, Potenza, Italy (1988).
49 JESSBERGER, H. L., JAGOW, R., JORDAN, P.: Thermal design of a frozen soil structure for stabilisation of the soil on top of two parallel metro tunnels. Proc. ISGF, vol. 1 (1988).
50 DEIX, F., GEBESHUBER, J.: Erfahrungen mit der NÖT beim U-Bahn-Bau in Wien. Felsbau 5 (1987), S. 115–124.

51 Szadéczky, B.: Anwendung der Schockvereisung beim Wiener U-Bahn-Bau. Mayreder, Wien (1988).
52 Floess, C. H., Lacy, H. S., Gerken, D. E.: Artificially frozen ground tunnel – A case history. Proc. XII ICSMFE, Rio de Janeiro, vol. 2 (1989), S. 1445–1448.
53 Colombo, A., Arini, E., Gervaso, F., Balossi Restelli, A., Mongilardi, E: Problems caused by the water table in Lot 2B of Line 3 of the Milan subway. Intern. Congress on „Tunnels and Water", Madrid (1988).
54 Böning, M., Jordan, P., Seidel, H.-W., Uhlendorf, W.: Baugrundvereisung beim Teilbaulos 3.4 H der U-Bahn Düsseldorf. Bautechnik 69 (1992), Heft 12, S. 693–705.
55 Borkenstein, D., Jordan, P., Schäfers, P.: Construction of a shallow tunnel under protection of a frozen soil structure, Fahrlachtunnel at Mannheim, FRG, Proc. ISGF, Beijing, China, vol. 2 (1991) in Druck.
56 Sayles, F. H., Baker, T. H. W., Gallavresi, F., Jessberger, H. L., Kinosita, S., Sadovsky, A. V., Sego, D., Vyalov, S. S.: Classification and Laboratory Testing of Artificially Frozen Ground. Journal of Cold Regions Engineering, vol. 1 (1987).
57 Johansen, O., Frivik, P. E.: Thermal properties of soils and rock material. Reprint 2, ISGF, Trondheim (1980).
58 Johansen, O.: Varmeledningserne Av Jordartar. Diss., Oslo (1975).
59 Meissner, H.: Tunnel displacements under freezing and thawing conditions. Proc. ISGF, Nottingham (1988).
60 Sanger, F. J., Sayles, F. H.: Thermal and rheological computations for artificially frozen ground construction. ISGF, vol. 1, Bochum (1978).
61 Jessberger, H. L., Jagow, R., Jordan, P.: Frozen soil as a temporary cut-off system for underpassing the Limmat river. Proc. 9th Europ. Conf. on Soil Mechanics and Foundation Engg., Dublin, vol. 1 (1987), S. 169–173.
62 Konrad, J. M., Morgenstern, N. R.: The segregation potential of a freezing soil. Canadian Geotechnical Journal 18, p. 482–491 (1985).

CHRISTIAN KUTZNER

Geschichte der Injektionstechnik

Die Anfänge

Die erste Injektion im Baugrund erfolgte vor nahezu 200 Jahren. Der Franzose *Charles Bérigny* verpreßte im Jahre 1802 eine Suspension aus Wasser und Puzzolanzement, um Auskolkungen im Untergrund einer durch Setzungen beschädigten Schleuse zu verfüllen und gleichzeitig den Untergrund zu verfestigen und abzudichten. Von ihm stammt die Bezeichnung „Injektionsverfahren" (procédé d'injection).

Wenn wir heute technische und rechtliche Entwicklungen über die letzten 40 Jahre der Injektionstechnik verfolgen wollen, so ist es dienlich, die Ursprünge dieser Technik aufzuzeigen und den Stand zu erläutern, an den am Beginn dieser Jahre angeknüpft werden konnte. Anders als andere Zweige des Spezialtiefbaus hat nämlich die Injektionstechnik eine nahezu 200 Jahre zurückreichende Geschichte, und anders als bei anderen Zweigen des Spezialtiefbaus konnten die Ingenieure vor 40 Jahren auf bereits vorliegende, umfangreiche Erfahrungen zurückgreifen.

Wir werden sehen, daß die Injektionstechnik dennoch im betrachteten Zeitraum eine vorher nicht gekannte Blüte erlebte, hervorgerufen durch die allgemein nach dem Zweiten Weltkrieg einsetzende Entwicklung der Infrastruktur in den bereits industrialisierten und in den sich entwickelnden Ländern der Erde. Diese Entwicklung lieferte den Hintergrund und war gleichzeitig die große Herausforderung für Erfindergeist und Innovationen, die es verdienen, bei der hier gegebenen Gelegenheit festgehalten zu werden.

Die Anwendung der Injektionstechnik im Wasserbau und die zunehmende Verwendung im Bergbau wurden im vorigen Jahrhundert begünstigt durch die Erfindung des Portlandzements im Jahre 1821. Die Beherrschung dieses oder anderer hydraulisch abbindender Injektionsmittel ist eine der Voraussetzungen für das Gelingen einer Injektionsarbeit – damals wie heute. Es ist nämlich immer Wasser beteiligt, unter dessen Anwesenheit der Erhärtungsprozeß der ursprünglich flüssigen Injektionsmittel stattfinden muß. Das Wasser kann als Transportmittel für suspendierte Feststoffe oder als Lösungsmittel für Chemikalien dienen.

Aus der zweiten Hälfte des 19. Jahrhunderts sind zahlreiche Anwendungen im Berg- und Tunnelbau bekannt geworden. Beispiele in Deutschland sind der Schacht Rheinpreußen I (1864) und der Forsttunnel der Schwarzwaldbahn (1872). Über diese Entwicklung wurde von *Neumann* (1972) zusammenfassend berichtet. In die gleiche Zeit fallen die ersten Arbeiten in England und in den Vereinigten Staaten von Amerika. Seit dieser Zeit hat sich im angelsächsischen Sprachgebrauch der Begriff „grouting" eingebürgert, der sich in jüngster Zeit auch in unserer technischen Fachsprache im Begriff „Jet-Grouting" wiederfindet.

In den ersten beiden Jahrzehnten des 20. Jahrhunderts war die Weiterentwicklung der Injektionstechnik durch die Verbesserung der Maschinen und Geräte gekennzeichnet. Wurde vorher mit hölzernen Pumpen oder mit Druckkesseln gearbeitet, so kamen jetzt zunächst handbetriebene, später mit Druckluft oder Dampf angetriebene, eiserne Hochdruckpumpen auf. Man hatte erkannt, daß hohe Drücke vorteilhaft sind und daß der Druck regelbar sein sollte. Auch Vorläufer der heutigen Packer waren bekannt, sowie Verfahren, die Dichtigkeit des Gebirges durch Einpressen von Wasser in Bohrlöcher unter Zuhilfenahme solcher Packer zu prüfen. Die Wirkung einer Injektionsarbeit sollte schon im Jahre 1915 durch geoelektrische Messungen geprüft werden. Auch der Wert des Druckschreiberdiagramms zur Beurteilung des Injektionsablaufes und -erfolges war im Prinzip seit Anfang des Jahrhunderts bekannt.

Es läßt sich nachvollziehen, daß zu Beginn des Ersten Weltkrieges bereits wesentliche Aspekte der Zementinjektion, wie wir sie heute sehen, erkannt waren und daß ihnen nach dem damaligen Stand der Technik auch Rechnung getragen wurde. Solche Aspekte sind etwa durch die folgenden Stichworte gekennzeichnet: hydraulisches Abbinden des Injektionsmittels, Auspressen von Überschußwasser, regelbarer Druck, Druckkontrolle, Packer, Wasserabpreßversuch. Auch der Wert der Mahlfeinheit von Zement und der Vorteil von Bohrlöchern großen Durchmessers waren den beteiligten Ingenieuren geläufig. In der Beurteilung aller dieser Aspekte hat sich bis heute prinzipiell nichts geändert.

Die Entwicklung zwischen den beiden Weltkriegen

In die Zeit um den Ersten Weltkrieg fällt der Neubeginn gezielter Kluftinjektionen zur Abdichtung des Untergrundes von Talsperren, nachdem die Erfahrungen von gleichartigen Arbeiten um 1876 in England offenbar über die folgenden rund 40 Jahre verlorengegangen waren. Es handelte sich jetzt um die 53 m hohe Brüxer Talsperre bei Teplitz (damals Österreich-Ungarn) auf geklüftetem Gneis, der im Jahre 1914 auf 30 m Tiefe abgedichtet wurde. Eine solche Abdichtung von Klüften im Fels ist einer der typischen Anwendungsfälle von Zementinjektionen im Bauwesen geblieben.

Parellel dazu entstand schon frühzeitig der Wunsch, auch die natürlichen Poren von Lockergestein abzudichten oder zu verfestigen, um bessere hydraulische Bedingungen für Wasserbauten oder eine größere Tragfähigkeit des Baugrundes herbeizuführen. Diesem Wunsch sind bei der Verwendung von Zement dadurch Grenzen gesetzt, daß die Zementpartikel in der Lage sein müssen, die engen Kanäle zwischen den Poren des Lockergesteins zu passieren. In der Zeit um den Ersten Weltkrieg dürfte wegen der damals relativ geringen Mahlfeinheit des Zements eine untere Anwendungsgrenze etwa im Bereich von Grobkies zu suchen sein.

Im Hinblick auf erweiterte Anwendungsmöglichkeiten erfuhr die Injektionstechnik einen sprunghaften Fortschritt nach der Erfindung der Chemikalinjektion auf der Basis reiner Lösungen durch den Holländer *Joosten* (1926) in Deutschland. Bei diesem Verfahren werden hochkonzentriertes Wasserglas und Chlorcalcium nacheinander – in zwei getrennten Arbeitsgängen – verpreßt, die beim gegenseitigen Kontakt spontan ein Kieselsäuregel bilden. Das Gel verfestigt das injizierte Lockergestein zu einem „Sandstein" und macht es obendrein undurchlässig. Das Joosten-Verfahren wurde nach 1930 in großem Umfang beim Bau der Untergrundbahn in Berlin einge-

setzt. Wie wir noch sehen werden, erlebte diese Art der Chemikalinjektion nach dem Zweiten Weltkrieg in veränderter Form eine Renaissance unerwarteten Ausmaßes.
Das etwa war der Stand der Injektionstechnik zur Zeit des Zweiten Weltkrieges:
– Für die Abdichtung von Fels gab es Vorbilder auf der Basis von Zementsuspensionen. Der Injektionsvorgang und der zu erwartende Erfolg waren, wenn auch nicht wissenschaftlich, so doch aus der Praxis heraus weitgehend durchdacht. Man hatte gute Vorstellungen über die maschinelle und apparative Ausrüstung, mit deren Hilfe ein guter Injektionserfolg zu erzielen war, und man nutzte dieses Wissen aus, soweit es die verfügbaren Maschinen und Hilfsmittel erlaubten.
– Die Verfestigung und Abdichtung von Lockergestein war bereits zu einem Hilfsmittel des städtischen Tiefbaus geworden. Die durch die geringe Mahlfeinheit des Zements damals gesetzte Anwendungsgrenze für Zementsuspensionen wurde durchbrochen durch die Erfindung der Chemikalinjektion in Form der Silikatisierung von Kies mit einem gewissen Anteil von Grob- und Mittelsand. Die erzielbare Druckfestigkeit des auf diese Art künstlich erzeugten „Sandsteins" war beachtlich: sie betrug bis zu etwa 5 MPa.

Es verdient festgehalten zu werden, daß die Entwicklung bis zu diesem Stand der Technik hauptsächlich von Deutschland und Frankreich vorangetragen wurde und im wesentlichen auf Europa beschränkt blieb. Das mag schon damals Gründe gehabt haben, die bis in unsere Zeit fortwirken: Die dichte Besiedlung in Europa verlangte die bestmögliche Ausnutzung der knappen, natürlichen Ressourcen. Im Talsperrenbau kam es darauf an, den Wasserverlust aus Speicherbecken auf ein Minimum zu reduzieren. Wegen der im damaligen Rahmen schon hochentwickelten Infrastruktur mußten die Sicherheitsansprüche bei allen Bauwerken und beim Baugeschehen selbst hoch angesetzt werden. Im städtischen Tiefbau konnten allzuleicht Nachbarschaftsrechte berührt werden, die zu berücksichtigen waren. Das führte zu entsprechend „vorsichtigen" Bauweisen – ohne freilich die Weiterentwicklung zu hemmen.

Vollständige Einbindung in den infrastrukturellen Tiefbau

Am Ende des Zweiten Weltkrieges – 1945 – waren die größeren Städte Deutschlands zerstört. Die Hauptstädte der anderen europäischen Länder waren durch den Krieg in der Entwicklung zurückgeblieben. So mußte früher oder später ein Bauboom einsetzen, um den Anschluß an vergangene Friedenszeiten wiederzugewinnen und neuen Entwicklungen für ein freieres, liberaleres Leben Raum zu schaffen. In Deutschland galt es, fast vierzehn Millionen Flüchtlingen und Vertriebenen Arbeit, Einkommen und Wohnungen zu geben, und ausgebombten Großstädtern wieder das Wohlsein in der eigenen Stadt zu verschaffen.
Auf der Basis der Währungsreform 1948, mit der großzügigen Hilfe eines Teils der ehemals alliierten Kriegsgegner, und mit der Aufbruchstimmung der Deutschen kam das sogenannte „Wirtschaftswunder" in Gang. Es war die Folge der ungeheuren Motivation, die von der Währungsreform und der neuen sozialen Marktwirtschaft ausging. An dem allgemeinen Bauboom mußte auch der Tiefbau teilhaben, darunter auch die Injektionstechnik als Teil des Spezialtiefbaus.

Es sind die folgenden Neuerungen, die zu ihrem Teil dazu beitrugen, den Wiederaufbau und den Neubau in Deutschland und in Europa zu fördern und die damit auch den Spezialtiefbau für die nächsten Jahrzehnte auf einen Hochstand der Technik brachten:
– Einführung von Registriergeräten zur Kontrolle des Injektionsvorganges und -erfolges.
– Entwicklung der Chemikalgeschmische, die in einem Arbeitsgang verpreßt werden können.
– Entwicklung des Ventilrohrs (tube à manchette).
– Statische Bemessung der verfestigten Bodenkörper und deren Betrachtung als Bauelement.

An dieser Stelle erscheint es angebracht, auf einen glücklichen Umstand hinzuweisen, der prägend war für den Erfolg der Tiefbauarbeiten: Bereits in den 50er Jahren entwickelte sich eine kraftvolle Kooperation zwischen den Beteiligten, die gelegentlich als „Parteien" im Rahmen des Geschehens gesehen werden. Es sind der öffentliche oder private Bauherr, der beratende und planende Ingenieur, die bauausführenden Firmen und die Vertreter der Wissenschaft. Es war die Zusammenarbeit dieser Parteien, die den Hochstand der Tiefbautechnik hervorbrachte, ohne daß dabei eine der Parteien ihre eigene, berechtigte Interessensphäre in unbilliger Weise hätte vernachlässigen müssen.

Verbesserungen im technischen Ablauf

Die Einführung von Registriergeräten zur Kontrolle des Injektionsvorganges und -erfolges ging von Deutschland aus (*Koenig* 1951). Zahlreiche Talsperren wurden gebaut, um Wasser für menschliche und industrielle Zwecke zur Verfügung zu stellen. Wegweisend war zunächst der Ruhrtalsperrenverein, der nach einem preußischen Sondergesetz von 1913 verpflichtet war, die Wasserversorgung der Bevölkerung und Industrie an der Ruhr sicherzustellen. Später folgten andere Körperschaften, Elektrizitätsgesellschaften und die Behörden der Bundesländer, die sich um Wasser- und Stromversorgung und um Wasserreinhaltung kümmerten. Es entstanden neue Talsperren, bei deren Bau strenge Regeln der Untergrundinjektion entwickelt und deren Einhaltung sehr genau überwacht wurde.

Es ging darum, nur Bohrlochabschnitte unter Benutzung von Packern zu verpressen statt ganze Bohrlöcher. Mit dieser Methode konnte recht genau registriert werden, in welcher Tiefe im Gebirge welche Menge an Injektionsgut verpreßt wurde. Die Verpreßmenge konnte mit dem vorangegangenen Bohraufschluß verglichen und damit ein Bezug zum Injektionserfolg gefunden werden.

Es ging weiterhin darum, die Bohr- und Injektionsarbeiten vertraglich besser als vorher zu erfassen und deren Abrechnung auf eine Basis zu stellen, die derjenigen sonstiger Tiefbauarbeiten entspricht. Dazu dienten Druck- und Mengenschreiber, die es erlaubten, den Injektionsvorgang schon während der Ausführung technisch zu beurteilen. Sie schufen auch die Basis für die Abrechnung. Solche Registriergeräte werden heute zusammen mit Dosiereinrichtungen, Mischern und Pumpen in einer zentralen

Bild 1
Blick in einen Verpreß-
container.
Links Verpreßpumpen,
rechts Registriergeräte
(Werksfoto Keller)

Verpreßstation untergebracht (Bild 1). Die damals entwickelte Ausschreibungspraxis ist noch heute üblich, wie auch die damals entwickelten Technischen Vertragsbedingungen noch heute gültig sind.

Ein rechtlicher Aspekt verdient der Erwähnung: In der VOB haben wir in Deutschland die „vertraglich zugesicherten Eigenschaften", deren Vorhandensein oder Nichtvorhandensein die Erfüllung oder Nichterfüllung des Werkvertrages festlegt. In der Technik der Felsinjektionen fehlen diese vertraglich zugesicherten Eigenschaften als Vertragsbestandteil. Die Eigenschaften des injizierten Gebirges können zwar als Wunsch des Bauherrn formuliert werden, der Aufwand, sie zu erzielen, ist jedoch nicht kalkulierbar. Deshalb gibt es in der Technik der Felsinjektion keine vertraglich zugesicherten Eigenschaften und auch keine daran zu messende Gewährleistungspflicht. Der ausführende Unternehmer gewährleistet lediglich, daß die registrierten und abzurechnenden Leistungen nach dem Stande der Technik und entsprechend den Vertragsbedingungen erbracht wurden.

Neue Injektionsmittel

Bei der Verfestigung von Lockergestein nach der Erfindung von *Joosten* werden hochkonzentriertes Wasserglas und Chlorcalcium nacheinander verpreßt. Die zweimalige Verpressung, insbesondere über die damals üblichen Rammlanzen, ist umständlich und zeitaufwendig. Es war deshalb folgerichtig, nach Chemikalkombinationen zu suchen, die über Tage fertig gemischt werden können, und die nach der Verpressung in den Baugrund – möglichst innerhalb kurzer, steuerbarer Zeit – über Gelbildung die Baugrundverfestigung bewirken.

Geeignete Chemikallösungen wurden in der Kombination von verdünntem Wasserglas mit organischen Säurebildnern gefunden (*Neumann* 1962). Die Komponenten werden über Tage gemischt und „in einem Schuß" verpreßt. Die Gelierzeit liegt etwa zwischen 20 und 40 Minuten. Dadurch verbleibt ausreichend Zeit zum Verpressen. Danach bildet sich rasch ein Gel. Das Injektionsmittel verbleibt an der gewünschten Stelle im Baugrund, wodurch die Herstellung eines geometrisch vorgegebenen Einpreßkörpers sehr gefördert wird.

Die Festigkeit des injizierten Baugrundes hängt u. a. von der Konzentration des Wasserglases ab, welche gleichzeitig die Viskosität des Injektionsmittels in der Flüssigphase bestimmt. Man kann deshalb sehr geringviskose Chemikalgemische für die Abdichtung – ohne nennenswerte Verfestigung – von Feinsand und höherviskose Gemische für die Verfestigung – und gleichzeitige Abdichtung – von Mittel- und Grobsand formulieren. In geschichteten Böden mit grobdurchlässigen Lagen von Kies wurde häufig eine Kombination des Joosten-Verfahrens und der neuen organischen Chemikalgemische eingesetzt.

Ventilrohr

Zur Injektion von Lockergestein wurden bislang perforierte Lanzen in den Boden gerammt. Bei der anschließenden Verpressung ist die Verwendung von Packern nicht möglich. Die Vorteile der Verwendung von Packern konnten auch für Lockergesteinsinjektionen nutzbar gemacht werden, nachdem in Frankreich das Ventilrohr entwickelt worden war (*Cambefort* 1964). Es ist ein an bestimmten Stellen perforiertes Stahl- oder Plastikrohr (Bild 2). Über die Perforation sind Gummi-

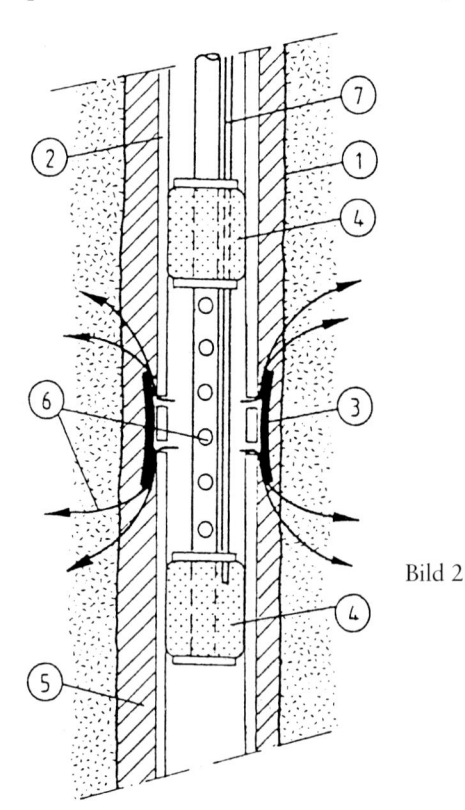

Bild 2   Wirkungsweise des Ventilrohrs
1   Bohrlochwand
2   Ventilrohr
3   geöffnetes Ventil
4   Doppelpacker
5   Sperrmittel
6   Verpreßrohr und austretendes Injektionsgut
7   Rohr zum Expandieren des Packers

schläuche als Verschlußventile geschoben. Das Rohr wird in ein Bohrloch gestellt und mit einem weichen Mörtel im Bohrloch fixiert. Nun kann ein Rohrabschnitt mit einem oder mit mehreren Ventilen durch einen Doppelpacker nach oben und nach unten abgeschlossen werden. Das Injektionsgut wird unter Druck in den Bohrlochabschnitt gepreßt, die Ventile öffnen sich, und das Injektionsgut kann in die Umgebung austreten.

Mit der Ventilrohrtechnik gelingt es, einen definierten Baugrundraum gleichmäßig und porenfüllend zu injizieren und zu verfestigen oder abzudichten. Durch mehrfaches Beaufschlagen der Ventile kann die Injektion wiederholt werden, oder es können nacheinander unterschiedliche Injektionsmittel eingepreßt werden. Beim Verpressen von Bohrlöchern ohne Ventilrohr müssen die Injektionsarbeiten in jedem Bohrloch abgeschlossen sein, bevor die benachbarten Bohrlöcher gebohrt werden. Sonst würden Übertritte des Injektionsgutes von Bohrloch zu Bohrloch den Injektionsvorgang unkontrollierbar machen. Bei der Verwendung von Ventilrohren sind Übertritte wegen der Ventile nicht möglich. Alle Bohrarbeiten können deshalb vor Beginn der Injektionsarbeiten abgeschlossen werden, was ausführungstechnische und wirtschaftliche Vorteile mit sich bringt. Wegen der vielfachen Vorteile wird die Ventilrohrtechnik heute auch bei der Felsinjektion angewandt, z. B. wenn mehrfach verpreßt werden soll oder wenn das Fixieren der Packer in gebrächem Gebirge schwierig ist.

Vertraglich zugesicherte Eigenschaften

Die Ventilrohrtechnik ermöglicht es, einen definierten Baugrundraum zu verpressen und dessen Abmessungen zum Vertragsbestandteil zu machen. Die Entwicklung von der graduellen Baugrundverbesserung zum definierten Einpreßkörper als tragendem Bauteil ist aus Bild 3 zu erkennen. Beim U-Bahnbau 1935 in Berlin wurde durch die Verfestigung des Baugrundes eine graduelle Erhöhung der Sicherheit der Baugrubenwand gegen Verformungen und der Gebäudefundamente gegen Setzungen erzielt. Beim U-Bahnbau in Köln 1968 ist die Bodenverfestigung unter den Brückenwiderlagern ein unabdingbarer Bestandteil der Sicherheit der Baugrube, die bis zu 10 m Tiefe für die Herstellung des U-Bahntunnels ausgehoben werden muß. Die Baugrundverfestigung in Verein mit der Verankerung gewährleistet die Stabilität der Gleisbrücke und der Gebäude.

Die Abrundung der Injektionstechnik im Lockergestein wurde schließlich dadurch erreicht, daß die mechanischen Eigenschaften der injizierten Böden systematisch untersucht wurden. Man konnte Druckfestigkeiten bis etwa 5 MPa und Durchlässigkeiten bis herab zu etwa 10^{-10} m/s erzielen.

Mit der seinerzeit entwickelten Injektionstechnik sind – vornehmlich in Deutschland – eine große Anzahl schwierigster Aufgaben des Tiefbaus gelöst worden. Durch die Möglichkeit, geometrisch definierte Baugrundkörper zu injizieren und wegen der Kenntnis der mechanischen Eigenschaften konnten die verfestigten Bodenbereiche statisch berechnet und als mittragende Bauelemente in den Entwurf einbezogen werden. Ein typisches Beispiel sind Unterfangungen nach Bild 4. Die Arbeiten konnten kostengünstig, schnell und ohne Setzungen der unterfangenen Gebäude ausgeführt

Geschichte der Injektionstechnik

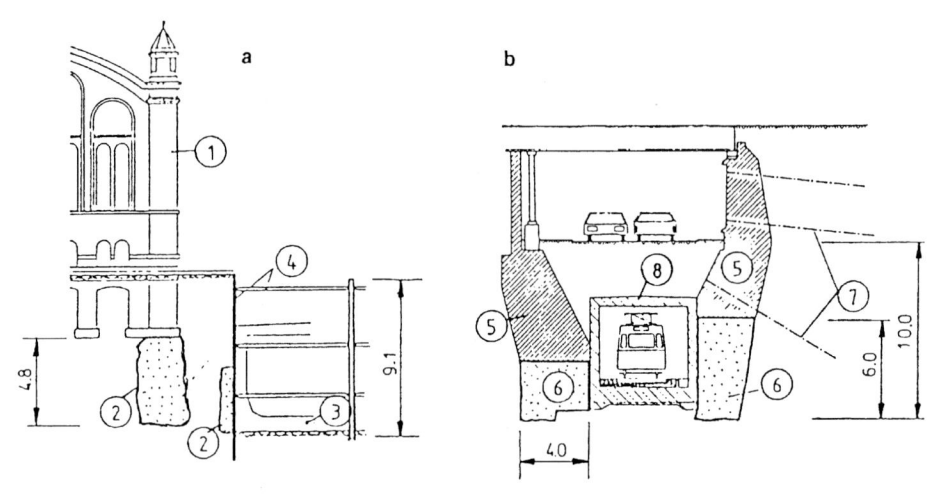

Bild 3 Chemische Bodenverfestigung im Bau von Untergrundbahnen (Maße in m)
    a Stettiner Bahnhof Berlin 1935 (*Joosten* 1956)
    1 Bahnhofsgebäude
    2 Einpreßkörper zum Schutz gegen Setzungen und Verformungen
    3 U-Bahntunnel
    4 Baugrubenverbau

    b Hauptbahnhof Köln 1968 (*Donel* 1968)
    5 Brückenwiderlager
    6 Einpreßkörper, statisch berechnet als tragende Unterfangung und Baugrubenwand
    7 Verankerung
    8 U-Bahntunnel

Bild 4 a Baugrundverfestigung zur Gebäudeunterfangung (*Kutzner* 1968) Ansicht des unterfangenen Gebäudes und des freigelegten Injektionskörpers

212

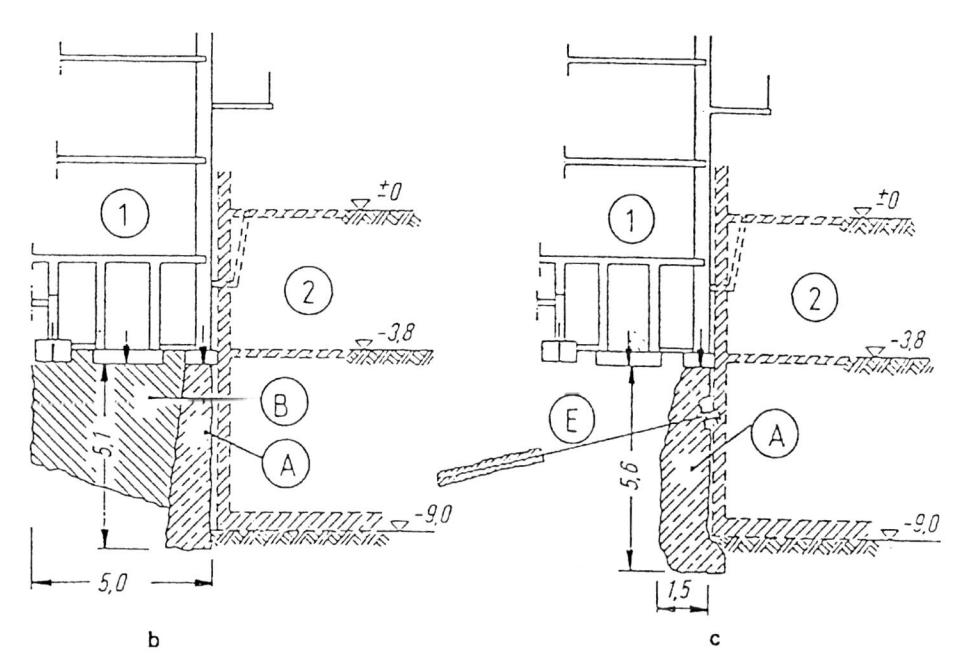

Bild 4 b/c
- b Querschnitt der ausgeführten Unterfangung
- c Querschnitt eines Alternativentwurfs
- 1 Altbau
- 2 Neubau
- A Injektionskörper, Druckfestigkeit 3 MPa
- B Injektionskörper, Druckfestigkeit 1,5 MPa (Maße in m)
- E Erdanker, Tragfähigkeit 500 kN

werden. Die Entwicklung wurde später als „Meilenstein deutscher Geotechnik" international vorgestellt (*Kutzner & Samol* 1985).

Hier muß wiederum ein vertragsrechtlicher Aspekt erwähnt werden. Nach Einführung der verfestigten Bodenkörper als mittragende Bauelemente hat es sich eingebürgert, Abmessungen und Druckfestigkeit als „zugesicherte Eigenschaften" anzusehen und Vertragserfüllung sowie Gewährleistungsansprüche daran zu messen. Das kennzeichnet den Unterschied zwischen Lockergesteins- und Felsinjektionen in vertraglicher Hinsicht.

Gleiches gilt bei der Abdichtung von Lockergestein. Im städtischen Tiefbau gibt es die Aufgabe, eine tiefe Baugrube gegen Wasserzutritt aus dem Grundwasser abzudichten. Die Abdichtung erfolgt mit Hilfe dichter, senkrechter Baugrubenwände – z. B. Schlitzwände – und mit Hilfe einer horizontalen Abdichtungssohle, die sich über die ganze Fläche der Baugrube erstreckt, und die durch Injektion des Lockergesteins hergestellt werden kann. In diesem Fall wird die Gewährleistung an eine bestimmte Wassermenge gebunden, die der Baugrube noch zufließen darf. Streitigkeiten können sich ergeben, wenn die Baugrubenumschließung und die Abdichtungssohle von verschiedenen Firmen ausgeführt wurden. Es ist nämlich schwer festzustellen, ob und in welchem Ausmaß die Wände oder die Sohle für einen unerwünscht großen Wasserzufluß verantwortlich sind.

Es bleibt festzuhalten, daß die Einführung der zugesicherten Eigenschaften von Einpreßkörpern im Lockergestein eine Entwicklung nach etwa 1965 war. Sie kam in der Hauptsache den Bauherren zugute. Die Entwicklung war nur möglich, nachdem die Verpreßtechnik durch die Verwendung von Packern und von Ventilrohren sowie von genau arbeitenden Registriergeräten ein Höchstmaß an Zuverlässigkeit erreicht hatte. An dieser Entwicklung waren Firmen des Spezialtiefbaus richtungsweisend beteiligt.

Düsenstrahlinjektion

Etwa ab 1980 trat die Chemikalinjektion gegenüber anderen Bauverfahren in den Hintergrund, da unter dem damals verstärkt aufkommenden Bewußtsein für den Schutz der Umwelt das Einpressen von Chemikalien in den Baugrund suspekt werden mußte. Die Erforschung der Umweltverträglichkeit und die Suche nach umweltfreundlichen Verpreßmitteln wurde überholt durch ein ursprünglich in Japan entwickeltes Verfahren der Bodenvermörtelung mit Zement. Es wird als Düsenstrahlverfahren oder auch als Hochdruckinjektion bezeichnet.

Dieses Verfahren verdient zurecht, in die geschichtliche Entwicklung der Injektionstechnik eingereiht zu werden; denn es ist der Injektion verwandt und hat die Aufgaben der Verfestigung und Abdichtung von Lockergestein im städtischen Tiefbau genau zu dem Zeitpunkt übernommen, als eine Nachfolgetechnik der Chemikalinjektion gebraucht wurde. Auch hier waren es Firmen des Spezialtiefbaus, die das Verfahren ausführungsreif im Bauwesen entwickelten.

Die Verfahrensschritte sind in Bild 5 dargestellt. Ein mit seitlichen Düsen versehenes Rohr wird in den Baugrund gebohrt. Beim Ziehen wird das Rohr gedreht. Gleichzeitig wird Zementsuspension unter sehr hohem Druck durch die Düsen in den Baugrund gepreßt und der Boden um das Rohr vermörtelt. Je nach Rotations- und Ziehgeschwindigkeit entstehen pfahlartige Körper oder Scheiben verfestigten und abgedichteten Bodens.

Betrachtet man die versuchsweise hergestellten und zur Demonstration ausgegrabenen Probekörper des Bildes 6, so kann man sich leicht vorstellen, daß das Düsenstrahlverfahren zur Herstellung von Verfestigungs- und Abdichtungselementen im Lockergestein in der gleichen Weise geeignet ist wie Chemikalinjektionen. Bild 7 zeigt einen horizontalen Injektionsschirm zur Abminderung von Setzungen, die durch untertägige Bautätigkeit entstehen. Besonders hervorzuheben sind die geringe Überdeckung und die große Bohrlänge von 22,5 m.

Auch beim Düsenstrahlverfahren können geometrisch definierte Erdkörper mit vorherbestimmbaren mechanischen Eigenschaften hergestellt werden. Entsprechend werden derartige Bauleistungen gemäß zugesicherter Eigenschaften vertraglich bewertet und abgerechnet.

Im Lockergestein hat die Düsenstrahlinjektion eine obere Anwendungsgrenze im Grobkies mit etwa 60 mm Korndurchmesser und eine untere Anwendungsgrenze im halbfesten Ton. Das Verfahren deckt somit ein breiteres Spektrum des Lockergesteins ab als herkömmliche Chemikal- und Zementinjektionen. In weichem Fels ist es bis-

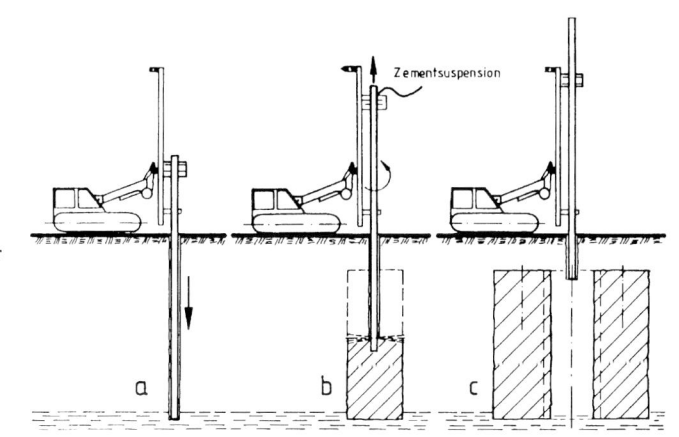

Bild 5
Arbeitsweise bei einer
Düsenstrahlinjektion
a Bohren
b Erosion und
  Vermörtelung
c Herstellung eines
  neuen Elementes

Bild 6   Elemente eines Großversuchs der
           Düsenstrahlinjektion im Sand
           (Werksfoto Bauer)

Bild 7
Injektionsschirm zur Abminderung von
Setzungen, hergestellt im Düsenstrahlverfahren (HDI) (Werksfoto Bauer)
A Quartär
B Tertiär
1 steiniger Mutterboden
2 Fein- und Grobkies
3 Fein- und Grobkies, sandig
4 Mergelstein
5 Injektionsschirm
6 Ausbaubogen
7 Kanal

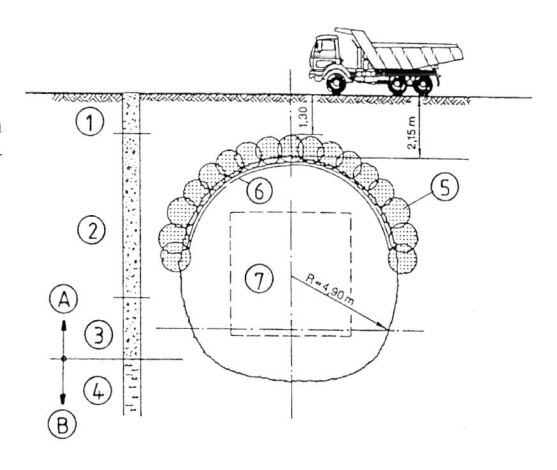

her gelungen, Sandstein bis zur Gesteinsfestigkeit von etwa 10 MPa zu schneiden und die an die Schnittfläche angrenzenden Klüfte mit Suspension zu füllen und abzudichten.

Weitere Entwicklungsschritte

Auch die herkömmliche Injektionstechnik mit Zement hat sich in den letzten 20 bis 25 Jahren deutlich weiterentwickelt und z. T. neue Anwendungsgebiete erschlossen. Zu nennen ist das Verfahren, bindige Böden hydraulisch aufzusprengen, die entstandenen Klüfte mit Zementsuspension zu füllen und so ein stabilisierendes Stützgerüst zu schaffen. Mit dieser Methode sind setzungsgeschädigte Gebäude angehoben, gerichtet und neue Setzungen ausgeschlossen worden.

Im städtischen Tiefbau und im Bau unterirdischer Verkehrswege hat das Verfahren als Bauhilfsmaßnahme Bedeutung gewonnen. Beim Vortreiben eines Verkehrstunnels in geringer Tiefe sind Setzungen der Bebauung an der Oberfläche nicht zu vermeiden. Sie können durch Einpressen von Zement in den Untergrund simultan mit dem Baufortschritt ausgeglichen werden. Durch sehr genaue, umfangreiche Kontrollmessungen im Boden und an den Gebäuden gelingt es, Setzungen und Injektionen so aufeinander abzustimmen, daß die Setzungen auf ein unschädliches Maß in der Größenordnung von einigen Millimetern beschränkt bleiben. Das Nichtüberschreiten der zulässigen Setzung wird zum Eichstrich für die Vertragserfüllung.

Weiterhin ist ein Fortschritt der Injektionstechnik in der Entwicklung der Feinstbindemittel zu sehen, die von den Zementindustrien mehrerer Länder im letzten Jahrzehnt gleichzeitig vorangetrieben wurde. Diese hydraulischen, pulverförmigen Bindemittel, die im Ausland auch als Mikrozemente bezeichnet werden, werden wie Zement in Suspension mit Wasser verarbeitet. Bei der Korngrößenverteilung herkömmlicher Zemente sind etwa 90% der Körner kleiner als 50 Mikron. Demgegenüber sind 90% der Körner eines Feinstbindemittels kleiner als etwa 15 bis 20 Mikron. Eine Feinstbindemittelsuspension kann deshalb noch in das Porensystem eines schwach schluffigen Sandes eindringen, während die Injizierbarkeit herkömmlicher Zemente auf schwach sandigen Kies beschränkt ist.

Bei Felsklüften endet die Injizierbarkeit von Zementsuspension bei einer Kluftweite von etwa 0,1 mm. Feinstbindemittel können in Klüfte von etwa 0,04 mm Weite noch eindringen. Da ein Fels mit derartig engen Klüften im allgemeinen als dicht angesehen werden kann, wird die Injektion von Feinstbindemitteln in Fels auf Ausnahmefälle beschränkt bleiben. Im Lockergestein sind sie dagegen als Alternative zu Chemikallösungen und zum Düsenstrahlverfahren erfolgreich eingesetzt worden.

Es sei noch erwähnt, daß in Sonderfällen Harze, Bitumen und Schaumstoffe als Verpreßmittel dienen können. Schaumstoffe auf Polyurethan- oder Melaminharzbasis haben im Tiefbau eine gewisse Bedeutung erlangt. Mit ihrer Hilfe konnten weit ausgedehnte Kluftsysteme im Fels und Hohlraumsysteme in verkarsteten Kalksteinformationen durch Schaumstoffpfropfen so begrenzt werden, daß die Verpressung des verbleibenden Hohlraumes zur Verfestigung oder Abdichtung wirtschaftlich ausgeführt werden konnte. Ein Beispiel aus Österreich ist in Bild 8 gezeigt.

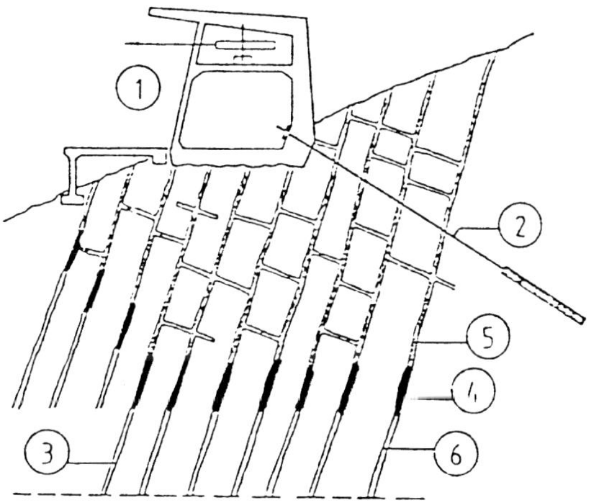

Bild 8
Kombinierte Schaumstoff- und
Zementinjektion (*Kutzner* 1991)
1   Seilbahnbergstation
2   Vorspannanker
3   Klüfte bis 20 cm Weite,
    800 m tief
4   Pfropfen aus Acetonschaum
5   Zementverfüllung
6   nicht behandelte Klüfte

Ausblick

Abschließend sei ein Ausblick in die Zukunft gewagt. Nach Meinung des Verfassers sind bahnbrechende Neuerungen wie in den ersten Jahrzehnten am Beginn unseres Betrachtungszeitraumes von 40 Jahren in naher Zukunft nicht zu erwarten. Das liegt sicher nicht an mangelndem Erfindergeist der Beteiligten. Es liegt vielmehr daran, daß alle anstehenden und für die nahe Zukunft voraussehbaren Aufgaben des Tiefbaus mit den jetzt bekannten Bauverfahren gemeistert werden können. Ihre Lösung ist eine Frage des intellektuellen Engagements, der Zeit und der Bereitstellung von Geld.

Hingegen ist für Verfeinerungen der Verfahrenstechnik Spielraum gegeben. Zum Beispiel könnten computergestützte Meß- und Kontrollverfahren breitere Anwendung finden als bisher. Zur Sanierung älterer Bauwerke könnten neue, umweltverträgliche Injektionsmittel beitragen. Dazu gehört auch die Wiederbelebung von Chemikalinjektionen, welche nach Meinung mancher Fachleute – auch des Verfassers – wünschenswert ist, weil sie sich im Lockergestein als besonders anpassungsfähig und kostengünstig erwiesen haben. Ein neues Anwendungsfeld kann der Injektionstechnik auch bei Bauvorhaben zum Schutz des Baugrundes und des Bodens gegen Kontamination erwachsen.

In jedem Fall ist für die Zukunft zu wünschen, daß die vor 40 Jahren begonnene und bewährte Zusammenarbeit von Bauherren, Planern, ausführenden Firmen und Wissenschaftlern bestehenbleibt, so daß auch die Injektionstechnik innerhalb des Spezialtiefbaus weiterhin in die Lage versetzt wird, einen Beitrag zum Gemeinwohl leisten zu können.

Anmerkungen

CAMBEFORT, H. (1964): Injection des Sols. – Edition Eyrolles Paris. Deutsche Übersetzung von Back, K. (1969): Bodeninjektionstechnik. – Bauverlag Wiesbaden, 543 Seiten

DONEL, M. (1968): Injektionsmaßnahmen beim U-Bahn-Bau in rolligen Böden. – 8. Arbeitstagung des Fachausschusses für Bergtechnik: Moderne Stollen- und Tunnelbautechnik, Herausgeber: Gesellschaft Deutscher Metallhütten- und Bergleute Clausthal-Zellerfeld, S. 126–130

JOOSTEN, H. (1956): Das Joosten-Verfahren zur chemischen Bodenverfestigung und Abdichtung in seiner Entwicklung und Anwendung von 1925 bis heute. – Selbstverlag Haarlem/Holland, 46 Seiten

KOENIG, H.-W. (1951): Neuzeitliche Einpreßtechnik. – Wasserwirtschaft 42, S. 120–132

KUTZNER, C. (1968): Über die mechanischen Eigenschaften der mit Silikatgelen injizierten Erdstoffe. – Die Bautechnik 45, S. 1–12

KUTZNER, C. (1991): Injektionen im Baugrund. – Enke Verlag Stuttgart, 370 Seiten

KUTZNER, C. & SAMOL, H. (1985): Chemical Soil Stabilization in Civil Engineering in Germany. – Geotechnik 8, Organ der DGEG, Sonderheft „Milestones of German Geotechnique", S. 54–56

NEUMANN, H. (1962): Boden-Injektionen helfen bei der Gründung. – VDI-Nachrichten Nr. 24 vom 13. Juni

NEUMANN, H. (1972): Die Entwicklung der Injektionstechnik. – Erzmetall 25, S. 16–25

KLAUS KIRSCH

Die Baugrundverbesserung mit Tiefenrüttlern

1 Einleitung

Ein Überblick über die Entwicklung der Tiefenverdichtungsverfahren muß zwangsläufig den vorgegebenen Rahmen „40 Jahre Spezialtiefbau" sprengen, da die Anfänge dieses wohl bedeutendsten Verfahrens der Baugrundverbesserung bis in die Kindheit des mit diesem Beitrag geehrten Jubilars zurückreichen.

Die Schilderung des Werdeganges dieser bahnbrechenden Spezialtiefbautechnik ist untrennbar mit der Firma Keller verbunden. Jubilar und Leser werden daher um Nachsicht gebeten, wenn der Name Keller im folgenden vielleicht öfter als erwartet zitiert wird.

2 Das Rütteldruckverfahren und erste Anwendungen bis 1945

Die Weltwirtschaftskrise der Jahre 1929 bis 1931 hatte auch die deutsche Bauwirtschaft schwer getroffen. Ausbleibende Gewinne verhinderten dringend notwendige Investitionen; eine Massenarbeitslosigkeit, die in der schlimmsten Zeit bis zu 30% betrug, lähmte das Wirtschaftsleben. Weitsichtige Persönlichkeiten befaßten sich jedoch schon in dieser Phase, in der durch Arbeitsbeschaffungsprogramme die ärgste Not gemildert werden sollte, auch mit der Entwicklung neuer Arbeitsmethoden im Spezialtiefbau. So war es insbesondere der bereits von der Regierung Brüning während der letzten Jahre der Weimarer Republik begonnene und schließlich unter Hitler forcierte Autobahnbau, der zahlreiche Ingenieure veranlaßte, sich mit der Aufgabe der Verdichtung großer Mengen von Beton sowie auch von Kies- und Sandmaterial zu befassen. Im Hause Keller widmeten sich dieser Aufgabe besonders S. Steuermann und W. Degen, wobei es zunächst und in erster Linie um die Herstellung von hochverdichtetem und damit hochwertigem Beton ging. Die Idee war einfach, ihre Wirkung neu und verblüffend (Bild 1): *Die grundsätzliche Wirkung des neuen Verfahrens zeigen zwei einfache Modellversuche:*

a) Man füllt (vgl. Abb. 1) ein Gefäß aus Eisenblech mit Betonzuschlagstoff, rüttelt den Zuschlagstoff mit einem auf seine Oberfläche aufgesetzten Rüttler und führt gleichzeitig durch ein in seiner untersten Schicht ausmündendes Rohr (Düse) unter mäßigem Überdruck Zementleim: Der Zementleim steigt in gleichmäßigem, langsamem Strom durch den Zuschlagstoff bis zur Oberfläche auf; es entsteht ein ideales, breitflüssiges Betongemisch und (nach dem Abbinden) ein überaus fester und dichter Beton bei sparsamstem Zementverbrauch.

b) Man füllt dieselbe Form mit Rheinsand, rüttelt den Sand und läßt Wasser durch ihn aufsteigen: Die Sandsäule sinkt von anfänglich 85 cm Höhe auf 65 cm zusammen. Vergleichsversuche ergeben, daß durch keines der sonst noch bekannten

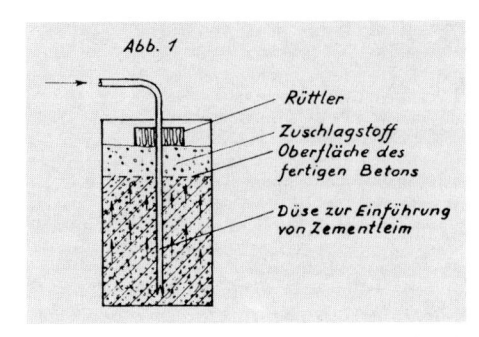

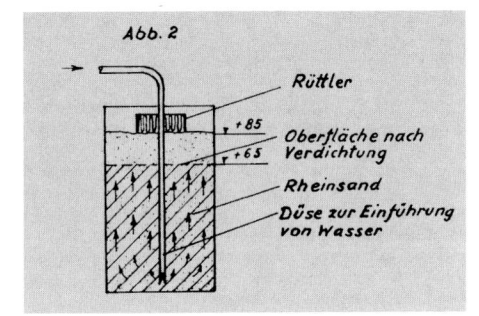

Bild 1   Wirkungsweise des Rütteldruckes

Verdichtungsverfahren ein ebenso starkes Zusammensinken des Sandes erzielt werden kann. Durch noch so intensives Rütteln allein ohne gleichzeitig aufsteigendes Wasser beispielsweise setzt sich der Sand auf äußerstens 72 cm.[1]

Es waren wohl Steuermann und H. Schneider, der ehemalige Oberbürgermeister von Karlsruhe, welcher nach der nationalsozialistischen Machtübernahme vom Dienst suspendiert und für einige Jahre Mitarbeiter der Firma Keller wurde, die die Idee der Betonverdichtung verfolgten und erstmals 1934 für die Gründung einer Schwefelsäureanlage der I. G. Farbenindustrie in Hoechst als sog. Rütteldruckbohrpfahl auch praktisch verwertet haben (Bild 2).

Das System, welches im großmaßstäblichen Versuch so hervorragende Ergebnisse gezeigt hatte, versagte in der Praxis. Vermutlich verhinderten die vielen einzelnen, aufeinander genau abzustimmenden Arbeitsschritte den erhofften Erfolg. Schließlich wurde das Bauvorhaben durch konventionelle Bohrpfähle gegründet und die Idee der Betonherstellung und -verdichtung mittels des Rütteldruckes fallengelassen. Von

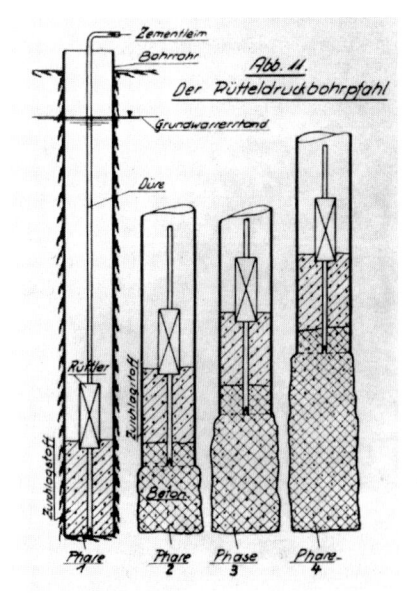

Bild 2   Der Rütteldruckbohrpfahl[2]

nun an richtete man das Augenmerk auf die neuen Möglichkeiten im Bereich der Sandverdichtung.

Der oben schon beschriebene und in Bild 1 (Abb. 2) dargestellte Grundsatzversuch beinhaltete bereits alle wichtigen Merkmale, die auch heute noch für eine wirkungsvolle Sandverdichtung von Bedeutung sind: die weitgehende Aufhebung der inneren Reibung, die völlige Durchtränkung des zu verdichtenden Sandes und schließlich die durch die Rüttelwirkung hervorgerufene spannungsfreie Umlagerung der einzelnen Sandkörner auf ein Hohlraumminimum. Die Verwirklichung dieser Verdichtungs-methode in der Praxis erforderte recht aufwendige Durchtränkungssysteme und vor allem leistungsfähige Oberflächenrüttler, um möglichst große Schütthöhen in einem Arbeitsgang verdichten zu können. Selbst bei den stärksten damals bekannten Rüttlern reichte die praktisch noch verwertbare Verdichtungswirkung nicht tiefer als 2,50 m. Damit konnten Aufgaben, wie sie erstmals für den Bau der Nürnberger Kongreßhalle gestellt wurden, nicht gelöst werden. Die Planer dieses gigantischen Projektes erhoben angesichts des betonaggressiven Grundwassers an die Dauerbeständigkeit der Gründung so hohe Anforderungen, daß sie mit konventionellen Methoden nicht erzielt werden konnten. Auch die Ausmaße des Baues waren monströs, seine Lasten ebenso: Die Haupthalle, im Inneren 260 m lang und 265 m tief, sollte eine 60 m hohe, sich frei über 160 m von Wand zu Wand spannende Decke tragen. Der Baugrund bestand aus Sand und mußte bis in eine Tiefe von 16 m, wo fester Sandstein anstand, verdichtet werden.

Da hierfür keine ausreichend erprobten Verfahren zur Verfügung standen, entschloß man sich, das modifizierte Franki-Verfahren und das neuartige Kellersche Rütteldruckverfahren in einem Großversuch unter Aufsicht der Deutschen Forschungsgesellschaft für Bodenmechanik (Degebo) zu überprüfen. Diese Probeverdichtung wurde schließlich im Jahr 1936 in Angriff genommen. Der Vorschlag von Keller war folgender:[3]

a) Rüttler unter Anwendung des Prinzips des mit Unwuchtmassen versehenen Elektromotors von schlanker, zylindrischer Form mit vertikaler Achse und horizontalem, sehr starkem Schlag zu bauen.

b) Die Rüttler mittels eines Bohrloches in jede beliebige Tiefenlage des zu verdichtenden Baugrundes zu verbringen. Abbildung 5 zeigt die grundsätzliche Anordnung der neuen Arbeitsweise: Der Rüttler ist durch ein Bohrrohr bis in die unterste Schicht des zu verdichtenden Baugrundes abgesenkt, und es ist das Bohrrohr selbst wieder so weit hochgezogen daß der Rüttler vom Baugrund unmittelbar eingeschlossen ist. Rüttler und Rohr werden in dieser Stellung mit fortschreitender Verdichtungsarbeit gleichzeitig hochgezogen. Die Verdichtung geschieht also schichtweise von unten nach oben fortschreitend (Bild 3).

Was hier so einfach und überzeugend formuliert ist, bedeutete in Wirklichkeit noch immer einen beachtlichen technischen Aufwand: Mit Hilfe eines schweren hölzernen, auf Schienen verfahrbaren, 23 m hohen Bohrgerüstes und mit konventionellen Bohrmethoden wurde zunächst ein Bohrrohr von 460 mm Durchmesser durch den anstehenden Sand bis zur gewünschten Tiefe (hier den in 16 m Tiefe anstehenden Keuper-Sandstein) eingebracht, ehe der etwa 2 m lange Rüttler, wie oben beschrieben, in die gewünschte Tiefe abgesenkt werden konnte. Hervorzuheben ist, daß der

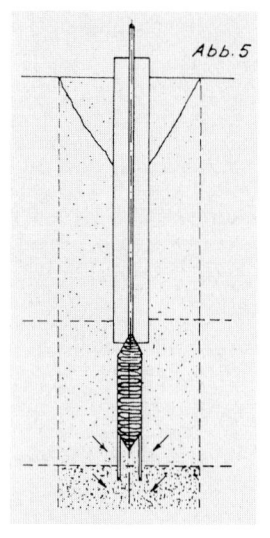

Bild 3　　　Rütteldruckverfahren beim Kongreßbau in Nürnberg

Rüttler horizontale Schwingungen erzeugen sollte, während die bekannten Oberflächenverdichter mit vertikalen Schwingungen arbeiteten.

Die Verdichtung erfolgte unter gleichzeitiger Zugabe von Wasser, indem man Rohr und Rüttler langsam unter Einhaltung einer Einwirkdauer von 8 min/m zog. Die Verdichtungswirkung manifestierte sich in einem an der Oberfläche um das Rohr herum auftretenden Trichter, in dem das vorher ausgehobene Sandmaterial und weiterhin nötiges Zusatzmaterial zugeführt wurde. Die Verdichtungszentren wurden in einem Dreiecksraster von 2,16 m Seitenlänge ausgeführt, was einer Fläche von 4,05 m^2 je Verdichtungsvorgang entsprach. Bei einem Materialzusatz von über 5,5 m^3/Vorgang übertraf der Verdichtungsversuch alle Erwartungen; so bemerkte der Leiter der Degebo, Geheimrat Hertwig, in seinem Gutachten, daß ihm eine so stark gewachsene Tragfähigkeit (von ursprünglich 2,5 kg/cm^2 auf 4,5 kg/cm^2)* bisher nur einmal begegnet sei, nämlich bei einem Eisenbahndamm, über den jahrelang stärkster Güterverkehr gerollt war.

Das hervorragende Ergebnis, das neben der bereits erwähnten Materialbilanz auch durch Messungen der Ausbreitungsgeschwindigkeit von Schallwellen vor und nach der Verdichtung nachgewiesen wurde, konnte jedoch über die gravierenden Ausführungsprobleme nicht hinwegtäuschen. So war das Verfahren noch relativ langsam und aufwendig, vor allem aber war der Rüttler noch ein echter Prototyp und konnte nur mit erheblichem Reparaturaufwand für diesen Großversuch in Betrieb gehalten werden. So konnte denn trotz überzeugender Testergebnisse nur ein kleiner Teil der Gründungsarbeiten für die Kongreßhalle nach dem neuen Rütteldruckverfahren ausgeführt werden, während der Hauptteil der gigantischen Gründungsmaßnahme nach der Fränkischen Kreisrammpfahlmethode verwirklicht wurde: insgesamt wurden 22 000 Verdichtungspfähle unter Verwendung von 65 000 m^3 Granitsplitt und Sand als Zugabematerial hergestellt.[4]

---

*　　Einheiten sind in ihrem historischen Zusammenhang belassen

Bereits während der Ausführung der Probeverdichtung wurden maschinentechnische Verbesserungen am Rüttler durchgeführt, die seine Standzeit beträchtlich erhöhten. Es war dann aber die Idee des damaligen Bauleiters dieser Versuchsbaustelle, C. Rappert, die noch im gleichen Jahr den entscheidenden Durchbruch für diese neue Methode brachte. Für die Herstellung eines Verdichtungsvorganges mußten im Durchschnitt etwa 22 Arbeitsstunden aufgewandt werden. Rund 8 Stunden entfielen auf die Bohrzeit, 12 Arbeitsstunden wurden für das Rütteln und das Nachfüllen des benötigten Sandmaterials verbraucht, und etwa 2 Stunden erforderte das Umsetzen des Holzgerüstes in die nächste Arbeitsstellung. Nach den Vorstellungen Rapperts sollte der außerordentlich leistungshemmende Arbeitsgang des Vorbohrens dadurch eingespart werden, daß der Rüttler direkt unter Ausnutzung des Verflüssigungseffektes im wassergesättigten Sand (damals noch mit dem Begriff „*Breiflüssigkeit*" bezeichnet) und seines Eigengewichtes auf die gewünschte Tiefe versenkt wird und von dort aus „*unter langsamem Hochziehen des Rüttlers die Verdichtungsarbeit beginnen soll*".[1] Die hierzu erforderlichen Verstärkungen des Rüttlers, die sich neben dem Motor vor allem auf das Schlagwerk und seine Lager konzentrierten, wurden noch im gleichen Jahr durchgeführt, so daß dann bereits ein Jahr später, 1937, die ersten echten Rütteldruckverdichtungen zur Gründung von Gebäuden auf Sand ausgeführt werden konnten.

Begreiflicherweise wurde über das Rüttelgerät, welches die Voraussetzung für die neue Gründungstechnik bildete, damals nur weniges veröffentlicht, und leider haben auch nur wenige firmeninterne Unterlagen den Krieg überdauert. Nachdem auf das Rütteldruckverfahren bereits 1933 ein Patent erteilt wurde, waren im Jahr 1936 auch das Gerät und weitere Verfahrensmerkmale weitgehend patentrechtlich geschützt.[5] Aus Sicht der Baustelle wurden an die Konstruktion des Rüttlers folgende wesentliche Anforderungen gestellt: Der Rüttler sollte möglichst schnell bis in die gewünschte Tiefe in den Boden eindringen; der Rüttler sollte sodann problemlos während des Verdichtens wieder aus dem Boden herausgezogen werden können; die Rüttelwirkung sollte einen möglichst großen Bodenbereich wirkungsvoll verdichten. Ein Blick auf eine Konstruktionszeichnung eines solchen Tiefenrüttlers (Bild 4), wie er zunehmend genannt wurde, aus dem Jahr 1937 zeigt, daß der Rüttler aus einem etwa 2,0 m langen Stahlrohr mit einem äußeren Durchmesser von 260 mm bestand. In seinem Inneren waren auf gemeinsamer vertikaler Welle im oberen Ende ein oder zwei Elektromotoren von je 12,5 kW Leistung angeordnet, die insgesamt bis zu drei Unwuchten in Rotationsbewegung versetzten, die im unteren Teil des Rüttlers untergebracht waren. Das obere Ende des Rüttlers wies Vorrichtungen für die Wasserzuführung auf, die in einer Austrittsdüse an der Rüttlerspitze endeten, sowie eine Kabeldurchführung zur Versorgung der Elektromotoren.

Darüber hinaus waren wesentliche Konstruktionsmerkmale einer Rüttlerkupplung erkennbar, die auch heute ein moderner Rüttler benötigt, um die Schwingungen, die von den Unwuchten erzeugt werden, von den Aufhängerohren abzuhalten, und die für die tiefe Eindringung in den Baugrund benötigt werden. Der Elektromotor rotierte mit einer Umlaufgeschwindigkeit von 50 Hertz und trieb die auf einer gemeinsamen Welle angeordneten Unwuchten an. Die dabei erzeugte Schlagkraft betrug bei dem gezeigten Rüttler bereits etwa 7,5 t, die Schwingweite bis zu 10 mm. Besondere Schwierigkeiten bereiteten vor allem die Lager der Unwuchten, die häufig schon

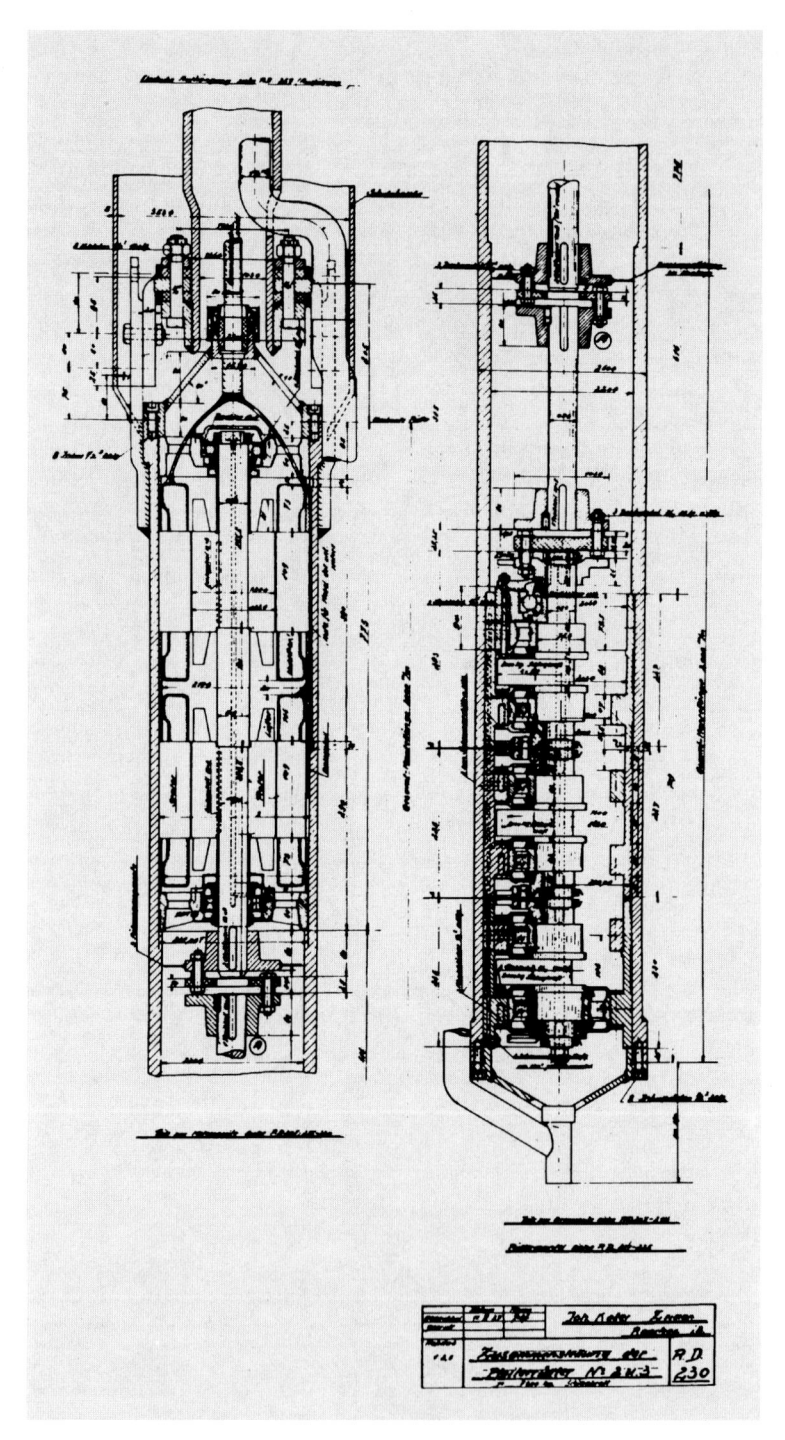

Bild 4   Erste Konstruktionszeichnung eines Tiefenrüttlers

nach wenigen Stunden Betriebszeit erneuert werden mußten. Es muß jedoch offenbar bald gelungen sein, den Tiefenrüttler baustellenfest zu machen; denn in den folgenden Jahren wurden viele interessante Gründungsaufgaben mit der Rütteldrucktechnik gelöst.

Das neue Verfahren erfreute sich bald allergrößten Interesses der Fachwelt, wobei in den Anfangsjahren trotz scheinbar überzeugender Versuchsergebnisse häufig die Skepsis überwog. Führende Bodenmechanikinstitute begleiteten die zahlreichen Probeverdichtungen und Baustellen während dieser frühen Jahre und führten dabei die verschiedensten Methoden zur Nachprüfung der erzielten Verdichtung aus. Nicht jedermann ließ sich durch die häufig unerwartet großen Mengen an Zugabematerial, die während eines Verdichtungsvorganges nachgefüllt werden mußten, allein von der erzielten Verdichtungswirkung überzeugen. So erstreckten sich die Überprüfungsmethoden auch auf die Entnahme ungestörter Bodenproben, die genaue Messung des Zugabematerials – unterstützt durch Nivellements des Arbeitsfeldes –, auf die Ausführung von geophysikalischen Messungen und von Probebelastungen sowie die damals bekannten Sondierungsverfahren. Und in dem Maße, in dem die Anwendungsfälle sich mehrten und der Nachweis beachtlicher Verdichtungserfolge gelang, verlor der locker gelagerte Sand, auch wenn er unter Wasser lag, zunehmend seinen Schrecken als ungeeigneter Baugrund. Die mit dem neuen Rütteldruckverfahren verbundenen Vorteile faßte die Firma Keller 1938 in einem ersten diesbezüglichen Prospekt zur Sandverdichtung wie folgt zusammen:[6]

1. *Natürlich gelagerte Böden können bis zu jeder Tiefe verdichtet werden.*
2. *Künstlich geschüttete Sandmassen können in voller Höhe auf einmal verdichtet werden.*
3. *Der Verdichtungseffekt ist ein vollkommener. Das Hohlraumvolumen des Sandes geht bis nahe an die theoretische Grenze zurück.*
4. *Das Verfahren arbeitet sicher, rasch und wirtschaftlich.*

Durch diese Vorteile konnten die in der Regel kostspieligen Pfahlgründungen vermieden und Flachgründungen auf Sand mit bis dahin unbekannt hohen zulässigen Bodenpressungen ausgeführt werden. Von gleicher Bedeutung waren der mit der größeren Dichte des Sandes einhergehende erhöhte Scherwiderstand und seine verminderte Zusammendrückbarkeit. Diese Erkenntnisse verhalfen dem Rütteldruckverfahren bereits in den wenigen Jahren bis zum Kriegsausbruch und auch noch während des Krieges zu einer außerordentlich breiten Anwendung.

Zu den ausgeführten Arbeiten gehörten zahlreiche Lagerhallen und Industriebauten, bei denen man die Wirkung der Rütteldruckverdichtung in wirtschaftlicher Weise unter Ausnutzung höherer zulässiger Bodenpressungen zur Fundamentverkleinerung heranzog. Auch wurde bei zahlreichen Wasserbauten an Nordsee und Ostsee zur nachträglichen Verdichtung von Wandhinterfüllungen und Sandaufspülungen das neue Verfahren immer wieder gerne eingesetzt. Über einige dieser Bauvorhaben und Versuche sind noch in den wenigen erhalten gebliebenen Firmenunterlagen interessante Einzelheiten über die ausgeführten Verdichtungsarbeiten zu finden.

2.1 Erster Verdichtungsversuch in Berlin

Auf einem an der Beusselstraße in Berlin gelegenen Grundstück wurde 1937 ein von der Deutschen Forschungsgesellschaft für Bodenmechanik begleiteter Verdichtungsversuch durchgeführt. Der Baugrund bestand aus Fein- bis Mittelsand, der infolge vorheriger Bebauung schon relativ dicht gelagert war. Auf einer Fläche von 576 m² wurden insgesamt 144 Verdichtungsvorgänge von 7,15 m Tiefe ausgeführt, so daß auf jedes Verdichtungszentrum eine anteilige Fläche von 4 m² entfiel. Die Untersuchungen ergaben, daß durch die Verdichtung das Porenvolumen von 39,5% auf 34,5% verringert wurde und sich das Raumgewicht des Bodens von 1,72 g/cm³ auf 1,82 g/cm³ erhöhte. Durch Messungen der Ausbreitungsgeschwindigkeit von Transversalwellen kam die Degebo zu dem Schluß, daß die zulässige Bodenpressung von ursprünglich 1,5 kg/cm² auf den doppelten Wert nach der Verdichtung angewachsen war.

Interessant ist auch das Ergebnis einer Baugrundsondierung, die vor und nach der Tiefenverdichtung ausgeführt wurde (Bild 5). So wurden zum Eintreiben der Sonde auf 7 m Tiefe vor der Verdichtung 200 Rammschläge benötigt, während nach der Verdichtung 1000 Schläge dazu erforderlich waren.[7]

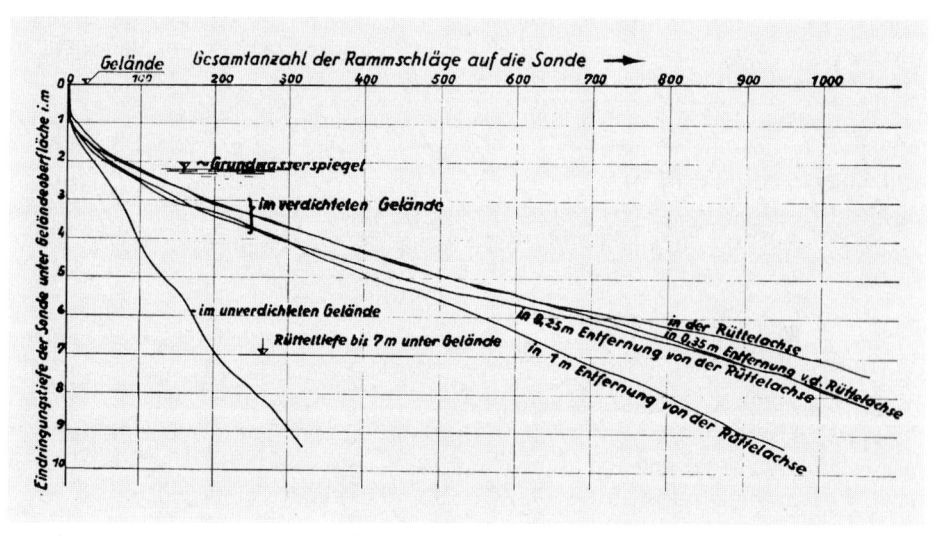

Bild 5   Sondierergebnisse vor und nach der Rütteldruckverdichtung

2.2 Verdichtung an der Schleuse Klein-Machnow

Die durch die Rüttelwirkung hervorgerufene Umlagerung der einzelnen Sandkörner in eine dichtere Lagerung bewirkt eine wesentliche Erhöhung des Scherwiderstandes, wirkt damit der Gleitflächenbildung entgegen und ist somit für die Größe des Erdwiderstandes, beispielsweise bei Ankerwänden, von ausschlaggebender Bedeutung. Auch der aktive Erddruck hinter einer Wand wird durch Verdichtung und die daraus folgende vergrößerte Scherfestigkeit günstig beeinflußt. Diese Erkenntnisse, die durch zahlreiche Ausschachtungen in verdichtetem Boden bestätigt wurden, fanden erstmals ihre praktische Anwendung bei der Verdichtung des Bodens hinter der südlichen Kammerwand der 3. Schleuse in Klein-Machnow.[8]

Die Kammerwand bestand aus 12 m langen Spundbohlen, die 5 m tief eingespannt und durch 13,5 m lange Rundeisenanker mit einer parallel zur Spundwand verlaufenden Ankerwand verbunden waren. Während der Hinterfüllung der Spundwand bewegte sich diese auf ihrer ganzen Länge in die Schleusenkammer hinein. Dieser unerwünschten Verformung wurde wirkungsvoll durch eine Tiefenverdichtung begegnet, die zu einer Entlastung der Spundwand führte und die geplante feste Verankerung derselben sicherstellte (Bild 6).

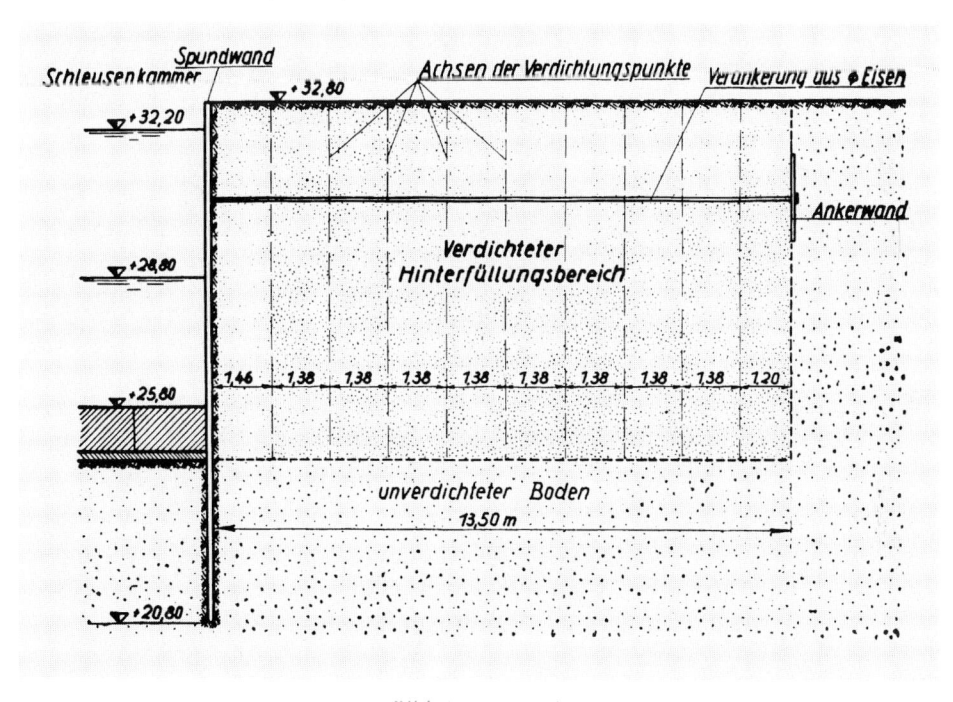

Bild 6   Tiefenverdichtung hinter einer Spundwand

2.3 Verdichtungsversuch für den Bau der „Großen Halle"

Im Jahre 1939 wurden auf Veranlassung des Generalbauinspektors der Reichshauptstadt auf dem Gelände des Poststadions in Berlin interessante Untersuchungen durchgeführt, die u. a. die Verdichtungsfähigkeit von Sandböden mittels des Rütteldruckverfahrens und die möglichen Ausmaße der Verdichtung zum Gegenstand hatten. Diese Versuche waren ebenfalls von der Degebo angeregt worden, um Aufschluß über Tiefenwirkung und Gleichmäßigkeit der erzielten Verdichtung im Sandboden zu erhalten, die zur Beurteilung der Gründungsmöglichkeiten für die seinerzeit geplanten Monumentalbauten, insbesondere der „Großen Halle" in Berlin, für erforderlich gehalten wurden. Über diese Versuche haben Hoffmann und Muhs 1944 ausführlich berichtet.[9] Die gewonnenen Erkenntnisse waren für die weitere Entwicklung des Rütteldruckverfahrens von großer Bedeutung. Sie haben gezeigt, daß geschütteter und gewachsener Sand und Kies mit diesem Verfahren in beliebiger Tiefen- und Flächenausdehnung gleichmäßig, dauerhaft und wirkungsvoll verdichtet werden kann. In einem Zusatzversuch, der in einem nicht veröffentlichten Versuchsbericht beschrieben ist,[10] gelang es sogar, die auf ursprünglich 20 m begrenzte Verdichtungstiefe auf 35 m zu steigern; ein weiteres Eindringen des Rüttlers verhinderte eine in dieser Tiefe anstehende Mergelschicht, die sich auch in der Trübung des Spülstroms bemerkbar machte. Bild 7 zeigt die damals verwendeten turmartigen Holzböcke, die auf Schienen verfahrbar waren. Heben und Senken des Rüttlers erfolgte mit Hilfe einer Motorwinde. Dieser Tiefenrekord wurde erst 42 Jahre später mit wesentlich stärkeren Tiefenrüttlern bei den Verdichtungsarbeiten am Jebba-Damm in Nigeria eingestellt.[27]

2.4 Gründung eines Speichergebäudes in Bremen

Über eine sehr interessante und schwierige Gründungsaufgabe, die beim Bau eines Hafenspeichers in Bremen gelöst werden mußte, berichtete 1940 Scheidig.[11] Hier wurde erstmals das Rütteldruckverfahren zur Vergrößerung der Tragfähigkeit von Bohrpfählen eingesetzt. Die Ergebnisse der während der Gründungsarbeiten ausgeführten Pfahlbelastungsversuche dokumentieren die beträchtliche Erhöhung der Tragfähigkeit von Bohrpfählen, die in Sand gegründet sind, wenn dieser unter der Aufstandsfläche des Pfahles und längs des Pfahlmantels verdichtet wird (Bild 8).

Bild 7 Tiefenverdichtung im Jahr 1939

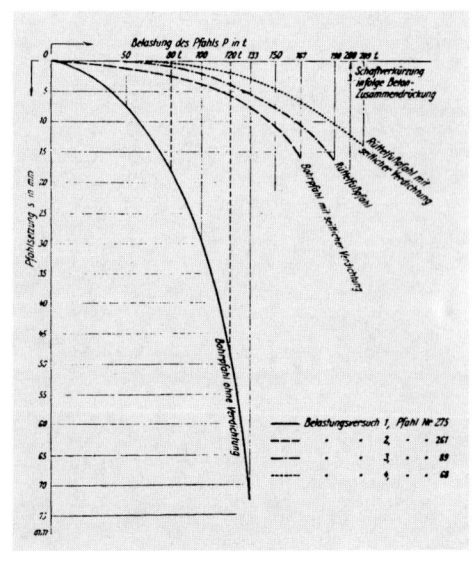

Bild 8 Erhöhung der Tragfähigkeit von Pfählen durch Tiefenverdichtung

2.5 Gründung von Bunkerbauten

Während der Kriegsjahre konzentrierte sich das Baugeschehen zunehmend auf militärische und für die Kriegswirtschaft erforderliche Anlagen und Großbauten. Mußten dieselben in Küstennähe und auf alluvialen Ablagerungen errichtet werden, so genügte meist die angetroffene natürliche Lagerungsdichte der Sandböden nicht, um die häufig beträchtlichen Gebäudelasten über normale Flachgründungen und ohne schädliche Verformungen abzutragen. In zunehmendem Maße wurde in solchen Fällen das Rütteldruckverfahren eingesetzt. Mit ihm gelang es, den Sandboden so umzulagern und zu verdichten, daß er in der Lage war, selbst höchste Lasten zu übertragen. Auf diese Weise konnten kostspielige Pfahlgründungen, für deren Ausführung man nicht zuletzt auch Beton und Stahl benötigte, vermieden werden, was angesichts der Verknappung nahezu aller Rohstoffe natürlich sehr begrüßt wurde. In diesem Zusammenhang seien beispielhaft große Bunkerbauten im Hafen von Rotterdam und an der Unterweser in der Nähe von Bremen-Farge genannt, bei denen der anstehende Sandboden mit Hife des Rütteldruckverfahrens so verdichtet wurde, daß die Gründung der schweren Bauwerke mit erstaunlich hohen zulässigen Bodenpressungen erfolgte. Erwähnenswert ist ferner, daß beim erstgenannten Bauwerk, einem U-Bootbunker, nach einem Gutachten von Casagrande die Fundamente auf 15 kg/cm^2 ausgelegt werden sollten. Im Interesse der Beschleunigung der Arbeiten wurde allerdings auf die hierfür erforderliche engmaschige Verdichtung von 4 m^2 Grundfläche

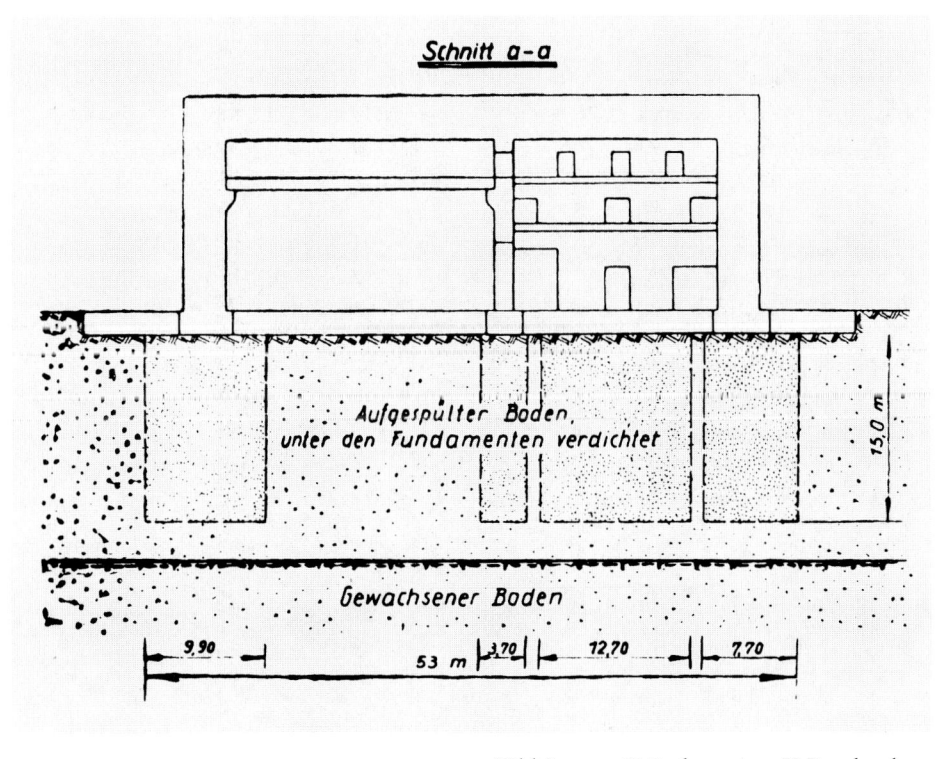

Bild 9   Gründung eines U-Bootbunkers

für einen Verdichtungspunkt zugunsten einer Aufweitung des Verdichtungsrasters auf 5 m² und einer Bodenpressung von 10 kg/cm² verzichtet. Bild 9 zeigt einen Schnitt durch den Bunkerbau.[12]

2.6 Untersuchungen zur Verdichtung von Kies

Angesichts der großen Anwendungsbreite, der sich die Rütteldrucktechnik innerhalb weniger Jahre seit ihrer ersten Anwendung bald erfreute, verwundert es sicher nicht, daß man auch sehr bald an die Grenzen des Verfahrens stieß. So hatte man schon relativ früh bemerkt, daß mit zunehmender Feinkörnigkeit des Sandes die zur Verdichtung zu erbringende Arbeit erheblich anstieg: Die Abstände der Verdichtungszentren mußten verringert werden, und die Verdichtungszeit, die für einen Tiefenbereich aufzuwenden war, mußte beträchtlich verlängert werden. Andererseits stellte grober Kies für das Eindringen des damals verfügbaren Rüttelgerätes in den Untergrund, besonders oberhalb des Grundwasserspiegels, ein großes Hindernis dar, so daß sich hier die Anwendungsgrenze auf der groben Seite des Körnungsbandes abzeichnete. In diesem Zusammenhang sind Verdichtungsversuche für einen geplanten Bahnhofsneubau in München von Interesse, wo der anstehende Kiesboden (Bild 10) auf seine Verdichtbarkeit hin untersucht werden sollte. Die Arbeiten wurden 1941 im Auftrage der Deutschen Reichsbahn ausgeführt und vom Erdbauinstitut der Technischen Hochschule München überwacht. Für einen 10 m tiefen Verdichtungsvorgang waren bis zu zwei Stunden erforderlich. Das an sich schon sehr niedrige Porenvolumen von 23,2% wurde im Mittel um 6% verringert. Huber kommt in seinem Gutachten[13] zu dem Schluß: *„Die Versuche bewiesen einwandfrei, daß das Kellersche Rütteldruckverfahren auch in grobem Kies mit Körnern bis zu 10 cm ⌀ anwendbar ist. Unabhängig vom Ausgangszustand wird eine so hohe Lagerungsdichte erreicht, die praktisch wohl kaum noch zu verbessern ist."*

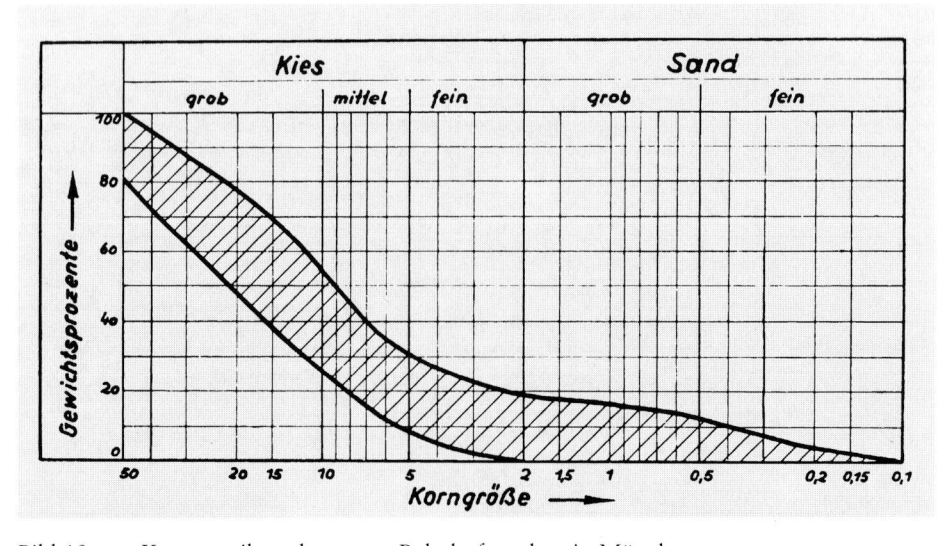

Bild 10   Kornverteilungskurve am Bahnhofsneubau in München

2.7 Erste Erfahrungen mit schluffigem Sand

Von ungleich größerer Bedeutung für die Rütteldrucktechnik waren allerdings die Erkenntnisse, die man bei der Ausführung einer Verdichtung zur Gründung einer Fabrikanlage der I. G. Farben AG 1942 in Rolingheten in Norwegen gewann. Hier sollte anstehender feinkörniger, locker gelagerter und zum Teil stark schluffiger Sand bei hohem Grundwasserstand zur Aufnahme recht großer Bauwerkslasten verdichtet werden. Auch diese Arbeiten wurden von der Deutschen Forschungsgesellchaft für Bodenmechanik gutachterlich begleitet.[14] Es zeigte sich, daß eine befriedigende Verdichtung eine Verengung des Verdichtungsrasters auf 2,5 m² je Verdichtungsvorgang erforderte, und daß diese nur durch die Zugabe stark kiesigen Mittelsandes während der Ausführung möglich war (Bild 11). Für die Verdichtung wurden 20% Zusatzmaterial benötigt. Erstmals wurde bei diesen Arbeiten auch versuchstechnisch festgestellt, daß im Verdichtungskern, der im wesentlichen aus grobkörnigem Zugabematerial bestand, eine relative Dichte von nahezu 100% erreicht wurde, während im feinkörnigen Bodenbereich zwischen den Verdichtungskernen lediglich eine solche von 60% erzielt wurde. Bei diesen Arbeiten dürfte man sich nach heutigen Erkenntnissen wohl erstmals einer sog. Stopfverdichtung genähert haben, die, wie später noch gezeigt werden wird, dann ausgeführt werden muß, wenn der anstehende Boden infolge seiner Feinkörnigkeit nicht oder nicht ausreichend durch die Schwingungen des Tiefenrüttlers verdichtet werden kann. Im vorliegenden Fall wurde durch Belastungsversuche, die man zwischen und auf Verdichtungszentren ausführte, die zulässige Bodenpressung der Flachgründung mit 6 kg/cm² festgelegt. Die Wirkung der Verdichtung war sehr beeindruckend. Während der ursprünglich vorhandene Boden nicht einmal zur Aufnahme von leichtem Baustellenverkehr geeignet war, konnte der verdichtete Boden offenbar mit schwersten Lastzügen ohne Schwierigkeiten befahren werden.

Wie gezeigt wurde, hatte sich das Rütteldruckverfahren, das im Laufe der Zeit natürlich hinsichtlich Ausführung und Überprüfung ständig vervollkommnet worden war, dank seiner Vielseitigkeit immer neue Anwendungsmöglichkeiten in der

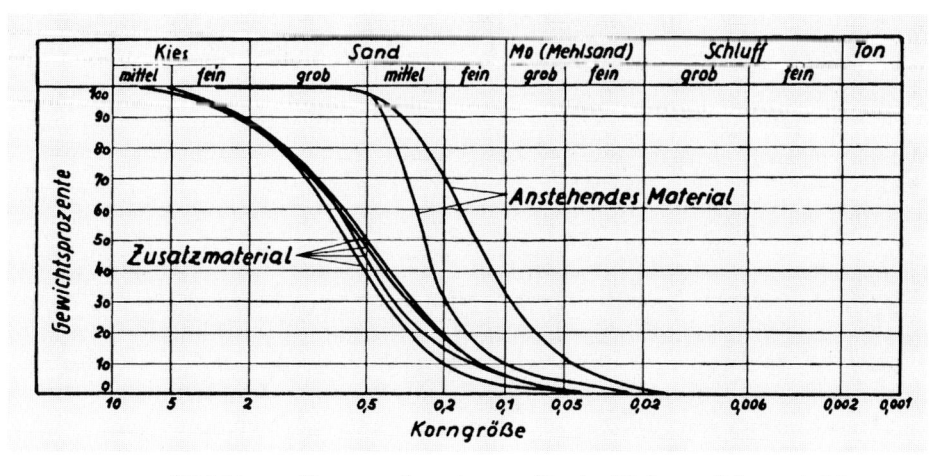

Bild 11   Kornverteilungskurven für eine Tiefenverdichtung in Norwegen

Grundbautechnik erschlossen. Allerdings wurden noch weit über das Kriegsende hinaus die schon erwähnten, recht schwerfälligen, nur auf Schienen verfahrbaren Holzgerüste als Trägergeräte verwendet. Dadurch und auch infolge der arbeitszeitaufwendigen Methode der Sandzugabe, die in der Regel mit Schubkarren erfolgte, war die Tagesleistung eines Verdichtungsgerätes bis Kriegsende auf etwa 50 lfd.m Verdichtungssäulen oder etwa 150 bis 200 m^3 verdichteten Sandes begrenzt.

3 Die Tiefenverdichtung in Deutschland während des Wiederaufbaues nach dem Kriege

Die Bilanz bei Kriegsende war für die deutsche Bauindustrie, besonders aber für den Spezialtiefbau, erschreckend. Entwicklungen, die auch während der Kriegsjahre noch vorangekommen waren, wurden jäh unterbrochen. Und da sich alle Anstrengungen zunächst nur auf den Erhalt oder allenfalls die Wiederherstellung des Lebensnotwendigsten konzentrierte, so beschränkte sich die Bautätigkeit zuerst auf die Behebung der großen Schäden und die Wiederherstellung der zerstörten Infrastruktur. In dem Maße, in dem die Menschen nach der Währungsreform dann wieder Zuversicht faßten, entwickelte sich auch langsam wieder eine Neubautätigkeit. Die eindrucksvollen praktischen Ergebnisse, die das Rütteldruckverfahren bei Kriegsende vorweisen konnte, waren bei vielen Ingenieuren in den Bauverwaltungen, Hochschulinstituten und der Wirtschaft noch in guter Erinnerung, so daß dieses Verfahren während des Wiederaufbaues eine zunehmende Bedeutung erlangte.

Dank der bereits geschilderten großen Vielseitigkeit und seiner erstaunlichen Anpassungsfähigkeit an die gestellten Aufgaben erfreute sich das Rütteldruckverfahren schon bald wieder großer Beliebtheit. Wo immer die Lagerungsdichte von natürlichem oder geschüttetem Sand für den Bauzweck nicht ausreichte, konnte mit dem Tiefenrüttler Abhilfe geschaffen werden. In zunehmendem Maße verzichtete man auf die schwerfälligen Holzgerüste als Trägergeräte zugunsten leicht bewegbarer Raupenfahrzeuge. Dies verringerte nicht nur die Baustelleneinrichtungskosten beträchtlich, sondern es gelang infolge der größeren Beweglichkeit auch, die Tagesleistung erheblich zu steigern, obwohl der Tiefenrüttler selbst zunächst noch unverändert blieb.

3.1 Ein Leuchtturm wird gegründet

Neben der beschriebenen Verdichtungswirkung des Tiefenrüttlers hatte man schon vor dem Krieg erkannt, daß die Schwingungen des Rüttlers zusammen mit dem vorhandenen Grundwasser oder dem zugeführten Wasser den Sandboden in den Zustand der „*Breiflüssigkeit*" versetzen und daß sich feste Gegenstände wie Pfähle, Rohre, Spundbohlen mühelos in einen derart verflüssigten Sand auf beliebige Tiefen einbringen lassen.[5] Das war insofern von Bedeutung, als noch keine Aufsatzrüttler zur Verfügung standen, mit denen Spundwände und Zugpfähle eingerüttelt werden konnten. Derartige Aufgaben wurden bis weit in die 60er Jahre hinein in vielen Fällen auf häufig erstaunlich einfache Art und Weise mit dem Kellerschen Tiefenrüttler bewältigt. In diesem Zusammenhang sei auf einen recht spektakulären Anwendungsfall verwiesen, bei dem im Jahr 1965 etwa 40 km nordwestlich von Bremerhaven der Leuchtturm „*Tegeler Plate*" mittels sechs an seinem Schaft befestigter Tiefenrüttler 18 m tief in den sandigen Meeresboden eingerüttelt wurde (Bild 12).

Bild 12 Der Leuchtturm „Tegeler Plate" wird eingeschwommen

Bild 13 Verankerungskörper vor dem Einrütteln

3.2 Verankerung des Trockendocks in Emden

Im Jahre 1953, als mit den Planungen für den Bau eines neuen Trockendocks in Emden begonnen wurde, entschloß man sich im Rahmen eines Sondervorschlages, die Fähigkeit des Tiefenrüttlers, auch größere Körper in den Untergrund zu versenken, zum Einbau von Zugverankerungen für die Auftriebssicherung der Docksohle zu nutzen. Der Vorschlag fand Beachtung, doch bis zu seiner Verwirklichung bedurfte es noch zahlreicher Voruntersuchungen. So mußte geklärt werden, wie groß die zu versenkenden Widerstandskörper sein durften, um sie mit einem, zwei und notfalls sogar drei Tiefenrüttlern in die erforderliche Tiefenlage abzusenken. Für das Emdener Trockendock wurden schließlich nahezu 500 kreuzförmige Ankerkörper aus Stahlbeton etwa 14 m tief eingerüttelt. Ein vielfach gegen Korrosion geschütztes, 46 mm starkes Stahlkabel aus St 140 war in diesem Ankerkörper einbetoniert und wurde in einem Ankerkopf in der Docksohle gefaßt, nachdem es auf 105 Mp vorgespannt worden war (Bild 13.)

Die Verdichtung des Baugrundes zur Verwirklichung von Flachgründungen jeder Art in locker gelagerten Sanden sowie der Einbau von Druck- und Zuggliedern waren die Hauptanwendungsgebiete des Rütteldruckverfahrens, ehe es Anfang der 60er Jahre gelang, die Einsatzmöglichkeiten des Tiefenrüttlers beträchtlich zu erweitern.

3.3 Die erste Stopfverdichtung

Bei der Ausführung einer Tiefenverdichtung im Jahr 1956 für die Gründung einer Lokhalle der Deutschen Bundesbahn in Braunschweig kam es zu ähnlichen Erscheinungen und Schwierigkeiten, wie sie bereits 1942 bei den vorerwähnten Verdichtungsarbeiten in Norwegen aufgetreten waren.

Auch in diesem Fall bestand der Untergrund aus sehr feinem, stark schluffhaltigem Sand, der beim Versenken des Tiefenrüttlers und beim anschließenden Verdichten sich so stark verflüssigte, daß eine Verdichtungswirkung erst nach sehr langer Rütteldauer eintrat. Man war bei dieser Gründung an eine Grenze gestoßen, an der das Tiefenverdichtungsverfahren nicht mehr wirtschaftlich einsetzbar war.

Als Abhilfe wurde die Idee entwickelt, den Rüttler ohne Zuhilfenahme der beim Rütteldruckverfahren üblichen Wasserspülung in den Boden zu versenken, in den nach dem Herausziehen des Rüttlers kurzzeitig standfesten zylindrischen Hohlraum grobes Zugabematerial einzubringen und durch wiederholtes Einfahren des Rüttlers zu „*verstopfen*". Für eine solche Stopfverdichtung war nun allerdings der vorhandene Tiefenrüttler in zweifacher Hinsicht ungeeignet: Einerseits wies der Rüttler infolge der am äußeren Mantel angebrachten Wasserzuführungsrohre eine stark gegliederte und unebene Oberfläche auf, die das Eindringen stark behinderte; andererseits konnten über die Rüttlerkupplung keine ausreichend großen Druckkräfte übertragen werden, mit denen man den Rüttler in den Boden hätte eindrücken können. Mit Hilfe einer glatten Blechummantelung wurde schließlich zunächst Abhilfe geschaffen, so daß die Verdichtung in der beschriebenen Weise zufriedenstellend ausgeführt werden konnte.

Wichtiger für die weitere Entwicklung des Verfahrens waren jedoch die gewonnenen grundsätzlichen Erkenntnisse für die Verbesserung von bindigen Bodenschichten mit Hilfe des Tiefenrüttlers.

4   Der Torpedorüttler und das Stopfverdichtungsverfahren

Diese auf Baustellen gewonnenen Erkenntnisse flossen nun in Überlegungen ein, den Tiefenrüttler, der als sogenannter Pfeilerrüttler im wesentlichen unverändert seit zwanzig Jahren bei der Verdichtung von Sanden zum Einsatz kam, konstruktiv so zu verändern, daß er auch für die Verbesserung von bindigen Böden verwendet werden konnte. So wurde schließlich ein stark verbesserter Tiefenrüttler entwickelt, der infolge seiner Form zunehmend als Torpedorüttler bezeichnet wurde. Er wies gegenüber seinem Vorgänger eine beträchtlich vergrößerte Schlagkraft von 156 kN auf. Sein Elektromotor wurde verstärkt. Er entwickelte bei der beibehaltenen Drehzahl von 3000 U/min eine Nennleistung von 35 kW. Die Schwingweite des Rüttlers betrug nun 6 mm. Grundsätzlich neu waren seine weitgehend glatte Oberfläche (Bild 14) und eine völlig überarbeitete Spezialkupplung, die in der Lage war, auch große Druckkräfte aufzunehmen, die von besonders schweren Aufsatzrohren oder später auch von speziellen Trägergeräten entwickelt auf den Tiefenrüttler einwirken konnten.

Damit waren die Voraussetzungen geschaffen, den Rüttler auch ohne Wasserspülung in wenig tragfähige bindige Böden zu versenken, wenn nur das hierfür erforderliche Gesamtgewicht aus Rüttler und erforderlichenfalls auch schweren Aufsatzrohren aufgebracht werden konnte.

Schon bald wurden so die ersten Gründungsarbeiten in den Schluffböden des Ruhrgebietes ausgeführt, wobei mit dem Tiefenrüttler vertikale Stein- oder

Schottersäulen im bindigen Untergrund hergestellt wurden, die einzeln und im Verbund mit benachbarten Säulen infolge ihrer innigen Verzahnung mit dem umgebenden Boden einen tragfähigen Baugrund ergaben. Die Herstellung dieser Schottersäulen erfolgte zunächst noch ausschließlich mittels am Seil hängender Rüttler, die bis zur gewünschten Tiefe in Böden mit geringem Wassergehalt ohne Wasserspülung versenkt wurden. Dadurch wurde die Konsistenz des Bodens nicht nachteilig beeinflußt. Anschließend wurde der Rüttler völlig aus dem Boden herausgezogen, worauf in den verbleibenden zylindrischen Hohlraum Zusatzmaterial (Grobkies, Schotter u. ä.) lagenweise eingefüllt und durch den wieder in das Rüttelloch eingeführten Tiefenrüttler verdichtet und seitlich verdrängt wurde. Durch Wiederholen dieses Vorganges wurde so eine hochgradig verdichtete, innig mit dem umgebenden Baugrund verzahnte Schottersäule hergestellt.

Damit hatte sich das Tiefenverdichtungsverfahren bereits Ende der 50er Jahre nahezu die gesamte Breite des Körnungsbandes der Lockergesteine als Anwendungsgebiet erschlossen, so daß die Wahl der einzusetzenden Technik nach den vorgefundenen Boden- und Grundwasserverhältnissen getroffen werden konnte (Bild 15).

Bei Vorliegen von kohäsionslosen Sand- und Kiesböden mit nicht mehr als 15% Anteilen mit Korngrößen unter 0,06 mm kam das Rütteldruckverfahren zum Einsatz.

Bild 14
Der Torpedorüttler

Für alle anderen Anwendungsfälle wurde die Rüttelstopfverdichtung ausgeführt, wobei man bei bindigen Böden mit geringem Wassergehalt die Schottersäulen ohne Wasserspülung (allerdings in der Folge dann zur Stabilisierung des Rüttelloches zunehmend unter Einsatz von Druckluft, die an der Rüttlerspitze austrat) herstellte. Bei bindigen Böden mit hohem Wassergehalt verfuhr man allerdings wie beim Rütteldruck-

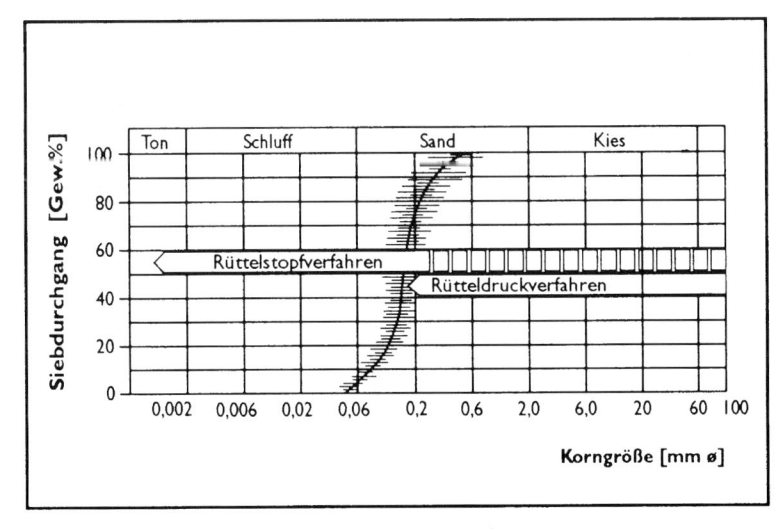

Bild 15   Anwendungsbereiche der Tiefenrüttelverfahren

verfahren, indem man mit Hilfe von Spülwasser einen Ringraum um den Rüttler erzeugte, durch den der grobe Zuschlagstoff eingebracht und dann durch den Rüttler zu einer hochverdichteten Materialsäule verfestigt wurde.

Den Stand der Technik, den die Baugrundverbesserung mittels Tiefenrüttlern in den 60er Jahren erreicht hatte, schilderte Lackner besonders eindrucksvoll 1965 in seiner Antrittsvorlesung an der Technischen Hochschule Hannover.[15] Hierbei und in anderen Veröffentlichungen wird die große Anwendungsvielfalt der Tiefenverdichtung sowie ihre wirtschaftliche Bedeutung in eindrucksvoller Weise beschrieben; insbesondere wurde die zunehmende volkswirtschaftliche Aktualität gewürdigt, die den Baugrundverbesserungsverfahren und damit vor allem auch der Tiefenverdichtung angesichts immer knapper werdenden problemlosen Baulandes in der Nähe großer Städte zugeordnet werden mußte.[16,17]

Aus bodenmechanischer Sicht wurden nun auch die Verfahrensgrenzen der Stopfverdichtung als Ergebnis häufig auch leidvoll gesammelter Baustellenerfahrungen erkannt und beschrieben. So hatte man festgestellt, daß bindige Böden mit sehr hohem Wassergehalt und entsprechend niedriger Konsistenzzahl für die eingerüttelten Schottersäulen keine ausreichend großen seitlichen Stützkräfte mobilisieren konnten. Versäumte man in diesen häufig auch stark mit Torfschichten durchsetzten Weichböden, die Schottersäulen dicht an dicht zu setzen und sich damit einem Bodenersatzverfahren weitgehend anzunähern, so kam es gelegentlich wohl auch zu Fehlschlägen, die sich dann in größeren Setzungen dokumentierten, als ursprünglich erwartet worden war. In Ermangelung brauchbarer und anerkannter Berechnungsverfahren, die eine zuverlässige quantitative Vorhersage von Setzungen bei Gründungen auf Stopfverdichtungen oder einen Nachweis ihrer Grundbruchsicherheit erlaubten, wurde nun vermehrt die Ausführung der Arbeiten auf der Baustelle versuchstechnisch überwacht. So wurde neben der rein geometrischen Vermessung der Schottersäulen ihr gleichmäßiger Aufbau durch Aufzeichnung des Stromverbrauches bei ihrer Herstellung protokolliert. Es wurden Sondierungen, Lastplattenversuche an einzelnen und Fundamentbelastungsversuche an Gruppen von Schottersäulen ausgeführt. Auf diese Weise konnten die ausführenden und beratenden Ingenieure beträchtliche Erfahrungen sammeln, die nutzbringend bei vergleichbaren Projekten herangezogen werden konnten. Dennoch wurde das Fehlen brauchbarer Berechnungsmethoden, mit denen das Setzungsverhalten dieser Gründungen zuverlässig ermittelt werden konnte, zunehmend als Mangel, aber auch als Herausforderung empfunden.

Da zahlreiche Impulse für die Berechnung von Baugrundverbesserungen mittels Schottersäulen von ausländischen Fachkollegen ausgingen, soll nun zunächst auf die Entwicklung der Tiefenverdichtung im Ausland eingegangen werden.

5 Die Entwicklung der Tiefenverdichtung außerhalb Deutschlands

Bereits einige Jahre vor Ausbruch des zweiten Weltkrieges hatte Steuermann Deutschland verlassen. Ein danach mit der Firma Keller 1938 geschlossener Nutzungsvertrag über alle aus den Grundpatenten[5] abgeleiteten Rechte gestattete ihm die Verwertung der Idee des Rütteldruckverfahrens u. a. auch in den Vereinigten Staaten von Amerika, wohin Steuermann emigriert war. Dort berichtete er bereits 1939 in der Zeitschrift Engineering News-Records[18] über die ersten Erfolge, die in Deutschland mit der neuen Methode des Rütteldruckverfahrens bei der Verdichtung von Sanden erzielt wurden. Es dauerte aber dann noch nahezu zehn Jahre, bis ein brauchbares Verdichtungsgerät in den USA gebaut war und erste Arbeiten mit ihm ausgeführt werden konnten.

Das neue Verfahren wurde in den USA mit dem Begriff „Vibroflotation" bezeichnet und erlangte erst am Anfang der fünfziger Jahre größere Bekanntheit, nachdem das Bureau of Reclamation[19] und vor allem dann D'Appolonia[20] über amerikanische Erfahrungen mit der neuen Verdichtungsmethode berichtet hatten. Der Rüttler (Bild 16), der wie sein deutscher Vorgänger mit einem elektrischen Motor ausgestattet war, rotierte mit 1800 Umdrehungen pro Minute und entwickelte mit einer Leistung von 30 PS eine Schlagkraft von 10 tons und eine maximale Schwingweite von 18 mm. Dank seinen Charakteristika war dieses Gerät vorzüglich für die Verdichtung von Sanden geeignet, infolge einiger konstruktiver Mängel nicht jedoch für größere Verdichtungstiefen. Die Vorzüge des neuen Verfahrens wurden in erster Linie in der einfachen und kontrollierbaren Arbeitsweise gesehen, locker gelagerte Sande effektiv zu verdichten. Dem entwerfenden Ingenieur wurden auch alsbald praktische Empfehlungen an die Hand gegeben, nach denen er Verdichtungsarbeiten entwerfen und überwachen konnte. Hierbei bürgerten sich sehr rasch Kriterien für die nach ausgeführter Tiefenverdichtung nachzuweisende relative Dichte ein. Diese wurde zunächst recht einfach direkt, zunehmend jedoch mit Hilfe des Standard Penetration

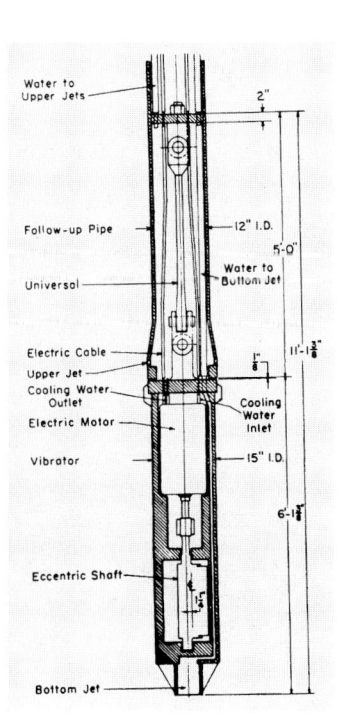

Bild 16   Schnittbild des amerikanischen Tiefenrüttlers

Tests und später auch durch Drucksondierungen indirekt bestimmt. Bedeutungsvoll für die nun rasch zunehmende Beliebtheit des Vibroflotations-Verfahrens war außerdem die Erkenntnis, daß es für Gründungen in Erdbebengebieten und von Schwingungsmaschinen besonders geeignet war, für die man in der Regel Verdichtungsgrade von 85% bis 90% relativer Dichte als erforderlich erachtete.

Die nun in Nordamerika einsetzende Entwicklung und Verbreitung des Verfahrens ist ganz ähnlich wie in Deutschland, jedoch zeitversetzt verlaufen. Seine Vorteile, insbesondere der Kostenvorteil gegenüber konventionellen Pfahlgründungen, sorgten für eine rasche Verbreitung zunächst an der Ostküste der Vereinigten Staaten, im Mittleren Westen und erst später auch in Kalifornien. Die Anwendungspalette reichte von einfachen Gründungen für Wohn- und Geschäftshäuser bis zu anspruchsvollen Aufgaben wie der Gründung zahlreicher Raketenabschußrampen im Weltraumzentrum von Cape Kennedy in Florida (Bild 17) und den umfangreichen Verdichtungsarbeiten am damals größten Trockendock, das die amerikanische Marine 1961 in Bremertone, Washington, für seine im Pazifik stationierten Flugzeugträger baute.

Alle diese Arbeiten waren ausschließlich auf die Verdichtung von Sanden ausgerichtet, ehe nach einer längeren Einführungsphase die in Europa und besonders in Deutschland gemachten Erfahrungen mit der Stopfverdichtung Anerkennung und Beachtung fanden und 1972 die erste Gründung mit Hilfe von Schottersäulen in Key West, Florida, ausgeführt werden konnte.

Bild 17   Raketenabschußrampe in Cape Kennedy, auf verdichtetem Sand gegründet (Werkfoto VFC)

In dem Maße, in dem international tätige, beratende Ingenieure Erfahrungen mit der Baugrundverbesserung mittels Tiefenrüttlung sammeln konnten, verbreitete sich diese Methode über die Grenzen Deutschlands und der USA. Dabei spielten die Ingenieure in Großbritannien aufgrund ihrer Verbindungen im Commonwealth eine wichtige Rolle. Im Rahmen von Lizenzvereinbarungen wurden hier seit Ende der fünfziger Jahre Baugrundverbesserungen mit Hilfe von Tiefenrüttlern aus den USA und Deutschlands ausgeführt, ehe dann ab 1965 auch die von der Firma Cementation in Anlehnung an den amerikanischen Rüttler in England gebauten Geräte verwendet wurden. Sie waren zunächst hinsichtlich ihrer Abmessungen und Bauweise mit diesen nahezu identisch, erhielten jedoch schon bald an Stelle der Elektromotoren ab etwa 1968 hydraulische Antriebe.

Wichtiger als diese maschinentechnische Modifikation war die nun auch in Großbritannien zu verzeichnende, zunehmende Verwendung der Tiefenrüttler zur Verbesserung von wenig tragfähigen bindigen Böden mit Hilfe von Schottersäulen und die Bemühungen, Entwurfs- und Bemessungskriterien für diese Gründungsmethode zu entwickeln.[21]

Große und größte Bauvorhaben, bei denen das Rütteldruckverfahren und seit 1968 auch die Stopfverdichtung zur Anwendung kamen, wurden ab etwa 1960 ausgeführt und sorgten für die heutige Verbreitung dieses Verfahrens auf allen Kontinenten. An einige herausragende Beispiele sei hier noch einmal erinnert:

5.1 Tiefenverdichtungsarbeiten am Assuanstaudamm

Nach außerordentlich erfolgreich verlaufenen und von K. Terzaghi begutachteten Verdichtungsversuchen für den Bau des Sadd el-Aali, des späteren Assuanstaudammes, in den Jahren von 1955 bis 1958, entschloß sich die ägyptische Regierung, die Tiefenverdichtung in großem Maßstab zur Verdichtung von etwa 3,4 Mio. m³ eingespülten Sandes zur Gründung der Kerndichtung des Dammes einzusetzen. Die Suezkrise und die sich daraus entwickelnden politischen Spannungen verhinderten die bereits sicher geglaubte Beauftragung des Gesamtprojektes an ein deutsches Firmenkonsortium. Bekanntlich wurde das Projekt schließlich von der Sowjetunion finanziert und gebaut. Auch die umfangreichen Verdichtungsarbeiten wurden mit eigens dafür gebauten russischen Tiefenrüttlern ausgeführt, über die außer ihrer Drehzahl von 1750 U/min praktisch keine Einzelheiten bekannt wurden und die auch seither nicht wieder in Erscheinung getreten sind.[22, 23]

5.2 Gründung eines Stahl- und Walzwerkes in Dünkirchen

Von ähnlicher Größenordnung waren die Gründungsarbeiten für das Stahl- und Walzwerk USINOR in Dünkirchen, die im Zeitraum von 1960 bis 1963 ausgeführt wurden. Hier galt es, die in einer Stärke von bis zu 30 m anstehenden, locker gelagerten alluvialen Feinsande, die häufig mit schluffigen und tonigen, gelegentlich auch torfigen Zwischenlagen durchsetzt waren, für die Aufnahme größter Lasten zu verdichten. Unterhalb dieses Schichtpaketes folgte der sogenannte Flandrische Ton, welcher große Einbindetiefen einer alternativ untersuchten Pfahlgründung erfordert hätte. Die wirtschaftlichen und ausführungstechnischen Vorteile der Tiefenverdichtung, bei der im Gegensatz zu einer Pfahlgründung die Detailplanung auch nach der erfolgten flächenhaften Verdichtung vorgenommen werden konnte – ein für Projekte dieser Größenordnung nicht zu unterschätzender Vorteil –, veranlaßten den Bauherrn, sich dem Vorschlag seines Baugrundsachverständigen, J. Kérisel, anzuschließen und eine Flachgründung auszuführen. In nur knapp zwei Jahren wurden insgesamt 480 000 lfd.m Verdichtungen mit Tiefen bis zu 21 m hergestellt. Wo erforderlich, wurden die anstehenden bindigen Schichten durch Schottersäulen mit besonders großem Durchmesser überbrückt und verbessert, die mit Hilfe von zwei in etwa 80 cm Abstand durch eine Traverse verbundenen Tiefenrüttlern und mit besonders starkem Spülstrom hergestellt wurden.

Die Arbeiten wurden im Doppelschichtbetrieb mit bis zu 15 Geräten ausgeführt und durch Drucksondierungen laufend überwacht. Die vom Bauherrn veranlaßten und noch über viele Jahre nach Inbetriebnahme einzelner Werksteile durchgeführten Setzungsmessungen wiesen selbst für die Schwerlastfundamente Gesamtsetzungen von nur 2 bis 3 cm auf und waren damit weit geringer, als allgemein von den Sachverständigen erwartet worden war.

Bild 18   Verdichtungsarbeiten am Indus-Wehr in Chasma, Pakistan

5.3 Verdichtungsarbeiten in Pakistan

Nachdem Indien und Pakistan 1947 ihre Selbständigkeit erlangt hatten, wurde nach langjährigen Verhandlungen eine Vereinbarung über die Wassernutzung der aus Indien nach Pakistan fließenden großen Nebenflüsse des Indus erreicht. Der Indus-Becken-Plan, so wurde das Projekt genannt, wurde durch einen speziellen, von der Weltbank verwalteten Fond finanziert und im Jahr 1960 in Angriff genommen. Er sah eine Reihe großer Wehranlagen vor, die auf feinsandigen, lockeren Flußablagerungen in häufig tief in das Grundwasser reichenden Baugruben errichtet wurden. Zur Aufnahme der Bauwerkslasten und zum Schutz gegen die Auswirkungen befürchteter Erdbeben wurden an den Sperr- und Verteilerbauwerken in Sidhnai (1963), Mailsi (1965), Marala (1966), Rasul (1966) und Chasma (1968) insgesamt weit über 2 Mio. m³ Sand mit englischen und deutschen Tiefenrüttlern verdichtet. Bild 18 vermittelt einen Eindruck von der Größenordnung dieser Arbeiten. Es zeigt die Wehrbaugrube in Chasma zum Zeitpunkt der Tiefenverdichtungsarbeiten.

5.4 Unterwasserverdichtung am Straßentunnel unter dem Rio Parana

Zeitgleich mit diesen Arbeiten in Pakistan wurden von 1967 bis 1968 umfangreiche und technisch äußerst komplizierte Verdichtungsarbeiten am Unterwassertunnel unter dem Rio Parana zwischen den Städten Parana und Santa Fé in Argentinien ausgeführt. Der 2400 m lange Straßentunnel wurde aus vorgefertigten Stahlbetonrohren von 10,80 m Außendurchmesser und Längen von 65,50 m hergestellt, die mit Hilfe einer Hubinsel in einen vorher in der Flußsohle ausgebaggerten Graben verlegt wurden.

Der Tunnel hat zwei Richtungsfahrbahnen und liegt an der tiefsten Stelle mit seinem Scheitel 17,70 m unter dem Wasserspiegel, die Sandüberdeckung beträgt hier etwa 3 m. Tiefenverdichtungen des anstehenden und des eingespülten Sandes wurden erforderlich, vor allem zur Schaffung eines sicheren Auflagers im Bereich der Rohrpratzen sowie zur Verminderung des seitlichen Druckes auf die Rohre. Dies wurde erreicht durch Verdichtung des Sandes neben den Rohren in einem Bereich von 2 m über Rohrscheitel bis 1 m unter Gründungssohle. Über 125 000 lfd.m Verdichtung wurden hierfür im Auftrag eines von Hochtief geführten Firmenkonsortiums unter teilweise schwierigen Bedingungen ausgeführt (Bild 19).

5.5 Gründungsarbeiten in Saudi-Arabien

Als Beispiel für die vorteilhaften Anwendungsmöglichkeiten der Tiefenverdichtung im Hafenbau[24] seien auch die Gründungsarbeiten für die Kaianlagen des Hafens Thuwwal an der Westküste von Saudi-Arabien genannt. Hier wurden 1978 etwa 160 000 lfd.m Rüttelverdichtung in locker gelagerten Korallensanden von einem mit fünf Rüttlereinheiten ausgerüsteten Arbeitsschiff ausgeführt (Bild 20).

Zahlreiche, teils sehr umfangreiche Gründungsarbeiten nach dem Rütteldruck- und Stopfverdichtungsverfahren wurden seit Anfang der 70er Jahre für den Aufbau der heutigen Infrastruktur, den Bau großer Kraftwerke und Entsalzungsanlagen sowie der beachtlichen Anlagen der Petrochemie, der Stahl-, Aluminium- und Zementindu-

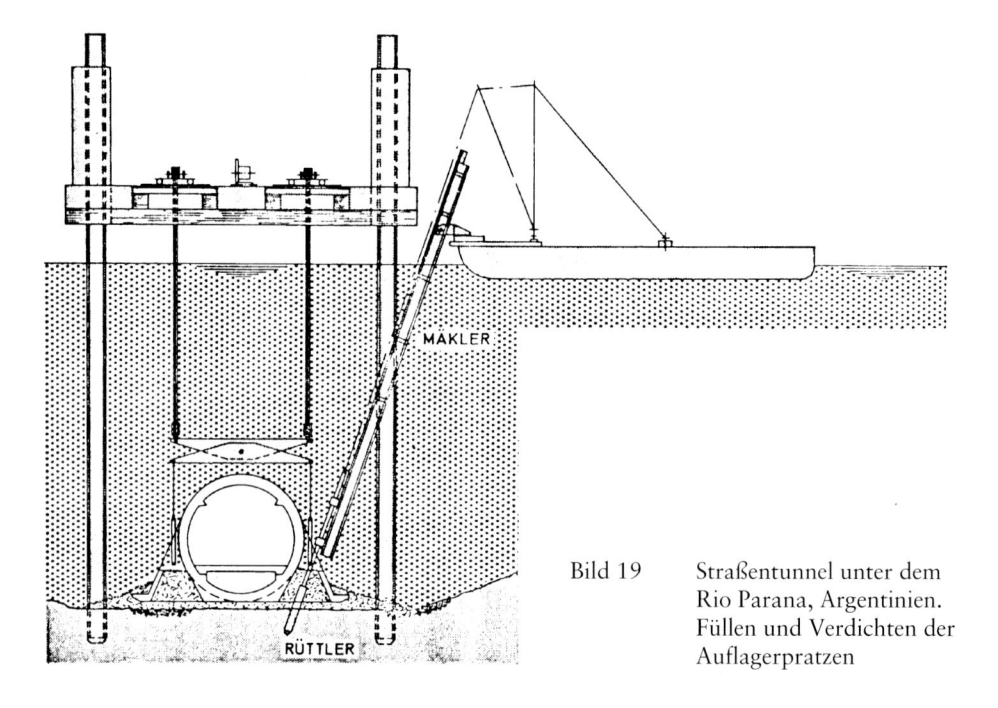

Bild 19 Straßentunnel unter dem Rio Parana, Argentinien. Füllen und Verdichten der Auflagerpratzen

Bild 20 Arbeitsschiff für die Verdichtung im Hafen Thuwwal, Saudi-Arabien (Werkfoto Bauer)

strie auf der arabischen Halbinsel ausgeführt. Dabei wurde die Baugrundverbesserung immer dann gerne von den planenden Ingenieuren empfohlen, wenn außer dem Kostenvorteil der Tiefenverdichtung in den häufig außerordentlich betonaggressiven Böden mit hoch anstehenden Grundwasserständen durch eine dann mögliche Flachgründung der direkte Kontakt der Fundamente mit stark sulfathaltigem Grundwasser vermieden werden konnte.

5.6 Gründung einer Siloanlage in Australien

Nachdem noch die erste Phase eines großen Getreideterminals in Kwinana an der Westküste Australiens 1969 mit Hilfe von Verdichtungspfählen gegründet worden war, entschloß man sich im zweiten Bauabschnitt für die Ausführung einer Tiefenverdichtung unter Verwendung von Tiefenrüttlern. Die in der Nähe von Perth gelegenen Silo- und Verladeeinrichtungen für Getreide gehören zu den größten Anlagen dieser Art in der Welt.

Für die Aufnahme der großen Lagerlasten, zur Setzungsverminderung und zur Erhöhung der Erdbebensicherheit mußte der anstehende, ziemlich feinkörnige Sand bis zu einer Tiefe von 24 m unter Gründungssohle verdichtet werden. Nach nur 14 Monaten wurden die etwa 260 000 lfd.m Tiefenverdichtung umfassenden Arbeiten 1974 beendet. Die Gründung dieser gewaltigen Getreideverteilungsanlage wurde mit dem Preis der australischen Bauindustrie ausgezeichnet[25] und verhalf dem Tiefenverdichtungsverfahren zum Durchbruch auf dem fünften Kontinent.

Bald folgten interessante Arbeiten für den Hafen Botany Bay, der südlich von Sydney gelegen ist, sowie später dann u. a. auch Stopfverdichtungsarbeiten, die zur Gründung von Eisenbahndämmen auf weichem Untergrund ausgeführt wurden.

5.7 Verdichtungsarbeiten in Zentralafrika

Nachdem bereits 1962 das Kraftwerk Ughelli in Nigeria und dann 1972 auch der Massingir-Damm in Moçambique mit Hilfe der Tiefenrüttlungstechnik gegründet worden waren,[26] wurden in den Jahren 1982 bis 1983 umfangreiche Tiefenverdichtungsarbeiten am Jebba-Damm in Nigeria ausgeführt.[27] Hier wurde der anstehende Flußsand bis zu 35 m Tiefe zur Aufnahme der Lasten des 70 m hohen Erd- und Steinschüttdammes sowie aus Gründen der Erdbebensicherheit verdichtet. Bild 21 vermittelt einen Eindruck von den Ausmaßen der Trägergeräte, die für derart große Verdichtungstiefen erforderlich sind.

Bereits Ende der 70er Jahre waren die Tiefenverdichtungsverfahren unter Verwendung von Tiefenrüttlern auch international anerkannte Gründungsmethoden, die in allen Erdteilen nicht nur ihre Bewährungsprobe längst bestanden hatten, sondern sich dank einer Fülle von Veröffentlichungen über unterschiedlichste Anwendungsmöglichkeiten einer zunehmenden Beliebtheit erfreuten.

Im Jahr 1973 hatte H. Breth in einem viel beachteten Beitrag zur Reaktorsicherheit u. a. auch auf die Bedeutung der Tiefenverdichtung hingewiesen, die ihr zur Verhinderung der Verflüssigungsgefahr von wassergesättigten Sanden bei Erdbeben zuzumessen ist.[28] Zeitgleich wurden interessante Studien und Feldversuche an Schottersäulen durchgeführt, die im Zusammenhang mit der Gründung einer

Bild 21   Tragegerät und Rüttler
          für 35 m Verdichtungstiefe

Bild 22   Vorbereitung eines
          horizontalen Belastungsversuches
          an Schottersäulen

Kläranlage in Kalifornien standen. Diese Untersuchungen, die zu Aussagen über das Verhalten von Schottersäulen bei Erdbebeneinflüssen führen sollten, wurden von J. K. Mitchell und K. L. Lee wissenschaftlich betreut und begutachtet. Die Ergebnisse waren sehr ermutigend und haben das Anwendungsgebiet des Stopfverdichtungsverfahrens weiter vergrößert[29]. Es konnte nachgewiesen werden, daß Kies- und Schottersäulen sehr wirkungsvolle Drainagen sind und die bei Erdbeben in wassergesättigten Böden entstehenden Porenwasserüberdrücke rasch abbauen. Darüber hinaus sind sie dank ihres erhöhten Scherwiderstandes in der Lage, die aus den Beschleunigungskräften eines Erdbebens resultierenden Horizontalkräfte sicher zu übernehmen (Bild 22). Zahlreiche Gründungen mit Rütteldruck- und Stopfverdichtungsverfahren sind seitdem in den Erdbebenzonen in Europa, Nordamerika und Asien ausgeführt worden und haben sich auch bei entsprechenden seismischen Ereignissen bestens bewährt.

6 Verfahrensverbesserungen

6.1 Trägergeräte

In den ersten Jahren nach dem Krieg wurden die Rütteldruckverdichtungen noch mit den bereits erwähnten, äußerst schwerfälligen Holzgerüsten ausgeführt, an denen der Rüttler aufgehängt war und über Seilwinden in den Boden versenkt werden konn-

Verfahrensverbesserungen

te (Bild 7). Bald jedoch waren diese Vorrichtungen mehr und mehr durch Seilbagger ersetzt worden. Für mittlere Verdichtungstiefen konstruierte man einfache Trägergeräte, für die sich im Laufe der Zeit die Bezeichnung Rüttlertragraupe einbürgerte (Bild 23).

Bild 23   Trägergerät für Tiefenrüttler im Jahre 1956

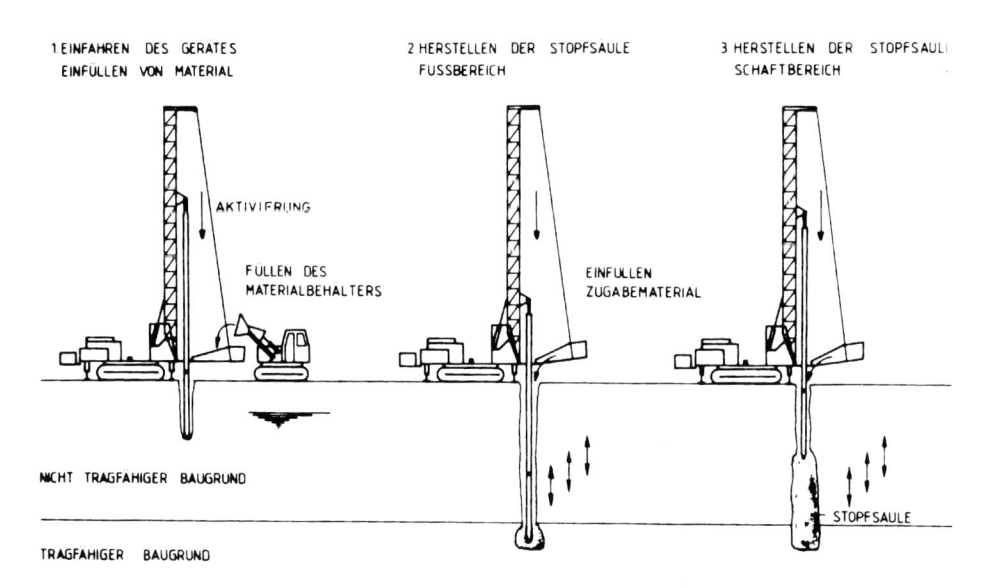

Bild 24   Herstellen von Schottersäulen mit der Rüttlertragraupe

245

Mit zunehmender Bedeutung der Stopfverdichtung stellte sich besonders bei Vorliegen von bindigen Böden mit geringem Wassergehalt häufig der Fall ein, daß der Tiefenrüttler nicht rasch genug bis zur gewünschten Tiefe in den Boden eindrang. Abhilfe konnte zunächst nur durch Vergrößerung des Gesamtgewichtes geschaffen werden, indem man die Verlängerungsrohre durch sog. Schwerrohre ersetzte. Der damit gewonnene Gewichtszuwachs betrug jedoch nur etwa 250 kg je Meter Schwerrohr und war damit recht begrenzt. Erst nachdem man die schon erwähnte Rüttlertragraupe so modifiziert und verbessert hatte, daß mit ihr auch beachtliche Druckkräfte auf den Rüttler ausgeübt werden konnten, war dieser Mißstand behoben. Bild 24 zeigt die verschiedenen Arbeitsvorgänge bei der Herstellung einer Schottersäule mit einer Rüttlertragraupe, die neben dieser Aktivierungsmöglichkeit, die bei modernen Geräten heute etwa 200 kN beträgt, den weiteren Vorteil der exakten Rüttlerführung bietet. Damit war gegenüber der Ausführung von Stopfverdichtungen, bei denen der Rüttler nur am Baggerseil hing, nun eine größere Verfahrenssicherheit erreicht, die auch von den Anwendern sowohl aus technischen wie auch aus wirtschaftlichen Gründen sehr begrüßt wurde, da mit ihr beträchtliche Leistungssteigerungen verbunden waren.

6.2 Schleusenrüttler

Die oben beschriebene Verfahrensweise, bei der zur Herstellung der Schottersäule der Rüttler meist völlig aus dem Boden herausgezogen werden muß, um in das verbliebene Rüttlerloch den Schotter chargenweise einzufüllen, hat seine Grenze in weichen, wassergesättigten Böden. Bei diesen bleibt das erwähnte Rüttlerloch nicht ein-

Bild 25   Herstellen von Schottersäulen mit der Rüttlertragraupe

mal für kurze Zeit offenstehen, um den Schotter aufnehmen zu können. Bei derartigen Verhältnissen muß das Spülverfahren eingesetzt werden. Hierbei wird durch einen kräftigen Spülstrom – das Wasser tritt dabei wie erwähnt an der Rüttlerspitze aus – ein Ringraum um den Rüttler herum offengehalten, durch den das zum Aufbau der Schottersäule benötigte Zugabematerial zur Rüttlerspitze absinkt und dann durch stufenweises Herausziehen des Rüttlers verdichtet wird. Das aus dem Rüttlerloch wieder austretende Spülwasser ist stark mit Bodenpartikeln befrachtet, die sich auf dem Arbeitsfeld absetzen, wenn man dieses Wasser nicht über entsprechende Gräben in Absetzbecken leitet. Es erfordert einen erheblichen Aufwand, um Wasser und Schlamm vom Arbeitsfeld fernzuhalten und schließlich zu entsorgen. Wo es die örtlichen Gegebenheiten zulassen, wird auch heute in bestimmten Fällen noch so gearbeitet. Im Jahre 1972 gelang schließlich der gedankliche Durchbruch, als der Schleusenrüttler entwickelt und zum Patent angemeldet wurde,[30] bei dem das Zugabematerial über eine entsprechende Rohrführung an der Rüttlerspitze mit Unterstützung von Druckluft austreten kann. Gleichzeitig wurde das Trägergerät der neuen Aufgabenstellung angepaßt und eine Materialschleuse entwickelt, über die das Zugabematerial kontrolliert aufgegeben und in den zu Vorratsbehältern verwandelten Verlängerungsrohren vorgehalten werden kann. Die Vorteile dieses verbesserten Verfahrens waren etwa ab 1976 gerätetechnisch verwirklicht (Bild 25). Sie waren so überzeugend, daß der Schleusenrüttler das Spülverfahren fast völlig verdrängte. Dabei standen nicht nur die Entsorgungsprobleme im Vordergrund. Es war vielmehr das Konzept selbst, das erstmals die sichere, auch für den kritischen Anwender sichtbare und kontrollierbare Herstellung einer kontinuierlichen Schottersäule ermöglichte. Waren es doch in erster Linie die gelegentlich auftretenden Fehlstellen in Schottersäulen, die zu Fehlschlägen geführt und die Skeptiker in der Ablehnung der Stopfverdichtung bestärkt hatten. Aber nicht nur die Kunden und Gutachter begrüßten das Schleusenrüttlerverfahren, sondern auch die Fachleute auf der Baustelle. Denn mit dem neuen Verfahren war es gelungen, die Qualität der Schottersäulen beträchtlich zu steigern, ohne dabei den Kontrollaufwand weiter erhöhen zu müssen.

6.3 Weitere Verbesserungen am Rüttler

Nachdem die wesentlichen Patentrechte am Tiefenrüttler in den sechziger Jahren erloschen waren, befaßten sich besonders in Deutschland auch einige andere Spezialtiefbaufirmen mit der Herstellung derartiger Rüttlergeräte. Interessanterweise wählte man zum Antrieb der Unwuchten in erster Linie Hydraulikmotoren, die in der Baumaschinentechnik allgemein zunehmend an Bedeutung gewannen. Auch wurde vor allem versucht, die Konstruktion der Tiefenrüttler so zu verbessern, daß ihre Standzeiten im rauhen Baubetrieb verlängert werden konnten. In diesem Zusammenhang ist die Patentschrift von K. Bauer zu nennen,[31] die sich mit einer schwingungstechnisch vorteilhaften Ausbildung der Rüttlerkupplung befaßt.

Die Entwicklungsziele für die Verbesserung der Tiefenrüttler waren und sind bis heute bei den einzelnen Firmen durchaus unterschiedlich. Allerdings wird nur selten über Ausführungsmerkmale der verfügbaren Tiefenrüttler berichtet.[32] Es hat sich jedoch in den letzten Jahren die Erkenntis durchgesetzt, daß eine optimale Baugrundverbesserung eine Differenzierungsmöglichkeit im Geräteeinsatz voraussetzt. So werden heute für eine effektive Sandverdichtung in der Regel Tiefenrüttler mit möglichst großer Amplitude (bis etwa 20 mm) und relativ geringer Frequenz (30 Hz) verwendet. Bei entsprechend hoher Motorleistung (etwa 130 kW) können heute im Rüttlerdruckverfahren einem Verdichtungsvorgang bis zu 10 m² Fläche zugeordnet werden, so daß Schichtleistungen von 2500 m³ Sandverdichtung bei optimalen Verhältnissen durchaus erzielbar sind.

Bei der Stopfverdichtung wird, wie wir gesehen haben, nur noch unter günstigen Voraussetzungen das Spülverfahren verwendet. In der Regel dringt der Rüttler, unterstützt durch sein Eigengewicht oder durch kräftige Aktivierung, die vom Trägergerät aufgebracht wird, in den Boden ein. Hierbei haben sich hochfrequente Rüttler (bis 60 Hz) eher als vorteilhaft erwiesen.

In gewissen Grenzen gestattet der hydraulische Antrieb von Rüttlern eine Variation der Arbeitsfrequenz und damit eine gewisse Anpassung an die gestellte Aufgabe; dies ist – allerdings mit erheblichem steuertechnischem Aufwand – heute auch bei elektrisch betriebenen Tiefenrüttlern möglich. Ob sich diese Entwicklung zukünftig durchsetzen wird, bleibt einstweilen jedoch noch abzuwarten.

6.4   Berechnungsverfahren

Wie schon erwähnt, wird der erzielte Verdichtungsgrad bei der Rütteldruckverdichtung im wesentlichen vom Abstand der Rüttlerzentren, der aufgewandten Rüttelarbeit und den Kenndaten des Tiefenrüttlers bestimmt. Natürlich üben vor allem auch die Beschaffenheit des Sandes, seine Ausgangsdichte, seine Kornverteilung und Kornform einen wesentlichen Einfluß auf die erzielbare Dichte aus. Die Verdichtbarkeit von Sanden ist außerdem sehr stark von ihrer Durchlässigkeit abhängig, die bekanntermaßen schon durch geringe Schluff- oder gar Tonbeimengungen verändert wird. Brauchbare Bemessungskriterien sind leider bis heute nicht entwickelt worden. Vielleicht bringen jedoch schon bald Untersuchungen, die sich mit dem Konzept des Verflüssigungspotentials von Sanden befassen, verwertbare Ansätze für eine Berechnung.

Für den ausführenden Ingenieur ist einstweilen eine zuverlässige, herkömmliche Beschreibung des zu verdichtenden Sandes für eine sichere Prognose des Verdichtungsaufwandes unerläßlich. Für das Ziel der Setzungsbegrenzung und vor allem der Vermeidung schädlicher Setzungsunterschiede allein ist es in der Regel nicht nötig, den Sand bis auf seine dichteste Lagerung zu verdichten. Um dies zu erreichen, genügt es in der Regel, den Sand im Bereich der zukünftigen Belastung durch eine moderate Verdichtung gleichmäßig umzulagern und damit vor allem eine einheitliche Spannungsgeschichte herzustellen.

Die Anforderungen, die aus Gründen der Erdbebensicherheit an die Dichte von Sanden gestellt werden, gehen in der Regel über das Maß hinaus, das aus rein statischen Erwägungen erforderlich wäre. Zur Verminderung der Gefahr einer Sandverflüssigung wird, wie bereits erwähnt, die maximal mögliche Verdichtung erforderlich sein, wobei, wie theoretische Überlegungen und praktische Versuche gezeigt haben, die gleichzeitige Herstellung von Kiessäulen im verdichteten Sand die Verflüssigungsgefahr noch weiter reduziert.[33] Also bietet auch hierfür das Rütteldruckverfahren eine ausgezeichnete Lösungsmöglichkeit, indem der anstehende

Baugrund bis auf jede erforderliche Tiefe verdichtet wird, wobei man durch die Zugabe von Kiesmaterial gleichzeitig gut drainierende Kiessäulen herstellt, die eventuell sich bildende Porenwasserüberdrücke rasch abbauen können.

Die Anwendung des Stopfverdichtungsverfahrens basierte noch Anfang der siebziger Jahre weitgehend auf den gesammelten Erfahrungen an ausgeführten Gründungen und Belastungsversuchen und auf deren sinnvoller Übertragung und Anwendung auf zukünftige Projekte. Auf diese Weise tastete man sich zwar an die Grenzen des Verfahrens heran, konnte jedoch keine quantitativen Aussagen über Tragfähigkeit und Setzungsverhalten von Schottersäulen machen.

Das änderte sich, als sich zunehmend auch wissenschaftlich orientierte Grundbauer und Hochschulinstitute für diese Gründungstechnik interessierten. Es würde den Rahmen dieses Beitrages sprengen, wenn man die Arbeiten und Veröffentlichungen, die sich seither mit dieser Thematik befaßt haben, alle würdigen wollte. Hier sei nur auf einige Veröffentlichungen zum Stand der Technik verwiesen, in denen diese Arbeiten nahezu vollständig erwähnt werden.[34, 35, 36]

Schottersäulen verbessern den Baugrund, da sie steifer sind als der Boden, den sie ersetzen. Das Steifigkeitsverhältnis zwischen Schottersäule und Boden wird von beider Eigenschaften bestimmt. Da jedoch die Schottersäule keine innere Kohäsion, also keine innere Bindung aufweist, hängt ihre Steifigkeit auch von der seitlichen Stützung ab, die ihr der umgebende Boden geben kann. Die Mobilisierung dieser Stützwirkung wird ihrerseits durch die Art und Weise bestimmt, in der Boden und Schottersäule belastet werden, und auch dadurch, ob sich durch die Belastungsart Scherkräfte zwischen Schottersäulenoberfläche und Boden entwickeln können. Obwohl, wie leicht vorstellbar ist, diese Zusammenhänge sehr komplex sind, gibt es heute recht zuverlässige Berechnungsverfahren, um die Tragfähigkeit von Schottersäulen ausreichend genau und mit genügender Sicherheit ermitteln zu können. Für die meisten Gründungen auf weichen, bindigen Böden ist jedoch die Setzungsbegrenzung von größerer Bedeutung als die Grenztragfähigkeit der Schottersäulen. Hierbei liegt die Überlegung zugrunde, daß bei bindigen Böden lange vor Erreichen einer Grenzbelastung die eingetretenen Setzungen das zulässige Maß überschritten haben. Diese gilt es also in erster Linie durch das Stopfverdichtungsverfahren zu begrenzen. Die verfügbaren Rechenmethoden[37, 38, 39] sind sicherlich hinsichtlich ihrer Annahmen nicht unumstritten, sie liefern jedoch, wenn sie sinnvoll angewendet werden, hinreichend genaue Ergebnisse, die darüber hinaus erstaunlich gut untereinander und mit Setzungsbeobachtungen übereinstimmen. Mit Recht weisen jedoch einige Autoren darauf hin, daß die Anwendung dieser Berechnungsverfahren nicht von der Pflicht entbindet, sich ausreichende Klarheit über die Bodenparameter und insbesondere auch über die erzielbaren wirksamen Schottersäulenquerschnitte zu verschaffen.

Wie schon erwähnt, wird die Stopfverdichtung gerne auch zur Erhöhung der Standsicherheit bestehender oder neu zu errichtender Dämme herangezogen. Dabei wirken die Schottersäulen nicht nur als Zonen erhöhten Scherwiderstandes, sondern sie mobilisieren dank einer durch ihre erhöhte Steifigkeit bewirkten Lastkonzentration zusätzliche, stützende Scherkräfte[40] (Bild 26). Daher eignet sich das Verfahren auch besonders für die Sanierung zahlreicher Eisenbahnstrecken, die auf zeitgemäße Fahrgeschwindigkeiten oder gar als Hochgeschwindigkeitsstrecken ausgebaut werden sollen. Bild 27 vermittelt einen guten Eindruck derartiger Bauaufgaben, die dank der kompakten Bauweise der eingesetzten Geräte auch unmittelbar neben befahrenen Gleisen ausgeführt werden können.

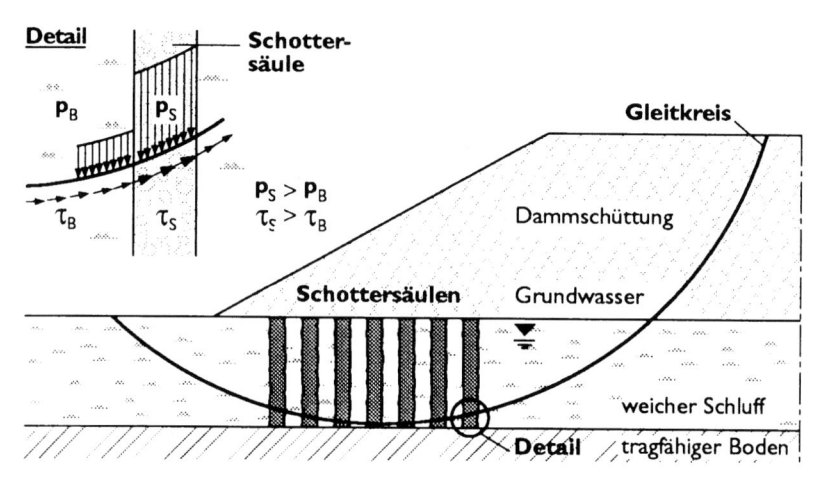

Bild 26 Anwendung der Stopfverdichtung zur Erhöhung der Standsicherheit von Böschungen

Bild 27 Ausführung einer Stopfverdichtung unmittelbar neben einem Bahngleis

6.5 Arbeitsausführung

Wie aus dem Vorangegangenen hervorgeht, ist die sichere und kontrollierte Ausführung von Tiefenverdichtungen, wie übrigens aller Gründungsarbeiten, besonders wichtig. Für die Kontrolle des Verdichtungserfolges steht eine breite Palette von Überprüfungsmöglichkeiten, von der Sondierung bis zum Großbelastungsversuch, zur Verfügung. Im einzelnen soll hierauf nicht eingegangen werden.

Von Interesse ist jedoch, daß man der ständigen Aufzeichnung der einzelnen Arbeitsvorgänge der Tiefenverdichtung schon früh Beachtung schenkte. Es lag auf der Hand, daß die regelmäßig wieder erreichte Ausgangstiefe sowie die aufgewendete Rüttelarbeit bei der Verdichtung ein guter Hinweis für eine einheitliche Arbeitsausführung waren. Daher wurden schon früh Registriergeräte eingesetzt, die die Rüttelzeit und die Stromaufnahme des Rüttelmotors während der Arbeit aufzeichneten und vor allem auch dem Geräteführer sichtbar machten.

Diese Geräte wurden dann später um die Aufzeichnung der Rüttlertiefe erweitert. Heute können bei einer Stopfverdichtung mittels Schleusenrüttler nahezu alle interessierenden Arbeitsparameter, einschließlich des Schotterverbrauchs, laufend gemessen und registriert werden. So wird den Ausführenden und den Bauherren ein lückenloser Nachweis über jeden Verdichtungsvorgang oder jede Schottersäule an die Hand gegeben.

7 Ausblick

Wie kaum ein anderes Bauverfahren hat die Baugrundverbesserung mit Tiefenrüttlern im sechsten Jahrzehnt seit ihrer ersten Anwendung nicht nur ihren Platz als wichtiges Gründungsverfahren behaupten, sondern sogar ausbauen können. Der Beitrag sollte zeigen, daß die Verfahren der Rütteldruckverdichtung und der Stopfverdichtung ihre Aktualität durch ständige Verbesserungen der Gerätetechnik und der Bemessungsansätze behalten und sich damit immer neue Anwendungsgebiete erschlossen haben. Auf Sonderanwendungen des Tiefenrüttlers – etwa die Herstellung von Betonrüttelsäulen, vermörtelten Schottersäulen und Rüttelschmalwänden – wurde verzichtet, da diese Bauverfahren nicht zu den Methoden der Baugrundverbesserung im engeren Sinn gezählt werden können.

Auch das geschärfte Umweltbewußtsein hat während der letzten zehn Jahre zur Anwendungsvielfalt beigetragen und dem Verfahren neue Impulse gegeben. Beim Rütteldruckverfahren werden weder der Baugrund noch das Grundwasser nachteilig beeinflußt, da kein Fremdstoff oder allenfalls völlig unbedenklicher Sand und Kies während des Verfahrens zugesetzt wird. Und auch die Stopfverdichtung ist ökologisch völlig unbedenklich, da in der Regel nur chemisch inaktive, inerte Materialien zur Herstellung der Schotter- oder Kiessäulen verwendet werden, sofern man nicht gar auf Recyclingstoffe zurückgreift, die dann überdies knappe Rohstoffresourcen schonen.

Wie aufgezeigt wurde, ist der Vorteil der Tiefenverdichtung bei der Bebaubarmachung von natürlich gewachsenen Böden mit unzureichender Tragfähigkeit schon früh erkannt worden. Angesichts einer ständig wachsenden Bevölkerung werden die Baulandreserven weiter abnehmen, und man wird vermehrt auf schwer bebaubares Gelände für zukünftige Entwicklungen zurückgreifen müssen.[15,41] Aber auch bei künstlich gewonnenem Bauland, wie etwa bei großen Sandaufspülungen, sind die Verfahren der Baugrundverbesserung und dank ihrer Flexibilität und Wirtschaftlichkeit besonders die Tiefenverdichtung gefragt. Ebenso können alte Müll- und Abfalldeponien mit Hilfe dieser Verfahren, besonders auch des Stopfverdichtungsverfahrens, wieder einer wirtschaftlichen Nutzung zugeführt werden, wie dies zahlreiche Gründungsarbeiten aus jüngster Zeit belegen.[42,43]

Zweifellos hat die große Anwendungsbreite das Vertrauen in die Baugrundverbesserungsverfahren laufend gestärkt. Gelegentliche Fehlschläge haben ihre Entwicklung nicht behindert, sondern haben dazu beigetragen, die Verfahrensgrenzen zu erkennen und zu beachten. Die Möglichkeit, Tragfähigkeit und Setzungsverhalten vorher genau abschätzen und durch geeignete Versuche auf der Baustelle auch messen zu können, hat ihre Akzeptanz laufend erhöht.

Eine Verbesserung dieser Berechnungsmethoden, die brauchbare Ergebnisse nur im elastischen Bereich liefern, wäre zu begrüßen, da bei Schottersäulen mit relativ großen Abständen in weichen Böden schon bei moderater Belastung plastische Zustände erreicht werden, deren Verformungen mit theoretischen Ansätzen aus dem elastischen Bereich unterschätzt werden.

Bei der Sandverdichtung ist zu erwarten, daß eine verbesserte Meßtechnik hoffentlich bald Aufschlüsse über den Zusammenhang von Geräteparametern, besonders der dem Boden aufgeprägten Beschleunigung, und der Verdichtungswirkung als

Bild 28   Steuerstand in der Fahrerkabine einer Rüttlertragraupe

Funktion der Entfernung vom Rüttelzentrum und den Bodeneigenschaften liefert. Erste Ergebnisse von Versuchen, die seit etwa einem Jahr an der Berkeley-Universität ausgeführt werden, stimmen hoffnungsvoll. Sie werden vermutlich schon bald einen Beitrag dazu leisten, daß die Tiefenverdichtung als Gründungsmethode besonders in Erdbebengebieten noch wirkungsvoller als bisher eingesetzt werden kann.

Derartig verfeinerte Rechenmethoden werden jedoch auch den Anspruch auf größere Ausführungssicherheit und noch bessere Verfahrenskontrolle zukünftig weiter erhöhen. Die modernen Registrier- und Steuerungssysteme (Bild 28) protokollieren bereits heute die Tiefenverdichtung sehr ausführlich. Da das Verfahren aus der Wiederholung vieler gleichartiger, möglichst identischer Arbeitsschritte besteht, werden auch bereits Überlegungen angestellt, inwieweit eine Automatisierung der Tiefenverdichtungsverfahren sinnvoll ist. Auf diese Weise könnte man u. a. auch menschliche Fehlerquellen, die in der unvermeidlichen Monotonie der Arbeitsvorgänge begründet sind, begrenzen oder gar eliminieren und damit die Arbeitsqualität weiter verbessern.

Der Rückblick über nahezu sechzig Jahre Tiefenverdichtung ist also nicht nur Nostalgie, sondern eröffnet gleichzeitig zukunftsträchtige Perspektiven für diese interessante Methode der Baugrundverbesserung.

Anmerkungen

1 SCHNEIDER, H. (1938): Das Rütteldruckverfahren und seine Anwendungen im Erd- und Betonbau. Beton und Eisen, 37. Jahrgang, Heft 1.
2 JOHANN KELLER GmbH (1935): Der Rütteldruck. Die neue Technik des Erd- und Betonbaus. Firmenveröffentlichung.
3 JOHANN KELLER GmbH (1936): Der Rütteldruck. Die neue Technik des Erd- und Betonbaus in Anwendung auf die Verdichtung des Baugrundes beim Kongreßbau Nürnberg. Firmenveröffentlichung.
4 AHRENS, W. (1941): Die Bodenverdichtung bei der Gründung für die Kongreßhalle in Nürnberg. Die Bauindustrie, 9. Jahrgang, Nr. 35.
5 Deutsche Patentschrift: Nr. 595 077 und 717 532
6 JOHANN KELLER GmbH (1938): Bodenverfestigung nach dem Rütteldruckverfahren (D.R.P. und Auslandspatente).
7 DEGEBO (1938): Bericht über die Nachprüfung der durch das Rütteldruckverfahren der Fa. Johann Keller, Frankfurt am Main, erreichten Bodenverdichtung und -verfestigung auf einem Versuchsgelände beim Bahnhof Beusselstraße, Berlin (unveröffentlicht).
8 DEGEBO (1940): Gutachten über die Anwendung des Kellerschen Rütteldruckverfahrens zur Verbesserung der Standsicherheit einer verankerten Ufermauer (unveröffentlicht).
9 HOFFMANN, R. und MUHS, H. (1944): Die mechanische Verfestigung sandigen und kiesigen Baugrundes. Die Bautechnik, Heft 33/36.
10 DEGEBO (1940): Versuchsbericht (unveröffentlicht).
11 SCHEIDIG, A. (1940): Speichergründung auf Rüttelfußpfählen. Die Bautechnik, Heft 25.
12 ARCHIV KELLER.
13 HUBER, O. (1943): Untersuchungen über die Wirkung des Rütteldruckverfahrens im groben Kies. Unveröffentlichtes Gutachten der Technischen Hochschule München, Lehrstuhl für Straßenbau und Bodenmechanik.
14 DEGEBO (1942): Gutachten über die Tragfähigkeit des nach dem Kellerverfahren verfestigten Untergrundes in Rolingheten/Heroen (unveröffentlicht).
15 LACKNER, E. (1966): Schwierige Gründungen in Verbindung mit Bodenverbesserungen. Der Bauingenieur 41, Heft 9.
16 PLANNERER, A. (1965): Das Rütteldruckverfahren. Seine Weiterentwicklung und Anwendung für Gründungsaufgaben. Mitteilungen des Instituts für Grundbau und Bodenmechanik. Technische Hochschule Wien, Heft 6.
17 DÜCKER, F.-J. (1968): Bodenverdichtung und Gründungen unter Verwendung von Kellerschen Großrüttlern. 5. int. Hafenkongreß, Antwerpen.
18 STEUERMANN, S. (1939): A New Soil Compaction Device. ENR, July 20.
19 BUREAU OF RECLAMATION (1948): Vibroflotation Experiments at Enders Dam. Frenchman Cambridge Unit Missouri Basin Project. Denver Colo. July 27.
20 D'APPOLONIA, E. (1954): Loose Sands – Their Compaction by Vibroflotation. Spec. Techn. Publication. ASTM No. 156.
21 THORBURN, S. und MAC VICAR, R.S.L. (1968): Soil stabilization employing surface and depth vibrators. The Structural Engineer, No. 10, Volume 46.
22 JOH. KELLER GmbH (1958): Verdichtungsversuche für den Bau des Hochdammes bei Assuan. Unveröffentlichter Bericht für die Sadd el-Aali Authority in Kairo.
23 KIRSCH, K. (1979): Erfahrungen mit der Baugrundverbesserung durch Tiefenrüttler. Geotechnik 1.
24 KIRSCH, K. (1985): Application of Deep Vibratory Compaction in Harbour Construction. Egyptian-German Seminar in Cairo.
25 FRANKIPILE AUSTRALIA (1974): C.BH. Grain Terminal Kwinana, Western Australia. Foundation works. Contracting and Construction Engineer, November
26 BREMER, K. und HOFMANN, O.E. (1976): Tiefenverdichtung von gleichförmigen Sanden

mit Tauchrüttlern. Tiefbau, Ingenieurbau, Straßenbau, Juli.
27 SOLYMAR, Z.V. et al. (1984): Earth Foundation Treatment at Jebba Dam site. Journal of Geotechnical Engineering, vol. 110, No. 10.
28 BRETH, H. (1973): Die Verflüssigung wassergesättigter Sande – die Möglichkeit, ihrer zu begegnen; ein Beitrag zur Reaktorsicherheit. Festschrift zum 60. Geburtstag von Professor Börnke, Essen.
29 ENGELHARDT, K. and GOLDING, H.C. (1973): Field testing to evaluate stone column performance in a seismic area. Géotechnique, vol. 25, No. 1.
30 Deutsche Patentschrift: Nr. 22 60 473.
31 Deutsche Patentschrift: Nr. 21 33 561.
32 JEBE, W. und BARTELS, K. (1983): Entwicklung der Tiefenverdichtungsverfahren mit Tiefenrüttlern von 1976–1982. VIII. Europ. Konf. über Bodenmechanik und Grundbau.
33 SEED, H.B., BOOKER J.R. (1977): Stabilization of potentially liquifiable ground deposits using gravel drains. Journal of Geotechn. Div. ASCE 103, GT7, July.
34 MITCHELL, J.K. und KATTI, R.K. (1981): Soil Improvement – State of the Art Report, X.ICSMFE, Stockholm.
35 GREENWOOD, D.A. und K. KIRSCH (1983): Specialist Ground Treatment by Vibratory and Dynamic Methods. Advances in piling and ground treatment for foundations. Thomas Telford Ltd., London.
36 BRAUNS, J. (1978): Die Anfangstraglast von Schottersäulen im bindigen Untergrund. Die Bautechnik 8.
37 PRIEBE, H. (1976): Abschätzung des Setzungsverhaltens eines durch Stopfverdichtung verbesserten Baugrundes. Die Bautechnik 53, H. 5.
38 BALAAM, N.P. et al. (1977): Settlement Analysis of soft clays reinforced with Granular Piles. The University of Sydney, School of Engineering.
39 SOYEZ, B. (1987): Bemessung von Stopfverdichtungen. BMT, April.
40 PRIEBE, H. (1978): Abschätzung des Scherwiderstandes eines durch Stopfverdichtung verbesserten Baugrundes. Die Bautechnik 55, H. 8.
41 WEST, J.M. (1976): The role of ground improvement in foundation engineering. Ground treatment by deep compaction. The Institution of Civil Engineers. London.
42 RUEFF, H. et al. (1992): Deponie auf schwierigstem Untergrund. Bautechnik 69, H. 5.
43 PLACZEK, D. und NENDZA, H. (1992): Rüttelstopfverdichtung und Dynamische Intensivverdichtung – Vergleichende Bewertung bei der Deponie Schlibeck. Vorträge der Baugrundtagung 1992 in Dresden. DGEG.

MANFRED STOCKER

Bewehrter Boden – eine uralt bewährte, aber erst in jüngster Zeit wiederentdeckte Baumethode

1 Einführung

Die Baumeister des Altertums, aber auch noch des Mittelalters, mußten sich mangels analytischer Berechnungsmethoden bei der Konstruktion von Bauwerken auf Beobachtungen in der Natur, auf vorsichtige Extrapolation von bisherigen Erfahrungen oder auf die heute übrigens wieder als sehr modern geltende Methode der Beobachtung des Bauwerkes während und nach dessen Herstellung stützen.

Bewundernd stehen wir heute vor den kühnen Bauwerken unserer beruflichen Vorfahren und sind uns dabei doch selten bewußt, wie viele Bauwerke in früheren Zeiten bereits während des Baues aufgegeben werden mußten oder wegen zu schwacher Dimensionierung bei der Herstellung oder kurz danach versagt haben.

Der Ingenieur unseres Jahrhunderts, ausgebildet in Mathematik und technischer Mechanik, vertraut mit bekannten Materialeigenschaften und bewährten Berechnungsmodellen, ist heute in der Lage, nicht nur die Standfestigkeit zu ermitteln, sondern auch die voraussichtliche Sicherheit gegen Versagen vorherzusagen, sei es in bezug auf Bruch oder Gebrauchsfähigkeit. Je mehr der Ingenieur die mechanischen Versagensmodelle und mathematischen Berechnungsmethoden mit immer leistungsfähigeren Rechnern beherrscht, um so weniger Bauwerke versagen. Aber auch diese Vorgehensweise hat einen Nachteil: Der moderne, voll auf die Wissenschaft vertrauende Ingenieur hat zwangsläufig die Gabe verloren, die Natur zu beobachten, von unseren Vorfahren gemachte Erfahrungen zu verwerten und die Vielfalt der heutigen Informationsmöglichkeiten zu nutzen.

So ist es nicht verwunderlich, daß in den letzten 40 Jahren Verfahren wieder neu entwickelt wurden, die es dem Prinzip nach und in ähnlicher Form bereits vor mehr als 4000 Jahren gegeben hat – nämlich Verfahren zur Bewehrung des Bodens. Dazu zählen wir in unserer Zeit:

Raumgitterwände
Bewehrte Erde
Bodenvernagelung

Diese Methoden werden heute für Stützbauwerke, wie z.B. Baugrubenwände, Hangsicherungen, Dämme und ähnliches benützt. Früher baute man damit Verteidigungsmauern, Hochterrassen, Tempelanlagen und Pyramiden.

Schon im Altertum machten Bauherren und Baumeister die Beobachtung, daß der natürliche Boden, ob Kies, Sand, Schluff oder Ton, eine relativ hohe Druckfestigkeit, aber keine nennenswerte Scher- und Zugfestigkeit besaß. Natürlich kannten sie nicht die mechanischen Begriffe, aber sie hatten physikalisch das Wesentliche erfaßt. Durch Naturbeobachtung und sicherlich auch Modellversuche gelangten unsere Vorgänger zu erstaunlichen Ergebnissen.

2 Entwicklungen aus dem Prä-Ingenieurzeitalter

Die ältesten Bauwerke aus bewehrtem Boden waren sicherlich Häuser aus sonnengetrockneten Lehmziegeln. Der Ziegellehm wurde vor dem Formen der Ziegel mit Stroh vermischt. Dies gab den Ziegeln eine höhere Zugfestigkeit und verhinderte Schwindrisse. Die Technik stammt bereits aus prähistorischer Zeit.

Ein weiteres Beispiel sind Bauwerke religiöser Art aus Mesopotamien zur Zeit der Sumerer und Babylonier, die sogenannten Ziggurats.[1,2,3] Es waren stufenförmig gebaute, pyramidenähnliche, mit Tempeln gekrönte Bauwerke mit extrem steilen Flankenneigungen, teilweise bis zu 10 : 1, und Höhen bis zu geschätzten 75 m, eventuell sogar 90 m. Letzteres, der Ziggurat von Etemenanki in Babylon, war der berühmte, bereits in der Bibel (Genesis 11, 1–9) erwähnte Turm von Babel (ca. 1130 bzw. 600 v. Chr.) (Bild 1). Er wurde 478 v. Chr. vom Perserkönig Xerxes zerstört. Der größte heute noch bestehende Ziggurat von Aqarquf (1400 v. Chr.) mißt 57 m in der Höhe (Bild 2).

Solche Ziggurats wurden bereits mehr als 2000 Jahre vor Christus gebaut. Erstaunlich ist die Bauweise: Es wurden etwa 7 bis 10 Lagen sonnengetrockneter Lehmziegel ganz-

Bild 1 Zeichnerische Rekonstruktion des Ziggurat von Etemenanki in Babylon, ausgeführt von Robert Koldewey (mit freundl. Genehmigung des Vorderasiatischen Museums zu Berlin)

---

1 dtv-Atlas zur Baukunst, Band 1, Deutscher Taschenbuchverlag, 8. Auflage, 1990.
2 ECKSCHMITT, W.: „Die sieben Weltwunder", Verlag Philipp von Zabern, Mainz 1991.
3 KERISEL, J.: „The history of geotechnical engineering up until 1700", Proceedings, 11. Int. Conf. on soil mechanics and foundation engineering, San Francisco, Balkema, Rotterdam 1985.

Entwicklungen aus dem Prä-Ingenieurzeitalter

Bild 2
Die Ruine des Ziggurat von Aqarquf. Die Verwitterung hat die Armierungsschichten aus Schilf und Asphalt deutlich zum Vorschein gebracht (mit freundl. Genehmigung des Vorderasiatischen Museums zu Berlin)

flächig verlegt und teilweise mit Asphalt vergossen. Darauf kam eine Lage Sand, auf die quer über die gesamte Breite des Bauwerks eine Lage flachgeklopften Schilfs bzw. geflochtene Schilfmatten gelegt wurden. Diese wurden wiederum mit Sand bedeckt, und darauf folgten wieder mehrere Lagen von sonnengetrockneten Ziegeln (Bild 3). In späteren Bauwerken fand man statt der Schilfmatten auch etwa 10 cm dicke geflochtene Seile aus Schilf, die kreuz und quer zum Bauwerk in den Sandbetten verlegt wurden. Die Sumerer und Babylonier kannten also offenbar bereits das Prinzip der „Bewehrten Erde" (Kap. 5).

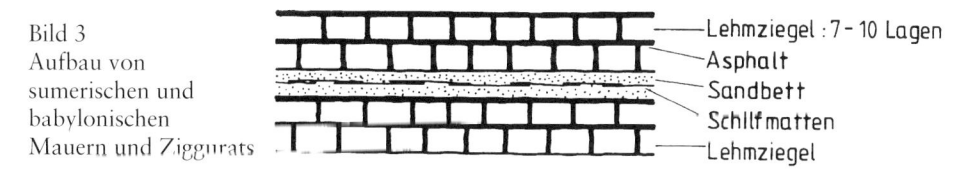

Bild 3
Aufbau von sumerischen und babylonischen Mauern und Ziggurats

— Lehmziegel : 7 - 10 Lagen
— Asphalt
— Sandbett
— Schilfmatten
— Lehmziegel

Zum Schutz gegen Wind und Wetter waren die turmartigen Bauwerke aus luftgetrockneten Ziegeln mit einer bis zu 3 m dicken Schicht aus gebrannten Ziegeln umhüllt. Die Ziegel hatten in der Zeit König Nebukadnezars II. von Babylon (605–562 v. Chr.) Maße in der Größenordnung von 34 × 34 × (8)10 cm. Setzt man im Mittel 8 Ziegellagen an, so betrug der vertikale Abstand der Zugbewehrung etwa 80 cm. Das System der „Bewehrten Erde" benutzt üblicherweise einen vertikalen Bewehrungsabstand von 75 cm.

Bei Annahme einer Mauerdichte von 1,6 t/m³ hatte ein 75 m hoher Ziggurat eine Bodenpressung von mindestens 1,2 MN/m², eine riesige Belastung für einen Boden im Anschwemmungsland des Euphrat. Ohne Bewehrung hätte ein Ziegelbauwerk den Zugspannungen aus Querverformung und unweigerlich auftretenden vertikalen Setzungsverformungen nie standhalten können.

259

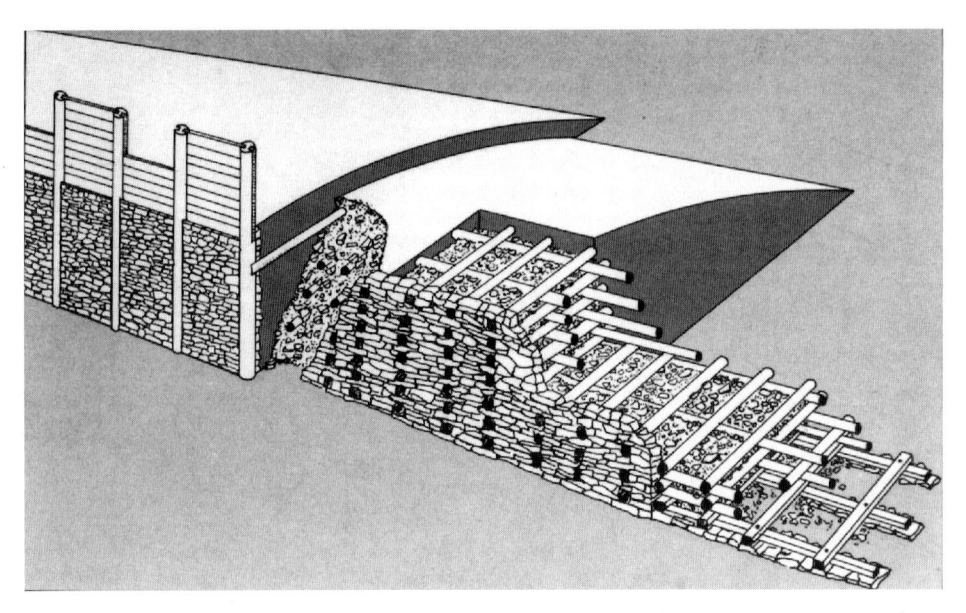

Bild 4   Rekonstruktion der keltischen Schutz- und Verteidigungsmauern in Manching
(mit freundlicher Genehmigung des Verlages)

Eine weitere hochinteressante bautechnische Entwicklung aus der vorchristlichen Zeit brachten die Archäologen in Manching bei Ingolstadt ans Licht.[4] Manching, die besterforschte Keltensiedlung Europas, war wahrscheinlich bereits im Jahre 100 vor Christus größer als Nürnberg im Mittelalter. Es besaß eine 7 km lange Stadtmauer. Und da die keltischen Stämme sehr kriegerisch veranlagt waren, brauchten sie gute Schutzmauern. Kunstvoll im Viereckverband verlegte und miteinander verzahnte bzw. vernagelte Holzstämme bildeten einzelne Zellen, die mit Steinen und Kies aufgefüllt wurden. Die Außenseite der Mauer wurde mit einer dicken Steinmauer verkleidet (Bild 4). Eine solche Mauer hielt sowohl Feuer als auch Rammböcken stand, und deshalb beschrieb diese „Muros Gallicos" Julius Cäsar auch bewundernd als Meisterwerke der Verteidigung und Architektur.[5]

Diese Mauer war damit ein direkter Vorläufer unserer heutigen Raumgitterwände. Ob die in der Forstwirtschaft des österreichischen und bayerischen Alpenraumes häufig verwendeten Holzgitterwände (in Österreich Krainer Wände, genannt nach dem Herzogtum Krain) für Forstwege, Hangsicherungen, Brückenwiderlager oder Wildbachwehre noch Überlieferungen aus der Keltenzeit sind oder Neuentwicklungen während der letzten Jahrhunderte, ist nicht bekannt (Bild 5).

---

4 VAN ENDERT, D.: „Das Osttor des Oppidums von Manching", Die Ausgrabungen in Manching, Band 10, Franz Steiner Verlag, Stuttgart 1987.
5 CAESAR GAIUS JULIUS: „De Bello Gallico", Buch VII, Kap. 23.

Bild 5   Sicherung von Forstwegen und Wildbachverbau durch Holzgitterkonstruktionen
          (Fotos: Baudir. Dr. Göttle, Wasserwirtschaftsamt Kempten)

Diese wenigen ausgesuchten Beispiele zeigen, wie genial und mit welch einfachen und billigen Mitteln die Baumeister des Altertums die Probleme beim Bau von Stützbauwerken gelöst haben.

3   Entwicklungen aus dem Ingenieurzeitalter

Für frei stehende, nicht abgestützte Stützbauwerke größerer Höhen waren bis zum Beginn des 20. Jahrhunderts fast nur Schwergewichtsmauern aus Natursteinen, vermörtelt oder trocken verlegt, üblich. Eine Neuentwicklung brachte erst der Einsatz des stahlarmierten Betons. Mit dem neuen Baustoff konnten ab Beginn dieses Jahrhunderts schlanke Winkelstützmauern gebaut und damit erhebliche Materialeinsparungen erzielt werden (Bild 6). Nachteil dieser Methoden war, daß vor Errichtung der Stützwand, z. B. zur Sicherung eines Hanges, Boden im Hanganschnitt mit all den damit verbundenen Nachteilen entfernt werden mußte, um die neue Stützwand bauen zu können.
Mit der Entwicklung einer rammbaren Stahlspundwand im Jahre 1903 kam man einen erheblichen Schritt weiter. Die Wand konnte ohne Voraushub eingebracht und der luftseitige Boden anschließend ausgehoben werden. Sogenannte „Tote-Mann-Zuganker", in Gräben verlegt, waren in der Lage, in begrenztem Maße die horizontalen Erddrücke aufzunehmen.

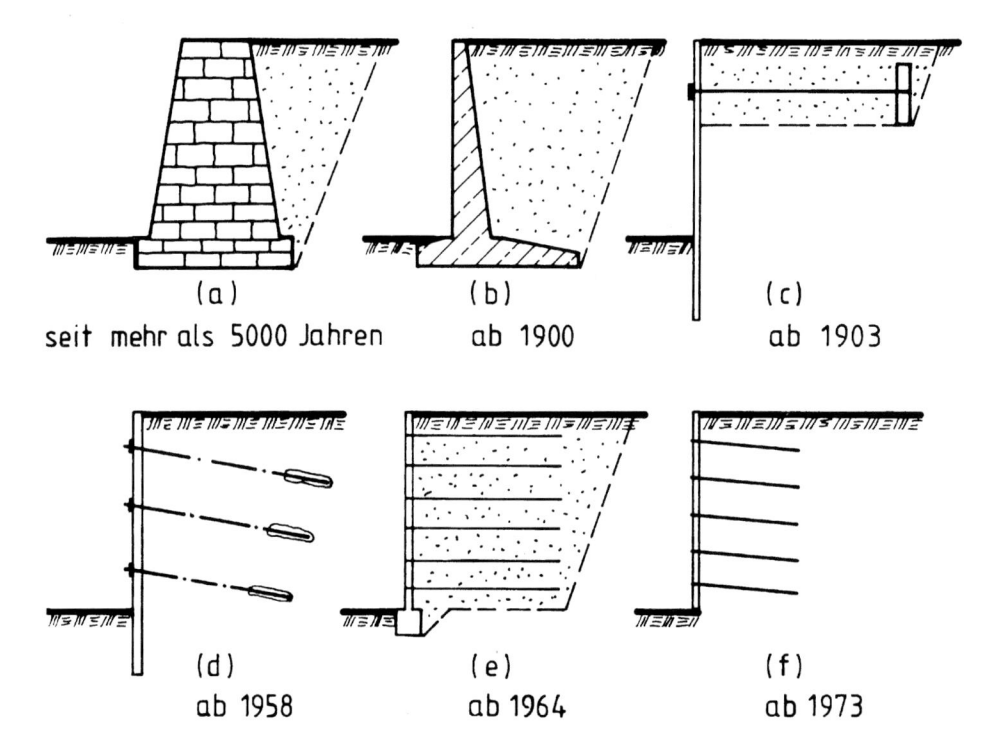

Bewehrter Boden – eine uralt bewährte, aber erst in jüngster Zeit wiederentdeckte Baumethode

(a)	(b)	(c)
seit mehr als 5000 Jahren	ab 1900	ab 1903

(d)	(e)	(f)
ab 1958	ab 1964	ab 1973

Bild 6
Entwicklung von Stützwänden:
a) Schwergewichtsmauer
b) Stahlbetonwinkelstützmauer
c Spundwand mit Toter-Mann-Anker
d) Verankerte Wand
e) „Bewehrte Erde", Raumgitterwände
f) Bodenvernagelung

Mit Erfindung des Bauer-Injektionsankers im Lockergestein, heute Verpreßanker, im Jahre 1958 begann eine neue Ära. Dank der Rückverankerungsmöglichkeit konnten erstmals schlanke Wände (Spundwände, Schlitzwände, Pfahlwände, Trägerbohlwände) mit großen Höhen ohne vorherigen Voraushub und ohne Absteifung hergestellt werden. Es wurden damit vertikale Hanganschnitte oder freie Baugrubentiefen von 30 m und mehr möglich.

Der ständige Wettbewerb trieb jedoch die Entwicklungen weiter. Alle bisherigen neuzeitlichen Methoden benutzten nur künstliche Baustoffe, d. h. hochwertigen Stahl und Beton. Der Boden selbst war nur ein „drückendes totes Material". Und hier setzten Anfang der sechziger bzw. siebziger Jahre neue Überlegungen und Entwicklungen ein, die den Boden in das Stützbauwerk einbezogen. Damit wurde, sicherlich unbewußt, wieder eine Verbindung zu Entwicklungsformen im Altertum gefunden.

4 Raumgitterwände

4.1 Entwicklungsgeschichte

Die ersten Raumgitterwände aus Betonfertigteilen wurden in den USA als sogenannte Crib-Walls bereits nach dem Zweiten Weltkrieg ausgeführt.

In Europa entstanden die ersten ingenieurtechnisch und mit serienmäßig produzierten Betonfertigteilen hergestellten Raumgitterwände in Österreich etwa im Jahr 1965. Ihr Vorbild waren die in Kapitel 2 erwähnten Krainer Wände. Das Verfahren kam nahezu gleichzeitig mit der in Frankreich entwickelten „Terre Armée"-Methode auf den Markt und verbreitete sich relativ rasch, besonders nach Beginn der siebziger Jahre, im österreichischen Alpenraum und später in Deutschland. Es war praktisch die Umsetzung der von den Forstleuten praktizierten empirischen Holzbalkenmethode in eine industrielle Fertigung der Raumgitter aus Stahlbetonfertigteilen einschließlich der dazugehörigen statischen und bodenmechanischen Berechnungen.

Das erste System bestand aus gelenkig miteinander verbundenen Quer- und Längsbalken, die baukastenförmig aufeinandergesetzt wurden (System Ebenseer). Die dabei entstehenden Zellen wurden mit nichtbindigem Boden und Steinen verfüllt. Damit wurde eine quasimonolithische Schwergewichtsmauer hergestellt (Bild 7a).[6] In den siebziger Jahren wurde das klassische System erweitert: Es gab Kombinationen aus Rahmentürmen, ebenfalls aus Fertigteilen zusammengesetzt, mit dazwischenliegenden Läuferbalken (Bild 7 b) bzw. komplette rechteckige Stahlbetonrahmen, die einfach aufeinander gesetzt wurden (Bild 7c).

Die in den Jahren 1976/77 entwickelten sogenannten Schlaufenwände (Neue Ebenseer Wand NEW) bestehen aus winkelförmigen Stahlbetonelementen (luftseitige Wand), einem halbkreis- oder kreisförmigen Umlenkelement (erdseitig) und der beide Teile verbindenden Ankerschlaufe aus korrosionsbeständigem Material (Bild 7d). Sie ist praktisch schon ein Übergang zur „Bewehrte-Erde-Methode" (siehe 5.2).

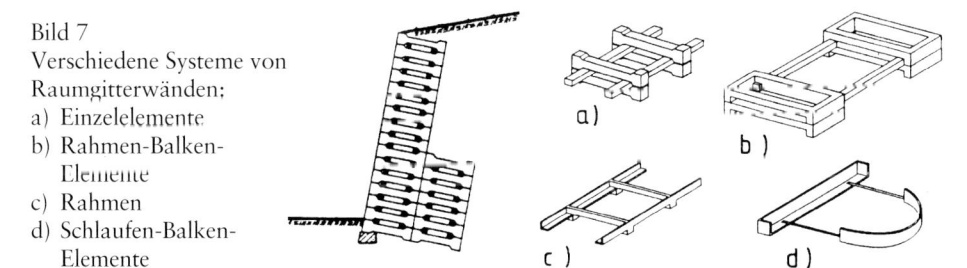

Bild 7
Verschiedene Systeme von Raumgitterwänden:
a) Einzelelemente
b) Rahmen-Balken-Elemente
c) Rahmen
d) Schlaufen-Balken-Elemente

Zu Beginn der achtziger Jahre wird von einer Rutschungssanierung in England berichtet, wobei eine Schlaufenwand aus alten Autoreifen (wandseitige und erdseitige Elemente) mit Erfolg ausgeführt wurde.[7] Ende der siebziger Jahre und vor allem in den achtziger Jahren haben viele österreichische und deutsche Betonfertigteilfirmen eigene Systeme entwickelt und auf den Markt gebracht.

---

6 BRANDL, H.: „Konstruktive Hangsicherungen", Grundbau-Taschenbuch, 4. Auflage, Teil 3, Ernst & Sohn, 1992.
7 DALTON, D.C.: „Tyre Retaining Wall on the M 62", Ground Engineering, Jan. 1982.

4.2 Bauprinzip

Nach Herstellung des Gründungsplanums werden (zumindest für Wandhöhen > 6 m) für die Einzelrahmen bzw. den gesamten Wandquerschnitt Streifenfundamente hergestellt. Anschließend werden die Betonfertigteile baukastenmäßig aufeinandergesetzt. Die einzelnen Raumzellen werden mit nichtbindigem Boden aufgefüllt und dieser in Lagen von 30 bis 50 cm verdichtet.

Die Wandneigung von Raumgitterkonstruktionen liegt in der Regel zwischen 10 : 1 und 5 : 1, wenn Platz vorhanden sogar noch flacher. Damit können die Wände auf der Luftseite leicht begrünt werden.

4.3 Statisches System

Für den rechnerischen Nachweis der äußeren Sicherheit wird die Raumgitterwand als Schwergewichtsmauer betrachtet, d.h. es werden Geländebruch, Grundbruch, Gleiten und Kippen untersucht (Bild 8). Zum Nachweis der inneren Sicherheit wird der Zellen-Innendruck näherungsweise nach der Silotheorie berechnet. Die aus Innendruck und äußeren Kräften (Erddruck) resultierenden Schnittkräfte in den Rahmenteilen werden nachgewiesen.

Ein sehr umfangreiches, etwa zwölfjähriges Forschungsprogramm mit Modellversuchen, Großversuchen, Baustellenmessungen und Baustellenbeobachtungen, Analysen von Schadensfällen und theoretischen Analysen für Berechnungsmodelle wurde von Prof. H. Brandl, Technische Universität Wien, durchgeführt.[8]

4.4 Vorteile und Anwendungsmöglichkeiten

Raumgitterwände sind relativ schnell und preiswert herzustellen und dem Gelände sehr gut anpassbar. Die Entwässerung erfolgt durch den Verfüllboden. Die Wände sind relativ setzungs- und verformungsunempfindlich, so daß bei Überbelastung kein schlagartiges Versagen zu befürchten ist. Treten größere Verformungen auf, so können bei manchen Systemen nachträglich Verpreßanker durch bereits dafür vorgesehene Elemente eingebaut werden.

Die optische Gestaltung ist sehr mannigfaltig. Vor allem durch die offene Gitterkonstruktion ist eine schnelle und bleibende Begrünung problemlos möglich.

4.5 Verbreitung der Baumethode

Raumgitterwände haben sich in den letzten zwei Jahrzehnten sehr gut entwickelt und bewährt (Bild 9). Sie kommen hauptsächlich zum Einsatz für Hangsicherungen im Verkehrswege- und Siedlungsbau, aber auch für Uferbefestigungen im Wasserbau, beim Verbau von Wildbächen, als Lawinen- und Steinschlagsicherung im Gebirge sowie in allen möglichen technischen Varianten und Höhen für Lärmschutzwälle und Gartenanlagen (Bilder 10, 11). Wandhöhen bis zu 25 m wurden schon ausgeführt,

---

8 BRANDL, H.: „Tragverhalten und Dimensionierung von Raumgitterstützmauern", Straßenforschung Heft 141 (1980), Heft 208 (1982), Heft 251 (1984), Heft 280 (1986), Bundesministerium für Bauten und Technik, Wien, Forschungsgesellschaft für das Straßenwesen, Wien.

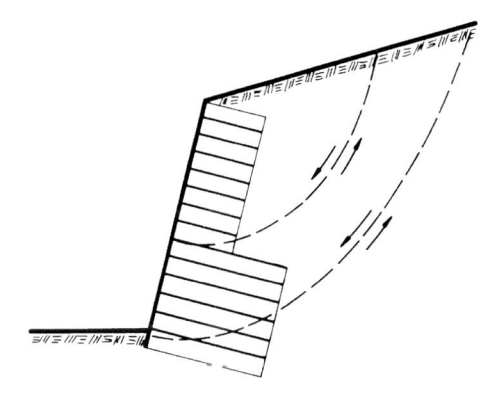

Bild 8
Nachweis der äußeren Standsicherheit von Raumgitterwänden

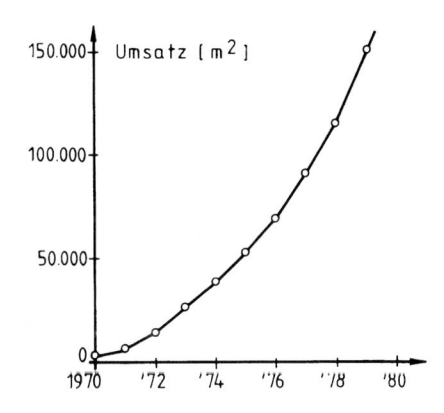

Bild 9
Gesamtmenge der in Österreich versetzten Stahlbeton-Raumgitterwände

Bild 10
Raumgitterwand in Österreich, max. Höhe inklusive Bermen ca. 22 m
(Foto: Prof. Dr.-Ing. Brandl, TU Wien)

Bild 11
Raumgitterwand in Passau, auf Bohrpfahlwand gegründet, max. Höhe ca. 15 m
(Foto: Baudir. Dr.-Ing. Hilmer, LGA Nürnberg)

als abgetreppte Hangsicherung bereits bis zu 50 m Höhe. Es gibt derzeit noch keine Normen, jedoch Richtlinien.[9]

---

9 „Merkblatt für den Entwurf und die Herstellung von Raumgitterwänden und -wällen", Forschungsgesellschaft für Straßen- und Verkehrswesen, Köln 1985.

5 Bewehrte Erde (Terre Armée – Reinforced Earth)

5.1 Entwicklungsgeschichte

Der französische Architekt und Ingenieur Henri Vidal beobachtete 1958 am Strand von Ibiza, daß ein kleiner Sandhügel, der mit Piniennadeln durchsetzt war, ohne weiteres das Gewicht eines Menschen tragen konnte. Im Gegensatz dazu floß ein „unbewehrter" Sandhügel beim Betreten sofort auseinander. Diese Beobachtung versuchte Vidal in die Praxis umzusetzen. Er tat dies alleine, und nach 5 Jahren harter Arbeit stellte er in einer 300seitigen Dissertation seine neue Baumethode „Terre Armée" vor.[10] 1964 wurde bereits das erste Projekt ausgeführt.

5.2 Bauprinzip

Es wird eine quasimonolithische Schwergewichtsmauer lagenweise abwechselnd aus geschüttetem und verdichtetem Boden und streifenartigen, im Raster verlegten Metallzuggliedern (Zugbänder) von unten nach oben aufgebaut. Damit der an der luftseitigen Wand befindliche Boden nicht ausläuft oder wegerodiert, werden hier als Wandaußenhaut horizontale, halbelliptische Stahlbleche (erste Entwicklung 1964, Französisches Patent 1393988) bzw. ineinander verzahnte Fertigbetonplatten (Entwicklung ab 1970, Französisches Patent 2055983) im Zuge des Wandaufbaues versetzt und über Laschen mit den Zugbändern verbunden (Bild 12).

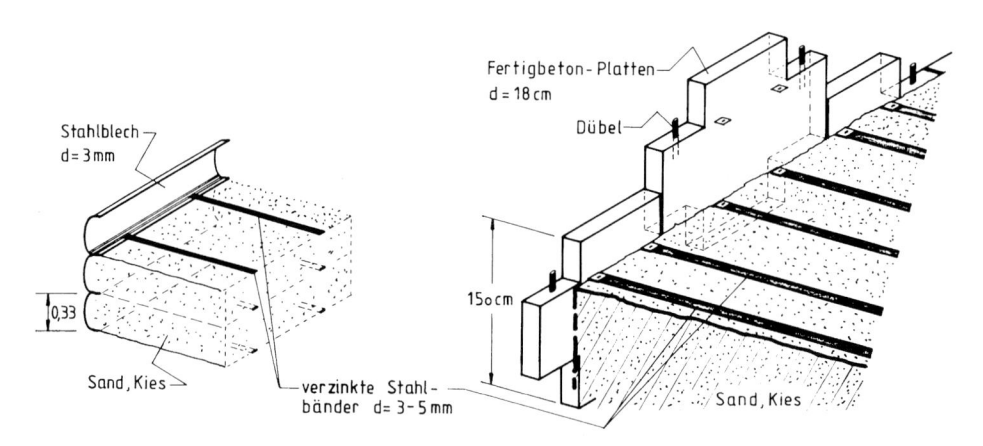

Bild 12   Bewehrte Erde: Konstruktive Ausbildung

Der Aufbau der Wand ist damit sehr einfach. Die Wandaußenhaut erhält vor Baubeginn ein leichtes Streifenfundament unter Gelände. Der Schüttboden soll nichtbindig sein. Der Abstand der Bewehrungsbänder liegt im Mittel in vertikaler und horizontaler Richtung bei etwa 0,75 m. Die Länge der Zugbänder liegt im Normalfall bei 0,8 × freier Wandhöhe.

---

10 VIDAL, H.: „A brief history of Terre Armée", Revue générale des routes et des aérodromes, Nr. 635, Nov. 1986.

Besonderes Augenmerk ist auf die Korrosion der Stahlbänder zu richten. In Deutschland wird eine Feuerverzinkungsdicke von 100 μm verlangt plus zusätzlich 2 mm als Abrostungszuschlag zum rechnerisch erforderlichen Stahlquerschnitt.[11] Zugbänder aus rostfreiem Stahl oder Aluminium haben sich bisher auf Dauer wenig bewährt.

5.3 Statisches System

Die äußere Sicherheit wird rechnerisch wie bei einer Schwergewichtsmauer behandelt. Zur inneren Sicherheit muß nachgewiesen werden, daß der anteilige aktive Erddruck auf die Schwergewichtsmauer bzw. auf den Einflußbereich eines Zugbandes von diesem über Reibung hinter der gedachten Bruchfuge in den Boden eingeleitet werden kann (Bild 13).

Die Wandhaut wird mit dem 0,85fachen aktiven Erddruck bemessen.

Bild 13
Bewehrte Erde: Innere
Standsicherheitsbemessung
mit angenommenen
Bruchfugen für
(1) glatte Bewehrungsbänder
(2) gerippte Bewehrungsbänder
Z = Verankerungszone

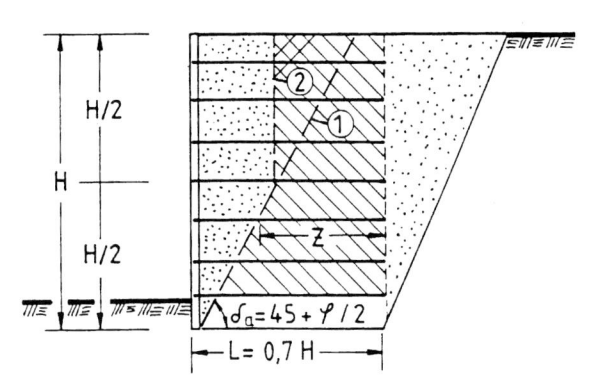

5.4 Vorteile des Systems und Anwendungsmöglichkeiten

Die „Bewehrte Erde-Stützmauern" sind einfach und relativ schnell herzustellen. Sie sind unempfindlich gegen unterschiedliche Setzungen. Sie sind sehr preiswert, insbesondere bei Höhen über 4 m. Die Wände können architektonisch gestaltet werden.

Die Anwendungsmöglichkeiten sind vielfältig (Bild 14, 15). Im Jahre 1986 sah die statistische Verteilung wie folgt aus:

Stützwände für Straßen- und Eisenbahnen im städtischen Bereich 48%, für Verkehrswege im Bergland 21%, für Anwendungen im Siedlungsbau 11%, für Schutzdämme und Behälterbau im Industrie- und Militärbau 13% und für Uferschutzwände 7%.[12]

---

11 „Bedingungen für die Anwendung des Bauverfahrens ‚Bewehrte Erde', Bundesanstalt für Straßenbau, Jan. 1985.
12 „Development and Worldwide Application of Reinforced Earth", Firmenbroschüre von Terre Armée, 1987.

Bild 14   Brückenwiderlager, gesichert durch Bewehrte
          Erde, Gosterschelde, Niederlande
          (Foto: Terre Armée)

Bild 15   Bewehrte Erde: architektonische Gestaltung der
          Wand, Autostraße A 40, Frankreich
          (Foto: Terre Armée)

5.5 Verbreitung dieser Baumethode seit 1964

Die Baumethode hatte sich unerwartet schnell in der ganzen Welt verbreitet. In allen Erdteilen gibt es verschiedene Terre Armée-Firmen, die Lizenznehmer von Henri Vidal sind und als Gruppe gemeinsam Weiterentwicklung betreiben.

Im Bild 16 ist die rasche Entwicklung dargestellt. Im Jahre 1986 gab es weltweit bereits 10 300 ausgeführte Projekte mit etwa 5 Mio. m² Wandfläche. Davon entfielen auf Europa 33%, auf Nordamerika 34%, auf Mittel- und Südamerika 5%, auf Südostasien 6%, Japan 13% und Afrika plus Naher Osten 8%.[12]

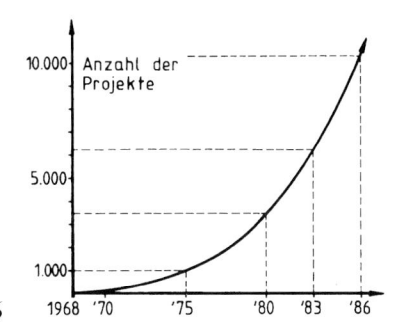

Bild 16 Anzahl der ausgeführten Projekte bis 1986

In Deutschland wurde das erste Projekt 1976 ausgeführt.[13] Bis 1986 hatte Deutschland lediglich einen Anteil von 44 Projekten, d. h. einen Gesamtanteil von 0,4% am Weltumsatz. Bis 1992 wurden insgesamt 55 Projekte zur vollen Zufriedenheit des Bauherrn ausgeführt. Der geringe Anteil in Deutschland liegt einerseits vielleicht an der bei uns ungewohnten Vertriebsweise der Terre Armée-Gruppe, andererseits sicherlich in einer gewissen Vorsicht und Unsicherheit gegenüber der Lebensdauer im Hinblick auf die Korrosion der Zugbänder und Zugband-Wandhaut-Verbindungen.

6 Geotextilwände

Eine Folgeentwicklung zur klassischen „Bewehrten Erde" ist die Geotextilwand. Anstatt einer Kombination von Außenwandelementen und hochfesten Zugbewehrungsbändern, wird bei der klassischen Geotextilwand ein Geovlies, Geogewebe oder Geogitter für beide Elemente verwendet. Dabei wird das Geotextil vollflächig verlegt. Darauf kommt eine Lage verdichteten kohäsionslosen Bodens. An der luftseitigen Wandfläche wird das Geotextil umgeschlagen und wieder überschüttet. Hier sind mehrere Möglichkeiten und Varianten gegeben. In Bild 17 a, b sind nur zwei Anwendungen aufgezeigt.

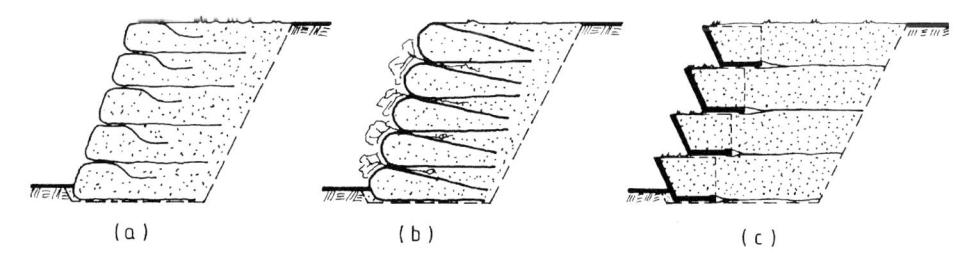

Bild 17 Anwendungsbeispiele für die konstruktive Ausbildung von Geotextilwänden

---

13 BONGARTZ, W.: „Erste deutsche Stützwand nach dem Bauverfahren ‚Bewehrte Erde' bei Raunheim", Straße und Autobahn, Heft 5, Kirschbaum Verlag, Bonn 1976.

Im Gegensatz zu Stahlbändern gibt es keine Korrosionsprobleme; doch müssen die Geotextilien bestimmte Eigenschaften aufweisen, damit ein Dauerbauwerk entsteht: Dauerfestigkeit, Wasserdurchlässigkeit, geringe Kriechverformungen, Beständigkeit gegen UV-Bestrahlung und Luftverunreinigungen (Wandvorderseite), Tierfraß und Mikroorganismen. Ein weiteres Problem stellt unter Umständen die Gefahr von Vandalismus oder unfreiwilliger Wandbeschädigung dar. Der Füllboden sollte deshalb nicht zum Ausrollen neigen.

Wände mit umgeschlagenen Geotextilien sehen an der Wandaußenseite trotz sorgfältigster Herstellung zumeist unordentlich aus. Sie werden als Dauermaßnahme deshalb meist mit Natursteinen oder Betonplatten verkleidet. Um diese relativ teure Zusatzmaßnahme zu umgehen, wurden kastenförmige nach oben offene und damit leicht zu begrünende Betonfertigteile für die Luftseite entwickelt und diese mit breiten Geotextilstreifen nach rückwärts verankert (Bild 17c).

Die ersten geotextilbewehrten Stützwände, 3,30 m bzw. 6 m hoch, wurden 1974 und 1975 bereits in den USA ausgeführt.[14] In den achtziger Jahren kamen Geotextilien mit hohen Zugfestigkeiten auf den Markt und wurden seitdem von den Ingenieuren für die Bewehrung des Bodens im Dammbau und Stützwandbau, besonders in den Ländern Deutschland, Frankreich, Großbritannien, Japan, Niederlande und USA eingesetzt (Bilder 18, 19).

Bild 18
Geotextilwand in Stuttgart
(Foto: Prof. Dr.-Ing. Smoltczyk, Uni Stuttgart)

---

14 BELL, J.R., J.E. Stewart: Constructions and observations of fabric retained soil walls", Proceedings of Coll. Int. de Sols Textiles, Paris 1977.

Bild 19
Geotextilwand, System Remutex, Herbrechtingen
(Foto: Dr.-Ing. Wichter, FMPA Stuttgart)

In Deutschland wurden die ersten Großversuche vom Institut für Grundbau und Bodenmechanik der Universität Stuttgart in den Jahren 1980–1983 ausgeführt.[15] Der erste Bau einer 6 m hohen permanenten Wand erfolgte 1985.[16]

Erfahrungen mit hochfesten Geotextilien liegen erst für eine kurze Zeitdauer vor. Deshalb werden die Bemessungen heute zumeist noch sehr konservativ angesetzt. In Zukunft ist jedoch auf diesem Gebiet eine rasche Fortentwicklung zu erwarten.

7 Bodenvernagelung

7.1 Entwicklungsgeschichte

Im Gegensatz zu Raumgitterwänden und Bewehrter Erde gab es wahrscheinlich keine technischen Vorläufer in der Prä-Ingenieurzeit. Lediglich Naturbeobachtungen zeigten, daß Sträucher und Bäume mit ihrem oft tiefreichenden Wurzelwerk die oberen 3 bis 4 m eines Hanges dauerhaft stabilisieren konnten. Das Wurzelwerk hatte sowohl eine entwässernde als auch mechanisch bewehrende Wirkung. Diese wird auch heute in frisch angelegten Böschungen als biologischer Verbau genutzt, indem man

---

15 SMOLTCZYK U., K. MALCHAREK: „Naturgerechte Sicherung von Steilböschungen", Geotechnik, Deutsche Gesellschaft für Erd- und Grundbau e.V., Heft 3, 1984.
16 WICHTER, L.: „Geotextil-Erde-Steilwand als Dauerbauwerk", Bautechnik, Wilhelm Ernst & Sohn, Berlin, Heft 9, 1985.

z. B. Weidenruten in einem engen Raster in den Boden einschlägt. Die sich in kürzester Zeit ausbildenden Wurzeln verfestigen die Böschung. Dies könnte unter Umständen die ingenieurmäßige Idee für die Patentanmeldung P 3802204 von E. Mason in den USA im Jahre 1972 (Erteilung 1974) gewesen sein. Von einer umfangreicheren und erfolgreichen Anwendung dieser Methode in den USA in den siebziger Jahren ist allerdings nichts bekannt.

In Europa führte wahrscheinlich das sich gut bewährende und rasch ausbreitende System der „Bewehrten Erde" zur Entwicklung der Bodenvernagelung. Auf der einen Seite war das „Bewehrte Erde"-System patentrechtlich gut abgesichert – man mußte also versuchen, das Patent zu umgehen –, auf der anderen Seite hatte es wie die Raumgitterwand einen entscheidenden Nachteil: Das Stützbauwerk wurde mit einem speziell ausgesuchten Schüttmaterial von unten nach oben gebaut, d. h., der Hang mußte zuerst angeschnitten werden. Hierbei kann es bereits zu unerwünschten, zum Teil gefährlichen Entspannungsbewegungen des Hanges kommen. Es lag also nahe, zwar das Prinzip der Bewehrten Erde zu verwirklichen, jedoch stufenweise von oben nach unten zu bauen und dabei den natürlich anstehenden Boden als Wandbaustoff heranzuziehen und gleichzeitig von der Luftseite her mit Zugelementen, sogenannten Nägeln, zu bewehren. Der Hanganschnitt wird durch eine dünne Spritzbetonhaut versiegelt und damit der Boden am Auslaufen gehindert.

Bild 20
Erstes europäisches Bodenvernagelungsprojekt bei Versailles, Frankreich

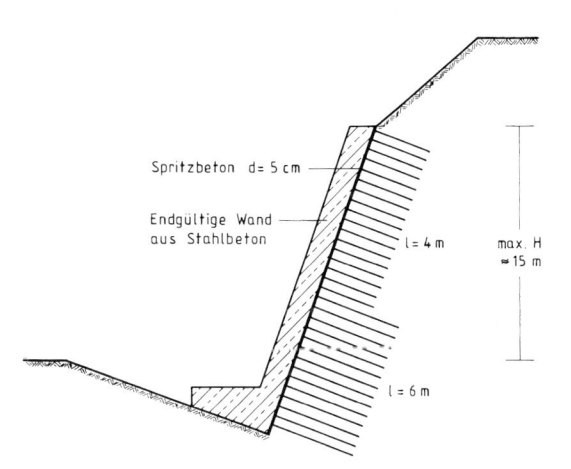

Bild 21
Bodenvernagelungsprojekt Versailles,
Frankreich, 1973

Die erste europäische Vernagelungswand wurde nach Wissen des Autors 1973 bei Versailles, Frankreich, von der Firma Soletanche gebaut (Bild 20).[17] Das Projekt bestand aus einer 70° steilen, bis zu 15 m hohen temporären Hangsicherung entlang einer Eisenbahnlinie in einem festgelagerten Sand (Bild 21). Als Bewehrung wurden 4 bzw. 6 m lange Baustähle, Durchmesser 8 mm (1 bzw. 2 Stück pro Bohrloch), in vorgebohrte, mit Zementleim aufgefüllte Bohrlöcher gesteckt. Der Raster der Nägel war ziemlich eng, nämlich etwa 2 Nägel pro m^2 Wandfläche. Diese wurde mit einer leicht bewehrten Spritzbetonschicht versiegelt. Nach dem vollständigen Aushub wurde eine Stahlbetonwinkelstützmauer davorgesetzt. Das Verfahren wurde nach Kenntnis des Autors in Frankreich vorerst nicht weiterverfolgt.

Im Jahr 1975 stellte die Firma Bauer Spezialtiefbau zusammen mit dem Institut für Bodenmechanik und Felsmechanik der Universität Karlsruhe beim Bundesministerium für Forschung und Technologie in Bonn einen Antrag zur Entwicklung eines Verfahrens zur Bodenvernagelung mit einer Laufzeit von 4 Jahren. Der Begriff „Bodenvernagelung" (soil nailing) wurde hier zum ersten Mal eingeführt.[18] Nach Ausführung von ca. 35 Modellversuchen im Sand im Maßstab 1 : 33 durch die Firma Bauer wurden 4 Großversuche im Sand (Wandfläche 7 × 6 m) mit Belastung bis zum Bruch durchgeführt. Dabei wurden ebene Wände und eine räumliche Wandecke statisch und dynamisch belastet (Bilder 22, 23).

An der Universität in Karlsruhe wurden 10 weitere, sehr aufwendige Modellversuche ausgeführt, aufgrund deren Ergebnisse wiederum 3 Großversuche im bindigen Boden bis zum Bruch ausgeführt wurden.

1977 wurde in Deutschland das erste temporäre Bauprojekt, eine 4,50 m hohe Baugrubenumschließung in München, und im selben Jahr auch die erste Dauermaßnahme, eine 6 m hohe Hangsicherung im Zuge einer Ortsdurchfahrt in Lanzendorf (Bild 24), ausgeführt.

---

17 Veröffentlichung der Firma Soletanche, Paris 1974.
18 STOCKER, M.: „Bodenvernagelung", Vortragsband der Baugrundtagung 1976, Nürnberg, Deutsche Gesellschaft für Erd- und Grundbau e.V., Essen 1977.

Bewehrter Boden – eine uralt bewährte, aber erst in jüngster Zeit wiederentdeckte Baumethode

Bild 22
Modellversuch zur Bodenvernagelung

Bild 23
Großmaßstäblicher Belastungsversuch an einer „vernagelten", 6 m hohen Wandecke im Sand

Bild 24
Erste deutsche Dauerbodenvernagelung in Lanzendorf (1977)

7.2 Bauprinzip

Auch bei der Bodenvernagelung geht man von einer quasimonolithischen Schwergewichtsmauer aus. Die Wandvorderseite kann senkrecht oder geneigt sein. Eine Einbindung der Wand in den Boden unterhalb der Aushubsohle oder ein Fundament sind nicht erforderlich. Die Bohrlöcher für die Nägel, bestehend zumeist aus Baustählen, Durchmesser 20–32 mm, werden mit Zementsuspension verfüllt oder verpreßt. Dies ist nötig, um die entsprechende Reibung der Nägel im Boden aktivieren zu können. Eingerammte oder eingerüttelte Stahlstäbe ohne nachträgliche Zementumhüllung ergaben unbefriedigende und auch sehr stark streuende Werte.

Die Nagellänge beträgt im allgemeinen das 0,5- bis 0,8fache der freien Wandhöhe, je nach Auflast oder Böschungsneigung oberhalb der Wand. Der Bewehrungsgrad liegt in der Größenordnung von 1 Nagel pro 2 m² Wandfläche.

Die Dicke der leicht bewehrten Spritzbetonhaut beträgt zwischen 7 und 15 cm für temporäre Bauwerke und 20 bis 25 cm für Dauerbauwerke. Eine Drainage für Oberflächen- oder Hangwasser erfolgt durch Löcher in der Spritzbetonwand bzw. durch Dränrohre oder -matten hinter dieser.

Für Dauermaßnahmen sind die Nägel wie Daueranker geschützt. Die Erfahrungen mit der Dauerhaftigkeit des Spritzbetons (bisher 14 Jahre) sind hervorragend.

7.3 Statisches System

Aus den Ergebnissen der Modell- und Großversuche wurde ein einfaches statisches Berechnungsmodell entwickelt.

Ausgehend von einem Zwei-Körper-Bruchmechanismus wird für jeden Aushubzustand die erforderliche Standsicherheit bzw. Nagellänge unter Variation des Gleitflächenwinkels ϑ ermittelt (Bild 25).

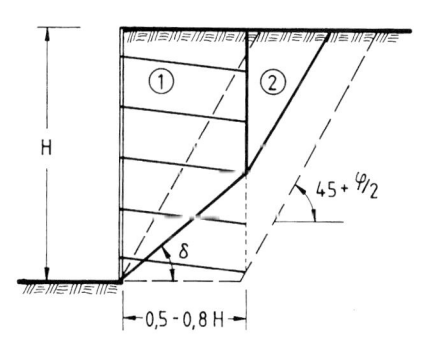

Bild 25
Berechnungsmodell für die Bodenvernagelung

Von den Nägeln wird nur die axiale Zugkraft berücksichtigt. Die Dübelwirkung wird vernachlässigt, weil diese erst bei größeren Verformungen nennenswert zur Tragkraft beisteuern kann.

Das obenbeschriebene Verfahren beinhaltet bereits die Gleitsicherheit und die Geländebruchsicherheit mit Ausnahme der Fälle, in denen unterhalb der Aushubsohle ein schlechterer Boden ansteht als darüber. Lediglich der Grundbruchnachweis muß zur äußeren Sicherheit noch überprüft werden.

7.4 Vorteile des Systems und Anwendungsmöglichkeiten

Bodenvernagelungswände sind relativ preisgünstig, vor allem wenn es sich um langgestreckte Baustellen handelt. Sie sind sehr anpassungsfähig an jeden Grundriß, sie benötigen nur kleine Baugeräte und sind damit besonders wirtschaftlich in schwer zugänglichen Gebieten (Bild 26). Durch die relativ kurze Nagellänge im Vergleich zu Ankern benötigt man weniger Grunddienstbarkeitsrechte im Nachbargrund. Die Bodenvernagelung ist eine sehr gutmütige Bauweise und verträgt größere Horizontalverschiebungen ohne schlagartigen Kollaps. Sie ist praktisch in jedem Boden anwendbar, der eine kurzfristige Standfestigkeit von 1 m Höhe gewährleistet.

Nachteilig an der klassischen Bodenvernagelung ist die ästhetisch wenig attraktive Spritzbetonaußenhaut.

In USA und Japan hat man stellenweise Fertigbetonplatten oder Mauerwerk davorgestellt. In Frankreich benutzt man sehr viele Fertigteilplatten anstatt Spritzbeton. Für geneigte Hangsicherungen wurden in Japan, aber auch in Deutschland großrastrige Gitter aus Stahlbetonfertig- oder Ortbetonbalken verwendet. Die Vernagelung findet in den Kreuzungspunkten statt. Dazwischen wird die Fläche begrünt.

In Deutschland benutzt man immer häufiger abgestufte, nach rückwärts versetzte Nagelwände mit einem Abstand von 0,5 bis 0,8 m, so daß die Wände mit Kletter- oder Hängepflanzen innerhalb weniger Jahre vollkommen begrünt werden können (Bild 27).

Die Bodenvernagelung wird heute auch sehr vorteilhaft eingesetzt für die Standsicherung alter Stützmauern aus Natursteinen, die sich im Laufe der Zeit infolge des Erddruckes stark verformt haben, sowie auch für „Bewehrte Erde"-Bauwerke, deren Zugbänder versagt haben.

Bodenvernagelungswände werden als Stützmauern oberhalb des Grundwasserspiegels für Hangsicherungen, Baugrubenwände, Terrassenwände im Siedlungsbau und als Schachtsicherung angewandt.

7.5 Verbreitung der Baumethode

Nach der ersten Baustelle in Frankreich wurden nach Wissen des Autors kaum Vernagelungsprojekte bis 1977 ausgeführt. 1979 wurden die wissenschaftlichen Untersuchungen aus Deutschland auf einem internationalen Kongreß in Paris vorgetragen.[19] In Deutschland wurden bis 1992 ca. 250 Projekte mit etwa 140 000 m² ausgeführt.

In den USA begann ein vom US Department of Transportation gefördertes praxisorientiertes Entwicklungsprogramm mit Modell- und Großversuchen zur Untersuchung der Bodenvernagelung im Jahr 1983, durchgeführt von der Firma Schnabel Foundation Co. unter Mitwirkung der Universitäten Berkley und Illinois.

---

19 STOCKER, M., G. KÖRBER, G. GÄßLER, G. GUDEHUS: „Soil Nailing", Coll. Int. Reinforcement des Sols, Paris 1979, Ecole Nationale des Ponts et Chaussees, Vol. II, p. 469–475, Paris 1979.

Bild 26 Temporäre Baugrubensicherung durch Bodenvernagelung, Yokohama, Japan, 1990

Bild 27 Begrünte Dauerbodenvernagelung (Bermenlösung), Höhe ca. 7 m, Zell-Leisenberg

In Großbritannien wurde die Bodenvernagelung in einem theoretischen Forschungsprogramm an der University of Oxford in den Jahren 1985–1989 untersucht. In Paris wurde in den Jahren 1986–1990 ein Französisches Nationales Forschungsprojekt mit dem Namen Clouterre sowohl mit Modell- als auch Großversuchen durchgeführt.

In der Praxis dürften in den USA seit 1983 ca. 250 000 m² an Bodenvernagelung ausgeführt worden sein, in Frankreich etwa 100 000 m² bis 1989, in Großbritannien 5000 bis 10 000 m², in der Schweiz etwa 55 000 m² und in Japan allein durch eine Firma 190 Projekte seit 1985 mit etwa 92 000 m².

Von den Projekten, die nach dem oben dargestellten Berechnungsmodell projektiert wurden, sind dem Verfasser keine Schadens- oder Versagensfälle bekannt. Lediglich bei 2 Projekten kam es zu einem örtlichen Einsturz, nachdem der lagenweise Aushub aus reiner Unachtsamkeit doppelt so tief erfolgte wie in der Statik angenommen. Es kam zum klassischen Geländebruch. Das Verfahren hat sich somit in der Praxis bestens bewährt.

In Deutschland oder auch in anderen Ländern gibt es noch keine Normen für die Bodenvernagelung, lediglich eine allgemeine technische Zulassung in Deutschland seit 1984. Es ist geplant, in den nächsten Jahren eine europäische Norm für Bauwerke aus bewehrtem Boden zu erstellen.

8   Zusammenfassung und Ausblick

Das System des bewehrten Bodens ist eine sehr alte Baumethode, die sich als einfach, wirtschaftlich und sicher bewährt hat. Mit der Wiederentdeckung in den letzten 30 Jahren wird das Prinzip des bewehrten Bodens auch in unserer hochtechnisierten Bauindustrie einen immer größeren Platz einnehmen und sicher eine bedeutende Weiterentwicklung erfahren. Der heutige Zwang zu mehr Wirtschaftlichkeit angesichts der immensen Bauaufgaben vor allem in den neuen Bundesländern, die Verpflichtung, alte Bauwerke in ihrer äußeren Form zu erhalten und der Ruf nach mehr Grün und weniger Beton wird diesen Trend verstärken. Außerdem wird die Einfachkeit der Ausführung das Verfahren besonders in den technisch weniger hoch entwickelten Ländern sehr attraktiv machen. Die Entwicklung wird in Richtung wirtschaftlichere Bewehrung, optisch ansprechendere Gestaltung, sichere Möglichkeiten einer dauerhaften Begrünung und noch höhere Dauerbeständigkeit gehen. Nachfragen nach Bauwerken aus bewehrtem Boden mit 90 m Höhe werden in absehbarer Zeit allerdings sehr selten sein.

RUDOLF FLOSS

Erdbewehrte Konstruktionen mit Geo-Kunststoffen
– Stand der Entwicklung in Deutschland –

1 Einführung

Im Rückblick auf die Zeit seit dem ersten Weltkongreß der International Geotextile Society 1978 in Paris läßt sich ein wesentlicher Fortschritt in der Entwicklung neuer geosynthetischer Baustoffe und damit assoziierter Bauverfahren feststellen. Dagegen fällt der Fortschritt in der Entwicklung neuer Berechnungsverfahren und in der Dimensionierung von erdbewehrten Konstruktionen bescheidener aus. Die Forschung auf theoretischem Gebiet und insbesondere die Untersuchung von vollmaßstäblichen Modellen haben zwar wichtige neue Erkenntnisse erbracht, die sich aber nur schrittweise umsetzen lassen, weil der Fortschritt in der Ingenieurpraxis zusätzlich auf die Erprobung im Rahmen aktueller Bauobjekte angewiesen ist. Für die Berechnungen und Sicherheitsnachweise werden bisher im wesentlichen traditionelle Modelle und Näherungslösungen herangezogen, die erst langsam im Laufe der aktuellen Erprobung verfeinert werden können. In der Regel erfolgt diese Erprobung in Verbindung mit in-situ-Messungen, um die Verformungen und Beanspruchungen überwachen zu können. Diese prinzipielle Vorgehensweise entspricht auch ganz allgemein der deutschen Schule auf dem Gebiet des Erd- und Grundbaus. Eine umfassende Darstellung der physikalisch-mechanischen Grundlagen und der theoretischen Berechnungsmodelle für erdbewehrte Konstruktionen mit Geo-Kunststoffen findet sich in der angegebenen Schriftenreihe der Technischen Universität München.[1]

Die Berechnung und Dimensionierung von erdbewehrten Konstruktionen beruht derzeit in Deutschland noch auf den traditionellen Sicherheitsnachweisen gemäß DIN 1054, ergänzt durch Grundlagen aus dem Gebiet der ankergestützten Konstruktionen gemäß DIN 4125 und durch die bei Stützkonstruktionen nach dem Prinzip „Terre Armée" praktizierten Methoden.[2]

Gegenwärtig existieren im Bereich der Europäischen Gemeinschaft noch ziemlich unterschiedliche Vorstellungen über die Sicherheiten und erforderlichen Qualitäten der Bauwerke. Dementsprechend gibt es bisher auch keine voll harmonisierte Vorgehensweise für die Berechnung von erdbewehrten Konstruktionen. Diese Situation wird sich in naher Zukunft verbessern, wenn die Grundlagen des Eurocodes

---

[1] FLOSS, R.: Bodensysteme mit geotextilen Bewehrungselementen – Wissensstand zur Stabilitätsanalyse, Schriftenreihe Lehrstuhl und Prüfamt für Grundbau, Bodenmechanik und Felsmechanik der Technischen Universität München, H. 6 (1986), S. 1–41.
[2] BUNDESMINISTER FÜR VERKEHR: Bedingungen für die Anwendung des Bauverfahrens „Bewehrte Erde", Ausgabe Januar 1985, Allgemeines Rundschreiben Nr. 4/1985 (veröffentlicht: Verkehrsblatt 1985, H. 6, S. 240).

Nr. 7[3] einschließlich der probabilistischen Ansätze über die Sicherheit bzw. Zuverlässigkeit der Bauwerke zu berücksichtigen sein werden.

2 Übersicht der erforderlichen Berechnungen und der zugrundeliegenden Modelle

In Deutschland befinden sich zur Zeit „Empfehlungen über den Entwurf und die Berechnung von erdbewehrten Konstruktionen mit Geo-Kunststoffen" in Vorbereitung. Federführend für die Ausarbeitung dieser Empfehlungen ist die Fachsektion „Kunststoffe in der Geotechnik" der Deutschen Gesellschaft für Erd- und Grundbau mit ihrem Arbeitskreis AK 14 B. Der Inhalt wird folgende Anwendung umfassen:
– Stützwände und Steilböschungen
– Dämme auf wenig tragfähigem Untergrund
– Polstergründungen für Bauwerksfundamente
– Tragschichten für Verkehrswege

Diese Empfehlungen sollen den Stand der deutschen Erfahrungen aufgrund der bisher ausgeführten Anwendungen und Modellversuche berücksichtigen. Die nachfolgenden Ausführungen geben eine **Kurzübersicht** der erforderlichen Berechnungen und der zugrundeliegenden Modelle.

2.1 Stützkonstruktionen (Stützwände, Steilböschungen)

Je nach Einzelfall können die folgenden Berechnungen bzw. Sicherheitsnachweise erforderlich werden:

Äußere Standsicherheit:
– globales Gleiten
– Versagen in der tiefen Gleitfuge
– Grundbruch

Innere Standsicherheit:
– Zugversagen der Bewehrung
– Herausziehwiderstand der Bewehrung

Stabilität der Außenhaut:
– massive Außenhaut
– Außenhaut aus umgeschlagenen Bewehrungen

Als Beispiel für ein Berechnungsmodell ist in Bild 1 der Nachweis der äußeren Stabilität des bewehrten Erdkörpers gegen Versagen auf tiefer Gleitfuge dargestellt.

---

[3] CEN – European Committee for Standardization Eurocode 7, Part 1: Geotechnical Design, General Rules (Entwurf Dezember 1992).

φ: Reibungswinkel des Bodens
G: Gewicht des Gleitkörpers
E_a: Aktiver Erddruck
F_j: Zugkraft der Bewehrung
l_j: Einbindelänge der Bewehrung
ϑ: Neigungswinkel der Gleitfläche zur Horizontalen
R: Reaktionskraft

Bild 1
Nachweis gegen Versagen auf tiefer Gleitfuge

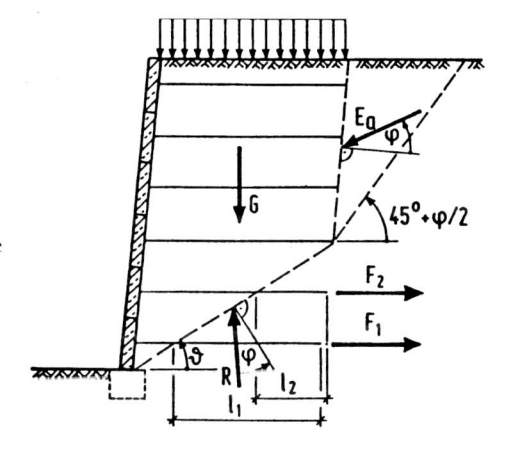

2.2 Dämme auf wenig tragfähigem Untergrund

Die Untersuchung dieser Fälle umfaßt je nach Einzelfall die folgenden Stabilitäts- und Verformungsnachweise.

Stabilitätsanalyse:
– globales Gleiten
– Grundbruch
– Blockgleiten (Ausquetschen des Untergrundes)
– Böschungsbruch
– Herausziehwiderstand der Bewehrung

Verformungsanalyse:
– Nachweis der aktuellen Verformungen und Vergleich mit den zulässigen Weiten.

Die Bilder 2 und 3 beinhalten mögliche Berechnungsmodelle für den Böschungsbruch und für das Gleiten in der Sohlfläche des Dammes.

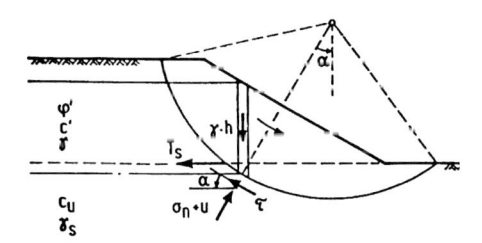

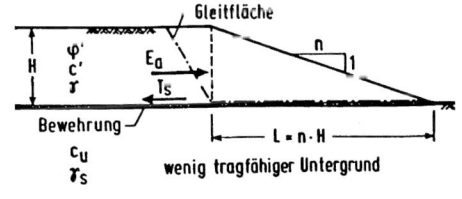

T_s: Zulässige Zugkraft der Bewehrung
γ · h: Gewicht der Lamelle
$δ_n + u$: Normalspannung in der Gleitfuge (Lamelle)
τ: Scherspannung in der Gleitfuge (Lamelle)

Bild 2
Nachweis gegen Böschungsbruch

E_a: Aktiver Erddruck
T_s: Zulässige Zugkraft der Bewehrung

Bild 3
Nachweis gegen Gleiten

Bei den Berechnungen sind folgende Aspekte zu berücksichtigen:
1. Bei der Dimensionierung der Bewehrung muß die Anfangs- und Endstandsicherheit untersucht werden. Ist die Standsicherheit im Endzustand ohne Bewehrung ausreichend, entspricht die erforderliche Gebrauchsdauer der Bewehrung etwa der Konsolidierungszeit. Ist die Zunahme der Scherfestigkeit des Untergrundes durch den Konsolidierungsverzug zu gering, muß die Bewehrung für die Langzeitstandfestigkeit des Dammes bemessen werden.
2. Der Nachweis der Sicherheit gegen Böschungsbruch ist entsprechend DIN 4084 zu führen, wobei die Wirkung der Bewehrung als rückhaltendes Moment berücksichtigt wird.
3. Die Grenzflächen zwischen Damm und Bewehrung sowie zwischen Bewehrung und Untergrund stellen bevorzugte Gleitflächen dar. Daher ist in diesen Flächen zu überprüfen, ob die angesetzten Reibungswiderstände aufgenommen werden können und demgemäß ausreichende Sicherheit gegen Gleiten besteht.
4. Wenn der Untergrund geschichtet ist bzw. seine Scherfestigkeit mit der Tiefe variiert, kann eine Schichtgrenzfläche mit geringer Festigkeit ebenfalls eine vorgegebene Scherebene bilden. In diesem Fall ist zusätzlich zu überprüfen, ob infolge der Dammauflast der entsprechende Teil des Untergrundes horizontal ausgequetscht werden kann (Blockgleiten).

2.3 Bewehrte Tragschicht als Gründungspolster für Fundamente

In Anlehnung an das in Bild 4 dargestellte Modell kommen folgende Nachweise in Betracht.

Innere Tragfähigkeit:
– Grundbruchsicherheit innerhalb des unbewehrten Gründungspolsters
– Zulässige Zugbeanspruchung der Bewehrungslagen
– Herausziehwiderstand der Bewehrung
– Grundbruchsicherheit innerhalb des bewehrten Gründungspolsters und Vergleich mit unbewehrtem Zustand

Äußere Tragfähigkeit:
– Grundbruchsicherheit unterhalb des bewehrten Gründungspolsters

Nachweis der Setzungen und Vergleich mit den zulässigen Werten.

Das Modell für Gründungspolster unter Fundamenten wurde durch Großmodellversuche mit bindigen und nichtbindigen Erdstoffen bestätigt.[4] Bei den Berechnungen finden folgende Aspekte Berücksichtigung:
1. Bei der inneren Tragfähigkeit wird der Grundbruch unter dem Fundament innerhalb des Gründungspolsters untersucht, wobei die verbesserte Tragfähigkeit des Gründungspolsters durch Korrekturbeiwerte, die sich auf eine durch Bodenaustausch verbesserte Gründungsschicht beziehen, und zusätzlich durch die Reibungswirkung der Bewehrung berücksichtigt wird.

---

4 WENDT, D.: Berechnung bewehrter und unbewehrter Gründungspolster nach TGL 11, 464/01 und 464/02, Bauplanung – Bautechnik, 44. Jg., H. 6, Juni 1990.

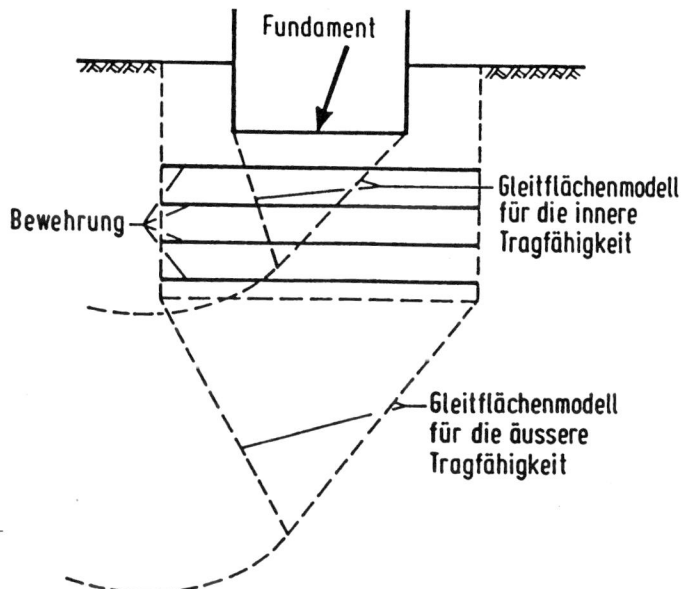

Bild 4
Innere und äußere Tragfähigkeit des bewehrten Gründungspolsters

2. Bei der äußeren Stabilität wird das bewehrte Gründungspolster als kompakter Block betrachtet und die Grundbruchsicherheit unterhalb des Blockes nachgewiesen.
3. Für Gründungspolster im Böschungsbereich muß zusätzlich der Gelände- bzw. Böschungsbruch, für geneigte Sohlflächen außerdem die Sicherheit gegen Gleiten untersucht werden.

2.4 Bewehrte Tragschicht in Verkehrsflächen

Für die Ermittlung der Dicke von bewehrten Tragschichten in Fahrbahnen werden gemäß dem in Bild 5 dargestellten Modell folgende Berechnungswerte benötigt:
E_u: Verformungsmodul des Untergrundes
E_1: Eigenverformungsmodul der Tragschicht
E_0: erforderlicher Verformungsmodul des Mehrschichtensystems

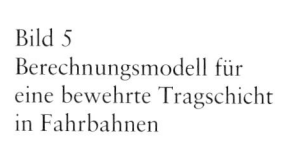

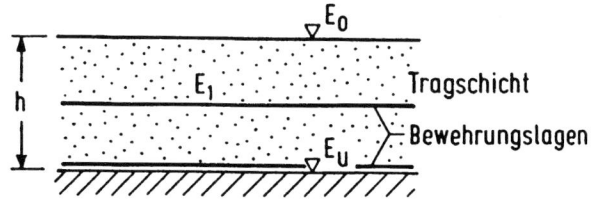

Bild 5
Berechnungsmodell für eine bewehrte Tragschicht in Fahrbahnen

Durch die Bewehrung kann die erforderliche Dicke h der Tragschicht reduziert und bei unzureichenden E_u-Werten auf dem Planum der erforderliche E_0-Wert erreicht werden. Die dafür vorgesehenen Bemessungstafeln basieren auf Untersuchungen, die in den USA und Kanada durchgeführt und ausgewertet wurden.[5] Der Bewehrungseffekt wird wesentlich von der Kornform und der Kornabstufung des Tragschichtmaterials beeinflußt, wobei gitterförmige Bewehrungen eine gute Verdichtung und Verzahnung zwischen Bewehrung und Mineralstoffgemisch ermöglichen.

3   Ausführungsbeispiele

Nachfolgend werden einige Objekte in Kurzform beschrieben, die in jüngerer Zeit ausgeführt worden sind und einen Einblick in den Stand der derzeitigen Anwendungstechnik für erdbewehrte Konstruktionen mit Geo-Kunststoffen in Deutschland geben. Ein Anspruch auf Vollständigkeit für mögliche Anwendungen kann damit selbstverständlich nicht beabsichtigt sein, wobei in dieser Hinsicht auch auf die früher in den neuen deutschen Bundesländern ausgeführten Objekte hingewiesen wird,[6] die allerdings auf den gleichen Berechnungsansätzen, wie in Abschnitt 2 zusammengefaßt, beruhen.

Die Beispiele (1) sowie (4) und (5) stammen aus der Tätigkeit des Prüfamtes für Grundbau der Technischen Universität München, die anderen beiden wurden dankenswerterweise von der FMPA Stuttgart zur Verfügung gestellt.

In allen Fällen wurden in-situ-Messungen vorgenommen, um begleitend die Bauphase und das Langzeitverhalten zu überwachen und die Erprobung der Bauverfahren nicht nur durch visuelle Beobachtung, sondern auch durch meßtechnische Daten zu sichern.

(1)   Lärmschutzerdwall bei Ismaning
Im Norden von München führt die S-Bahn zum neuen Flughafen durch Wohngebiete, so daß ein Lärmschutzwall erstellt werden mußte. Die Bundesbahndirektion entschied den Bau eines 4,5 m hohen Steilwalls, der begrünt werden sollte (Bild 6).

Für die Bewehrung des Erdkörpers wurden Tensar-Geogitter SR 55 aus HDPE und als Außenverkleidung Geogitter nach dem Schweizer Textomur-Bausystem verwendet. Für beide Seiten des Steilwalls war eine Böschungsneigung von 67° vorgegeben, die sich aus der Breite des verfügbaren Geländestreifens und der schalltechnisch notwendigen Höhe des Walls ergab.

(2)   Stütz- und Lärmschutzerdkörper in Stuttgart
1990 erweiterte die Stadt Stuttgart das Streckennetz der Stadtbahn um die sogenannte „Messelinie". Die planenden und bauausführenden Instanzen entschieden sich für eine naturnahe Gestaltung der seitlichen Begrenzungswände im Einschnittsbereich. Eine 5 m hohe Wand aus Naturblocksteinen diente als Stützbauwerk für einen etwa 3 m hohen, natürlich bepflanzten Lärmschutzwall. Der minderwertige Aushubboden

---

5 KENNEPOHL, G.: Initial Design Guide for Tensar Reinforced Pavement Structures (Tensar Corp. Georgia, USA), First Edition, November 1984.

wurde zusammen mit den in Lagen angeordneten einaxialen Tensar-Geogittern für die Erstellung des Walles verwendet, so daß auf den Einbau von hochwertigem Bodenmaterial verzichtet werden konnte. Die Geogitter waren vorgespannt, und die kraftschlüssige Verbindung der einzelnen Lagen durch Steckstabverbindungen voll-

Bild 6   Lärmschutzerdwall bei Ismaning nach Textomur-Bausystem unter Verwendung von Geogittern (Bauzustand: etwa halbe Bauhöhe)

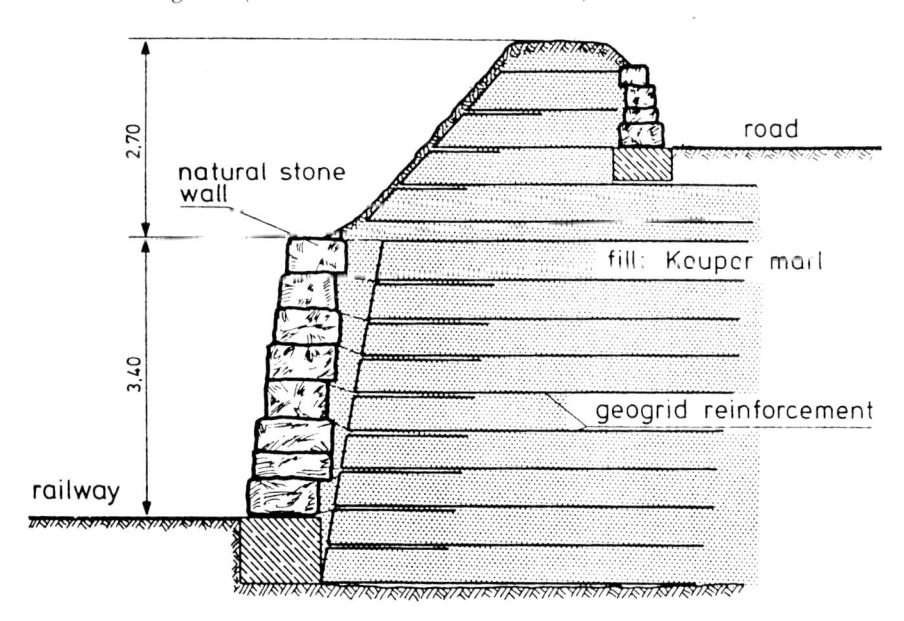

Bild 7   Erdkörper mit Geogitter-Bewehrung (Messelinie Stuttgart)

zogen, so daß die Außenhaut und die Gitter insgesamt eine kraftschlüssige Einheit bildeten.

(3)   **Erdstützkörper am Widerlager einer Eisenbahnbrücke in Karlsruhe**
Während der Arbeiten zur Erweiterung des Eisenbahnnetzes war es nötig, einen steilen Stützkörper als Verbindung zwischen einer Brücke und dem Bahndamm für die Dauer von zwei Jahren zu errichten. Der Zugverkehr mußte während der Herstellung des Stützkörpers aufrechterhalten bleiben (Bilder 8 und 9).

Die 4,7 m hohe, sehr steile Stützwand mit einer Neigung von 84° wurde nach der sogenannten „Umschlag-Methode" gebaut. Die umgeschlagenen Geogitter wurden um 1,5 m zurückverankert. Die Länge der Bewehrungslagen betrug 4 m. Hinter den umgeschlagenen Geogittern wurde als Erosionsschutz ein Geotextil eingelegt. Während des Aufbaus wurde eine Gleitschalung verwendet, um Schäden bei der Verdichtung des bewehrten Erdkörpers zu vermeiden.

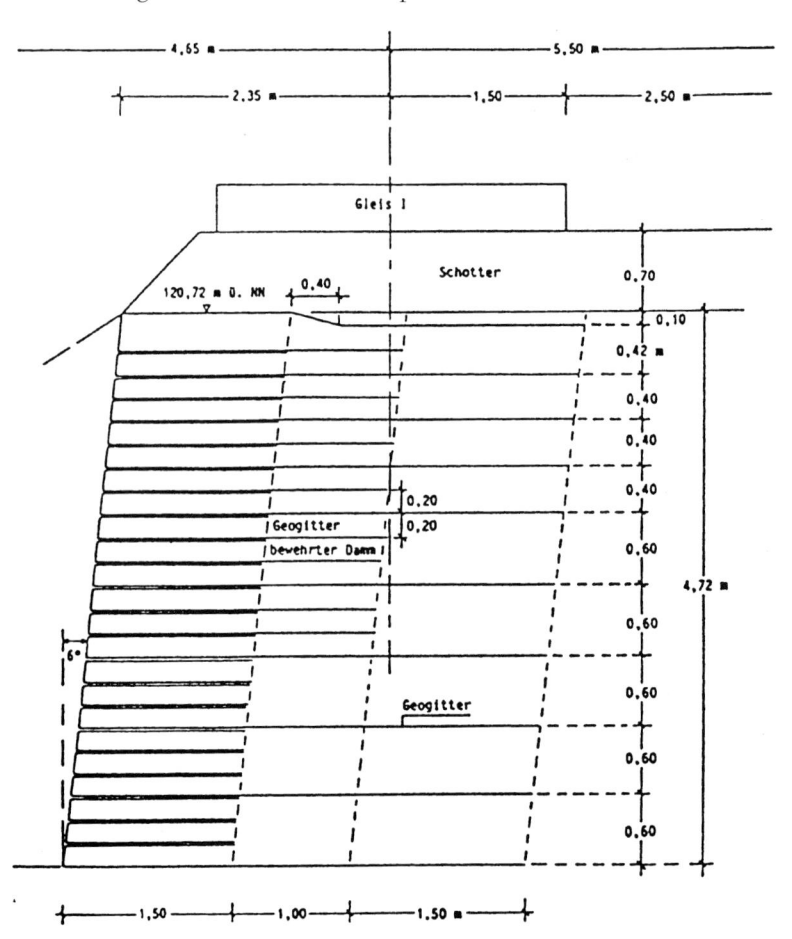

Bild 8   Erdstützkörper mit Geogitter-Bewehrung am Widerlager einer Eisenbahnbrücke (DB Karlsruhe)

Ausführungsbeispiele

Bild 9   Erdstützkörper gemäß Bild 8 nach Fertigstellung

(4)   **Untergrundstabilisierung der Deponie Hausham durch eine zellenförmige Fundationstragschicht**

Die Erweiterung der Deponie umfaßte ein etwa 50 000 m² großes Gelände mit einer Lagune, deren Untergrund sich aus Rückständen zusammensetzt, die im oberen Teil breiig sind und im unteren Teil weiche Konsistenz aufweisen.

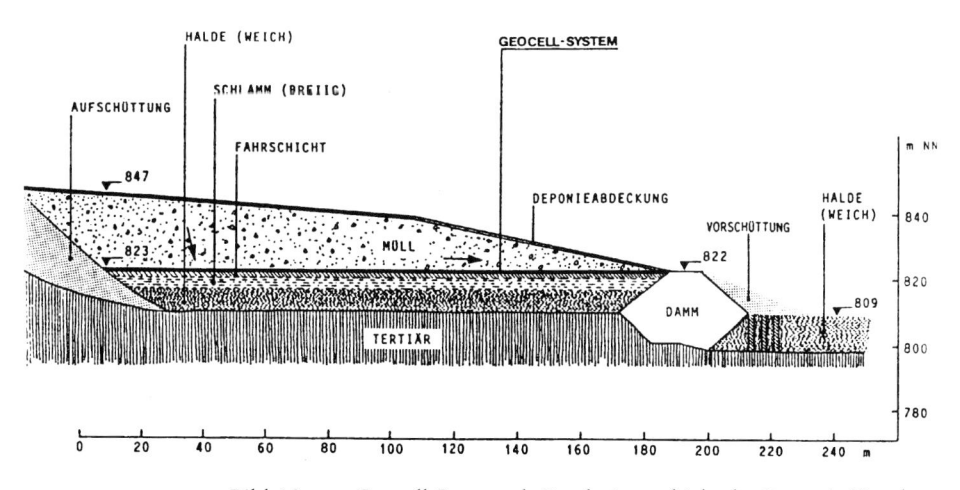

Bild 10   Geocell-System als Fundationsschicht der Deponie Hausham

287

Bild 11   Teilansicht der Montage und Beschüttung der Geocell-Tragschicht

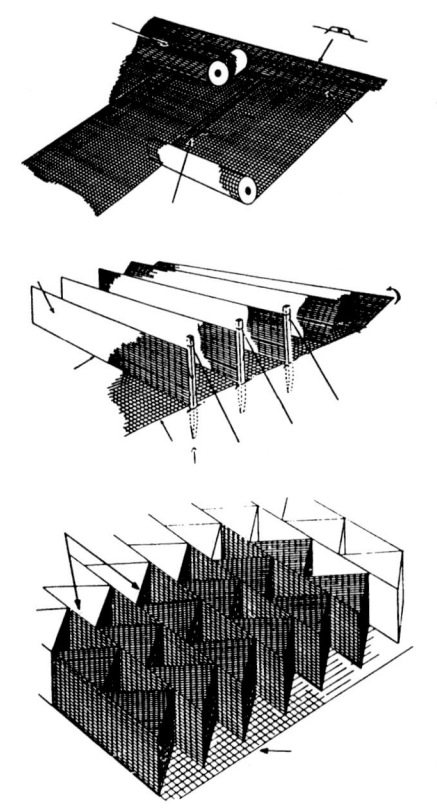

Bild 12   Aufbauschema des Geocell-Systems

Diese Ablagerung aus feinen Halden- und Schlackenmaterialien war nicht geeignet, die Belastung durch die 20 m hoch aufgeschüttete Deponieauflast zu tragen. Außerdem hätte das Ausquetschen bzw. der Grundbruch dieser Ablagerung zu einer Gefährdung des bestehenden Rückhaltedammes geführt.

Nach sorgfältiger Überlegung wurde beschlossen, das Tragfähigkeitsproblem durch Einbau einer zellenförmigen Fundationstragschicht (Geocell-System) nach vorheriger Untergrund-Tiefenverdichtung zu lösen. Das Geocell-System ist aus wabenartigen Raumzellen aufgebaut, die durch hoch zugfeste Geogitter-Elemente gebildet werden und im fertigen Zustand mit einem lastverteilenden Steingemisch aufgefüllt sind. Die etwa 1 m hohe dreidimensionale bewehrte Fundationstragschicht wirkt wie eine steif-elastische Matratze, die das Auspressen des weichen Untergrundes und das Gleiten des Deponiekörpers verhindert (Bilder 10 bis 12).

(5) Gründung der Sportfelder in Prien auf Tragschichten
    mit vorgespannten Geogittern

Die Marktgemeinde Prien errichtete große Freizeit- und Sportanlagen auf einem direkt am Chiemsee gelegenen Gelände. Aufgrund des hohen Grundwasserstandes und des tiefgründig wenig tragfähigen Untergrundes war ein Bodenaustausch nicht zu realisieren.

Um die Lastverteilung aus den Erdauflasten im Untergrund zu verbessern und die zu erwartenden Setzungen zu vergleichmäßigen, wurde auf Vorschlag der Technischen Universität München eine Kiestragschicht mit einer zweilagigen Bewehrung aus formstabilen und kraftschlüssig vorgespannten Geogittern ausgeführt (Bilder 13 und 14).

Insgesamt erhielt der Unterbau der Sportfelder folgenden Aufbau:
– Die Oberbodenschicht, die wegen der Verwurzelung ihrer Grasnarbe eine relativ günstige Scherfestigkeit aufwies, wurde nicht entfernt, sondern als unmittelbare Unterlage nach der Grasmahd genutzt. Hierdurch konnten erdbautechnische Eingriffe in das Boden- und Grundwasserregime vermieden und Kosteneinsparungen erzielt werden.
– Auslegen eines geotextilen Trennvlieses (Klasse 3) und darauf Einbau einer 10 bis 15 cm dicken wasserundurchlässigen Sperrschicht aus Kiessand mit etwa 20% Schlämmkorn als Dichtungsschicht zum Untergrund sowie als Bettungsschicht für die Geogitter-Tragschicht.
– Auslegen der unteren Bewehrungslage und Vorspannung; in diesem Zustand Überschüttung und Verdichten der etwa 50 cm dicken Kiesschicht.
– Auslegen der oberen Bewehrungslage und Vorspannung sowie kraftschlüssiger Verbund durch Kabelbinder mit der seitlich umgeschlagenen unteren Bewehrungslage.
– Überschüttung mit Kies und Einbau als 25 cm dicke Kiestrag- und Frostschutzschicht, zugleich als Bettungsschicht für den Oberbau der Sportfelder.

Vorspannung und Verbund der beiden Bewehrungslagen erfolgte zu dem Zweck, ein möglichst steif und matratzenartig wirkendes Tragpolster mit sofortiger und gleichmäßiger Kraftaufnahme zu schaffen. Die Vorspannung wurde aufgrund von Vor-

Bild 13   Sportfeld Prien: Luftbildaufnahme während des Vorspannens der unteren Bewehrungslage über die gesamte Feldbreite mittels zwei Maschineneinheiten

Bild 14   Detailausschnitt zu Bild 13 – Gerät mit Vorspannbalken beim Vorspannen der Bewehrung und unmittelbar nachfolgender Überschüttung

versuchen je nach Außentemperatur und Schwarztafeltemperatur der Geogitter mit 1 bis 5% gewählt.

Zur Aufnahme des Oberflächenwassers enthielt die Kiestragschicht zusätzlich eingebaute Rigolen mit Anschluß an die Vorflut.

Zur Dokumentation des Verhaltens der Gründung wurde ein Meßprogramm durchgeführt. Dieses Meßprogramm umfaßt neben der Bauüberwachung eine kontinuierliche Setzungsüberwachung durch eingebaute Setzungsmeßpegel sowie horizontale Inklinometerrohre. Die Auswertung der Meßergebnisse wird zur Zeit kontinuierlich durchgeführt.

Allgemeine Anmerkungen zum Entwurf der Ausführungsbeispiele (1) bis (5)

Im Falle der **Beispiele (1) bis (3)** müssen die erdstatischen Berechnungen prinzipiell die Prüfung der äußeren und inneren Standsicherheit gemäß Abschnitt 2.1 umfassen. Für den Entwurf dieser steilen Stützkonstruktionen ist es notwendig, die Entwurfswerte und Berechnungsverfahren durch eine amtlich zugelassene Institution authorisieren zu lassen. Weiterhin müssen die Bewehrungselemente den amtlichen Zulassungsbedingungen entsprechen.

Im Falle des **Beispiels (4)** müssen die erdstatischen Berechnungsgrundlagen und die Qualitätskriterien für die Bewehrungselemente in gleicher Weise wie bei den Beispielen (1) bis (3) authorisiert sein. Die Bewehrungselemente erfordern chemisch widerstandsfähiges Kunststoffmaterial gegen die Sickerwässer der Deponie. In der erdstatischen Berechnung wird das Geocell-System wie eine steife Tragplatte modelliert. Die Verformungs- und Bruchbedingungen werden nach plastizitätstheoretischen Kriterien unter der Annahme festgelegt, daß die weiche Bodenmasse beidseits durch steife Schichten (oben die Tragschicht und unten der durch Tiefenverdichtung verbesserte Untergrund) eingeschlossen und zusammengepreßt wird. Die Berechnung schließt den Nachweis der Sicherheiten gegen Grund- und Böschungsbruch, Auspressen des weichen Bodens und Gleiten des Deponiekörpers ein.

Das **Beispiel (5)** setzt gleichermaßen die oben genannten Anforderungen voraus. Die erdstatischen Berechnungsgrundlagen beruhen auf dem in Abschnitt 2.4 beschriebenen Modell.

4 Schlußbemerkung

Der Beitrag entspricht einem Seminarvortrag, den der Autor anläßlich der **Französisch-Deutschen Kooperation in der Straßenforschung** am 5. 10. 1992 in der Bundesanstalt für Straßenwesen, Köln, gehalten hat. Die Ausarbeitung hat Herr Dipl.-Ing. J. Fillibeck, Mitarbeiter am Prüfamt für Grundbau, Bodenmechanik und Felsmechanik der Technischen Universität München, dankenswerterweise unterstützt.

RUDOLF FLOSS

Ufer- und Böschungsschutz mit Geotextilien an Wasserstraßen
– Deutscher Stand der Technik –

1 Vorbemerkungen

In Deutschland liegen seit vielen Jahren Erfahrungen über die Anwendung von Geotextilien im Wasserbau und Küstenschutz vor, die einheitliche Richtlinien hinsichtlich der Materialanforderungen und Prüfung der Geotextilien sowie des technischen Ausführungsentwurfs und der Anforderungen für die Baumethoden zulassen. In dem 1992 veröffentlichten DVWK-Merkblatt Nr. 221 „Anwendung von Geotextilien im Wasserbau"[1] haben diese Erfahrungen ihren vorläufigen Niederschlag gefunden. Der nachfolgende Beitrag, der diese Erfahrungen zusammenfaßt und mit Ausführungsbeispielen belegt, ist bereits 1988 in einem bisher nicht veröffentlichten Vortrag des Autors in Tokio auf Einladung der japanischen Gruppe der International Geotextile Society vorgestellt worden.

Geotextilien werden in Form von Geweben, Vliesstoffen und Verbundstoffen zur Stabilisierung von Uferböschungen und Sohlbereichen eingesetzt. Der Vorteil dieser synthetischen Materialien liegt in ihrer kontrollierten Vorfertigung, mit der sehr gleichmäßige Liefereigenschaften gewährleistet werden können. Unter Berücksichtigung bestimmter Einbauvorschriften und Produktanforderungen sind sie auch für den Unterwassereinbau geeignet, wobei nur verrottungsbeständige Materialien wie Polyacryl, Polyamid, Polyester, Polyäthylen und Polypropylen in Betracht kommen.

2 Dimensionierung geotextiler Filter

Die Dimensionierung erfordert die Berücksichtigung der mechanischen und hydraulischen Filterwirksamkeit, der Zugfestigkeit, der Einbauanforderungen und der Haltbarkeit der Produkte.

Nach den in Deutschland zur Zeit vorliegenden Erfahrungen beim Bau von Wasserstraßen (Klasse IV) haben sich für Böden mit Feinkornanteilen unter 0,063 mm und Böschungsneigungen von etwa m > 3 Vliesstoffe und Verbundstoffe mit abgestuften Porengrößen, Dicken von $d \geq 6$ mm, Flächengewichten von $g \geq 500$ g/m² und Zugfestigkeiten von $\sigma > 1200$ N/10 cm längs und quer (DIN 53 857) bewährt. Leichtere und dünnere Geotextilien können nur dann in Betracht kommen, wenn besonders günstige Randbedingungen bezüglich Wellenbeanspruchung, Böschungsneigung, Eigenschaften des Untergrundes und Einbauanforderungen vorliegen.

---

[1] DVWK-Merkblätter Nr. 221/1992: Anwendung von Geotextilien im Wasserbau, Verlag Paul Parey.

Tabelle 1   Bemessung geotextiler Filter nach DVWK-Merkblatt[1]

Körnungs-bereich	Geltungsbereich im Kornverteilungsdiagramm	Kriterien für einen Boden mit hoher Einzelkornmobilität	Bemessung Mechanische Filterfestigkeit	Bemessung Hydraulische Filterwirksamkeit

A
$d_{40} \leq 0{,}06$ mm
	(Körnungsdiagramm A)	1. Kornfraktion < 0,06 mm
		   $U = d_{60}/d_{10} < 15$
		2. 0,02 mm < d < 0,1 mm > 50 %
		3. $I_P < 0{,}15 = 15\ \%$
		   oder ersatzweise
		   Tonanteil/Schluffanteil < 0,5
			a) hydrostatische Belastung
			   $O_{90,w} < 10 \cdot d_{50}$
			   - für Böden mit hoher Einzelkornmobilität zusätzlich
			   $O_{90,w} < d_{90}$
			   - für Böden mit langfristig stabiler Kohäsion zulässig
			   $O_{90,w} < 2 \cdot d_{90}$
			b) hydrodynamische Belastung
			   $O_{90,w} < d_{90}$ und
			   $O_{90,w} < 0{,}3$ mm
				$\eta \cdot k_v \geq k$

B
$d_{15} \geq 0{,}06$ mm
	(Körnungsdiagramm B)	1. Kornfraktion < 0,06 mm und
		   $U = d_{60}/d_{10} < 15$
		2. 0,02 mm < d < 0,1 mm > 50 %
			a) hydrostatische Belastung
			   $O_{90,w} < 5 \cdot d_{10} \sqrt{U}$ und
			   $O_{90,w} < 2 \cdot d_{90}$
			   - für Böden mit hoher Einzelkornmobilität zusätzlich
			   $O_{90,w} < d_{90}$
			b) hydrodynamische Belastung
			   $O_{90,w} < 1{,}5 \cdot d_{10} \sqrt{U}$ und
			   $O_{90,w} < d_{50}$	

C
$d_{15} \leq 0{,}06$ mm
und
$d_{40} > 0{,}06$ mm
	(Körnungsdiagramm C)	1. Kornfraktion < 0,06 mm und
		   $U = d_{60}/d_{10} < 15$
		2. 0,02 mm < d < 0,1 mm > 50 %
		3. $I_P < 0{,}15 = 15\ \%$
		   oder ersatzweise
		   Tonanteil/Schluffanteil < 0,5
			Bemessung wie bei Boden des Körnungsbereiches B , jedoch zusätzliche Untersuchungen zur Suffosionsbeständigkeit des Bodens.
			Bei Suffosionsgefahr:
			siehe DVWK (1989)	

Filterwirksamkeit

Die Regeln für die mechanische und hydraulische Filterwirksamkeit stützen sich besonders auf die in HEERTEN/WITTMANN[3] und HEERTEN[5] enthaltenen Untersuchungen, wobei die aktuell empfohlenen Kriterien inzwischen im DVWK-Merkblatt modifiziert sind und aus Tabelle 1 hervorgehen.

Die hydraulische Filterwirksamkeit wird aufgrund der bisherigen Erfahrungen in der Regel dann gegeben sein, wenn der Durchlässigkeitsbeiwert k_v des Geotextiles um den Betrag

$$\eta \cdot k_v \geq k$$

größer als der des anstehenden Bodens k ist, wobei dem k_v-Wert eine vergleichbare Prüfauflastspannung von 2 kPa zugrunde liegt und η einem in DVWK-Merkblatt[1] festgelegten Abminderungsfaktor entspricht, mit dem die Dicke des Geotextiles in Zusammenhang mit bestimmten Bodengruppen berücksichtigt wird. Für Geotextilien mit der weiter unten empfohlenen Dicke wird die hydraulische Filterwirksamkeit in der Regel bei $k_v \geq 50 \cdot k$ als gegeben angesehen.

Wenn die in Tabelle 1 für die Filterwirksamkeit angegebenen Kriterien Geotextil-Öffnungsweiten erfordern, die von den Produkten nicht erreicht werden, sollte die Filterwirksamkeit des Verbundsystems Geotextil/Boden durch spezielle hydraulische Versuche unter Berücksichtigung der Bedingungen des Einzelfalls untersucht werden.

Für Regeldeckwerke mit Böschungsneigungen von m ≥ 3 und für bestimmte hydraulische Belastungen gemäß MAG hat die Bundesanstalt für Wasserbau Prüfanforderungen für geotextile Filter aufgestellt (siehe hierzu Tabelle 2 sowie Bild 1 und 2 aus TGL 1987 des Bundesministers für Verkehr).

Filtrationslänge/Filterdicke

Die jüngeren Untersuchungen haben ergeben, daß die Filterlänge bzw. die Filterdicke für die Wirksamkeit von Kornfiltern von entscheidender Bedeutung ist. Nach WITTMANN[4] sind sichere Filterbedingungen mit den von CISTIN/ZIEMS aufgestellten Kriterien nur in Verbindung mit einer Filterdicke von

$$d \geq 5 \ d_{50}$$

gegeben. Aus praktischen Gründen des Einbaus und der Verdichtung sind im Erdbau jedoch Schichten mit einer Dicke von mindestens 15 bis 20 cm erforderlich. Unter Berücksichtigung der Analogien zwischen Kornfiltern und Vliesstoff-Filtern bzw. dicken mehrschichtigen Verbundstoffen können Dicken erreicht werden, die nach dem oben genannten Kriterium in den Grenzen der erforderlichen Kornfilter liegen:

---

3 HEERTEN, G.; WITTMANN, L. Filtration properties of geotextile and mineral filters related to river and canal bank protection. Geotextiles and Geomembranes, vol. 2, No. 1, 1985, p. 47.
4 WITTMANN, L.: Filtrations- und Transportphänomene in porösen Medien, Veröffentlichungen, Institut für Bodenmechanik und Felsmechanik der Universität Fridericiana, Karlsruhe, Heft 86, 1980.
5 HEERTEN, G.: Analogies grain Filters/geotextile filters – application examples in hydraulic engineering. Proc. The Post Vienna Conference on Geotextiles, Singapore, 1987, p. 224.

Tabelle 2   Anforderungen an geotextile Filter nach den Prüfungsrichtlinien der BAW gültig für Regeldeckwerke (Anlage 1) mit einer Böschungsneigung m ≥ 3 und hydraulische Belastungen nach Anlage 3 MAG

D 1 = Schüttsteine lose
D 2 = Schüttsteine + Verklammerung
D 3 = Schüttsteine + Vollverguß[1]
D 4 = Beläge[1]

	zurückzuhaltender Bodentyp des Untergrundes		Bodentyp 1				Bodentyp 2				Bodentyp 3				Bodentyp 4 Dichtungsstoff			
	Deckschichtart		D1	D2	D3	D4	D1	D2	D3	D4	D1	D2	D3	D4	D1	D2	D3	D4
1	Mindestdicke der Filterschicht(en)	mm	4.5				4.5				4.5				6.0	6.0	4.5	6.0
2	Zusatzschicht[2] Dicke	mm	-				$D_w \leq 2$ mm : 5.0 – 15 $D_w \geq 8$ mm : 15 – 25				$D_w \leq 2$ mm : 5.0 – 15 $D_w \geq 8$ mm : 15 – 25				$D_w \leq 2$ mm : 5.0 – 15 $D_w \geq 8$ mm : 15 – 25			
3	wirksame Öffnungsweite D_w	mm	-				0.5 – 2.0 oder 8.0 – 20				0.5 – 2.0 oder 8.0 – 20				0.3 – 1.5 oder 8.0 – 20			
4	Mindestzugfestigkeit/Restzugfestigkeit nach DIN 53857 längs und quer	N/10 cm	1200/900				1200/900				1200/900				1200/900			
5	mechanische Filterwirksamkeit zulässiger Gesamtbodendurchgang	g	25				25				25				300			
6	zul. Bodendurchgang in der letzten Prüfphase	g	2.5				2.5				2.5				30			
7	hydraulische Filterwirksamkeit (k – Wert des bodenbesetzten Filters)	m/s	$> 8 \cdot 10^{-4}$				$> 6 \cdot 10^{-4}$				$> 1.2 \cdot 10^{-4}$				$> 1 \cdot 10^{-7}$			
8	Durchschlagfestigkeit Schüttsteine Kl. II	Nm	> 600			-	> 600			-	> 600			-	> 600			-
9	Durchschlagfestigkeit Schüttsteine Kl. III	Nm	> 1200		—		> 1200		—		> 1200		—		> 1200		—	
10	Abriebfestigkeit	-	ja			ja[3]	ja			ja[3]	ja			ja[3]	ja			ja[3]
11	Temperaturbeständig bis 170°C	-	-			[4]	-			[4]	-			[4]	-			[4]

[1] Unter dichten Deckschichten (D 3, D 4) gilt für:
 Mindestdicke der Filterschicht: keine
 Zusatzschicht: keine
 hydraulische Filterwirksamkeit: k < 1 · 10⁻⁴ m/s
 mechanische Filterwirksamkeit: Werte für Bodentyp 4
 übrige Anforderungen: wie Tabelle

[2] Anwendungskriterien siehe Ziff. 4.2.4.1 MAG
[3] Gilt nur für durchlässige Verbundsteindeckschichten
[4] Nur bei Heißeinbau von bituminösem Mischgut

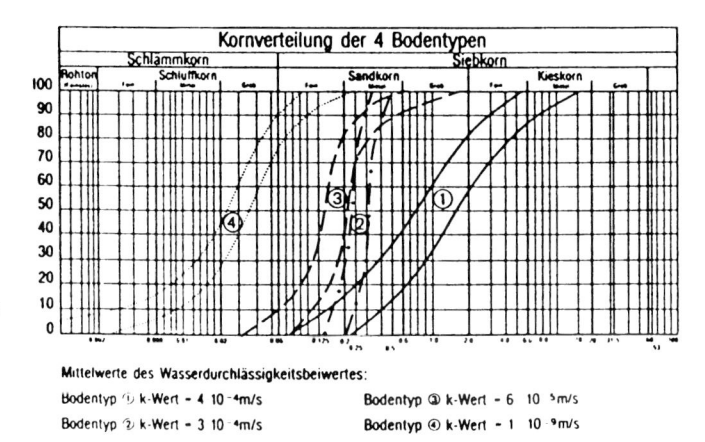

Bild 1
Kornverteilungsbereiche der 4 Bodentypen für die Prüfanforderungen der BAW gemäß Tabelle 2

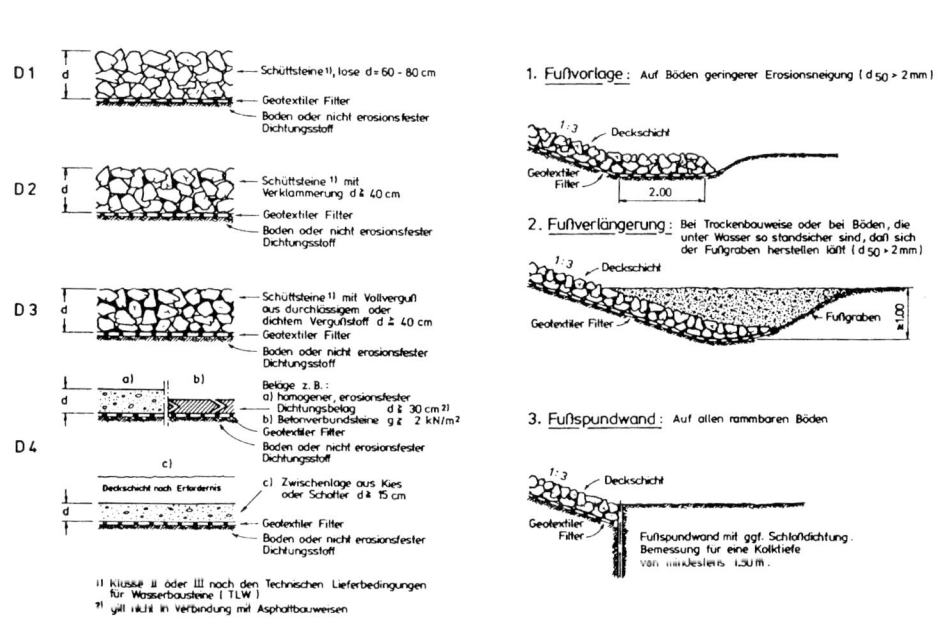

Mittelwerte des Wasserdurchlässigkeitsbeiwertes:
Bodentyp ① k-Wert = 4 · 10⁻⁴ m/s   Bodentyp ③ k-Wert = 6 · 10⁻⁵ m/s
Bodentyp ② k-Wert = 3 · 10⁻⁴ m/s   Bodentyp ④ k-Wert = 1 · 10⁻⁹ m/s

Bild 2   Regelbauweisen für Deckwerke mit geotextilem Filter sowie für deren Fußausbildung

Wird die wirksame Öffnungsweite O_{90} als Maß für die Dicke der geotextilen Filterschicht betrachtet, liegen die Dicken bei Vliesstoffen und Verbundstoffen zwischen

$$d \geq (25 \text{ bis } 50) \cdot O_{90}$$

Filter mit Zusatzschichten

Zusätzlich zu der oben genannten Filterdimensionierung und den Anforderungen an die Geotextileigenschaften hinsichtlich Stempeldurchdrückkraft, Abriebfestigkeit, Zugfestigkeit und Dehnungsvermögen muß das Deckwerk für den Böschungsschutz

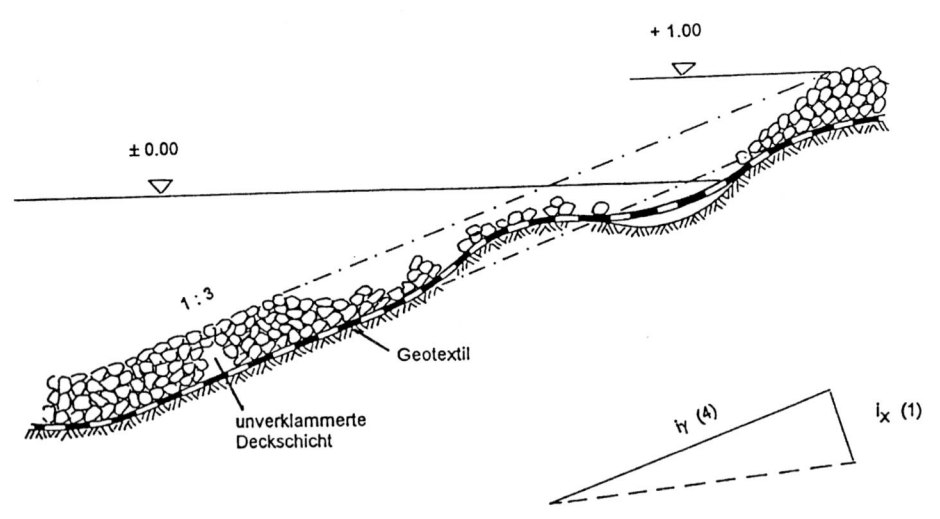

Bild 3   Wanderung von Bodenpartikeln unterhalb des Geotextils und wirksame hydraulische Gradienten nach den Messungen am Hartelkanal[2]

so dimensioniert sein, daß eine Wanderung von Bodenpartikeln in Böschungsfallrichtung unter dem Geotextil vermieden wird. Bild 3 zeigt einen typischen Schadensfall an einem Deckwerk durch Bodenbewegungen unter dem Geotextil.

Feldmessungen am Hartelkanal in den Niederlanden[2] haben ergeben, daß der hydraulische Gradient i_y parallel zur Böschung 3- bis 4mal so groß sein kann wie der Gradient i_x vertikal zur Böschung. Ferner stellte sich heraus, daß eine mineralische Filterschicht zwischen Deckschicht und Geotextil die Gradienten unter dem Geotextil bedeutend verringern kann, verbunden mit einer entsprechenden Reduzierung des Grundwasserflusses in Richtung Deckwerkssohle.

Deshalb sind seit vielen Jahren in Deckwerkskonstruktionen an deutschen Wasserstraßen dicke Verbundstoffe aus Filter- und grober Rauhigkeitsschicht direkt unter der Deckschicht erfolgreich eingebaut worden. Zwei prinzipielle Lösungen haben sich bewährt, um die Wanderung von Bodenpartikeln in Böschungsfallrichtung zu verhindern:
– Reduzierung der wirksamen hydraulischen Gradienten durch Einbau einer mineralischen Filterschicht über dem Geotextil (Porengröße und Dicke je nach Deckschicht), so daß Auflockerungen durch die gleichmäßige Auflast vermieden werden.
– Stabilisierung der Bodengrenzschicht unter dem Geotextilfilter durch Einbau einer Rauhigkeitsschicht (grobfaserige Stabilisierungsschicht) mit den Anforderungen nach Tabelle 3.

Unter Berücksichtigung der Anforderungen nach Tabelle 3 empfehlen sich die in Bild 4 dargestellten Lösungen sowie Kriterien für stabile Grenzschichten auf Böschungen mit Neigungen von 2,5 < m < 5 unter Beachtung der oben genannten Filterdimensionierung.

---

2 BLAAUW, H.-G.; von der KNAAP; F.C.M., de GROOT, M. T.; PILARCYK, K. W.: Design of bank protection of inland navigation-fairways. Waterloopkundig Laboratorium Delft, Hydraulics Laboratory, Publ. No. 320, June 1984.

Tabelle 3: Anforderungen an Stabilisierungsschichten für die Körnungsbereiche A und B gemäß Tabelle 1 nach dem DVWK-Merkblatt[1]

	Körnungsbereich A	Körnungsbereich B
Wirksame Öffnungsweite $O_{90,w}$	$0{,}3 \text{ mm} \leq O_{90,w} \leq 1{,}5 \text{ mm}$	$0{,}5 \text{ mm} \leq O_{90,w} \leq 2{,}0 \text{ mm}$
Dicke d (bei 2 kPa, am Verbundstoff gemessen)	$5{,}0 \text{ mm} \leq d \leq 15 \text{ mm}$	$5{,}0 \text{ mm} \leq d \leq 20 \text{ mm}$

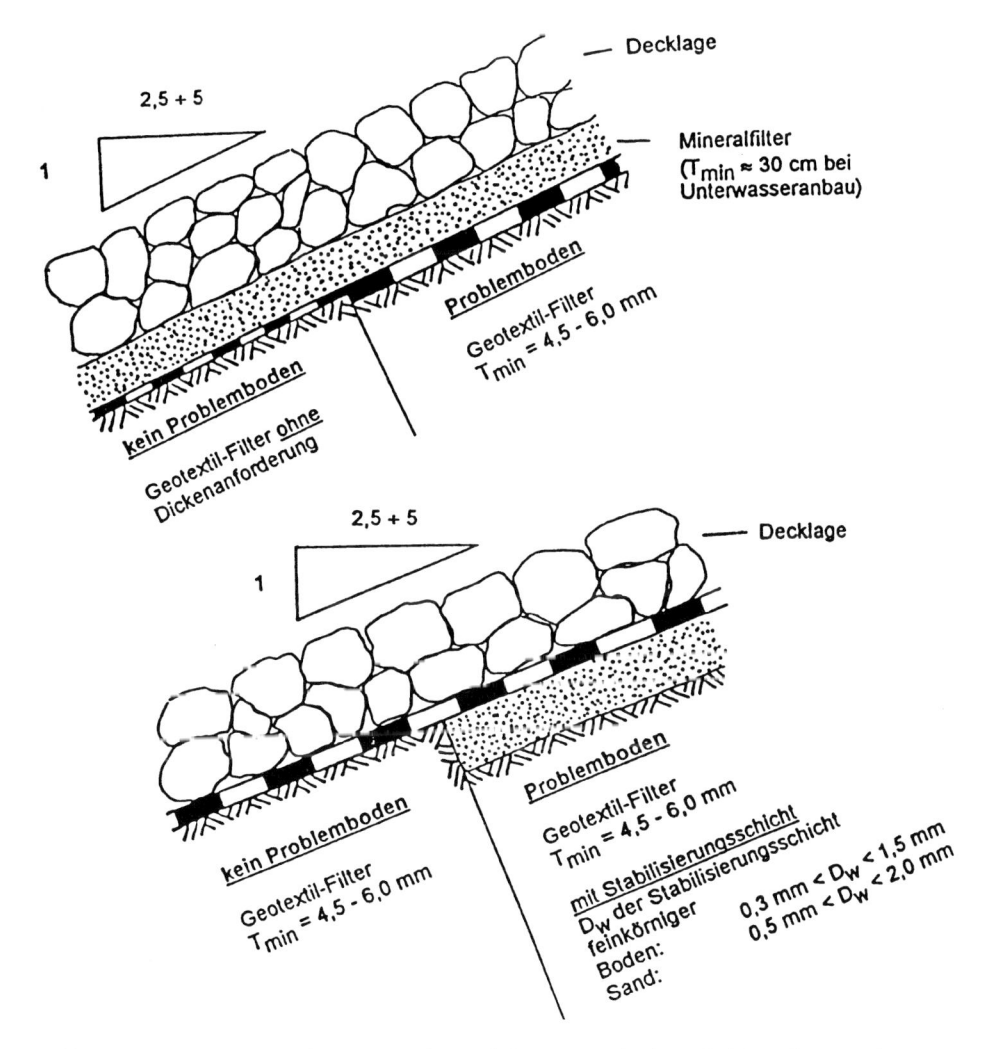

Bild 4 Lösungen und Kriterien für stabile Grenzschichten bei Böschungsneigungen $2{,}5 < m < 5$ [3]

3 Allgemeine Empfehlungen für den Einbau von geotextilen Filtern

Vor dem Einbau müssen die vertragsgemäß festgelegten geotextilen Filtermaterialien im Hinblick auf die entsprechenden Lieferbedingungen geprüft werden. Die gelieferten Geotextilien sind sorgfältig zu lagern und gegen UV-Einstrahlung, Witterung und andere schädigende Einflüsse zu schützen.

Um Fehler beim Verlegen zu vermeiden, müssen Ober- und Unterseite genau gekennzeichnet sein, wenn mehrschichtige Geotextilfilter (Verbundstoffe), abgestuft nach der Porengröße, zur Anwendung kommen. Das Material darf keine Falten aufweisen, um keine Bodenbewegungen zu aktivieren. Das Annageln am oberen Rand der Böschung ist nur gestattet, wenn das Geotextil während der weiteren Einbauarbeiten nicht zusätzlich gespannt wird.

Besonders beim Unterwassereinbau müssen die Geotextilien sofort nach dem Einbau gesichert werden, indem die Deckschicht oder die zwischenliegende Filterschicht aufgebracht wird. Geotextilien sollten bei Temperaturen unter +5 °C nicht eingebaut werden. Eine sorgfältige Verbindung der einzelnen Bahnen durch Vernähen oder Überlappen ist für die wirksame Bodenrückhaltung der geotextilen Filter sehr wichtig. Wenn vernäht wird, muß die Festigkeit der Naht der geforderten Mindestfestigkeit der Geotextilien entsprechen.

Im Trockeneinbau müssen die Überlappungen bei Böschungsneigungen von 1 : 3 oder flacher mindestens 0,5 m im Unterwassereinbau bzw. an steileren Böschungen mindestens 1,0 m betragen. Auf der Baustelle ausgeführte Nähte oder Überlappungen sind grundsätzlich in Böschungsfallrichtung zu verlegen.

Für den Unterwassereinbau während einer in Betrieb befindlichen Wasserstraße müssen außerdem die folgenden Punkte berücksichtigt werden, um die geotextile Filterschicht in Kontakt mit dem Untergrund, mit ausreichender Überlappung, ohne Falten und ohne Verzerrungen zu erhalten:

- Die Baustelle muß so gekennzeichnet sein, daß nur ein langsames Passieren aller Schiffe zulässig ist.
- Die Auflage auf dem Untergrundboden muß sorgfältig vorbereitet und frei von Steinen sowie anderen Inhomogenitäten sein.
- Die Position der Einbaumaschine muß ein genaues Verlegen und Überlappen der einzelnen Bahnen gewährleisten. Die Geotextilbahnen dürfen nicht aufschwimmen, so daß es nötig werden kann, das Geotextil zusätzlich anzudrücken.
- Die Sicherung der Geotextilbahnen muß zum Zeitpunkt des Aufschüttens von Steinen entfernt sein. Der Mechanismus der Schüttvorrichtung muß dabei in Einbaurichtung der Geotextilbahnen Schritt für Schritt dicht über dem Geotextil geöffnet werden, um die Beanspruchungen durch das Schütten so gering wie möglich zu halten.

4 Objektbeschreibungen über spezielle Anwendungen von Geotextilien

4.1 Sicherungen für den Küstenschutz[7]

Ein Großteil der norddeutschen Küste an der Nordsee ist durch Deiche geschützt. Der schmale Landstreifen vor den Deichen muß durch Buhnen gesichert werden, da die sandige Westküste der Inseln pro Jahr um etwa 1,0 bis 1,5 m zurückgeht. Um diesen Landverlust zu vermindern, begann man vor mehr als 100 Jahren mit dem Bau von Buhnen, zunächst aus Holzpfählen, Faschinen und Findlingen, später auch aus Betonpfeilern und mit Bruchsteinen gefüllten Buhnen bei flachen Böschungen.

Seit mehr als 30 Jahren werden Geotextilien im Küstenschutz an der deutschen Nordseeküste nach den in Bild 5 dargestellten prinzipiellen Lösungen verwendet.

Für die Sicherungen kommen folgende Bauelemente zur Anwendung:
a) Große geotextile Säcke, mit Strand- oder Dünensand gefüllt, zum Schutz des Kopfes kleiner Buhnen und zur Füllung des inneren Teils großer Buhnen (0,1 bis 1,1 m³, entspricht 180 bis 1800 kg/Sack).
b) Matratzen zur Stabilisierung der Basis von Sanddämmen und Wellenbrechern.

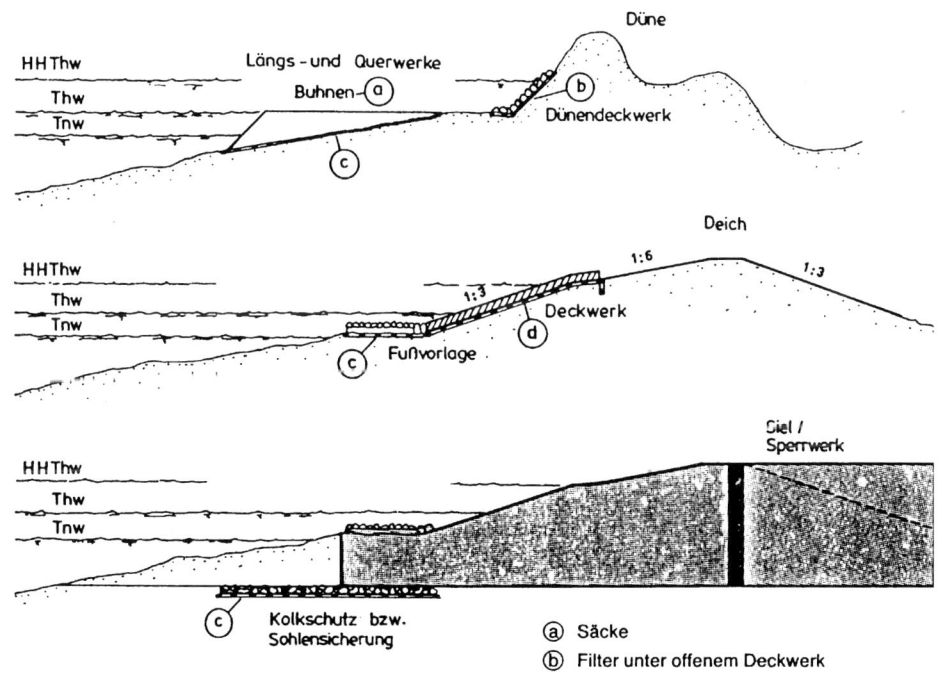

Bild 5   Sicherungsmaßnahmen mit Geokunststoffen im Küstenschutz[1]

---

7 F.-F. ZITSCHER: First use of geotextiles in coastal engineering at the North Sea Coast of Germany – 30 years ago.

Aufgrund dieser Erfahrungen empfehlen sich folgende Material- und Herstellanforderungen:
- Kunststoffmaterial: Polyamid 6 und 6,6
- Gewebte Textilien: 840 und 1000 dtex
- Herstellung der Säcke mit doppelter Naht

Die geotextilen Bauelemente sind gegen UV-Licht und Beschädigungen durch Treibholz und Kollisionen mit Schiffen zu schützen. Die Erfahrungen lehren, daß die innerhalb der Buhnenkörper eingebauten geotextilen Sandsäcke in einwandfreiem Zustand ohne Verluste bleiben.

4.2 Buhnenbau zur Ufersicherung an Flüssen[8]

Mit zunehmenden Schiffsgrößen mußten viele Flußmündungen, die zu wichtigen Häfen führen, vertieft werden. Neben Sicherung der großräumigen Baggerarbeiten wurden auch Flußbefestigungen erforderlich, wie z. B. Buhnen und Leitwerke, um die Strömungs- und Gezeiteneinwirkungen zu reduzieren sowie die Fahrrinnen zu stabilisieren. 1982 wurden die ersten Buhnen in einem großen Flußleitwerk in der Gezeitenzone der Weser an der deutschen Nordseeküste gebaut.

Bei den neueren Buhnenausführungen wurden Geotextilien bis zum Tideniedrigwasser wie folgt verwendet: Der Schüttsteinkern der Buhne wird auf einen schweren, vernadelten Vliesstoff (1100 g/m²) geschüttet. Mit einer Überlappung von etwa 500 mm auf beiden Seiten der Buhne wird eine spezielle Kolkschutzmatte eingebaut. Die oberen Steine des Buhnenkerns werden durch einen Verguß mit Betonmörtel stabilisiert, womit eine zusätzliche Sicherung erreicht wird (Bild 6).

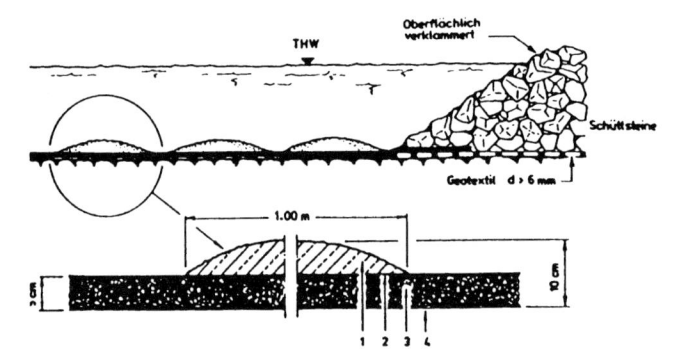

Bild 6
Buhnensicherung mit einer Kolkschutzmatte[6]
1. Auflastelement
2. Trägergewebe
3. Sedimentationsschicht
4. Geotextiler Filter

---

6 HEERTEN, G.; ZITSCHER, F.-F.: 25 Jahre Geotextilien im Küstenschutz, ein Erfahrungsbericht. 1. Nationales Symposium Geotextilien im Erd- und Grundbau, Forschungsgesellschaft für Straßen- und Verkehrswesen (Hrsg.), Köln 1984.
8 G. HEERTEN: Groins River Weser.

Die Kolkschutzmatte besteht aus vier Teilen:
1. Filterschicht aus Gewebe oder Vliesstoff je nach Dichtigkeit bzw. Durchlässigkeit des Bodens und je nach Auflast.
2. Sedimentationsschicht: etwa 5 cm dick, hergestellt aus vernadelten und chemisch verfestigten, gekräuselten Grobfasern. Diese Schicht verringert die Schleppkräfte in der Grenzschicht des Flußbettes, so daß Sedimentationen stattfinden können, die das Gewicht und die Stabilität der Geotextilstruktur erhöhen.
3. Bewehrungsgewebe: Das weitmaschige und hochzugfeste Gewebe verbindet und stabilisiert die Ballastelemente (Maschenweite etwa 20 mm).
4. Ballastelemente: etwa 0,5 m Durchmesser und 0,1 m in der Höhe mit einem Zwischenabstand von etwa 0,2 m. Sie stabilisieren die Kolkschutzmatte während der Sedimentationsphase.

Um die Möglichkeit der Stabilisierung eines beweglichen, sandigen Flußbettes durch geotextile Faserstrukturelemente zu prüfen, wurden besondere Untersuchungen durchgeführt. Ziel war es, die Schleppkräfte in der Grenzschicht zu vermindern und durch Sedimentation von Teilchen in der Faserstruktur das Flußbett zu stabilisieren. Hydraulische Modellversuche an der Bundesanstalt für Wasserbau zeigten den großen Einfluß der Faserstruktur bei diesem Sedimentationsvorgang. Bei folgenden Eigenschaften dieser Sedimentationsschicht wurde eine günstige Wirkung beobachtet: grobe gekräuselte Fasern aus Polypropylen (PP), Durchmesser 0,3 mm (650 dtex), mechanisch und chemisch verfestigt. Flächengewicht 1000 g/cm^2 (Faseranteil 600 g/cm^2). Dicke 50 mm.

4.3 Großflächige Matratzen zur Sohlsicherung von Deichen[9]

Diese Baumaßnahmen umfaßten den Bau und die Sanierung einer Reihe von Schutzdeichen in der Bucht von Nordstrand in der Nordsee (1982–1987). Sie sollten die Sicherheit verbessern und gleichzeitig die fortwährende Erosion der Schlammzone und die Verkolkung der Gezeitenkanäle verhindern. Während die äußeren Deiche den richtungsabhängigen Tideneffekt vermindern, begrenzen die Schutzdeiche die Gezeitenströmung.

Die Konstruktion für den südlichen Deichabschluß beinhaltete den Aufbau eines mehrschichtigen Felsschüttdeiches, der mit jeder weiteren Schüttphase den wirksamen Querschnitt des Abschlußbereiches verringerte, so daß durch zunehmende Turbulenz und Tidendurchflußmenge die Stabilität des Deiches durch Unterspülung an den ungeschützten Stellen gefährdet war.

Das gewählte Schutzsystem bestand aus natürlichen und künstlichen Komponenten, um eine flexible, bewehrend wirkende Trennschicht unterhalb des Deiches zu erreichen. Die Sohlsicherung umfaßte folgende Elemente: ein Polypropylengewebe mit aufgelegtem jungen Weidenrutengeflecht und aufgebundenen Faschinenrollen aus festen Weidenruten bis zu 12 cm Durchmesser in gitterförmig angeordneten parallelen Reihen, so daß zwischenliegend taschenförmige Flächen von etwa 1 m^2 verblei-

---

9 W. SAGGAU: Large-surface mattresses for protecting the closure of the sea dike near Hattstedter Marsch against erosion.

Bild 7   Sohlsicherung durch ein Sinkstück mit Polypropylengewebe und aufgebundenen Faschinen

ben. Diese Matratzenelemente wurden zweilagig mit einer Überlappung von je 2 m ausgeführt (Bild 7).

Die in vielerlei Hinsicht funktionsfähige Kombination von Gewebe und Faschine erwies sich als zweckmäßige Lösung für mehrere praktische Probleme beim Einbau. Das Schwimmverhalten dieser Sinkstücke (etwa 25 kg/m²) gewährleistete ein sicheres Plazieren auf der Wasseroberfläche vor dem Absenken. Ihre Steifigkeit erhöhte die Lagestabilität und verhinderte, daß sich die Matratze verzog oder über die Ecken bzw. Seiten abkippte. Die Elastizität der Weidenlagen sorgte für den Schutz des Gewebes gegen die nachfolgende Beschüttung mit Steinen, von denen die meisten zwischen 60 und 300 kg wogen.

4.4   Sandgefüllte Gewebeschläuche für den Küstenschutz[10]

An der deutschen Nordseeküste wurden seit 1967 sandgefüllte flexible Gewebeschläuche mit Durchmessern von 1,80 m und Längen von 50 bis 100 m für langfristige oder zeitweilige Schutz- und Landgewinnungsmaßnahmen nach der in Bild 7 dargestellten prinzipiellen Lösung angewendet.

Die Angaben in Tabelle 4 bezeichnen die Typen und Materialien dieser Gewebeschläuche: Die Typen 3 und 4, die durchlässiger als die anderen sind, besitzen zusätzlich eine Kunststoffdichtungsbahn aus PE als innere undurchlässige Haut.

---

10 H. F. ERCHINGER: Sand-filled flexible tubes for coast protection purposes.

Bild 8 Sandgefüllte Gewebeschläuche als Buhne im Küstenschutz[1]

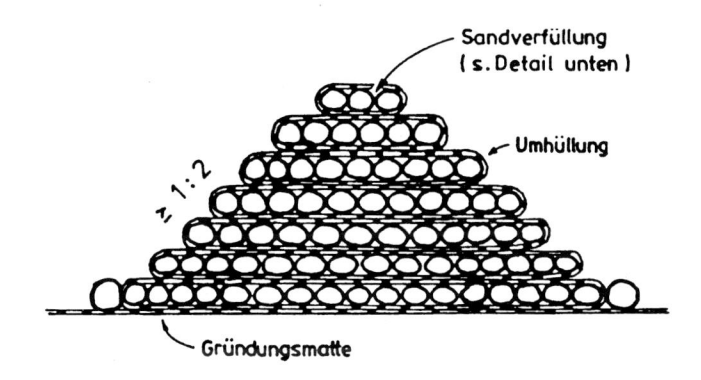

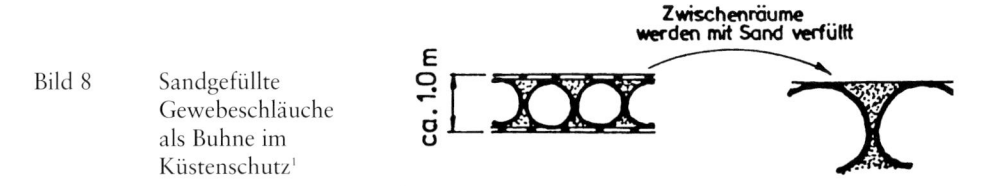

Tabelle 4: Materialtypen für Gewebeschläuche

Typ/Jahr	Rohstoff	Durchmesser (m)	Materialfestigkeit (N/5 cm)	Gewicht (kg/m²)
1/1967	PE	1,0	2400	470
2/1971	PE	1,8	3700	470
3/1971	80% PP, 20% PE	1,0	4500	500
4/1975	80% PE, 20% PP	1,0	3500	550
5/1986	PP/PE	1,7	4500	450

Zur Füllung der Schläuche haben sich zwei Methoden bewährt: Im Fall der hydraulischen Spülgewinnung wurde der Boden durch Rohre in den Schlauch gespült, wo er sich absetzte und das Wasser durch ein Rohr am anderen Ende des Schlauches wieder abfloß.

Bei der anderen Füllmethode, die besonders für rasche Notfälle geeignet ist, wurde der Sand über einen Trichter an der Unterseite in den Schlauch eingefüllt und durch diesen zugleich mit einer kleinen Pumpe Wasser gepumpt.

Die Schläuche kamen in folgenden Fällen zum Einsatz:
1. Beim Bau von Buhnen auf Flächen, die den Gezeiten ausgesetzt sind. Hierbei läßt sich neues Deichvorland gewinnen, da die Buhnen die Strömungen und Wellenaktivitäten abhalten und die Verschlämmung fördern.
2. Bei Rückhaltedeichen auf Flächen, die den Gezeiten ausgesetzt sind und an künstliche Strandgebiete angrenzen.

3. Zur seeseitigen Stabilisierung des Strandes und der Barrieredüne einer Insel, um die durch die Küstenströmung verursachte Erosion zu verhindern.
4. Zur Notfallschließung bei einem Deichbruch.

1979 wurden mehreren Schläuchen Proben entnommen mit folgendem Resultat: Bei den Geweben, die mit Boden bedeckt und somit gegen das Sonnenlicht geschützt waren, wurde für PE- und PP/PE-Proben ein Rückgang der Ausgangsfestigkeit von weniger als 10% festgestellt. Bei den Proben, die dem Sonnenlicht ausgesetzt waren, wurde für PE ein Rückgang der Ausgangsfestigkeit von 40% (12 Jahre) und 22% (11 Jahre) bzw. für PP/PE von 52% (8 Jahre) und 17% (4 Jahre) festgestellt. Diese Ergebnisse zeigen, daß die sandgefüllten Schläuche für Langzeitmaßnahmen nur dann eingesetzt werden können, wenn sie vor Sonnenlicht geschützt sind. Für eine nur befristete Nutzung werden sie an der See auch in ungeschütztem Zustand verwendbar sein.

4.5 Schüttstein-Deckwerke mit geotextilem Filter[11]

Während der letzten 20 Jahre fand eine schnelle Entwicklung bei der Planung und Konstruktion von Deckwerken zur Verbreiterung bestehender Kanäle unter Beibehaltung des Verkehrs statt. Der Mittellandkanal stellt ein besonders repräsentatives Beispiel hierfür dar. Er gehört nach den Empfehlungen der Konferenz der Europäischen Verkehrsminister zur Kategorie IV: Standardschiffe: 1350-t-Motorschiffe (Wasserstraßen Klasse IV); zulässige Geschwindigkeit 10 bis 12 km/h; Querschnittsverhältnis (Kanal/Schiff): n = 7; Böschung 1 : 2,5.

Die Ausbauarbeiten beinhalten neben anderen Lösungen den Einbau einer dauerhaft haltbaren Filterschicht, die mit einer Schutzschicht aus verklammerten Schüttsteinen bedeckt wird, um das Deckwerk gegen die Erosionswirkung von Schiffsverkehr und Wasser zu schützen. Geotextile Filter werden hierzu auf der Böschung, der Kanalsohle und der Luftseite von Kanaldämmen eingesetzt.

Als die Arbeiten 1964 begannen, waren für diese Bauweise noch keine geeigneten Geotextilien verfügbar. Die Dimensionierung und Filterkriterien hierfür wurden erst im Laufe der Jahre aufgrund der Erfahrungen vervollkommnet. Die Entwicklung verlief vom Gewebe mit einer Porenverteilung in der horizontalen Ebene über Vliesstoffe mit einer Porenverteilung sowohl in horizontaler als auch in vertikaler Ebene bis hin zu Verbundstoffen mit variierenden Porenöffnungen zwischen den einzelnen Schichten. Diese Verbundstoffe bestehen aus mehreren Lagen Vliesstoffen mit unterschiedlichen Faser- und Stoffdicken. Bei genauer Auswahl einer Verteilung der Porenöffnungen und Dicke der verschiedenen Schichten können diese Verbundstoffe die Filterwirksamkeit besonders bei feinkörnigen und geschichteten Böden verbessern. Für Deckwerke auf Kanalböschungen mit einer Neigung 1 : 3 wurden später diese geotextilen Filter mit einer zusätzlichen Stabilisierungsschicht verwendet (siehe Bild 9 und Abschnitt 4.2).

Die angeführten Deckwerke bestanden aus dem Verbundstoff als Filter und einer 40 cm dicken Deckschicht aus Schüttsteinen mit einer Kantenlänge von 15–25 cm. Beim Einbau des Filters ergaben sich besonders in der Kanalsohle Probleme. Sie

---

11 W. MÜHRING: Mittelland Canal.

Bild 9   Verbundvliesstoff als geotextiler Filter mit zusätzlicher Stabilisierungsschicht

Bild 10   Maschinelles Verlegen des geotextilen Filters in die Kanalsohle

resultierten aus Unterwasserströmungen, verursacht von vorbeifahrenden Schiffen, die das im Wasser hängende Geotextil in seiner Lage veränderten. Dieses Problem wurde dadurch gelöst, daß man den Filter während des Einbaues unter Spannung hielt, so daß die exakte Position gesichert blieb. Eine andere Lösungsmöglichkeit bestand darin, den Filter von einer Rolle in die Kanalsohle abzurollen (Bild 10).

1981 wurde an einem der durchlässigen Böschungsdeckwerke ein Zerstörungsversuch durchgeführt. Das Deckwerk wurde der Höchstgeschwindigkeit einer Schiffsschraube ausgesetzt, ohne daß im Bereich des Filters Beschädigungen festzustellen waren.

4.6 Betonstein-Deckwerke mit geotextilem Filter[12]

Seit 1973 wurden auch mit flexiblen Verbundsteindeckwerken Erfahrungen gesammelt, die in mehreren Abschnitten des Mittellandkanals eingebaut sind. Zur Zeit des Baues war in Deutschland diesbezüglich nur das Deckwerkssystem Terrafix verfügbar (Bild 11). Es besteht aus zwei Komponenten, die sich in ihrer Funktionsweise gegenseitig ergänzen: schwere, vernadelte Vliesstoffe (mehrschichtig, Dicke 15 mm, Gewicht 1500 g/m^2) als Filterschicht und Betonverbundsteine als Deckwerk. Die Vliesstoffe bestehen aus einer feinen und einer groben Filterschicht mit Mindestdicke

Bild 11   Maschinelles Verlegen eines vorgefertigten Betonstein-Deckwerkes mit geotextilem Filter

---

12 G. Heerten; W. Muhring: Concrete block revetment at the Mittelland Canal.

von 6,0 mm und einer groben Rauhigkeitsschicht zur Stabilisierung der Kontaktebene zwischen Geotextil und Boden mit Mindestdicke von 10 mm (Bild 9). Die trapezförmigen Betonverbundsteine haben ausgeformte konische Zapfen an der Vorderseite und passende Löcher an der Rückseite. Zapfen und Zapflöcher gewährleisten eine optimale Verzahnung in horizontaler und vertikaler Richtung und erlauben so Kipp- und Drehbewegungen der Blöcke. Die Flexibilität sorgt sowohl für eine gute Anpassung an das Einbauniveau als auch für den Ausgleich von unterschiedlichen Setzungen.

An hohen und steilen Böschungen, an deren Fuß die Gefahr der Auskolkung besteht oder die ungünstige Untergrundeigenschaften aufweisen, bildet das hängende Deckwerk eine stabile Lösung. Drähte, die die Betonverbundsteine durch spezielle Löcher miteinander verbinden, erlauben die Übertragung gewisser Längskräfte vom Fuß der Böschung bis zu ihrem oberen Rand.

Beim Grenzbereich Geotextil/Untergrund muß besonders darauf geachtet werden, daß keine Wanderung von Bodenteilchen in Böschungsfallrichtung unter dem Geotextil entsteht und die Abriebbeständigkeit des Geotextils gewährleistet ist, da dieses mit den scharfkantigen Betonsteinen in Berührung kommt.

4.7 Asphaltbetondichtung in einem Rückhaltebecken mit geotextiler Trennschicht[13]

Das Rückhaltebecken Geeste (Volumen 23 Millionen m^3 und Wasserfläche von 1,8 km^2) wurde von 1983 bis 1986 gebaut. Die Sohle und innere Böschung des Beckens wurde mit Asphaltbeton abgedichtet. Mit Rücksicht auf das Niedrigwasser der Ems (Abflußleistung unter 5 m^3/s) sollte das Becken auch den Wasserbedarf für den Kühlturm eines 1300-MW-Kernkraftwerkes gewährleisten.

Das Dichtungssystem des Beckens hatte folgenden Aufbau:
- Filtervliesstoff aus Polyester mit einer Dicke von mindestens 4,5 mm (Nadelvliesstoff 600 g/m^2, Zugfestigkeit 800 N).
- Splittschicht aus gebrochenem Kalkstein der Körnung 11/32 mm und einer durchschnittlichen Dicke von 20 cm.
- Bindeschicht von 7 cm Dicke aus Asphaltbeton, Körnung 0/16 mm.
- Abdichtung aus Asphaltfeinbeton, mindestens 7 cm Dicke der Körnung 0/11 mm.
- Mastixdeckschicht aus Bitumen und Füllstoff im Bereich der Dämme als Schutz der Abdichtung gegen UV-Einstrahlung.

Der Vliesstoff gewährleistete bei dieser Anwendung mit seiner mechanischen Filterwirksamkeit den Erosionsschutz an der Grenzfläche Splitt/Sand bei der hydrodynamischen Beanspruchung durch die Strömungskräfte.

---

13 H. SCHMIDT: 2 million m^2 of geotextiles under the asphaltic concrete of the Geeste Reservoir.

4.8 Referenzen zu den Objektbeschreibungen

Anmerkung: Die unter Fußnote 6, 7 und 9 bis 13 aufgeführten Beiträge sind bereits 1986 dem Technical Committee TC 9 der ISSMFE für das Geosynthetics Case Histories Book zur Verfügung gestellt worden. Leider hat sich die Herausgabe so verzögert, daß erst jetzt, im Januar 1993, die Ankündigung durch das Royal Military College of Canada, das diese Herausgabe übernommen hat, erfolgt ist.

PAUL v. SOOS

Entwicklung der technischen Grundbaunormen in Deutschland

1 Anfänge der Grundbaunormung in Deutschland und ihre Wurzeln

„Die Mannigfaltigkeit der Untergrundverhältnisse und der Bodenarten macht es besonders schwierig, Richtlinien und Normen für Bauarbeiten aufzustellen, bei denen der Boden tragender Bauteil oder Baustoff ist." Mit diesen Worten leitet *Goerner* 1948 einen „Überblick über Richtlinien und Normen auf dem Gebiet der Bodenmechanik und des Grundbaus"[1] ein, um die vergleichsweise geringe Anzahl der bis dahin veröffentlichten Grundbaunormen zu rechtfertigen. Gegenüber anderen Sparten der Technik hat die Normung auf diesem Fachgebiet in der Tat mit Verzögerung eingesetzt; denn obwohl DIN bereits 1917 gegründet wurde, ist eine deutsche Grundbaunorm erst im August 1934 erschienen. Es war dies die bis heute als Grundnorm des Grundbaus geltende DIN 1054.[2] Sie führte den Titel *„Richtlinien für die zulässige Belastung des Baugrunds im Hochbau"*, hatte einen Umfang von nur einer Druckseite, der allerdings bereits bei der ersten Überarbeitung (Ausgabe 1940) auf neun Druckseiten anwuchs (s. Abschnitt 3.2.1). DIN 1054 sollte als Grundlage für die baupolizeiliche Beurteilung der Sicherheit von Gründungen dienen und wurde daher vom „Ausschuß für einheitliche technische baupolizeiliche Bestimmungen (ETB)" erarbeitet. Da unangemessen hohe Belastungen zu unverträglichen Setzungen führen müssen, war es vom ETB konsequent, bereits 1937 eine Norm DIN 4107 *„Richtlinien für die Beobachtung der Bewegung entstehender und fertiger Bauwerke"* folgen zu lassen.

Die Anwendung der DIN 1054 setzt Kenntnisse über den Baugrund voraus. Für dessen Erkundung sind 1937 vom „Deutschen Ausschuß für Baugrundforschung bei der Deutschen Gesellschaft für Bauwesen" (dem Vorgänger der „Deutschen Gesellschaft für Erd- und Grundbau") *„Richtlinien für bautechnische Bodenuntersuchungen"* veröffentlicht worden, die aber keinen Normencharakter erhielten. Dagegen wurden zwei weitere, die Baugrunduntersuchung betreffende Richtlinien des gleichen Ausschusses 1938 als Normen herausgegeben: DIN 4021 *„Grundsätze für die Entnahme von Bodenproben zur Untersuchung des Untergrundes für Bau- und*

---
[1] In: „Abhandlungen über Bodenmechanik und Grundbau", herausgegeben von der Forschungsgesellschaft für das Straßenwesen e.V., Berlin – Bielefeld – Detmold 1948, S. 196 bis 207.
[2] Deutlich früher, nämlich 1925 erschien die erste Verdingungsnorm des Fachgebiets DIN 1962 „Erdbau". Doch wollen wir uns hier auf die technischen Normen beschränken. Auch DIN 4031 „Wasserdruckhaltende Dichtungen für Bauwerke ...", die nicht als zentrale Grundbaunorm zählen kann (s. Abschnitt 3.2.3.4), ist bereits 1932 erschienen.

Wassererschließungszwecke" und DIN 4022 *„Einheitliche Benennung der Bodenarten und Aufstellung der Schichtenverzeichnisse".*

Mit den ersten vier Grundbau- und Baugrundnormen war ein solider Grundstock gelegt. Krieg und erste Nachkriegsjahre stoppten zunächst die Weiterentwicklung. Sie konnte erst nach 1948 wieder ansetzen.

2 Überblick über den heutigen Stand der Grundbaunormen

Auf Anlage 1 sind die wichtigsten Grundbaunormen nach dem Stand 1992 tabellarisch aufgelistet.

Statt des vollständigen Namens wird in Spalte 2 der Übersichtlichkeit halber nur der kurz gefaßte Gegenstand der Normen genannt, wodurch außer acht bleiben kann, daß manche Titel im Laufe der Entwicklung einer Wandlung unterworfen waren. So hat sich z. B. der oben aufgeführte Titel von DIN 1054 bei der Ausgabe 1940 auf *„Richtlinien für die zulässige Belastung des Baugrundes und der Pfahlgründungen"*, 1953 auf *„Gründungen. Zulässige Belastung des Baugrundes. Richtlinien"*, 1969 auf *„Baugrund. Zulässige Belastung des Baugrunds"* geändert.

Das Datum der Erstausgabe (Spalte 4) meint die Veröffentlichung als Vornorm (V) oder als endgültige Norm (N) (Spalte 3). Die Veröffentlichung von Entwürfen wurde nicht berücksichtigt. Sie liegt mindestens zwei Jahre, mitunter auch drei bis fünf Jahre vor dem angegebenen Datum.

Spalte 5 nennt das Datum der heute gültigen Ausgabe, in Spalte 6 werden Zwischenausgaben genannt. Die mit der Bearbeitung einer Norm befaßten Arbeitsausschüsse gehören einer Arbeitsgruppe im „Fachnormenausschuß Bauwesen" an. In Spalte 7 wird jene genannt, die bei der ersten Bearbeitung federführend war (Arbeitsgruppe „Einheitliche technische Baubestimmungen" (ETB) oder Arbeitsgruppe „Baugrund" (BG)).

Schließlich wird festgehalten, ob zu den einzelnen Normen Erläuterungen, Beiblätter und Beispielesammlungen veröffentlicht wurden (Spalten 8, 9 und 10).

Normen, die zwischenzeitlich ihre Nummer geändert haben oder deren Inhalt in eine andere Norm überführt wurde, sind unter ihrer ursprünglichen Nummer aufgeführt (siehe auch Spalte 11 „Anmerkungen").

Obwohl die Liste bei weitem nicht vollständig ist – es sind weder die Normen für Spezialgründungen (Maschinenfundamente, Mastgründungen, Schornsteine, Glockentürme usw.) noch jene für erdverlegte Leitungen und Schächte oder gar die gründungstechnisch und bodenmechanisch bedeutsamen Normen des Wasserbaus, wie DIN 19 700 Teil 1, DIN 19 702 u. ä. berücksichtigt –, erfaßt die Tabelle 55 Titel. Sie können nach ihrem Inhalt in folgende Gruppen unterteilt werden:

a) Normen zur Lasteintragung in den Baugrund und zur konstruktiven
    Ausbildung von Gründungen und Gründungselementen   15 Normen
b) Lastannahmen und Berechnungsnormen   9 Normen
c) Normen zur Untersuchung des Baugrunds   29 Normen

Hinzu kommen noch je eine Stoffnorm und eine Definitionsnorm, die die Fachausdrücke und Formelzeichen regelt.

3 Entwicklung der Grundbaunormen

3.1 Allgemeines

3.1.1 Entwicklung in der Anzahl der Normen und in der Ausweitung der genormten Inhalte

Die im Abschnitt 1 genannten vier Titel haben sich binnen 40 Jahren auf 55 Titel erweitert. Die folgende Aufstellung zeigt die zeitliche Zunahme dekadenweise an.

1934 bis 1949	1950 bis 1959	1960 bis 1969	1970 bis 1979	1980 bis 1989	1990 bis 1992
4	10	9	20	10	2

Auffällig ist eine Häufung in den 70er Jahren, die damit zu erklären ist, daß die Bearbeitung einer sehr großen Zahl von Normenvorhaben gerade in den 60er Jahren angelaufen war. Hier sind im Durchschnitt zwei, in den anderen Dekaden eine neue Grundbaunorm pro Jahr entstanden.

Gegen die „Normenflut" der letzten Jahrzehnte ist viel polemisiert worden. Bei näherem Hinsehen wird aber offenkundig, daß der deutlichen Vermehrung zwangsläufige Entwicklungen zugrunde liegen.

Die normative Regelung von **Bauweisen und Bauteilen** (Baugruben, Einpreßverfahren, Pfähle, Verpreßanker usw.) sowie den **Berechnungsverfahren**, wurde von der **Bauaufsicht** angestrebt oder gar veranlaßt, um die **öffentliche Sicherheit in ihrem Sinne nachprüfbar** zu machen.

Bei den Normen für die **Untersuchung des Baugrundes** bezweckte das Aufgreifen neuer Inhalte vornehmlich die **Qualitätssicherung** bei der Grundlagenermittlung für die Planung und Ausführung von Gründungen sowie anderen Bauaufgaben im Grundbau und damit – wenn auch **für die Bauaufsicht nicht in gleichem Maße nachprüfbar** – ebenfalls die Gewährleistung der Sicherheit.

Beide Gruppen von Normen zielen aber auch auf die **Verkehrssicherheit** im wirtschaftlichen Leben, indem sie dazu verhelfen, daß technische Inhalte (Verfahren, Leistungen, Kennwerte, Nachweise usw.) von allen Beteiligten in gleicher Weise verstanden werden.

Die Kritiker der Entwicklung mögen weiterhin bedenken, daß der rasante technische Fortschritt, der in dem betrachteten Zeitabschnitt in den Untersuchungsverfahren und in der Gründungstechnik gleichermaßen erzielt wurde, und der vor allem auch den Spezialtiefbau betraf, eine Regelungsbedürftigkeit auf immer neuen Gebieten bewirkte. Diese ist nicht nur mit DIN-Normen, sondern auch mit Empfehlungen und Richtlinien von zahlreichen Gesellschaften beantwortet worden (siehe auch Abschnitt 4), die die Öffentlichkeit an der Entstehung ihrer Regelwerke nicht immer in gleicher Breite beteiligen, wie dies die Normung vorsieht.

Die Angst vor der „Normenflut" hat z. B. bewirkt, daß die Normung der Techniken der Dichtwandherstellung unterlassen wurde. Auch bei der Hochdruckinjektion = Jetgrouting = Düsenstrahlverfahren = usw. (hier ist für das Gleiche nicht einmal ein einheitlicher Name in Gebrauch) kann durchaus gefragt werden, ob der Regelungsbedarf schon befriedigt ist und ob im Falle des Falles eine DIN der Empfehlung einer Gesellschaft nicht vorzuziehen wäre. Denn für alle bestehenden und künftigen Verfahren des Spezialtiefbaus, die in der Bauwirtschaft konkurrierend angeboten werden, sind anerkannte Begriffe und einheitliche Beurteilungsmaßstäbe, wie sie nur ein technisches Regelwerk liefert, eher als Vorteil, denn als „Entwicklungsbremse" anzusehen.

3.1.2 Entwicklungen in der Fortschreibung der einzelnen Norm

Normen sind zeitweise darauf zu überprüfen, ob ihr Inhalt den Regeln der Technik noch entspricht. Sie müssen gegebenenfalls den zwischenzeitlich gewonnenen Erfahrungen, neuen Entwicklungen in der Technik, mitunter auch neuen Erkenntnissen und Anschauungen der Fachleute des Spezialgebietes angepaßt werden. Wie beim Kleingedruckten der Geschäftsbedingungen haben Überarbeitungen dadurch oft auch eine Erweiterung des Inhalts und damit eine Vergrößerung des Umfangs der Norm zur Folge. Auch solches hat bei den Anwendern schon manches Unbehagen ausgelöst. Zur Straffung des Inhalts und damit zur Erhöhung der Akzeptanz wird daher neuerdings versucht:

a) Begriffsdefinitionen deutlicher als früher auszuarbeiten.
b) Normative Festlegungen gegenüber erläuternden Hinweisen schärfer abzuheben.
c) Normen, die bearbeitungsbedingt oder bedingt durch die technische Entwicklung früher in mehreren Teilen erschienen sind, zu einer ungeteilten Norm zu vereinigen und von Überholtem zu befreien (vgl. z. B. die Normen für Bohrpfähle DIN 4014, für Verpreßanker DIN 4125 und für Aufschlüsse in Boden und Fels DIN 4021).

Jede Überarbeitung einer Norm verfolgt also die Adaption neuer Erfahrungen und Erkenntnisse und bemüht sich um die Präzisierung von Aussagen. Hierbei wird der Fluch des sich immer weiter verästelnden Fortschritts auch in den Arbeitsausschüssen wirksam: Über immer mehr Einzelheiten sind immer weniger Menschen gründlich informiert. Überarbeitungen nötigen so auch den Bearbeitern mitunter vielschichtige Lernprozesse auf, bis Entscheidungen einmütig gefällt werden können, die dem Anwender, der die Diskussionen nicht verfolgen konnte, einmal als kleiner Schritt, ein andermal als gewagter Sprung erscheinen mögen. Eine Dokumentation der Begründungen für die einzelnen Festlegungen und Änderungen wäre da von öffentlichem Interesse, liegt aber leider nicht vor. Gelegentlich können hierzu einzelne Hinweise in Erläuterungen und Beiblättern zu den Normen gefunden werden.

3.2 Inhaltliche Entwicklungen der Grundbaunormen

3.2.1 Vorbemerkung

Für den Ingenieur ist die Entwicklung der Normeninhalte nicht von nebensächlichem Interesse: Sie gibt einen Abschnitt der Technikgeschichte wieder. Auf dem begrenzten Raum dieser Abhandlung ist es allerdings nicht möglich, die Entwicklung aller in der Tabellenübersicht aufgeführten Normen auch nur einigermaßen vollständig wiederzugeben. Sie kann nur in groben Zügen angedeutet werden unter Hervorhebung einiger Themen, bei denen ein Fortschritt oder eine Wandlung der Anschauung besonders deutlich zu erkennen ist.

3.2.2 Normative Festlegung zur Lastabtragung in den Baugrund

3.2.2.1 Zur zulässigen Belastung von Flachgründungen

Bereits die Erstausgabe der DIN 1054 aus dem Jahr 1934 gibt zulässige Bodenpressungen für frostfreie Gründungen (mind. 0,80 m Tiefe) an. Für gewachsenen Boden sind sie allein nach den **Bodenarten** 1. Feinsand, 2. Mittelsand, festgelagerter Ton usw. und 3. Grobsand, Kies und fester, trockener Mergel abgestuft (Maximalwert 4,5 kg/cm^2).

Die Neuauflage von 1940 differenziert die Bodenpressungen für **bindige Böden** in Abhängigkeit von der **Zustandsform** (breiig bis hart), die nach den bis heute gültigen Behelfsregeln durch Befühlen in der Hand festzustellen ist. Bei **nichtbindigen Böden** werden die Bodenpressungen für drei neu festgelegte Bodengruppen in Abhängigkeit von der **Fundamentbreite** angegeben. Maximalwert ist 10 kg/cm^2 für 10 m Breite. Da die Daten sich offensichtlich an der Grenzlast orientieren, werden die Unterlagen genannt, die ein anerkannter Fachmann für eine **Setzungsberechnung** benötigt. Dabei fällt auf, daß für nichtbindige Böden die „Bodenuntersuchung mit schwingungserzeugender Last" empfohlen wird, wohl die Spur eines früheren Arbeitsgebietes der DEGEBO. Diese Ausgabe der DIN 1054 übernimmt erstmals von der Norm für Lastannahmen, DIN 1055, Blatt 1 (dies war wohl die erste Norm, die Angaben für den Grundbau machte) die Forderung nach einer **1,5fachen Gleitsicherheit** bei Vorhandensein von waagerechten Kräften (siehe auch Abschnitt 3.2.5).

Die Neuauflage 1953 präzisiert als Voraussetzung der „Tafelwerte" für **nichtbindige Böden** eine **Lagerungsdichte** D ≥ 0,5. Die zulässigen Werte werden, nur noch zwischen „Fein- und Mittelsand" und „Grobsand und Kies" unterschieden, erstmals **breiten- und gründungstiefenabhängig** angegeben (Höchstwert für Kies bei 2 m Tiefe und 10 m Breite 8 kg/m^2). Grundwasser vermindert die Werte. Sie dürfen jedoch überschritten werden, wenn „**die Sicherheit gegen Gleiten, Kippen und Grundbruch** rechnerisch nachgewiesen wird". Bezüglich der Ermittlung von Setzungen wird auf DIN 4019 (noch Entwurf) verwiesen, ein Grundbruchnachweis wird nach **Krey** (kreisförmige Gleitflächen) mit 1,3facher Sicherheit verlangt.

Die Auflage 1969 kann bereits auf mehrere Berechnungsnormen zurückgreifen. Die nachzuweisende Sicherheit gegen **Grundbruch** (DIN 4017), **Gleiten und Auftrieb** wird nach den neu definierten „Lastfällen 1, 2 und 3" abgestuft angegeben. Die zulässigen Bodenpressungen sind nun für Sand und Kies identisch, die Tabellenwerte werden aber für „setzungsempfindliche Bauwerke" bei größeren Breiten und Einbindetiefen der Fundamente gegenüber den Werten für ein „setzungsunempfindliches Bauwerk" reduziert (bei 2 m Breite und 2 m Gründungstiefe z. B. von 7 kp/cm^2 auf 3,6 kp/cm^2). Damit wird der Bauwerk-Boden-Interaktion Rechnung getragen. Es wird eine 50%ige Erhöhung der Tafelwerte für „Dichte Lagerung" zugelassen, aber in Anlehnung an die Erkenntnisse der Grundbruchtheorie eine Herabsetzung bei waagerechtem Lastanteil verlangt. Bei **bindigen Böden** werden die Bodenpressungen nach vier Bodenarten, und außer nach der **Konsistenz** auch nach der **Gründungstiefe** abgestuft. Auch hier gibt es Gründe für Erhöhung und Reduktion. Für alle Tabellen werden zu erwartende Setzungsbeträge genannt. Die Tabellenwerte gelten für Streifenfundamente, für gedrungenen Grundriß gibt es eine Erhöhung. Alle Tabellenwerte gelten unter gleichen Randbedingungen auch für Schüttungen.

In der heute noch gültigen Ausgabe von 1976 werden den Tabellen zur genaueren Abgrenzung Bodengruppen nach DIN 18 196 zugeordnet.

Bei **exzentrischem Lastangriff** werden schon 1934 gegenüber den Tabellenwerten um 1/3 höhere Randspannungen zugelassen. In Form eines 30%igen Zuschlags lebt dieser Wert noch in der Ausgabe 1969 weiter. Seit 1976 ist nicht mehr eine erhöhte Randspannung, sondern die zulässige Bodenpressung unter einem Ersatzfundament maßgebend, das bei gleicher Lage der Lastresultierenden zentrisch belastet wird. Darüber hinaus wird bereits seit 1940 eine Begrenzung der Lastexzentrizität in der Gründungssohle vorgeschrieben, die 1969 auch für Rechteckfundamente beschrieben wird. Begrenzte Lastexzentrizität und zulässige Bodenpressung gewährleisten nun auch die **Kippsicherheit**.

Zulässige Bodenpressungen für Fels werden 1934 auf die zulässige Druckspannung des Gesteins nach DIN 1053 bezogen. 1940 ist die Ausbildung des Gesteins (geschichtet oder massig) der die Bodenpressungen bestimmende Parameter. 1953 bewirkt eine „starke Zerklüftung", seit 1969 die „Brüchigkeit" oder „deutliche Verwitterung" des Fels eine Abminderung der Bodenpressungen.

3.2.2.2 Tragfähigkeit bei Pfahlgründungen

Die Erstausgabe der DIN 1054 aus dem Jahr 1934 verwies bezüglich der **Tragfähigkeit von Pfählen** auf „Erfahrungswerte für den anstehenden Baugrund" oder, wenn solche nicht vorliegen, „auf Probebelastungen".

Die „Erfahrungswerte" werden in den späteren Ausgaben konkretisiert, indem ab 1940 für gerammte Holzpfähle und Stahlbetonpfähle in Abhängigkeit vom Durchmesser bzw. der Seitenlänge des Pfahles **zulässige Pfahllasten** genannt werden. Voraussetzung ist eine Mindesteinbindung in die tragfähigen Schichten (1,5 bis 2 m im Jahr 1940, 3 m ab 1953) und das Unterschreiten eines Eindringmaßes bei der letzten Hitze von 10 Schlägen. Für Stahlrammpfähle und Bohrpfähle können auch 1953 noch keine zulässigen Pfahllasten genannt werden.

Mit dem Erscheinen der Normen DIN 4014 „*Bohrpfähle – Herstellung und zulässige Belastung*" im Jahre 1960 und DIN 4026 „*Rammpfähle – Richtlinien*" im Jahre 1968 werden die Erfahrungswerte in diese Normen übernommen: Die zulässige Tragfähigkeit von Rammpfählen wird nun auch nach der Einbindetiefe in den tragfähigen Boden gestaffelt angegeben und auch auf Stahlrammpfähle erweitert; in der Bohrpfahlnorm werden zunächst für geschüttete Bohrpfähle vorsichtigere Werte mitgeteilt als für Preßbetonpfähle, um in der Ausgabe 1969 beide auf einem mittleren Niveau zu vereinen. Die Erhöhung der Tragfähigkeit durch eine Fußverbreiterung wird 1960 mit sehr vorsichtigem Optimismus angegeben und 1969 nur wenig modifiziert.

Die auf nichtbindige Böden beschränkte Anwendung von **Rammformeln** zur Bestimmung der zulässigen Pfahltragfähigkeit wird 1940 davon abhängig gemacht, daß sie aufgrund örtlicher Erfahrungen und auf aufgrund von Probebelastungen als zuverlässig nachgewiesen werden. Die 1953 eingeführte Einschränkung, ihren Einsatz von der jeweiligen Zulassung durch die Baupolizei abhängig zu machen, wurde 1969 wieder fallengelassen. Dagegen wird die Verwendung von **erdstatischen Formeln** zur Ermittlung der Pfahltragfähigkeit seit 1953 kategorisch abgelehnt.

DIN 1054 gestattete 1940 „in Ausnahmefällen" die rechnerische Ermittlung der Tragfähigkeit aus **Spitzendruck und Mantelreibung**. Diese Methode ist nun in DIN 4014 Teil 2, *„Großbohrpfähle"* Ausgabe 1977, für Bohrpfähle mit Durchmessern von 0,8 m bis 2,2 m zur Regel geworden, allerdings so, daß die Anteile der Lastaufnahme des Pfahles aus Spitzendruck bzw. Mantelreibung **setzungsabhängig** überlagert werden. Die geschilderte Methode konnte bei Vereinigung der beiden Teile der Norm 1990 mit unwesentlichen Änderungen der Grundwerte für **Spitzendruck bzw. Mantelreibung** als maßgeblich für alle **Bohrpfähle** mit Durchmesser 0,3 m bis 3,0 m übernommen und sogar auf Schlitzwandelemente ausgeweitet werden: Die früheren Tabellen mit zulässigen Pfahltragfähigkeiten für Bohrpfähle erübrigen sich damit.

Beachtenswert ist, daß im Zuge der Entwicklung einmal als zulässig genannte Pfahlbelastungen im Zuge der weiteren Entwicklung nicht zurückgenommen werden mußten. Eine Ausnahme bildet die Beurteilung der **Knickgefahr**: Während DIN 1054, Ausgabe 1976, noch die frühere Meinung bestätigt, daß „selbst breiige Schichten das Ausknicken verhindern", verlangt erstmals DIN 4028 *„Verpreßpfähle (Ortbeton- und Verbundpfähle) mit kleinem Durchmesser"*, später auch DIN 4014, Ausgabe 1990, für Bohrpfähle einen Knicksicherheitsnachweis, wenn $c_u < 10$ kN/m^2 bzw. < 15 kN/m^2 ist.

Angaben zur zulässigen Belastung von **in Fels gegründeten Pfählen** werden erstmals 1977 in DIN 4014 Teil 2 für Großbohrpfähle gemacht. Die zulässigen Spitzendrücke und Mantelreibungen werden – eine Mindesteinbindung in den Fels vorausgesetzt – in Abhängigkeit von Gesteinsart und Verwitterungszustand bzw. dem Grad der mineralischen Bindung genannt. 1990 wird als Bezugsgröße die **einaxiale Druckfestigkeit** des Gesteins angegeben, und von diesem Parameter wird auch die Mindesteinbindung des Pfahles in den Fels abhängig gemacht.

Zum zweiten, aber originären Weg für die Ermittlung der zulässigen Pfahltragfähigkeit, der **Pfahlprobebelastung**, wird bereits in DIN 1054 von 1940 Wichtiges ausgesagt: Es sollen möglichst zwei Probepfähle belastet werden; bei Rammpfählen wird volles Rammprotokoll verlangt; Anforderungen an die Belastungsvorrichtung werden genannt; die Pfähle sollen in Stufen möglichst bis zum Bruch belastet und jede Laststufe so lange beobachtet werden, bis keine Bewegung mehr meßbar ist. Die Einsenkung soll nach zwei unabhängigen Verfahren gemessen werden. Schließlich wird aufgelistet, was alles zu protokollieren ist. Über die Auswertung äußert sich erstmals die Ausgabe 1953: Es wird die **Grenzbelastung** definiert („Last, bei der das Versinken des Pfahles beginnt"), auf die die zulässige Pfahllast bezogen wird. Die Ausgabe 1969 definiert zusätzlich für den Fall, daß der Beginn des Einsenkens im Last-Setzungsdiagramm nicht erkennbar ist, eine setzungsbezogene Grenzlast und nennt unterschiedliche, nach den „Lastfällen" abgestufte **Sicherheitsfaktoren,** die je nach Anzahl der probebelasteten Pfähle, nach der Pfahlneigung und danach, ob Wechsellast zu erwarten ist, variieren. Um die Entwicklung der bleibenden Pfahlsetzungen zu erfassen, werden mehrere Zwischenentlastungen gefordert, und es wird ein Mustervordruck für die Aufzeichnungen des Versuches vorgegeben. 1976 wird geregelt, wie unterschiedliche Grenzlasten zu werten sind, die an einem Standort erhalten wurden.

Zur axialen Belastung von Pfählen in **Pfahlgruppen** werden seit der Ausgabe 1953 der DIN 1054 Angaben gemacht. Ein Hinweis in der Ausgabe 1969, man solle statisch bestimmte Pfahlsysteme bevorzugen, wurde 1976, wohl mit Rücksicht auf die Großbohrpfähle, wieder fallengelassen. Daß die Pfahlgruppe in der Ebene der Pfahlsohle wie eine Flächengründung zu behandeln ist, fordert aber schon die Ausgabe 1940.

Während die Problematik der **„negativen Mantelreibung"** bei sich gegenüber dem Pfahl setzendem Boden bereits in DIN 1054 von 1940 angesprochen wird, ist der Einfluß der **seitlichen Belastung der Pfähle** erst in der Ausgabe von 1969 erwähnt. Auf die Quantifizierung des seitlichen Widerstands über einen Bettungsmodul k_s geht erstmals DIN 4014 Teil 2 für Großbohrpfähle 1977 ein. Sie macht auch Angaben zur Verteilung des Seitenwiderstandes auf die Pfähle in Pfahlgruppen. Diese werden in der Ausgabe 1990 der DIN 4014 noch weiter differenziert, wo – sicher etwas avantgardistisch – auch Abminderungsfaktoren für die Bettungsmodule in der Pfahlgruppe, von der elastischen Länge des Einzelpfahls abhängig, formuliert werden.

Neben der „Äußeren Tragfähigkeit" (Lastübertragung auf den Baugrund) ist auch deren „Innere Tragfähigkeit" (Tragvermögen des Pfahles) sicherzustellen. Hierzu werden in den Normen DIN 4014 und DIN 4026 Anforderungen an die Werkstoffe Beton und Stahl genannt, und für Betonpfähle Angaben zur Bewehrung gemacht. Grundsätzlich wird bei letzteren auf DIN 1045 Bezug genommen, doch werden auch abweichende Angaben gemacht.

3.2.2.3 Tragfähigkeit von Verpreßankern und von Verpreßpfählen mit kleinem Durchmesser

Auch bei der Beurteilung der Ankertragfähigkeit ist eine schrittweise Verfeinerung der Prüfmethoden und Anforderungen in den einschlägigen Normen zu erkennen. Nach DIN 4125 Blatt 1 *„Verpreßanker für vorübergehende Zwecke im Lockergestein"*, Ausgabe 1972, gilt als Bezugsgröße für die zulässige Ankerkraft die „Grenzkraft" bei der die Verschiebung des Ankerkopfs „noch eindeutig abklingt", höchstens aber die Kraft an der Streckgrenze des Stahlzugglieds. DIN 4125 Teil 2, *„Verpreßanker für dauernde Verankerungen im Lockergestein"*, Ausgabe 1976, setzt an Stelle des „eindeutigen Abklingens" ein objektiv feststellbares „Kriechmaß" $k_s = (s_2-s_1) \cdot \lg(t_2/t_1) = 2{,}0$ mm. Diese Festlegung wird in der Ausgabe 1988 von DIN 4125, Blatt 1, die nunmehr auch für Verpreßanker im **Fels** gilt, auch für die „Kurzzeitanker" übernommen.

Die Grenzkraft wird in der „**Eignungsprüfung**" bzw. „**Grundsatzprüfung**" (bei letzterer wird der Anker nach dem Zugversuch freigelegt) ermittelt. Bei diesen Prüfungen wird der Anker stufenweise mit Zwischenentlastungen angespannt, so daß auch die elastischen und bleibenden Anteile der Verschiebungen des Ankerkopfes getrennt werden können. Die für den Verpreßkörper zulässige (äußere) bzw. für das Stahlzugglied zulässige (innere) Ankerkraft ergibt sich aus der Grenzkraft und einem **Sicherheitsfaktor**, der für Kurzzeitanker nach Blatt 1, Ausgabe 1972, für Erddruck und Ruhedruck (Vorspannzustand!) unterschiedlich festgelegt wurde und der bei dessen Überarbeitung 1988 noch eine Abstufung nach den „Lastfällen" der DIN 1054 erfahren hat. Er liegt auf die Grenzlast des Verpreßkörpers bezogen nun zwischen $\eta_K = 1{,}5$ und $1{,}2$. Bei Zusammenfassung der beiden Teile der Norm in Ausgabe 1990 werden diese Sicherheitsfaktoren auch für Daueranker gültig, für die 1976 noch höhere Werte verlangt wurden.

Verpreßanker sind das erste und bisher einzige Bauglied im Grundbau, bei welchem jedes hergestellte Exemplar einer Probebelastung unterworfen werden kann. Diese Besonderheit rechtfertigt die eben genannten niedrigen Sicherheitsfaktoren. Diese als „Abnahmeprüfung" bezeichnete Probebelastung erfolgt nach DIN 4125 Teil 1, Ausgabe 1972, für *Kurzzeitanker* in der Regel durch Anspannen des Ankers auf die 1,2fache, bei 5% der Anker auf die 1,5fache rechnerische Ankerkraft A_r. Die Prüfung gilt als bestanden, wenn in einer festgelegten Beobachtungszeit die Verschiebungen abgeklungen sind bzw. die vorgesehene freie Stahllänge nachgewiesen wurde. Teil 2, Ausgabe 1976, verlangt für *Daueranker* generell ein Anspannen auf die 1,5fache rechnerische Ankerkraft. Abnahmekriterien sind die bleibende Verschiebung und das auf Kurzzeitbeobachtung umformulierte Kriechmaß. Die freie Stahllänge wird dadurch nachgewiesen, daß die elastischen Verschiebungen innerhalb vorgegebener Grenzlinien liegen. Ausgabe 1988 für Teil 1 übernimmt grundsätzlich das Vorgehen von Teil 2, Ausgabe 1976, begnügt sich aber wegen der Besorgnis des „Kaputtprüfens" mit einem Anspannen aller Anker auf das 1,25fache der rechnerischen Gebrauchskraft F_w. Ausgabe 1990, die beide Teile zusammenfaßt, beläßt es für Kurzzeitanker bei dieser Regelung und ermäßigt die Prüflast für Daueranker auf $\eta_K \cdot F_w$.

Auch bei **Verpreßpfählen** nach DIN 4128, Ausgabe 1983, mit Durchmessern unter 300 mm gilt die Probebelastung nach DIN 1054 als erste Quelle für die Ermittlung der Tragfähigkeit. Da aber nur ein geringer Anteil der Verpreßpfähle geprüft werden kann, werden – nach den „Lastfällen" getrennt – im Vergleich zu den Verpreßankern höhere Sicherheiten bis $\eta = 2{,}0$ gefordert. Bei flachen Neigungen der Verpreßpfähle wird sogar $\eta = 3{,}0$ verlangt.

Für Fälle, in denen ausnahmsweise keine Probebelastungen ausgeführt werden, nennt DIN 4128, nach drei Bodengruppen abgestuft, Grenzmantelreibungswerte für Druckpfähle zwischen 0,2 und 0,1 MN/m², für Zugpfähle zwischen 0,05 und 0,1 MN/m². Zusätzlicher Spitzendruck darf nicht angesetzt werden.

3.2.3 Zur konstruktiven Ausbildung und Ausführung von Gründungen und Gründungselementen

3.2.3.1 Pfahlgründungen

Angaben in Normen zur konstruktiven Ausbildung, vor allem aber zur Ausführung von Gründungen und Gründungselementen, dienen teils unmittelbar der Sicherung der Tragfähigkeit, teils der Qualitätssicherung. Für Flachgründungen wurden hierzu in DIN 1054 keine Aussagen für notwendig erachtet. Dagegen werden zur Ausbildung und Ausführung von Pfahlgründungen um so ausführlichere Hinweise gegeben. Ausgabe 1940 der DIN 1054 stellt den Grundsatz auf, daß Pfahlgründungen so zu bemessen sind, daß die **Pfähle allein** die Last des Bauwerks auf den Baugrund übertragen. Seit Ausgabe 1969 ist dies durch ein „im allgemeinen" abgeschwächt. In der künftigen Ausgabe DIN 1054 Teil 100 wird dieser Grundsatz durch Einführen der Begriffe „**Mischgründung**" und „**Pfahl-Plattengründung**" überholt sein. Von schwebenden Pfahlgründungen wird seit der Ausgabe 1953 abgeraten, es sei denn, daß die weichen Schichten mit der Tiefe fester werden. In der Ausgabe 1940 waren sie noch ohne Einschränkung akzeptiert, wenn eine Flachgründung unzulässig hohe Setzungen ergeben hätte. Zu der Empfehlung von 1940, daß Gründungspfähle „möglichst" in

Richtung ihrer Achse belastet werden sollen, ist 1969 ein „überwiegend" geworden. Die Aufnahme waagerechter Kräfte durch biegesteife Ausbildung der Pfähle wird 1969 in „Sonderfällen", erst 1976 dann allgemein akzeptiert. **Mindestabstände** für Pfähle werden erstmals 1960 bei Bohrpfählen in DIN 4014, und 1968 bei Rammpfählen in DIN 4026 gefordert. 1969 wird diese Forderung in DIN 1054 verallgemeinert. Die **zulässige Neigung** für Bohrpfähle gibt DIN 4014 im Jahr 1960 mit 8 : 1 für geschüttete und mit 4 : 1 für Preßbetonpfähle an, seit 1975 gilt die Grenze 4 : 1 unabhängig von der Bohrpfahlart. Für Verpreßpfähle nennt DIN 4128, Ausgabe 1983, als Grenzneigung 80° zur Horizontalen, Rammpfähle dürfen nach DIN 4026 in jeder Neigung ausgeführt werden.

Für die Gütesicherung ausschlaggebend sind normative **Forderungen zur Ausführung**. Sie betreffen in DIN 4014 für **Bohrpfähle** die **Verrohrung**, das Vorauseilen der Bohrrohre beim Bohren, die Zugabe von Wasser beim Bohren unter dem Grundwasserspiegel – insbesondere auch bei artesischem Grundwasser –, das Verhalten bei Bohrhindernissen, den Betoniervorgang, das Ziehen der Bohrrohre und das Herstellen angeschnittener Pfahlfüße. Die meisten Forderungen sind seit der Erstausgabe 1957 der DIN 4014 bis zur neuesten Ausgabe 1990 erhalten geblieben. Auf einige Entwicklungen, die auch die Fortschritte in der Technik der Pfahlherstellung widerspiegeln, sei aber hingewiesen. So sind die von Anfang an durchgehaltenen Forderungen nach Begrenzung des Schneidschuhüberstands und das Verbot des Einspülens der Verrohrung in der neuesten Ausgabe fallengelassen worden. Dagegen wird seit der ersten Ausgabe von Teil 2 „Großbohrpfähle" (1977) vor dem Betonieren das Ausräumen der Bohrlochsohle bis Unterkante Verrohrung ausdrücklich verlangt. Teil 2 gestattete auch erstmals ein **unverrohrtes Bohren,** in nicht standfesten Böden mit Hilfe von Stützflüssigkeit. Die Neuausgabe der Bohrpfahlnorm DIN 4014 von 1990 läßt dies für alle Bohrlochdurchmesser zu, verlangt jedoch im oberen Bereich der Bohrung ein Schutzrohr. Es wird auch von der seit 1960 bestehenden Forderung nach einem auch im trockenen Bohrloch bis zur Bohrlochsohle reichenden Betonierrohr abgesehen: Bei lotrechten Pfählen genügt nun ein mindestens 2 m langes Schüttrohr. Unverrohrt werden Pfahlbohrungen auch mit **durchgehender Bohrschnecke** gebohrt. Dieses Verfahren wird für einige Bodenarten ausgeschlossen und auf Pfahlneigungen steiler 10 : 1 begrenzt. Normative Forderungen betreffen bei der Ausführung die Bodenförderung und den Betoniervorgang. Das Zusammenfassen beider Teile der DIN 4014 in Ausgabe 1990 führte auch zu einer Neuaufstellung des Formblatts zur Protokollierung der Daten bei der Pfahlherstellung und zu entsprechenden Formblättern für das unverrohrte Bohren mit Tonsuspension als stützende Flüssigkeit bzw. mit Bohrschnecke.

Die Norm für **Rammpfähle**, DIN 4026, Ausgabe 1975, beschränkt sich bei der Formulierung ihrer Anforderungen auf Pfähle aus Holz, Stahlbeton, Spannbeton und Stahl. Die Anforderungen betreffen die Werkstoffe und das Rammen der Pfähle und sind fast gleichlautend mit jenen der Ausgabe 1968. Die besonderen Probleme der Ortbetonrammpfähle werden nicht behandelt – eine Lücke, die bei der nächsten Ausgabe der Norm ausgefüllt werden soll –, doch gelten die abgedruckten Mustervordrucke für Rammberichte auch für Ortbetonrammpfähle.

Für die **Verpreßpfähle,** die als Ortbeton- oder Verbundpfähle hergestellt werden können und sich teils als Import aus dem Süden, teils als Kind der Ankerungstechnik eingeführt haben, gibt DIN 4128, Ausgabe 1983, Anforderungen für die Herstellung des Hohlraums, für das Verpressen und das Nachverpressen. Es wird das Führen eines Herstellungsprotokolls gefordert, für das zwar kein Formblatt, aber die Liste der benötigten Daten vorgegeben wird.

3.2.3.2 Verpreßanker

Als die Verpreßanker Mitte bis Ende der 60er Jahre zur Normung anstanden, galt es die besonderen Merkmale der Bauweise: a) Krafteinleitung in den Boden über eine begrenzte Strecke, b) Sicherung einer freien Stahllänge und c) Sicherung des Ankerstahls vor Korrosion, durch entsprechende Anforderungen festzuschreiben; a) und b) sind die Voraussetzungen für das Prüfen (s. Abschnitt 3.2.2.3) und Vorspannen der Anker. Für c) legt DIN 4125 Blatt 1, Ausgabe 1972, *„Verpreßanker für vorübergehende Zwecke"* bei Baustahl Mindeststahlquerschnitte fest. Die Norm verlangt im übrigen zusätzlichen Korrosionsschutz am Ankerkopf und in der freien Stahllänge, in der Verankerungslänge selbst durch ausreichende Betonüberdeckung. Diese Forderungen werden in Teil 2, Ausgabe 1976, für **Daueranker** u. a. durch detailliertere Mindestanforderungen an den Korrosionsschutz verschärft. Darüber hinaus werden Baugrundbedingungen genannt, in denen Daueranker ohne besondere Maßnahmen nicht ausgeführt werden dürfen, und es wird für bestimmte Fälle die Nachprüfung der Tragfähigkeit der Anker nach Ingebrauchnahme des Bauwerks gefordert. Diese Forderung fällt 1990 weg. Über das Herstellen des Verpreßkörpers und ein evtl. Nachverpressen ist Protokoll zu führen. Die Ausgabe 1988 von Teil 1 erweitert den Geltungsbereich auf **Anker im Fels.** Sie unterscheidet zwischen den Korrosionsschutz-systemen für Verbundanker und Druckrohranker und gibt im Anhang, wohl aus dem Fundus zahlreicher Zulassungen entwickelte, bewährte Beispiele für Details des Korrosionsschutzes an. Die Anforderungen werden so ausführlich geschildert, daß sich bei ihrer Erfüllung bauaufsichtliche Zulassungen künftig erübrigen. Darüber hinaus wird eine Checkliste für die Eigenüberwachung der Baustoffe und Vorgänge vorgelegt. Durch Zusammenfassung der beiden Teile 1990 gilt DIN 4125 auch für Daueranker im Fels. Zum Nachweis der Brauchbarkeit des Korrosionsschutzsystems für Daueranker bleibt aber auch weiterhin eine bauaufsichtliche Zulassung erforderlich. Durch das Herstellungsprotokoll für den Verpreßanker wird jetzt auch der Bohr- und Einbauvorgang erfaßt. Spätere Nachprüfungen der Anker werden nur noch dann für notwendig erachtet, wenn durch Formänderungen im System Anker/ Bauwerk/Baugrund ungünstige Kraftwirkungen auf das Bauwerk oder die Anker zu erwarten sind.

3.2.3.3 Ortbeton-Schlitzwände

Ähnlich wie die Erdanker stellen auch die Schlitzwände eine zunächst ausschließlich auf Empirie gründende Nachkriegsentwicklung dar. Von bauaufsichtlichem Interesse ist bei dieser Bauweise aber nicht nur die **Qualität** des Produkts, **der Ortbetonwand,** sondern auch die **Standsicherheit des suspensionsgestützten Schlitzes.** Beides wird von den Eigenschaften der stützenden Flüssigkeit beeinflußt, so daß DIN 4126 *„Ortbeton-Schlitzwände"* für den Vorgang des Schlitzaushubs und für den Betoniervorgang jeweils Anforderungen an die Suspension (Dichte, Fließgrenze) stellen muß.

Zur Sicherung der Qualität des benötigten Tonmehls (Bentonit) ist ein eigenes Normblatt, DIN 4127, Ausgabe 1984 *„Schlitzwandtone für stützende Flüssig-*

keiten – Anforderungen, Prüfverfahren, Lieferung, Güteüberwachung" formuliert worden. Es gilt nun auch für die Stützflüssigkeit bei unverrohrten Bohrpfählen nach DIN 4014, Ausgabe 1990.

Für das Betonieren mit Verdrängung der Suspension im Schlitz verlangt DIN 4126 eine von DIN 1045 abweichende Betonkonsistenz und eine besondere Bewehrungsführung, wobei die lichten Weiten und Stababstände auch in Abhängigkeit von der Fließgrenze der Suspension angegeben werden. Nachweise zur Standsicherheit des Schlitzes werden u. a. für die Sicherheit gegen das Abgleiten von Einzelkörnern oder Korngruppen und gegen Einbrüche des Bodens längs Gleitflächen gefordert. Für letzteres werden Angaben zur Abschätzung der stützenden Wirkung der Suspension gemacht, und es wird ein vereinfachtes Verfahren zur Ermittlung des räumlichen Erddrucks vorgelegt, das allerdings von den späteren Angaben in DIN 4085 „Erddruck" abweicht.

3.2.3.4 Sicherung von Baugrubenwänden und von Gebäuden neben Ausschachtungen

Ausschachtungen für Gräben und das Abgraben neben bestehenden Gebäuden zählen zu den unfallträchtigsten baulichen Maßnahmen. Hier regulierend einzugreifen war die Aufgabe der Normen DIN 4123 *„Gebäudesicherung im Bereich von Ausschachtungen, Gründungen und Unterfangungen"* und DIN 4124 *„Baugruben und Gräben, Böschungen, Arbeitsraumbreiten, Verbau"*, die beide 1972 erschienen sind. Sie geben Regeln, Regelabmessungen und Regelabstände an; DIN 4124 sogar einen waagerechten bzw. senkrechten **„Normverbau"** für Gräben, um für häufige Fälle ein Arbeiten ohne umfangreiche Standsicherheitsnachweise zu ermöglichen. In DIN 4124 werden aber auch die allgemeinen Regeln für das Herstellen von offenen und verbauten Baugruben und die hierbei zu beachtenden Sicherheitsanforderungen formuliert. Die Norm ist 1981 weiter systematisiert, präzisiert und aktualisiert worden. Die in DIN 4123 für offene Ausschachtungen angegebenen Aushubsgrenzen und Regeln für einen abschnittsweisen Arbeitsfortschritt sind auf einfache Fälle (fünf Obergeschosse, Aushub maximal 5 m unter bestehende Gründungssohle) und herkömmliche Flachgründungs- und Unterfangungsverfahren beschränkt. Der Einsatz von Verfahren des Spezialtiefbaus, z. B. von Einpreßarbeiten, Kleinbohrpfählen oder mittelbarer Unterfangungen mit Pfählen oder Schlitzwänden u. ä. wird nicht angesprochen. Bei dieser Beschränkung des Geltungsbereichs wurde bis heute keine Neubearbeitung notwendig.

3.2.3.5 Einpreßarbeiten

Die einschlägige Norm DIN 4093 gab mit ihrer Ausgabe 1962 auf dreieinhalb Druckseiten Richtlinien für die Planung und Ausführung von **Einpressungen in Untergrund und Bauwerke**. Die Neuauflage von 1987 benötigt 13 Druckseiten, obwohl sie ihren Anwendungsbereich auf den Untergrund eingrenzt. Davon sind allein fünf Seiten der Beschreibung von Prüf- und Überwachungsarbeiten gewidmet. Die Ausweitung des Umfangs ist die Folge eines in gut zwei Jahrzehnten durch Erfahrung und Forschung gewonnenen erheblichen Zugewinns an Kenntnissen bei der Verwendung verschiedener Einpreßgüter wie Zementsuspension, Tonzementsuspension, Silikatgel und Kunstharz. Soll die Einpressung der **Verfestigung** dienen, macht vor allem das mechanische Verhalten mit Silikatgel verpreßter Lockergesteine – sie sind kriechfähig und ihre Festigkeit ist zeitabhängig – genaue Vorschriften für die Grundsatzprüfungen zur Beurteilung der Rezeptur der Ausgangsstoffe, für die Eignungsprüfungen in den Böden des jeweiligen Bauvorhabens und für Kontrollprüfungen an Proben, die dem Verpreßkörper entnommen wurden, erforderlich. Die Kontrollprüfungen – auch bei Einpressungen auf Zementbasis werden solche gefordert – sind die Grundlage für den Standsicherheitsnachweis, der u. U. auch mehrachsige Spannungszustände berücksichtigt. Für Einpressungen zur **Abdichtung** werden Grundsatzprüfungen für Silikat- und Kunstharzeinpressungen als Laborversuche gefordert. Alle Eignungs- und Kontrollprüfungen hierzu sind Feldversuche. Die Norm gibt schließlich Hinweise für die Anwendungsgrenzen der einzelnen Verpreßgüter, nennt Anforderungen für deren Ausgangsstoffe und gibt Richtlinien zur Technik des Verpressens einschließlich der notwendigen Vorarbeiten. Die Freude an der Anwendung dieser hohe Ansprüche befriedigenden Norm wird heute durch oft als überzogen empfundene Umweltauflagen getrübt, die mitunter schon Einpressungen auf Zementbasis in Frage stellen.

3.2.4 Schutz vor Grundwassereinflüssen auf Bauwerke

Normen für den Schutz von Bauwerken gegen Grundwasser können insofern zu den Grundbau- und Baugrundnormen gezählt werden, als sie die konstruktive Gestaltung der Gründung beeinflussen und das Grundwasser eine Einwirkung aus dem Baugrund auf das Bauwerk darstellt. DIN 4031 *„Wasserdruckhaltende Dichtungen für Bauwerke ... aus nackten Teerpappen oder nackten Asphalt-Bitumenplatten ..."* ist schon vor der DIN 1054 im Jahr 1932 erschienen. Erst nach dem Krieg gesellte sich dazu DIN 4117 *„Abdichtung von Hochbauten gegen Erdfeuchtigkeit",* Ausgabe 1950, die Schutzmaßnahmen gegen „aufsteigende und seitlich eindringende Feuchtigkeit" beschreibt, was nach der Ausgabe 1960 als „gegen Wasser, das nicht drückt (Saugwasser, Haftwasser, Kapillarwasser und nicht stauendes Sickerwasser)" präzisiert wird. Eine zwischen diesen Normen empfundene Lücke wurde 1968 geschlossen durch DIN 4122 *„Abdichtung von Bauwerken gegen nichtdrückendes Oberflächenwasser und Sickerwasser ..."* Gemeint war Wasser „in tropfbar flüssiger Form (im Gegensatz zu Kapillarwasser), das auf die Abdichtung keinen oder nur vorübergehend einen geringfügigen hydrostatischen Druck ausübt". DIN 4122 verschiebt allerdings den Gültigkeitsbereich von DIN 4117: Während 1960 letztere auch in bindigen Böden und Hanglagen gültig war, wenn „durch eine wirksame Dränung vermieden wird, daß sich drückendes Wasser ansammelt", gilt die Nachfolgenorm DIN 4117, Ausgabe 1983, nur dann, „wenn das Baugelände bis zu einer ausreichenden Tiefe unter Fundamentsohle und auch das Füllmaterial der Arbeitsräume aus nichtbindigem Boden, z. B. Sand, Kies, besteht". Alle drei Normen beschreiben die für ihren Gültigkeitsbereich anwendbaren Abdichtungsstoffe, Abdichtungsarten und das Ausführen der Abdichtung. Dabei ergeben sich notgedrungen gewisse Überlappungen, die 1983/84 durch Neugliederung des Normeninhalts in einer 10teiligen Norm DIN 18 195 *„Bauwerksabdichtungen"* behoben wurde. Ihre Nummer reiht sie nun unter die Stoffnormen ein.

Bei Abdichtungsmaßnahmen könnte man von einem „passiven" Grundwasserschutz sprechen, im Gegensatz zu dem „aktiven" Schutz, den eine Dränagemaßnahme bietet. Für letztere sind normative Festlegungen erst 1973 in DIN 4095 *„Dränung des Untergrundes zum Schutz von baulichen Anlagen"* erschienen. Diese Norm gilt für Dränung mit natürlicher und künstlicher Vorflut und setzt Regeln zur Anordnung und Herstellung der Dränung. Mindestgefälle und Filterregeln werden angegeben. Ein Beiblatt illustriert Ausführungsmöglichkeiten mit Beispielen. Die Neuauflage 1990 integriert das Beiblatt in die Norm, erweitert die Bemessungsregeln und führt Dränelemente (Dränmatten, Dränplatten, Dränsteine) sowie Geotextilien als Filtermatten ein.

3.2.5 Lastannahmen und Berechnungsverfahren

3.2.5.1 Lastannahmen

Bereits **DIN 1055 Teil 1** *„Lastannahmen für Bauten, Bau- und Lagerstoffe, Bodenarten und Schüttgüter"*, 1940 in 3. Ausgabe erschienen, enthielt Angaben über Wichten und Reibungswinkel von Böden und Schüttgütern sowie Hinweise für den Ansatz des Wandreibungswinkels und zum Erddruckansatz auf schmale Druckflächen, aber auch zum Ansatz des Erdwiderstands beim Gleitsicherheitsnachweis. Sie nahm der DIN 1054 auch die Forderung nach einer eineinhalbfachen Gleit- und Kippsicherheit vorweg. Mit der Neuauflage 1963 sind die den Boden betreffenden Inhalte in **DIN 1055 Blatt 2** *„Lastannahmen für Bauten – Bodenwerte, Berechnungsgewicht, Winkel der inneren Reibung, Kohäsion"* überführt worden, die bereits auf den Ansatz des Erdruhedrucks und auf die Beachtung von Porenwasserüberdrücken hinweist. Neu sind auch Berechnungsgewichte für „gesättigte" und „unter Auftrieb" stehende Böden sowie Kohäsionswerte für bindige Böden. Bei genaueren Untersuchungen können günstigere Werte gewählt werden. 1972 erscheint die heute noch gültige Fassung. Sie unterscheidet in den Tabellen der Rechenwerte für Bodenkenngrößen statt bisher 15 nun 25 Bodenarten, führt für bindige Böden auch den c_u-Wert ein, präzisiert alle Anwendungsgrenzen, behandelt aber keinen Erdwiderstand, da dieser eine Reaktionskraft darstellt. Damit wird der Weg für die spätere DIN 4085 *„Berechnung des Erddrucks für starre Stützwände und Widerlager"* (Vornorm 1982) geebnet, die sich ihrerseits aber nicht scheute, alle Arten des Erddrucks zu behandeln.

3.2.5.2 Berechnungsverfahren

Die Berechnungsnormen sind der DIN 1054 zugeordnet: Sie geben an, wie dort geforderte Sicherheitsnachweise auszuführen sind. Als erste erschien nach langjähriger Vorarbeit DIN 4018 *„Flächengründungen"* im Jahr 1957. Sie gibt in vergleichsweise allgemein gehaltener Form Hinweise für die Ermittlung der Sohldruckverteilung unter starren und biegsamen Gründungsplatten und bietet für letztere das Bettungsmodul- bzw. Steifemodulverfahren, in der Neuausgabe 1974 auch ein kombiniertes Verfahren an, das beide Module verwendet. Für die Anwendung konkretisiert werden die Aussagen in Erläuterungen (1959) bzw. in einem Beiblatt (1981) und den in diesen ausführlich wiedergegebenen und kritisch kommentierten Rechenbeispielen.

Kurz nach den „Flächengründungen" wurde auch DIN 4019 Blatt 1 *„Setzungsberechnung bei lotrechter, mittiger Belastung"* im Jahr 1958 veröffentlicht. Sie lieferte das Handwerkszeug für die Berechnung der Setzungen aufgrund von **Spannungsermittlungen** mit Hilfe des **Steifemoduls** bzw. der **Drucksetzungslinie** des Kompressionsversuchs. Für „*Setzungsberechnungen bei schräg und außermittig wirkender Belastung*" folgte 1961 DIN 4019 Blatt 2, das neben Diagrammen zur Spannungsermittlung auch geschlossene Formeln zur Berechnung der Verkantung von Fundamenten anbot. Je ein **Erläuterungsblatt** stellte weitere Berechnungsgrundlagen und Berechnungsbeispiele vor. Ausgabe 1974 für Blatt 1 bzw. Ausgabe 1981 für Teil 2 stellen die unmittelbare Berechnung der Setzungen mit **geschlossenen Formeln** und mit aus Setzungsbeobachtungen rückgerechneten mittleren **Zusammendrückungsmodulen** in den Vordergrund. Für Berechnungen über Drucksetzungslinien werden von Bodenart und Vorgeschichte abhängige Korrekturbeiwerte angegeben. Die in **Beiblättern** mit Berechnungsbeispielen vereinten Erläuterungen nennen nur noch Literaturstellen für die Rechenhilfen zur Ermittlung von Spannungen bzw. Setzungen. Bedingt durch Turbulenzen am Rande der europäischen Normung erscheint die Zusammenfassung der beiden Teile nun nicht mehr als DIN-Norm, sondern als Empfehlung „*Verformungen des Baugrunds bei baulichen Anlagen*" der Deutschen Gesellschaft für Erd- und Grundbau (DGEG).

Die **Grundbruchnorm** DIN 4017 Blatt 1 für „*lotrecht mittig belastete Flachgründungen*" war 1965 mit ihren experimentell weitgehend abgesicherten Tragfähigkeitsfaktoren eine fortschrittliche Unterlage. Nur die Tragfähigkeitsbeiwerte des Breitenglieds und die Formbeiwerte mußten 1974 aufgrund neuer Erkenntnisse korrigiert werden. DIN 4017 Blatt 2 für „*außermittig und schrägbelastete Flachgründungen*" folgte 1970 und führte neben der auf die lotrechte Lastkomponente bezogenen Sicherheitsdefinition alternativ auch eine auf die Scherparameter bezogene Sicherheit ein. Beide Teile blieben nach einer Überarbeitung im Jahr 1979 im wesentlichen unverändert. Seit 1975 bzw. 1974 werden die Erläuterungen in je einem Beiblatt mit Berechnungsbeispielen illustriert. Das Erscheinen einer Neufassung, die die beiden Teile der Norm auf der Grundlage des neuen Sicherheitskonzepts mit Teilsicherheitsbeiwerten vereint und den Geltungsbereich auf geneigte Gründungsflächen und auf Fundamente in Böschungsnähe erweitert, ist zur Zeit durch das Fehlen endgültiger Festlegungen für die Teilsicherheitsbeiwerte blockiert.

Einer Norm zur „*Berechnung der Standsicherheit bei Böschungen*" – sie erschien 1974 als Blatt 2 – ging 1971 DIN 4084 Blatt 1 „*Geländebruchberechnungen bei Stützbauwerken*" voraus. Beide Blätter beschränken sich zunächst auf die Untersuchung **kreisförmiger Gleitflächen** nach dem Lamellenverfahren bzw. einem lamellenfreien Verfahren. Sie unterscheiden sich nur im Ansatz des Wasserdrucks, der in Blatt 1 auf das Bauwerk wirkend, in Blatt 2 auch als Porenwasserdruckfläche oder Strömungsdruck in Rechnung gestellt wird. Daher werden die beiden Teile der Norm 1981 – mit korrigierter Formel für das Lamellenverfahren nach Krey-Bishop und erweitert mit dem Ansatz einer böschungsparallelen Gleitfläche für nichtbindige Böden – vereinigt. Ein bereits 1974 erschienenes und 1981 aktualisiertes Beiblatt erläutert die theoretischen Grundlagen und zeigt unter den Berechnungsbeispielen auch eines für nichtkreisförmige Gleitflächen nach Janbu. Auch hier kann die bereits fertiggestellte Neuauflage, die noch weitere, für manche Nachweise dringend benötigte Bruchmechanismen anbieten würde, aus den gleichen Gründen wie bei DIN 4017, vorerst nicht erscheinen.

Die jüngste der Berechnungsnormen, DIN 4085 „*Berechnung des **Erddrucks auf starre Stützwände** und Widerlager*", Ausgabe 1982, nennt u. a. die Mindestbewegung der Wand für den Ansatz der Erddruckgrenzwerte, Gültigkeitsgrenzen für die Anwendung ebener Gleitflächen, gibt Anweisungen zum Ansatz des Wandreibungswinkels und des Strömungsdrucks und zur Berechnung des räumlichen Erdwiderstands. Ein **Beiblatt 1** (1982) gibt neben Begründungen zu den Festlegungen der Norm auch weitere Anhaltspunkte für die Bewegungsabhängigkeit des passiven Erddrucks, ein **Beiblatt 2** liefert Berechnungsbeispiele.

3.2.6 Untersuchung von Boden und Fels

3.2.6.1 Allgemeines

Im Zusammenhang mit der Untersuchung von Boden und Fels sind drei Fragestellungen zu unterscheiden:

a) Welche Anforderungen sind an die Untersuchung als Ganzes zu stellen: Für welche Fragestellung ist welcher Umfang an Aufschlüssen und Untersuchungen, bis zu welchen Tiefen und nach welchen Methoden erforderlich? Wie ist die Untersuchung auszuwerten?

b) Welche Anforderungen sind an die Technik der Aufschlüsse und deren Auswertung zu stellen?

c) Wie sind Labor- und Felduntersuchungen auszuführen und auszuwerten, damit ihre Ergebnisse vergleichbar sind?

3.2.6.2 Zur Untersuchung als Ganzes

Einleitend ist anzumerken, daß die ältesten Angaben sich nur auf den **Boden als Baugrund** beziehen. 1953 wird erstmals die Untersuchung von Boden auch als **Baustoff** angesprochen. Daß auch **Fels** als Baugrund und Baustoff zu erkunden ist, ist den Vorschriften für die Erkundung erst ab etwa 1970 zu entnehmen.

Die ersten und sinngemäß bis heute gültigen Forderungen für die Untersuchung des Baugrunds für die Gründung von Bauwerken enthält Ausgabe 1940 der **DIN 1054:** „Möglichst vor endgültiger Wahl der Baustelle, jedenfalls aber rechtzeitig vor Festlegung der Gründungstiefe, der Gründungsart und der zulässigen Bodenpressung muß die Tragfähigkeit des Bodens unterhalb der Gründungssohle, bei Pfahlgründungen unterhalb der Pfahlenden, ausreichend bekannt sein." Diese Sätze und vieles mehr sind bis in Ausgabe 1976 der Norm fast wortwörtlich erhalten geblieben. So auch die Angaben über die erforderlichen Aufschlußtiefen (bis zur dreifachen Breite der Einzelgründungskörper, zur eineinhalbfachen Breite des Bauwerks, mindestens aber bis 6 m Tiefe, bei Pfahlgründungen um 1/3 weniger), die Begründungen dafür, wann tiefere Aufschlüsse zu fordern oder weniger tiefe zuzulassen sind, der Hinweis, mit welchen Mitteln zwischen den Bohrungen interpoliert werden kann: All dies ist bereits 1940 formuliert worden. 1953 werden in DIN 1054 die Begriffe „Hauptbohrung" und „Zwischenbohrung" und der Mindestabstand von 25 m eingeführt. Ab 1969 werden zur Interpolation zwischen Bohrungen anstelle der „dynamischen Baugrunduntersuchung" und geophysikalischer Verfahren Sondierungen empfohlen.

Weitere, eher bauweisenabhängige Forderungen für die Baugrunduntersuchung erheben DIN 4014, 4026, 4093, 4123, 4124, 4125, 4126 und 4128 in den jeweiligen Fassungen.

Allerdings werden durch DIN 1054 und die zitierten weiteren Normen nur Teilaspekte der bei Bodenuntersuchungen anfallenden Fragen abgedeckt. Daher versucht die 1953 veröffentlichte **DIN 4020** *„Bautechnische Bodenuntersuchungen – Richtlinien"* die Aufgaben der Untersuchung des Bodens als **Baugrund und als Baustoff** unter Einbeziehung der Einflüsse des **Wassers** genereller zusammenzufassen. Sie baut auf einer Richtlinie von 1937 auf (siehe Abschnitt 1) und stellt die Fragestellungen heraus, die für die Gründung von Bauwerken, für den Straßenbau, für Erdbauten und für Wasserbauten bei Untersuchungen für den Entwurf und bei Untersuchungen während der Bauausführung zu beantworten sind. Darüber hinaus bewertet sie die technischen Mittel zur Durchführung der Bodenuntersuchungen (Schürfe, Bohrungen, Sondierungen, Probebelastungen, geophysikalische Untersuchungen und die Untersuchung von Bodenproben) teilweise auch mit Auflagen für ihren Einsatz. Da man bei der Zahl der bis 1971 veröffentlichten Normen zur Technik der Baugrunduntersuchungen (vgl. Abschnitte 3.2.6.3 und 3.2.6.4) weite Teile der Inhalte als überholt ansah, wurde DIN 4020 im Jahr 1972 zunächst zurückgezogen, doch wurde diese Entscheidung später revidiert. Die Norm ist nach einer umfassenden Neubearbeitung 1990 mit dem Titel *„Geotechnische Untersuchungen für bautechnische Zwecke"* als eine Art Dachnorm für die Untersuchung von **Boden und Fels** neu herausgekommen. DIN 4020 gilt jetzt bei Bauvorhaben aller Art einschließlich des Untertagebaus und des Deponiebaus. Ausgeschlossen bleiben nur der Bergbau, die Untersuchung von Rohstofflagerstätten und die Materialprüfung von Fels für Baustein. Auch was an Festlegungen und Hinweisen zur Planung von Untersuchungen bisher in anderen Normen stand, sollte in ihr zusammengefaßt werden. Die Bearbeitung fiel zeitlich zusammen mit dem Einsetzen der Vorarbeiten für einheitliche europäische technische Regelwerke, die auf der neuen Sicherheitstheorie mit Teilsicherheitsbeiwerten aufbauen. Deren neue Gedankengänge werden in ihr bereits berücksichtigt. Sie legt Wert auf die Betonung der Objektbezogenheit und des Stichprobencharakters der Untersuchung. Auch bei Auswertung der Untersuchungen, insbesondere für das Festlegen des „**charakteristischen Wertes**" von Rechengrößen, geht sie auf statistische Überlegungen ein. Die Aufgaben eines „**Sachverständigen für Geotechnik**" werden in ihr definiert. Umfang und Bearbeitungsniveau der Untersuchungen werden von der Zuordnung der bautechnischen Maßnahme zu einer von drei „**Geotechnischen Kategorien**" abhängig gemacht. Die Ergebnisse der Untersuchungen sind in einem „**Geotechnischen Bericht**" zusammenzufassen, der auch diese Zuordnung und damit das Ausreichen der Untersuchung überprüft. Ein Beiblatt bietet u. a. ausführliche Überblicke an über die heute verfügbaren **Untersuchungs- und Meßverfahren** mit Hinweis auf ihre Eignung oder Nichteignung für Anwendungen.

3.2.6.3   Aufschlußtechniken

Die 1938 erstmals veröffentlichte DIN 4021 (siehe Abschnitt 1) erhielt in der überarbeiteten Fassung 1955 den Titel *„Baugrund und Grundwasser; Grundsätze zur Erkundung; Bohrungen, Schürfe, Probenahme"*. Sie setzt den Mindestdurchmesser für Aufschlußbohrungen von 140 auf 159 mm herauf, damit ein neues (bis heute gebräuchliches), offenes Entnahmegerät mit Ventil für Proben von 114 mm ø eingesetzt werden kann. Die Neuauflage 1971 führt fünf „**Güteklassen von Bodenproben**" ein, wodurch eine Wertung aller Bohrverfahren für den Baugrundaufschluß ermöglicht wird. Diese werden dann auch nach der Art der gewinnbaren Bodenproben klassifiziert. Die Begriffe „**gestörte**" und „**ungestörte**" **Bodenprobe** müssen (da auch letztere einen Störungsgrad aufweisen können) durch „**Bohrprobe**" und „**Sonderprobe**" ersetzt werden. Das Gerät zur Entnahme von Sonderproben aus Schürfen wird verbessert und für weiche Böden ein Kolbenentnahmegerät eingeführt. Diese als DIN 4021 **Blatt 1** „*Baugrund; Erkundung durch Schürfe und Bohrungen sowie Entnahme von Bodenproben;* **Aufschlüsse im Boden**" überschriebene Fassung wurde 1976 durch **Teil 2** „*. . . Aufschlüsse im Fels*" ergänzt, der u. a. zur besseren Beurteilung des Fels eine Systematik für die erkennbaren Eigenschaften von Gestein und Gebirge anhand der Beobachtungen aus dem Bohrvorgang, der Bohrproben und des Bohrlochs im Festgestein aufstellt. Ein **Teil 3** „*. . . Aufschluß der Wasserverhältnisse*" gibt Richtlinien für das Messen der Wasserstände im Bohrloch, den Ausbau von Aufschlußbohrungen zu Grundwassermeßstellen, die Entnahme von Wasserproben und die Messung der Grundwasserbewegung in Böden. Er enthält auch Anweisungen zum Aufschluß der Wasserverhältnisse **im Fels,** und gibt Methoden an zum Messen von Wasserständen und Wasserdrücken sowie der Wasseraufnahmefähigkeit in geklüftetem Fels. Die drei Teile der Norm wurden 1990 mit einigen Aktualisierungen zusammengefaßt. Neu ist eine Tabelle mit Wertung der Bohrverfahren im Fels. Die **Entnahme von Wasserproben** ist in Abstimmung mit dem Ausschuß DIN 4030 „*Beurteilung betonangreifender Wässer, Böden und Gase*" und unter Beachtung der Gesichtspunkte des Umweltschutzes konkreter und genauer als früher gefaßt. Schließlich wird als Anhang die **Qualifikationsurkunde für Bohrgeräteführer** abgedruckt, die bereits in der Ausgabe 1971 angekündigt war, aber erst seit einigen Jahren durch Intensivkurse in Nürnberg bzw. Dortmund zu erwerben ist.

Die zur Protokollierung der Bohrergebnisse verfaßte DIN 4022 von 1938 (siehe Abschnitt 1), die die Böden nach Hauptbodenart und den Beimengungen bezeichnete und im Schichtenverzeichnis jeder Schicht eine Kästchengruppe zuwies, wurde in der Ausgabe 1955 ohne dramatische Änderungen fortgeschrieben. Die Neuerung der nächsten Generation bestand in einer Dreiteilung der Norm: **Teil 1** (1969) beschränkte die Gültigkeit des wenig modifizierten alten Schichtenverzeichnisses auf die Protokollierung der Ergebnisse von „*Untersuchungen und Bohrungen* **ohne durchgehende Gewinnung** *von gekernten Proben*", um für „*Bohrungen* **mit durchgehender Gewinnung** *von gekernten Proben im Boden (Lockergestein)*" in Teil 3 (der aber erst 1982 erschienen ist) ein dem Maßstab der Bohrsäule angepaßtes Schichtenverzeichnis vorzuschreiben, in dem auch Angaben zum Bohrfortschritt und zur Entwicklung der Wasserstände in Abhängigkeit vom Stand der Verrohrung darstellbar sind. **Teil 2** Ausgabe 1981 gilt für „*Bohrungen im Fels (Felsgestein)*" und gibt nach ähnlichem Schema ein sehr ausführliches Schichtenverzeichnis zur tiefenabhängigen Protokollierung der Daten des Bohrvorgangs, der Spülung sowie der Kern- bzw. Schichtenbeschreibung an. Ein gemeinsames Deckblatt haben die drei Schichtenverzeichnisse erst bei der letzten Überarbeitung von Teil 1 (1987) erhalten. Die Regeln zum **Benennen und Beschreiben** der Böden verblieben in Teil 1. Seit 1969 werden Ton und Schluff nicht nach den Gewichtsanteilen der Korngrößen, sondern nach den „bestimmenden (plastischen) Eigenschaften" benannt, und es wird eine Reihe von visuellen und manuellen Verfahren zum Erkennen der Bodenarten und zum Beschreiben von Fels angeboten. Ausgabe 1987 präzisiert die Benennung auch für feinkörnige Böden so, daß in Streitfällen auf Laborversuche zurückgegriffen werden kann.

Neben der Benennung und Beschreibung jeder Einzelprobe benötigte zunächst der Erdbau ein Zusammenfassen von Bodenarten in **Bodengruppen**. Hierzu wurde DIN 18 196 „*Erd- und Grundbau*; *Bodenklassifikation für bautechnische Zwecke*" geschaffen. Die mit zwei Großbuchstaben gekennzeichneten Bodengruppen dienen heute als Bezugschiffre auch für die meisten grundbaulichen Anwendungen (siehe z. B. DIN 1054). Gegenüber der ersten Ausgabe von 1970 ist 1988 nur eine Bodengruppe (UA) hinzugekommen, und an die Tabelle der Bodengruppen wurden ihre bautechnischen Eigenschaften und ihre bautechnische Eignung wertende Anmerkungen im Sinne von Erläuterungen angehängt. Dagegen konnte die Beschreibung der visuellen und manuellen Erkennungsmethoden mit Rücksicht auf deren Beschreibung in DIN 4022 entfallen.

Zur „*Zeichnerischen Darstellung der Ergebnisse*" von „Baugrund- und Wasserbohrungen" **in Bohrprofilen** sind in der 1955 erschienenen DIN 4023 in Anlehnung an ältere deutsche Konventionen einheitliche Zeichen für Boden- und Felsarten sowie Kürzel für ihre Benennung festgelegt worden. 1975 wurden die grafischen Symbole internationalen Gepflogenheiten angepaßt, 1984 die Felsdarstellung nochmals modifiziert.

Als weiteres Aufschlußverfahren neben den Bohrungen werden bereits in Ausgabe 1953 der DIN 4020 „Sondenuntersuchungen" genannt. Die hierfür benötigten Geräte wurden 1964 in **DIN 4094** „*Baugrund*; **Ramm- und Drucksondiergeräte**, Blatt 1: ‚Abmessungen und Arbeitsweise' der Geräte" vereinheitlicht. Normungsinhalt ist die **leichte Rammsonde** (Rammbär 10 kg) und die „**schwere Rammsonde**" (Rammbär 50 kg), Fallhöhe bei beiden 50 cm, und die **Drucksonde**. Für Rammsondierungen im Bohrloch wird das Standard-Sondiergerät des ASTM sanktioniert. Die „**mittelschwere Rammsonde**" (Rammbär 30 kg, Fallhöhe 20 bzw. 50 cm) kommt in der Überarbeitung von 1974 hinzu. DIN 4094, Blatt 2 „... **Hinweise für die Anwendung**" (1965) gibt an, welche Informationen mit Sondiergeräten zu gewinnen sind und welches Gerät wann vorteilhaft einzusetzen ist. Darüber hinaus beschreibt sie die Einflüsse verschiedener Randbedingungen auf das Sondierergebnis und illustriert diese durch **Anwendungsbeispiele**. 1980 wird Teil 2 durch ein Kapitel „Auswertungsmöglichkeiten" erweitert mit Hinweisen für die **qualitative Auswertung** und Angabe einiger Korrelationen zur **quantitativen Auswertung** der Sondierergebnisse. 1990 werden die beiden Teile zu DIN 4094 „*Erkundung durch Sondierungen*" zusammengefaßt. Die Sondenbenennung (Kurzzeichen) wird dem internationalen Standard angepaßt (z. B. DPL statt LRS; DPH statt SRS; CPT für Drucksonde). Es werden Forderungen für die Kalibrierung der Sonden gestellt, zulässige Abnutzungstoleranzen genannt und Meßprotokolle für Sondierungen vorgegeben. Eine Auswahl der Anwendungsbeispiele kommt mit einem wesentlich erweiterten Abschnitt und **Korrelationen** zur Auswertung von Sondierungen in ein **Beiblatt 1**. Sie beziehen sich auf den Zusammenhang zwischen Eindringwiderstand einerseits und Lagerungsdichte, Steifebeiwert v nach Ohde und den Reibungswinkel ϕ andererseits, aber leider nur für wenige Bodenarten, sowie auf den Vergleich des Eindringwiderstands unterschiedlicher Sondentypen.

Zur In-situ-Bestimmung der undränierten Scherfestigkeit weicher bis steifer feinkörniger Böden eignet sich die Flügelsonde. Sie wurde 1972 durch **DIN 4096**

„Baugrund; Flügelsondierung; Abmessungen des Gerätes, Arbeitsweise", die auch die Auswertung angibt, vereinheitlicht. Die nahezu unveränderte Ausgabe 1980 gibt auch Hinweise zur kritischen Beurteilung der Ergebnisse.

3.2.6.4 Labor- und Feldversuche

Ein 1939 herausgegebenes „Vorläufiges Merkblatt für bodenphysikalische Untersuchungen" der Arbeitsgruppe Untergrundforschung der „Forschungsgesellschaft für das Straßenwesen" mit Versuchvorschriften für die Ermittlung von Wassergehalt, Konsistenzgrenzen, Spezifisches Gewicht, Raumgewicht und Kornverteilung war Vorläufer und erstes Vorbild für die bodenmechanischen Versuchsnormen. Sie wurden Anfang der 50er Jahre als DIN 4016 Teil 1 bis 4 in Angriff genommen, erhielten aber später DIN-Nummern zwischen 18 121 und 18 137. Als erste Versuchsnorm erschien **DIN 18 121, Blatt 1**, *„Baugrund; Versuche und Versuchsgeräte; Bestimmung des Wassergehalts durch Ofentrocknung"* im Jahre 1969. Die weiteren folgten ihr dann in kurzen Zeitabständen als „Vornormen" (siehe die Tabelle mit der Liste der Normen). Sie sollten – ähnlich wie einige Berechnungsnormen und Normen für neue Bauweisen – zunächst in der Praxis erprobt werden, bevor sie den Charakter einer endgültigen Norm erhielten. Heute verfügen wir über 16 endgültige Versuchsnormen, von denen hier aber nur jene ausführlicher erwähnt werden sollen, die neuartige Versuchsdurchführungen einführten oder bei einer Überarbeitung deutliche Veränderungen erfahren haben.

So ist zur Bestimmung der **„Korndichte"** nach DIN 18 124 in der Fassung 1989 neben der althergebrachten Methode im **Kapillarpyknometer** eine neue Versuchsanordnung mit einem **Weithalspyknometer** aufgenommen worden, bei der durch Verwendung eines günstigeren Verhältnisses Probenmenge zu Meßflüssigkeit zuverlässigere Werte erhalten werden.

In **DIN 18 125 Teil 2** *„. . . Bestimmung der Dichte des Bodens; Feldmethoden"* werden, nicht zuletzt für die Verdichtungskontrolle, Dichteprüfverfahren für alle Bodenarten angeboten. Es fehlt allerdings das radiometrische Verfahren. Dessen Einsatz ist in einem Merkblatt der Forschungsgesellschaft für das Straßenwesen geregelt.

Die **dichteste Lagerung** kann mit der altbekannten Schlaggabel nur bei schlufffreien Sanden bestimmt werden. DIN 18 126 *„. . . Bestimmung der Dichte nichtbindiger Böden bei lockerster und dichtester Lagerung"* gibt in Ausgabe 1981 hierzu auch eine für Kiese geeignete Versuchsanordnung mit einem Rütteltisch an.

Laborversuche zur Bestimmung der **Wasserdurchlässigkeit** sind heute für die Umwelttechnik von Bedeutung. DIN 18 130 Teil 1 *„. . . Bestimmung des Wasserdurchlässigkeitsbeiwerts; Labormethoden"* hat hierfür bereits 1983 eine Reihe von Versuchsanordnungen angeboten. In der Neuausgabe 1989 wird die Wahl geeigneter Versuchsanordnungen in Abhängigkeit von den Bodenarten durch eine tabellarische Übersicht erleichtert. Bei der Auswahl ist nun zu unterscheiden, ob der Durchlässigkeitsbeiwert für **volle Wassersättigung** benötigt wird, ob eine Bestimmung bei nicht voller Wassersättigung mit **stationärer Strömung** ausreicht oder ob eine **überschlägliche Ermittlung** ohne Kontrolle der stationären Strömung genügt.

Die in **DIN 18134** seit 1976 beschriebene Durchführung des **Plattendruckversuchs** wurde 1990 modifiziert. Die Kraft muß nun direkt – also nicht über den Öldruck –

gemessen werden, die Einsenkung wird allein in Plattenmitte abgetastet („**Einpunktmethode**"), die Versuchsdurchführung beschleunigt und die Auswertung durch **Kurvenanpassung** (quadratische Parabel) objektiviert.

In **DIN 18 137 Teil 1** „*. . . Bestimmung der Scherfestigkeit; Begriffe und grundsätzliche Versuchsbedingungen*" sind die Grundlagen für Planung und Interpretation von Scherversuchen 1972 in herkömmlicher Form dargestellt worden. 1987 wurde die Norm entsprechend dem Stande der Wissenschaft völlig neu bearbeitet. Sie spricht mit ihren stark differenzierenden Aussagen nun eher den wissenschaftlich geschulten Laborleiter, denn den Laboranten an.

Dagegen zielt **DIN 18 137 Teil 2** „*Triaxialversuch*" auf die praktische Bestimmung der Scherparameter ϕ' und c' bzw. ϕ_u und c_u im Labor an. Während die Ausgabe 1983 sich auf die Untersuchung isotrop vorbelasteter, schlanker Probekörper beschränkte, läßt die Ausgabe 1987 auch die Untersuchung anisotrop vorbelasteter Proben zu sowie die Verwendung von gedrungenen Probekörpern mit h/d ≈ 1, wenn bei diesen die Endflächenreibung ausgeschaltet wird. Mit dem CCV- (Consolidated Constant Volume)Versuch bietet sie auch eine Versuchsart zur Bestimmung von c' und ϕ' im undränierten Versuch bei Böden an, bei denen die korrekte Messung des Porenwasserdrucks z. B. wegen sehr geringen Wassergehalts und geringer Durchlässigkeit problematisch ist.

3.2.7 Definitionen – Fachausdrücke – Formelzeichen

Die Bodenmechanik entwickelte sich zwischen 1930 und 1950 in verschiedenen Schulen mit zum Teil abweichenden Fachausdrücken und Formelzeichen für die gleichen Inhalte (vergleiche hierzu z. B. die Abschnitte über Bodenmechanik in Schleicher: Taschenbuch für Bauingenieure, Neudruck 1949, und Hütte, Band III, Ausgabe 1955!). Die 1958 erschienene **DIN 4015** „*Bodenmechanik und Grundbau; Fachausdrücke, Formelzeichen*" brachte eine erste Vereinheitlichung. 1971 wurde eine Anpassung an inzwischen international vereinheitlichte Formelzeichen erforderlich (z. B. I_p für die Plastizitätszahl anstelle von w_{fa} oder ϕ für den Reibungswinkel anstelle von ρ). 1980 wurde diese Norm als Teil 6 in **DIN 1080** „*Begriffe, Formelzeichen und Einheiten im Bauwesen; Bodenmechanik und Grundbau*" überführt mit gewissen Anpassungen an fachübergreifende Vereinbarungen. Auch die Entwicklung der Einheiten – z. B. der Krafteinheit von kg über kp zu kN – ist in diesen Normen exemplarisch zu verfolgen. Heute erfaßt DIN 1080 Teil 6 nur eine Auswahl, gewissermaßen den traditionellen Grundstock, der in der Geotechnik benötigten und in den hier zitierten Normen nach und nach entwickelten und definierten Fachausdrücke und Formelzeichen, für die sich nun bald ein eigenes Lexikon lohnte (vgl. hierzu z. B. die Formelzeichen in DIN 4126 oder DIN 18 137 Teil 1). Die klare Abgrenzung des Gemeinten vom Nicht-Gemeinten ist eben nicht nur in der Wissenschaft, sondern auch in der Technik notwendig, ja oft sicherheitsrelevant, und es sollte als ein wichtiger Anstoß der Normung gerade auf unserem Gebiet angesehen werden, daß sie zu Präzisierungen und Definitionen zwingt.

4 Abschließende Bemerkungen

Zunächst ist anzumerken, daß das Regelwerk auf dem Gebiet der Geotechnik sich nicht auf die DIN-Normen beschränkt hat. Die „Deutsche Gesellschaft für Erd- und Grundbau", die die meisten der mit den genannten Normen befaßten Arbeitsausschüsse des DIN auch als eigene Arbeitskreise führte und führt, die „Forschungsgesellschaft für das Straßen- und Verkehrswesen", die „Hafenbautechnische Gesellschaft", der „Deutsche Verband für Wasserwirtschaft und Kulturbau" – um nur die wichtigsten zu nennen – haben sich in Empfehlungen und Merkblättern weiterer, für ihr Arbeitsgebiet bedeutsamer Teilgebiete der Geotechnik angenommen. Auch auf diese Regelwerke inhaltlich einzugehen hätte den vorgegebenen Rahmen gesprengt.

Die Entwicklung der Grundbau- und Baugrundnormen ist hier von den Beteiligten abstrahierend skizziert worden. Tatsächlich verknüpft sie sich mit bedeutenden Namen der Nachkriegsgeschichte des Fachgebiets, von denen hier stellvertretend die genannt sein sollen, die heute nicht mehr unter uns weilen: *Prof. A. Streck* für DIN 4020, *Dr. Schenck* für die Pfahlnormen, *Prof. E. Schultze* für DIN 1054 und die Versuchsnormen, *Dr. Muhs* für DIN 4021, *Prof. Dienemann, Dr. A. Dücker* und *Dr. Wolters* für DIN 4022 und 4023 sowie *Prof. Siedek* für DIN 18196 und die Versuchsnormen. Unter ihrer und ihrer Nachfolger Leitung ist, wie es der gegebene kurze Überblick andeutet, in den Arbeitsausschüssen des DIN, in denen alle am jeweiligen Normungsinhalt interessierten Kreise vertreten sind, ein beachtliches Gemeinschaftswerk entstanden. Es sind – einen großen Erfahrungsschatz oft iterativ auswertend – technische Regeln und Empfehlungen auf beachtlichem Niveau herangereift, die uns heute überwiegend ausgewogen erscheinen. Diesem Urteil dürften auch die noch nicht endgültig veröffentlichten Überarbeitungen standhalten. Gerade die eingangs im Zitat von *Goerner* angeführten Schwierigkeiten sollten die Wertschätzung des in den letzten Jahrzehnten Erreichten untermauern. Es bleibt daher nur zu hoffen, daß als Folge der europäischen Normung, die die DIN-Normen in absehbarer Zeit ersetzen wird, die praktikablen, bewährten Regelungen und Hinweise in den Grundbaunormen des DIN nicht allzu schnell und unverdient in Vergessenheit geraten.

Grundbau-Normen, Übersicht

DIN-Nr.	Gegenstand der Norm	Form	Erst-ausgabe	Gültige Ausgabe	Zwischen-ausgaben	Bearbei-tung	Erläuterung	Beiblatt	Beispiele	Anmerkungen
1	2	3	4	5	6	7	8	9	10	11
	a) Lasteintragung in den Baugrund – Konstruktionsnormen									
1054	Zulässige Belastung des Baugrunds	N	1934.08	11.1976	08.40; 06.53; 11.69	ETB		seit 1953		Änderungen des Titels
4014	Bohrpfähle	N	1957.07	03.1990	11.69; 9.77	ETB		1960–90		9.77 bis 3.90 ein Bl. 2: Großbohrpfähle; seit 90 vereinigt
4026	Rammpfähle	N	1968.07	07.1975		ETB				
4031	Wasserdruckhaltende bituminöse Abdichtungen	N	1932.00			ETB				08.83 in DIN 18 195 T 6 überführt
4093	Einpressungen	N	1962.06	09.1987		ETB				
4095	Dränung zum Bautenschutz	N	1973.12	06.1990		BG				
4107	Setzungsbeobachtungen	N	1937.02	01.1978		ETB			12.1973	
4117	Abdichten von Bauwerken gegen Bodenfeuchtigkeit	N	1950.06		11.60	ETB				08.83 in DIN 18 195 T 4 überführt
4122	Abdichtung gegen nichtdrückendes Wasser	N	1968.06		03.78	ETB				02.84 in DIN 18 195 T 5 überführt
4123	Gebäudesicherung – Unterfangungen	N	1972.05	05.1972		ETB				
4124	Baugruben, Gräben, Böschungen, Verbau	N	1972.01	08.1981		ETB				
4125 T 1	Verpreßanker für vorübergehende Zwecke	N	1972.06	11.1990	03.88	ETB				11.90 mit T 2 zusammengefaßt
4125 T 2	Verpreßanker für dauernde Verankerungen	N	1976.02	11.1990		ETB				11.90 mit T 1 zusammengefaßt
4126	Ortbeton-Schlitzwände	V	1984.01	08.1986		ETB				Erläuterungen dem Normblatt angehängt
4128	Verpreßpfähle mit kleinem Durchm=sser	N	1983.04	04.1983		BG				Neuausgabe in Vorbereitung
	b) Untersuchung des Baugrunds									
18 121 T 1	Wassergehaltsbestimmung durch Ofentrocknung	N	1969.02	04.1976		BG				Seit 1976 als T 1
18 121 T 2	Wassergehaltsbestimmung, Schnellverfahren	V	1973.03	09.1989		BG				
18 122 T 1	Fließ- und Ausrollgrenze	V	1969.12	04.1976		BG				
18 122 T 2	Schrumpfgrenze	V	1983.07	02.1987		BG				

Grundbau-Normen, Übersicht

DIN-Nr.	Gegenstand der Norm	Form	Erstausgabe	Gültige Ausgabe	Zwischenausgaben	Bearbeitung	Erläuterung	Beiblatt	Beispiele	Anmerkungen
1	2	3	4	5	6	7	8	9	10	11
18 123	Korngrößenanalyse – Siebung und Sedimentation	V	1971.06	04.1983		BG				
18 124	Korndichte (Pyknometer)	V	1973.03	09.1989		BG				
18 125 T 1	Dichte des Bodens, Laborversuche	V	1972.04	05.1986		BG				
18 126	Lockerste und dichteste Lagerung	V	1981.03	09.1989		BG				
18 127	Proctorversuch	V	1974.04	05.1987		BG				
18 128	Glühverlust	N	1990.11	11.1990		BG				
18 129	Kalkgehalt	N	1990.11	11.1990		BG				
18 130 T 1	Wasserdurchlässigkeit, Laborversuche	V	1983.11	11.1989		BG				
18 134	Plattendruckversuch	V	1976.07	06.1990		BG				
18 136	Einaxiale Druckfestigkeit	V	1973.03	03.1987		BG				
18 137 T 1	Scherfestigkeit, Begriffe, Versuchsbedingungen	V	1973.03	08.1990		BG				
18 137 T 3	Triaxialversuch	V	1983.04	12.1990		BG				
18 196	Bautechnische Bodenklassifikation	N	1970.06	10.1988	72 zurückgezogen	BG				
4020	Geotechnische Untersuchungen	N	1953.07	10.1990		BG		10.1990		zuvor: Richtl. d. Deutsch. Aussch. f. Baugrundforsch., 3. A. 40
4021 Bl. 1	Aufschlüsse im Boden (Schürfen, Bohrungen, Entn. von Proben)	N	1938.04	10.1990		BG				Seit 1990 die Blätter 1, 2, und 3 vereinigt
4021 Bl. 2	Aufschlüsse im Fels (Schürfen, Bohrungen, Entn. von Proben)	N	1976.02	10.1990		BG				Seit 1990 die Blätter 1, 2, und 3 vereinigt
4021 Bl. 3	Aufschluß der Wasserverhältnisse	N	1976.08	10.1990		BG				Seit 1990 die Blätter 1, 2, und 3 vereinigt
4022 (T 1)	Benennen v. Boden; Schichtenverzeichnis f. ungekernte Pr. im Boden	N	1938.04	09.1987	02.55; 11.69;	BG				1955 eigenes Blatt 2 für Wasserbohrungen
4022 T 2	Schichtenverzeichnis für Bohrungen im Fels	N	1981.03	03.1981		BG				
4022 T 3	Schichtenverzeichnis für gekernte Proben im Boden	N	1982.05	05.1982		BG				
4023	Zeichnerische Darstellung der Ergebnisse von Aufschlüssen	N	1955.02	03.1984	09.75	BG				

Grundbau-Normen, Übersicht

DIN-Nr.	Gegenstand der Norm	Form	Erstausgabe	Gültige Ausgabe	Zwischenausgaben	Bearbeitung	Erläuterung	Beiblatt	Beispiele	Anmerkungen
1	2	3	4	5	6	7	8	9	10	11
4030	Betonangreifende Wässer, Böden und Gase	N	1954.09	06.1991	11.69	DAStB				Ab 91 Teil 1: Grundlagen u. Teil 2: Entnahme und Analysen
4094	Ramm- und Drucksondierung	V	1960.12	12.1990	05.64; 11.74	BG		12.1990		Bis 90 als Teil 1 (Geräte), dann mit Teilen von Teil 2 vereinigt 1990 in DIN 4094 und das Beiblatt zu 4094 eingearbeitet
4094 T 2	Ramm- u. Drucksondierung, Anwendung und Auswertung	V	1965.06	10.1990	05.80	BG				
4096	Flügelsondierung	V	1972.11	05.1980		BG				
	c) Lastannahmen und Berechnungsnormen									
1055 T 2	Lastannahmen – Bodenkenngrößen	N	1972.02	02.1972		ETB				
4017 T 1	Grundbruchlast, lotrecht, mittig	V	1965.03	08.1979	09.74	BG		11.1975	in Bbl.	Vor 75 Erläuterungen als Textanhang
4017 T 2	Grundbruchlast, außermittig und schräg	V	1970.09	08.1979		BG		09.1974	in Bbl.	
4018	Sohldruckverteilung unter Flächengründungen	N	1957.08	09.1974		BG	1959	05.1981	Erl. u. Ebl.	Erläuterung und Berechnungsbeispiele mit 4019 gemeinsam
4019 T 1	Setzungsberechnung, lotrecht und mittig	N	1958.06	04.1979	04.74	BG	1959	04.1979	Erl. u. Ebl.	Erläuterung und Berechnungsbeispiele gemeinsam mit 4018
4019 T 2	Setzungsberechnung, schräg und außermittig	N	1961.02	02.1981		BG	1964	02.1981	Erl. u. Bbl.	
4084	Gelände- und Böschungsbruch	V	1971.03	07.1981	V T1 und T2: 02.74	BG		10.74; 7.81	09.1983	Teilblätter 1: Geländebruch, 2: Böschungsbruch 81 vereinigt
4085	Erddruck auf starre Stützwände	V	1982.08	02.1987		BG		02.1987	06.1989	
4149 T 1	Lastannahmen aus Erdbeben	N	1957.07	04.1981		ETB		04.81*		In Bbl. Erdbebenzonen in Deutschland
	d) Stoffnormen									
4127	Schlitzwandtone	V	1984.01	08.1986						
	e) Definitionen									
4015	Fachausdrücke, Formelzeichen in Grundbau u. Bodenmechanik	N	1958.03		10.71					03.80 in DIN 1080 Teil 6 überführt

ERWIN STÖTZER

Entwicklung der Geräte zur Herstellung von Bohrpfählen und Schlitzwänden

I Pfahlbohrgeräte

1 Einleitung

„Die Anwendung von Bohrpfählen ist auf lockeren, bohrfähigen Untergrund beschränkt . . . Setzungen bei normalen Bohrpfählen sind immer verhältnismäßig hoch und uneinheitlich. Tragfähigkeit entsprechend gering, Gründungen auf solchen Pfählen sind abzuraten." Mit diesen Worten beschrieb Schenck 1955 im Grundbautaschenbuch unter dem Kapitel „Pfahlgründungen" den damaligen Stand der Technik. Nur 3 Jahrzehnte später pries 1988 die Federal Highway Administration in ihrer Publikation über Drilled Shafts die Vorteile der Bohrpfähle:

„Bohrpfähle sind anwendbar bei den verschiedensten Bodenarten . . . selbst harter Fels kann mehrere Meter gebohrt werden . . . sehr große Lasten können mit einem einzigen Bohrpfahl abgetragen werden."

Zwischen diesen beiden so gegensätzlichen Aussagen liegen zwar nur 33 Jahre, aber dennoch umfaßt dieser Zeitraum die gesamte Entwicklung der Pfahlbohrtechnik.

2 Enwicklung der Bohrgeräte bis 1950

Die Aufgabe, Bauwerke auf weichem Untergrund zu erstellen, hat die Ingenieure schon immer beschäftigt. Die Lösung dieses Problems bestand meist darin, diese Bauwerkslasten über Tragelemente in tiefere, tragfähigere Bodenschichten einzuleiten. In den vergangenen Jahrhunderten war das Einrammen von Holz- oder Stahlpfählen besonders in Böden mit hohem Grundwasserstand oder nicht standfestem Baugrund die einzige Möglichkeit, Pfahlgründungen herzustellen.

Gebohrte Pfähle entwickelten sich sehr früh aus den Verfahren zur Herstellung von Bohrbrunnen, man zog die Ausmauerung als Tragelement heran. Als Mitte des letzten Jahrhunderts mechanische Winden und Greifer entwickelt wurden, war man erstmals in der Lage mit relativ geringem Aufwand, verrohrte Bohrungen in nicht standfestem Boden auch unter Wasser herzustellen. Diese Großlochbohrungen waren jedoch erst nach Entwicklung der Betontechnologie in den zwanziger Jahren als Bohrpfähle zu verwenden (Bild 1).

Eine wesentliche Steigerung der Bohrleistung gegenüber der Greiferbohrtechnik erzielte man durch das bereits vor dem Zweiten Weltkrieg entwickelte Trockenbohrverfahren. Man baute das bei Erdölbohrungen verwendete Drehgetriebe auf mobile Träger, z. B. Lkw auf, führte durch den Drehtisch eine bewegliche, am Windenseil aufgehängte Bohrstange mit einer unten befestigten Schnecke und war somit in der

Bild 1   Greiferbohrung mit Dreibock

Lage, in standfesten Böden hohe Bohrleistungen zu erzielen. Das Problem, die Bohrlochwandung in nicht standfesten Böden zu stabilisieren, wurde bereits in den USA in den 40er und 50er Jahren gelöst.

Im gleichen Zeitraum entwickelte sich neben der Greiferbohrtechnik und dem Trockendrehbohrverfahren aus der Erdölbohrtechnik das Spülbohrverfahren. Dieses Bohrverfahren war meist auf große Tiefen ausgelegt und erforderte eine sehr aufwendige Einrichtung am Bohrpunkt. Die Anwendung des Spülbohrverfahrens zur Herstellung von Bohrpfählen blieb auf wenige Fälle beschränkt.

3   Entwicklung der Pfahlbohrgeräte ab 1950

Nach dem Zweiten Weltkrieg setzte in Europa eine rege Bautätigkeit ein, die Anforderungen an die Gründungstechnik und damit auch an die Bohrgeräte stiegen. Die immer engere Bebauung in den Städten forderte zudem Verbausysteme, deren Tragelemente nicht mehr gerammt, sondern in gebohrte Löcher gestellt wurden (Bohrträgerverbau, Pfahlwände). Der nahe Abstand dieser Bohrungen zu vorhandenen Fundamenten verlangte zusätzlich minimale Auflockerungen in der Umgebung der Bohrungen.

3.1   Verrohrte Greiferbohrung

3.1.1   Kompaktanlagen

Um die Bohrpfahlgeräte wirtschaftlich einzusetzen, waren von den Geräteherstellern folgende Forderungen zu erfüllen:

- Einbau einer, der Bohrung voreilenden Verrohrung mit dem Ziel, die Auflockerungen im Pfahlbereich zu minimieren.
- Verwendung von wiedergewinnbaren, torsionssteifen, schnell zu koppelnden Bohrrohren.
- Hohe Aushubleistungen auch bei schwierigen Böden.

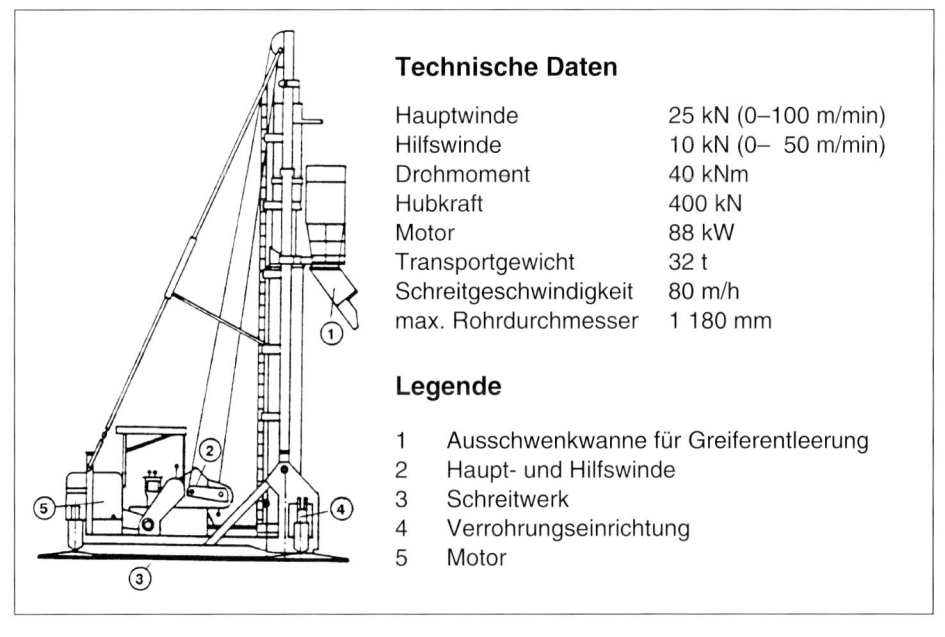

Technische Daten

Hauptwinde	25 kN (0–100 m/min)
Hilfswinde	10 kN (0– 50 m/min)
Drohmoment	40 kNm
Hubkraft	400 kN
Motor	88 kW
Transportgewicht	32 t
Schreitgeschwindigkeit	80 m/h
max. Rohrdurchmesser	1 180 mm

Legende

1 Ausschwenkwanne für Greiferentleerung
2 Haupt- und Hilfswinde
3 Schreitwerk
4 Verrohrungseinrichtung
5 Motor

Bild 2   Greiferkompaktanlage BENOTO EDF 55 (1955)

Mit der Entwicklung der Greiferkompaktanlage EDF 55 erfüllte die französische Firma Benoto weitgehend diese Forderungen (Bild 2):
- Eine hydraulisch schließbare Rohrschelle umfaßt das Bohrrohr. Es wird über horizontal liegende Zylinder schockiert und gleichzeitig über vertikal stehende Druckzylinder in den Boden gepreßt.
- Die wiedergewinnbaren, ineinander einsteckenden Bohrrohre werden an den Koppelstellen mit Rohrschrauben spielfrei verbunden, der doppelwandige Aufbau der Rohre erspart Gewicht bei hoher Biege- und Torsionssteifigkeit.
- Der Bohrgreifer mit einem Gewicht von 1,0 bis 3,0 Tonnen (je nach Bohrdurchmesser) fällt auf die Bohrlochsohle, gräbt sich durch seine Fallenergie ein: beim Ziehen des Greifers schließen sich die Schaufeln. Um möglichst kurze Greiferspiele zu erzielen, wird der Greifer im Turm geführt und mit einer schnellaufenden Freifallwinde bewegt.
- Die mit Hartmetall gepanzerten Rohrschneiden fräsen durch die Schockierbewegung einen Ringspalt auch in hartem kompaktem Boden, der in das Bohrrohr hineinwachsende Kern läßt sich mit dem Bohrgreifer leichter zerstören und entfernen.
- Das Bohrgerät gleitet über ein Schreitwerk von Bohrpunkt zu Bohrpunkt (Bild 3).

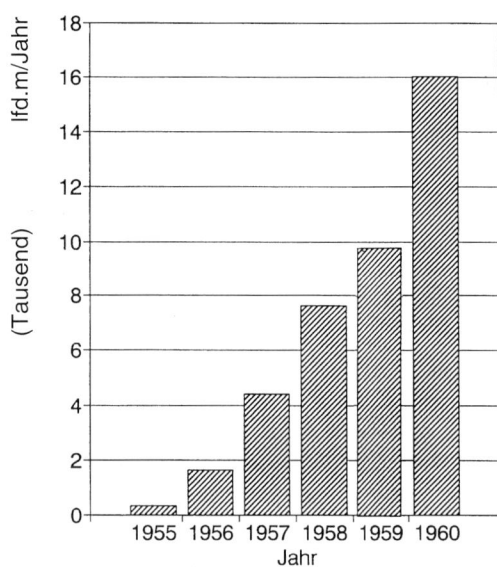

Bild 3   BENOTO EDF 55 (1955)   Bild 4   Jahresleistung Benotopfähle (lfd.m), Schweiz

Mit dem Benoto-Bohrgerät war man erstmals in der Lage, verrohrte Bohrungen bis 1200 mm Durchmesser und Tiefen von 40 m in nahezu allen Bodenformationen herzustellen. Das neue System des Einschockierens von Bohrrohren mit scharfen Rohrschneiden erlaubte das Herstellen von sich überschneidenden Pfählen, der sogenannten dichten Benoto-Pfahlwand.

Die Bohrleistungen für Pfähle Ø 900 mm, hergestellt im dichten Kies, lagen schon damals bei etwa 4 m/h. Das Bohrsystem Benoto wurde innerhalb von einem Jahrzehnt in nahezu allen europäischen Ländern eingeführt (Bild 4).

Der große Erfolg dieses Bohrsystems führte in den frühen 60er Jahren auch bei anderen Geräteherstellern zu ähnlichen Entwicklungen (Bild 5 Bade DAG 60).

10 Jahre später war die große Zeit der Kompaktanlagen in Europa vorüber. Japan hat sich die Greiferkompaktanlage bis heute erhalten. Das unbewegliche Schreitwerk wurde dort durch ein Raupenfahrwerk ersetzt, anstelle des Schockiersystems verwendet man durchdrehende Verrohrungsmaschinen (Bild 6) (siehe auch „Neuere Entwicklungen").

3.1.2 Baggeranbaugeräte

Mit dem verminderten Einsatz der Kompaktbohranlage begann man sehr bald auch über die Nachteile dieses Bohrsystems nachzudenken:

– Die Kompaktbohranlage ist zu unbeweglich, das Umsetzen von Bohrpunkt zu Bohrpunkt zu zeitraubend.
– Zum Einbau der Bewehrungskörbe und dem Umtransport der Bohrrohre benötigt man ein zusätzliches Hilfsgerät.

Entwicklung der Pfahlbohrgeräte ab 1950

BADE DAG 60

Durchmesser 1500 mm
Drehmoment 800 kNm
Leistung 115 kW
Gewicht 50 t
oszillierend

MITSUBISHI MT 200

Durchmesser 2000 mm
Drehmoment 1350 kNm
Leistung 300 kW
Gewicht 88 t
durchdrehend

Bild 5   Kompaktanlage BADE (1960)

Bild 6   Kompaktanlage auf Raupen mit durchdrehender Verrohrungsmaschine (1990)

– Der Bodenaushub wird nur an einem Punkt abgelagert, er muß ständig mit einem Zuatzgerät entfernt werden.
– Das Gerät kann nur zum Bohren eingesetzt werden. Die Investitionskosten führen bei einer mäßigen Auslastung zu hohen Gerätemieten.

Da jedoch das voll verrohrte Greiferbohrverfahren in den frühen sechziger Jahren allen anderen Verfahren immer noch weit überlegen war, verwendete man die Komponenten schockierende Rohrschelle, Bohrgreifer und koppelbare Bohrrohre in Verbindung mit den damals üblichen Standardseilbaggern als sogenannte „Baggeranbaugeräte".

Dieser Trend wurde durch die damalige Weiterentwicklung der Schleppschaufelbagger unterstützt, die durch ihr gutes Standvermögen, ihrer robusten Auslegerkonstruktion und der hohen Kapazität der Freifallwinde den Anforderungen als Trägergerät sehr gut entsprach. Als Beispiele für Gerätehersteller solcher Seilbagger können in Deutschland die Firmen Menck, Demag, in Frankreich Pinqueley oder in England NCK genannt werden. So entwickelte Anfang der 60er Jahre die deutsche Firma Bade hydraulische Verrohrungsmaschinen (HVM) in zwei Grundtypen:

- HVM 0 bis 3:
  Geeignet für Bohrdurchmesser bis maximal 900 mm, mit Drehmomenten von 80 bis 300 kNm. Die Druck-/Hubzylinder sind, ähnlich wie bei den Kompaktanlagen hängend oberhalb der hydraulischen Rohrschelle angebracht (siehe Bild 8).

- HVM 4 bis 9:
  Geeignet für Bohrdurchmesser bis maximal 2000 mm, mit Drehmomenten von 400 bis 2000 kNm. Die Hub-/Zugzylinder sind stehend unterhalb der hydraulischen Rohrschelle befestigt und stützen sich beim Schockiervorgang mit Laufwerken auf dem Grundrahmen ab (Bild 7). Die Bohrleistungen in dichtem Kies für eine

BADE HVM 6	BADE HVM 3
Durchmesser 1300 mm	Durchmesser 900 mm
Drehmoment 600 kNm	Drehmoment 300 kNm
Leistung 60 kW	Leistung 37 kW
Gewicht 6 t	Gewicht 3 t
Hubkraft 1500 kN	Hubkraft 300 kN

Bild 7/8   Hydraulische Verrohrungsanlagen BADE (1960–1965)

Geräteeinheit HVM 6 mit Trägergerät Demag B 406, Bohrdurchmesser 900 mm, lag zwar nur bei 50% der Leistungen der Kompaktanlagen; durch die hohe Mobilität der Greifereinheit, den günstigen Auslastungsgrad des Seilbaggers und das Fehlen von Hilfsgeräten war besonders bei kleineren Baustellen ein wirtschaftlicheres Arbeiten möglich.

Verrohrungsmaschinen mit Seilbaggern – über die Jahre hinweg weiterentwickelt – werden auch heute noch für Pfahlbohrungen mit Durchmessern größer 1200 mm in schwierig zu verrohrenden Böden eingesetzt. Folgende Entwicklungsschritte führten zu dem heutigen technischen Stand:

Mitte der 70er Jahre:
Die italienische Gerätefirma Casagrande ersetzte die rollenden, steifen Hubzylinder durch Pendelzylinder; um Zwängungen während des Schockiervorganges zu vermeiden, wurde ein sich bewegendes Gelenk eingeführt (Bild 9).

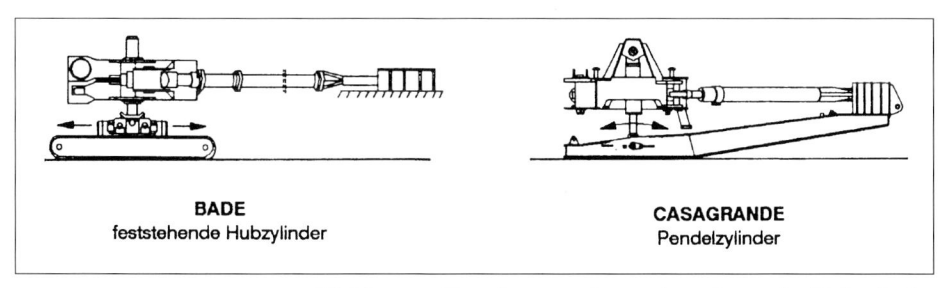

Bild 9   Verrohrungsanlagen: Anordnung der Hubzylinder

Anfang bis Mitte der 80er Jahre:
Mit dem Einsatz der vollhydraulischen Seilbagger konnten die Verrohrungsmaschinen ohne Aggregat benützt werden, die Hydraulikversorgung erfolgte über den Unterwagen des Seilbaggers (Firmen Liebherr, Sennebogen, Weserhütte).
Hydraulisch betriebene Freifallwinden (Fa. Zollern) erlaubten eine Zugkrafterhöhung bis zu 20 Tonnen und damit die Verwendung von neuen, schweren Greifern und Meißeln (Firmen Leffer, Casagrande und Hartfuß) (Bild 10). Hydraulisch betriebene Winden haben zudem den Vorteil, daß sie in bezug auf ihre Abroll-/Aufrollgeschwindigkeit gut zu synchronisieren sind; Greifer im Zweiseil-Betrieb lassen sich einfacher bedienen und erzielen durch ihr größeres Fassungsvermögen höhere Bohrleistungen. Die gezeigten Entwicklungen führten zu einer erheblichen Leistungssteigerung der Greiferbohranlagen (Bild 11). So erzielt heute eine Verrohrungsanlage mit vollhydraulischem Seilbagger (Liebherr HS 852) im mittelschweren Boden (dichter Kies) bei einem voll verrohrten Durchmesser von 900 mm, Bohrleistungen von 6–8 m/h.

Entwicklung der Geräte zur Herstellung von Bohrpfählen und Schlitzwänden

Bild 10   Sechsschneidenmeißel

Bild 11   Zweiseilgreifer LEFFER

3.2 Trockendrehbohrverfahren

3.2.1 Drehbohrgerät mit feststehendem Drehtisch

In den 50er Jahren entwickelten die amerikanischen Firmen Calweld, Williams und Hughes Trockendrehbohranlagen, die bevorzugt in standfesten Böden eingesetzt wurden. Bei nicht standfesten Böden stabilisierte man die Bohrlochwandung mit Bentonitsuspension.

„Truck mounted bucket rigs" (Drehkübelgerät auf Lkw)
Im Drehtisch treibt ein Mitnehmerjoch die Bohrstange (Kellystange) an. Die Bohrstange hängt an einer Winde und besteht aus teleskopisch ineinandergleitenden quadratischen Profilen, am innersten Profil ist der Grabkübel befestigt. Zum Entleeren des Grabkübels werden die Kellystangen hochgezogen, das Mitnehmerjoch gleitet aus dem Drehtisch. Kübel, Kellystangen und -joch werden in die Schwenkvorrichtung gezogen, der Kübel dort geöffnet. Diese Geräte wurden bis zu Kübeldurchmessern von 1200 mm und Bohrtiefen von 50 m gebaut (Bild 12).

„Truck mounted auger rigs" (Drehschneckengerät)
Der Aufbau ist ähnlich dem Drehkübelgerät, die Kellystange bleibt jedoch immer im Drehtisch. Zum Entleeren schwenkt die gesamte Bohranlage zur Seite (Bild 14).

Entwicklung der Pfahlbohrgeräte ab 1950

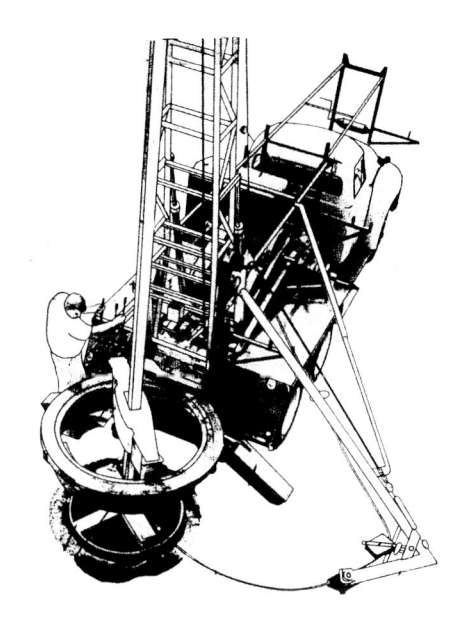

Bild 12　　Drehkübelbohrgerät auf LKW, CALWELD 200 A (1959)

„**Crane attachment drills**" (Drehbohrgerät zum Anbau am Kran)
Als Basisgerät dient ein handelsüblicher Raupenkran. Unter seinem Ausleger ist ein mit Dieselmotor angetriebener Drehtisch aufgehängt, die Kellystange bleibt am Drehtisch und wird von der Kranwinde bewegt (Bild 13).
　Die Umbauzeiten von Kran auf Drehbohranlage sind minimal.

Bild 13　　Drehbohrgerät als Baggeranbauanlage

Bild 14　　Drehbohranlage als LKW-Anbaugerät

Bild 15   Bohreinheit bestehend aus Baggeranbaubohrgerät und Rüttlereinheit SOILMEC (1980–1985)

„Truck mounted auger rigs" und „crane attachment drills" wurden vor 25 Jahren durch die italienische Firma Soilmec in Europa eingeführt, durchgesetzt hat sich jedoch nur das Drehbohrgerät zum Anbau am Kran. Durch die Verwendung von handelsüblichen Raupenkränen und der einfachen, preisgünstigen Bauart des Drehtisches sind die Investitionskosten gering. Dieser Gerätetyp ist die heute weitverbreiteste Bohranlage. Der Nachteil, daß bei nicht standfesten Böden die Verrohrung zeitraubend nur in kleinen Stücken eingedreht werden kann, wurde durch den Einsatz von schweren Rüttlern zum Einvibrieren und Ziehen von bis zu 20 m langen Standrohren ausgeglichen (Bild 15). Der bevorzugte Einsatz dieser Bohranlage sind tiefe unverrohrte Bohrpfähle, hergestellt in lockeren, weichen Meeresablagerungen.

3.2.2   Drehbohrgeräte mit beweglichem Drehtisch

Gegen Ende der 60er Jahre verwendeten die Gerätehersteller Wirth und Salzgitter die aus dem Brunnenbau kommende Idee des beweglich am Mast geführten Drehgetriebes zur Herstellung von verrohrten Pfahlbohrungen. Der Drehantrieb trieb wie bisher die Kellystange an, konnte jedoch durch seine Beweglichkeit zusätzlich auf Bohrrohre aufgesetzt werden und diese ohne zusätzliche Hilfe in den Boden eindrehen.

Bemerkenswert an der Konstruktion der Salzgitter-Bohranlage BB 10 war die Verwendung eines handelsüblichen Hydraulikbaggers als Trägergerät und Hydraulikaggregat. Die für das Bohren und Verrohren so wichtigen Kenndaten: Drehmoment lag bei 50 kNm, das Einsatzgewicht bei 50 Tonnen und die Motorleistung bei 120 kW (Bild 16). Kurze Zeit später entwickelte Delmag eine ähnliche Bohranlage, die RH 155, aufgebaut auf handelsüblichen Seilbaggern. Der Vorteil dieses Bohrgerätes lag vor allem in der Verwendung eines Drehgetriebes mit einem Drehmoment von 100 kNm (Bild 17).

Technische Daten

Drehmoment	50 kNm
Vorschub	
– Zug	150 kN
– Druck	75 kN
Masthöhe	21,4 m
Hauptwinde	80 kN
Hilfswinde	40 kN
Trägergerät	O&K RH 20
installierte Leistung	120 kW
Einsatzgewicht	50 t

Bild 16 Trockendrehbohranlage mit beweglichem Drehantrieb SALZGITTER Typ BB 10 (1960)

Das Gerät war damit bereits in der Lage, Bohrrohre bis zu einer Tiefe von 15 m in mittelschwerem Boden einzudrehen. Größere Verrohrungstiefen konnte man mit einer am Unterwagen des Trägergerätes starr verbundenen Verrohrungsanlage erzielen. Das Einsatzgewicht dieser Drehbohrkompaktanlage betrug etwa 80 Tonnen, die Abmessung 10 m × 5,3 m. Diese relativ hohen Werte minderten die Mobilität der Bohranlage, sie konnte sich gegen die Greiferkompaktanlagen nie durchsetzen.

Die wohl zukunftsweisendste Entwicklung auf dem Gebiet der Trockenbohrtechnik mit beweglichem Drehantrieb gelang 1975 der Firma Bauer mit dem Bau der BG 7. Im Vergleich zu den damaligen Bohrgeräten wies dieses Gerät folgende Besonderheiten auf (Bild 19):

Technische Daten

Drehmoment	100 kNm
Vorschub	
– Zug	180 kN
– Druck	180 kN
Hauptwinde	80 kN
Hilfswinde	60 kN
Trägergerät	handelsübliche O&K Seilbagger
installierte Leistung	113 kW
Einsatzgewicht	60 t

Bild 17 Trockendrehbohranlage mit beweglichem Drehantrieb DELMAG RH 155 (1962)

Technische Daten

(Verrohrungsanlage)

Drehmoment	1600 kN
max. Durchmesser	1500 mm
max. Zugkraft	1150 kN
installierte Leistung	96 kW
Gewicht	270 kN
Länge	10 m
Breite	5,3 m

Bild 18 Trockendrehbohranlage mit angebauter Verrohrungsmaschine DELMAG Typ RV 155 (1963)

Technische Daten
BG 7

Drehmoment	74 kNm
max. Durchmesser	1300 mm
Vorschub Druck	150 kN
Zug	150 kN
Hauptwinde	55 kN
Hilfswinde	55 kN
Gesamtwinde	27 t
Geräteträger	O&K RH 6LC
Leistung	66 kW

Verrohrungsanlage BV 880

Drehmoment	450 kNm
max. Durchmesser	880 mm
Hubkraft	730 kN
Drehwinkel	22 Grad
Gewicht	4 t

Bild 19   Drehbohranlage BAUER BG 7 (1975)

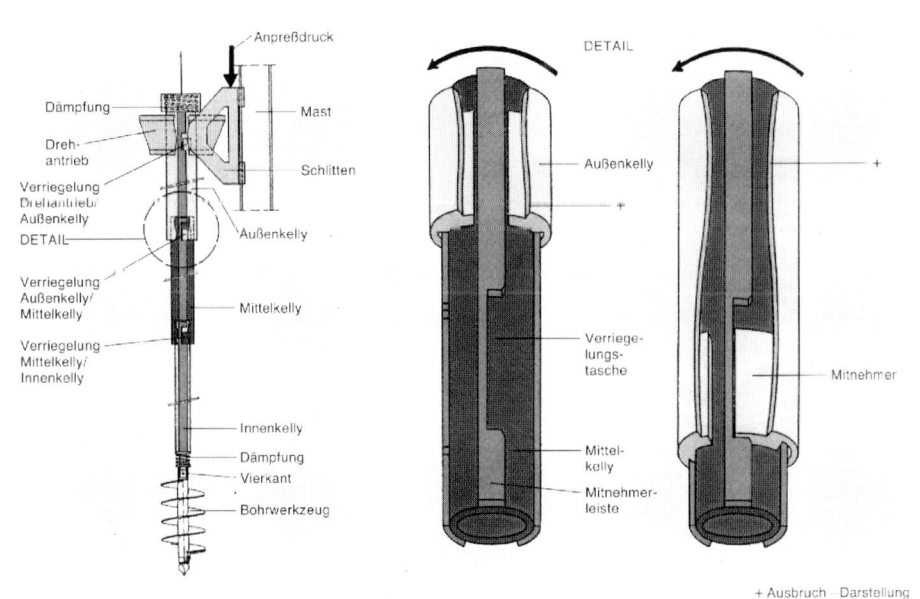

Bild 20   Verriegelbare Teleskopbohrstange System BAUER (1978)

- Die Verwendung eines Hydraulikbaggers mit kurzem Ausleger als Trägergerät bewirkte eine einfache Einleitung des Drehmomentes bei geringem Grundgewicht (Verhältnis Einsatzgewicht zu Drehmoment 27 t : 7,4 t = 3,65).
- Die aus Quer- und Längszylinder bestehende Mastverstellung erlaubt auch bei geneigtem Planum ein schnelles Einrichten des Bohrmastes am Bohrpunkt.
- Das Drehgetriebe kann über einen feinfühlig zu steuernden Vorschubzylinder auf- und abbewegt werden.
- Durch die Verriegelung der Teleskop-Kellystangen untereinander und mit dem Drehgetriebe wird über das System Vorschubzylinder, Drehgetriebe, Kellystangen und Bohrwerkzeug eine Vertikalkraft auf die Reißzähne aufgebracht. Diese Kraft in Verbindung mit dem Drehmoment vermag selbst harte Böden zu lösen (Bild 20).
- Reicht das Drehmoment oder die Vorschubkraft zum Einbau der Verrohrung nicht mehr aus, so kann eine relativ leichte Verrohrungsmaschine an den Unterwagen angebaut werden. Die Hydraulikversorgung erfolgt über das Trägergerät, bei Bedarf wird die Verrohrungsmaschine mit dem Unterwagen verriegelt und kann so das Gerätegewicht als Anpreßdruck aktivieren.

1978 folgte der BG 7, die ebenfalls von Fa. Bauer entwickelte Bohranlage BG 11, und 1982 die BG 26 – jeweils mit etwa den doppelten Leistungsdaten (Bild 21). Bis zum heutigen Tag sind von Fa. Bauer etwa 350 Geräte des Typs BG 9/BG 11 gebaut worden. Ähnliche Geräte werden von den italienischen Herstellern Soilmec und Casagrande und den deutschen Herstellern Wirth, Delmag und Klemm gebaut (Bild 22).

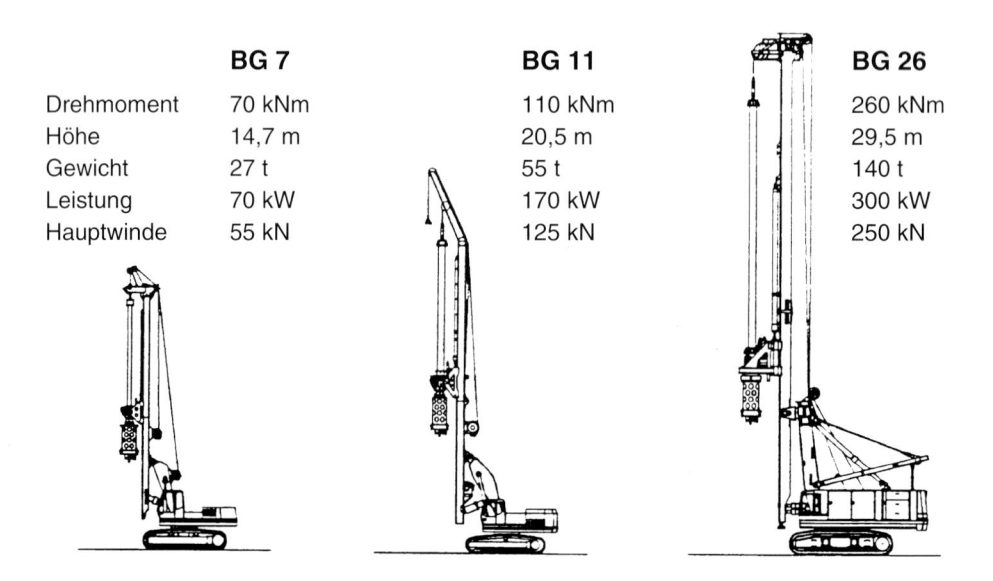

	BG 7	BG 11	BG 26
Drehmoment	70 kNm	110 kNm	260 kNm
Höhe	14,7 m	20,5 m	29,5 m
Gewicht	27 t	55 t	140 t
Leistung	70 kW	170 kW	300 kW
Hauptwinde	55 kN	125 kN	250 kN

Bild 21   Übersicht Drehbohrgeräte Fa. BAUER (Stand 1982)

Entwicklung der Pfahlbohrgeräte ab 1950

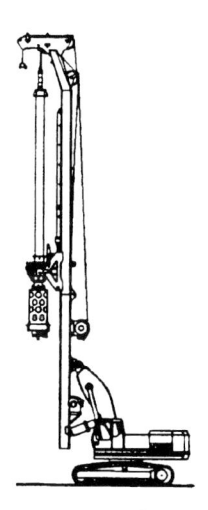

BAUER BG 14

Drehm. 140 kNm
Höhe 20,3 m
Gewicht 60 t

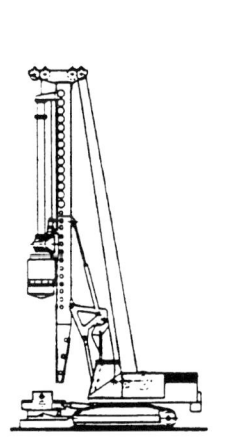

SOILMEC R 12

Drehm. 125 kNm
Höhe 16,3 m
Gewicht 54 t

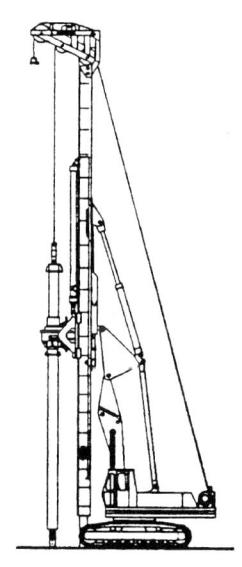

KLEMM GH 120

Drehm. 111 kNm
Höhe 23,2 m
Gewicht 81.5 t

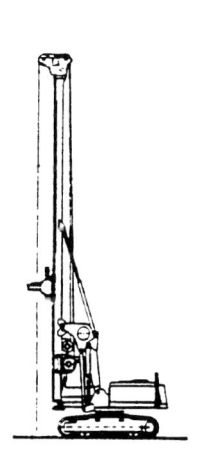

WIRTH ECO 10

Drehm. 112 kNm
Höhe 17 m
Gewicht 40 t

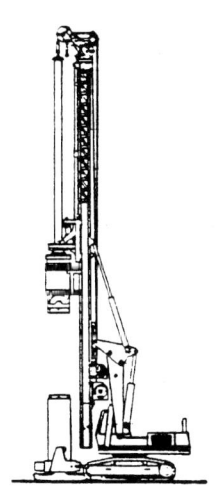

DELMAG RH 1413

Drehm. 140 kNm
Höhe 19,3 m
Gewicht 63 t

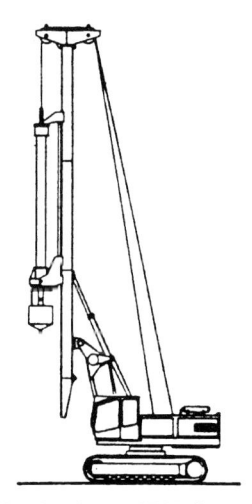

CASAGRANDE C 30

Drehm. 120 kNm
Höhe 22 m
Gewicht 60 t

Bild 22   Europäische Drehbohrgeräte mit 100 – 140 kNm Drehmoment (1985–1990)

3.3 Sonstige Pfahlbohrgeräte

3.3.1 Spülbohrgeräte

Als Spülbohrverfahren wird die Bohrtechnik bezeichnet, bei der das an der Bohrlochsohle gelöste Bohrklein kontinuierlich abgesaugt und mit einem Spülmedium (Wasser, Luft, Bentonitsuspension) nach oben transportiert wird.

Spülbohrgeräte konnten wegen des hohen Einrichtungsaufwandes wirtschaftlich nur bei großen Pfahltiefen und großen Pfahldurchmessern verwendet werden. In größerem Umfang eingesetzt wurden nur Aufsatzgeräte der deutschen Fa. Wirth und das „Rodless reverse circulation drill RRC" der japanischen Firma Tone Boring.

Aufsatzgerät PBA/PBS von Fa. Wirth (Bild 23)
Nach dem Einbringen einer Hilfsverrohrung mit Greifer und Verrohrungsmaschine wird das Bohrgerät auf dieses Rohr gehoben und fest mit ihm verbunden. Gebohrt wird mit einem am Gestänge hängenden Rollenmeißel, die Absaugung des gelösten Materials erfolgt über Airlift. Bevorzugt wird diese Bohranlage bei Gründungen im Wasser oder beim Herstellen von Felseinbindungen eingesetzt.

Bild 23   Spülbohranlage: links Typ PBA, rechts Typ PBS (Fa. WIRTH)

Rodless Reverse Circulation Drill Rig (RRC), Fa. Tone (Bild 24)
Das Bohrgerät besteht aus einem am Seil hängenden Getriebekopf, bei dem drei gegenläufige und damit sich selbst stabilisierende Bohrköpfe den Boden lösen. Ein zentrisch angebrachtes Saugrohr, verbunden mit einer außerhalb des Bohrlochs stationierten

Bild 24   Spülbohranlage Typ RRC (TONE BORING Japan)

Saugpumpe transportiert das mit dem Spülmedium Wasser oder Bentonitsuspension vermischte Bodenmaterial nach oben. Dort wird das Spülmedium in Separieranlagen vom Boden getrennt und zurückgeleitet. Zur Stabilisierung der Bohrlochöffnung verwendet man wie beim Aufsatzgerät, Standrohre und in der Bohrung das Spülmedium. Das RRC-Gerät wird besonders bei sehr tiefen Pfahlgründungen in weichen Seeablagerungen eingesetzt.

3.3.2 Kontinuierlich arbeitende Trockendrehbohrgeräte
Zu dieser Kategorie gehören Bohrgeräte, die lange Bohrwerkzeuge in einem Stück in den Boden eindrehen, dabei den Boden verdrängen und/oder fördern und beim Ziehen der Werkzeuge die entstehende Bohrung mit Beton verfüllen. Da bei diesen Bohrverfahren das Lösen des Bodens, der Transport des gelösten Materials und die Stabilisierung oder Verrohrung in einem Arbeitsgang kontinuierlich erfolgt, kann man bei diesem Verfahren die höchsten Bohrleistungen erzielen. Die Bohrtiefe ist jedoch auf die nutzbare Bohrmasthöhe beschränkt.

Als Trägergerät verwendet man die in Japan entwickelten Dreipunkt-Mäklergeräte oder die Trockendrehbohrgeräte mit geradem, langem Mast. Man unterscheidet folgende Bohrsysteme:
– lange Schnecke mit kleiner Seele
– lange Schnecke mit großer Seele
– Doppelkopfsystem

Lange Schnecke mit kleiner Seele (Bild 25)

Das auf der Schnecke sitzende Drehgetriebe stützt sich am Bohrmast ab, beim Eindrehen wird in den Schneckenwendeln Bodenmaterial nach oben gefördert. Nach dem Erreichen der Endtiefe pumpt man Beton durch die Seele auf die Bohrlochsohle und zieht die Schnecke ohne zu drehen nach oben. In die mit Beton gefüllte Bohrung kann nachträglich ein Bewehrungskorb eingerüttelt werden. Die Bohrleistungen können je nach Bodenart und Baustellenorganisation 20 bis 40 m/Std. betragen. Nutzbare Bohrmastlängen (damit Bohrtiefen) von etwa 20 m stellen wegen der Stabilität des Gerätes eine obere Grenze dar.

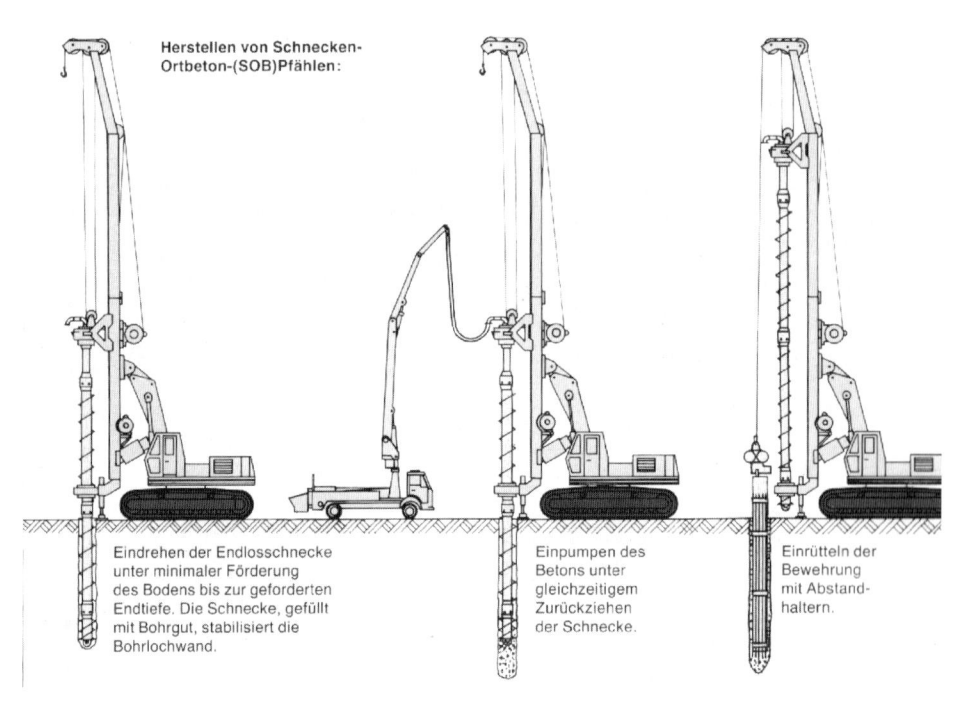

Bild 25   Herstellen von bewehrten Pfählen mit langer Bohrschnecke, SOB-Verfahren (kleine Seele) – BAUER BG 11

Lange Schnecke mit großer Seele (Bild 26)

Auf ein Bohrrohr ist außen eine Schneckenwendel mit einer Dicke von 5 bis 7 cm angeschweißt, das Bohrrohr verschließt ein verlorener oder wiedergewinnbarer Bohrkopf. Beim Eindrehen dieses Werkzeuges wird der Boden teilweise verdrängt, teilweise auf den schmalen Wendeln nach oben transportiert. Nach Erreichen der Endtiefe baut man den Bohrkopf aus oder stößt ihn ab, baut den Bewehrungskorb ein, zieht beim Betonieren kontinuierlich die Schnecke aus dem Boden. Da die Schnecke wie ein Bohrrohr gekoppelt werden kann, sind die maximalen Bohrtiefen nur von der Bodenart oder dem zur Verfügung stehenden Drehmoment abhängig. Nachteilig kann sich bei horizontaler Belastung der Pfähle das ungünstige Verhältnis von Pfahldurchmesser zu Bewehrungskorbdurchmesser auswirken. (Beispiel: Bei

Bild 26   Herstellen von bewehrten Pfählen mit langer Bohrschnecke
           (Verdrängerschnecke, große Seele) – WIRTH Typ B5A

einem Pfahldurchmesser von 900 mm beträgt der maximale Bewehrungskorbdurchmesser 650 mm.) Die Bohrleistung von 20 bis 30 m/Std. ist nur geringfügig schlechter als bei der Verwendung von Schnecken mit kleiner Seele.

Doppelkopfsystem (Bild 27)
Das Drehgetriebe wird durch zwei auf einem Schlitten aufgebaute, gegenläufige Drehgetriebe ersetzt. Das obere Getriebe treibt eine Schnecke, das untere Getriebe ein die Schnecke umschließendes Bohrrohr an. Das Bodenmaterial wandert beim Eindrehen des Rohr-/Schneckenwerkzeuges im Rohr nach oben und tritt unterhalb des Drehgetriebes aus einem in das Rohr geschnittenen Fenster aus. Nach Erreichen der Endtiefe entkoppelt man das Bohrrohr, zieht die Schnecke aus dem Rohr, baut den Bewehrungskorb ein und zieht bei gleichzeitigem Betonieren das Rohr aus dem Boden. Das Rohr wird dann in eine Köcherbohrung gestellt, dort kann es dann wieder über die Schnecke gezogen und am Drehgetriebe befestigt werden. Die Bohrleistungen liegen bei etwa 15 bis 20 m/Std. In Deutschland wird dieses, von der Fa. Bauer entwickelte Pfahlbohrverfahren bevorzugt zur Herstellung von dünnen, an Gebäuden niedergebrachten Pfahlwänden (VdW) mit Durchmessern bis 500 mm und Bohrtiefen bis 15 m eingesetzt. In Japan verwendet man es bis zu Tiefen von 20 m und bis 1200 mm Pfahldurchmesser. Entwickelt wurde es von der Fa. Sanwa.

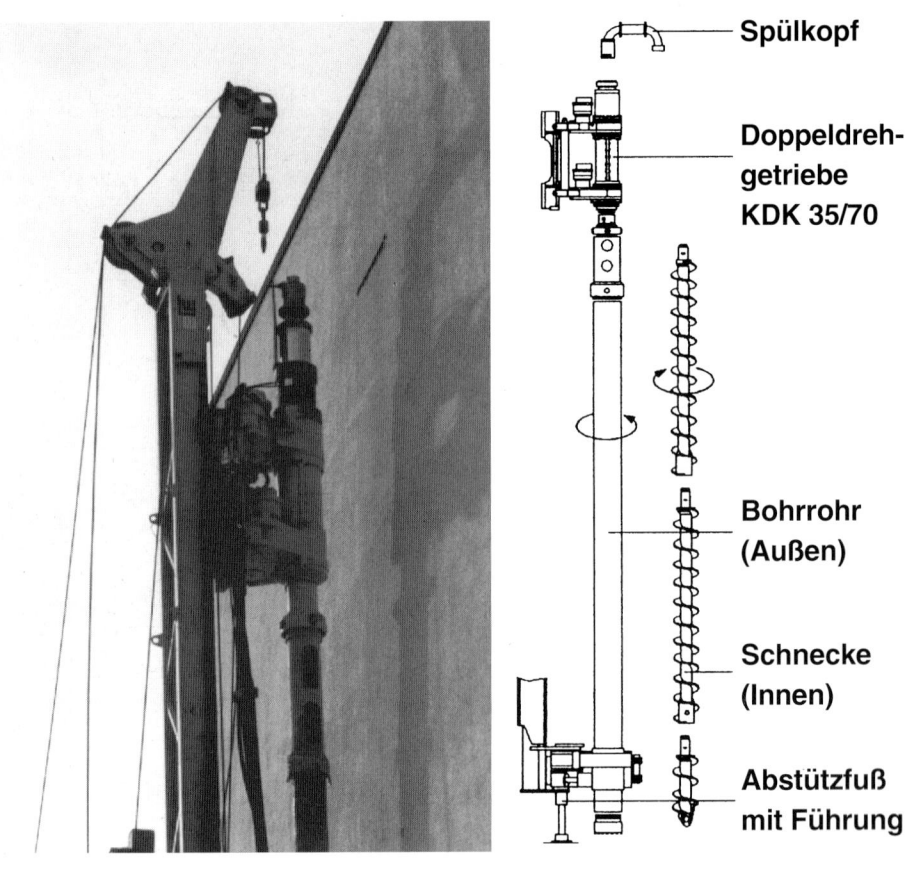

Bild 27 Doppelkopfbohrsystem (VdW-Verfahren, System BAUER) an Drehbohranlage Typ BAUER BG 9

4 Neuere Entwicklungen

4.1 Durchdrehende Verrohrungsmaschinen

Vor 5 Jahren begann man in Japan mit der Entwicklung von Verrohrungsmaschinen, die mit höchsten Drehmomenten Bohrrohre in den Boden eindrehen können. Neben der kontinuierlichen Drehbewegung, die die Reibung im Vergleich zum Schockieren entscheidend reduziert, können die Zähne des Rohrschuhs für eine Schneidrichtung besser ausgebildet werden.

Man ist in der Lage, schwere Böden oder Felsblöcke mit den Bohrrohren zu durchörtern. Neben den hohen Investitionskosten wirken sich die großen Abmessungen (Höhe 3,0 m) und das große Gewicht von 30 bis 40 Tonnen nachteilig für die Wirtschaftlichkeit aus (Bild 28).

Neuere Entwicklungen

Bild 28 Durchdrehende Verrohrungsanlage Hitachi CD 2000
(Drehmoment 1600 kNm, Drehzahl 1 U/min, Gewicht 30 t)

4.2 Bohrgeräte mit beweglichem Drehgetriebe und hohen Drehmomenten (Bild 29)

In der Technik bei kleinem Einsatzgewicht der Bohranlage ein bewegliches Drehgetriebe mit hohem Drehmoment zu verwenden, ist die Fa. Bauer mit der Entwicklung der BG 22 und BG 30 noch einen Schritt weitergegangen. So kann im Vergleich zu den Geräten BG 11 bei gleichem Grundgerät, durch die Verwendung des extrem steifen Kraftdreiecks des Mast-/Nackenzylinders das 2- bis 3fache Drehmoment in den Oberwagen eingeleitet werden (Bild 30).

Mit diesen hohen Kräften ist man nicht nur in der Lage, Pfähle ø 1200 mm bis 20 m ohne zusätzliche Verrohrungshilfe herzustellen, auch harter Fels kann mit Reißbohrwerkzeugen gelöst werden.

4.3 Elektronikeinsatz bei Bohrgeräten

Mit der immer weiter fortschreitenden Entwicklung der Elektronik werden auch die Anwendungsgebiete in Bohrgeräten immer umfassender. In modernen Bohrgeräten wird heute neben der Erfassung von Daten bereits direkt in den Bohrbetrieb mittels Elektronik eingegriffen.

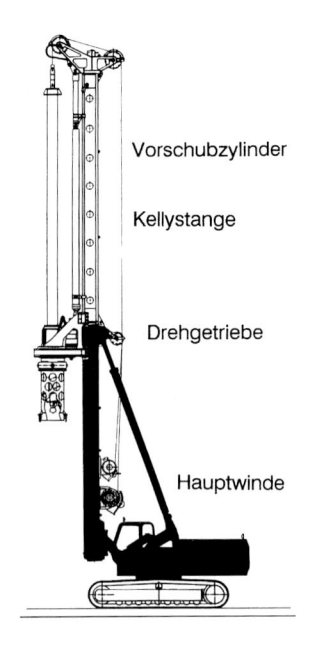

Technische Daten BG 30

Drehmoment	360 kNm	Hauptwinde	200 kN
max. Durchmesser	2200 mm	Hilfswinde	100 kN
Vorschub Druck	250 kN	Gesamtgewicht	90 t
Zug	350 kN	Leistung	200 kW

Bild 29   Drehbohrgerät mit beweglichem Drehgetriebe, BAUER BG 30 (1989)

Folgende Bereiche werden dabei erfaßt:
– Erfassung von Bohrdaten
– Graphische Darstellung und Speicherung von Bohrdaten
– Steuerung und Auswahl von Arbeitsschritten
– Sicherheitseinrichtungen

Erfassen von Bohrdaten
Dies war das erste Anwendungsgebiet der Elektronik in Bohrgeräten. Neben der Erfassung von Hydraulikdrücken, Umdrehungszahlen sind heute Inklinometer zur Neigungsmessung des Mastes, Lastmessung an Seilen sowie Bohrtiefenerfassung Stand der Technik.

Graphische Darstellung und Speicherung der Bohrdaten
Die beim Messen gewonnenen Bohrdaten können aufgrund der fortgeschrittenen Bildschirm- und Programmiertechnik heute für den Gerätefahrer graphisch dargestellt werden. Dadurch wird die Bedienung der Geräte einfacher und gleichzeitig siche-

Neuere Entwicklungen

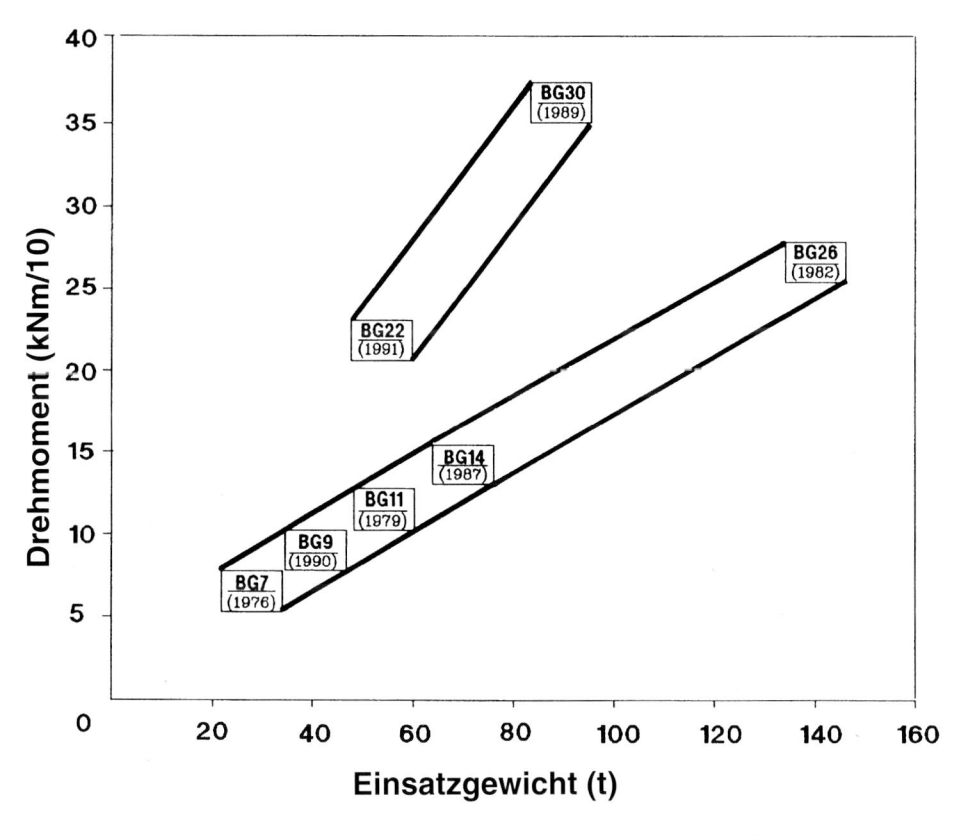

Bild 30   Drehbohrgeräte Fa. BAUER (1975–1992) Entwicklung Drehmoment – Geräteeinsatzgewicht

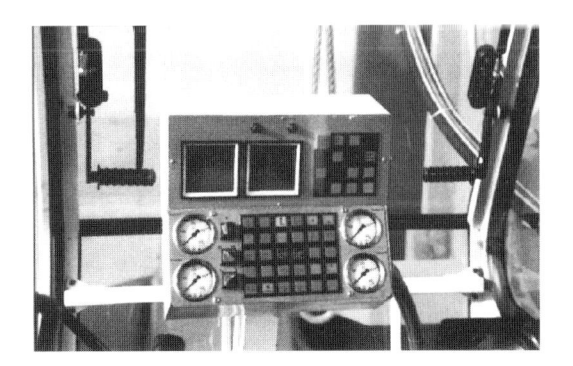

Bild 31   Drehbohrgerät BAUER BG 30
links: Elektronikschaltschrank; rechts: Bedienpult mit LCD-Bildschirm

rer. Zudem können die erfaßten Daten gespeichert und nach Herstellung des Pfahles oder am Ende eines Arbeitstages als Arbeitsprotokoll ausgedruckt werden.

Steuerung und Auswahl von Arbeitsschritten
Speicherprogrammierbare Steuerungen (SPS) ermöglichen es, die Leistung eines Gerätes optimal zu nutzen bzw. die installierte Leistung zu reduzieren. Die hydraulische Leistung wird zum Beispiel auf diese Weise auf die Arbeitsschritte Bohren (Drehmoment) und Andruck so verteilt, daß das Drehmoment Vorrang vor dem Andruck hat, die installierte Leistung aber vollständig genutzt wird.

Sicherheitseinrichtungen
Elektronische Sicherheitseinrichtungen sind wesentlicher Bestandteil moderner Bohrgeräte. Überlastregelungen für Winden, die abhängig von Turmneigung und Standvermögen den Betrieb des Gerätes bei Gefahr unterbrechen, sind möglich.

II   Schlitzwandgeräte

1   Einleitung

Bereits 1939/40 entwickelte Prof. Veder ein Konzept zur Herstellung von suspensionsgestützten Pfahlwänden zur Herstellung von tiefen Untergrundabdichtungen. Aufgrund der Kriegsereignisse konnte jedoch dieses neue Verfahren erst 1951 zur Dichtung des Ausgleichsbeckens in Venafero bei Neapel von der italienischen Firma ICOS angewendet werden. Die Weiterentwicklung von überschnittenen Bohrpfahlwänden, hin zur Bentonitschlitzwand erfolgte 1956 beim Bau der Untergrundbahn in Mailand. Das dann als das „Icos-Veder-System" bekanntgewordene Verbauverfahren fand bald darauf gerade durch den Bau von U-Bahnen in aller Welt seine schnelle Verbreitung.

Die Hauptaufgabe der Schlitzwandherstellung ist der Aushub eines tiefen Schlitzes mit Hilfe eines speziellen Grabgerätes. Die Wandung des entstehenden Hohlraumes stützt während des Aushubs eine Tonsuspension. Nach Fertigstellung des Schlitzes wird diese Suspension durch ein Füllmittel, z. B. Beton, ersetzt. Als Grabgerät dient entweder ein intermittierend auf- und abbewegter Greifer oder die kontinuierlich arbeitende Schlitzwandfräse.

2   Schlitzwandgreifer

2.1   Seilgreifer

Die ersten verwendeten Aushubgreifer wurden von der Fa. ICOS entwickelt, das Gewicht lag bei etwa 4,0 t; bei geöffneten Greiferschaufeln betrug die Breite 2,5 m, im geschlossenen Zustand etwa 2,0 m. Das Schließen des Greifers erfolgte über ein im Greifer geführtes Flaschenzugsystem (Bild 32). Als Trägergerät diente ein auf

Bild 32   Schlitzwandgreifer ICOS (1960)

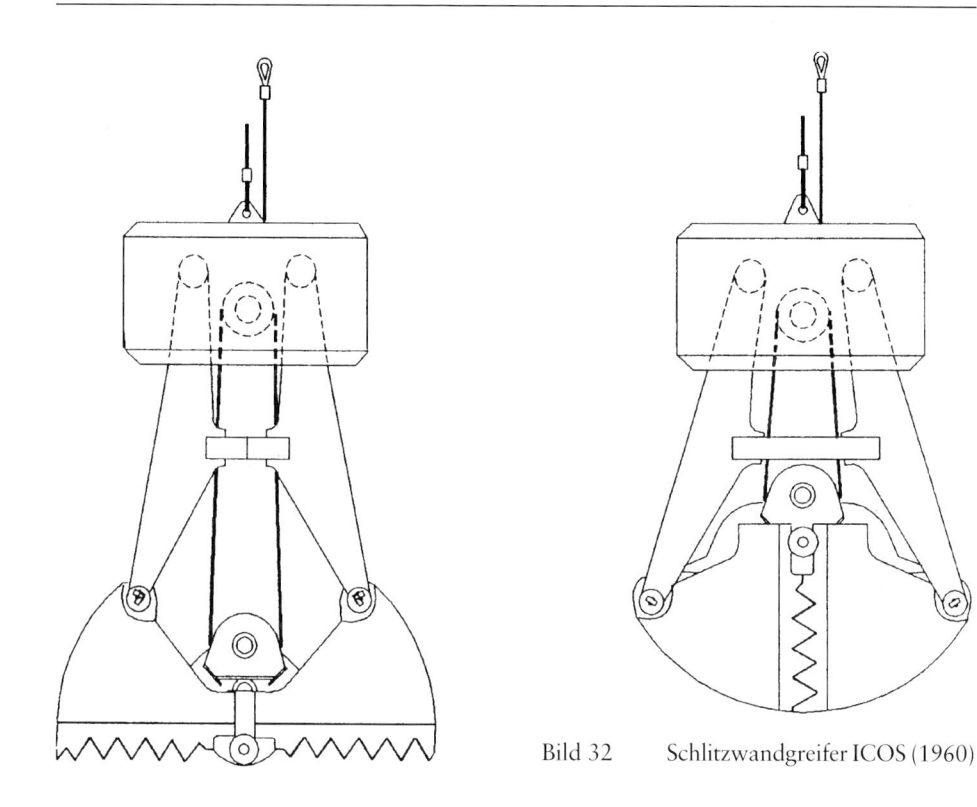

Schienen geführter Derrick, ausgestattet mit zwei gleichlaufenden Freifallwinden. Mit der Entwicklung von robusten, mechanisch operierenden Seilbaggern, ausgestattet mit Freifallwinden von 10 bis 12 t Traglast, konnten die Greifergewichte und damit auch die Grableistungen weiter gesteigert werden.

Solche Trägergeräte waren die Seilbagger der Firmen Pinqueley (Frankreich), NCK (England), Menck (Deutschland) und Linkbelt (Amerika). Höheren Genauigkeitsanforderungen bezüglich der Vertikalität der Wände wurde durch eine schlankere Bauart der Greifer entsprochen (Bild 33). Diese Neuerungen waren jedoch relativ unbedeutend, denn im wesentlichen ähnelten die Konstruktionsmerkmale, wie geführte Seilflaschen zum Schließen der Schaufeln, kleinere Greiferbreite in geschlossenem Zustand, hohes Gewicht und Verwendung von zwei Seilen (Schließseil, Halteseil) denen des von ICOS entwickelten Greifers.

Die wohl entscheidendste Neuerung erfolgte in den 80er Jahren mit der Entwicklung von hydraulisch betriebenen Seilbaggern, hergestellt von der Fa. Liebherr. Mit diesen Geräten war man in der Lage, Winden hydraulisch anzutreiben oder zu bremsen, den notwendigen Gleichlauf der Winde für das Halteseil und der Winde für das Schließseil zu steuern, die Windenzugkraft auf 20 t zu steigern und Baggerleistungen von bis zu 200 kW in Seilgeschwindigkeit umzusetzen.

Heute werden Greifer mit einer Öffnungsbreite von 4,5 m, einem Gewicht von 12 t mit 60-Tonnen-Seilbaggern, installierte Leistung von 300 kW (Windenzugkräfte 2 × 20 Tonnen) betrieben. Wurden vor 15 Jahren im dichten Kies noch Leistungen

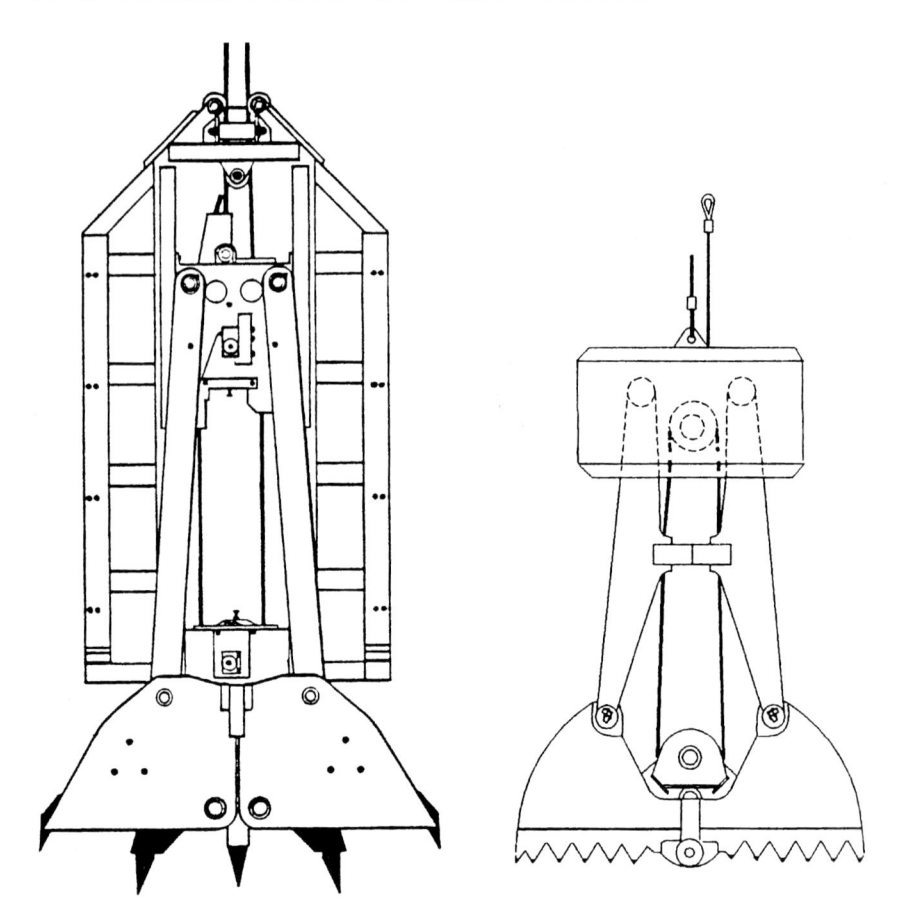

Bild 33   Vergleich Greifer KELLER (1965) – ICOS (1960)

von 60 m²/Tag mit 2,8 m breiten Greifern (Trägergerät Menck 154) erzielt, so kann man heute durch die Verwendung der großen Greifer und Hydraulikseilbagger bis zu einer 3fachen Aushubleistung ausgehen (Bild 34).

2.2   Hydraulisch betriebene Seilgreifer

Schon in den 70er Jahren versuchte man, das Flaschenzugsystem zum Schließen der Schaufeln durch direkt wirkende Hydraulikzylinder zu ersetzen (Bild 35). Zwar konnte man die Grabkraft entscheidend erhöhen, mußte jedoch das Problem des Zuführens der hydraulischen Energie in große Schlitztiefen in Kauf nehmen (Verluste, Dichtungen).

Lösungsansätze waren z. B. das Einführen von elektrischer Energie in den Schlitzwandgreifer, um dort ein Hydraulikaggregat zu betreiben (Fa. Schachtbau, Nordhausen 1980).

Schlitzwandgreifer

Bild 34   Schwerer Schlitzwandgreifer (Fa. STEIN), Breite 4,5 m, Gewicht 12 t (1989)

Bild 35   Hydraulisch betriebener Schlitzwandgreifer Fa. ICOS (um 1965)

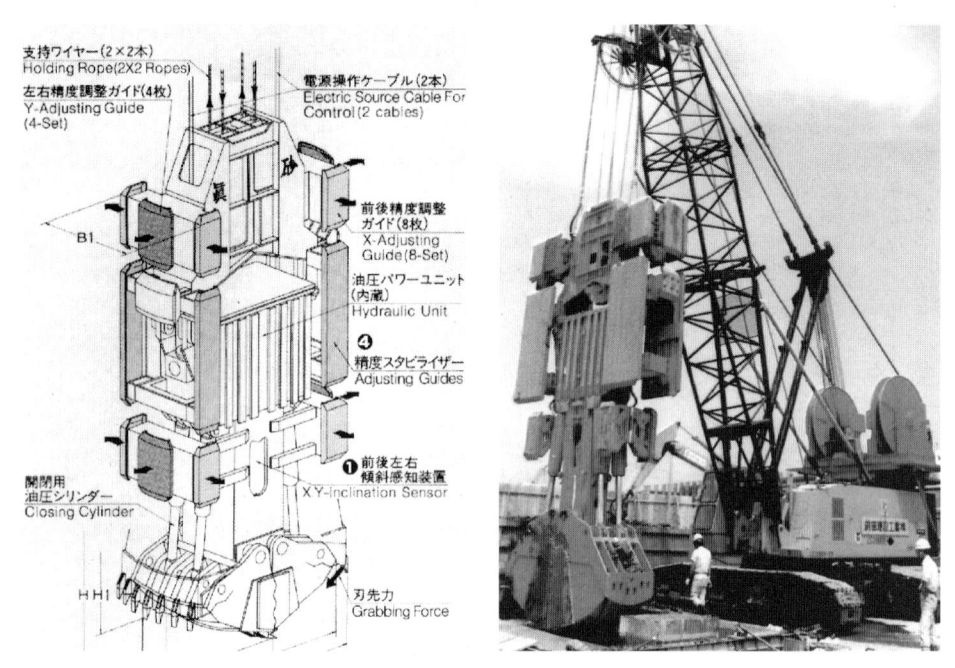

Bild 36   Steuerbarer Hydraulikgreifer MASAGO (1985)

Die serienreife Entwicklung eines am Seil hängenden Hydraulikgreifers gelang in den 80er Jahren der japanischen Firma Masago. Diese Greifer wurden speziell entwickelt, um tiefe Schlitzwände (größer 50 m) mit Wandstärken von 1,5 m mit höchster Genauigkeit herzustellen. So wurden erstmals Neigungsmesser im Greiferkörper untergebracht. Etwaige Korrekturen konnten durch ausfahrende Steuerklappen durchgeführt werden (Bild 36).

Auch in Europa entwickelten die Firmen Soletanche, Soilmec und Bauer hydraulisch betriebene Seilgreifer, deren Schließvorgang jedoch durch einen starken, zentrisch angeordneten Zylinder vorgenommen (Bild 37) wird.

2.3 Hydraulisch betriebene Kellygreifer

Schlitzwandgreifer müssen zum Entleeren vom Schlitz weggeschwenkt und dann auch wieder in die Leitwand eingefädelt werden. Am Seil hängende Greifer haben dabei wegen der fehlenden Stabilisierung die Tendenz, sich unkontrolliert zu drehen bzw. zu pendeln. Geübte Greiferfahrer können diese Bewegungen durch das Schwenken des Auslegers und durch das Spiel Halte-/Schließseil ausgleichen.

Baut man nun die hydraulisch zu schließende Schaufel an eine Führungsstange (Kelly) an, so kann durch Drehen der Stange der Greifer geführt in die Leitwand einfädeln (Bild 38).

Zwar ist dieser Kellygreifer leichter zu bedienen als ein Seilgreifer; aber wegen der durch die Kellystange auf etwa 40 m begrenzten Schlitztiefe und den höheren Investitionskosten wird der mechanisch zu schließende Seilgreifer bevorzugt eingesetzt.

| Bild 37 | Hydraulikschlitzwandgreifer mit zentrischem Zylinder BAUER (1992) | Bild 38 | Hydraulikschlitzwandgreifer mit Teleskopkelly CASAGRANDE (1985) |

3 Schlitzwandfräsen

3.1 Geschichte der Frästechnik

Kaum ein Bauverfahren hat einen so nachhaltigen Einfluß auf das moderne Baugeschehen gezeigt, wie die Entwicklung der Schlitzwandtechnik. So erkannte man die großen Möglichkeiten, die in diesem Verfahren lagen, und sehr bald konnte die Gerätetechnik die Forderungen immer tiefere, dickere Wände in schwierigen Böden herzustellen, nicht mehr erfüllen.

Bereits in den 60er Jahren wurden in Japan von den Firmen Tone Boring und Okumura Verfahren entwickelt, mit denen Bodenmaterial kontinuierlich gelöst, zerkleinert, mit Bentonitsuspension vermischt und stetig nach oben gefördert wurde (Bild 39). Diese Bodenfräsen waren schon damals in der Lage, bei relativ lockerem Bodenmaterial Tiefen größer 50 m zu erreichen.

Tone Boring verwendete dabei in vertikalen Achsen rotierende Fräsköpfe, die durch gegenläufige Drehbewegungen die Fräse stabil halten. Dieser Gerätetyp wurde in den Folgejahren weiterentwickelt und wird auch heute noch in lockerem Sedimentboden eingesetzt (Bild 40).

Okumura verwendete bereits damals zwei Schneidräder mit horizontaler Achse. Diese Räder wurden über Rollenketten von höher angeordneten Motoren angetrieben. Bei beiden Systemen wurde über ein zentral angeordnetes Saugrohr das Suspension-Boden-Gemisch abgesaugt.

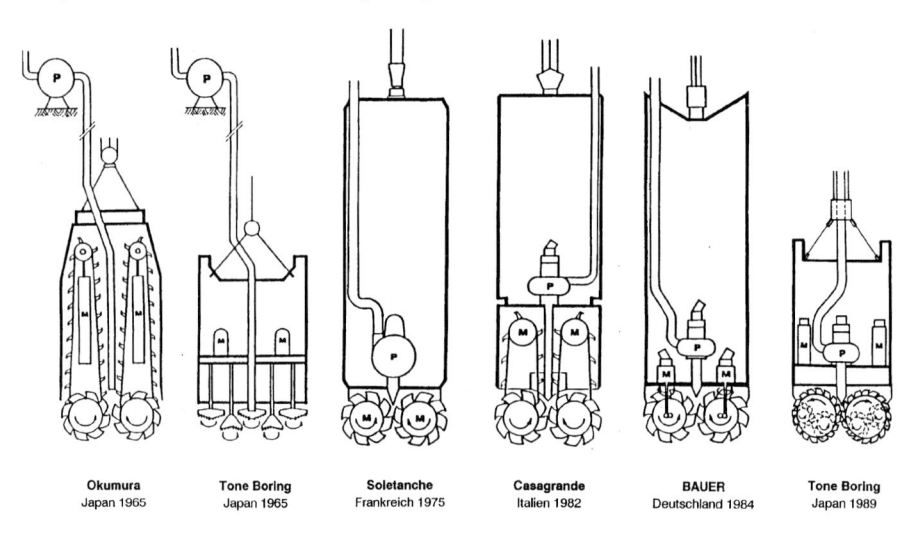

Bild 39   Entwicklung Schlitzwandfräsen (1965–1990)

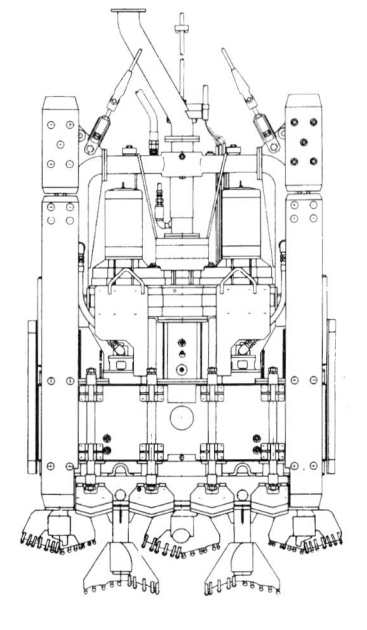

Bild 40   BW Schlitzwandfräse TONE BORING (1965)

Bild 41   Schlitzwandfräse
           SOLETANCHE
           (1975)

Bild 42   BC Schlitzwandfräse BAUER
           (1984)

Eine weitere Verbesserung des Prinzips der horizontalen Drehachse erfolgte zehn Jahre später durch die Firma Soletanche. Sie wechselte vom elektrischen Antrieb zum wesentlich einfacheren und stärkeren hydraulischen Antrieb, wobei die Schneidräder durch in den Trommeln befindlichen Nabenmotore angetrieben werden. Da in dieses System wesentlich höhere Leistungen installiert wurden, konnten 1975 in Paris die ersten Fräsobjekte im Fels erfolgreich abgewickelt werden (Bild 41).

Mit der Einführung der Frästechnologie in Europa wurden in den 80er Jahren die Aktivitäten auch von anderen europäischen Firmen geweckt. So entwickelte 1982 Fa. Casagrande aus Italien eine Fräse, deren Antrieb ähnlich der japanischen Fa. Okumura über Ketten erfolgte. Weitere Verbesserungen in der Frästechnik gelangen 1984 der Fa. Bauer mit der Entwicklung ihrer Fräse. Der Antrieb der Räder erfolgt über schnell laufende, vertikal stehende Hydraulikmotore, wobei die Drehbewegung über ein Winkelgetriebe in eine langsamere mit horizontaler Achse umgewandelt wird. Da bei diesem System ein Übersetzungsverhältnis von etwa 1 : 100 erreicht wird, konnte das Drehmoment gegenüber herkömmlichen Systemen verdoppelt werden (Bild 42).

Das mit der Suspension vermischte Aushubmaterial wird über bewehrte Gummischläuche nach oben gepumpt. Um Stopfer in diesen Leitungen zu vermeiden, darf das Bodenmaterial maximal den halben Schlauchdurchmesser aufweisen; größere Steine müssen zwischen den Fräsrädern zerkleinert werden (Bild 43). Ein in

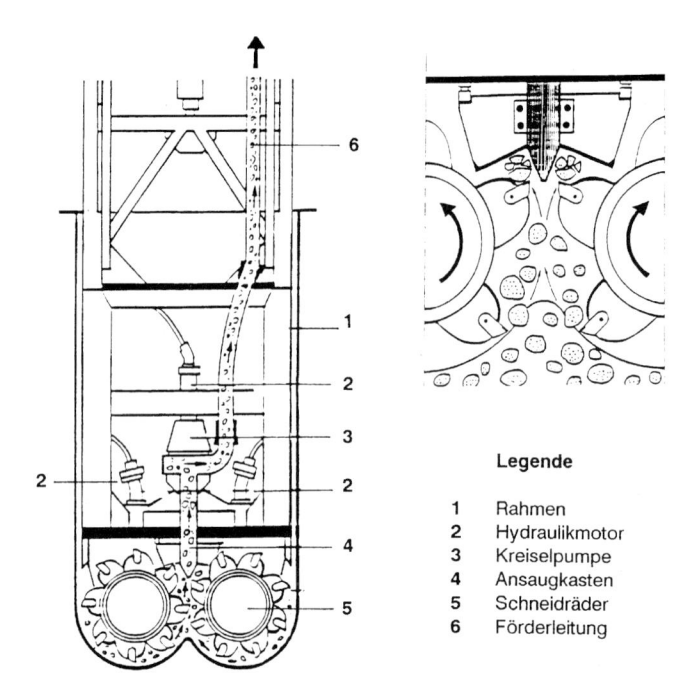

Entwicklung der Geräte zur Herstellung von Bohrpfählen und Schlitzwänden

Legende

1. Rahmen
2. Hydraulikmotor
3. Kreiselpumpe
4. Ansaugkasten
5. Schneidräder
6. Förderleitung

Bild 43   links: Hauptkomponentenfräse, rechts: Brechen von Steinen

Bild 44   Klappzahn, BAUER (1987)

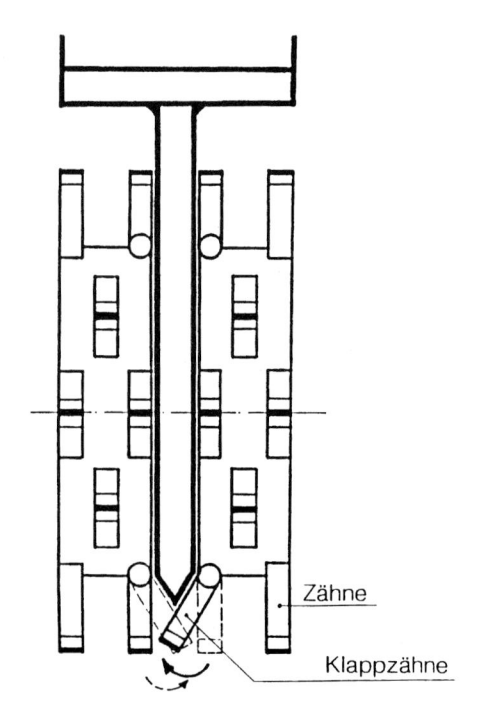

Schlitzwandfräsen

Bild 45 BAUER-Fräse: Schlauchführungssysteme
links: einfach bis 60 m, rechts; doppelt bis 100 m

Bild 46 Schlitzwandfräse TONE BORING EM 320 (1989)

die Schneidtrommeln eingebauter elastischer Stoßdämpfer schützt das Getriebe vor Beschädigungen. Um den Boden unter der Fräse vollständig wegzufräsen, wurde an den Frasrädern ein zwangsgesteuerter Klappzahn angebracht; bei jeder Umdrehung klappt er unter das Getriebeschild und fräst dort den Boden (Bild 44). Während des Aushubvorganges müssen Hydraulik- und Förderschläuche kontinuierlich der Fräse in den Schlitz folgen, jedoch keine unterschiedlichen Zugkräfte auf das Gerät ausüben; sie könnten zu Abweichungen der Fräse aus der Vertikalen führen. Von Bauer wurde dieses Problem so gelöst, daß die Schläuche über Rollen, die an konstant ziehenden Winden hängen, so gehalten werden, daß resultierende Kräfte immer vertikal nach oben gerichtet sind. Der doppelte Verschiebeweg der Rollen ergibt die maximale Frästiefe. Reicht diese nicht aus, kann ein doppeltes Rollensystem verwendet werden (Bild 45).

1980 waren die Gerätehersteller aufgefordert, für ein Schlitzwandprojekt in der Tokyo-Bay Aushubgeräte zu entwickeln, die Erdschlitze mit einer Wanddicke von 2,8 m auf eine Tiefe von 120 m mit einer Genauigkeit von 10 cm herstellen konnten. Den Wettlauf gewann Fa. Tone Boring, deren elektrisch angetriebene Fräse EM 30 ähnliche Konstruktionsmerkmale wie die Fräsen von Soletanche und Bauer aufwiesen (Bild 46).

Das Problem, Förderschläuche auf 120 m ein- und auszubauen, wurde durch die Verwendung von Rohren umgangen. Fräsen mit horizontalliegenden, direkt angetriebenen Drehachsen der Firmen Tone Boring, Bauer und Soletanche haben sich durchgesetzt. Weltweit operierten 1992 etwa 60 solcher Geräteeinheiten (davon 60% in Japan).

Bild 47   Felsfräse BAUER „Hard Rock Cutter", Japan (1991)

Bild 48   Felsfräse BAUER, Taiwan (1992)

370

3.2 Neueste Entwicklungen

3.2.1 Felsfräse

Ausgeführte Projekte haben gezeigt, daß aus wirtschaftlichen Gründen (Leistungswert und Zahnverschleiß) bei Gesteinshärten von 50 bis 100 MN/m^2 und aus technischen Gründen bei 150 MN/m^2, die Grenzen des Lösens des Gesteins mit Zähnen erreicht werden. Mit dem Einsatz der Frästechnik zur Herstellung von Dichtwänden unter Staudämmen ist aber die Einbindung der Wände in Felsformationen von 100 MN/m^2 und mehr zwingend erforderlich. Die Lösung des Problems ist der Einsatz von Rollenmeißeln, die auf den Schneidrädern der Fräse montiert über den Fels rollen und durch Überdrücken des Gesteins Felsteile heraussprengen, die dann mit der Suspensionspumpe abgesaugt werden. Dieses Verfahren wurde auf mehreren Testbaustellen von der Fa. Bauer im Granit, quarzitischen Kalkstein und Andesit erfolgreich eingesetzt. Es konnten Fräsleistungen von 2,0 bis 4,0 m^2/Std. bei Festigkeiten von etwa 190 MN/m^2 erzielt werden (Bild 47, 48).

3.2.2 Kompaktfräse

Wiederum aus Japan kam die Forderung, Fräsanlagen für große Tiefen und Wandstärken mit minimalen Abmessungen zu bauen. Fa. Bauer löste 1992 mit der Kompaktfräse MBC 30 diese Aufgabe. Die Geräteeinheit (Fräse und Trägergerät) mit einer installierten Leistung von 500 kW benötigt nur einen Platz-

Bild 49   Kompaktfräse BAUER MBC 30 (1991–1992)

Bild 50   BAUER BC 30 mit autom. Schlauchaufrollung HDS, Baustelle Laakirchen/ Österreich (1992)

Bild 51   Detail: Hydraulikschlauchband

bedarf von 5 × 5 × 4,5 m (Breite × Höhe × Tiefe). Die Frästiefe liegt bei 56 m, die Wandstärke bei 1,5 m. Konstant ziehende Schlauchtrommeln wickeln während des Fräsvorganges Förder- und Hydraulikschläuche automatisch auf und ab. Eine neu entwickelte Winde steuert feinfühlig den Fräskörper mit einer minimalen Geschwindigkeit von 1 cm/min. Die Geräteeinheit wurde bereits auf 2 Baustellen erfolgreich eingesetzt (Bild 49).

3.2.3   Schlauchaufrollung bei tiefen Schlitzwänden

Mit der Entwicklung bei den konstant ziehenden, sich automatisch aufrollenden Schlauchtrommeln löste die Fa. Bauer auch das Problem, Förder- und Hydraulikschläuche bei großen Schlitztiefen ein- und auszubauen (Bild 50). Bemerkenswert ist dabei die Anordnung der Hydraulikschläuche. 10 Hydraulikleitungen sind nebeneinander bandförmig aufgereiht und durch Schellen in der Lage gehalten. Zur spurgetreuen Aufwicklung des Bandes dienen die seitlich angebrachten Klötze, in diesen

Klötzen sind Stahlseile eingebettet. Sie nehmen die Zugkräfte der Schlauchtrommeln auf und entlasten die Hydraulikschläuche (Bild 51). Eine ähnliche Konstruktion kann beim Förderschlauch angewandt werden, Schlitztiefen von 150 cm sind mit dieser Methode erreichbar.

III Schlußbemerkung

Am Beispiel der Entwicklung der Geräte zur Herstellung von Bohrpfählen und Schlitzwänden wurde aufgezeigt, wie sich ein mehr am Handwerk orientierter Wirtschaftszweig zu einer industriellen Fertigung hin entwickelt hat. Ähnlich revolutionär haben sich andere Spezialtiefbaubereiche, wie z. B. die Bodenverbesserung, Injektionsverfahren oder Verankerungen entwickelt.

Wurden einerseits den Ingenieuren Bauaufgaben gestellt, deren Lösungen zu den gezeigten Geräteentwicklungen führten, so wären oftmals spektakuläre Großprojekte ohne die vorhandene Technik nie geplant worden. Die Spezialtiefbauer haben in den letzten drei Jahrzehnten große Entwicklungen gemacht, sie dürfen sich jedoch nicht dazu verleiten lassen, auf diesen Erfolgen auszuruhen; sie sind vielmehr herausgefordert, weiter an der Optimierung der Spezialtiefbautechnik zu arbeiten: Im Boden stecken noch viele ungelöste Probleme.

Anmerkungen

SCHENCK (1955): 2. Pfahlarten, Grundbautaschenbuch, Bd. 1
Dr. G. ULRICH (1991): 2.6 Bohrtechnik, Grundbautaschenbuch, 4. Auflage
STÖTZER, BEYER, SCHWANK (1991): „Drilling Equipment for Large Diameter Bored Piles", Proceedings 4th Int. Conference on Piling and Deep Foundations, Stresa
US DEPT. OF TRANSPORTATION (FHWA-HI-88-042) (1988): „Drilling Shafts: Construction Procedures Design Methods"
K. JOHN (1960): „Gebohrte Ortbetonpfähle im südlichen Kalifornien", Bautechnik, 37. Jahrgang
FUCHSBERGER, TU GRAZ (1989): „Flüssigkeitsgestützte Bauverfahren: Rückblick und Ausblick", Viertes Christian-Veder-Kolloquium, Graz
TESCHEMACHER, STÖTZER (1990): „Entwicklung der Fräsen in der Schlitzwandtechnik", Vorträge Baugrundtagung, Karlsruhe

Bildnachweis

- Firmenprospekte der genannten Firmen
- Werkfoto Fa. Bauer

KLAUS ENGLERT

Spezialtiefbau als Herausforderung an das Recht

Die Reaktion des Rechts auf den stetigen Wandel und Fortschritt des technischen Könnens erfolgt zwar nicht im Gleichschritt mit diesem, wohl aber durch eine zeitnahe Befassung mit allen Problemen, die durch neuartige oder verbesserte Verfahren – gerade auch im Baubereich – entstehen.

Nicht immer antwortet die Rechtsordnung dazu sofort mit neuen Gesetzen. Vielmehr versuchen Rechtsprechung und Lehre, zunächst mit Hilfe bereits vorhandener Regelungen Lösungen zu finden, die dem Anspruch des Grundgesetzes auf Einhaltung der Rechtsstaatlichkeit Genüge leisten und zugleich zur Herbeiführung des Rechtsfriedens – dem obersten Ziel jeden Gerichts – dienen können.

Dabei wird das Recht durch die zunehmende **Spezialisierung** in allen Bereichen der **Technik**, insbesondere im Rahmen des Baugewerbes,[1] gezwungen, ebenfalls immer **speziellere**, sowohl dem technischen Fortschritt[2] als auch der bestehenden Rechtsordnung gerecht werdende **Vorgaben** bzw. **Entscheidungen** zu finden.

Der von Regierungsbaumeister **Dr.-Ing. Karlheinz Bauer** maßgebend mitgeprägte **Spezialtiefbau** mit allen seinen Sonderproblemen zählt zu diesen Herausforderungen des Rechts durch die Technik.

A Sonderprobleme im Spezialtiefbau

Im Unterschied zum „normalen" Tiefbau, wie etwa dem Straßen- oder Erd-, aber auch Leitungsbau, ist der **Spezialtiefbau** im Sinne des Wortes **„Universalbau"** zu sehen und zu verstehen: Die verschiedenartigen **speziellen Methoden, im und mit dem Baugrund** zu arbeiten, können je nach zu errichtendem Bauwerk und vorhandener

---

1 Vgl. dazu die detaillierte Aufgliederung des „Baugewerbes" in der Klasse 50 des „Verzeichnisses der Berufstätigkeiten entsprechend der Allgemeinen Systematik der Wirtschaftszweige in den Europäischen Gemeinschaften", das als Beiblatt zur Richtlinie des Rates der Europäischen Gemeinschaften zur Koordinierung der Verfahren zur Vergabe öffentlicher Bauaufträge (Baukoordinierungsrichtlinie vom 18. 7. 1989 – BKR –) ausgefertigt wurde und die Obergruppen „Allgemeines Baugewerbe", „Rohbaugewerbe", „Tiefbau", „Bauinstallation" und „Ausbaugewerbe" mit jeweils mehreren Untergruppen, so etwa im Bereich „Tiefbau" mit der Position 502.7 „Spezialisierte Unternehmen für andere Tiefbauarbeiten" (also den „Spezialtiefbau"), aufführt (s. dazu Heiermann/Riedl/Rusam, Handkommentar zur VOB, 6. Aufl. 1992, A § 1.1, Rdn. 1).
2 Der BGH fordert auf der einen Seite als Maßstab für die richterliche Rechtsfindung eine „Aufgeschlossenheit für den technischen Fortschritt", verlangt aber gleichzeitig auch die Berücksichtigung bestehender Rechtspositionen (BGH NJW 1962, 1342 = LM § 906 BGB Nr. 14 = Schäfer/Finnern Z 4.141 Blatt 30; s. dazu auch: Englert/Bauer/Grauvogl, Rechtsfragen zum Baugrund, 2. Auflage 1991, Werner-Verlag, Rdn. 2).

Geologie und Hydrologie bei allen Arten von Bauwerken und Bauleistungen[3] – etwa in Form von Gründungspfählen, Schlitzwänden, Baugrubensicherungen, Grundwasserabsenkungen und Bodenvereisungen – erforderlich werden.

Die dabei immer wieder – und nie sicher ausschließbar oder vermeidbar – auftretenden Probleme werden bedingt durch die **Uneinsehbarkeit des Baugrundes** und die **Unmöglichkeit absoluter Erkundung.** Dementsprechend ist in der „Grund-DIN-Norm" für Untersuchungen des Baugrundes, der **DIN 4020**, auch deren Zweck in Ziffer 2 dahingehend zusammengefaßt, daß die Norm dazu beitragen soll, **die Unsicherheiten bezüglich des Baugrundes zu verringern.** Auch ist in dieser technischen Norm, die prima facie den **Stand der Technik wiedergibt**,[4] ausdrücklich festgehalten, daß Aufschlüsse in Boden und Fels als **Stichproben** zu bewerten sind, sie mithin also **nur Wahrscheinlichkeitsaussagen zulassen**.[5] Dementsprechend wird wiederholt im Hinblick auf die **Wechselwirkung von Bauwerk und Baugrund** gefordert, daß eine ständige Berücksichtigung des jeweiligen tatsächlich vorgefundenen Zustandes bei der Bearbeitung der Planung und damit auch der Ausführung erfolgt.[6]

Ist damit eine absolut sichere und den Planvorgaben entsprechende, alle Eventualitäten berücksichtigende Bauausführung im Bereich von Spezialtiefbauarbeiten nicht möglich, so sind zwangsläufig die damit zusammenhängenden Problembereiche vorprogrammiert und – wie die Baupraxis zeigt – auch häufig Realität: Hänge rutschen, Dämme brechen, Verbaubereiche kippen, Anker versagen, Fundamente tragen nicht, und Nachbargebäude setzen sich, um nur einige Beispiele aufzuführen. Die Fragen nach der Ursache des Versagens und der Tragung der in der Regel sehr hohen Kosten in solchen und ähnlichen Fällen sind oft – von offensichtlich mangelhafter Ausführung abgesehen – nur schwer zu beantworten. Denn den regelmäßig wiederkehrenden Argumenten seitens der Auftraggeber, in solchen Fällen sei, selbst wenn eine sach- und fachgerechte Ausführung erfolgt ist, dennoch der Spezialtiefbauunternehmer in der Verantwortung, weil er nach der ständigen Rechtsprechung des BGH eine Erfolgshaftung habe,[7] setzen die Spezialtiefbauunternehmer das häufig falsch verstandene, bei Erfüllung der Voraussetzungen aber oft als „juristisches Zaubermittel" verwendbare Argument vom

I Baugrundrisiko

entgegen. Dementsprechend nimmt dieses von der Rechtsprechung entwickelte **Rechtsinstitut** auch, wenngleich – in der Regel aus Unkenntnis oder Unverstand –

---

3 § 1 Nr. 1 VOB/A: Bauleistungen sind Arbeiten jeder Art, durch die eine bauliche Anlage hergestellt, instandgehalten, geändert oder beseitigt wird (näher dazu: Ingenstau/Korbion, VOB-Kommentar, 12. Aufl. 1992, Werner-Verlag, VOB/A, § 1 Rdn. 1 ff.).
4 Zur Bedeutung der „anerkannten Regeln der Technik" vgl. näher: Fischer, Die Regeln der Technik im Bauvertragsrecht, Baurechtl. Schriften, Band 2, Werner-Verlag 1984.
5 DIN 4020 Ziffer 4.2, Satz 2.
6 Vgl. z. B. DIN 4020 Ziffer 5.1, 3. Absatz und Ziffer 5.3.3.
7 Vgl. dazu: Rutkowsky, Mängelgewährleistung nach § 13 VOB/B im Lichte der Rechtsprechung nach dem Blasbachtalbrückenurteil des OLG Frankfurt, NJW 1991, 86; BGH BauR 1984, 510; BGH BauR 1985, 567; Merl, in: Kleine-Möller/Merl/Oelmaier, Handbuch des privaten Baurechts, Beck-Verlag 1992, § 12 Rdn. 215 m. w. N.

bei Spezialtiefbaufällen in vielen Fällen übersehen, eine **absolute Sonderstellung** bei den Problemen im Rahmen des **Spezialtiefbaurechts** ein.

Der Begriff des Baugrundrisikos findet sich weder im Gesetz noch in den Regelungen der VOB. Lediglich die Baupraxis hat in Ziffer 7 der **„Allgemeinen Bedingungen für Spezialtiefbauarbeiten"** eine klare Aussage, die sich vom Ergebnis her mit der Rechtsprechung deckt, getroffen: „Das Baugrundrisiko liegt beim Auftraggeber. Dies gilt auch für das unerwartete Auftreten von aggressiven Wässern und Böden."[8] Das Wort „Baugrundrisiko" findet sich auch im Beiblatt 1 zur DIN 4020.

In Abgrenzung zum **allgemeinen Baurisiko,** das grundsätzlich der Spezialtiefbauunternehmer als Schuldner des werkvertraglichen Erfolges zu tragen hat,[9] erkennt der BGH zunächst mit der unter Hinweis auf Korbion[10] vorgenommenen Prägung des Begriffes vom „**bauvertraglichen Risikobereich**"[11] grundsätzlich – im Unterschied zu anderen Rechtsordnungen[12] – verschiedene Verantwortungssphären an. Auch wenn der BGH selbst – soweit ersichtlich – nie das Wort „Baugrundrisiko" im hier maßgeblichen Sinn verwendet hat,[13] stützt er mit der Anerkennung eines Risikobereiches bei der Erbringung von Bauarbeiten doch die gefestigte Rechtsprechung der Instanzgerichte und die herrschende Lehre.[14]

Danach kann von der **Verwirklichung des Baugrundrisikos** nur dann und solange gesprochen werden, wenn sich die **typische Gefahr einer Abweichung der vorgestellten Boden- und Wasserverhältnisse von den vorgefundenen Verhältnissen trotz bestmöglicher Erkundung und Beschreibung des Baugrundes seitens des Auftraggebers sowie optimaler Erfüllung der Prüfungs- und Hinweispflichten durch den Auftragnehmer verwirklicht.**[15]

---

8 AGB Spezialtiefbau, herausgegeben vom Hauptverband der Deutschen Bauindustrie e.V., Bundesfachabteilung Spezialtiefbau, veröffentlicht im Bundesanzeiger Nr. 174 vom 17. 9. 1991, S. 6577 ff.; siehe dazu auch: Englert/Bauer/Grauvogl, Rechtsfragen zum Baugrund, Rdn. 294; Englert, AGB Spezialtiefbau – die Empfehlung des Hauptverbandes der Deutschen Bauindustrie e.V. zur Einführung Allgemeiner Geschäftsbedingungen für Spezialtiefbauunternehmen. Anlaß, Inhalt und Auswirkung, BauR 1992, 170; Englert/Grauvogl/Maurer, Handbuch des Baugrund- und Tiefbaurechts, Werner Verlag 1993, Rdn. 134 ff. mit Abdruck im Anhang J.
9 Näher dazu: Englert/Grauvogl/Maurer, Handbuch des Baugrund- und Tiefbaurechts, a. a. O., Rdn. 286.
10 Ingenstau/Korbion, VOB/B, § 6 Rdn. 28.
11 BGH BauR 1990, 210 (211 r. Sp.).
12 Näher dazu Englert/Grauvogl/Maurer, Handbuch des Baugrund- und Tiefbaurechts, a. a. O., Rdn. 468 ff.
13 Insoweit führt die Überschrift von Quack, „Baugrundrisiken in der Rechtsprechung des Bundesgerichtshofes", in: BB, Beilage 20 zu Heft 29/1991, S. 9, in die falsche Richtung.
14 Ausführlich zum Baugrundrisiko: Englert/Grauvogl/Maurer, Handbuch des Baugrund- und Tiefbaurechts, a. a. O., Rdn. 452 bis 530.
15 Vgl. näher: Wiegand, Bauvertragliche Bodenrisikoverteilung im Rechtsvergleich, ZfBR 1991, 2 ff.; Englert, Das „Baugrundrisiko" – ein normierungsbedürftiger Rechtsbegriff?, in: BauR 1991, 537 ff.; Schelle, Das Baugrundrisiko im VOB-Vertrag, Hoch- und Tiefbau 1/85, S. 32; s. auch: LG Köln, Urteil vom 16. 11. 1982, Schäfer/Finnern/Hochstein, § 6 Nr. 6 VOB/B (1973) Nr. 2.

Wegweisendes und häufig zitiertes Beispiel für einen solchen – und dies muß betont werden: seltenen – Fall ist das sog. „Sandlinsenurteil" des LG Köln.[16] Dabei ging es um die Frage von Zusatzkosten, die wegen des unerwarteten Antreffens einer völlig trockenen Sandlinse entstanden waren. Dazu stellt das Gericht fest: „Nach alledem waren die zusätzlichen Arbeiten und Erschwernisse infolge des Vortriebs mit Hilfe von Zwischenbühnen für die Klägerin bei Auftragserteilung auch bei aller zumutbaren Überprüfung der Bodenverhältnisse nicht voraussehbar, so daß sie nicht schon wegen der Unterlassung einer solchen Überprüfung in ihren Risikobereich fielen ... An dem Grundsatz, daß der Baugrund in den Risikobereich des Auftraggebers fällt, ändert sich im vorliegenden Fall auch nichts aus dem Grunde, weil die Klägerin ein Nebenangebot zur Durchführung brachte ..."

Selten sind derartige Fälle, weil sich in der Praxis immer wieder zeigt, daß doch eine gründlichere Untersuchung, als die vorgenommene geotechnische nach DIN 4020 zu veranlassen gewesen wäre oder auch eine entsprechende Prüfungs- und Hinweispflicht – und hier hat der BGH extrem hohe Anforderungen an den (Spezialtief-)Bauunternehmer festgeschrieben[17] – für den **Fachunternehmer** bestand.

Ein weiterer Fall der echten Verwirklichung des Baugrundrisikos wurde vom OLG Köln[18] entschieden. Es ging dabei um eine Räumpreßbohrung unter einem Fluß hindurch. Nach etwa 45 m Bohrlänge kam es zu einem Wasserdurchbruch und als Folge davon zum Verlust der Bohrung, die das Spezialtiefbauunternehmen vergütet wissen wollte. Das Gericht sprach sich für eine Vergütung aus, da die Arbeiten genau nach Vorgabe (und den Regeln der Technik) ausgeführt worden waren und eine bessere Erkundung des Baugrundes als erfolgt, **„mit wirtschaftlich erträglichen Mitteln"** nicht zu erwarten stand.

Die **Zuweisung des Baugrundrisikos an den Auftraggeber** – von Sonderfällen der einzelvertraglichen Übernahme abgesehen – hat weitreichende und meist sehr kostenintensive Konsequenzen. Dies gilt vor allem für den Bereich der Vergütung,[19] der Gewährleistung,[20] der Fristen[21] und der Versicherbarkeit.[22]

---

16 Zitiert in Fußnote 15.
17 Vgl. dazu das Grundsatzurteil vom 11. 10. 1990 – allgemein zur Abwägung des Verschuldens bei Mängeln der Ausschreibung und Verletzung der Hinweispflicht, BGH ZfBR 1991, 61; näher zu den speziellen Pflichten des Tiefbauunternehmers: Englert/Grauvogl/Maurer, Handbuch des Baugrund- und Tiefbaurechts, a. a. O., Rdn. 151 ff.
18 Schäfer/Finnern/Hochstein, § 7 VOB/B (1973) Nr. 2.
19 Vgl. dazu auch Kapellmann, Bausoll, Erschwernisse und Vergütungsnachträge beim Spezialtiefbau (in diesem Band) sowie Englert/Grauvogl/Maurer, Handbuch des Baugrund- und Tiefbaurechts, a. a. O., Rdn. 501 ff.
20 Vgl. näher Englert/Grauvogl/Maurer, Handbuch des Baugrund- und Tiefbaurechts, a. a. O., Rdn. 514 ff.
21 Vgl. näher Englert/Grauvogl/Maurer, Handbuch des Baugrund- und Tiefbaurechts, a. a. O., Rdn. 516 ff.
22 Vgl. näher Englert/Grauvogl/Maurer, Handbuch des Baugrund- und Tiefbaurechts, a. a. O., Rdn. 525; 697 ff.

Für das Spezialtiefbaurecht halten alle diese Problembereiche eine Vielzahl von sehr schwierigen und zum Teil für den Juristen nur mit Hilfe eines wenigstens grundlegenden technischen Verständnisses lösbaren Detailfragen bereit. So etwa hinsichtlich des Verfahrens zur Errichtung eines „Berliner Verbaues" oder der Einbringung von Ankern.

Doch nicht nur das Baugrundrisiko zählt zu den Sonderproblemen des Spezialtiefbaurechts, auch das

II   Vertiefungsverbot

des § **909 BGB** beschäftigt in laufend zunehmendem Maße die Gerichte. Denn der wirtschaftliche Zwang zur immer dichteren, tieferen und komplizierteren Bebauung gerade in (Alt-)Stadtbereichen führt zu einem hohen Gefährdungspotential für benachbarte Bauwerke, das sich häufig realisiert.

Eine Vielzahl von Gerichtsverfahren unterstreicht dies.[23] Unter Vertiefung versteht die Rechtsprechung dabei schon längst nicht mehr nur eine Einwirkung nach unten, sondern erfaßt alle möglichen Beeinflussungen aus der Bodenmechanik. Der BGH[24] definiert eine „Vertiefung" nämlich als eine **Einwirkung auf das Nachbargrundstück, so daß dessen Boden in der Senkrechten den Halt verliert oder untere Bodenschichten in ihrem waagerechten Verlauf beeinträchtigt werden.**

Dementsprechend kann eine **Vertiefung** nach der Rechtsprechung vorliegen bei:

Entnahme von Bodenbestandteilen, z. B. Ausschachtung[25]
Abbruch unterirdischer Gebäudeteile, z. B. Keller[26]
Entfernung von Baugrubensicherungsteilen[27]
Druck und Pressung durch schwere Lasten[28]
Einwirkung auf das Grundwasser[29]
Aufweichung des Bodens[30]
Abtragung eines Hangfußes oder einer Böschung[31]
Straßen-, Kanal- und Leitungsarbeiten[32]

---

23 Vgl. ausführlich – mit zahlreichen Nachweisen – Englert/Grauvogl/Maurer, Handbuch des Baugrund- und Tiefbaurechts, a. a. O., Rdn. 566 ff.
24 NJW 1987, 2810; NJW 1983, 872; BauR 80, 89; NJW 1978, 1051.
25 BGH NJW 1976, 1841; NJW 1971, 53; OLG Köln VersR 88, 581.
26 BGH VersR 1980, 48.
27 Analogie zu vorstehenden Entscheidungen; vgl. aber: BGH Schäfer/Finnern Z 4.140 Bl. 22, wonach das Einrammen einer Spundwand **keinen** Teil einer Vertiefung bildet!
28 BGH VersR 1979, 442; BGHZ 44, 130; OLG Köln, BauR 87, 472; schwere Lasten können nicht nur durch Bauwerke, sondern auch durch die tonnenschweren Bohrgeräte oder Schlitzwandfräsen, die im Spezialtiefbau zum Einsatz kommen, ebenso wie durch Aufschüttungs- oder Auffüllmaterial aufgebracht werden!
29 BGH LM Nr. 22 zu § 909 BGB; BGHZ 57, 374; Musterfall für die Pflichten des Auftraggebers und Spezialtiefbauunternehmers bei Beeinträchtigung des Grundwasserstandes: BGH BauR 1987, 712 ff.
30 Palandt/Bassenge, Rdn. 6 zu § 909 BGB.
31 BGH NJW 1972, 629.
32 BGHZ 57, 371 ff.

Innerhalb dieser Gruppen hat sich die Rechtsprechung wiederum mit einer Reihe von Untergruppen, so etwa der Dränagewirkung bei der Anlage einer gemeindlichen Kanalisation,[33] zu befassen.

Als weiteres Sonderproblem im Rahmen des Spezialtiefbaurechts kristallisierte sich mit der fortschreitenden Verbesserung der Techniken im Spezialtiefbau die

III Erschütterung

im Zuge von Spezialtiefbaumaßnahmen heraus. So etwa beim Einrütteln von Spundwänden oder Einrammen von Pfählen, aber auch „nur" durch den Betrieb der tonnenschweren Geräte in unmittelbarer Nähe von Nachbargebäuden. Auch Sprengarbeiten zählen dazu.

Soweit durch derartige Spezialtiefbauarbeiten nicht unmittelbar ein Schaden im Sinne des § 823 Abs. 1 BGB, sondern allein eine Belästigung in Form einer Immission gemäß § 906 BGB herbeigeführt wird, hat die Rechtsprechung dem durch Erschütterung beeinträchtigten Eigentümer eines betroffenen Grundstücks, aber auch dem durch ein dingliches oder schuldrechtliches Nutzungsrecht berechtigten Besitzer,[34] lediglich einen Anspruch gegen den „Benutzer" des Baugrundstücks – also den Eigentümer oder „wirtschaftlich verantwortlichen Halter"[35] –, **nicht aber gegen den Spezialtiefbauunternehmer** zugesprochen.[36] Denn dieser ist – wie andere Baubeteiligte auch – **nicht Benutzer i. S. d. § 906 BGB!** Dies wird häufig bei der Geltendmachung von Ansprüchen übersehen.

Weitere Sonderprobleme im Bereich des Spezialbaurechts ergeben sich bei der

IV Abnahme von Spezialtiefbaugewerken

insbesondere deshalb, weil in der Regel ein Teil, oft aber auch die gesamte Leistung, die der Spezialtiefbauunternehmer erbringt, nicht (mehr) sichtbar ist. So etwa bei der Bodenverbesserung durch Rüttelverdichtung, der Hochdruckinjektion unter alten Fundamentmauern oder der Abdichtung einer Baugrubensohle gegen drückendes Wasser.

Gerade in diesem Bereich hält sowohl die Baupraxis als auch die Baurechtsprechung noch viele Fragezeichen bereit, zumal sich viele Spezialtiefbaugewerke, da lediglich temporär erforderlich – etwa bei einem Baugrubenverbau – und zum Zeitpunkt der „Abnahme" (z. B. Ausbau der Wasserhaltungsanlage) schon nicht mehr vorhanden, auf den ersten Blick nicht als „Bauwerk", sondern als „Hilfsgewerk", vergleichbar einem Gerüst oder einer Bühne, darstellen.

---

33 Vgl. Englert/Grauvogl/Maurer, Handbuch des Baugrund- und Tiefbaurechts, a. a. O., Rdn. 583.
34 BGH NJW 1978, 373; Ingenstau/Korbion, VOB/B § 10 Rdn. 209.
35 Münchener Kommentar/Säcker, § 906 Rdn. 117.
36 BGH NJW 1979, 164; NJW 1966, 42; NJW 1962, 1342; s. auch: Ingenstau/Korbion, VOB/B § 10 Rdn. 207.

Zu diesem Bereich darf näher auf die Ausführung von Grauvogl in diesem Band verwiesen werden.[37]

Ebenso zu den Sonderproblemen zählen spezielle Fragen der

V Gewährleistung für Spezialtiefbauarbeiten

im Hinblick auf die großen Schwierigkeiten der Abgrenzung von Baugrundrisikoverwirklichung und fehlerhafter Ausführung, zumal Baugrund nichts anderes ist als **Baustoff**.[38]

Ein näheres Eingehen hierauf verbietet der vorgegebene Rahmen.

Schließlich zählen auch die besonderen Pflichten von Spezialbauunternehmen in Hinblick auf die Behandlung von

VI Sparten

zu den Sonderproblemen des Spezialtiefbaurechts. Hierzu muß auf die Ausführungen von Maurer in diesem Band[39] verwiesen werden.

Eine Vielzahl weiterer Probleme läßt sich unter den Oberbegriff des Spezialtiefbaurechts einordnen. So etwa der Umgang mit

VII Kontaminationen

im Bereich von Baustellen. Seit dieses enorme Gefahrenpotential allen Baubeteiligten bewußt wurde und inzwischen nicht nur in Umweltgesetzen, sondern auch in Regelungen der Tiefbauberufsgenossenschaft und sonstigen Vorschriften seinen Niederschlag gefunden hat, sehen sich die Spezialtiefbauunternehmen als an der **Kontaminationsfront** stehende Auftragnehmer einer Fülle von (weiteren) Problemen, beginnend beim Schutz der Mitarbeiter über die Entsorgungsmöglichkeit bis hin zur strafrechtlichen Verantwortlichkeit, gegenüber.

Der Katalog von Sonderproblemen läßt sich noch in viele Richtungen erweitern – so etwa die spezielle Verantwortung des Architekten oder Bauleiters im Zusammenhang mit Spezialtiefbauarbeiten – und damit die Berechtigung der Verwendung des Begriffes „Spezialtiefbaurecht" dokumentieren.

Dazu ist jedoch hier kein Raum.[40]

---

37 Siehe Seite 397.
38 Näher dazu, Englert/Grauvogl/Maurer, Handbuch des Baugrund- und Tiefbaurechts, a. a. O., Rdn. 458.
39 Siehe Seite 409; s. inbesondere auch: Maurer, Beschädigung von Versorgungsleitungen bei Tiefbauarbeiten – Rechtsprechung und Haftungsquoten, BauR 1992, 437 ff. m. w. N.
40 Weitere Sonderprobleme sind in dem vorzitierten Handbuch des Baugrund- und Tiefbaurechts aufgeführt.

B Die Entwicklung des Spezialtiefbaurechts

Seitdem es Gesetze gibt, finden sich auch baurechtliche Regelungen. So etwa schon in der Keilschrift des Codex Hammurabi aus der Zeit um 1760 v. Chr. („Baut ein Baumeister ein Haus und macht es zu schwach, so daß es einstürzt und tötet den Bauherrn: Dieser Baumeister ist des Todes.")[41] oder im Römischen Recht.[42]

Von einem spezifischen **Baurecht**, getrennt in ein **öffentliches** und ein **privates**[43] bzw. **ziviles**[44] **Baurecht**, kann jedoch erst viel später die Rede sein, wobei eine genauere zeitliche Eingrenzung noch einer rechtshistorischen Untersuchung bedürfte. Für die hier interessierende Fragestellung kann dies jedoch dahinstehen. Denn ein **Spezialtiefbaurecht** kann es – im Unterschied zum **Tiefbaurecht,** das in seinen Ursprüngen für die deutsche Rechtsordnung bis **zum Sachsenspiegel** (um 1224 n. Chr.) zurückreicht[45] – schon dem Wortlaut nach erst geben, seit sich der **Spezialtiefbau** als eigenständiger und anerkannter Baubereich entwickelt hat. Der von **Karlheinz Bauer** entwickelte Bauer-Anker[46] stellt einen der Marksteine in der Geschichte des Spezialtiefbaues dar und zählt zugleich zu den revolutionären Tiefbautechniken, die das vorangestellte „**Spezial-**" rechtfertigten und wegen der damit einhergehenden **juristischen Probleme**, insbesondere der Frage nach möglichen Duldungspflichten hinsichtlich des Einbringens von Ankerteilen in benachbarte Grundstücke, seit nahezu vier Jahrzehnten die Baujuristen und Gerichte beschäftigt.[47] Doch die große Palette von Spezialtiefbauarbeiten, die durch beachtliche technische Fortentwicklung sowohl im Bereich der Spezialmaschinen (z. B. Schlitzwandfräsen oder leistungsstarke Bohrgeräte) als auch der Bautechniken (z. B. Hochdruckinjektionen oder Hangvernagelungen) ständig erweitert wird, ist Auslöser auch zahlreicher anderer rechtlicher Fragen gewesen.

So mußte sich die Rechtsprechung mit verschiedenen Spezialtiefbauproblemen wie etwa **dem Abstemmen von Überbeton bei Bohrpfählen,**[48] **dem Säubern der Schlitzwandanschlußfläche,**[49] der Vergütung für Stahlmehrverbrauch durch Baugrundabweichungen,[50] der Kostentragung beim Einsatz von schwererem Gerät als ursprünglich gemäß dem Leistungsverzeichnis vorgesehen,[51] der Steilhangsanierung,[52]

---

41 Siehe dazu Hilmer, Unterfangungen, in: Schäden im Gründungsbereich, S. 122, Verlag Ernst & Sohn, Berlin 1991.
42 Vgl. Schäfer, Die rechtliche Bedeutung der Bodenverhältnisse bei der Ausführung von Bauten, Berlin 1927.
43 So die Unterscheidung in der Zeitschrift ZfBR; s. auch das Handbuch des **privaten** Baurechts, C. H. Beck-Verlag 1992, von Kleine-Möller/Merl/Oelmaier.
44 So die Unterscheidung in der Zeitschrift „baurecht".
45 Vgl. näher dazu: Englert/Grauvogl/Maurer, Handbuch des Baugrund- und Tiefbaurechts, a. a. O., Rdn. 15 m. w. N.
46 Deutsches Bundespatent Nr. 1 104 905 mit Wirkung ab 1. 1. 1959.
47 So etwa in dem Fall BGH NJW-RR 1990, 1303; s. auch: OLG Karlsruhe vom 3. 4. 1984, Az. 17 U 57/83 (nicht veröffentlicht).
48 Vgl. OLG Nürnberg vom 7. 12. 1983 (Az. 4 U 1632/81), nicht veröffentlicht.
49 Vgl. LG Saarbrücken (A. 7 0 30/91) (rechtshängig).
50 Vgl. BGH BauR 1986, 352.
51 Vgl. OLG Koblenz vom 27. 5. 1981 (Az. 1 U 1062/79), nicht veröffentlicht.
52 Vgl. BGH NJW-RR 1990, 728.

der Durchführung von Rammarbeiten,[53] der Wasserhaltung,[54] der Herstellung von Schneckenortbetonpfählen,[55] der Ausführung von Spundwänden,[56] der Beschaffenheit eines Bohrplanums,[57] des Bodenaustausches,[58] der Errichtung eines „Berliner Verbaues",[59] der chemischen Bodenverfestigung,[60] der Entsorgung von Bodenaushub,[61] des Sprengstoffeinsatzes,[62] der Grundwasserabsenkung,[63] des Verlustes von Bohr-[64] bzw. Greifergerät,[65] der Bohrpfahlherstellung[66] oder der Verwirklichung des oben näher beschriebenen **Baugrundrisikos bereits befassen.**

Nahezu allen Entscheidungen zu Spezialtiefbaufragen liegen **Sachverständigengutachten** zugrunde. Dies ist insoweit nachvollziebar, als für (Bau-)Juristen zum einen die komplizierten bodenmechanischen Vorgänge und zum anderen die verschiedenartigen Techniken nur schwer verständlich sind.

Allerdings fällt eine gewisse **Sachverständigenhörigkeit** gerade bei Spezialtiefbaurechtsfällen auf, so daß oftmals die rechtliche Wertung von der technischen Beurteilung überlagert und dadurch manchmal **Baurechtsgrundsätze** – wie etwa der von der Tragung des Baugrundrisikos durch den Auftraggeber – falsch angewendet werden.[67]

Die Entwicklung des Spezialtiefbaurechts zeigt – auch im Bereich der Vergütungsänderung[68] – zwei Tendenzen:

Einmal geht die Zahl einschlägiger Entscheidungen sprunghaft nach oben. Dies beweist nicht nur die Aktualität der Befassung mit diesen speziellen Rechtsfragen, sondern begründet auch die Notwendigkeit, für eine größere interdisziplinäre Transparenz zu sorgen: Die Spezialtiefbauer müssen ebenso die „Grundregeln" des Tiefbaurechts beherrschen, wie von den Baujuristen ein „Grundverständnis" hinsichtlich der Vorgänge im Bereich von Spezialtiefbauleistungen zu fordern ist. Begriffe

---

53 Vgl. BGH NJW-RR 1991, 792.
54 Vgl. BGH BauR 1988, 338 = ZfBR 1988, 182.
55 Vgl. OLG Nürnberg vom 22. 4. 1992 (Az. 4 U 2795/89), (Revisionsverfahren beim BGH anhängig).
56 Vgl. BGH VersR 1964, 1070; BGH MDR 1966, 668; BGH Schäfer/Finnern/Hochstein, § 823 BGB Nr. 8; OLG Schleswig-Holstein, BauR 1989, 730.
57 Vgl. OLG Köln, VersR 1979, 266.
58 Vgl. BGH Schäfer/Finnern/Hochstein, § 839 BGB Nr. 3.
59 Vgl. BGH BauR 1983, 177.
60 Vgl. OLG Braunschweig, BauR 1990, 742; OLG Düsseldorf, MDR 1974, 137.
61 Vgl. OLG Hamm vom 23. 6. 1987 (Az. 27 U 74/87), nicht veröffentlicht.
62 Vgl. LG Göttingen, Schäfer/Finnern Z. 2.312 – Bl. 1.
63 Vgl. BGH Schäfer/Finnern/Hochstein, § 823 BGB Nr. 5; OLG Celle, Schäfer/Finnern Z 4.10 – Bl. 7.
64 Vgl. BGH BauR 1986, 352.
65 Vgl. LG Ravensburg vom 30. 10. 1992 (Az. 3 O 659/92), (nicht rechtskräftig; Berufung beim OLG Stuttgart).
66 Vgl. BGH Schäfer/Finnern Z 4.142 – Bl. 8; BGH NJW 1966, 42; OLG Nürnberg vom 22. 4. 1992 (Az. 4 U 2795/89).
67 Vgl. z. B. LG Ravensburg vom 30. 10. 1992 (a. a. O.).
68 Siehe dazu näher: Kapellmann/Schiffers, Vergütung, Nachträge und Behinderungsfolgen beim Bauvertrag, 2. Aufl. 1993, Werner-Verlag, insbesondere Rdn. 440 ff.

wie „Baugrundrisiko", „technische Abnahme" oder „Teilabnahme" nach § 12 VOB/B müssen dem Techniker ebenso geläufig sein, wie der Jurist sich unter einer „HDI-Säule", einem „Temporär-Anker" oder einer „Rüttelstopfverdichtung" etwas vorstellen können muß.

Die zweite Tendenz bedarf dringend einer Korrektur: Fast immer ziehen die Spezialtiefbauunternehmer bei Gerichtsentscheidungen den kürzeren, weil sie von den Richtern als **Spezialisten** besonderer Art eingestuft werden, mithin die Anforderungen z. B. an die Prüfungs- und Hinweis-, aber auch Leistungspflichten oft extrem streng formuliert werden. Vergessen wird dabei, daß das Wort „Spezial" nur eine besondere Bauweise, vergleichbar etwa dem „Hoch-" oder „Erdbau" – wenn auch schwieriger, da stets mit dem Medium Baugrund verbunden –, kennzeichnet.

Vergessen wird aber oft auch, daß **der Baugrund vom Auftraggeber zur Verfügung gestellt wird** und deshalb dieser „**Baustoff**" grundsätzlich von ihm zu verantworten ist, was insbesondere § 9 Nr. 3 Abs. 3 und 4 VOB/A[69] i.V.m. DIN 18 299, Abschnitt 0 (mit seiner Verpflichtung zur **vollständigen Beschreibung**) vorgibt.[70]

Schließlich ist eine Korrektur der Spezialtiefbaurechtsprechung auch deshalb angezeigt, weil der (unausgesprochene) „Schutzgedanke" zugunsten des Bauherrn hier in der Regel nicht angebracht ist: Meistens werden Spezialtiefbauunternehmen als Nachunternehmer von General- und sonstigen Hochbauunternehmen tätig, so daß für jedwede Form einer „Gefühlsjustiz" hier kein Platz ist.

C Ausblick

Die Erbringung von Spezialtiefbauleistungen erfordert sehr viel Erfahrung, technische Kenntnis und Fingerspitzengefühl. Gleiches gilt jedoch auch für die rechtliche Beurteilung von Sachverhalten, die im Spezialtiefbau ihre Ursachen haben.

Denn in den meisten (Streit-)Fällen ist die ausgeführte Leistung einer direkten Überprüfung nicht zugänglich, da sie sich tief im Baugrund befindet oder auch nur vorübergehend – wie etwa bei der Bodenvereisung – „greifbar" war. Im Unterschied zum Hochbau oder allgemeinen Tiefbau, wo die Leistungen als solche sicht-, meß- und ohne großen Aufwand prüfbar sind, kommt beim Spezialtiefbau dem Faktor „Vertrauen" in Form des Verlassens auf Daten, Protokolle und Prüfberichte ein nicht zu unterschätzender Stellenwert zu.

Für die Baupraktiker ergibt sich damit ebenso wie für die Baujuristen die Aufgabe, das wechselseitige Verstehen zu verstärken und gemeinsam nach fairen und gerechten Lösungen bei der Leistungserbringung einerseits und der möglicherweise juristischen Auseinandersetzung andererseits zu suchen.

---

69 Fassung Dezember 1992.
70 Vgl. auch §§ 644, 645 BGB.

KLAUS D. KAPELLMANN

Bausoll, Erschwernisse und Vergütungsnachträge beim Spezialtiefbau

Das Bausoll

Nicht nur im Leben, sondern auch im Baugrund ist vieles dunkel. Auftraggeber wie Auftragnehmer sind geneigt, immer den anderen das Risiko des Tappens im Dunkeln tragen zu lassen. Deswegen sind „Nachtragsstreitigkeiten" im Zusammenhang mit dem Spezialtiefbau eine häufige Erscheinung.

Ein Auftragnehmer bekommt nur dann ein „Mehr" an Vergütung – er kann also nur dann einen „Nachtrag" durchsetzen –, wenn er mehr als das baut, was er nach dem Vertrag ohnehin bauen muß.

Der Leistungspflicht des Auftragnehmers steht die Vergütungspflicht des Auftraggebers gegenüber. Der vertraglich geschuldete Werklohn ist dabei das „Vergütungssoll". Es ergibt sich beim Einheitspreisvertrag aus der Addition der Produkte aus Vordersatz und zugehörigem Einheitspreis (§ 2 Nr. 2 VOB/B), steht also vor Ausführung noch nicht fest.

Beim Pauschalvertrag ist dagegen das Vergütungssoll von Anfang an „fix", das ist gerade der Sinn der Pauschale (§ 2 Nr. 7 Abs. 1 Satz 1 VOB/B) – was nicht heißt, daß sich die Pauschale nicht ändern kann. Jedenfalls ist beim Pauschalvertrag die Pauschalvergütung „fix", beim Einheitspreisvertrag sind (nur) die Vergütungselemente „fix".

Dem steht als „Bausoll" eine „fixe" Leistungspflicht des Auftragnehmers gegenüber. Das heißt: Was der Auftragnehmer für diese Vergütung zu leisten hat, ist „fix" durch den Vertrag definiert (manchmal schlecht definiert). Maßgebend ist der Vertrag selbst neben allen seinen – gültigen – Bestandteilen. Im Rahmen der VOB/B sind das neben evtl. Besonderen Vertragsbedingungen, Zusätzlichen Vertragsbedingungen und Zusätzlichen Technischen Vertragsbedingungen insbesondere gemäß § 1 Nr. 1 Satz 2 VOB/B auch die „Allgemeinen Technischen Vertragsbedingungen für Bauleistungen" = VOB/C.

Sind die Leistungsbestimmungen mißverständlich oder unklar, so sind sie auszulegen; ein wesentlicher Gesichtspunkt ist dabei, ob der Auftraggeber den „Hinweisen für das Aufstellen der Leistungsbeschreibung" gefolgt ist, die sich in Abschnitt 0 der DIN 18 299 (also der Einleitungsnorm der VOB/C) bzw. jeweils in Abschnitt 0 der Fachnorm finden. Insoweit statuiert (auch) die VOB/A – die insoweit den Kanon richtigen Ausschreibungsverhaltens aufstellt – in § 9 Nr. 3 Abs. 4 die selbstverständliche Pflicht des Auftraggebers, die „Hinweise für das Aufstellen der Leistungsbeschreibung" in Abschnitt 0 der Allgemeinen Technischen Vertragsbedingungen für Bauleistungen DIN 18 299 ff. zu beachten.

Jedenfalls für den öffentlichen Auftraggeber – aber wegen des Kanon-Charakters auch für den privaten Auftraggeber – gilt, daß der Auftragnehmer sich grundsätzlich darauf verlassen darf, daß der Auftraggeber diese Ausschreibungsnorm berücksichtigt; insofern ist jedenfalls die VOB/A, die ja nicht unmittelbar Vertragsinhalt wird, indirekt maßgebend; denn der Bieter darf darauf vertrauen, daß der Auftraggeber den „Regeln" gefolgt ist.[1]

Der Auftragnehmer, der Angebotsunterlagen mit „durchschnittlicher Bietersorgfalt" prüfen muß, braucht bei einer solchen Prüfung nur Unklarheiten zu finden, die „ins Auge springen".[2]

Wenn der Abschnitt 0 z. B. der DIN 18 299 eine Aussage erwarten läßt, die Ausschreibung aber keine Aussage enthält, braucht kein Bieter auf den Gedanken zu kommen, daß die nicht erwähnte Tatsache doch Leistungshinweis sein soll. Als Beispiel: Der Bieter braucht nicht anzunehmen, daß die Baustelle in einem Landschaftsschutzgebiet liegt, wenn der Auftraggeber entgegen 0.1.11 der DIN 18 299 eine derartige Angabe in den Verdingungsunterlagen unterlassen hat.

Gemäß § 9 Nr. 3 VOB/A **sind** die für die Leistung wesentlichen Verhältnisse der Baustelle, z. B. Boden- und Wasserverhältnisse, so zu beschreiben, daß der Bewerber ihre Auswirkungen auf die bauliche Anlage und die Bauausführung hinreichend beurteilen kann.

Gemäß DIN 18 299, Abschnitt 0.1.7, **sind** in der Leistungsbeschreibung nach den Erfordernissen des Einzelfalles insbesondere anzugeben Bodenverhältnisse, Baugrund und seine Tragfähigkeit, Ergebnisse von Bodenuntersuchungen, gemäß Abschnitt 0.1.8 hydrologische Werte von Grundwasser und Gewässern, Art, Lage, Abfluß, Abflußvermögen und Hochwasserverhältnisse von Vorflutern, Ergebnisse von Wasseranalysen. Ein Bieter ist nicht verpflichtet, seinerseits Boden- und Wasseruntersuchungen vorzunehmen, wenn diese Leistungen im Vertrag nicht besonders genannt sind;[3] solche Untersuchungen sind vielmehr zu vergütende Besondere Leistungen, so z. B. gemäß 4.2.9 der DIN 18 300.

Beispiele für „Erschwernisse" beim Einheitspreisvertrag

1.

Das OLG Düsseldorf[4] hatte folgenden Fall zu entscheiden:
Eine Einheitspreisposition für Straßenbauarbeiten war ausgeschrieben mit „2700 m^3 Boden ausheben und abfahren. Boden profilgemäß lösen, ins Eigentum des Auftragnehmers übernehmen und beseitigen. Im Einheitspreis enthalten ist das Herstellen der Böschung und des Planums einschließlich der erforderlichen Verdichtung. Abgerechnet wird nach Abrechnungsprofilen. Klassifizierung nach

---

1 Zutreffend BGH BauR 1992, 221.
2 Kapellmann/Schiffers, Vergütung, Nachträge und Behinderungsfolgen beim Bauvertrag, Band 1: Einheitspreisvertrag, 2. Auflage 1993, Rdn. 178; Kleine-Möller, Leistungen und Gegenleistungen bei einem Pauschalvertrag, in: Seminar Pauschalvertrag und schlüsselfertiges Bauen, S. 69 ff., 75; Bühl, BauR 1992, 26, 31.
3 BGH Schäfer/Finnern Z. 2.414 Bl. 205.
4 BauR 1991, 219, 221.

DIN 18 300 Klasse 3 bis 5." Der Leistungsbeschrieb enthielt also zur Ausschachtungstiefe keine Angaben.

Die Bieterin überprüfte anhand der Menge der ausgeschriebenen Schottertragschicht und Fahrbahnschicht, daß eine Aushubtiefe von 0,65 m zu bauen sein werde und legte diese Aushubtiefe ihrer Kalkulation zugrunde. Während der Ausführung stellte sich heraus, daß aus nicht von der Auftragnehmerin zu vertretenden Gründen wesentlich tiefer als ursprünglich von der Auftraggeberin geplant, ausgeschachtet werden mußte; der Auftraggeber ordnete den tieferen Aushub an. Er stellte sich auf den Standpunkt, da die Position nur laute „2700 m^3 Boden ausheben und abfahren", sei Boden **jeder** Tiefe zu dem genannten Einheitspreis auszuheben; also sei die Anordnung keine solche, die Zusatzvergütung gemäß § 2 Nr. 5 oder § 2 Nr. 6 VOB/B auslösen könne.

Methodisch kann man das Pferd von zwei Seiten aufzäumen:
Man kann prüfen, ob der Auftraggeber durch die Anordnung nur das mitteilt, wiederholt oder verdeutlicht, was der Auftragnehmer sowieso innerhalb seines vertraglich „übernommenen Risikobereichs" zu tun hat; ist das so, so handelte es sich gar nicht um eine „Anordnung im Sinne des § 2 Nr. 5 VOB/B."[5] Man kann aber auch und richtigerweise zuerst prüfen, was „Bausoll" ist, ob also das, was der Auftragnehmer jetzt leisten muß, nicht ohnehin vom Vertragsinhalt gedeckt ist. Wird es gedeckt, spielt es keine Rolle, ob man die „Weisung" des Auftraggebers als Anordnung qualifiziert oder nicht und wie man überhaupt eine Anordnung qualifiziert – wer nur das baut, was er ohnehin bauen muß, erbringt weder geänderte noch zusätzliche Leistungen, ob angeordnet oder nicht. Dieser Weg ist schon deshalb methodisch klarer, weil **nur so** die Frage beantwortet werden kann, ob gerade wegen der **fehlenden Anordnung** Ansprüche aus **§ 2 Nr. 8 VOB/B** in Betracht kommen; auch für sie ist gerade die Abweichung vom Bausoll Voraussetzung. Das heißt: Jedem behaupteten Vergütungsanspruch aus geänderter oder zusätzlicher Leistung geht die Feststellung dessen voraus, was ohne Änderung oder Zusatzleistung geschuldet ist, also die Feststellung des Bausolls. Dabei ist allerdings nicht nur der Vertragstext wesentlich. Das vom Bieter und späteren Auftragnehmer geschuldete Bausoll ist vielmehr zu bestimmen anhand der Totalität aller Vertragsunterlagen und unter Heranziehung von Auslegungsprinzipien.

Demzufolge stellt die Rechtsprechung völlig zutreffend darauf ab, daß anhand der Vertragsunterlagen festzustellen ist, womit der Auftragnehmer als Leistung rechnen kann und rechnen muß.[6] Man muß diesen richtigen Maßstab allerdings ernstnehmen und darf nicht als Durchschnitt postulieren, was in Wirklichkeit extreme Anforderung unter völliger Verkennung von Bietermöglichkeiten (kurze Zeit, keine eigene Planung des Objekts, Vertrauen auf Beherzigung des „Kanons" der Ausschreibung) ist.

---

5 BGH NJW-RR 1992, 1046 im Zusammenhang mit einem Pauschalvertrag, dazu Kapellmann/Schiffers, a. a. O., Rdn. 494.
6 Laut BGH BauR 1987, 683, 684 („Universitätsbibliothek") kommt es darauf an, was der Bieter „hätte erkennen können und müssen"; dazu im einzelnen Kapellmann/Schiffers, a. a. O., Rdn. 168 ff., 178 ff.

Das Oberlandesgericht stellt per Auslegung aller Vertragsunterlagen zutreffend fest, daß die Auftragnehmerin anhand der Menge der ausgeschriebenen Schottertragschicht und Fahrbahnschicht zu Recht auf eine Aushubtiefe (im konkreten Fall) von 0,65 m schließen durfte; zudem habe dies auch einem gültigen Erfahrungssatz im Straßenbau entsprochen und sei durch Einbauhöhen in anderer Position bestätigt worden.

Richtig gelesen lautete die Position unter Berücksichtigung der Auslegung daher von Anfang an: „2700 m³ Boden **bis 0,65 m Tiefe** ausheben und abfahren." Tieferer Aushub war deshalb modifizierte Leistung: nach Meinung des Oberlandesgerichts Düsseldorf übrigens als geänderte Leistung gemäß § 2 Nr. 5 VOB/B zu vergüten, richtigerweise aber als Zusatzleistung gemäß § 2 Nr. 6 VOB/B zu vergüten; denn „bis 0,65 m Tiefe" – so der bisherige Leistungsbeschrieb – ist **unverändert** ausgeschachtet worden. Das Oberlandesgericht hat insoweit nicht berücksichtigt, daß eine **in** der Position enthaltene Bautiefe zum Leistungsbeschrieb gehört und folglich zusätzliche Bautiefen auch zusätzliche Leistungen begründen.[7]

2.

Eine Stadt schreibt die Auswechslung eines Kanals aus; ein Bieter unterbreitet als Sondervorschlag Arbeiten im „Berstlining-Verfahren". Bei diesem Verfahren erfolgt die Sanierung vorhandener Kanalsysteme ohne nennenswertes Aufgraben der Erdoberfläche, und zwar so, daß durch den vorhandenen Kanalkörper mittels einer Seilwinde ein Berstkörper gezogen wird, der die vorhandenen Rohrleitungen zerstört und die Bruchstücke nach außen hin in das vorhandene Erdreich verdrängt. Unmittelbar hinter dem Berstkörper wird sodann das neue Rohr eingezogen. Die Seilwinde, die den Berstkörper zieht, wird auf einen vorhandenen Kanalschacht montiert. Im konkreten Fall erteilt die Stadt auf diesen Sondervorschlag den Zuschlag.

Der Bieter hat im Ausschreibungsverfahren Einzelheiten des Verfahrens erläutert und auch auf die Notwendigkeit der Inanspruchnahme des Kanalschachts hingewiesen. Er hat die Konstruktion des Schachtes und dessen Tragfähigkeit überprüft.

Während der Arbeit bricht der Schacht ein, aber nicht deshalb, weil er irgendeinen Konstruktionsfehler hatte, sondern weil hinter dem Schachtmauerwerk Erdreich weggespült war – was niemand wußte. Dadurch war ein Hohlraum entstanden, so daß der Schacht jetzt die beim Einziehen entstehenden Druckkräfte nicht mehr aufnehmen konnte und „in den Hohlraum hinein" wegbrach.

Gehört die Bewältigung des Risikos „Vorfinden einer Bodenauswaschung" zum vertraglichen Leistungsbereich der Klägerin, also zu ihrem Bausoll?

Bei einem Sondervorschlag trägt selbstverständlich der Auftragnehmer das Risiko des Funktionierens der von ihm selbst vorgeschlagenen Technik. Er trägt aber nicht solche allgemeinen Risiken, die ihm nicht erkennbar zugewiesen worden sind. Das allgemeine Baugrundrisiko trägt im Regelfall der Auftraggeber: der Baugrund ist „vorgegebener Stoff" im Sinne von § 644 Abs. 1 Satz 2, § 645 BGB.[8]

---

7 Zutreffend deshalb Ingenstau/Korbion, VOB/B § 2 Rdn. 295; Einzelheiten Kapellmann/Schiffers, a. a. O., Rdn. 441 f.

8 Zum Grundsatz: BGH BauR 1986, 203; Ingenstau/Korbion, VOB/B § 7 Rdn. 9; § 9 Rdn. 6; Münchener Kommentar/Soergel, BGB, 2. Auflage 1988, § 645 Rdn. 6; Kapellmann, BauR 1992, 433 ff.

Die Klägerin kannte die Auswaschung nicht und konnte sie nicht kennen; sie mußte zwar die statische Brauchbarkeit des Schachtbauwerks prüfen, hatte aber keinen Anlaß dazu, ein völlig ungewöhnliches Risiko zu kontrollieren.

Die entstehenden Kosten sind daher gemäß § 2 Nr. 6 VOB/B zu ersetzen.

Demgegenüber ist das OLG Düsseldorf[9] der Auffassung, bei den Erdarbeiten hinter dem Kanalschacht handele es sich nicht um „Baugrund", dort habe der Tiefbauunternehmer kein Bauwerk errichten sollen. Von der Funktion her gesehen stellten sich vielmehr Mauerwerk und Erdschacht (?) als „Gerät" im Sinne von Ziff. 4.1.2 der DIN 18 299 dar, das der Auftragnehmer benötigt habe. Für die geeignete Beschaffenheit von Hilfsmitteln zu sorgen sei Sache des Auftragnehmers (§ 4 Nr. 2 Abs. 1 VOB/B).

Das Oberlandesgericht verkennt, daß der Auftragnehmer nur für die geeignete Beschaffenheit seiner **eigenen** Werkzeuge (Baugeräte) zu sorgen hat. Schon grundsätzlich gilt, daß ein Auftraggeber für die Gebrauchstauglichkeit solcher Baubehelfe, die er selbst dem Auftragnehmer zur Verfügung stellt, auch einstehen muß; würde der Auftraggeber z. B. dem Auftragnehmer einen Baukran leihen oder vermieten, so würde er für dessen Beschaffenheit wie jeder Fremdvermieter haften.[10]

Hier gilt indessen zusätzlich: Auch Werkzeug, Gerät und Baubehelfe jeder Art sind „Stoff" im Sinne von § 645 BGB;[11] auf vom Auftraggeber zur Verfügung gestellte Werkzeuge (Baubehelfe) ist deshalb § 645 BGB nach einhelliger Meinung entweder unmittelbar oder entsprechend anzuwenden.[12]

Das heißt: Ob Werkzeug oder Baubehelf, im konkreten Fall hat sich allein ein **Risiko des Auftraggebers** verwirklicht. Leistungen zur Überwindung der Folgen des Risikoeintritts gehören also nicht zum Bausoll des Auftragnehmers.

3.

Auch wenn der Auftragnehmer z. B. auf einen Sondervorschlag hin neue Techniken anwendet, ändert sich folglich an der allgemeinen Risikozuteilung und damit auch Zuteilung zur Vertragsleistung nichts, und zwar selbst dann nicht, wenn die Entscheidung des Auftraggebers, sich für das billigere alternative Verfahren zu entscheiden, sich wegen unvorhergesehener Risiken nachträglich als verhängnisvoll teuer erweist.

Als Beispiel: Ein Flußlauf wird im Bogen unterbohrt mit Hilfe des „Horizontal Directional Drilling", beauftragt auf Sondervorschlag des Auftragnehmers. Dieses Verfahren funktioniert nur unter bestimmten Bodenverhältnissen (kein Kies); ein

---

9 Urteil vom 13. 10. 1992, 12 U 83/92, unveröffentlicht.
10 BGH Schäfer/Finnern Z. 3.12 Bl. 61 ff. = BB 1968, 809; Ingenstau/Korbion, VOB/A § 1 Rdn. 42.
11 Münchener Kommentar/Soergel, § 645 Rdn. 6; Staudinger/Peters, BGB, 12. Auflage 1991, § 645 Rdn. 12; Soergel/Mühl, 11. Auflage 1980, BGB, § 645 Rdn. 2, Erman/Seiler, BGB, 8. Auflage 1989, § 645, Rdn. 2; Palandt/Thomas, BGB, 51. Auflage 1992, § 645 Rdn. 8; BGHZ 60, 14, 20: „Dabei ist der Begriff ‚Stoff' weit auszulegen; er umfaßt alle Gegenstände, aus denen, an denen oder mit deren **Hilfe** das Werk herzustellen ist." Diese Rechtsauffassung wird zum BGB immerhin seit 1904 vertreten.
12 A. a. O.

Baugrundgutachten sagt auch aus, daß solche Bodenverhältnisse gegeben sind. Weichen die tatsächlichen Bodenverhältnisse entgegen den Angaben des Bodengutachters so entscheidend ab, daß **deshalb** die gewählte neue technische Methode zur Bewältigung dieser Bodenproblematik nicht mehr ausreicht, ist diese Abweichung nicht mehr Vertragsbausoll, sondern geänderte oder zusätzliche Leistung; nach entsprechender Anordnung gehen die Mehrkosten zu Lasten des Auftraggebers.[13]

Beispiele für „Erschwernisse" beim Pauschalvertrag

1.
Bevor Pauschalvertragsfälle behandelt werden können, ist es zwingend notwendig, wenigstens in aller Kürze Anmerkungen zur Typologie des Pauschalvertrages zu machen, weil hier heillose Verwirrung herrscht. Keineswegs muß beim Pauschalvertrag die Leistungsseite „pauschal bestimmt" sein. Im Gegenteil: Die Vergabevorschrift des § 5 Nr. 1 b VOB/A – auf die im Ergebnis auch § 2 Nr. 7 VOB/B zugeschnitten ist – bestimmt, daß Bauleistungen in geeigneten Fällen für eine Pauschalsumme vergeben werden sollen, wenn die Leistung nach Ausführungsart und Umfang **genau** bestimmt ist und mit einer Änderung bei der Ausführung **nicht** zu rechnen ist. Das heißt: Die VOB/A geht (mit Recht) davon aus, daß auch ein Vertrag, bei dem das Bausoll, die Leistungsseite, nach qualitativem und quantitativem Bauinhalt sowie nach allen Bauumständen genau bestimmt ist, dennoch Pauschalvertrag sein kann. Oder anders ausgedrückt: Zum **Pauschalvertrag** gehört **keineswegs** begrifflich zwingend eine **unbestimmte Leistung**. Das entscheidende Kriterium für den Pauschalvertrag in Abgrenzung zum Einheitspreisvertrag ist vielmehr **ausschließlich**, daß die Vergütung nicht von der ausgeführten Menge abhängt. Anders ausgedrückt: Der Auftragnehmer **trägt** immer das **Mengenermittlungsrisiko**, also das Risiko der Ermittlung des Umfangs der Arbeiten und der daraus resultierenden Vergütung vor Vertragsschluß **anhand der Vertragsdaten;** er trägt also auch kein „allgemeines Mengenrisiko".

Der in § 5 Nr. 1 b VOB/A beschriebene Pauschalvertrag gehört zum Typ „**Detail-Pauschalvertrag**".[14] Beim Detail-Pauschalvertrag ist die Leistungsseite genauso im einzelnen differenziert wie beim Einheitspreisvertrag. Dem steht ein Pauschalvertragstyp gegenüber, bei dem auf der Leistungsseite „pauschale Elemente" auftauchen, d. h., global definierte Leistungen, die differenziert erst nach Vertragsabschluß – wie auch immer – „vervollständigt" werden; dies ist folglich der Typ „**Global-Pauschalver-**

---

13 Näher Kapellmann/Schiffers; a. a. O., Rdn. 451; ebenso Englert/Bauer, Rechtsfragen zum Baugrund, 2. Auflage 1991, Rdn. 130; von Craushaar, Festschrift für Locher, 1990, S. 9 f., 11.
14 Zu dieser Terminologie schon Kapellmann, Rechtliche Voraussetzungen für Ansprüche des Auftragnehmers bei Abweichungen vom Bauvertrag, in: Ansprüche des Bauunternehmers bei Abweichungen vom Bauvertrag, 1991, S. 11 ff., 26.

trag".[15] Prototyp dieses Global-Pauschalvertrages – der seinerseits noch weiterer Differenzierung bedarf – ist der Schlüsselfertigbau mit auftragnehmerseitiger Ausführungsplanung. Die Verschiebung einer Auftraggeberleistung (Planung) auf den Auftragnehmer, also die funktionelle Änderung der Rollen der Bauvertragsparteien, hat entscheidende Konsequenzen für die Ausfüllung der bei einem solchen Global-Pauschalvertrag notwendigerweise verbleibenden „globalen Leistungselemente". Beim Schlüsselfertigbau ist die Baubeschreibung oft sehr knapp, viele Details sind zu füllen. In der Funktionszuteilung liegt dann gleichzeitig die konkludente Entscheidung der Bauvertragsparteien, hinsichtlich des Globalelementes das Auswahl-und Bestimmungsrecht gemäß § 315 BGB der planenden und ausführenden Partei, also dem Schlüsselfertig-Auftragnehmer, zu überlassen. Es ist hier nicht der Raum, die Konsequenzen dieser „Rollenverteilung" im einzelnen zu besprechen.

Zusammengefaßt gibt es jedenfalls Pauschalvertragstypen, bei denen die „globale Leistungsbeschreibung" typisch ist, wobei aber hervorzuheben ist, daß natürlich auch bei einem Global-Pauschalvertrag sich Detailbereiche und Globalbereiche mischen können. Sehr oft ist bei einem Schlüsselfertigvertrag z. B. das eine Gewerk bis in jedes Detail ausgeschrieben, ein anderes Gewerk ganz global.

Demzufolge ist immer zu prüfen, ob ein Vertrag „Globalelemente" enthält, die als Bausoll natürlich anders behandelt werden müssen als die (schon bestimmten) Detailelemente.

Diese Differenzierung in Detailvertrag und Globalvertrag ist für den Pauschalvertrag zwingend, aber es darf nicht unerwähnt bleiben, daß „globale Leistungselemente" auch bei einem (schlecht definierten) Einheitspreisvertrag auftauchen können, dort aber eher untypisch sind. Festzuhalten ist noch, daß auch das „globale Leistungselement" von Anfang an **vereinbarte Leistung** ist, daß es somit „nach der Leistungsbeschreibung zur Vertragsleistung gehört" (§ 2 Nr. 1 VOB/B) und damit „vertraglich vorgesehene Leistung" im Sinne von § 2 Nr. 7 Satz 2 VOB/B ist. Keineswegs schuldet also der Auftragnehmer sozusagen nur eine Minimallösung und hat dann Mehrvergütungsansprüche, die wieder durch Schadensersatzansprüche des Auftraggebers wegen falscher Planung (Beratung) beim Schlüsselfertigvertrag eliminiert werden.[16]

Zu beiden Typen soll je ein Beispiel aus der Rechtsprechung vorgestellt werden.

---

15 Ähnlich differenziert Motzke, Leistungsänderungen und Zusatzleistungen beim Pauschalvertrag, in: Seminar Vergütungsansprüche aus Nachträgen – ihre Geltendmachung und Abwehr, 1989, S. 111 ff., 116 ff., 119 ff. Die scharfe Trennung betont ebenfalls zutreffend Thode, Änderungen beim Pauschalvertrag und ihre Auswirkungen auf den Pauschalpreis, in: Seminar Pauschalvertrag und schlüsselfertiges Bauen 1991, S. 33 f., 35 und 36; ihm folgend jetzt Heiermann/Riedl/Rusam, VOB/B § 2 Rdn. 87 b, c. Im Ergebnis ebenso die Rechtsprechung, z. B. BGH BauR 1972, 118; OLG Düsseldorf BauR 1989, 483. Anders, aber unzutreffend insbesondere Heyers, BauR 1983, 297, 301–306; Vygen, ZfBR 1979, 133, 135; Ingenstau/Korbion, VOB/B § 2 Rdn. 188.
16 So aber Brandt, BauR 1982, 524, 530.

2.

In einem Pauschalvertrag sind in den Positionen 1.01 bis 1.06 des als Vertragsinhalt vereinbarten Leistungsverzeichnisses Rohrgräben nach DIN 18 300 „ohne Verbau" mit einer einheitlichen **Tiefe bis 1,20 m** und unterschiedlichen Grabensohlenbreiten von 0,80 m bis 2,20 m in einer Länge von 5230 m aufgeführt, in den Positionen 1.07 bis 1.12 Rohrgräben mit einer **Tiefe bis zu 1,40 m,** in den Positionen 1.13 und 1.14 Suchgräben, in den Positionen 1.15 bis 1.22 Rohrgräben **„einschließlich Verbau"** nach DIN 18 303 in unterschiedlichen Tiefen und Breiten. Rohrgräben **bis zu 2,0 m Aushubtiefe ohne Verbau** sind im LV nicht vorgesehen, diese Gräben erweisen sich aber als notwendig; der Auftragnehmer hebt sie auf Anordnung des Auftraggebers aus. Im Vertrag heißt es u. a.: „Alle Arbeiten sind übereinstimmend mit den Beschreibungen des LV's auszuführen. Der Pauschalpreis deckt alle Arbeiten ab, um die vorgesehene erdverlegte Fernleitungstrasse auszuführen."

Diesen Fall hatte das OLG Düsseldorf zu entscheiden.[17]

Das Oberlandesgericht geht vorab ohne nähere Erläuterung zutreffend davon aus, daß dann, wenn die Ausschachtungstiefe **innerhalb** des Leistungsbeschriebes der Position genannt ist, damit gerade auch die Ausschachtungstiefe zum definierten Bausoll gehört; wir haben das oben schon erörtert. Ändert sich also die Tiefe, so ist das nicht bloße Mengenmehrung, sondern zusätzliche Leistung, für die der Auftragnehmer gemäß § 2 Nr. 7 Abs. 1 Satz 4, § 2 Nr. 6 VOB/B zusätzliche Vergütung erhält. Die Leistungsbeschreibung war hier keineswegs global: im Gegenteil, die Parteien hatten die Leistung „durch Angaben im Leistungsverzeichnis näher bestimmt", so daß später geforderte Zusatzarbeiten vom Pauschalpreis nicht erfaßt werden. Von einer solchen „näheren Bestimmung" muß man immer dann ausgehen – und das macht das Wesen des Detail-Pauschalvertrages aus –, wenn die Leistung aufgrund eines detaillierten Leistungsverzeichnisses angeboten wird.[18] Da Rohrgräben **bis zu 2,0 m Aushubtiefe ohne Verbau** im Leistungsverzeichnis nicht vorgesehen waren, handelt es sich deshalb um vertraglich nicht vorgesehene Leistungen.[19]

Die „Vollständigkeitsklausel" ist rechtlich unerheblich, wobei das Oberlandesgericht mit Recht feststellt, daß die Klausel vorab in sich widersprüchlich ist. Wenn nämlich alle Arbeiten in Übereinstimmung mit den Beschreibungen des Leistungsverzeichnisses ausgeführt werden sollen und gleichzeitig alle notwendigen Arbeiten erfaßt werden, notwendige Arbeiten aber im Leistungsverzeichnis nicht enthalten sind, ist der Widerspruch unvermeidlich. Im übrigen wäre eine solche Klausel aber auch bei einem Detail-Pauschalvertrag rechtlich unwirksam wegen Verstoßes

---

17 BauR 1989, 483, 484.
18 So mit Recht die Rechtsprechung, BGH „Schlüsselfertigbau" BauR 1984, 395; BGH BauR 1971, 124; für einen fast identischen Fall auch BGH Schäfer/Finnern Z 2.301 Bl. 46, 47; OLG Hamm, BauR 1991, 756, 758.
19 Thode, a. a. O., S. 33, 40, der die Entscheidung kritisiert, übersieht m. E., daß die Leistung durch den Einbezug von Aushubtiefe und Angabe zum Verbau **in die** Leistungsposition „näher bestimmt" war.

gegen § 9 AGB-Gesetz.[20] Obwohl es sich also um einen Pauschalvertrag handelt, gibt es keine „globale Beurteilung" – oder anders ausgedrückt: Das war der Typ des Detail-Pauschalvertrages.

3.
Das Land Niedersachsen schreibt Bauarbeiten an einem Hochwasserrückhaltebecken auf der Grundlage der VOB/B aus. Im Leistungsverzeichnis ist die Wasserhaltung „pauschal" ausgeschrieben, Planunterlagen gibt es nicht, wohl enthält die Ausschreibung Gründungsempfehlungen. Ein Bieter bietet die Pauschalposition „Wasserhaltung" mit 9000,– DM an, er erhält für das Gesamtobjekt den Zuschlag. Während der Ausführung stellt sich heraus, daß die vom Bieter beabsichtigte offene Wasserhaltung wegen des Grundwasserstandes und der Gefahr eines hydraulischen Grundbruchs nicht durchführbar ist. Nach einigen fehlgeschlagenen Abhilfeversuchen des Auftragnehmers führt dies dazu, daß auf Empfehlung oder Anordnung des für das Land beteiligten Ingenieurbüros eine geschlossene Wasserhaltung außerhalb des Spundwandkastens durchgeführt wird. Der Auftragnehmer stellt sich auf den Standpunkt, aufgrund der Anordnung des Auftraggebers seien die Grundlagen des Preises für die von ihm kalkulierte offene Wasserhaltung geändert worden; deshalb habe er Nachtragsansprüche gemäß § 2 Nr. 5 VOB/B in Höhe von 180 891,40 DM. Das ist der Sachverhalt einer neuen Entscheidung des Bundesgerichtshofes.[21]

Man ist versucht, die Lösung in DIN 18 305 „Wasserhaltungsarbeiten" zu suchen. Unter 3.1.4 heißt es dort: „Wenn Anzeichen auf die Gefahr eines Grundbruchs oder Sohlenaufbruchs hinweisen, ist das dem Auftraggeber unverzüglich mitzuteilen. Die sofort notwendigen Sicherungen hat der Auftragnehmer unverzüglich zu treffen. Art und Umfang weiterer Maßnahmen sind zu **vereinbaren.**"

Außerdem fällt auf, daß diese Ausschreibung mit der Anweisung an den öffentlichen Auftraggeber in § 5 Nr. 1 b VOB/A, genau auszuschreiben, nichts zu tun hat, daß weiter geradezu sämtliche Vergabevorschriften des § 9 VOB/A verletzt sind, so Nr. 1: „Die Leistung ist eindeutig und so erschöpfend zu beschreiben, daß alle Bewerber die Beschreibung im gleichen Sinn verstehen müssen und ihre Preise sicher und ohne umfangreiche Vorarbeiten berechnen können", oder Nr. 2: „Dem Auftragnehmer soll kein ungewöhnliches Wagnis aufgebürdet werden für Umstände und Ereignisse, auf die er keinen Einfluß hat und deren Einwirkung auf die Preise und Fristen er nicht im voraus schätzen kann", oder Nr. 3 Abs. 3: „Die für die Ausführung der Leistung wesentlichen Verhältnisse der Baustelle, z. B. Boden- und Wasserverhältnisse, sind so zu beschreiben, daß der Bewerber ihre Auswirkungen auf die bauliche Anlage und die Bauausführung hinreichend beurteilen kann."

Aber: Ob unter Beachtung der VOB/A ausgeschrieben oder nicht, das ist kein Detail-Pauschalvertrag, sondern offensichtlich ein Global-Pauschalvertrag; denn die Wasserhaltung ist wirklich nur äußerst „global" beschrieben.

---

20 OLG München, NJW-RR 1987, 661; Landgericht München, ZfBR 1990, 117; Kleine-Möller/Merl/Oelmaier, Handbuch des privaten Baurechts, 1992, § 2 Rdn. 204; Füchsel, Bauvertragsklauseln in bezug auf Nachträge und ihre Wirksamkeit nach dem AGB-Gesetz, in: Seminar Vergütungsansprüche aus Nachträgen – ihre Geltendmachung und Abwehr, 1989, S. 9, 11; Werner/Pastor, Der Bauprozeß, 6. Auflage 1990, Rdn. 1034.
21 NJW-RR 1992, 1046.

Ansprüche aus geänderter Leistung gibt es nur, wenn der Auftraggeber eine gegenüber der Vertragsleistung (Bausoll) **geänderte** oder **zusätzliche** Ausführung anordnet.

Der Auftragnehmer hatte hier global die Leistung „Wasserhaltung" als Bausoll vereinbart, er schuldete mithin „**jede** Art der Wasserhaltung"; seine Leistungspflicht ist also durch „neue", notwendig werdende Arbeitsmethoden nicht erweitert worden. Der Bundesgerichtshof verwendet in diesem Zusammenhang immer das Argument, wer im Hinblick auf ein „erkennbar nicht vollständiges Leistungsverzeichnis" biete, müsse die Folgen selber tragen; der Bundesgerichtshof knüpft dabei an die insoweit problematische Entscheidung „Universitätsbibliothek" an.[22]

Der Hintergrund der Entscheidung ist zu verstehen, die Überlegung zu billigen: Wenn ein Bieter positiv erkennt, daß die Leistungsbeschreibung unvollständig ist und wenn er dennoch in voller Erkenntnis der Unvollständigkeit „spekulativ" bietet, bekommt er keine Mehrvergütung.[23]

Diese Überlegungen sind allerdings schon grundsätzlich dahin einzuschränken, daß der Bieter, der nur fahrlässig die Vervollständigungsbedürftigkeit der Leistungsbeschreibung nicht erkennt und deshalb nur die Minimallösung anbietet, keineswegs den Schaden allein tragen muß; im Gegenteil ist hier davon auszugehen, daß der Auftraggeber wegen seines Vergabeverstoßes die „Sowiesokosten" selber tragen muß.[24] Die Balance zwischen der „Bestrafung" des kühl „frivol" kalkulierenden Bieters einerseits und der „Begünstigung" des ordentlichen und mit durchschnittlicher Sorgfalt prüfenden, aber Unvollkommenheiten nicht bemerkenden Bieters andererseits ist schwierig; hier kann nur die Gesamtschau des Einzelfalls zu richtigen Ergebnissen führen. Im konkreten Fall war aber schlechthin unübersehbar, daß äußerst global eine Wasserhaltung verlangt war, so daß dieser Auftragnehmer tatsächlich grundsätzlich nicht nachkarten darf.

Dennoch bleibt ein unangenehmer Beigeschmack. Der primäre Verstoß, nämlich der Vergabeverstoß des Landes in Form unkalkulierbarer Leistungsbeschreibung, bleibt völlig unbeachtlich. Das Land hat allen **Bietern** letzten Endes ein Risiko zugeschoben, das diese **nicht** kalkulieren konnten; es hat gegen die Ausschreibungsgrundsätze der VOB/A in reichem Maße verstoßen. Es hat gewissermaßen frivole Angebote provoziert. Es wäre deshalb durchaus diskutabel, den Mehraufwand wenigstens zu einem kleinen Teil in analoger Anwendung von § 254 BGB dem Land aufzuerlegen.

Einem Bieter ist in einem solchen Fall zu empfehlen, im Angebotsstadium das Risiko einzugrenzen, z. B. durch Anforderung zusätzlicher verbindlicher Informationen des Auftraggebers oder durch Erklärungen zum Angebot, daß dieses nur unter definierten Voraussetzungen hinsichtlich der hydrologischen Situation gilt.[25]

---

22 BauR 1987, 683.
23 Einzelheiten Kapellmann/Schiffers, a. a. O., Rdn. 210.
24 Einzelheiten Kapellmann/Schiffers, a. a. O., Rdn. 212 ff., 217.
25 Einzelheiten dazu bei Kapellmann/Schiffers, a. a. O., Rdn. 223 ff., 227, 502, 503.

Die „Überwindung der Erschwernisse"

Gehören die „Erschwernisse" nicht zum Bausoll, ist also die Ausführung der Leistung grundsätzlich geänderte oder zusätzliche Leistung, so sind folgende Ansprüche zu prüfen:

Bei **Anordnung** des Auftraggebers solche aus § 2 Nr. 5, 6, 9 VOB/B; im Einzelfall ist hier vor allem immer zu prüfen, ob es eine Anordnung gibt – ob konkludent oder stillschweigend –, ob sie von einem Vertretungsberechtigten gegeben ist und ob die Form richtig ist.[26]

Fehlt die Anordnung, so kommen Ansprüche aus § 2 Nr. 8 VOB/B in Betracht.
Scheitern auch die Voraussetzungen des § 2 Nr. 8 VOB/B, so kommen Ansprüche aus ungerechtfertigter Bereicherung (§ 812 BGB) in Betracht. Ist die VOB/B „nicht als Ganzes" vereinbart, ist das zwischenzeitlich auch Auffassung der Rechtsprechung; der Bundesgerichtshof hat nämlich in einem solchen Fall § 2 Nr. 8 Abs. 1 Satz 1 VOB/B, der nach seiner Meinung als Ausschluß der Ansprüche aus ungerechtfertigter Bereicherung verstanden wird, wegen Verstoßes gegen das AGB-Gesetz für unwirksam erklärt.[27]
Also muß in einem solchen Fall vorab genau geprüft werden, ob die Allgemeinen Geschäftsbedingungen des Auftraggebers Abweichungen von der VOB/B zu Lasten des Auftragnehmers enthalten, die, wenn auch nur in einem wesentlichen Punkt, ernsthaft die Substanz der VOB/B berühren; weichen sie ab, ist § 2 Nr. 8 Abs. 1 Satz 1 VOB/B unwirksam, Bereicherungsansprüche können greifen.
Ich bin allerdings im Gegensatz zu der Auffassung des Bundesgerichtshofes der Meinung, daß § 2 Nr. 8 Abs. 1 Satz 1 VOB/B auch dann, wenn die VOB/B als Ganzes vereinbart ist, Ansprüche aus ungerechtfertigter Bereicherung **nicht** ausschließt. Die Vorschrift steht in § 2 VOB/B unter der Gesamtüberschrift „Vergütung". Das heißt, daß § 2 Nr. 8 VOB/B Sonderfälle regelt, in denen trotz fehlender Anordnung **Vergütung** geschuldet wird. Das ist also eine VOB-spezifische Sonderprägung der Geschäftsführung ohne Auftrag. Wenn der Rechtsgrund für **Vergütungs**ansprüche fehlt, ist das gerade der Ansatzpunkt für Ansprüche aus ungerechtfertigter Bereicherung. Wenn aber gerade Ansprüche aus Geschäftsführung ohne Auftrag zu verneinen sind, kommen Ansprüche aus ungerechtfertigter Bereicherung in Betracht, oder anders ausgedrückt: Die §§ 812 ff. BGB sind auch neben den Regeln der Geschäftsführung ohne Auftrag anwendbar in den Fällen ungerechtfertigter Geschäftsführung.[28]

---

26 Einzelheiten dazu Kapellmann/Schiffers, a. a. O., Rdn. 490 ff., 563 ff.
27 BauR 1991, 331.
28 Statt aller: Palandt/Thomas, BGB, § 676 Rdn. 4.

JOSEF GRAUVOGL

Einzelaspekte zur Abnahme von Spezialtiefbaugewerken

Die zunehmende Dichte der Bebauung in den Ballungsgebieten und auch der immer knapper werdende verfügbare Grund und Boden für die Ausführung von Bauwerken bringen es mit sich, daß eine Vielzahl von Bauvorhaben heute nicht mehr ohne Spezialtiefbaumaßnahmen abgewickelt werden kann. Mehrgeschossige Tiefgaragen, Hochhäuser mit entsprechend umfangreichen Gründungen oder etwa der Bau von U-Bahnstrecken setzen zwingend einen Eingriff in den Untergrund voraus. Dazu ist besonderes fachliches Können erforderlich. Die Technologie des Spezialtiefbaus hat sich rasant und auf ein bemerkenswert hohes Niveau entwickelt. Individuelle Pionierleistungen wie z. B. die Entwicklung eines Ankersystems zur rückwärtigen Abstützung von Baugrubenverbauten oder auch die Herstellung von entsprechenden Spezialmaschinen haben dazu wesentlich beigetragen.

Der Technik gebührt hier der Vorrang; das anwendbare Bauvertragsrecht hat nur die Aufgabe, von der Vorbereitung bis zum Abschluß von Bauvorhaben begleitende „Spielregeln" für die einzelnen Beteiligten aufzustellen. Für jeden Tiefbauunternehmer und Bauherrn oder Auftraggeber ist dabei auch der Rechtsbegriff der „Abnahme" wegen ihrer vielfältigen Wirkungen von erheblicher Bedeutung. Im begrenzten Rahmen dieses Beitrages soll deshalb der Versuch unternommen werden, Einzelaspekte der Abnahme von Spezialtiefbaugewerken darzustellen.

I

1 Spezialtiefbaugewerk als Bauwerk bzw. Bauleistung

Der Spezialtiefbau ist in seiner technischen Vielfalt längst aus dem Schatten des Hochbaus herausgetreten und bildet einen selbständigen Teil innerhalb der Bauwirtschaft.

Dies wird auch durch die Gründung einer eigenen „Bundesfachabteilung Spezialtiefbau" innerhalb des Hauptverbandes der Deutschen Bauindustrie e.V. deutlich. Dort wurden (erstmals) bundesweit Allgemeine Geschäftsbedingungen für Spezialtiefbauunternehmen – AGB Spezialtiefbau – erarbeitet und zur Veröffentlichung gebracht.[1] Ebenso nimmt der Spezialtiefbau innerhalb des Rechtes der Europäischen Gemeinschaft eine eigene Stellung ein. Im Anhang zur Baukoordinie-

---
1 Bekanntmachung Nr. 61/91 über die Anmeldung der Empfehlung zur Verwendung Allgemeiner Geschäftsbedingungen für den Spezialtiefbau, Bundesanzeiger Nr. 174 v. 17. 9. 1991, S. 6580–6581; Englert in BauR 92, S. 170 ff.

rungsrichtlinie[2] – BKR – ist im „Verzeichnis der Berufsgruppen" unter der Klasse 50 – Baugewerbe – Gruppe 502 der Tiefbau aufgeführt, dort wiederum sind in der Untergruppe 502.7 „spezialisierte Unternehmen für andere Tiefbauarbeiten" genannt.

Nach dem Recht der Bundesrepublik Deutschland erfolgt die Abwicklung von Verträgen, die eine Spezialtiefbauleistung zum Gegenstand haben, grundsätzlich nach den Vorschriften der §§ 631 ff. BGB. Ergänzt werden diese gesetzlichen Regeln in der Praxis durch die Vereinbarung der „Verdingungsordnung für Bauleistungen", Teile A, B und C – VOB/A, B und C. Eine Unterscheidung zwischen Hoch- und (Spezial-) Tiefbauarbeiten ist hier wie dort nicht anzutreffen. Ohne eigene Definition wird nur in den §§ 638 Abs. 1 BGB und § 648 Abs. 1 BGB der Begriff des „Bauwerkes" verwendet. Nach der herrschenden Rechtsprechung ist dieses eine unbewegliche, durch Verwendung von Arbeit und Material in Verbindung mit dem Erdboden hergestellte Sache.[3]

Für den Bereich der Abnahme regelt § 640 Abs. 1 BGB, daß der Besteller (= Auftraggeber/Bauherr) verpflichtet ist, das „vertragsmäßig hergestellte Werk abzunehmen".

§ 12 Nr. 1 VOB/B räumt dem Auftragnehmer (= Unternehmer) ausdrücklich ein, daß er die „Abnahme der Leistung" verlangen kann. Als (Bau-)Leistung wird dabei Bauarbeit jeder Art mit oder ohne Lieferung von Stoffen oder Bauteilen verstanden.[4]

2   Tiefbaugewerk und -hilfsgewerk

Werden Leistungen aus dem Bereich des Spezialtiefbaus durchgeführt, setzen diese regelmäßig einen Eingriff in den Baugrund voraus, also in einen Teil der Erdoberfläche, der mit den darunterliegenden Erd- und Grundwasserschichten Grundlage für die Errichtung eines Bauwerks ist.[5] Leistungen aus dem Bereich des Spezialtiefbaus stellen dabei häufig nur einen Teil einer Gesamtbaumaßnahme dar, bilden also ein „Gewerk", das entweder für die Ausführung des Bauwerks unverzichtbar auf Dauer erforderlich ist oder auch nur einem vorübergehenden Zweck, z. B. Sicherung einer tiefen Baugrube dient. Demgemäß wird auch zwischen einem **Tiefbaugewerk** und einem **Tiefbauhilfsgewerk** unterschieden. Als Beispiele sind hier zu nennen:

Wird eine Bohrpfahlwand hergestellt, die zugleich die Außenwand eines Tiefgeschosses und so einen dauernden Bestandteil des Gesamtbauwerkes bildet, handelt es sich um ein Tiefbaugewerk. Erfordert die Herstellung eines Bauwerkes eine tiefe Baugrube, die bis in das Grundwasser reicht, muß diese „trocken" sein. Dazu wird eine Spundwand in den Baugrund eingebracht, ggf. verbunden mit einer Wasserhaltung zum Zwecke der Grundwasserabsenkung. Beide Leistungen haben den Charakter einer zeitlich vorübergehenden, begleitenden Baumaßnahme und sind

---

2 Richtlinie des Rates der Europäischen Gemeinschaft zur Koordinierung der Verfahren zur Vergabe öffentlicher Bauaufträge, ABl. Nr. L 210/1 v. 21. 7. 1989, Richtlinie 89/440/EWG.
3 RZG 56, 41; BGH LM Nr. 7 zu § 638 BGB; BGH NJW 71, 2219; ganz herrschende Meinung.
4 Heiermann/Riedl/Rusam, Handkommentar zur VOB, 6. Aufl. 1992, Rdn. 1 zu § 1 VOB/A.
5 Vgl. zum Begriff „Baugrund" Englert/Bauer, Rechtsfragen zum Baugrund, 2. Aufl., Rdn. 21 m.w.N.

Voraussetzung für die Errichtung des Bauwerks selbst: Sie üben eine Hilfsfunktion aus. Nach Herstellung des Bauwerks wird die Wasserhaltung abgeschaltet und entfernt, ebenso wird die Spundwand wieder gezogen. Hier handelt es sich um typische Tiefbauhilfsgewerke.

Diese Spezialtiefbau(hilfs-)gewerke unterfallen den oben genannten Begriffen des Bauwerks bzw. der Bauleistung. Dies ist auch in der Rechtsprechung anerkannt.[6] Die skizzierte Unterscheidung ist dabei in Zusammenhang mit der Durchführung der Abnahme und der sich daraus ergebenden verschiedenen Rechtsfolgen von erheblicher Bedeutung.

II

1   Die Bedeutung der Abnahme

Liegt einem Bauvertrag sowohl nach den §§ 631 ff. BGB wie auch bei Vereinbarung der Bestimmungen der VOB/B die Ausführung von Spezialtiefbauleistungen zugrunde, sind diese nach erfolgter Herstellung grundsätzlich vom Auftraggeber abzunehmen. Die Abnahme wird als vertragliche Hauptpflicht betrachtet. Dies wird auch von der Rechtsprechung nicht in Zweifel gezogen.[7] Wegen der zahlreichen und für beide Vertragsteile erheblichen Rechtsfolgen kommt der Abnahme von Bauleistungen ganz entscheidende Bedeutung zu, sie wird auch der Dreh- und Angelpunkt des Bauvertrages genannt.[8] Dabei ist es grundsätzlich ohne Belang, ob die Abnahme auf Grundlage des § 640 BGB oder nach § 12 VOB/B durchgeführt wird: In beiden Fällen treten dieselben Konsequenzen ein, die hier beispielhaft aufgezeigt werden:
- Nach erfolgter Abnahme endet die Vorleistungspflicht des Auftragnehmers, das Stadium der Vertragserfüllung wird beendet, es beginnt die Gewährleistung gemäß § 638 BGB bzw. § 13 VOB/B.[9]
- Nach erfolgter Abnahme kehrt sich die Beweislast für das Bestehen von Mängeln der Bauleistung zugunsten des Auftragnehmers um.[10]
- Mit erfolgter Abnahme beginnt der Lauf der Gewährleistungsfristen nach § 638 BGB und § 13 VOB/B. Diese Wirkung tritt auch bei der Teilabnahme nach § 12 Nr. 2a VOB/B ein.[11]
- Mit Durchführung der Abnahme geht die Gefahr für die abgenommene Leistung nach § 644 Abs. 1 BGB, § 12 Nr. 6 VOB/B auf den Auftraggeber über.

---

6 Vgl. hierzu BGH BauR 71, 259 – Herstellung eines Rohrbrunnens; BGH BauR 77, 203 – Ausschachtung einer Baugrube; BGH Urt. v. 20. 4. 1966 – VII ZR 122/64 – Grundwasserabsenkung.
7 BGH NJW 81, 1448; BGH BauR 89, 322.
8 Jagenburg, BauR 80, 406 ff.; Vygen, Bauvertragsrecht nach VOB und BGB, 2. Aufl. Rdn. 365.
9 BGH NJW 62, 1559; BGH BauR 73, 313.
10 BGH NJW 73, 72; BGH NJW 68, 43; BGH NJW 64, 1791.
11 BGH NJW 68, 1524.

– Hat der Auftraggeber bei der Abnahme keinen Vorbehalt wegen ihm bekannter Mängel nach § 640 Abs. 2 BGB bzw. § 12 Nr. 5 Abs. 3 VOB/B oder wegen der Geltendmachung einer Vertragsstrafe nach § 341 Abs. 3 BGB bzw. § 12 Nr. 5 Abs. 3 VOB/B erklärt, verliert er insoweit seine Ansprüche.[12]
– Die Durchführung der Abnahme ist schließlich auch Voraussetzung für die Fälligkeit der (Rest-)Werklohnforderung des Auftragnehmers gemäß § 641 BGB, unbeschadet der Möglichkeit von Abschlagszahlungen nach § 16 Nr. 1 VOB/B.[13]

Gerade wegen der weitreichenden Konsequenzen ist der Abnahme von Tiefbau(hilfs-)gewerken sehr große Aufmerksamkeit zu widmen. Dabei spielt deren Eigenart eine besondere Rolle.

Die vertraglich zu erbringende Leistung wird meist im Baugrund – also nicht ohne weiteres sichtbar – erbracht, ihre spätere Überprüfung wird häufig erschwert oder unmöglich. Müssen zum Zwecke der Gründung eines Bauwerks Wurzelpfähle ausgeführt werden, läßt sich deren Mängelfreiheit nach der Fertigstellung des Gesamtbauwerks nur noch mit erheblichem Aufwand überprüfen (Aufgrabung, Teilzerstörung des Gebäudes usw.). Wird ein „Berliner Verbau" zur Sicherung einer Baugrube hergestellt und dieser nach Abschluß der Tiefgeschoßarbeiten wieder entfernt, sind nach diesem Zeitpunkt behauptete Mängel am Verbau an diesem Gewerk nicht mehr überprüfbar. Es dient deshalb dem Auftraggeber und dem Auftragnehmer gleichermaßen, durch eine erfolgte ausdrückliche Abnahme klare und abschließende Verhältnisse zu schaffen, die dazu beitragen, spätere (oftmals kostspielige) Auseinandersetzungen zu vermeiden.

2 Der Abnahmebegriff

Obwohl der Abnahme die aufgezeigte wichtige Bedeutung zukommt, hat der Gesetzgeber im Werkvertragsrecht der §§ 631 ff. BGB keine Legaldefinition verankert. In § 12 VOB/B wird ebenfalls der inhaltsgleiche Begriff der „Abnahme" wie in § 640 Abs. 1 BGB verwendet, ohne diesen gleichzeitig zu umschreiben. Es verblieb vor allem der Rechtsprechung, die heute sowohl für den BGB-Werkvertrag als auch für den VOB-Bauvertrag maßgebliche Definition der Abnahme eines Bauwerks bzw. einer Bauleistung zu entwickeln: Abnahme ist die körperliche Hinnahme und die Anerkennung des Werks als eine der Hauptsache nach vertragsgemäße Leistungserfüllung.[14]

Daraus wird ersichtlich, daß der Abnahmebegriff aus zwei Elementen besteht. Nach dem Werkvertragsrecht des BGB ist der Auftragnehmer vorleistungspflichtig, er hat das Werk erst herzustellen und nach vertragsgemäßer Fertigstellung dem Auftraggeber zu übergeben, gleichzeitig hat der Auftraggeber dieses entgegenzunehmen.

Gerade bei Tiefbau(hilfs-)gewerken wird die im Sinne der Definition erforderliche „körperliche Hinnahme" zumeist ausscheiden, da der Auftraggeber hier regelmäßig den für die Ausführung des Werks bzw. der Leistung erforderlichen Baugrund zur

---

12 BGH BauR 74, 59; BGH BauR 73, 92.
13 BGH BauR 81, 201.
14 BGH BauR 70, 48; BGH BauR 74, 67; RGZ 107, 343; BGHZ 50, 160 ff.

Verfügung stellt und demgemäß bereits im Besitz des fertiggestellten Werks ist. Entscheidend für die Abnahme ist, daß der Auftraggeber das Werk bzw. die Bauleistung ausdrücklich oder stillschweigend als der Hauptsache nach vertragsgemäße Leistungserfüllung billigt. Dazu ist nicht ausdrücklich die wörtliche Erklärung der „Abnahme" erforderlich, vielmehr genügt hierzu ein tatsächliches Verhalten des Auftraggebers, das unzweifelhaft erkennen läßt, daß das Werk bzw. die Bauleistung als im wesentlichen vertragsgerecht hingenommen wird. Damit wird auch deutlich, daß diese „Billigung" ihrer Rechtsnatur nach eine einseitige, wenn auch nicht notwendig empfangsbedürftige Willenserklärung des Auftraggebers darstellt.[15] Aus Gründen der Rechtsklarheit wird es deshalb nicht genügen, diese „Hinnahme und Billigung" des Werks als bloße „Wissenserklärung"[16] oder lediglich als „geschäftsähnliche Handlung" einzustufen.[17] Da die Abnahme als vertragliche Hauptpflicht des Auftraggebers selbständig einklagbar ist,[18] kann im Falle eines Rechtsstreits nur eine Verurteilung zur Abgabe einer Willenserklärung nach § 894 ZPO erfolgen. Schon hiernach ist der herrschenden Rechtsprechung zu folgen, die die Billigung des Auftraggebers als Willenserklärung einstuft.

III

1 Die Abnahmearten

Im Werkvertragsrecht des BGB spricht § 640 BGB nur von der Abnahme als solcher, ohne festzulegen, wie diese zu erfolgen hat. Demgegenüber trifft § 12 VOB/B eine differenzierte Regelung, in welcher Art und Weise die Abnahme durchgeführt werden kann, um ihre rechtsgeschäftlichen Wirkungen herbeizuführen. Als Kurzübersicht bietet sich hier eine Betrachtung des § 12 VOB/B an. Wesentliche, ja Grundvoraussetzung jeder Abnahme ist die Vollendung des vertraglich geschuldeten Werkes. Dies muß nicht gleichbedeutend sein mit der völligen Fertigstellung, vielmehr ist die Abnahme schon dann möglich, wenn nur noch kleinere und für die Gebrauchsfähigkeit des Werkes bzw. der Bauleistung unbedeutende Restarbeiten (z. B. Beseitigung von geringen Betonresten) ausstehen; entscheidend ist, daß der Auftraggeber das Werk ungehindert zum bestimmungsgemäßen Gebrauch übernehmen kann.[19] Lediglich für den Bereich der Teilabnahme nach § 12 Nr. 2a und 2b VOB/B gelten hier Abweichungen, die wegen ihrer besonderen Bedeutung für Spezialtiefbau-(hilfs-)gewerke gesondert betrachtet werden. Schließlich ist auch darauf hinzuweisen, daß zum Zeitpunkt der Abnahme vom Auftragnehmer das Werk bzw. die Bauleistung

---

15 RGZ 110, 404; BGH BauR 74, 67; BGH BauR 85, 200; OLG Düsseldorf, SFH § 640 BGB Nr. 9; der Rechtsprechung folgend auch die überwiegende Literatur, vgl. Ingenstau/Korbion, VOB-Kommentar, 11. Aufl. Rdn. 1 zu § 12 VOB/B m.w.N.
16 So aber Cuypers, BauR 91, 141 ff.
17 So Kaiser, Mängelhaftungsrecht, 5. Aufl. Rdn. 37.
18 BGH BauR 79, 159.
19 BGH BauR 73, 192; OLG Düsseldorf, BauR 82, 168.

nach § 640 BGB keine und nach § 12 Nr. 3 VOB/B keine wesentlichen Mängel aufweisen darf, weil in diesem Fall der Auftraggeber zur Verweigerung der Abnahme berechtigt ist. Liegt kein solches „Abnahmehindernis" vor, kann die Abnahme in verschiedenen Formen durchgeführt werden:
– Nach § 12 Nr. 1 VOB/B hat die Abnahme auf Verlangen des Auftragnehmers binnen einer Frist von 12 Werktagen durch den Auftraggeber zu erfolgen. Es handelt sich hier um die sog. erklärte Abnahme wie in § 640 Abs. 1 BGB. Verlangt wird die nach außen ersichtliche Willensäußerung des Auftraggebers, die fertiggestellte Leistung als im wesentlichen vertragsgemäß abzunehmen und zu billigen. Dafür ist auch die schlüssig erklärte Billigung des Auftraggebers ausreichend.[20]
– In der täglichen Praxis findet sich eine wenig empfehlenswerte und weder im BGB noch in der VOB/B geregelte Form der Abnahme, die als „stillschweigende Abnahme" oder als „Abnahme durch schlüssiges Verhalten" bezeichnet wird.[21] Eine Abnahme liegt hiernach vor, wenn die Bauleistung durch ein schlüssiges Verhalten ohne entsprechende ausdrückliche Äußerung vom Auftraggeber gebilligt wird. Erforderlich ist lediglich ein Verhalten, aus dem der Auftragnehmer entnehmen kann, daß seine erbrachte (und fertiggestellte) Leistung gebilligt wird. Dies kann z. B. der Fall sein, wenn der Auftraggeber die Leistung entgegennimmt und die Schlußrechnung bezahlt.[22] Entsprechendes gilt bei der bestimmungsgemäßen Inbenutzungnahme der Bauleistung.[23] Auch die rügelose Entgegennahme einer nachgebesserten Bauleistung kann hierunter fallen.[24]
– § 12 Nr. 4 VOB/B sieht ausdrücklich die Durchführung einer förmlichen Abnahme vor, sofern eine Vertragspartei diese verlangt. In der Praxis ist diese klarste Form der Abnahme oft in entsprechenden Vertragsbedingungen verankert, zumeist in Verbindung mit dem gleichzeitigen Ausschluß der fiktiven Abnahme nach § 12 Nr. 5 VOB/B. Zwar findet sich in § 640 BGB keine entsprechende Regelung der förmlichen Abnahme, es besteht jedoch kein Zweifel, daß diese auch dort zwischen den Vertragsparteien vereinbart werden kann.[25] § 12 Nr. 4 VOB/B legt auch die Einzelheiten der Durchführung der Abnahme fest (gemeinsame Verhandlung, Niederschrift, Hinzuziehung eines Sachverständigen, Aufnahme von Vorbehalten, Ausfertigung an die Vertragsparteien). Beendet ist die förmliche Abnahme erst mit der Unterzeichnung des Abnahmeprotokolls durch beide Vertragsparteien.[26]
– Weiterhin ist in § 12 Nr. 5 Abs. 1 VOB/B eine besondere Abnahmeform geregelt. Diese sog. fiktive Abnahme hat unter den dortigen Voraussetzungen zur Folge, daß die Abnahmewirkungen auch ohne die sonst erforderliche Billigung durch den Auftraggeber eintreten: Auf diese kommt es hierbei gerade nicht an. Voraussetzung ist lediglich, daß keine berechtigte Abnahmeverweigerung nach § 12 Nr. 3 VOB/B vorliegt und daß keine ausdrücklich erklärte Abnahme verlangt wird.[27] Die Frist

---

20 OLG München, SFH § 12 VOB/B Nr. 7.
21 BGH BauR 70, 49; OLG Düsseldorf, SFH § 640 BGB Nr. 9.
22 BGH NJW 63, 806; BGH BauR 79, 76.
23 BGH ZfBR 89, 158.
24 OLGZ Nürnberg, 80, 271; OLG Köln, BB 74, 159.
25 BGH SFH Z 2.50 Bl. 9 und Bl. 24.
26 BGH SFH Z. 2.50 Bl. 1; BGH BauR 87, 92.
27 BGH BauR 79, 52; BGH SFH Z 2.50 Bl. 24; KG BauR 88, 231.

des § 12 Nr. 5 Abs. 1 VOB/B wird auch durch die Übersendung der nachprüfbaren Schlußrechnung oder auch die Mitteilung über die Räumung der Baustelle in Lauf gesetzt.[28] Diese Sonderform der Abnahme geht über die Bestimmung des § 640 BGB hinaus und ist nur bei vertraglicher Vereinbarung der VOB/B „als Ganzes" möglich und anwendbar.[29] Schließlich ist die fiktive Abnahme nur nach erfolgter Fertigstellung der (Gesamt-)Leistung möglich mit der Folge, daß diese besondere Form der Abnahme nicht nach dem Abschluß von Teilleistungen erfolgen kann.

– Weiterhin kann nach § 12 Nr. 5 Abs. 2 VOB/B die Abnahme der fertiggestellten (Gesamt-)Leistung oder eines Teiles der Leistung auch dadurch erfolgen, daß diese vom Auftraggeber in Benutzung genommen wird und seit dem Beginn der Benutzung sechs Werktage verstrichen sind. Auch in diesem Fall treten die rechtlichen Wirkungen der Abnahme ungeachtet des Willens des Auftraggebers ein. Eine entsprechende Regelung findet sich in § 640 BGB nicht. Wann eine solche Benutzung durch den Auftraggeber vorliegt, ist Frage des Einzelfalles.

Maßgeblich ist, ob der Auftraggeber mit dieser Benutzung zum Ausdruck bringt, daß von ihm bei objektiver Betrachtung die Bauleistung bzw. das Werk als im wesentlichen vertragsgemäße Erfüllung behandelt wird.[30] Im Hinblick auf den wohl selten eindeutig bestimmbaren Zeitpunkt des „Beginns der Benutzung" birgt diese Form der Abnahme für den Auftragnehmer zahlreiche Unwägbarkeiten, zumal ihm die Beweislast für das Vorliegen einer Abnahme nach § 12 Nr. 5 Abs. 2 VOB/B obliegt. Sie ist deshalb für den Baupraktiker wenig empfehlenswert.

Die Verfasser der VOB/B haben mit diesen verschiedenen Arten bzw. Formen der Abnahme der Bauwirtschaft ein ausreichend breites Instrumentarium zur ordnungsgemäßen Abwicklung eines Bauvertrages zur Verfügung gestellt. Gerade bei der Ausführung von Spezialtiefbau(hilfs-)gewerken sollte hiervon ausnahmslos Gebrauch gemacht werden. Diese Bauleistung bzw. ein solches Werk steht regelmäßig am Anfang der Herstellung eines Gesamtbauwerks. Ein derartiges Gewerk wird in vielen Fällen im Zuge des Baufortschritts unsichtbar und deshalb auch schwer überprüfbar. Nachfolgende Arbeiten (Bodenaushub, Kellergeschoß usw.) bauen auf die Spezialtiefbauleistung auf. Nur durch eine rechtzeitige und auch zweifelsfreie Abnahme verschaffen sich Auftraggeber und auch der Auftragnehmer die Gewißheit, daß die vertraglich vereinbarte Bauleistung vollständig, ordnungsgemäß und auch mängelfrei ausgeführt wurde. Viele aufwendige und auch kostenintensive Auseinandersetzungen lassen sich hier bei konsequenter und korrekter Durchführung der Abnahme vermeiden.

2   Die Teilabnahme von Spezialtiefbau(hilfs-)gewerken

Sowohl die gesetzliche Regel des § 640 BGB wie auch die Bestimmung des § 12 VOB/B gehen von dem Grundsatz aus, daß erst die fertiggestellte (Gesamt-)Leistung vom Auftraggeber abzunehmen ist.

---

28 OLG Frankfurt, BauR 79, 326; BauR 75, 55.
29 BGH BauR 79, 650.
30 BGH BauR 79, 152; OLG Köln, BB 74, 159.

Hier stellt § 12 Nr. 2a und 2b VOB/B eine weitere Sonderregel auf, wonach auf Verlangen eines Vertragsteiles die Abnahme von
- in sich abgeschlossenen Teilen einer Leistung oder
- anderen Teilen der Leistung erfolgen kann, wenn sie durch die weitere Ausführung der Prüfung und Feststellung entzogen werden.

Im BGB-Werkvertragsrecht findet sich dagegen nur im Zusammenhang mit der Regelung zur Fälligkeit der Vergütung in § 641 Abs. 1 BGB der Hinweis, daß vereinbart werden kann, ein Werk „in Teilen abzunehmen". § 12 Nr. 2 VOB/B stellt hier auf die Besonderheiten des Bauvertrages ab und läßt ausdrücklich die Durchführung der Abnahme von Teilleistungen zu. Dabei ist hinsichtlich der Rechtsnatur der Abnahme von Teilleistungen deutlich zu unterscheiden:
- § 12 Nr. 2a VOB/B stellt eine „echte"[31] Abnahme mit all ihren rechtsgeschäftlichen und oben unter Ziffer II dargestellten Wirkungen einer Abnahme dar.[32]
- Dagegen handelt es sich bei der Teilabnahme nach § 12 Nr. 2b VOB/B nur um eine „technische" Abnahme, die im Gegensatz zu Nr. 2a nicht die rechtlichen Folgen einer Abnahme nach § 12 VOB/B mit sich bringt. Bei dieser Form der Abnahme steht der Beweissicherungszweck im Vordergrund.

a) Die Durchführung einer Abnahme nach § 12 Nr. 2a VOB/B setzt voraus, daß es sich tatsächlich um fertiggestellte, „in sich abgeschlossene Teile einer Leistung" handelt. Dies wird dann der Fall sein, wenn im Rahmen einer zu erbringenden Gesamtleistung einzelne Leistungsgegenstände funktionell voneinander trennbar und in sich abgeschlossen sind. Ebenso muß sich die ausgeführte Teilleistung hinsichtlich ihrer Gebrauchsfähigkeit abschließend und für sich beurteilen lassen sowie schließlich auf demselben Vertragsverhältnis beruhen[33]. Einschlägige Entscheidungen der Obergerichte für den Bereich des Spezialtiefbaus sind bisher nicht bekannt, obwohl sich gerade hier dies Durchführung von Teilabnahmen anbietet.

An einem **Beispiel** mag dies verdeutlicht werden:

Ein Bauvertrag mit drei Einzeltiteln wird abgeschlossen. Auszuführen sind die Herstellung eines „Berliner Verbaus" mit Rückverankerung zur Sicherung der Westseite der Baugrube, ebenso eine Schlitzwand entlang der Südseite des späteren Bauwerks als dessen Bestandteil (Tiefgeschoßaußenwand) und schließlich die Durchführung einer Wasserhaltung über einen Zeitraum von 12 Monaten zur Absenkung des Grundwassers. In zeitlich angepaßter Folge wird auch der Erdaushub von einem weiteren Unternehmer ausgeführt. Alle Gewerke sind innerhalb bestimmter Vertragsfristen fertigzustellen. Der Verbau ist nach Herstellung des Kellergeschosses wieder zu entfernen, die erforderlichen Anker sind zu entspannen und abzuschneiden.

---

31 Ingenstau/Korbion, a.a.O., B § 12 Rdn. 72.
32 BGH NJW 68, 1524, 1525.
33 BGH NJW 68, 1524 – Stahlbetonarbeiten; BGH BauR 74, 63 – Kellerisolierung; BGH BauR 75, 423 – Sanitärinstallation; BGH BauR 79, 159 – Heizungs- und Lüftungsanlage; BGH BauR 83, 574 – Gemeinschaftseigentum; BGH BauR 85, 574 – Treppenkonstruktion; BGH BauR 81, 467 – Gemeinschaftseigentum.

Sämtliche Leistungsteile sind Spezialtiefbau(hilfs-)gewerke, der „Berliner Verbau" und die Wasserhaltung stellen einen Baubehelf mit bestimmtem Zweck und auf vorübergehende Dauer dar. Hier bietet sich die Teilabnahme nach § 12 Nr. 2a und 2b VOB/B an. Es wurde gerade dargestellt, in welchen Fällen nach der Rechtsprechung (aus dem Bereich des Hochbaus) in sich abgeschlossene Teile der Leistung vorliegen.

Ist im zeitlichen Ablauf der Leistungsausführung die beschriebene Schlitzwand als erster Leistungsteil hergestellt und abgeschlossen, läßt sich diese Teilleistung von den anderen Gewerken räumlich und insbesondere auch funktionell abgrenzen. Ihre Gebrauchsfähigkeit als Teil des späteren Bauwerks kann ebenfalls und unabhängig von den anderen Teilleistungen beurteilt werden, diese lassen sich unabhängig von der Herstellung der Schlitzwand ausführen. Das besondere Interesse des Spezialtiefbauunternehmers an der Durchführung der Abnahme nach § 12 Nr. 2a VOB/B mit ihren rechtlichen Wirkungen ist offenkundig und auch berechtigt. Mit der Abnahme beginnt das Stadium der Gewährleistung: die für die Schlitzwand vereinbarte (Teil-)Vergütung wird fällig, eine mögliche Vertragsstrafe kann bei rechtzeitiger Fertigstellung gegenstandslos werden, und schließlich geht auch die Gefahr für die hergestellte Schlitzwand auf den Auftraggeber über.

Vor allem bei komplexen Baumaßnahmen und langen Ausführungszeiten ist es sachlich geboten, von der echten Teilabnahme Gebrauch zu machen. Wird im gewählten Beispiel die Schlitzwand als erstes Gewerk innerhalb eines Zeitraums von einem Monat hergestellt und wird eine (Gesamt-)Abnahme aller Gewerke erst nach Abschluß der Wasserhaltungsarbeiten durchgeführt, ist das Gewerk „Schlitzwand" über einen Zeitraum von 11 Monaten „vorzuhalten"; der Auftragnehmer trägt über diesen Zeitraum das Risiko des Bestehens seines Gewerks bis zur Beendigung des Erfüllungsstadiums durch die Abnahme aller Gewerke.

Nachfolgeunternehmer können die Schlitzwand beschädigen. Ebenso können Eingriffe in das Gewerk erfolgen, beispielsweise im Rahmen der Ausführung des Kellergeschosses (Anbringen von Aussparungen, Betonierarbeiten usw.). Eine eindeutige Abgrenzung von Verantwortlichkeiten für Mängel wird dadurch erschwert. Für beide Vertragsteile bringt hier die Teilabnahme der Schlitzwand Vorteile und abschließende Klarheit. Der Auftraggeber kann die Schlitzwand im Rahmen der Teilabnahme überprüfen, mit ihrer Durchführung erhält er die umfassenden Gewährleistungsrechte nach § 13 VOB/B. Für den hier geschilderten Fall des Spezialtiefbaugewerks „Schlitzwand" ist auch nicht die Ansicht zu teilen, daß der Begriff „in sich abgeschlossener Teil" der (Gesamt-)Leistung eng auszulegen ist, um mögliche Schwierigkeiten und Überschneidungen bei der Gewährleistung zu vermeiden.[34] Bei einer klaren Abgrenzung zwischen den einzelnen Leistungsteilen und deren funktionaler Selbständigkeit ist dies nicht zu befürchten. Andererseits darf nicht übersehen werden, daß bei Nichtdurchführung der Teilabnahme der Auftraggeber ohne Risiko und unentgeltlich die Schlitzwand benutzen kann. Verlängert sich hier die Dauer der Wasserhaltung auf eine nicht bestimmbare Zeit aus Gründen, die in der Sphäre des Auftraggebers liegen, wird auch der Zeitpunkt

---

34 So Ingenstau/Korbion, a.a.O., B § 12 Rdn. 73; Heiermann/Riedl/Rusam, a.a.O., B § 12 Rdn. 13b.

der Abnahme der Schlitzwand entsprechend verschoben. Dies kann im Einzelfall zu treuwidrigen und für den Auftragnehmer nicht hinnehmbaren Ergebnissen führen.[35] Für den Spezialtiefbauunternehmer bietet sich deshalb bei Ausführung mehrerer Gewerke innerhalb eines Vertrages die Abnahme nach § 12 Nr. 2a VOB/B in besonderem Maße an.

Im gewählten Beispiel gilt dies auch für den „Berliner Verbau" einschließlich Rückverankerung. Dieses Gewerk stellt einen Baubehelf dar. Auch hier kann das Merkmal eines in sich abgeschlossenen Teils nach den dargestellten Kriterien bejaht werden. Ein weiteres Moment kommt hinzu: Der Auftragnehmer schuldet einen funktionierenden Verbau für die Dauer der Baumaßnahme selbst. Nach Durchführung der Teilabnahme hat er hierfür Gewähr zu leisten (Standfestigkeit usw.). Die Bestimmungen zur Gewährleistung können hier nur eingreifen, wenn rechtzeitig die Abnahme durchgeführt wurde. Nach dem Vertrag ist der Verbau einschließlich Rückverankerung wieder zu entfernen. Würde hier die Abnahme erst nach dessen Rückbau erfolgen, liefe die Gewährleistung völlig ins Leere. Der Verbau ist ein Hilfsgewerk mit zeitlich vorübergehender Zweckbestimmung. Entfällt diese und ist der Leistungsteil „Berliner Verbau" entfernt, kann auch keine Gewährleistung eingreifen. Der Einwand unterschiedlicher Gewährleistungsfristen kann hier von vornherein nicht greifen.

Gerade bei Spezialtiefbauhilfsgewerken ist deshalb die Durchführung der „echten" Teilabnahme nach § 12 Nr. 2a VOB/B ein geeignetes Mittel zur sachgerechten Abwicklung eines Bauvertrages. Mit Bedacht wurde deshalb auch in den AGB-Spezialtiefbau (Teil AB) unter der Nr. 6 ausdrücklich der Anspruch des Auftragnehmers auf Durchführung der Abnahme nach § 12 Nr. 2 VOB/B verankert, um den besonderen Bedürfnissen des Spezialtiefbaus gerecht zu werden.[36]

b) In zahlreichen Fällen wird auch die Durchführung einer „technischen" Abnahme nach § 12 Nr. 2b VOB/B für beide Vertragsteile ein zweckmäßiges Mittel darstellen, um spätere Auseinandersetzungen zu vermeiden. Ein Nachteil ist damit für den Auftraggeber nicht verbunden, da die rechtsgeschäftlichen Wirkungen der Abnahme hier gerade nicht eintreten.[37] Hier steht vielmehr im Vordergrund, daß solche Leistungsteile durch die weitere Ausführung (der Baumaßnahme) der Prüfung und Feststellung entzogen werden. Bei Spezialtiefbauleistungen ist dies häufig der Fall. Ist im Rahmen der Herstellung eines Bauwerks eine aufwendige Sohlinjektion zur Verbesserung des Baugrundes und Gründung eines Teils des Bauwerks auszuführen, werden nach ihrer vollständigen Ausführung logisch zwingend weitere Ausführungen von Bauleistungen erfolgen (z. B. Herstellung der Tiefgeschoßsohle). Eine spätere Überprüfung der Sohlinjektion auf Mängelfreiheit ist hier entweder nicht mehr möglich oder nur mit erheblichem Kostenaufwand

---

35 BGH BauR 85, 565, 567 – auf die Treuwidrigkeit wird ausdrücklich hingewiesen.
36 Nr. 6 Allgemeine Bedingungen für Spezialtiefbauarbeiten lautet: Dienen Vertragsleistungen als Baubehelf (z. B. zur Baugrubensicherung) und sollen die dazu verwendeten Materialien nach dem Vertrag ganz oder teilweise wieder entfernt werden, hat der Auftragnehmer Anspruch auf Abnahme gemäß VOB Teil B § 12, sobald der Baubehelf fertiggestellt ist und den nach dem Vertrag vorausgesetzten Zweck erfüllt.
37 BGH NJW 68, 1524.

durchzuführen. Eine Prüfung bedingt die teilweise Zerstörung der Tiefgeschoßsohle, um Zugang zu den einzelnen Injektionskörpern zu erhalten, verbunden mit der Konsequenz, daß später die Gebäudesohle wenigstens teilweise neu hergestellt werden muß.

Hier bietet sich die Durchführung einer „technischen" Abnahme geradezu an. Eine Überprüfung durch Kernbohrungen, Feststellung der Lage und Anzahl der Injektionskörper, Belastungsversuche usw. schafft Klarheit darüber, ob das geschuldete Gewerk vertragsgemäß und mängelfrei hergestellt wurde. Mit der Teilabnahme nach § 12 Nr. 2b VOB/B wird hier eine zweckmäßige Beweissicherung erreicht, die spätere Unstimmigkeiten vermeiden hilft. Auch wird der Auftraggeber bei Feststellung von Mängeln frühzeitig in die Lage versetzt, gemäß § 4 Nr. 7 VOB/B deren Beseitigung zu verlangen. Auch der Auftragnehmer kann ein gewichtiges Interesse an der Durchführung der „technischen" Abnahme haben, da er dadurch frühzeitig Gewißheit erhält, ob seine Leistung vertragsgemäß und mängelfrei ausgeführt ist. Regelmäßig lassen sich auch etwaige Mängel im Stadium der Ausführung kostengünstiger beseitigen (vorhandene Baustelleneinrichtung und Maschinen, kein Eingriff in Folgegewerke usw.).

Liegen also die Voraussetzungen für eine Abnahme nach § 12 Nr. 2b VOB/B vor, sollte auch das entsprechende Verlangen an den Auftraggeber zu ihrer Durchführung gestellt werden, um die damit erstrebte Beweissicherung zu erreichen. Verweigert der Auftraggeber unberechtigt diese technische Abnahme, wird er die negativen Folgen zu tragen haben. Diese bestehen vor allem darin, daß ihm zu einem späteren Zeitpunkt die Beweislast überbürdet wird, wenn er sich auf das Vorhandensein von Mängeln dieser Teilleistung beruft.[38] Schließlich wird eine zu Unrecht verweigerte Teilabnahme auch die Verletzung einer vertraglichen Nebenpflicht darstellen. Entstehen hierdurch bei einer Überprüfung des betroffenen Gewerks etwa anläßlich der abschließenden rechtsgeschäftlichen Gesamtabnahme Mehrkosten (z. B. durch Aufgrabungen, Hinzuziehung eines Sachverständigen), sind diese Mehraufwendungen vom Auftraggeber zu tragen.

Es ist darauf hinzuweisen, daß die Durchführung der Teilabnahme nach § 12 Nr. 2a VOB/B in den dargestellten Formen bzw. Arten der Abnahme erfolgen kann. Ausgeschlossen ist lediglich die fiktive Teilabnahme nach § 12 Nr. 5 Abs. 1 VOB/B, da diese ihrem Wortlaut nach bereits die Fertigstellung der Leistung voraussetzt.

Hingegen ist eine Abnahme durch Inbenutzungnahme nach § 12 Nr. 5 Abs. 2 VOB/B durchaus möglich, dort ist ausdrücklich auch ein „Teil der Leistung" erwähnt. Wegen der mit dieser Form der Abnahme verbundenen Unsicherheiten wird sie jedoch für die Baupraxis eher zur ganz seltenen Ausnahme zählen. Klarstellend ist zu ergänzen, daß wegen des fehlenden rechtsgeschäftlichen Charakters der Teilabnahme nach § 12 Nr. 2b VOB/B eine fiktive Abnahme nach § 12 Nr. 5 VOB/B zur Gänze ausscheidet.

Als Ergebnis dieses Beitrages kann festgehalten werden:

Für den Bereich der Ausführung von Spezialtiefbau(hilfs-)gewerken stellen die Bestimmungen vor allem des § 12 VOB/B ein ausreichend breites und geeignetes

---

38 So zutreffend Heiermann/Riedl/Rusam, a.a.O., B § 12 Rdn. 15c; Vygen, Bauvertragsrecht, Rdn. 400.

Instrumentarium zur sachgerechten Abwicklung von Bauverträgen und insbesondere zur Durchführung der Abnahme dar. Im besonderen Maße ist hier vor allem bei der Herstellung von mehreren Tiefbau(hilfs-)gewerken die Durchführung der Teilabnahme sowohl in Form der „echten" Teilabnahme nach § 12 Nr. 2a VOB/B, aber auch als „technische" Abnahme nach § 12 Nr. 2b VOB/B dem Auftraggeber wie auch dem Auftragnehmer zu empfehlen, um eine möglichst reibungslose und einvernehmliche Abwicklung eines oftmals komplexen Bauvertrages zu gewährleisten.

MICHAEL MAURER

Kabelschäden im Spezialtiefbau: Die Richter ratlos?

1 Einleitung

1.1
Spezialtiefbau entwickelt sich allmählich zur wesentlichen Bauweise des ausgehenden Jahrhunderts. Die steigende Besiedlungsdichte geht einher mit einem wachsenden Bedarf an Wohnraum. Dadurch werden mehr Verkehrsflächen in Form von Straßen und Parkplätzen erforderlich. Weil dafür zunehmend weniger Freiflächen zur Verfügung stehen, werden Bauwerke aller Art immer häufiger und tiefer unter die Erde verlegt.

1.2
Durch Umweltschutzmaßnahmen wie etwa Deponieabdichtungen und Bodensanierung entstehen neue Tätigkeitsgebiete, die Kenntnisse in anderen Fachrichtungen, z. B. von Biologie oder Chemie, erfordern. Zur Bewältigung der anstehenden Aufgaben für besondere Baugrunderfordernisse werden Lösungen in enger Verbindung mit anderen Disziplinen wie dem Maschinenbau oder der Chemie gesucht.[1] Spezialtiefbau wächst dadurch zu einer „High-Tech"-Ingenieurkunst heran, die die Grenzen des klassischen Bauingenieurwesens hinter sich läßt.

2 Anforderungen an Technik und Recht

Von Ingenieuren, Statikern und Architekten wird bei Planung und Ausführung selbstverständlich die **positive** und detaillierte Kenntnis der für ihr Fachgebiet einschlägigen Normen verlangt.[2] Keinem Fachmann erlaubt die Rechtsprechung, sich darauf zu berufen, technische Funktionszusammenhänge, einen Kausalablauf oder eine Wechselwirkung nicht zu kennen oder sie nicht gekannt haben zu müssen, wenn sie in den entsprechenden Regeln der Technik beschrieben wurden.

2.1
Bei alledem steigen in gleichem Maße sicherlich die Ansprüche an das Recht, den Ausführenden in Theorie und Praxis Regeln durch sachdienliche Verhaltensanleitungen und nachvollziehbare Entscheidungen an die Hand zu geben.

---

1 Die Entwicklung von Spezialbaumaschinen wie Großdrehbohrgeräten oder Schlitzwandfräsen ist dafür ein markantes Zeichen.
2 Ausführlich dazu: Englert/Grauvogl/Maurer, Handbuch des Baugrund- und Tiefbaurechts, Werner-Verlag 1993, Rdn. 553.

2.1.1 Dem Richterrecht kommt dabei eine wachsende Bedeutung zu. Jedes Gesetz weist angesichts der vielgestaltigen Lebensverhältnisse, ihres Wandels und auftretender Neuerungen Lücken auf. Soweit kodifiziertes Recht vorliegt, wird es daher heute vor allem im Vertrags- und Schuldrecht durch Schichten von Richterrecht überlagert.[3]

2.1.2 Nachdem eine Entscheidung nicht deswegen verweigert werden kann, weil keine gesetzliche Regelung besteht, ist das Gericht verpflichtet, sich in diesen Fällen um eine entsprechende Rechtsfortbildung zu bemühen.[4]

2.1.3 Zweifelsfrei übt diese Form der Rechtsprechung insgesamt eine gewichtige soziale Steuerungsfunktion aus, da sie die Grenzen des Erlaubten vom Verbotenen setzt.[5] Kein Wunder also, daß auch für Techniker von Bedeutung ist, welche Kriterien die Richter derartigen Entscheidungen zugrunde legen und wo die Grenzen des Richterrechtes liegen.

2.2

Als Maßstab richterlicher Rechtsfindung bei Bauarbeiten verlangte der BGH schon vor dreißig Jahren Aufgeschlossenheit für den technischen Fortschritt.[6] Unausgesprochen, aber unabdingbar vorausgesetzt beinhaltet die Erfüllung dieses Anspruches eine generelle Bereitschaft, sich mit den Erkenntnissen und Bedingungen der Technik an sich, den Geschehensabläufen und nicht zuletzt der Denkweise dieser Wissenschaften auseinanderzusetzen.[7]

2.3

Wie ausgeprägt die Kompetenz der Richter zur Rechtsfortbildung sein kann, soll hier nochmals an einem Bereich untersucht werden, der selbst ein Sprößling richterlicher Urteilsfindung[8] ist und sich im (Spezial-)Tiefbau immer mehr zu einer unendlichen Geschichte entwickelt, die stets für neues Erstaunen sorgt: der Ersatzpflicht bei Schäden an Versorgungsleitungen.[9]

---

3 Wolf ZRP 78, 250.
4 Palandt/Heinrichs, BGB, 51. Aufl., München 1992, Einleitung Rdn. 46. Siehe dazu in diesem Band Englert, Spezialtiefbau als Herausforderung an das Recht.
5 Mertens, Verkehrspflichten und Deliktsrecht, VersR 1980, 397.
6 BGH NJW 62, 1343.
7 Wer z. B. über die Mangelhaftigkeit eines Computerprogrammes zu befinden hat, wird berücksichtigen müssen, daß nach Ansicht der Informatiker kein Programm völlig fehlerfrei ist.
8 Mertens, a. a. O., S. 397.
9 Zu den Grundlagen ausführlich Maurer, Beschädigung von Versorgungsleitungen bei Tiefbauarbeiten, BauR 92, 437ff. und Englert/Grauvogl/Maurer, a. a. O., Rdn. 614ff.

3 Umfang und Bedeutung der Sicherungsmaßnahmen

Dieses Thema beschäftigt den Unternehmer wie sein ausführendes Personal bei der Planung und Ausführung sämtlicher (Spezial-)Tiefbau- und Aushubtechniken. Für Architekten und Statiker bedeutet dies im innerstädtischen Bereich schon in ingenieurtechnischer Hinsicht bei der Planung erhebliche Hindernisse, da z. B. Verankerungen grundsätzlich mit Sicherheitsabstand von Versorgungsleitungen durchgeführt werden müssen. Unter ungünstigen Umständen kann dies bedeuten, daß statt der ursprünglich vorgesehenen rückverankerten Pfahlwand eine wesentlich kostspieligere Schlitzwand erstellt werden muß. An jeder Baustelle wird von allen Beteiligten verlangt, auf den Schutz der im Erdreich verlaufenden Kabel und Leitungen zu achten; denn der Boden der Bundesrepublik Deutschland ist von einem dichten Leitungsnetz durchzogen.

3.1

In den alten Bundesländern beträgt die Länge der Leitungen mehr als 4 Millionen Kilometer.[10] Jährlich werden z. B. 15 000 km Druckrohrleitungen verlegt.[11] Dieses Netz wächst nicht nur durch die Verlegung neuer Leitungen in den neuen Bundesländern, sondern auch durch die Erneuerung der Systeme in den ursprünglichen Grenzen des Landes. 1991 wurde das erforderliche Investitionsvolumen der Modernisierung allein dafür auf 50 bis 100 Milliarden DM geschätzt.[12]

3.2

Fast jede zweite Beschädigung einer Versorgungsleitung wird von entsprechenden Baumaßnahmen direkt oder in engem Zusammenhang verursacht.[13] Bei der deliktischen Haftung des Spezialtiefbaus stehen diese Schäden „im Vordergrund"[14] und zählen zum „Baualltag".[15] Durch den Einsatz von Baggern beispielsweise entstehen jährlich Schadensbeseitigungskosten von über 100 Millionen DM.[16] Mögliche Folgeschäden durch Brände, Explosionen usw. sind dabei nicht berücksichtigt. Die Reparatur eines Fernmeldekabels mit dem Ersatz des Folgeschadens durch Gebührenausfall beanspruchte bereits in der Vergangenheit häufig sechsstellige Beträge.[17] Die Kosten werden weiter ansteigen, denn wachsende Personalkosten und der Einsatz neuer Kabeltechnologien (z. B. Glasfaserkabel) führen zu kostspieligeren Ersatzmaßnahmen. Aus der Schadensstatistik eines Bauunternehmers mit mehr als 100 dieser Schäden im Jahr ergibt sich für den Zeitraum 1986/1987, daß sich die

---

10 Waninger, Tiefbau-Berufsgenossenschaft 3/87, vollständig überarbeitete Fassung Juli 1990, Sonderdruck, S. 1.
11 Köhler, Tiefbauarbeiten für Rohrleitungen, Rudolf Müller Verlag, 3.Aufl., Köln 1991, S. 11.
12 Bandmann, Tiefbau-Berufsgenossenschaft Heft 10, Oktober 1991, S. 684.
13 Wanser/Wiznerowicz, Kabel- und Leitungsschäden, Institut für Bauschadensforschung e.V., Heft 2, 1990, S. 1.
14 Schmalzl, NJW-Schriften 4, 4. Aufl., Rdn. 202.
15 Englert/Bauer/Grauvogl, Rechtsfragen zum Baugrund, Düsseldorf 1991, 2. Aufl., Rdn. 160.
16 Waninger, a. a. O., S. 3.
17 Schmalzl, NJW-Schriften 48, Rdn. 566.

durchschnittlichen Kosten pro Schadensfall an einem Kommunikationskabel von 680 DM auf 950 DM, bei einer Energieversorgungsleitung von 410 DM auf 1120 DM gesteigert hatten.[18]

3.3
Wer als Ausführender auf den Schutz von Versorgungsleitungen zu achten hat, ist als erstes auf Informationen über deren Lage angewiesen, ehe er seine Arbeiten gefahrlos beginnen kann. Es liegt nahe, sich diese Auskünfte von dem Leitungsinhaber zu beschaffen.

3.4
Für die Technik bestehen zunächst durch die einschlägigen überbetrieblichen technischen Normen in Form der DIN- und DVGW-Bestimmungen eindeutige Regeln für die Leitungsverlegung und -suche, die zwar keinen Gesetzescharakter haben, aber als repräsentativ für den Stand der Technik anzusehen sind.[19]

3.4.1 Die Versorgungsträger sind verpflichtet, Lage und Verlauf durch die Bestandspläne zu dokumentieren.[20] Diese Pläne sollen maßstabsgerecht, möglichst genau gezeichnet und gut lesbar sein.[21] Für die Erstellung und Gestaltung bestehen in einigen wichtigen Bereichen ausführliche Vorschriften. DIN 2425 „Planwerke für die Versorgungswirtschaft, die Wasserwirtschaft und für Fernleitungen" verpflichtet in folgenden Bereichen

Teil 1   „Rohrnetzpläne der öffentlichen Gas- und Wasserversorgung"
Teil 2   „Rohrnetzpläne der Fernwärmeversorgung"
Teil 3   „Pläne für Rohrfernleitungen"
Teil 4   „Kabelnetzpläne öffentlicher Abwasserleitungen"
Teil 5   „Karten und Pläne der Wasserwirtschaft"

die Leitungsinhaber zu folgenden Maßnahmen: **Leitungsdokumentation, Einmessen von Leitungen, Aufnahme durch fachkundige Beschäftigte und Fortführen von Leitungsplänen.**

In DVGW – GW 120 „Planwerke für die Rohrnetzpläne der öffentlichen Gas- und Wasserversorgung"[22] und DIN – E 2429 – „Rohrleitungen, graphische Symbole für technische Zeichnungen" finden sich dazu weitere Vorschriften.

3.4.2 Im tatsächlichen Baualltag stellt sich häufig heraus, daß diese Pläne nicht (mehr) existieren,[23] teilweise nicht korrekt gezeichnet wurden[24] und daher der Ver-

---

18   Zahlenmaterial aus Wanser/Wiznerowicz, a. a. O., S. 1.
19   Detailliert dargestellt von Marburger, VersR 1983, 597 ff.; OLG Hamm, VersR 1986, 925; Kromik/Schwager, Straftaten und Ordnungswidrigkeiten bei der Durchführung von Bauvorhaben, 1. Aufl., Düsseldorf 1982, Rdn. 172 ff. .
20   Bei der Verlegung haben die Leitungsinhaber DIN 1998 (Mai 1978) zu beachten.
21   Waninger, a. a. O., S. 5.
22   Technische Regeln Deutscher Verein des Gas- und Wasserfachs e.V. .
23   Butze, BB 1959, 179; die Versorgungsunternehmen der Stadt Mannheim weisen z. B. bei einer Erkundigung regelmäßig darauf hin, daß ein Großteil der Bestandspläne im Zweiten Weltkrieg vernichtet wurde.
24   Siehe dazu LG Kaiserslautern vom 15. 5. 1991, Az. 3 O 558/90, n. v.

lauf wie der Bestand falsch dargestellt ist. Meist kennt jeder Leitungsinhaber nur den Verlauf seines eigenen Leitungsnetzes, so daß Leitungen anderer Betreiber nicht dokumentiert sind.[25]

3.4.3 Der Unternehmer ist nach DIN 1998 bei Arbeiten an öffentlichen Straßen verpflichtet, Informationen bei allen Versorgungsunternehmen einzuholen und sich durch „Probeschlitze" über den Leitungsverlauf zu vergewissern. Erläuterungen und Ergänzungen zu den Aufgaben des Ausführenden finden sich weiter in DVGW – GW 315 „Hinweise für Maßnahmen zum Schutz von Versorgungsanlagen bei Bauarbeiten". Die „Kabelschutzanweisung"[26] der Deutschen Bundespost verlangt die Erkundigung „bei Arbeiten jeder Art am oder im Erdreich".[27] Die „Versicherungsbedingungen für das Baugewerbe" inländischer Versicherungsgesellschaften halten den Unternehmer ebenfalls dazu an; nach der „Leitungsschadenklausel"[28] erhält der Versicherer andernfalls eine erhöhte Beteiligungsquote, und bei Vorsatz entfällt nach § 152 VVG die Deckungspflicht des Versicherers.

3.5

Haftungsfragen bei Schäden an Versorgungsleitungen beschäftigen die Obergerichte und den BGH schon seit geraumer Zeit.[29] Man ist angesichts des ausführlichen Regelwerkes versucht anzunehmen, daß nach Vorlage und Beachtung erteilter Informationen eine schadensfreie Ausführung möglich sein sollte. Dies setzt allerdings eine korrekte Auskunft voraus, an der es häufig hapert.

3.5.1 Die Ursache des Schadenseintritts wird daher häufig streitig: Teilweise werden die Erkundigungs- und Sicherungspflichten nicht oder nicht ausreichend erfüllt, teilweise geht der Schaden auf fehlerhafte Angaben oder falsche Pläne der Leitungsinhaber zurück. Auf diesem Hintergrund ist verständlich, daß die Frage der Ersatzpflicht bei Kabel- oder Leitungsschäden seit Jahrzehnten einen „Dauerbrenner" der Rechtsprechung darstellt.[30]

3.5.2 Für die Verurteilung des Schädigers sind folgende Anforderungen des BGH maßgeblich: „Es entspricht höchstrichterlicher Rechtsprechung und herrschender Lehre, daß Tiefbauunternehmer bei Bauarbeiten an öffentlichen Straßen einer Stadt mit dem Vorhandensein unterirdisch verlegter Versorgungsleitungen rechnen, äußerste Vorsicht walten lassen und sich der unverhältnismäßig großen Gefahren bewußt sein müssen . . ."[31]

---

25 Waninger, a. a. O., S. 4.
26 Anweisung zum Schutze unterirdischer Fernmeldeanlagen der Deutschen Bundespost bei Arbeiten anderer, bearbeitet und herausgegeben vom Fernmeldetechnischen Zentralamt Darmstadt im Auftrage des Bundesministeriums für das Post- und Fernmeldewesen, September 1962 in der Fassung vom November 1986; abgedruckt bei Englert/Bauer/Grauvogl, a. a. O., Rdn. 292, Anhang M.
27 Kabelschutzanweisung Nr. 1.
28 Ausführlich erörtert von Schmalzl, NJW-Schriften 48, Rdn. 563ff.
29 Übersicht der älteren Rechtsprechung bei Taupitz, a. a. O. und Tegethoff, BB 1964, 19 ff.
30 Rechtsprechungsübersicht bei Englert/Bauer/Grauvogl, Rechtsfragen zum Baugrund, 2. Auflage 1991, Werner-Verlag, Rdn. 265, sowie Maurer, a. a. O., 437 ff. und Englert/-Grauvogl/Maurer, a. a. O., Rdn. 832 ff. Anhang A.
31 BGH NJW 1971, 1314.

3.6
An sich ist die Rechtsprechung aufgefordert, nicht nur Schutzpflichten aufzustellen, sondern auch deren Schutzbereich zu konkretisieren.[32] Man sollte annehmen, daß es in der Vergangenheit angesichts der zahlreichen streitigen Schadensfälle möglich gewesen sein müßte, strukturierte Ordnungsprinzipien zu schaffen, die eine sachgerechte Beurteilung der Schutzpflichten des Ausführenden wie des Schutzbereiches der Leitungsinhaber im Einzelfall erlauben. Tatsächlich jedoch zeichnet sich ausgerechnet an einigen neuen Entscheidungen ab, daß sich an den „Dunkelexistenzen",[33] dem „Gestrüpp von Einzelfallentscheidungen"[34] nichts änderte. Es wächst weiter „eine Fülle von Entscheidungsmaterial..., das unstrukturiert zum Rechtsprechungströdel verkommt".[35] Die Urteile operieren mit abstrakt gefaßten Grundgedanken des BGH und verwenden sie formelhaft, ohne daß der konkrete Sachverhalt anhand der vorhandenen Entscheidungen und der Rechtslehre eingehend beurteilt und einer angemessenen Lösung zugeführt wird.

3.7
Einigkeit besteht noch nicht einmal bei der Anspruchsgrundlage: Weitgehend wird die Haftung für eine Beschädigung von Versorgungsleitungen aus § 823 BGB unter dem Gesichtspunkt einer Verletzung der Verkehrssicherungspflicht hergeleitet.[36] Diese Auffassung wird überdies vom BGH[37] und den meisten Obergerichten[38] vertreten. Glaubte man die Gegenmeinung als überholt anzusehen, wird man jetzt eines anderen belehrt: Nach dem OLG Köln in den Urteilen vom 19. 6. 1975 und 2. 10. 1985[39] wird nunmehr vom OLG München[40] die Haftung aus § 823 I BGB wegen einer Eigentumsverletzung bejaht.

3.7.1 In Köln hatte man sich bemüht, den Eingriff in das Eigentum ausführlich mit folgenden Argumenten zu begründen: Der Inhaber der Kabel hätte durch die Verlegung in fremdem Grund das Eigentum nicht verloren. Die Leitungen wären trotz der Verbindung mit dem Grundstück nicht nach §§ 93, 94 BGB wesentlicher Grundstücksbestandteil geworden. Es greife die Ausnahmevorschrift des § 95 BGB ein. In Anlehnung an das Telegraphen- und Wegegesetz betreffend die Postkabel folge bei Versorgungsunternehmen die Scheinbestandteilseigenschaft durch den Abschluß von Gestattungsverträgen und ähnlichen Vereinbarungen.[41]

---

32 Mertens, a. a. O., S. 400.
33 Steffen, Verkehrspflichten im Spannungsfeld von Bestandsschutz und Handlungsfreiheit, VersR 1980, 409.
34 Steffen, a. a. O., S. 409.
35 Mertens, a. a. O., S. 397.
36 Maurer, BauR 92, 437 m. w. N.; Palandt/Thomas, Rdn. 76 f. zu § 823 BGB; Englert/Bauer/Grauvogl, Rdn. 160 ff.; a. A. Taupitz, Haftung für Energieleiterstörungen durch Dritte, Duncker & Humblot, Berlin 1981, S. 68.
37 BGH vom 9. 11. 1982, VersR 83, 152.
38 Nachweise bei Englert/Grauvogl/Maurer, a.a.O., Rechtsprechungsübersicht, Anhang A Rdn. 832 ff.
39 OLG Köln, VersR 76, 394 und VersR 87, 513.
40 OLG München vom 27. 2. 1992, Az. 19 U 2294/91, n. v.
41 OLG Köln, VersR 87, 513.

3.7.2 Obwohl in der Vorinstanz eine Verurteilung ausschließlich wegen Verletzung von Verkehrssicherungspflichten erfolgte und die bisherige Rechtsprechung des OLG München sich soweit ersichtlich ebenfalls der herrschenden Meinung angeschlossen hatte,[42] läßt sich aus diesen Urteilsgründen höchstens beiläufig schließen, daß man sich jetzt zur Anwendung des § 95 BGB entschlossen hat: „... das Einrammen des Eckträgers führte direkt zur Beschädigung des Eigentums ... Der streitgegenständliche Schaden war die unmittelbare Folge dieses ... Eingriffs in die Unversehrtheit des ... Druckgaskabels."[43] Es ist nicht ersichtlich, inwieweit überhaupt die Bestimmungen der §§ 93, 94 BGB sowie § 946 BGB beachtet und geprüft wurden.

3.7.2.1 Der Wortlaut von § 95 BGB verlangt ausdrücklich, daß die Verbindung mit dem Grundstück nur zu einem vorübergehenden Zweck erfolgt. Es muß von Anfang an beabsichtigt sein, daß die Verbindung später wegfällt oder dieser Wegfall nach der Natur des Zwecks sicher ist.[44] Der BGH läßt es nicht ausreichen, daß eine Trennung nach der Vorstellung der Beteiligten möglich wäre.[45] Entscheidend ist vielmehr der normale Lauf der Dinge, wie er vom Einfügenden erwartet wird.[46]

3.7.2.2 Bekanntlich wird das Verlegen von Versorgungsleitungen auf Dauer geplant; häufig verbleiben auch „tote" oder „blinde" Strecken in der Erde. Die fallweise Vereinbarung von Grunddienstbarkeiten oder sogenannter Gestattungsverträge verdeutlicht, daß es sich gerade nicht um die Ausübung eines zeitlich begrenzten Nutzungsrechts handelt. Es ist kein Anhaltspunkt in Sicht, der die Annahme des Willens einer Verbindung zu vorübergehendem Zweck rechtfertige.[47]

3.7.2.3 Sieht man von der Verweisung auf das Telegraphengesetz ab, ergibt sich kein rechtlich vertretbarer Grund, um von der Rechtsfolge des § 946 BGB abzuweichen. Nachdem keine Regelungslücke besteht, ist für eine Analogie keinerlei Anlaß vorhanden.[48] Diese Ansicht wird also nach wie vor vom überwiegenden Teil der Rechtsprechung und Literatur mit gutem Grund weder diskutiert noch geteilt.

4 Die Verkehrssicherungspflicht

Folgt man der rechtlich begründeten und überwiegend vertretenen Meinung, die Haftung entstehe aus einer Verletzung der Verkehrssicherungspflicht, so findet man freilich keine geschlossene Lösung. Der Ausgang eines Rechtsstreits ist darum schwer abzuschätzen.[49] Ein Grund dafür liegt in der Natur dieser Rechtskonstruktion an sich: Durch kein Gesetz geregelt, wuchern die Verkehrspflichten irgendwo am Rande des § 823 BGB dahin, denn aus dieser Anspruchsnorm werden sie hergeleitet. Das Rich-

---

42 OLG München, VersR 88, 740.
43 OLG München vom 27. 2. 1992, Az. 19 U 2294/91, n. v., S. 10.
44 RG 63, 421.
45 BGHZ 26, 232.
46 BGH NJW 70, 896.
47 Palandt/Heinrichs, Rdn. 3 zu § 95 BGB.
48 Zu den Voraussetzungen einer Rechtsergänzung Palandt/Heinrichs, a. a. O., Einleitung Rdn. 46 ff.
49 Geigel, Der Haftpflichtprozeß, 20. Aufl., München 1990, 14. Kap. Rdn. 5.

terrecht schuf für die Haftung zwar Grundgedanken; Kriterien jedoch, die für den konkreten Einzelfall daraus abzuleiten sind, bleiben in „auffälligem Maß unterentwickelt".⁵⁰ So weit wie das Spektrum der zu regelnden Lebenssachverhalte, so groß sind die Anforderungen an den Regelungsgehalt.

4.1

Besonders im Baurecht hält man es für außerordentlich schwer, die Grenzen der Verkehrssicherungspflicht zu bestimmen.⁵¹ Mit Blick auf die hier behandelte Thematik sei das kleinste gemeinsame Vielfache der allgemeinen Verkehrssicherungspflicht nachfolgend kurz skizziert.

4.1.1 Im Verkehr die Gefährdung anderer zu vermeiden versteht sich als selbstverständliche Rechtspflicht. Von dem zur Sicherung Verpflichteten wird auch mehr verlangt, als eine Schädigung zu unterlassen: Er muß dem Entstehen von Gefahrenquellen durch eigenes Handeln begegnen.

4.1.1.1 Die Jurisprudenz verkennt nicht, daß „das Leben als solches gefährlich ist".⁵² Ein allgemeines Verbot, andere nicht zu gefährden, sieht der BGH folgerichtig als „utopisch" an.⁵³ Es muß demnach nicht ohne weiteres für alle erdenklichen Möglichkeiten eines Schadenseintritts vorgesorgt werden.

4.1.2 Zu einer deliktischen Haftung nach § 823 Abs. 1 BGB führt nur die Verletzung „der im Verkehr erforderlichen Sorgfalt", § 276 Abs. 1 S. 2 BGB. Diese Pflicht wird gewahrt, wenn die nach Anschauung der „beteiligten Verkehrskreise" zu beachtenden Sicherungsvorkehrungen getroffen werden.⁵⁴ Die Maßnahmen umfassen, was zur Gefahrenabwehr notwendig erscheint und zumutbar ist, um den Dritten vor Gefahren zu schützen, die dieser bei Anwendung der von ihm in der konkreten Situation zu erwartenden Sorgfalt nicht rechtzeitig erkennen kann.⁵⁵ Den Dritten trifft demnach eine eigene Sorgfaltspflicht: Er hat sich auf erkennbare Gefahrensituationen einzustellen.⁵⁶

4.1.3 Grundgedanke der Haftung bildet nach dem BGH die Vorstellung, daß niemand durch einen anderen mehr als erforderlich gefährdet werden soll:⁵⁷ Die durch eine Tätigkeit oder einen Zustand geschaffenen Risikofaktoren sind möglichst klein zu halten und in ihren Auswirkungen eng zu begrenzen. Die Verkehrssicherungspflichten sollen außerdem nicht allein Haftungstatbestände erfassen, sondern überdies die Haftung begrenzen und überspannte Entschädigungserwartungen zurückweisen.⁵⁸ Zu beachten ist dabei, daß zwar mit der Technik die Möglichkeiten der

---

50 Mertens, a. a. O., S. 397, und ihm folgend z. B. Geigel, a. a. O., 14. Kap. Rdn. 4f.
51 Werner/Pastor, Der Bauprozeß, Werner-Verlag, 6. Aufl., Düsseldorf 1991, Rdn. 1596.
52 Geigel, a. a. O., 14. Kap. Rdn. 11.
53 BGH VersR 75, 812.
54 Tegethoff, Ersatzansprüche bei Beschädigung von Versorgungsleitungen, BB 64, 19; BGH VersR 75, 812.
55 Palandt/Thomas, Rdn. 64 bis 139 zu § 823 BGB; Riedmaier, VersR 90, 1315 ff.
56 OLG Düsseldorf, VersR 81, 388; Geigel, a. a. O., 14. Kap. Rdn. 38.
57 BGH VersR 82, 1138.
58 RGRK-Steffen, § 823 Rdn. 139; Steffen, a. a. O., S. 410; Mertens, a. a. O., S. 410; Geigel, a. a. O., 14. Kap. Rdn. 18.

Gefahrabwehr steigen, dies aber nicht dazu führen darf, unerfüllbare oder volkswirtschaftlich absurde Verkehrspflichten zu schaffen.[59]

5 Mitverschulden

Der Haftungsumfang bestimmt sich wie im übrigen Deliktsrecht nach den §§ 249 ff. BGB. Schwerpunkt der Streitfragen ist die Entscheidung, ob der Ausführende als Verursacher diese Schäden allein zu verantworten hat. Nachdem dem Geschädigten als beteiligter Verkehrskreis mit eigenständiger Funktion eine eigene Sorgfaltspflicht zukommen kann, ist dabei oftmals zu prüfen, ob und in welchem Rahmen dem Geschädigten ein Mitverschulden anzurechnen ist bzw. inwieweit er sich exkulpieren kann.[60]

5.1
Der Verkehrssicherungspflichtige darf grundsätzlich darauf vertrauen, daß sich Dritte in verständiger Weise auf erkennbare Gefahren einstellen bzw. entsprechende Warnungen beachten. Wird das Vertrauen von dem Geschädigten schuldhaft mißachtet, so sind nach § 254 BGB die gesamten Umstände des Einzelfalles in die Entscheidung einzubeziehen.[61]

5.1.1 Das Ausmaß des Vertrauens hängt davon ab, wen die Gefahr bedroht bzw. welche Erwartungen in das Verhalten derer gesetzt werden darf, die von der Gefahr bedroht werden.[62] Wenn der Geschädigte wegen seines Spezialwissens oder seiner besseren technischen Einrichtungen einer Gefahr wirksam begegnen könnte und er dies unterläßt, kann eine Verkehrspflichtverletzung des Schädigers verneint werden.[63]

6 Sorgfaltspflichten bei Versorgungsleitungen

Im Lichte dieser Anforderungen muß betrachtet werden, was im Spezialtiefbau zusätzlich an Maßnahmen zum Schutz von Versorgungsleitungen zu erfüllen ist.

6.1
Vor Arbeitsaufnahme müssen bei den zuständigen Stellen Erkundigungen eingeholt werden.[64] Die Erkundigungspflicht besteht grundsätzlich, wenn Anhaltspunkte für das Vorhandensein von Versorgungsleitungen gegeben sind.[65] Eine Baustelle in bebauter Umgebung verlangt bei (Spezial-)Tiefbauarbeiten eine generelle Erfüllung dieser Pflicht.

---

59 Mertens, a. a. O., S. 405.
60 Bei Kabelschäden hält Schmalzl, NJW-Schriften 4, 4. Aufl., Fn. 202 das Mitverschulden des Versorgungsunternehmens für „relativ selten", widerlegt sodann aber allein durch die Anzahl der unmittelbar danach angegebenen Fundstellen seine Behauptung.
61 Zu den Kriterien im einzelnen z. B. Palandt/Heinrichs, Rdn. 13ff. zu § 254 BGB.
62 Geigel, a. a. O., 14. Kap. Rdn. 12.
63 Geigel, a. a. O., 14. Kap. Rdn. 24.
64 Butze, BB 1959, 179; LG Koblenz, VersR 1982, 477; Ingenstau/Korbion, 11. Aufl., B § 10 Rdn. 133; Englert/Bauer/Grauvogl, a. a. O., Rdn. 161.
65 Ingenstau/Korbion, a. a. O., B § 10 Rdn. 133; OLG Köln, VersR 1976, 791.

6.1.1 Bei öffentlichen Straßen kann sich der Unternehmer so wenig auf die Auskunft der Bauämter oder Straßenlastträger allein verlassen[66] wie bei ausschließlich auf einem privaten Grundstück ausgeführten Arbeiten nur auf die Informationen des Eigentümers:[67] Er muß sich **vergewissern,** welche Versorgungsbetriebe in dem Bereich der Baustelle unterirdische Leitungen unterhalten.[68] Dazu müssen bei **allen** in Betracht kommenden **Versorgungsunternehmen** (Telekom, Elektrizitäts-, Gas-, Wasserwerke usw.) **Auskünfte eingeholt** und **Pläne eingesehen** werden.[69] Soweit mündlich Auskünfte erteilt werden, die erkennbar nicht anhand von Plänen und ohne Angabe konkreter Zahlen erfolgten, sind sie nicht ausreichend.[70]

6.1.2 Die Einsichtnahme in die Pläne gewährt in der Regel die erforderliche Gewißheit über Lage und Verlauf der Leitungen.[71] Man kann sich im allgemeinen darauf verlassen, daß die Auskunft des zuständigen Sachbearbeiters zutrifft und die Pläne richtig und vollständig erstellt wurden.[72] Erst wenn erkennbar fehlerhafte oder unzureichende Unterlagen gezeigt oder ausgehändigt werden, müssen Lage und Verlauf anderweitig erkundet werden, z. B. durch Such- oder Probeschlitze.[73]

6.2

Die Pläne müssen an der Baustelle auf ihre Richtigkeit überprüft werden.[74] Ergeben sich konkrete Anhaltspunkte für eine Ungenauigkeit, sind zusätzliche Erkundigungen einzuziehen.[75]

Es soll keiner eigenen Erkundigungen bedürfen, wenn ein Beauftragter des Leitungsinhabers an der Baustelle über den Verlauf der Leitung informiert.[76] Der BGH ließ bisher offen, ob durch die „Sparteneinweisung" die eigene Planeinsicht des Unternehmers entfällt: „Ob eine Einsichtnahme auch dann gefordert werden muß, wenn ein bei einer Begehung zugezogener Vertreter des Versorgungsunternehmens etwa an Hand der Pläne oder entsprechender Auszüge erkennbar zuverlässige Angaben über den Verlauf der Leitungen und Hausanschlüsse macht, kann hier unerörtert bleiben . . ."[77] Die Formulierung in dieser Grundsatzentscheidung deutet allerdings bereits die Kriterien an, die an eine **ausschließlich mündlich auf der Baustelle gegebene**

---

66 Butze, BB 1959, 179 m. w. N.; Tegethoff, BB 1964, 19.
67 BGH VersR 1985, 1148; OLG Köln, VersR 1976, 791; LG Freiburg, VersR 1974, 275 verlangt allerdings bei Privatgrundstücken das Bestehen besonderer Kennzeichen im Gelände oder eine erkennbare Möglichkeit für das Vorhandensein von Leitungen.
68 LG Kassel, VersR 1978, 1050.
69 Englert/Bauer/Grauvogl, a. a. O., Rdn. 162 .
70 Wussow, BauR 1972, 270.
71 BGH NJW 1971, 1314; OLG Karlsruhe vom 13. 3. 1985, Az. 11 U 144/84, n. v.; OLG Köln, VersR 1987, 513.
72 Jebe/Vygen, a. a. O., S. 427; Jansen, VersR 1975, 406 unter ausdrücklichem Hinweis auf DIN 2425; OLG Frankfurt vom 23. 2. 1978, Az. 15 U 107/77, n. v.; OLG Karlsruhe vom 13. 3. 1985, Az. 11 U 144/84, n. v.
73 Die Verpflichtung folgt aus DIN 1998, Abschnitt III Abs. 4; Englert/Bauer/Grauvogl, a. a. O., Rdn 161; OLG Köln, VersR 1987, 513; Wussow, BauR 1972, 271.
74 Ingenstau/Korbion, a. a. O., B § 10 Rdn. 133; Englert/Bauer/Grauvogl, a. a. O., Rdn. 161; OLG Köln, VersR 1987, 513.
75 OLG Köln, VersR 1984, 341; Wussow, BauR 1972, 271.
76 Jebe/Vygen, a. a. O., S. 427.
77 BGH NJW 1971, 1314.

Auskunft gestellt werden: Sie muß anhand von Bestandsplänen erfolgen und zuverlässige Auskünfte über den Leitungsverlauf geben. Dazu werden konkrete Zahlen über Anzahl und Durchmesser der Leitungen sowie die Angabe, in welcher Tiefe sie anzutreffen sind, mitgeteilt werden müssen.[78]

6.3
Das Ergebnis der Nachforschungen muß an der Baustelle beachtet werden.[79] Gefordert wird insbesondere eine eingehende Unterweisung des Bauleiters und des Bohrmeisters über den Verlauf der Leitungen, genaue Anweisungen, welche Sicherungsvorkehrungen im einzelnen zu treffen sind sowie möglichst ein Abstecken der Leitungstrasse.[80]

7 Sonderhaftung im Spezialtiefbau?

Vergleicht man die Anforderungen aus dem oben zitierten BGH-Urteil mit den Maßstäben der allgemeinen Verkehrssicherungspflicht, so halten sich die Pflichten in den üblichen Grenzen. Ein Teil der Rechtsprechung zwängt durch den umfassenden Schutz der Versorgungsleitungen den (Spezial-)Tiefbau in ein engeres Korsett, bei dem die „äußerste Vorsicht" des Unternehmers offenbar dazu dient, eine Sonderhaftung zu seinen Lasten zu konstruieren. Die technischen und wirtschaftlichen Aspekte der Bauausführung bleiben dabei weitgehend unberücksichtigt, obwohl sich die Sicherungsvorkehrungen an der Anschauung der beteiligten Verkehrskreise, zu denen in diesem Fall überwiegend Ingenieure und Techniker gehören, zu orientieren hätten.

7.1
Trotz unbekannter Abweichungen der Kabellage durch unsachgemäßes Verlegen, ungenauer Pläne oder falscher Angaben der Leitungsinhaber und ihrer Beauftragten halten manche Urteile den Ausführenden **allein** für haftbar, mag er auch seiner Erkundigungs- und Überprüfungspflicht nachgekommen sein. So führt das OLG München in der oben erwähnten Entscheidung aus: „Der in Frage stehende Verursachungsbeitrag der Klägerin besteht dagegen nur in einem eher passiven oder jedenfalls nicht unmittelbar auf den Eingriff bezogenen Verhalten, nämlich in dem Vorlegen schwer lesbarer und von den Beklagten als unrichtig bezeichnete Pläne, der behaupteten ‚Planwidrigkeit des Kabelverlaufs' und dem Unterbleiben weiterer Hinweise bei der Sparteneinweisung bzw. dem Unterlassen einer solchen."[81] Es liegt auf der Hand, daß bei dieser und ähnlichen Entscheidungen völlig unberücksichtigt bleibt, welche Erkenntnisquellen im Vorfeld auszuschöpfen sind, daß der Ausführende wesentlich von den erteilten Informationen abhängig ist und seine Vorkehrungen danach ausrichten muß. Der Maßstab des „passiven Verhaltens" wird dieser An-

---

78 Wussow, BauR 1972, 270.
79 OLG Köln, VersR 1987, 513.
80 Englert/Bauer/Graugvogl, a. a. O., Rdn. 162.
81 OLG München vom 27. 2. 1992, Az. 19 U 2294/91, n. v.

forderung nicht gerecht – er dient nur als nachträgliches Konstrukt der Haftungsbegründung, nicht aber einer angemessenen „Verteilung von Schadenszuständigkeiten zwischen mehreren beteiligten Funktions- und Kontrollkreisen",[82] die an sich von Rechtsprechung und Literatur gefordert wird.

Der Vertrauensschutz wird damit zugunsten des Versorgungsunternehmens beinahe auf Null reduziert; so soll der (Spezial-)Tiefbauunternehmer bei jedem Anzeichen einer Planungenauigkeit zusätzliche Vorsichtsmaßnahmen treffen, auch wenn ihm von einem Beauftragten des Leitungsinhabers anläßlich einer Sparteneinweisung mitgeteilt wurde, in dem fraglichen Bereich befänden sich keine Leitungen. Deutlich wird dabei auch, daß im nachhinein sein Verhalten trotz der vorangegangenen Fehler und Unterlassungen des Versorgungsunternehmens als allein schadensverursachend qualifiziert werden kann; die Frage eines Mitverschuldens durch Versäumnisse des Versorgungsunternehmens stellt sich dann nicht mehr. Eine derart weitgehende Haftungsverlagerung wurde bisher nicht einmal von den engagiertesten Fürsprechern der Versorgungsunternehmen vertreten, die bislang wenigstens konzedierten, daß ein Mitverschulden in Betracht kommt, wenn die Leitungsinhaber unzutreffende Angaben über den Leitungsverlauf erteilten.[83]

Andere Urteile stehen dieser Auffassung diametral entgegen: Das Landgericht Freiburg hält die Erkundigungspflicht durch Anfragen beim Versorgungsunternehmen für erfüllt und verlangt, daß sie nur „gegebenenfalls durch eine Einsichtnahme in die dort vorhandenen Pläne" ergänzt werden muß.[84] In einer neuen Entscheidung legt das LG Kaiserslautern dar, daß es bei der Vorlage von Plänen, die keine Bedenken an der Vollständigkeit entstehen lassen, nicht einmal der Ausführung von Suchschlitzen bedarf.[85]

7.2

Die einseitige Haftungsverlagerung ist damit noch nicht beendet. Wenn sich eine Gemeinde bei der Durchführung von Hochdruckinjektionsarbeiten (HDI) die Abmauerung von Hausanschlußkanälen an der Einmündung in den Hauptkanal ihrem eigenen Personal vorbehält und dabei dem Unternehmer nicht einmal zum Zweck einer Kontrolle oder gar der Abnahme dieser (vergütungspflichtigen) Abmauerung das Betreten des Kanals gestattet, wird nach einem Urteil des LG München I dennoch der Unternehmer für verantwortlich gehalten, wenn die Abmauerung nicht hält und Suspension in den Hauptkanal gelangt.[86] Dabei wird weder geprüft, inwieweit der Leitungsinhaber als Ausführender einer werkvertraglichen Leistung für den Erfolg seiner Abmauerung einzustehen hat, noch wird berücksichtigt, daß dem Unternehmer aufgrund des Betretungsverbotes alle Möglichkeiten genommen werden, die ausgeführte Leistung zu untersuchen. Dem Urteil sind keine Überlegungen dahingehend zu entnehmen, daß die Abmauerungsarbeiten von „Spezialisten" ausgeführt wurden; lediglich der „Spezial"-Tiefbauunternehmer wird für verantwortlich

---

82 Steffen, a. a. O., S. 410.
83 Jansen, a. a. O., S. 407.
84 LG Freiburg VersR 1974, 275.
85 LG Kaiserslautern vom 15. 5. 1991, Az. 3 O 558/90, VersR 92, 705.
86 LG München I vom 14. 10. 1992, Az. 9 O 24571/89, nicht rechtskräftig, n. v.

gehalten, den Ausführenden im einzelnen auf die bei einer HDI entstehenden Druckverhältnisse hinzuweisen. Obwohl die beiden beteiligten Verkehrskreise ingenieurtechnisch vorgebildet sind, verbleiben nicht nur die Erkundigungs- und Sicherungspflichten, sondern auch sämtliche Informationspflichten beim Spezialtiefbauunternehmen. Wird im Werkvertragsrecht an sich davon ausgegangen, daß der Unternehmer bei der Ausführung DIN- und Güte-Normen sowie die Regeln der Technik zu beachten und für den Erfolg seiner Leistung einzustehen hat, scheint dies dann nicht anwendbar zu sein, wenn ein Versorgungsunternehmen diese Arbeiten ausführt, obwohl nur das eigene Personal für sachkundig genug erachtet wird, entsprechende Abmauerungen auszuführen.

8   Anspruch der Technik an die Rechtsprechung?

Das Mißtrauen der Ingenieure gegen diese Rechtsprechung wächst. Die aufgestellten Forderungen werden für technisch nicht mehr erfüllbar gehalten: „Nichtmetallische Rohrleitungen und Kabelstränge lassen sich mit Suchgeräten nur unter günstigen Voraussetzungen orten. Die übertriebene Anwendung der Handschachtung ist aus wirtschaftlichen Gründen kaum vertretbar..." Weiter wird moniert, daß „durch verbesserte Techniken ermöglichte Produktionsfortschritte ... dadurch in zunehmendem Maß behindert, verringert und teilweise unmöglich gemacht" werden.[87]

8.1
Die vorgenannte Entscheidung des LG München I zeigt im übrigen, daß die Forderungen auch rechtlich nicht mehr erfüllbar sind: Wem die Kontrolle ausgeführter Vorleistungen mittels behördlicher Anweisung untersagt ist, kann auch bei Erfüllung aller Pflichten nicht positiv im Streitfall beweisen, daß der Schaden auf eine Sorgfaltspflichtverletzung oder Schlechtleistung des Leitungsinhabers zurückzuführen ist.

8.2
Wenn die Bedeutung der Rechtsprechung darin besteht, „ernsthafte Handlungsanleitungen" aufzustellen, „deren Einhaltung eine sichere, gerechte und realistische Ordnung im Rahmen eines bestimmten Verkehrsbereichs gewährleisten soll",[88] so ergibt die Bestandsaufnahme gerade das Gegenteil. Wer Ingenieure beraten will, welche Pflichten sie zu erfüllen haben, stellt angesichts der Bandbreite der vertretenen Rechtsauffassungen fest, wie unwiderleglich Teubners satirisches Bonmot ist, Rat wäre mit rätseln verwandt.[89] Obwohl an sich allgemein Kriterien bestehen, die Haftung entsprechend den Schadenszuständigkeiten zu verteilen,[90] gleicht die Ausführung von (Spezial-)Tiefbauarbeiten im Bereich von Versorgungsleitungen dem sprichwörtlichen Ritt über den Bodensee: Offenbar kann man sich nicht darauf verlassen, mit welchem Maß gemessen wird.

---
87 Köhler, a. a. O., S. 40.
88 Mertens, a. a. O., S. 405.
89 Teubner, Satirisches Rechtswörterbuch, 2. Aufl., Köln 1992, Stichwort „Rat", S. 129.
90 Einzelheiten bei Maurer BauR 92, S. 448 ff.

Während zahlreiche Baurechtsseminare, die überdurchschnittlich häufig von Ingenieuren besucht oder gar nur speziell für diese Berufsgruppe abgehalten werden, eine beachtliche Bereitschaft zeigen, sich mit den rechtlichen Grundlagen auseinanderzusetzen, scheint eine Bereitschaft seitens der Juristen vor allem bei der Justiz, auf die Bedürfnisse der Ingenieure einzugehen, weitgehend unterentwickelt zu sein: Einer Rechtsprechung, der es weder gelingt, die Anspruchsgrundlagen bei der Beschädigung einer Versorgungsleitung zu fixieren noch Kriterien für den Schutzbereich und die Erfüllung der Sorgfalts- und Erkundigungspflichten inhaltlich soweit auszufüllen, daß Urteile nicht als „nachträgliche Konstruktionen zur Begründung der Haftung"[91] gestaltet werden, steht jede Art verantwortungsvoller Tätigkeit als unkalkulierbares Risiko hindernd im Weg.

---

91 Mertens, a. a. O., S. 405.

9783804114357.3